普通高校"十三五"规划教材·管理科学与工程系列

运筹学

徐大勇 ◎ 编　著

清华大学出版社
北京

内 容 简 介

本书结合国内外优秀运筹学的内容体系和作者长期从事运筹学教学与研究的心得编写而成。全书共分为 6 篇 15 章，主要包括绪论、线性规划与单纯形法、线性规划的对偶理论与灵敏度分析、运输问题、目标规划、整数规划、非线性规划、动态规划、图与网络分析、网络计划技术、决策分析、库存决策、对策论、排队论和马尔可夫分析等。本书的特点是在介绍运筹学基本原理与方法的基础上，解决经济管理中的常见问题。在选取案例的过程中，紧密结合经济管理实际，很多案例均有很强的实际应用背景。同时兼顾相关专业需要，具有一定的广度和深度，使读者可以从中获取将运筹学理论知识转化为应用的一些思路，有助于读者解决科研和管理实践过程中遇到的实际问题。

本书可作为高等院校管理类、经济类、理工类相关课程教材，也可作为经济管理人员和广大工程技术人员的培训或参考用书，以及报考硕士生或者博士生的参考用书。

本书封面贴有清华大学出版社防伪标签，无标签者不得销售。
版权所有，侵权必究。举报：010-62782989，beiqinquan@tup.tsinghua.edu.cn。

图书在版编目（CIP）数据

运筹学/徐大勇编著. —北京：清华大学出版社，2018(2024.7重印)
（普通高校"十三五"规划教材·管理科学与工程系列）
ISBN 978-7-302-47695-5

Ⅰ.①运… Ⅱ.①徐… Ⅲ.①运筹学－高等学校－教材 Ⅳ.①O22

中国版本图书馆 CIP 数据核字(2017)第 157998 号

责任编辑：张　伟
封面设计：汉风唐韵
责任校对：王凤芝
责任印制：刘　菲

出版发行：清华大学出版社
网　　址：https://www.tup.com.cn, https://www.wqxuetang.com
地　　址：北京清华大学学研大厦 A 座
邮　　编：100084
社 总 机：010-83470000
邮　　购：010-62786544
投稿与读者服务：010-62776969, c-service@tup.tsinghua.edu.cn
质量反馈：010-62772015, zhiliang@tup.tsinghua.edu.cn
课件下载：https://www.tup.com.cn, 010-83470332

印 装 者：北京建宏印刷有限公司
经　　销：全国新华书店
开　　本：185mm×260mm
印　张：28.25
字　数：646 千字
版　　次：2018 年 1 月第 1 版
印　次：2024 年 7 月第 5 次印刷
定　　价：72.00 元

产品编号：074918-02

前 言

运筹学即最优化理论,或在有的领域中称为管理科学,是在实行管理的领域,运用数学方法,对需要管理的问题进行统筹规划、作出决策的一门应用科学。它以运行系统作为研究对象,主要关注现实系统的最优运作,以及未来系统的最优设计。它是一种从实际问题抽象而来的模型化手段,是一种解决实际问题的系统化思想,是一种系统分析中定性与定量相结合的优化方法。它真实、完整地体现了运筹帷幄、决胜千里的思想。其逻辑思维遵从分析问题、模型建立、数据处理、求解以及寻优的一种系统的科学的思路,用优化的理念及方法来考虑、分析并最终解决实际问题。

运筹学起源于 20 世纪 30 年代的军事领域,后由于在经济管理活动中,为了发挥有限资源的最大经济效益,达到总体目标的最优化这一客观实际的需求,才逐渐深入民用与商业领域之中,并在工程、管理、科研以及国民经济发展的诸多领域都作出了巨大的贡献。尤其是随着计算机的普及,作为一门优化与决策的学科,运筹学得到了迅速的发展,该课程也已经成为经济管理类专业的一门核心课程。

运筹学是一门注重应用的科学,已广泛应用数学知识与其他管理方法解决实际提出的专门问题。尤其随着科学技术的不断发展以及"大数据"和物联网信息时代的到来,人们面临的管理决策问题日趋复杂,科学的决策方法已经成为管理者、决策者进行科学决策和民主决策的必备工具和方法。加之市场经济逐步深入,企业更加注重效率,在应用型的管理人才受到越来越多的企业青睐的大背景下,以应用为目的的运筹学理论与方法更加受到社会科学和自然科学领域的共同关注。

运筹学的主要目的是为管理人员决策提供定量分析的方法与科学决策的依据,是实现有效管理、正确决策和现代化管理的重要方法之一。运筹学可以根据问题的要求,通过数学上的分析、运算,得出各种各样的结果,最后提出综合性的合理安排,以达到相对满意的效果。

本书在阐述运筹学的基础概念、基本模型、基本方法及其应用时,力求清晰、透彻,并根据不同需求,对一些抽象、繁复的理论,也深入浅出地给予了相应的证明。对于复杂的运筹学算法,在运用直观手段和通俗语言来说明其基本思想的同时,也辅以典型的算例和实例来说明求解的步骤,以便于培养在校学生系统解决问题的思路和方法、运用模型研究问题的习惯以及建模与求解的技巧和技术;而对社会实践人员而言,将这些问题与自己的工作实际相对应,可以达到学有所用的目的。

在本书的编写过程中，编者参阅了国内外大量专家同行的专著、教材、文献资料及网络资源，并从中吸取了一些符合本书特色要求的内容，相关参考书目附于书后的参考文献中，在此，对这些参考文献的作者致以崇高的敬意和衷心的感谢！同时本书的出版也得到了清华大学出版社的大力支持，感谢张伟编辑的辛勤付出。

由于编者水平有限，书中难免存在不足和疏漏之处，敬请各位专家与读者给予谅解和指正，不吝赐教，以便本书完善与提高。

徐大勇
2017 年 11 月

目 录

第1篇 引 论

第1章 绪论 3
1.1 运筹学的产生与发展 3
1.2 运筹学的特点及相关学科 5
1.3 运筹学的工作步骤 7
1.4 运筹学的主要应用 8
1.5 运筹学的发展趋势 9

第2篇 规划技术

第2章 线性规划与单纯形法 13
2.1 线性规划的概念 13
    2.1.1 线性规划问题的提出 13
    2.1.2 线性规划的定义及其数学描述 15
    2.1.3 线性规划的标准型 16
2.2 线性规划的图解法、解的概念及其性质 17
    2.2.1 线性规划的图解法（解的几何性质） 17
    2.2.2 线性规划的解的概念 19
    2.2.3 线性规划的解的性质 21
2.3 单纯形法 24
    2.3.1 单纯形法原理 24
    2.3.2 单纯形法的一般法则及计算步骤 26
    2.3.3 单纯形表 29
2.4 单纯形法的进一步讨论 33
    2.4.1 大 M 法和两阶段法 33
    2.4.2 线性规划解的几种情况讨论 36
本章小结 43
习题 44

第3章 线性规划的对偶理论与灵敏度分析 46

- 3.1 线性规划的对偶问题 46
  - 3.1.1 对偶问题的提出 46
  - 3.1.2 对偶问题的数学模型 47
  - 3.1.3 对偶问题的基本性质 52
- 3.2 影子价格 56
- 3.3 对偶单纯形法 57
- 3.4 灵敏度分析 60
  - 3.4.1 目标函数中系数 C 的分析 61
  - 3.4.2 资源系数 b_i 的分析 62
  - 3.4.3 系数矩阵 A 的分析 63
- 3.5 参数线性规划 67
- 本章小结 70
- 习题 71

第4章 运输问题 74

- 4.1 运输问题的数学模型及其特点 74
  - 4.1.1 运输问题的数学模型 74
  - 4.1.2 运输问题数学模型的特点 77
- 4.2 运输问题的表上作业法 78
  - 4.2.1 确定初始基本可行解 78
  - 4.2.2 基可行解的最优性检验 83
  - 4.2.3 方案的优化 85
- 4.3 运输问题的推广 87
  - 4.3.1 产销不平衡的运输问题 87
  - 4.3.2 转运问题 91
- 本章小结 95
- 习题 95

第5章 目标规划 98

- 5.1 目标规划的数学模型 98
  - 5.1.1 问题的提出 98
  - 5.1.2 目标规划的基本概念 100
  - 5.1.3 目标规划的数学模型及建模步骤 102
- 5.2 目标规划的图解法 105
- 5.3 目标规划的单纯形法 110
- 5.4 目标规划对偶问题单纯形法 114

        5.4.1 目标规划对偶单纯形法的计算步骤 …………………… 114
        5.4.2 算法举例 …………………… 114
    5.5 目标规划的灵敏度分析 …………………… 117
        5.5.1 目标规划的灵敏度分析内容 …………………… 117
        5.5.2 分析举例 …………………… 118
    本章小结 …………………… 124
    习题 …………………… 124

第 6 章 整数规划 …………………… 127

    6.1 整数规划概述 …………………… 127
        6.1.1 整数规划的基本概念 …………………… 127
        6.1.2 整数规划的数学模型 …………………… 128
    6.2 整数规划的解法 …………………… 132
        6.2.1 分支定界法 …………………… 132
        6.2.2 割平面法 …………………… 135
    6.3 0-1 整数规划 …………………… 139
        6.3.1 0-1 型整数规划 …………………… 139
        6.3.2 0-1 型整数规划的求解方法 …………………… 145
    6.4 指派问题 …………………… 147
        6.4.1 指派问题的引入 …………………… 147
        6.4.2 指派问题的数学模型 …………………… 148
        6.4.3 非标准指派问题 …………………… 151
    本章小结 …………………… 155
    习题 …………………… 155

第 7 章 非线性规划 …………………… 158

    7.1 非线性规划的数学模型 …………………… 158
        7.1.1 问题的提出 …………………… 158
        7.1.2 非线性规划问题的数学模型 …………………… 159
        7.1.3 非线性规划问题的图解法 …………………… 160
        7.1.4 非线性规划极值问题 …………………… 161
    7.2 凸函数与凸规划 …………………… 163
        7.2.1 凸函数及其性质 …………………… 163
        7.2.2 凸规划及其性质 …………………… 167
    7.3 一维搜索方法 …………………… 169
        7.3.1 斐波那契法(Fibonacci) …………………… 169
        7.3.2 0.618 法(黄金分割法) …………………… 171
    7.4 无约束极值的求解方法 …………………… 172

        7.4.1 梯度法 …………………………………………………………… 172
        7.4.2 共轭梯度法 ………………………………………………………… 173
    7.5 约束极值的求解方法 ………………………………………………………… 174
    7.6 分式规划与二次规划 ………………………………………………………… 177
        7.6.1 分式规划 …………………………………………………………… 177
        7.6.2 二次规划 …………………………………………………………… 178
    本章小结 …………………………………………………………………………… 181
    习题 ………………………………………………………………………………… 181

第8章 动态规划 …………………………………………………………………… 183

    8.1 动态规划的基本概念与方法 ………………………………………………… 183
        8.1.1 动态规划的基本概念 ……………………………………………… 184
        8.1.2 最优性原理及动态规划的基本方法 ……………………………… 186
    8.2 动态规划的模型建立与求解步骤 …………………………………………… 188
        8.2.1 动态规划的模型建立的基本要求 ………………………………… 188
        8.2.2 动态规划的求解步骤 ……………………………………………… 189
        8.2.3 动态规划的模型分类 ……………………………………………… 189
    8.3 逆序求解递推过程 …………………………………………………………… 189
    8.4 动态规划的应用 ……………………………………………………………… 193
        8.4.1 资源分配问题 ……………………………………………………… 193
        8.4.2 生产计划问题 ……………………………………………………… 195
        8.4.3 随机采购问题 ……………………………………………………… 198
        8.4.4 设备负荷问题 ……………………………………………………… 200
        8.4.5 背包问题 …………………………………………………………… 201
        8.4.6 系统可靠性问题 …………………………………………………… 203
    本章小结 …………………………………………………………………………… 206
    习题 ………………………………………………………………………………… 206

第3篇 图与网络技术

第9章 图与网络分析 ……………………………………………………………… 211

    9.1 图与网络的基本概念 ………………………………………………………… 212
        9.1.1 图及其分类 ………………………………………………………… 212
        9.1.2 顶点的次 …………………………………………………………… 214
        9.1.3 链与圈 ……………………………………………………………… 215
        9.1.4 基础图、道路与回路 ……………………………………………… 215
        9.1.5 连通图 ……………………………………………………………… 216
        9.1.6 图的矩阵表示 ……………………………………………………… 216

9.2 最小树问题 ... 217
9.2.1 树的概念及其性质 ... 217
9.2.2 最小支撑树 ... 218
9.2.3 根树及其应用 ... 219
9.3 最短路问题 ... 221
9.3.1 问题的提出 ... 221
9.3.2 Dijkstra 标号法 ... 221
9.3.3 逐次逼近法 ... 223
9.3.4 Floyed 算法 ... 225
9.4 最大流问题 ... 228
9.4.1 最大流的基本概念 ... 228
9.4.2 最大流最小割定理 ... 229
9.4.3 求最大流的标号算法 ... 230
9.4.4 网络最大流的线性规划算法 ... 232
9.5 最大基数匹配问题 ... 234
9.5.1 基本概念 ... 234
9.5.2 求二分图最大基数匹配的算法 ... 235
9.6 最小费用最大流问题 ... 238
9.6.1 基本概念与原理 ... 238
9.6.2 最小费用最大流的解法 ... 239
9.7 中国邮递员问题 ... 243
9.7.1 一笔画问题 ... 243
9.7.2 邮路问题 ... 243
9.7.3 奇偶点图上作业法 ... 243
9.7.4 Edmonds 算法 ... 245
本章小结 ... 245
习题 ... 246

第 10 章 网络计划技术 ... 248

10.1 网络计划图的基本概念及绘图规则 ... 248
10.1.1 网络计划图及其分类 ... 249
10.1.2 基本术语及绘图规则 ... 249
10.2 网络计划的时间参数计算 ... 253
10.2.1 活动时间的确定 ... 253
10.2.2 时间参数的定义与计算 ... 254
10.2.3 概率型网络时间参数的计算 ... 259
10.3 网络计划的优化 ... 260
10.3.1 网络计划的资源优化 ... 261

    10.3.2 最低成本日程 ·········· 263
本章小结 ·········· 269
习题 ·········· 269

第4篇 决 策 技 术

第11章 决策分析 ·········· 275

 11.1 决策的基本概念 ·········· 275
  11.1.1 决策问题的三要素 ·········· 275
  11.1.2 决策的分类 ·········· 276
  11.1.3 决策的原则 ·········· 277
  11.1.4 决策的过程 ·········· 278
  11.1.5 决策的模型 ·········· 279
  11.1.6 决策问题条件 ·········· 279
 11.2 确定型决策问题 ·········· 279
 11.3 不确定型决策问题 ·········· 280
  11.3.1 悲观主义决策准则 ·········· 281
  11.3.2 乐观主义决策准则 ·········· 281
  11.3.3 折中主义决策准则 ·········· 282
  11.3.4 等可能性决策准则 ·········· 282
  11.3.5 最小机会损失决策准则 ·········· 283
 11.4 风险型决策 ·········· 284
  11.4.1 最大可能法则 ·········· 284
  11.4.2 期望值方法 ·········· 285
  11.4.3 完全情报及其价值 ·········· 289
  11.4.4 后验概率方法(贝叶斯决策) ·········· 289
 11.5 效用理论 ·········· 291
  11.5.1 效用的概念 ·········· 291
  11.5.2 效用的测定和效用函数 ·········· 292
  11.5.3 期望效用决策方法 ·········· 294
本章小结 ·········· 296
习题 ·········· 296

第12章 库存决策 ·········· 299

 12.1 库存问题的基本概述 ·········· 299
  12.1.1 问题的提出 ·········· 300
  12.1.2 与库存有关的基本费用项目 ·········· 300
  12.1.3 库存策略 ·········· 301

12.2 确定型库存模型 ·· 301
    12.2.1 经济订货批量(EOQ)库存模型 ············ 301
    12.2.2 在制品批量的库存模型 ···························· 304
    12.2.3 允许缺货、补充时间极短的库存模型 ·········· 306
    12.2.4 允许缺货、补充时间较长的库存模型 ·········· 309
    12.2.5 经济订货批量折扣模型 ···························· 311
12.3 随机型库存模型 ·· 314
    12.3.1 需求为离散型随机变量的库存模型 ·········· 314
    12.3.2 需求为连续型随机变量的库存模型 ·········· 317
    12.3.3 (s, S) 型连续库存模型 ···························· 318
    12.3.4 (s, S) 型离散库存模型 ···························· 319
12.4 ABC 分类法 ·· 322
12.5 其他类型库存问题 ·· 325
    12.5.1 库容有限制的库存问题 ···························· 325
    12.5.2 含不合格品经济订货批量 ······················· 327
12.6 时鲜类产品的库存管理 ······································ 330
    12.6.1 具有保质期的产品 ································· 330
    12.6.2 连续腐烂的产品 ···································· 330
本章小结 ·· 332
习题 ··· 332

第5篇 对策分析技术

第13章 对策论 ·· 337

13.1 对策论概述 ·· 337
    13.1.1 对策论发展简史 ···································· 337
    13.1.2 对策论的基本术语 ································· 338
    13.1.3 对策三要素 ··· 339
    13.1.4 对策问题举例及对策的分类 ···················· 340
13.2 矩阵对策的基本理论 ·· 342
    13.2.1 矩阵对策的数学描述 ······························ 342
    13.2.2 纯策略矩阵对策 ···································· 342
    13.2.3 具有混合策略的对策 ······························ 344
    13.2.4 矩阵策略的性质 ···································· 346
13.3 矩阵对策的解法 ··· 348
    13.3.1 公式法 ·· 348
    13.3.2 图解法 ·· 349
    13.3.3 优超原则法 ··· 350

13.3.4　方程组法 ································· 352
　　　13.3.5　线性规划方法 ······························ 352
　13.4　二人有限非零和对策 ································ 356
　　　13.4.1　非零和对策的模型 ··························· 356
　　　13.4.2　求平衡解的图解法 ··························· 358
　13.5　二人有限合作对策 ·································· 359
　13.6　二人无限零和对策 ·································· 361
　　　13.6.1　无限对策的纯策略与混合策略 ··················· 361
　　　13.6.2　凸对策 ··································· 363
　13.7　多人非合作对策 ··································· 363
　13.8　多人合作对策 ····································· 367
　13.9　动态对策 ·· 368
本章小结 ··· 368
习题 ·· 369

第6篇　随机运筹技术

第14章　排队论 ·· 375

　14.1　排队论的基本概念 ·································· 375
　　　14.1.1　排队系统 ································· 376
　　　14.1.2　排队系统的分类 ····························· 377
　　　14.1.3　排队系统的衡量指标 ··························· 377
　　　14.1.4　稳态下的重要参数及基本关系式 ··················· 378
　　　14.1.5　Little 公式 ································ 379
　　　14.1.6　排队问题的求解步骤 ··························· 379
　　　14.1.7　输入和输出 ································ 379
　　　14.1.8　排队论研究的基本问题 ························· 382
　14.2　生灭过程 ·· 383
　14.3　单服务台排队系统 ·································· 385
　　　14.3.1　$M/M/1/\infty/\infty/FCFS$ 排队模型 ····················· 385
　　　14.3.2　$M/M/1/1/\infty/FCFS$ 排队模型 ······················ 386
　　　14.3.3　$M/M/1/N/\infty/FCFS$ 排队模型 ····················· 388
　　　14.3.4　$M/M/1/N/N/FCFS$ 排队模型 ······················ 389
　　　14.3.5　$M/M/1/\infty/\infty/NPRP$ 排队模型 ····················· 391
　14.4　多服务台排队系统 ·································· 393
　　　14.4.1　$M/M/C/\infty/\infty/FCFS$ 排队模型 ···················· 393
　　　14.4.2　$M/M/C/C/\infty/FCFS$ 排队模型 ····················· 395
　　　14.4.3　$M/M/C/N/\infty/FCFS$ 排队模型 ····················· 396

14.4.4 $M/M/C/N/N/FCFS$ 排队模型 ……………………………… 398
14.5 非生灭过程排队系统 …………………………………………… 399
  14.5.1 $M/G/1$ 排队模型 ……………………………………… 399
  14.5.2 $M/D/1$ 排队模型 ……………………………………… 400
  14.5.3 $M/E_k/1$ 排队模型 …………………………………… 400
14.6 排队系统的优化 ………………………………………………… 401
  14.6.1 $M/M/1/\infty/\infty/FCFS$ 模型中最优服务率 μ ……………… 402
  14.6.2 $M/M/1/N/\infty/FCFS$ 模型中最优服务率 μ ……………… 403
  14.6.3 $M/M/1/N/N/FCFS$ 模型中最优服务率 μ ………………… 404
  14.6.4 $M/M/C/\infty/\infty/FCFS$ 模型中最优的服务台 C ……… 405
本章小结 …………………………………………………………… 406
习题 ………………………………………………………………… 406

第 15 章 马尔可夫分析 ……………………………………………… 409

15.1 引言 …………………………………………………………… 409
15.2 马尔可夫链 …………………………………………………… 410
  15.2.1 一般随机过程 ………………………………………… 410
  15.2.2 马尔可夫链的概念 …………………………………… 410
  15.2.3 状态转移矩阵 ………………………………………… 411
  15.2.4 稳态概率矩阵 ………………………………………… 413
15.3 吸收马尔可夫链 ……………………………………………… 418
15.4 马尔可夫分析法的应用 ……………………………………… 422
本章小结 …………………………………………………………… 430
习题 ………………………………………………………………… 431

参考文献 …………………………………………………………… 433

第 1 篇

引 论

第一篇

引 言

第 1 章

绪 论

1.1 运筹学的产生与发展

运筹学的思想在古代就已经产生了。敌我双方交战,要克敌制胜就要在了解双方情况的基础上,找出最优的对付敌人的方法,这就是所谓的"运筹帷幄之中,决胜千里之外"。在我国古代有很多非常优秀的运作、筹划的思想,诸如田忌赛马、丁谓修皇宫、都江堰水利工程的故事广为流传。

运筹学是一门仍在蓬勃发展的新兴学科,人们对它的认识需要不断深化。迄今为止,还没有一个公认的运筹学定义,下面列举一些较有影响的解释作为参考。《大英百科全书》对其的解释是"运筹学是一门应用于管理有组织系统的科学","运筹学为掌管这类系统的人提供决策目标和数量分析的工具"。《中国大百科全书》的解释是,运筹学"用数学方法研究经济、民政和国防等部门在内外环境的约束条件下合理分配人力、物力、财力等资源,使实际系统有效运行的技术科学,它可以用来预测发展趋势,制定行动规划或优选可行方案"。《辞海》的解释是,运筹学"主要研究经济活动与军事活动中能用数量来表达有关运用、筹划与管理方面的问题,它根据问题的要求,通过数学的分析与运算,作出综合性的合理安排,以达到较经济较有效地使用人力物力"。《中国企业管理百科全书》的解释是,运筹学"应用分析、试验、量化的方法,对经济管理系统中人、财、物等有限资源进行统筹安排,为决策者提供有依据的最优方案,以实现最有效的管理"。

由于运筹学涉及的主要领域是管理问题,研究的基本手段是建立数学模型,并比较多地运用各种数学工具,从这点出发,有人将运筹学称作"管理数学"。1957 年我国从"夫运筹帷幄之中,决胜千里之外"(见《史记·高祖本纪》)这句古语中摘取"运筹"二字,将 Operational research 正式译作运筹学,包含运用筹划,以策略取胜等意义,比较恰当地反映了这门学科的性质和内涵。

"运筹学"一词最早是英国人在 20 世纪 30 年代末提出,由于战争的需要而发展起来的。在英国称为 operational research,很快美国也跟上,在美国称为 operations research(缩写为 O.R.),可直译为"运用研究"或"作业研究"。为了进行运筹学研究,在英、美的军队中成立了一些专门小组,开展了护航舰队保护商船队的编队问题和当船队遭受德国潜艇攻击时,如何使船队损失最少的问题的研究。研究了反潜深水炸弹的合理爆炸深度后,使德国潜艇被摧毁数增加到 400%;研究了船只在受敌机攻击时,提出了大船应急速转向和小船应缓慢转向的逃避方法。研究结果使船只在受敌机攻击时,中弹率由 47% 降到 29%。

当时研究和解决的问题都是短期的和战术性的。第二次世界大战后,在英、美军队中相继成立了更为正式的运筹研究组织。

1937年,英国部分科学家被邀请去帮助皇家空军研究雷达的部署和运作问题,目的在于最大限度地发挥有限雷达的效用,以应对德军的空袭。1939年,从事此方面问题研究的科学家被召集到英国皇家空军指挥总部,成立了一个由布莱克特(P. M. S. Blacket)领导的军事科技攻关小组;由于该小组是第一次有组织的系统的运筹学活动,所以后人将该小组的成立作为运筹学产生的标志。1942年,美国大西洋舰队反潜战官员 W. D. Baker 舰长请求成立反潜战运筹组,麻省理工学院的物理学家 P. W. Morse 被请来担任计划与监督。Morse 出色的工作之一,就是协助英国打破了德国对英吉利海峡的封锁。1941—1942年,德国潜艇严密封锁了英吉利海峡,企图切断英国的"生命线"。海军几次反封锁,均不成功。应英国要求,美国派 Morse 率领一个小组去协助。Morse 经过多方实地考察,最后提出了两条重要建议:一是将反潜攻击由反潜潜艇投掷水雷,改为飞机投掷深水炸弹,起爆深度由100m左右改为25m左右,即当潜艇刚下潜时攻击效果最佳(效率提高4~7倍);二是运送物资的船队及护航舰队编队,由小规模多批次,改为加大规模、减少批次,这样,损失率将减少(25%下降到10%)。丘吉尔采纳了 Morse 的建议,最终成功地打破封锁,并重创了德国潜艇。Morse 同时获得英国和美国的最高勋章。20世纪40年代后期至50年代初,美国由物理学家奥本海默主持的原子弹工程,动用了全国1/3的电力,集中了15 000名各种专业的科学家和工程技术人员进行合作,奥本海默在执行计划的过程中从总体出发,把研究项目层层分解,组织相应的小组来负责各项课题的研究工作,他很重视各课题间的联系,随时进行协调,使全部课题组合起来达到整个计划的最优结构。阿波罗登月计划(1958—1969年)的全部任务分别由地面、空间和登月三部分组成,是一项复杂庞大的工程项目,它不仅涉及火箭技术、电力技术、冶金和化工等多种技术,为把人安全地送上月球,还需要了解宇宙空间的物理环境以及月球本身的构造和形状,它耗资300亿美元,研制零件有几百万种,共有两万家企业参与,涉及42万人,历时11年之久。为完成这项工作,除了考虑每个部门之间的配合和协调工作外,还要估计各种未知因素可能带来的种种影响,面对这些千头万绪的工作、千变万化的情况,就要求有一个总体规划部门运用一种科学的组织管理方法,综合考虑,统筹安排来解决。1947年,美国数学家丹捷格(G. B. Dantzig)发表了关于线性规划的研究成果,所解决的问题是美国空军军事规划时提出的,并给出了求解线性规划问题的单纯形算法。事实上,早在1939年苏联学者康托洛维奇(Л. В. Канторович)在解决工业生产组织和计划问题时,就已提出了类似线性规划的模型,并给出了求解方法。但当时未被领导重视,直到1960年康托洛维奇再次发表了《最佳资源利用的经济计算》一书后,才受到国内外的一致重视。为此,康托洛维奇获得了诺贝尔经济学奖。值得一提的是丹捷格认为线性规划模型的提出是受到了列昂节夫的投入产出模型(1932)的影响;后来列昂节夫的投入产出模型也得了诺贝尔奖。关于线性规划的理论是受到了冯·诺依曼(Von Neumann)的帮助。冯·诺依曼和摩根斯特恩(O. Morgenstern)合著的《博弈论与经济行为》(1944)是对策论的奠基作,同时该书已隐约地指出了对策论与线性规划对偶理论的紧密联系。线性规划提出后很快受到经济学家的重视,如在第二次世界大战中从事运输模型研究的美国经济学家库普曼斯(T. C. Koopmans),他很快看到了线性规划在经济中应用的意义,并呼吁年轻的经济学家要关注线性规划。库普曼斯在1975年获诺贝尔经济学奖。其中阿罗、萨谬尔逊、西蒙、多夫曼和胡尔威茨等都获得了诺贝尔奖,并在运筹学某些领域中发挥过重要作用。我们初步统计到2007年为止共有19个诺贝尔奖获得者的研究与运筹学有关。回顾一下最早投入运筹学领域工作的诺贝尔奖获得者、美国物理学家布莱克特领导的第一个以运筹学命名的小组是有意义的。由于该小组的成员复杂,人们戏称它为布莱克特马戏团,其实是一个由各方面专家组成的交叉学科小组。从以上简史可见,为运筹学的建立和发展作出贡献的有物理学家、经济学家、数学家、其他专业的学者、军官和各行业的实际工作者。最早建立运筹学会的国家是英国(1948),接着是美国(1952)、法国(1956)、日本和印度(1957)等。到2005年为止,国际上已有48个国家和地区建立了运筹学会或类似的组织。我国的运筹学会成立于1980年。1959年由英、美、法三国的运筹学会发起成立了国际运筹学联合会(IFORS),以后各国的运筹学会纷纷加入,我国于1982年加入该会。此外还有一些地区性组织,如欧洲运筹学协会(EURO)成立于1975年,亚太运筹学协会(APORS)成立于1985年。20世纪50年代中期,钱学森、许国志等教授将运筹学由西方引入我国,并结合我国的特点在国内推广应用。他们最早在中国科学院力学所建立了运筹室,在运筹学多个领域开展研究和应用工作,其中在经济数学方面,特别是投入产出表的研究和应用开展较早。质量控制(后改为质量管理)的应用也有特色。在此期间以华罗庚教授为首的一大批数学家加入运筹学的研究队伍,在中国科学院数学所也建立了运筹室,使运筹学的很多分支很快跟上当时的国际水平。

1.2 运筹学的特点及相关学科

1. 运筹学的特点

(1) 跨学科性。由有关专家组成的进行集体研究的运筹小组综合应用多种学科的知识来解决实际问题,这是早期军事运筹研究的一个重要特点。

(2) 研究与实践紧密联系。作为一门科学,运筹学不仅包括研究活动,即用科学的方法来创建它的知识,还包括以这些知识的应用为目的的工程活动和其他实践活动。在运筹学的进程中,研究与实践始终紧密联系、互相促进,共同推动运筹学的发展。

(3) 科学与艺术的结合。运筹学不仅是一门科学,也是一门艺术。在运筹学的研究与实践中,往往不只是单纯运用科学方法和科学知识,还要用到发明和设计的艺术及各种各样的联络、解释和实行的艺术。

(4) 利用模型。无论是运筹学的理论研究还是应用研究,其核心问题都是如何建立适当的模型(通常是数学模型)以解释运行系统的现象和预测系统未来的情况。运筹学模型大致可分为确定型、随机型和模糊型三类。

(5) 数量方法。运筹学是从定量分析的角度研究系统的变化规律,从而对系统未来的情况作出定量预测。它不仅需要利用已有的数学工具(解析数学、统计数学、计算数学、模糊数学等),还需要创造出一些独特的数量方法。

(6) 试验方法。运筹学研究并应用试验方法。例如,直接试验中有"优选法""调优运算法""正交试验法"等,模拟试验中有各种实物模拟法以及计算机模拟法等。

(7) 有赖于计算机。在运筹学模型的实际应用中,往往需要进行十分浩繁的数值计算,即便那些本身不很复杂的模型也多如此,以至手工计算根本无法胜任,必须借助于计算机才能完成。还有一些模型的算法尽管理论上是正确的和可行的,但囿于目前计算机的功能而无法实现。因此,运筹学的发展有赖于计算机和计算机科学的发展,而研究、改善各种算法的计算机程序也是运筹学的任务之一。

(8) 全局优化。根据系统科学,一个系统的各个局部独自优化,其全局未必为优,甚至不能有效运行;反之,全局优化,局部未必都优。运筹学总是从系统的观点出发,以全局优化为目标,力图以整个系统最佳的方式来解决该系统各部门之间的利害冲突,寻求全局最优的方案。

(9) 科学决策的依据。运筹学作为一种科学方法,能为现代管理中许多复杂问题提供科学的决策程序、决策模型,以及定量分析的丰富资料和优化方案,从而为科学决策提供重要依据。

(10) 适用面广。运筹学研究的问题存在于不同领域,来自不同部门,虽千变万化却有共同规律可循。运筹学就是不断探索这些规律,并且据以提出一些一般理论和通用方法。因此,运筹学的适用面很广。

2. 运筹学的相关学科

如前所述,运筹学是一门综合性学科,它与许多学科交叉或密切相关,其中主要相关学科有:数学科学、管理科学、经济科学、系统科学、计算机科学。在前面介绍运筹学的特点时已经概要叙述过它同数学科学、计算机科学的关系,这里再概述一下它同管理科学、经济科学和系统科学的关系。

现代科学的飞速发展使科学知识发生了"爆炸",因而各种学科越分越多,越分越细,越来越专门化。但是,人们在实践中所遇到的许多问题也都十分复杂,往往要用到许多学科的知识,而非单独某一学科所能解决。例如,美国的"阿波罗登月计划"、我国的"嫦娥奔月计划",其全部任务由地面、空间、登月三部分组成,不仅直接用到火箭、电子、冶金、机械、化工等多种技术,还用到天文、物理、生物、化学、数学等基础科学的知识,因此,非少数学科和技术领域的少数人所能胜任。像这样一些庞大、复杂的系统工程,其计划、组织与实施是靠系统科学的有效指导而得以圆满完成的,而运筹学就是系统科学的最重要来源之一。在解决这样一些涉及多领域、多学科、多部门的实际问题时,作为系统科学的主要基础和基本手段的运筹学往往可以大显身手。

在美国,管理科学(management science)有其特定含义,它是一门同运筹学稍有区别的学科。在我国,管理科学的含义更加广泛,以至无法确切定义。在很大程度上可以说,管理就是决策,因此管理科学是一门决策科学,即帮助人们正确地决定应付各种复杂情况及解决各种复杂问题的方针和行动,以便有效地管理各种复杂系统使之有序运行的一门科学。而运筹学的首要特点就是能提供科学决策的依据,因此运筹学是管理科学的重要基础,是实行科学管理的强有力工具。

本书名为《运筹学》，侧重于管理中常见的运筹学问题及其适用的运筹学模型与方法，尤其关注经济系统管理中的一些常见问题。一个经济系统的运行过程可以归结为投入产出的过程，即投入资源（人力、物力、财力、信息、时间）、产出效益（实物和劳务的数量、质量、价值、效率）的过程。人们自然希望以较少的投入实现较大的产出，这就产生了经济系统如何运营的问题。对此，运筹学主要从以下两个方面进行研究：

（1）投入既定，如何实现最大产出？

（2）产出既定，如何实现最小投入？

这是运筹学在经济管理中研究的两类基本问题，即所谓经济系统最优化问题。运筹学能够根据人们的不同需要，提供一些特定的方法用以给出相应的最优方案，从而帮助人们作出科学的决策。"田忌赛马""丁谓修皇宫"的典故恰好分别是运筹学思想在这两类问题中成功运用的范例。

由此可见，人们的管理实践是运筹学和管理科学的思想源泉，而运筹学的根本宗旨就是为管理者提供科学决策的依据。

1.3 运筹学的工作步骤

运筹学在解决大量实际问题过程中形成了自己的工作步骤，如图 1-1 所示。

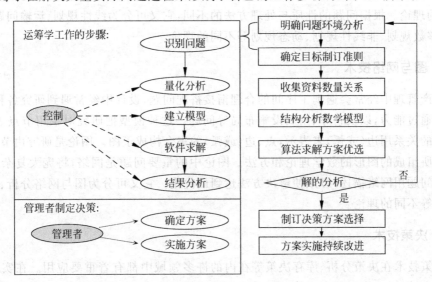

图 1-1

（1）提出和形成问题。即要弄清问题的目标、可能的约束、问题的可控变量以及有关参数，收集有关资料。

（2）建立模型。选用合适的数学模型来描述问题，确定决策变量，建立目标函数、约束条件等，并据此建立相应的运筹学模型。

（3）求解模型。用各种手段（主要是数学方法，也可用其他方法）将模型求解。解可以是最优解、次优解、满意解。复杂模型的求解需用计算机，解的精度要求可由决策者提出。

（4）解的检验。首先检查求解步骤和程序有无错误，然后检查解是否反映现实问题。

（5）解的控制。通过控制解的变化过程（灵敏度分析等方法）决定对解是否要作一定的改变。

（6）解的实施。提供决策所需的依据、信息和方案，帮助决策者决定处理问题的方针和行动。

以上过程应反复进行。

1.4 运筹学的主要应用

随着科学技术和生产的发展，运筹学已渗透到诸如服务、库存、搜索、人口、对抗、控制、时间表、资源分配、厂址定位、能源、设计、生产、可靠性等各个方面，发挥着越来越重要的作用。

1. 规划技术

规划理论是研究如何将有限的人力、物力、财力和时间等资源进行最适当、最有效的分配和利用的理论，即研究某些可控因素在某些约束条件下寻求其决策目标为最大（或最小）值的理论。根据问题的性质与处理方法的不同，它又可分为线性规划、运输问题、目标规划、整数规划、非线性规划、动态规划等不同的理论。

2. 图与网络技术

生产管理中经常会遇到工序间的合理衔接搭配问题，设计中经常遇到研究各种管道、线路的通过能力，以及仓库、附属设施布局等问题。这种模型把研究对象用节点表示，对象之间的关系用边（或弧）来表示，点、边（或弧）的集合构成了图。图论是研究由节点和边（或弧）所组成的图形的数学理论和方法。图论中的重要问题是网络，将庞大复杂的工程和管理问题用网络描述，可以使解决方法达到最优化。它又可分为图与网络分析、网络计划技术等不同的理论。

3. 决策技术

决策技术在决策分析、库存决策等在内的许多领域中都有着重要应用。在实际生活与生产中，对同一个问题所面临的几种自然情况或状态，又有几种可选方案，就构成了一个决策。作为研究决策者如何有效地进行决策的理论和方法，决策技术能够指导决策人员根据所获得系统的各种状态信息，按照一定的目标和衡量标准进行综合分析，使决策者的决策既符合科学原则，又能满足决策者的需求，从而促进决策的科学化。

4. 对策分析技术

对策分析技术是描述和研究斗争态势的抽象模型并给斗争双方提供对策方法的一门数学理论，也称为博弈论。分析存在利害关系的两个主体的行动及其结果时采用的模型叫作博弈。在博弈中，人们总希望自己取胜，但由于博弈有对手，所以每一方为取胜所做的努力往往会受到对手的干扰。因此，人们要想获得尽可能好的结局，就必须考虑对手可能怎样决策，从而选出自己的对策。对策选择不同，其最后的结局会差别很大，如"孙膑斗马术"。博弈论可用于商品、消费者、生产者之间的供求平衡分析，利益集团间的协商和谈判，以及军事上各种作战模型的研究，等等。最初用数学方法研究博弈论是在国际象棋中用来研究如何确定取胜的算法。研究双方冲突、制胜对策的问题，在军事方面有着十分重要的应用。近年来，数学家还对水雷和舰艇、歼击机和轰炸机之间的作战、追踪以及经济活动中如何实现对策各方共赢等问题进行了研究，提出了追逃双方都能自主决策的数学理论及纳什均衡理论。

5. 随机运筹技术

随机运筹技术包括排队系统分析、马尔可夫分析和随机模拟技术等。排队系统分析又称排队论，是研究随机服务系统的性能、状态及优化问题的管理科学分支，主要方法是建立各种类型的排队模型，求得在各种条件下反映系统性态的描述性的解。马尔可夫分析是研究由随机变量现时的运动状况来分析预测该变量未来运动状况的管理科学分支，主要方法是基于概率和随机过程的理论，通过系统状态和转移规律求得未来的状态。随机模拟技术又称系统仿真，是研究对静态离散的随机系统进行模拟分析的管理科学分支，主要方法是通过随机数和系统的有关概率分布对系统进行状态模拟，由于篇幅所限，此点本书从略。

1.5　运筹学的发展趋势

运筹学作为一门学科，在理论和应用方面，无论就广度和深度来说都有无限广阔的前景。它不是一门衰老过时的学科，而是一门处于年轻发展时期的学科，这从运筹学目前的发展趋势便可看出。

（1）运筹学的理论研究将会得到进一步系统的、深入的发展。数学规划是 20 世纪 40 年代末期才开始出现的。经过 10 多年的时间，到了 20 世纪 60 年代，它已成为应用数学中一个重要的分支，各种方法和各种理论纷纷出现，蔚为壮观。但是，数学规划也和别的学科一样，在各种方法和理论出现以后，自然要走上统一的途径。也就是说，用一种或几种方法和理论把现存的东西统一在某些系统之下来进行研究。目前，这种由分散到统一、由具体到抽象的过程正在形成，而且将得到进一步的发展。

（2）运筹学向一些新的研究领域发展。运筹学的一个重要特点是应用十分广泛，近年来它正迅速地向一些新的研究领域或原来研究较少的领域发展，如研究世界性的问题、研究国家决策或研究系统工程等。

（3）运筹学分散融化于其他学科，并结合其他学科一起发展。例如，数学规划方法用于工程设计，常常叫作"最优化方法"，已成为工程技术中的一个有力研究工具；数学规划用于投入产出模型，也成为西方计量经济学派常用的数学工具；等等。

（4）运筹学沿原有的各学科分支向前发展，这仍是目前发展的一个重要方面。例如，规划论,从研究单目标规划进而研究多目标规划,这当然可以看成是对事物进行深入研究的自然延伸。事实上,在实际问题中想达到的目标往往有多个,而且有些还是互相矛盾的。再如,从研究短期规划到研究长期规划,这种深入研究也是很自然的,因为对于不少实际问题,人们主要关心的是未来的结果。

(5)运筹学中建立模型的问题将日益受到重视。从事实际问题研究的运筹学工作者,常常感到他们所遇到的困难是如何把一个实际问题变成一个可以用数学方法或别的方法来处理的问题。就目前来说,关于运筹学理论和方法的研究远远超过对上述困难的研究,要保持运筹学的生命力,这种研究非常必要。

(6)运筹学的发展将进一步依赖于计算机的应用和发展。电子计算机的问世与广泛应用是运筹学得以迅速发展的重要原因。实际问题中的运筹学问题,计算量一般都是很大的。只有在出现存储量大、计算速度快的计算机后,才使运筹学的应用成为可能,并反过来推动了运筹学的进一步发展。

总之,目前运筹学发展如此之快,运筹学工作者如此之多,都是前所未有的。运筹学的发展对加速我国的四个现代化建设必将起到十分重要的作用。

第 2 篇

规划技术

第2篇

栽培技术

第 2 章

线性规划与单纯形法

学习目标
1. 理解并掌握线性规划问题的基本概念、基本定理。
2. 掌握线性规划数学建模方法及图解法。
3. 了解线性规划标准型及其转化方法。
4. 熟练掌握单纯形法的基本原理及计算步骤。
5. 掌握人工变量法和两阶段法。

线性规划(linear programming,LP)是运筹学的一个重要分支。自1947年丹捷格(G. B. Dantzig)提出了线性规划问题求解的一般方法(单纯形法)之后,线性规划在理论上日益趋向成熟,在实践上日益广泛和深入。特别是在电子计算机能处理成千上万个约束条件和决策变量的线性规划问题之后,线性规划的适应领域更是迅速扩大。线性规划在工业、农业、商业、交通运输、军事、经济计划和管理决策等领域都可以发挥重要的作用,它已是现代科学管理的重要手段之一。

2.1 线性规划的概念

2.1.1 线性规划问题的提出

规划问题总是与有限资源的合理利用分不开的,这里的有限资源是一个广义的概念,它可以是劳动力、原材料、机器设备、资本、空间等有形的事物,也可以是时间、技术等无形的事物;这里的合理利用通常是指费用最小或利润最大,即在资源一定条件下,如何取得最大的经济效益;或是为了达到既定的预期目标,如何使得资源消耗量达到最少。

【例2-1】 工厂每月生产 A、B、C 三种产品,单件产品的原材料消耗量、设备台时的消耗量、所需工时、资源限量及单件产品利润如表2-1所示。问该工厂为使每月获利最大,应如何生产这三种产品?

表 2-1

产品 资源	A	B	C	资源限量
原材料/千克	2	1	4	300
设备/台时	3	2	1	200
工时/小时	1	3	5	150
利润/(元/件)	2	4	6	

求解上述问题,设 x_1,x_2,x_3 分别为产品 A、B、C 的产量,这时该工厂可获取的利润为 $(2x_1+4x_2+6x_3)$元,令 $z=2x_1+4x_2+6x_3$,因问题中要求获取的利润为最大,即 $\max z$。产品 A、B、C 的产量受原材料、设备和工时的资源限制,同时产品 A、B、C 的产量不可能为负值。由此例 1-1 的数学模型可表示为

$$\max z = 2x_1 + 4x_2 + 6x_3$$

$$\text{s.t.} \begin{cases} 2x_1 + x_2 + 4x_3 \leqslant 300 \\ 3x_1 + 2x_2 + x_3 \leqslant 200 \\ x_1 + 3x_2 + 5x_3 \leqslant 150 \\ x_j \geqslant 0 \quad (j=1,2,3) \end{cases}$$

【例 2-2】 捷运公司拟在下一年度的 1—4 月的 4 个月内需租用仓库堆放物资。已知各月份所需仓库面积数列于表 2-2。仓库租借费用随合同期而定,期限越长,折扣越大,具体数字见表 2-3。租借仓库的合同每月初都可办理,每份合同具体规定租用面积数和期限。因此该厂可根据需要,在任何一个月初办理租借合同。每次办理时可签一份,也可签若干份租用面积和租借期限不同的合同,试确定该公司签订租借合同的最优决策,目的是使所付租借费用最小。

表 2-2

月 份	1	2	3	4
所需仓库面积/100 m²	15	10	20	12

表 2-3

合同租借期限	1 个月	2 个月	3 个月	4 个月
合同期内的租金/(元/100 m²)	2 800	4 500	6 000	7 300

本例中若用变量 x_{ij} 表示捷运公司在第 $i(i=1,2,3,4)$ 个月初签订的租借期为 $j(j=1,2,3,4)$ 个月的仓库面积的合同(单位为 100 m²)。因 5 月起该公司不需要租借仓库,故 $x_{24},x_{33},x_{34},x_{42},x_{43},x_{44}$ 均为零。该公司希望总的租借费用为最小,故有如下数学模型:
目标函数

$$\min z = 2\,800(x_{11}+x_{21}+x_{31}+x_{41}) + 4\,500(x_{12}+x_{22}+x_{32}) +$$
$$6\,000(x_{13}+x_{23}) + 7\,300 x_{14}$$

约束条件

$$\text{s.t.} \begin{cases} x_{11}+x_{12}+x_{13}+x_{14} \geqslant 15 \\ x_{12}+x_{13}+x_{14}+x_{21}+x_{22}+x_{23} \geqslant 10 \\ x_{13}+x_{14}+x_{22}+x_{23}+x_{31}+x_{32} \geqslant 20 \\ x_{14}+x_{23}+x_{32}+x_{41} \geqslant 12 \\ x_{ij} \geqslant 0 \quad (i=1,2,3,4;j=1,2,3,4) \end{cases}$$

这个模型中的约束条件分别表示当月初签订的租借合同的面积数加上该月前签订的未到期的合同的租借面积总和,应不少于该月所需的仓库面积数。

2.1.2 线性规划的定义及其数学描述

1. 线性规划的定义

上述两个例子表明,规划问题的数学模型由以下三个要素组成:

(1) 变量,或称决策变量。它是问题中要确定的未知量,用以表明规划中的用数量表示的方案、措施,可由决策者决定和控制。

(2) 目标函数。它是决策变量的函数,按优化目标分别在这个函数前加上 max 或 min。

(3) 约束条件。约束条件是指决策变量取值时受到的各种资源条件的限制,通常表达为含决策变量的等式或不等式。

如果规划问题的数学模型中,决策变量的取值可以是连续的,目标函数是决策变量的线性函数,约束条件是含决策变量的线性等式或不等式,则该类规划问题的数学模型称为线性规划的数学模型。

2. 线性规划的数学描述

由以上两个例子,可以看出,线性规划具有以下几个特征:

(1) 线性规划问题中要求有一组变量(决策变量),用 $x_j(j=1,2,\cdots,n)$ 来表示,这组变量的一组定值就代表一个问题中的具体方案。

(2) 线性规划有一个目标要求(目标函数),其价值系数用 $c_j(j=1,2,\cdots,n)$ 来表示,此目标函数可表示为决策变量的线性函数,并且要求这个目标函数达到最优(最大或最小)。

(3) 存在一定的限制条件(约束条件),即线性规划的此决策变量取值要受到 m 项资源的限制,用 $b_i(i=1,2,\cdots,m)$ 表示第 i 种资源的拥有量,这些限制条件可以用一组线性等式或不等式来表示。

(4) 由于工艺或技术的不同,会使得资源消耗不同,可用 a_{ij} 表示每生产 1 个单位的产品 j,消耗第 i 种资源的数量。由此可将上述线性规划问题的数学模型表示为

$$\max(\text{或} \min)z = c_1x_1 + c_2x_2 + \cdots + c_nx_n$$

$$\text{s.t.} \begin{cases} a_{11}x_1 + a_{12}x_2 + \cdots + a_{1n}x_n \leqslant (=, \geqslant)b_1 \\ a_{21}x_1 + a_{22}x_2 + \cdots + a_{2n}x_n \leqslant (=, \geqslant)b_2 \\ \vdots \quad \vdots \quad \vdots \quad \vdots \\ a_{m1}x_1 + a_{m2}x_2 + \cdots + a_{mn}x_n \leqslant (=, \geqslant)b_m \\ x_1, x_2, \cdots, x_n \geqslant 0 \end{cases} \tag{2-1}$$

其紧缩形式为

$$\max(\text{或} \min)z = \sum_{j=1}^{n} c_j x_j$$

$$\text{s.t.} \begin{cases} \sum_{j=1}^{n} a_{ij} x_j \leqslant (=, \geqslant)b_i \quad (i=1,\cdots,m) \\ x_j \geqslant 0 \quad (j=1,2,\cdots,n) \end{cases} \tag{2-2}$$

用向量形式表达时,上述模型可写为

$$\max z = \sum_{j=1}^{n} c_j x_j$$

$$\text{s.t.} \begin{cases} \sum_{j=1}^{n} p_j x_j \leqslant (=, \geqslant) b \\ x_j \geqslant 0 \quad (j=1,2,\cdots,n) \end{cases} \tag{2-3}$$

式(2-3)中

$$p_j = \begin{bmatrix} a_{1j} \\ a_{2j} \\ \vdots \\ a_{mj} \end{bmatrix}, \quad b = \begin{bmatrix} b_1 \\ b_2 \\ \vdots \\ b_m \end{bmatrix}$$

上述线性规划问题可以用矩阵形式表示

$$\max(\text{或 min})z = CX$$
$$\text{s.t.} \begin{cases} AX \leqslant (=, \geqslant) b \\ X \geqslant 0 \end{cases} \tag{2-4}$$

$$C = (c_1, c_2, \cdots, c_n), \quad X = \begin{bmatrix} x_1 \\ x_2 \\ \vdots \\ x_n \end{bmatrix}, \quad A = \begin{bmatrix} a_{11} & a_{12} & \cdots & a_{1n} \\ a_{21} & a_{22} & \cdots & a_{2n} \\ \vdots & \vdots & & \vdots \\ a_{m1} & a_{m2} & \cdots & a_{mn} \end{bmatrix}$$

2.1.3 线性规划的标准型

用单纯形法求解线性规划问题时，为方便讨论问题，须将线性规划模型化为统一的标准形式，本书规定线性规划问题的标准形式须满足以下四点：

1. 目标函数极大化（有些书上规定是求极小值）

对于目标函数为极小化问题，如 $\min z = \sum_{j=1}^{n} c_j x_j$，可以等价地化为极大化问题。因为求 $\min z$ 等价于求 $\max(-z)$，令 $z' = -z$，即化为

$$\max z' = -\sum_{j=1}^{n} c_j x_j$$

最小化线性规划模型与对应的最大化线性规划模型之间的关系如图 2-1 所示。

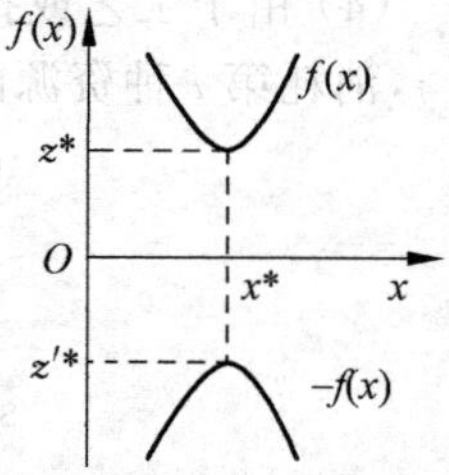

图 2-1

2. 约束条件为等式

对于形如 $a_{i1}x_1 + a_{i2}x_2 + \cdots + a_{in}x_n \leqslant b_i$ 的不等式约束，可以通过引入所谓"松弛变量 x_{n+i}"化为等式约束 $a_{i1}x_1 + a_{i2}x_2 + \cdots + a_{in}x_n + x_{n+i} = b_i$（其中 $x_{n+i} \geqslant 0$）；而对于形如 $a_{i1}x_1 + a_{i2}x_2 + \cdots + a_{in}x_n \geqslant b_i$ 的不等式约束，可以通过引入所谓"剩余变量 x_{n+i}"化为等式约束 $a_{i1}x_1 + a_{i2}x_2 + \cdots + a_{in}x_n - x_{n+i} = b_i$（其中 $x_{n+i} \geqslant 0$）。

3. 决策变量为非负

对于变量 x_j 自由无约束条件问题，可以定义 $x_j = x_j' - x_j''$，$x_j' \geqslant 0$，$x_j'' \geqslant 0$，从而化为非

负约束；对于变量 $x_j \leqslant 0$ 的情况，令 $x_j' = -x_j$，显然 $x_j' \geqslant 0$。

4. 约束条件右端常数项非负

对于约束条件右端常数项 $b_i < 0, (i=1,2,\cdots,m)$，只需将等式或不等式两端同乘以 (-1)，即可将其化为非负。

【例 2-3】 将下述线性规划问题化为标准型

$$\min z = -x_1 + x_2 - 3x_3$$

$$\text{s.t.} \begin{cases} 2x_1 + x_2 + x_3 \leqslant 8 & (1) \\ x_1 + x_2 + x_3 = 3 & (2) \\ -3x_1 + x_2 + 2x_3 \leqslant -5 & (3) \\ x_1 \geqslant 0, x_2 \leqslant 0, x_3 \text{ 自由无约束} \end{cases}$$

解：(1) 因为 $x_2 \leqslant 0$，故令 $x_2' = -x_2$，x_3 无符号要求，即 x_3 取正值也可取负值，标准型中要求变量非负，所以令 $x_3 = x_3' - x_3''$，其中 $x_3', x_3'' \geqslant 0$。

(2) 第一个约束条件是"$\leqslant$"，在"$\leqslant$"左端加入松弛变量 $x_4, x_4 \geqslant 0$，化为等式。

(3) 第二个约束条件是"$=$"，故不需要变化。

(4) 第三个约束条件是"$\leqslant$"且常数项为负数，因此在"$\leqslant$"左边加入松弛变量 $x_5, x_5 \geqslant 0$，同时两边乘以 (-1)。

(5) 目标函数是最小值，为了化为求最大值，令 $z' = -z$，得到 $\max z' = -z$，即当 z 达到最小值时，z' 达到最大值，反之亦然。

最终该问题的标准型为

$$\max z' = x_1 + x_2' + 3x_3' - 3x_3'' + 0x_4 + 0x_5$$

$$\text{s.t.} \begin{cases} 2x_1 - x_2' + x_3' - x_3'' + x_4 = 8 \\ x_1 - x_2' + x_3' - x_3'' = 3 \\ 3x_1 + x_2' - 2x_3' + 2x_3'' - x_5 = 5 \\ x_1, x_2', x_3', x_3'', x_4, x_5 \geqslant 0 \end{cases}$$

2.2 线性规划的图解法、解的概念及其性质

2.2.1 线性规划的图解法（解的几何性质）

图解法顾名思义是通过绘图来达到求解线性规划问题这一目的的。通过直接在平面直角坐标系中作图，来解线性规划问题的一种有效方法。这种方法简单、直观，适合求解两个决策变量的线性规划问题。下面介绍其步骤：

(1) 建立平面直角坐标系。取决策变量为坐标向量，标出坐标原点、坐标轴指向及单位长度。

(2) 确定线性规划解的可行域。根据非负条件和约束条件画出解的可行域。只有在第一象限的点才满足线性规划非负条件，将以不等式表示的每个约束条件化为等式，在坐标系第一象限作出约束直线，每条约束直线将第一象限划分为两个半平面，通过判断确定不等式所决定的半平面。所有约束直线可能形成或不能形成相交区域，若能形成相交区

域,相交区域任意点所表示的解称为此线性规划可行解,这些符合约束限制的点的集合,称为可行集或可行域。否则该线性规划问题无可行解,转到第(3)步。

(3) 绘制目标函数等值线。目标函数等值线就是目标函数取值相同点的集合,通常是一条直线。

(4) 寻找线性规划最优解。对于目标函数 max 的任意等值线,确定该等值线平移后值增加的方向,平移此目标函数的等值线,使其达到既与可行域相交又不可能使目标函数值再增加的位置。相交位置存在三种情况:若有唯一交点时,目标函数等值线与可行域相切,切点坐标就是线性规划的最优解;若相交于多个点,称线性规划有无穷多最优解;若相交于无穷远处,此时无有限最优解(无界解),若可行域为空集,则线性规划无解,即无可行解。

【例 2-4】 用图解法求下述线性规划问题的最优解

$$\max z = -2x_1 - 2x_2$$

$$\text{s. t.} \begin{cases} x_1 - x_2 \geqslant 1 \\ -x_1 + 2x_2 \leqslant 2 \\ x_j \geqslant 0 \quad (j=1,2) \end{cases}$$

解: 可行域为阴影部分,如图 2-2 所示。虚线为目标函数,目标函数最终与可行域交在(1,0)点,将其代入目标函数,可得 $z=-2$。

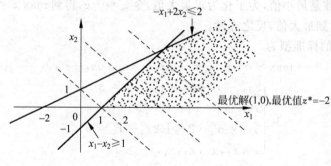

图 2-2

线性规划的可行域和最优解有下列几种可能的情况:

1. 可行域为封闭的有界区域

(1) 有唯一的最优解。

(2) 有无穷多个最优解。

2. 可行域为非封闭的无界区域

(1) 有唯一的最优解。

(2) 有无穷多个最优解。

(3) 目标函数无界(即虽有可行解,但在可行域中,目标函数可以无限增大或无限减小),因而没有有限最优解。

3. 可行域为空集

这种情况没有可行解，原问题无最优解。

以上几种情况的图示如图 2-3 所示。

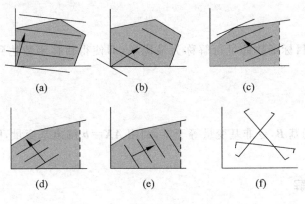

图 2-3

(a) 可行域有界，唯一最优解；(b) 可行域有界，多个最优解；(c) 可行域无界，唯一最优解；(d) 可行域无界，多个最优解；(e) 可行域无界，目标函数无界；(f) 可行域为空集，无可行解

2.2.2 线性规划的解的概念

考虑一个标准的线性规划问题：

设线性规划的标准型

$$\max z = \boldsymbol{CX} \tag{2-5}$$

$$\text{s.t.} \begin{cases} \boldsymbol{AX} = \boldsymbol{b} \\ \boldsymbol{X} \geqslant 0 \end{cases} \tag{2-6}$$

式中 $\boldsymbol{A}$ 是 $m \times n$ 矩阵，$m \leqslant n$ 并且 $r(\boldsymbol{A}) = m$，显然 $\boldsymbol{A}$ 中至少有一个 $m \times n$ 子矩阵 $\boldsymbol{B}$，使得 $r(\boldsymbol{B}) = m$。

1. 基

$\boldsymbol{A}$ 中 $m \times n$ 子矩阵 $\boldsymbol{B}$ 并且有 $r(\boldsymbol{B}) = m$，则称 $\boldsymbol{B}$ 是线性规划的一个基（或基矩阵）。当 $m = n$ 时，基矩阵唯一，当 $m < n$ 时，基矩阵就可能有多个，但数目不超过 C_n^m。

由线性代数可知，基矩阵 $\boldsymbol{B}$ 必为非奇异矩阵，并且 $|\boldsymbol{B}| \neq 0$。当基矩阵 $\boldsymbol{B}$ 的行列式等于零，即 $|\boldsymbol{B}| = 0$ 时，就不是基。

2. 基向量、非基向量、基变量、非基变量

当确定某一矩阵为基矩阵时，则基矩阵对应的列向量称为基向量，其余列向量称为非基向量。基向量对应的变量称为基变量，非基向量对应的变量称为非基变量。

3. 可行解

满足式(2-6)约束条件的解 $X=(x_1,x_2,\cdots,x_n)^T$，称为 LP 问题的可行解。全部可行解的集合称为可行域。

4. 最优解

满足式(2-5)目标函数的可行解称为最优解，即使得目标函数达到最大值的可行解就是最优解。

5. 基本解

对某一确定的基 B，令非基变量等于零，利用 $AX=b$ 解出基变量，则这组解称为基 B 的基本解。

6. 基本可行解

若基本解是可行解，则称之为基本可行解（也称基可行解）。

7. 基本最优解

最优解是基本解，称为基本最优解。

8. 可行基

基可行解对应的基称为可行基。

9. 最优基

基本最优解对应的基称为最优基。

基本最优解、最优解、基本可行解、基本解、可行解的关系如图 2-4 所示。

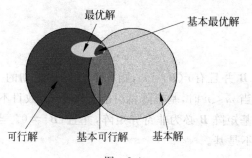

图 2-4

10. 凸集及其顶点

为了考虑一般线性规划的求解方法，首先需要给出一般情况下顶点的概念，这就需要考虑线性规划可行区域的几何结构，下面以标准形式的线性规划为例，考虑其可行域的几何特征和求解算法。

根据图解法可知，对于两个变量的线性规划，其可行域是由若干个直线围成的向外凸出的区域，称这种类型的图形为凸集。凸集相对于其他集合而言，其最大的特点是，对凸集合的任意两点的连线段还在集合中，而非凸集合一定存在两个点，其连线上的部分点不在集合中，如图 2-5 所示，(a)、(b)所表示的集合为凸集，(c)、(d)所表示的集合为非凸集。

图 2-5

设 K 是 n 维空间的一个点集，对任意两点 $X_1, X_2 \in K$，当 $X = \alpha X_1 + (1-\alpha) X_2 \in K$，$(0 \leqslant \alpha \leqslant 1)$时，则称 K 为凸集。

$X = \alpha X_1 + (1-\alpha) X_2$ 就是以 X_1、X_2 为端点的线段方程，点 X 的位置由 α 的值确定，当 $\alpha = 0$ 时，$X = X_2$；当 $\alpha = 1$，$X = X_1$。

11. 凸组合

设 $X, X_1, X_2, \cdots, X_k$ 是 R^n 中的点，若存在 $\lambda_1, \lambda_2, \cdots, \lambda_k$，且 $\lambda_i \geqslant 0$ 及 $\sum_{i=1}^{k} \lambda_i = 1$，使得 $X = \sum_{i=1}^{k} \lambda_i X_i$ 成立，则称 X 为 $X_1, X_2, \cdots, X_k$ 的凸组合。

12. 顶点

设 K 是凸集，$X \in K$，若 X 不能用 K 中两个不同的点 X_1、X_2 来表示，则称 X 是 K 的一个顶点。即对任何 $X_1 \in K, X_2 \in K$，不存在 $X = \alpha X_1 + (1-\alpha) X_2 \in K, (0 < \alpha < 1)$，则称 X 是凸集 K 的顶点。

2.2.3 线性规划的解的性质

定理 2-1 若线性规划问题存在可行解，则问题的可行域是凸集。

证明：若满足线性规划约束条件 $\sum_{j=1}^{n} p_j x_j = b$ 的所有点组成的几何图形 K 是凸集，根据凸集定义，K 内任意两点 X_1、X_2 连线上的点也必然在 K 内，下面给予证明。

设 $X_1 = (x_{11}, x_{12}, \cdots, x_{1n})^T, X_2 = (x_{21}, x_{22}, \cdots, x_{2n})^T$ 为 K 内任意两点，即 $X_1 \in K$，$X_2 \in K$，将 X_1、X_2 代入约束条件有

$$\sum_{j=1}^{n} p_j x_{1j} = b, \quad \sum_{j=1}^{n} p_j x_{2j} = b \tag{2-7}$$

X_1、X_2 连线上任意一点可以表示为

$$X = \alpha X_1 + (1-\alpha) X_2 \quad (0 < \alpha < 1) \tag{2-8}$$

将式(2-7)代入式(2-8)得

$$\sum_{j=1}^{n} \boldsymbol{p}_j x_j = \sum_{j=1}^{n} \boldsymbol{p}_j [\alpha x_{1j} + (1-\alpha) x_{2j}] = \sum_{j=1}^{n} \boldsymbol{p}_j \alpha x_{1j} + \sum_{j=1}^{n} \boldsymbol{p}_j x_{2j} - \sum_{j=1}^{n} \boldsymbol{p}_j \alpha x_{2j}$$
$$= \alpha \boldsymbol{b} + \boldsymbol{b} - \alpha \boldsymbol{b} = \boldsymbol{b}$$

所以 $\boldsymbol{X} = \alpha \boldsymbol{X}_1 + (1-\alpha) \boldsymbol{X}_2 \in K$，由于集合中任意两点连线上的点均在集合内，故 K 为凸集。

引理 2-1 线性规划问题的可行解 $\boldsymbol{X} = (x_1, x_2, \cdots, x_n)^T$ 为基可行解的充要条件是 $\boldsymbol{X}$ 的正分量所对应的系数列向量是线性独立的。

证明：（1）必要性。由基可行解的定义显然得证。

（2）充分性。若向量 $\boldsymbol{p}_1, \boldsymbol{p}_2, \cdots, \boldsymbol{p}_k$ 线性独立，则必有 $k \leq m$；当 $k = m$ 时，它们恰好构成一个基，从而 $\boldsymbol{X} = (x_1, x_2, \cdots, x_m, 0, \cdots, 0)^T$ 为相应的基可行解。当 $k < m$ 时，则一定可以从其余列向量中找出 $(m-k)$ 个与 $\boldsymbol{p}_1, \boldsymbol{p}_2, \cdots, \boldsymbol{p}_k$ 构成一个基，其对应的解恰为 $\boldsymbol{X}$，所以据定义可知，它是基可行解。

定理 2-2 线性规划问题的基可行解 $\boldsymbol{X}$ 对应线性规划问题可行域（凸集）的顶点。

证明： 本定理需要证明 $\boldsymbol{X}$ 是可行域顶点 $\Leftrightarrow \boldsymbol{X}$ 是基可行解。下面采用的是反证法，即证明 $\boldsymbol{X}$ 不是可行域的顶点 $\Leftrightarrow \boldsymbol{X}$ 不是基可行解。下面分两步来证明。

（1）$\boldsymbol{X}$ 不是基可行解 $\Rightarrow \boldsymbol{X}$ 不是可行域的顶点。

不失一般性，假设 $\boldsymbol{X}$ 的前 m 个分量为正，故有

$$\sum_{j=1}^{m} \boldsymbol{p}_j x_j = \boldsymbol{b} \tag{2-9}$$

由引理知 $\boldsymbol{p}_1, \boldsymbol{p}_2, \cdots, \boldsymbol{p}_m$ 线性相关，即存在一组不全为零的数 $\delta_i (i=1, 2, \cdots, m)$，使得

$$\delta_1 \boldsymbol{p}_1 + \delta_2 \boldsymbol{p}_2 + \cdots + \delta_m \boldsymbol{p}_m = 0 \tag{2-10}$$

由式(2-9)+式(2-10)可得

$$(x_1 + \delta_1) \boldsymbol{p}_1 + (x_2 + \delta_2) \boldsymbol{p}_2 + \cdots + (x_m + \delta_m) \boldsymbol{p}_m = \boldsymbol{b}$$

由式(2-9)-式(2-10)可得

$$(x_1 - \delta_1) \boldsymbol{p}_1 + (x_2 - \delta_2) \boldsymbol{p}_2 + \cdots + (x_m - \delta_m) \boldsymbol{p}_m = \boldsymbol{b}$$

令

$$\boldsymbol{X}_1 = [(x_1 + \delta_1), (x_2 + \delta_2), \cdots, (x_m + \delta_m), 0, \cdots, 0]$$
$$\boldsymbol{X}_2 = [(x_1 - \delta_1), (x_2 - \delta_2), \cdots, (x_m - \delta_m), 0, \cdots, 0]$$

又 δ_i 可以这样来选取，使得对所有 $i = 1, 2, \cdots, m$，均有

$$x_i \pm \delta_i \geq 0$$

由此 $\boldsymbol{X}_1 \in K, \boldsymbol{X}_2 \in K$，又 $\boldsymbol{X} = \frac{1}{2} \boldsymbol{X}_1 + \frac{1}{2} \boldsymbol{X}_2$，即 $\boldsymbol{X}$ 不是可行域的顶点。

（2）$\boldsymbol{X}$ 不是可行域的顶点 $\Rightarrow \boldsymbol{X}$ 不是基本可行解。

不失一般性，设 $\boldsymbol{X} = (x_1, x_2, \cdots, x_r, 0, \cdots, 0)^T$ 不是可行域的顶点，因而可以找到可行域内另外两个不同点 $\boldsymbol{Y}$ 和 $\boldsymbol{Z}$，有 $\boldsymbol{X} = \alpha \boldsymbol{Y} + (1-\alpha) \boldsymbol{Z}$ $(0 < \alpha < 1)$，或可写为

$$x_j = \alpha y_j + (1-\alpha) z_j \quad (0 < \alpha < 1; j = 1, 2, \cdots, n)$$

因 $\alpha > 0, (1-\alpha) > 0$，故当 $x_j = 0$ 时，必有 $y_j = z_j = 0$

因为有

$$\sum_{j=1}^{n} p_j x_j = \sum_{j=1}^{r} p_j x_j = b$$

所以

$$\sum_{j=1}^{n} p_j y_j = \sum_{j=1}^{r} p_j y_j = b \tag{2-11}$$

$$\sum_{j=1}^{n} p_j z_j = \sum_{j=1}^{r} p_j z_j = b \tag{2-12}$$

由式(2-11)-式(2-12)可得

$$\sum_{j=1}^{r} (y_j - z_j) p_j = 0$$

因$(y_j - z_j)$不全为零,故 $p_1, p_2, \cdots, p_r$ 线性相关,即 X 不是基本可行解。

定理 2-3 若线性规划问题有最优解,一定存在一个基可行解是最优解。

证明:设 $X = (x_1, x_2, \cdots, x_n)^T$ 是线性规划的一个最优解,$z = CX = \sum_{j=1}^{n} c_j x_j$ 是目标函数的最大值。若 X 不是基可行解,由定理 2-2 知 X 不是顶点,一定能在可行域内找到通过 X 的直线上的另外两个点$(X+\delta) \geqslant 0$ 与$(X-\delta) \geqslant 0$。将这两个点代入目标函数,则有

$$CX = C(X+\delta) = CX + C\delta$$
$$CX = C(X-\delta) = CX - C\delta$$

因 CX 为目标函数的最大值,故有

$$CX \geqslant CX + C\delta$$
$$CX \geqslant CX - C\delta$$

即

$$0 \geqslant C\delta$$
$$0 \geqslant -C\delta$$

由此可知 $C\delta = 0$,即有 $C(X+\delta) = CX = C(X-\delta)$。如果$(X+\delta)$ 或$(X-\delta)$ 仍不是基可行解,按上面的方法继续做下去,最后一定可以找到一个基可行解,其目标函数值等于 CX,从而使问题得证。

定理 2-1 描述了可行解集的特征。

定理 2-2 刻画了可行解集的顶点与基本可行解的对应关系,顶点是基本可行解;反之,基本可行解一定是顶点,但它们并非一一对应,有可能两个或几个基本可行解对应于同一顶点(退化基本可行解时)。

定理 2-3 描述了最优解在可行解集中的位置,若最优解唯一,则最优解只能在某一顶点上达到,若具有多重最优解,则最优解是某些顶点的凸组合,从而最优解是可行解集的顶点或界点,不可能是可行解集的内点。

若线性规划的可行解集非空且有界,则一定有最优解;若可行解集无界,则线性规划可能有最优解,也可能没有最优解。

定理 2-2 及定理 2-3 还告了我们一个启示,寻求最优解不是在无限个可行解中去找,而是在有限个基本可行解中去寻求。

2.3 单纯形法

单纯形法是线性规划求解的通用算法。其基本思路就是顶点的逐步转移,即从可行域的一个顶点(基本可行解)开始,转移到另一个顶点(另一个基本可行解)的迭代过程。转移的条件是使目标函数值得到改善(逐步变优)。当目标函数达到最优值时,问题也就得到了最优解。

从线性规划解的性质定理可知,线性规划问题的可行域是凸多边形或凸多面体。如果一个线性规划问题有最优解,就一定可以在可行域的顶点上找到。换言之,若某线性规划只有唯一的一个最优解,那么这个最优解所对应的点一定是可行域的一个顶点。若该线性规划有多个最优解,那么肯定在可行域的顶点中至少可以找到一个最优解。因此,所需解决的问题是:①如何寻找一个初始的基本可行解使迭代开始?②为使目标函数逐步变优,怎样进行顶点的转移?③目标函数何时达到最优,判断的标准是什么?

2.3.1 单纯形法原理

对于一个基,当非基变量确定以后,基变量和目标函数的值也随之确定。可以得到用非基变量表示的基变量和目标函数的表达式,这时非基变量是自由变量。特别称这时的目标函数为典式(典式又称为典则形式,它符合这样的要求:①符合线性规划标准形式的要求;②目标函数不含基变量;③约束方程组中基变量向量对应的系数列向量构成一个单位矩阵)。对应的基本可行解中非基变量均为零。换基:从一个极点沿可行域边界移动到相邻的极点时,所有非基变量中只有一个变量的值从 0 增加,其他非基变量的值都保持 0 不变,直至有一个基变量下降为 0。

为便于大家理解使用单纯形法求解线性规划问题的迭代过程及算法原理,我们可通过下例阐明单纯形法的原理。

【例 2-5】 用单纯形法的思想求解线性规划问题

$$\max z = 2x_1 + 3x_2 + 3x_3$$
$$\text{s.t.} \begin{cases} x_1 + x_2 + x_3 \leqslant 3 & (\text{劳动力约束}) \\ x_1 + 4x_2 + 7x_3 \leqslant 9 & (\text{原材料约束}) \\ x_1, x_2, x_3 \geqslant 0 \end{cases}$$

解:(1) 引入非负松弛变量 x_4, x_5,将上例化为标准型

$$\max z = 2x_1 + 3x_2 + 3x_3 + 0x_4 + 0x_5$$
$$\text{s.t.} \begin{cases} x_1 + x_2 + x_3 + x_4 = 3 & (\text{劳动力约束}) \\ x_1 + 4x_2 + 7x_3 + x_5 = 9 & (\text{原材料约束}) \\ x_1, x_2, x_3, x_4, x_5 \geqslant 0 \end{cases}$$

(2) 寻求初始可行解,确定基变量

$$\boldsymbol{A} = \begin{bmatrix} 1 & 1 & 1 & 1 & 0 \\ 1 & 4 & 7 & 0 & 1 \end{bmatrix}, \boldsymbol{B} = \begin{bmatrix} \boldsymbol{p}_4 & \boldsymbol{p}_5 \end{bmatrix} = \begin{bmatrix} 1 & 0 \\ 0 & 1 \end{bmatrix}, 对应基变量 x_4, x_5。$$

(3) 写出初始基本可行解和相应的目标函数值。两个关键的基本表达式为

① 用非基变量表示基变量的表达式为

$$\begin{cases} x_4 = 3 - x_1 - x_2 - x_3 \\ x_5 = 9 - x_1 - 4x_2 - 7x_3 \end{cases}, 其基本可行解为 \boldsymbol{X}^{(0)} = (0,0,0,3,9)^{\mathrm{T}}.$$

② 用非基变量表示目标函数的表达式为

$z = 2x_1 + 3x_2 + 3x_3$ 当前的目标函数值为 $z^{(0)} = 0$。

该结果的经济含义是不生产任何产品，资源全部节余（$x_4=3, x_5=9$），三种产品的总利润为 0。这不是最优结果，只要生产任一产品，就可使产品的总利润大于 0。

(4) 分析两个基本表达式，观察目标函数是否可以改善。

① 分析用非基变量表示目标函数的表达式。非基变量前面的系数均为正数，所以任何一个非基变量进基（变为基变量）都能使 z 值增加，通常把非基变量前面的系数叫"检验数"。

② 选哪一个非基变量进基？选 x_1 为进基变量（换入变量）。

③ 确定出基变量。

a. x_1 进基意味着其取值从 0 变成一个正数（经济意义——生产 A 产品），能否无限增大？

b. 当 x_1 增加时，x_4, x_5 如何变化？

c. 现在的非基变量是哪些？

d. 具体如何确定换出变量？

由用非基变量表示基变量的表达式

$$\begin{cases} x_4 = 3 - x_1 - x_2 - x_3 \\ x_5 = 9 - x_1 - 4x_2 - 7x_3 \end{cases}$$

当 x_1 增加时，x_4, x_5 会减小，但有限度——必须大于等于 0，以保持解的可行性，于是有

$$\begin{cases} x_4 = 3 - x_1 \geq 0 \\ x_5 = 9 - x_1 \geq 0 \end{cases} \Rightarrow \begin{cases} x_1 \leq \dfrac{3}{1} \\ x_1 \leq \dfrac{9}{1} \end{cases} \Rightarrow x_1 \leq \min\left\{\dfrac{3}{1}, \dfrac{9}{1}\right\} = 3 \triangleq \theta$$

当 x_1 的值从 0 增加到 3 时，x_4 首先变为 0，此时 $x_5 = 6 > 0$，因此，可选 x_4 为出基变量，这种用来确定出基变量的规则，称作最小比值原则（或 θ 原则）。

如果 x_1 的系数列向量 $\boldsymbol{P}_1 \leq 0$，则意味着此时 x_1 的值无论怎么增大，解的可行性总能得到满足，这样将会导致无界解的产生，从而最小比值原则会失效。

④ 基变换。产生新的基变量 x_1, x_5；新的非基变量 x_2, x_3, x_4。

写出用非基变量表示基变量的表达式：

$$\begin{cases} x_4 = 3 - x_1 - x_2 - x_3 \\ x_5 = 9 - x_1 - 4x_2 - 7x_3 \end{cases} \Rightarrow \begin{cases} x_1 = 3 - x_2 - x_3 - x_4 \\ x_5 = 6 - 3x_2 - 6x_3 + x_4 \end{cases}$$

可得新的基本可行解 $\boldsymbol{X}^{(1)} = (3,0,0,0,6)^{\mathrm{T}}$。

⑤ 写出用非基变量表示目标函数的表达式

$z = 2x_1 + 3x_2 + 3x_3 = 2(3 - x_2 - x_3 - x_4) + 3x_2 + 3x_3 = 6 + x_2 + x_3 - 2x_4$

可得相应的目标函数值为 $z^{(1)}=6, z^{(1)}>z^{(0)}$,已得到改善。检验数仍有正的,返回①进行讨论。

(5) 上述过程何时停止?

当用非基变量表示目标函数的表达式时,非基变量的系数(检验数)全部非正时,当前的基本可行解就是最优解。因为用非基变量表示目标函数的表达式,如果让负检验数所对应的变量进基,目标函数值将会减小。

最终,新的基可行解为(非基变量为零)$\boldsymbol{X}^{(2)}=(1,2,0,0,0)^{\mathrm{T}}$,目标函数 $z^{(2)}=2+6=8$,此时非基变量检验数均为负,解最优。

2.3.2 单纯形法的一般法则及计算步骤

1. 单纯形法的一般法则

通过求线性规划问题基本可行解(极点)寻找最优解的方法称穷举法,计算量非常大。一种很自然的想法是,能否不求所有的基本可行解,按照一定规则只求部分基本可行解来达到最优解呢? 单纯形法提供了一种这样的思路和准则,即首先找到一个基本可行解(极点),利用给定准则判断该极点的最优性:若该极点是最优解,或得出无有限最优解的结论则停止;否则,沿着可行域的边界搜索一个相邻的极点:要求新极点的目标函数值不比原目标函数值差;再对新极点进行最优性判断。重复此过程。

由例 2-5 可知,单纯形法是一种迭代算法。在用单纯形法求解一般线性规划时,必须首先确定初始基本可行解,并根据判别准则进行最优性检验。如果已经得到最优解或者判定该线性规划没有"有限最优解",则可停止迭代;否则就进行换基迭代,求得新的基本可行解。如此反复迭代,直至求出最优解。

2. 单纯形法的计算步骤

为简单明了而又不失一般性,这里就线性规划的约束条件全部是"$\leqslant$"类型、新增松弛变量作为初始基变量的情况进行讨论。此时线性规划的标准型为

$$\max z = \sum_{j=1}^{n} c_j x_j + \sum_{j=n+1}^{n+m} 0 x_j$$

$$\text{s.t.} \begin{cases} a_{11}x_1 + a_{12}x_2 + \cdots + a_{1n}x_n + x_{n+1} = b_1 \\ a_{21}x_1 + a_{22}x_2 + \cdots + a_{2n}x_n + x_{n+2} = b_2 \\ \vdots \qquad \vdots \qquad \vdots \qquad \vdots \\ a_{m1}x_1 + a_{m2}x_2 + \cdots + a_{mn}x_n + x_{n+m} = b_m \\ x_1, x_2, \cdots, x_{n+m} \geqslant 0 \end{cases} \quad (2\text{-}13)$$

取 $\boldsymbol{B}^{(0)} = [\boldsymbol{P}_{n+1}, \boldsymbol{P}_{n+2}, \cdots, \boldsymbol{P}_{n+m}] = \begin{bmatrix} 1 & 0 & \cdots & 0 \\ 0 & 1 & \cdots & 0 \\ \vdots & \vdots & & \vdots \\ 0 & 0 & \cdots & 1 \end{bmatrix}$ 作为初始可行基,则得到初始基本可行解: $\boldsymbol{X}^{(0)} = (0,0,\cdots,0,b_1,b_2,\cdots,b_m)^{\mathrm{T}}$。

1) 确定初始基本可行解

要确定初始基本可行解,必须首先将数学模型进行标准化,然后确定初始可行基。针对不同的具体情况,可选择使用以下方法来确定初始可行解:

(1) 观察法:若系数矩阵中含有现成的单位阵,可将该单位阵作为初始可行基。

(2) 当约束条件中全部是"≤"类型的约束时,可将新增的松弛变量作为初始基变量,对应的系数列向量恰好构成单位阵,可将该单位阵作为初始可行基。

(3) 当约束条件都是"≥"或"="类型的约束时,先将约束条件标准化,再引入非负的人工变量,以人工变量作为初始基变量,其对应的系数列向量构成单位阵(人造基),将该人造基作为初始可行基。然后用大 M 法或两阶段法求解。

在等式约束左边加入一个非负的人工变量,其目的是使约束方程的系数矩阵中出现一个单位阵。用单位阵的每一个列向量对应的决策变量作为"基变量",出现在单纯形表格中的解答列(即约束方程的右端常数)值正好就是基变量的取值。

初始可行基确定后,只要根据"用非基变量表示基变量的表达式",令非基变量等于 0,算出基变量取值,搭配在一起即构成初始基本可行解。

2) 选择进基变量

选择进基变量的原则:一般而言,如果 $\max_j(\sigma_j | \sigma_j > 0) = \sigma_k$,则选择与 σ_k 对应的变量 x_k 为进基变量。目的是使目标函数得到改善(较快增大);进基变量对应的系数列称为主元列。

3) 选择出基变量

出基变量的确定,要按最小比值原则来进行,即如果 $\theta = \min_i \left(\dfrac{b_i}{a_{ik}} \middle| a_{ik} > 0 \right) = \dfrac{b_l}{a_{lk}}$,则选择变量 x_l 为出基变量。出基变量所在的行称为主元行。主元行和主元列的交叉元素称为主元素(也称为枢元)。

4) 按照主元素进行矩阵的初等行变换

把主元素变成 1,主元列的其他元素变成 0(主元列变为单位向量)。写出新的基本可行解。

5) 单纯形法最优性判别

判别准则是判断是否已得到最优解或者确定线性规划没有"有限最优解"的基本依据。针对数学模型式(2-13),一般(经过若干次迭代)对于基 **B**,用非基变量表示基变量的表达式为

$$x_{n+i} = b'_i - \sum_{j=1}^{n} a'_{ij} x_j \quad (i = 1, 2, \cdots, m) \tag{2-14}$$

用非基变量表示目标函数的表达式为

$$\begin{aligned}
z &= \sum_{j=1}^{n+m} c_j x_j = \sum_{j=1}^{n} c_j x_j + \sum_{i=1}^{m} c_{n+i} x_{n+i} = \sum_{j=1}^{n} c_j x_j + \sum_{i=1}^{m} c_{n+i} \left(b'_i - \sum_{j=1}^{n} a'_{ij} x_j \right) \\
&= \sum_{i=1}^{m} c_{n+i} b'_i + \sum_{j=1}^{n} c_j x_j - \sum_{i=1}^{m} \sum_{j=1}^{n} c_{n+i} a'_{ij} x_j = \sum_{i=1}^{m} c_{n+i} b'_i + \sum_{j=1}^{n} \left(c_j - \sum_{i=1}^{m} c_{n+i} a'_{ij} \right) x_j
\end{aligned}$$

令

$$z_0 = \sum_{i=1}^{m} c_{n+i} b'_i, \quad z_j = \sum_{i=1}^{m} c_{n+i} a'_{ij}$$

则

$$z = z_0 + \sum_{j=1}^{n}(c_j - z_j) x_j$$

令

$$\sigma_j = c_j - z_j$$

则

$$z = z_0 + \sum_{j=1}^{n} \sigma_j x_j \tag{2-15}$$

重复 2)、3)、4)、5)，一直到计算结束为止。

用单纯形法求解线性规划问题时，结局为唯一最优解、无穷多最优解、无界解及无可行解。

(1) 最优性判别定理。若 $X^{(0)} = (0,0,\cdots,0,b_1,b_2,\cdots,b_m)^T$ 是对应于基 B 的基本可行解，σ_j 是非基变量的检验数，若对于一切非基变量的角标 j，均有 $\sigma_j \leqslant 0$，则 $X^{(0)}$ 为最优解。

(2) 无"有限最优解"的判别定理。若 $X^{(0)} = (0,0,\cdots,0,b_1,b_2,\cdots,b_m)^T$ 为一基本可行解，有一非基变量 X_k，其检验数 $\sigma_k > 0$，而对于 $i=1,2,\cdots,m$，均有 $a'_{ik} \leqslant 0$，则该线性规划问题没有"有限最优解"（因在 max 中，c_j 一般指利润，即使有成本，也可与销售价格合并，以利润形式表示，故 c_j 为正，目标函数值可无限增大）。

(3) 若在最终单纯形表中，存在某个非基变量的检验数为零，且该问题的最优解是非退化解，则该问题存在无穷多个最优解，即最优解不唯一。

单纯形法计算步骤流程图如图 2-6 所示。

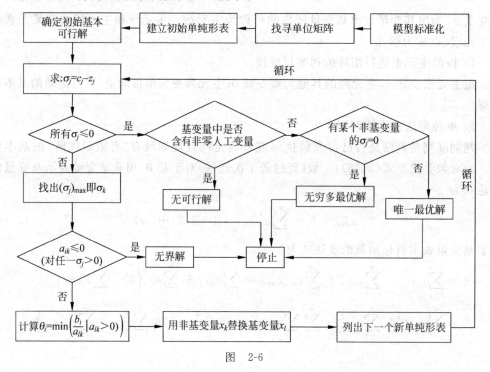

图 2-6

2.3.3 单纯形表

在 2.3.1 的单纯形法求解过程中,线性规划的典式发挥了重要作用:由其约束方程组,可以确定某个基变量向量所对应的基本可行解。结合其目标函数,可以找出所有非基变量的检验数以及当前基本可行解的目标函数值。由于典式的特定要求,每一次迭代要利用方程组的变换将基变量向量在约束方程组中的系数列向量变换为一个单位矩阵,并进一步将目标函数改写为只含非基变量的函数形式。从这个角度来看,约束方程组的等价变换是单纯形法迭代的重要手段。

在实际求解中,为了便于计算和检查,常常将线性规划问题进行标准化,利用等价变换将方程组以矩阵形式来表示,即把线性规划问题中的系数分离出来,然后利用这些系数将目标函数、约束方程组以及迭代过程用表格的形式表示出来,从而可以简化与实施计算过程。这种利用单纯形表格求解线性规划的方法就称为表格单纯形法,或称单纯形表上作业法。单纯形表法使用表格形式来进行方程组的等价变换,可以避免大量书写变量和函数,还使得非基变量检验数的计算,以及进基变量和出基变量的标示更加直观。

1. 初始单纯形表的建立

初始单纯形表的结构如表 2-4 所示。

表 2-4

	$c_j \to$		c_1	$\cdots$	c_m	$\cdots$	c_j	$\cdots$	c_n
C_B	X_B	b	x_1	$\cdots$	x_m	$\cdots$	x_j	$\cdots$	x_n
c_1	x_1	b_1	1	$\cdots$	0	$\cdots$	a_{1j}	$\cdots$	x_{1n}
c_2	x_2	b_2	0	$\cdots$	0	$\cdots$	a_{2j}	$\cdots$	x_{2n}
$\vdots$	$\vdots$	$\vdots$	$\vdots$	$\cdots$	$\vdots$	$\cdots$	$\vdots$	$\cdots$	$\vdots$
c_m	x_m	b_m	0	$\cdots$	1	$\cdots$	a_{mj}	$\cdots$	x_{mn}
	$c_j - z_j$		0	$\cdots$	0	$\cdots$	$c_j - \sum_{i=1}^{m} c_i a_{ij}$	$\cdots$	$c_n - \sum_{i=1}^{m} c_i a_{in}$

2. 单纯形表结构

表的第 1 列为基变量在目标函数中的系数值 C_B,第 2 列和第 3 列为基可行解中的基变量 X_B 及其取值 b。接下来列出问题中所有变量,基变量下面列是单位矩阵,非基变量 x_j 下面数字,是该变量在约束方程的系数向量 P_j 表示成为基向量线性组合时的系数。因 $P_1, P_2, \cdots, P_m$ 是单位向量,故有

$$P_j = a_{1j} P_1 + a_{2j} P_2 + \cdots + a_{mj} P_m$$

表 2-4 最上端的一行数是各变量在目标函数中的系数值。

对 x_j 只要将它下面这一列数字与 C_B 中同行的数字分别相乘,再用它上端 c_j 值减去上述乘积之和有

$$\sigma_j = c_j - (c_1 a_{1j} + c_2 a_{2j} + \cdots + c_m a_{mj}) = c_j - \sum_{i=1}^{m} c_i a_{ij} \tag{2-16}$$

根据单纯形法的计算步骤,结合式(2-16),对 $j=1,2,\cdots,n$,将分别按求得的检验数 σ_j,或写为 (c_j-z_j) 记入表的最下面一行,形成一个迭代后的新的单纯形表,如表 2-5 所示。

表 2-5

	$c_j \rightarrow$		c_1	$\cdots$	c_l	$\cdots$	c_m	$\cdots$	c_j	$\cdots$	c_k	$\cdots$
C_B	X_B	b	x_1	$\cdots$	x_l	$\cdots$	x_m	$\cdots$	x_j	$\cdots$	x_k	$\cdots$
c_1	x_1	$b_1-b_l\dfrac{a_{1k}}{a_{lk}}$	1	$\cdots$	$-\dfrac{a_{1k}}{a_{lk}}$	$\cdots$	0	$\cdots$	$a_{1j}-a_{1k}\dfrac{a_{lj}}{a_{lk}}$	$\cdots$	0	$\cdots$
$\vdots$	$\vdots$	$\vdots$	$\vdots$		$\vdots$		$\vdots$		$\vdots$		$\vdots$	
c_k	x_k	$\dfrac{b_l}{a_{lk}}$	0	$\cdots$	$\dfrac{1}{a_{lk}}$	$\cdots$	0	$\cdots$	$\dfrac{a_{lj}}{a_{lk}}$	$\cdots$	1	$\cdots$
$\vdots$	$\vdots$	$\vdots$	$\vdots$		$\vdots$		$\vdots$		$\vdots$		$\vdots$	
c_m	x_m	$b_m-b_l\dfrac{a_{mk}}{a_{lk}}$	0	$\cdots$	$-\dfrac{a_{mk}}{a_{lk}}$	$\cdots$	1	$\cdots$	$a_{mj}-a_{mk}\dfrac{a_{lj}}{a_{lk}}$	$\cdots$	0	$\cdots$
	c_j-z_j		0	$\cdots$	$-\dfrac{c_k-z_k}{a_{lk}}$	$\cdots$	0	$\cdots$	$(c_j-z_j)-\dfrac{a_{lj}}{a_{lk}}(c_k-z_k)$	$\cdots$	0	$\cdots$

【例 2-6】 用单纯形法求解下述线性规划问题

$$\max z = 3x_1 + 5x_2$$

$$\text{s.t.} \begin{cases} x_1 \leqslant 4 \\ 2x_2 \leqslant 12 \\ 3x_1 + 2x_2 \leqslant 18 \\ x_1, x_2 \geqslant 0 \end{cases}$$

解:首先,将上述问题化成标准形式

$$\max z = 3x_1 + 5x_2 + 0x_3 + 0x_4 + 0x_5$$

$$\text{s.t.} \begin{cases} x_1 + x_3 = 4 \\ 2x_2 + x_4 = 12 \\ 3x_1 + 2x_2 + x_5 = 18 \\ x_j \geqslant 0 \quad (j=1,2,\cdots,5) \end{cases}$$

列出初始单纯形表,如表 2-6 所示。

表 2-6

	$c_j \rightarrow$		3	5	0	0	0
C_B	X_B	b	x_1	x_2	x_3	x_4	x_5
0	x_3	4	1	0	1	0	0
0	x_4	12	0	[2]	0	1	0
0	x_5	18	3	2	0	0	1
	c_j-z_j		3	5	0	0	0

因表 2-6 中有大于零的检验数,故表中基可行解不是最优解。因 $\sigma_2 > \sigma_1$,故确定 x_2 为换入变量。将 b 列除以 p_2 同行数字可得

$$\theta = \min\left\{-, \frac{12}{2}, \frac{18}{2}\right\} = \frac{12}{2} = 6$$

则 2 为主元素，作为标志，对主元素 2 加上方括号[ ]，主元素所在行的基变量为 x_4 作为换出变量。用 x_2 替换基变量 x_4 得到一个新的基 p_3, p_2, p_5，按 2.3.2 单纯形法计算步骤 4)，可以找到新的基可行解，并列出新的单纯形表，如表 2-7 所示。

表 2-7

C_B	X_B	b	$c_j \to$				
			3	5	0	0	0
			x_1	x_2	x_3	x_4	x_5
0	x_3	4	1	0	1	0	0
5	x_2	6	0	1	0	1/2	0
0	x_5	6	[3]	0	0	−1	1
	$c_j - z_j$		3	0	0	−5/2	0

由于表 2-7 中还存在大于零的检验数 σ_1，问题仍没得到最优解，选择 x_1 作为进基变量，由于 $\theta = \min\left\{\dfrac{4}{1}, -, \dfrac{6}{3}\right\} = \dfrac{6}{3} = 2$，选择 x_5 作为出基变量，迭代后见新的单纯形表，如表 2-8 所示。

表 2-8

C_B	X_B	b	$c_j \to$				
			3	5	0	0	0
			x_1	x_2	x_3	x_4	x_5
0	x_3	2	0	0	1	1/3	−1/3
5	x_2	6	0	1	0	1/2	0
3	x_1	2	1	0	0	−1/3	1/3
	$c_j - z_j$		0	0	0	−3/2	−1

表 2-8 中所有 $\sigma_j \leqslant 0$，且基变量中不含人工变量，故表中的基可行解 $X^* = (2, 6, 2, 0, 0)^T$ 为最优解，代入目标函数得最优值为 $z_{\max} = 36$。

本书前面所讲的单纯形法，都是针对极大化问题。对于极小化问题，可以先将其化为标准型，转化为极大化问题，然后进行求解。但当我们掌握了单纯形法的基本原理后，可直接对最小化问题进行求解，此时只需要简单修改使用与最大值问题的判定定理，以及进基变量和出基变量的规则，即相应改变最优检验和进基变量法则即可，如表 2-9 所示。

表 2-9

法则 \ 问题	max	min
最优性检验	所有非基变量的检验数 $\sigma_j \leqslant 0$	所有非基变量的检验数 $\sigma_j \geqslant 0$
进基变量的确定	如果 $\max_j(\sigma_j \mid \sigma_j > 0) = \sigma_k$ 则选择与 σ_k 对应的变量 x_k 为进基变量	如果 $\min_j(\sigma_j \mid \sigma_j < 0) = \sigma_k$ 则选择与 σ_k 对应的变量 x_k 为进基变量
出基变量的确定	如果 $\theta = \min_i\left(\dfrac{b_i}{a_{ik}} \middle| a_{ik} > 0\right) = \dfrac{b_l}{a_{lk}}$，则选择变量 x_l 为出基变量(i 为所有基变量的下标)	

【例 2-7】 用单纯形法求解下述线性规划问题

$$\min z = -3x_1 - 5x_2$$

$$\text{s.t.} \begin{cases} x_1 \leqslant 4 \\ 2x_2 \leqslant 12 \\ 3x_1 + 2x_2 \leqslant 18 \\ x_1, x_2 \geqslant 0 \end{cases}$$

如果将此目标函数化为极大化的话，就是例 2-6 的问题了，现不对目标函数进行处理，直接求解如下：

$$\min z = -3x_1 - 5x_2 + 0x_3 + 0x_4 + 0x_5$$

$$\text{s.t.} \begin{cases} x_1 + x_3 = 4 \\ 2x_2 + x_4 = 12 \\ 3x_1 + 2x_2 + x_5 = 18 \\ x_j \geqslant 0 \quad (j = 1, 2, \cdots, 5) \end{cases}$$

列出初始单纯形表，如表 2-10 所示。

表 2-10

	$c_j \rightarrow$		-3	-5	0	0	0
C_B	X_B	b	x_1	x_2	x_3	x_4	x_5
0	x_3	4	1	0	1	0	0
0	x_4	12	0	[2]	0	1	0
0	x_5	18	3	2	0	0	1
	$c_j - z_j$		-3	-5	0	0	0

因表 2-10 中有小于零的检验数，根据表 2-9 的 min 可知，表中基可行解不是最优解。因 $\sigma_1 > \sigma_2$，故确定 x_2 为换入变量。将 b 列除以 p_2 同行数字可得

$$\theta = \min\left\{-, \frac{12}{2}, \frac{18}{2}\right\} = \frac{12}{2} = 6$$

则 2 为主元素，作为标志对主元素 2 加上方括号[ ]，主元素所在行的基变量为 x_4 作为换出变量。用 x_2 替换基变量 x_4 得到一个新的基 $\boldsymbol{p}_3, \boldsymbol{p}_2, \boldsymbol{p}_5$，按 2.3.2 单纯形法计算步骤 4)，可以找到新的基可行解，并列出新的单纯形表，如表 2-11 所示。

表 2-11

	$c_j \rightarrow$		-3	-5	0	0	0
C_B	X_B	b	x_1	x_2	x_3	x_4	x_5
0	x_3	4	1	0	1	0	0
-5	x_2	6	0	1	0	1/2	0
0	x_5	6	[3]	0	0	-1	1
	$c_j - z_j$		-3	0	0	5/2	0

由于表 2-11 中还存在小于零的检验数 σ_1，问题仍没得到最优解，选择 x_1 作为进基变量，由于

$$\theta = \min\left\{\frac{4}{1}, -, \frac{6}{3}\right\} = \frac{6}{3} = 2$$

选择 x_5 作为出基变量，迭代后见新的单纯形表 2-12。

表 2-12

	$c_j \rightarrow$		-3	-5	0	0	0
C_B	X_B	b	x_1	x_2	x_3	x_4	x_5
0	x_3	2	0	0	1	1/3	$-1/3$
-5	x_2	6	0	1	0	1/2	0
-3	x_1	2	1	0	0	$-1/3$	1/3
	$c_j - z_j$		0	0	0	3/2	1

表 2-12 中所有 $\sigma_j \geqslant 0$，且基变量中不含人工变量，故表中的基可行解 $\boldsymbol{X}^* = (2,6,2,0,0)^T$ 为最优解，代入目标函数得最优值为 $z_{\min} = -36$。

例 2-6 与例 2-7 同时也验证了约束条件一样的情况下，目标函数为 max 的值与目标函数为 min 的值相差一个负号，即互为相反数。

2.4 单纯形法的进一步讨论

一个线性规划问题要用单纯形法来求解，首先要化为规范型，然后才能在此基础上进行迭代。对于约束条件全部为"≤"约束的线性规划问题，通过加入松弛变量可将问题变为标准形式，这些新加入的松弛变量在约束方程组中的系数列向量构成一个单位矩阵，可直接作为初始可行解，因而能顺利进行单纯形表的计算。但是，当约束条件中包含"≥"或"="约束的线性规划问题，化为标准型后，不存在现成的初始可行基，因而不是规范型，即在实际问题中有些模型并不含有单位矩阵，无法直接应用单纯形表法。为了得到一组基向量和初始基本可行解，在约束条件的等式左端加一组虚拟非负变量，将标准型化为规范型，从而得到一组基变量。这样的非负变量，不同于决策变量和松弛变量，这种人为加的变量称为人工变量，构成的可行基称为人工基。这种用人工变量作桥梁的求解方法称为人工变量法。

2.4.1 大 M 法和两阶段法

人工变量不同于松弛变量与剩余变量，在最优解中，后两者可以不为零，但人工变量必须为零，否则将违背原来的等式约束。为了保证人工变量在最优解中等于零，所用的常见方法有两种：大 M 法和两阶段法。

1. 大 M 法

大 M 法的基本思想是约束条件加入人工变量后，求极大值时，将目标函数变为

$$\max z = \sum_{j=1}^{n} c_j x_j - M \sum_{j=n+1}^{n+m} x_j$$

式中 M 为无穷大的正数，因而 $-M\sum_{j=n+1}^{n+m}x_j$ 是无穷小的负数，在迭代过程中，z 要达到极大化，人工变量就会迅速出基。求极小化时，将目标函数变为

$$\min z = \sum_{j=1}^{n}c_jx_j + M\sum_{j=n+1}^{n+m}x_j$$

同理，在迭代过程中，z 要达到极小化，人工变量也会迅速出基。

【例 2-8】 求解下述线性规划问题

$$\max z = 3x_1 - x_2 - x_3$$

$$\text{s.t.} \begin{cases} x_1 - 2x_2 + x_3 \leqslant 11 \\ -4x_1 + x_2 + 2x_3 \geqslant 3 \\ -2x_1 + x_3 = 1 \\ x_1, x_2, x_3 \geqslant 0 \end{cases}$$

解：先将其化为标准形式

$$\max z = 3x_1 - x_2 - x_3 + 0x_4 + 0x_5$$

$$\text{s.t.} \begin{cases} x_1 - 2x_2 + x_3 + x_4 = 11 \\ -4x_1 + x_2 + 2x_3 - x_5 = 3 \quad (2\text{-}17) \\ -2x_1 + x_3 = 1 \quad (2\text{-}18) \\ x_j \geqslant 0 \quad (j=1,2,\cdots,5) \end{cases}$$

由于其标准形式不是单纯形法所要求的规范形式，故需引入人工变量 x_6, x_7，由于约束条件式(2-17)和式(2-18)在添加人工变量前已是等式，为使这些等式得到满足，因此在最优解中，人工变量取值必须为零。为此，令目标函数中人工变量的系数为任意大的负值，用"$-M$"代表。"$-M$"称为"罚因子"，即只要人工变量取值大于零，目标函数就不可能实现最优。因而添加人工变量后，例 2-8 的数学模型形式就变为

$$\max z = 3x_1 - x_2 - x_3 + 0x_4 + 0x_5 - Mx_6 - Mx_7$$

$$\text{s.t.} \begin{cases} x_1 - 2x_2 + x_3 + x_4 = 11 \\ -4x_1 + x_2 + 2x_3 - x_5 + x_6 = 3 \\ -2x_1 + x_3 + x_7 = 1 \\ x_j \geqslant 0 \quad (j=1,2,\cdots,7) \end{cases}$$

用大 M 法求解，如表 2-13 所示。

表 2-13

	$c_j \rightarrow$		3	-1	-1	0	0	$-M$	$-M$
C_B	X_B	b	x_1	x_2	x_3	x_4	x_5	x_6	x_7
0	x_4	11	1	-2	1	1	0	0	0
$-M$	x_6	3	-4	1	2	0	-1	1	0
$-M$	x_7	1	-2	0	[1]	0	0	0	1
	$c_j - z_j$		$3-6M$	$M-1$	$3M-1$	0	$-M$	0	0
0	x_4	10	3	-2	0	1	0	0	-1
$-M$	x_6	1	0	[1]	0	0	-1	1	-2
-1	x_3	1	-2	0	1	0	0	0	1

续表

	c_j-z_j		1	$M-1$	0	0	$-M$	0	$-3M+1$
0	x_4	12	[3]	0	0	1	-2	2	-5
-1	x_2	1	0	1	0	0	-1	1	-2
-1	x_3	1	-2	0	1	0	0	0	1
	c_j-z_j		1	0	0	0	-1	$1-M$	$-1-M$
3	x_1	4	1	0	0	1/3	$-2/3$	2/3	$-5/3$
-1	x_2	1	0	1	0	0	-1	1	-2
-1	x_3	9	0	0	1	2/3	$-4/3$	4/3	$-7/3$
	c_j-z_j		0	0	0	$-1/3$	$-1/3$	$1/3-M$	$2/3-M$

从表 2-13 可以看出，最优解 $x^* = (4,1,9,0,0,0,0)^T$，最优值为 $z_{\max}=2$。

2．两阶段法

用大 M 法处理人工变量，在用手工计算求解时不会碰到麻烦。但用电子计算机求解时，对 M 就只能在计算机内输入一个机器最大字长的数字。如果线性规划问题中的 a_{ij}，b_i，c_j 等参数值与这个代表 M 的数相对比较接近，或远远小于这个数字，由于计算机计算时取值上的误差，有可能使计算结果发生错误。为了克服这个困难，可以对添加人工变量后的线性规划问题分两个阶段来计算，称两阶段法。

两阶段法与大 M 法的目的类似，将人工变量从基变量中换出，以求出原问题的初始基本可行解。将问题分成两个阶段求解，第一阶段的目标函数是

$$\min w = \sum_{j=n+1}^{n+m} x_j$$

约束条件是加入人工变量后的约束方程，当第一阶段的最优解中没有人工变量作基变量时，得到原线性规划的一个基本可行解，第二阶段就以此为基础对原目标函数求最优解。当第一阶段的最优解的目标函数值 $w \neq 0$ 时，说明还有不为零的人工变量是基变量，则原问题无可行解。

当第一阶段求解结果表明问题有可行解时，第二阶段是在原问题中去除人工变量，并从此可行解（即第一阶段的最优解）出发，继续寻找问题的最优解。

例 2-8 用两阶段法求解时，第一阶段的线性规划问题可写为

$$\min w = x_6 + x_7$$

$$\text{s. t.} \begin{cases} x_1 - 2x_2 + x_3 + x_4 = 11 \\ -4x_1 + x_2 + 2x_3 - x_5 + x_6 = 3 \\ -2x_1 + x_3 + x_7 = 1 \\ x_j \geqslant 0 \quad (j=1,2,\cdots,7) \end{cases}$$

当然也可将其进行标准化之后再求解。单纯形法的迭代过程如表 2-14 所示：

表 2-14

$c_j \rightarrow$			0	0	0	0	0	1	1
C_B	X_B	b	x_1	x_2	x_3	x_4	x_5	x_6	x_7
0	x_4	11	1	-2	1	1	0	0	0
1	x_6	3	-4	1	2	0	-1	1	0
1	x_7	1	-2	0	[1]	0	0	0	1
	$c_j - z_j$		6	-1	-3	0	1	0	0
0	x_4	10	3	-2	0	1	0	0	-1
1	x_6	1	0	[1]	0	0	-1	1	-2
0	x_3	1	-2	0	1	0	0	0	1
	$c_j - z_j$		0	-1	0	0	1	0	3
0	x_4	12	3	0	0	1	-2	2	-5
0	x_2	1	0	1	0	0	-1	1	-2
0	x_3	1	-2	0	1	0	0	0	1
	$c_j - z_j$		0	0	0	0	0	1	1

从表中可以看出,第一阶段的最优解 $x^* = (0,1,1,12,0,0,0)^T$,最优值为 $w_{\min} = 0$。转入第二阶段求解如下:

第二阶段需要将表 2-14 中的人工变量 x_6, x_7 除去,目标函数改为
$$\max z = 3x_1 - x_2 - x_3 + 0x_4 + 0x_5$$

再从表 2-14 中的最终单纯形表出发,继续用单纯形法计算,求解过程如表 2-15 所示。

表 2-15

$c_j \rightarrow$			3	-1	-1	0	0
C_B	X_B	b	x_1	x_2	x_3	x_4	x_5
0	x_4	12	[3]	0	0	1	-2
-1	x_2	1	0	1	0	0	-1
-1	x_3	1	-2	0	1	0	0
	$c_j - z_j$		1	0	0	0	-1
3	x_1	4	1	0	0	1/3	$-2/3$
-1	x_2	1	0	1	0	0	-1
-1	x_3	9	0	0	1	2/3	$-4/3$
	$c_j - z_j$		0	0	0	$-1/3$	$-1/3$

从表 2-15 可以看出,最优解 $x^* = (4,1,9,0,0,0,0)^T$,最优值为 $z_{\max} = 2$。

2.4.2 线性规划解的几种情况讨论

在讨论线性规划的图解法时,我们了解到一个线性规划问题的解可能有以下两种情况:

线性规划问题有最优解:

(1) 有可行解,且有唯一最优解(目标函数的等值线与可行域最后交于一点)。

(2) 有可行解,且有无穷多个最优解(目标函数的等值线与可行域最后的交点多于一

点,即与可行域的某条线重合)。

线性规划问题无最优解:

(1) 有可行解,但无最优解(目标函数的等值线与可行域无最后的交点,即无界解,产生无界解的原因是由于在建模时遗漏了某些必要的资源约束条件)。

(2) 无可行解,因而无最优解(约束条件互相矛盾,无公共区域,即可行域为空集)。

那么,在用单纯形法求解线性规划问题时,应如何判断上述解的各种情况呢?下面,我们分别就每种情况进行讨论。

1. 有最优解

(1) 有唯一最优解,见例 2-6。

(2) 有无穷多个最优解。

可用下述方法来判断一个线性规划是否有无穷多个最优解:若在最终单纯形表中,有某一非基变量检验数 $\sigma_k = 0$,且该问题的最优解为非退化解,则该问题存在无穷多个最优解。

【例 2-9】 用单纯形法求解线性规划问题

$$\max z = 4x_1 + 14x_2$$

$$\text{s.t.} \begin{cases} 2x_1 + 7x_2 \leqslant 21 \\ 7x_1 + 2x_2 \leqslant 21 \\ x_1, x_2 \geqslant 0 \end{cases}$$

解:将上述线性规划问题化为规范型后,模型可写成

$$\max z = 4x_1 + 14x_2 + 0x_3 + 0x_4$$

$$\text{s.t.} \begin{cases} 2x_1 + 7x_2 + x_3 = 21 \\ 7x_1 + 2x_2 + x_4 = 21 \\ x_1, x_2, x_3, x_4 \geqslant 0 \end{cases}$$

加入松弛变量后,用单纯形法进行迭代计算,过程如表 2-16 所示。

表 2-16

	$c_j \rightarrow$		4	14	0	0
C_B	X_B	b	x_1	x_2	x_3	x_4
0	x_3	21	2	[7]	1	0
0	x_4	21	7	2	0	1
	$c_j - z_j$		4	14	0	0
14	x_2	3	2/7	1	1/7	0
0	x_4	15	45/7	0	−2/7	1
	$c_j - z_j$		0	0	−2	0

由表 2-16 的单纯形表可以看出,所有 $\sigma_j \leqslant 0$,而由非基变量 x_1 的检验数 $\sigma_1 = 0$ 可知,该线性规划问题有无穷多最优解,最优值为 $z_{\max} = 42$。如按表 2-16 的最终单纯形表继续进行迭代,得表 2-17。

表 2-17

C_B	X_B	b	$c_j \rightarrow$ x_1	x_2	x_3	x_4
			4	14	0	0
14	x_2	3	2/7	1	1/7	0
0	x_4	15	[45/7]	0	−2/7	1
	$c_j - z_j$		0	0	−2	0
14	x_2	7/3	0	1	7/45	−2/45
4	x_1	7/3	1	0	−2/45	7/45
	$c_j - z_j$		0	0	−2	0

由表 2-17 可知,虽然最优解发生了变化,但最优值仍为 $Z_{\max} = 42$。由此可判断,该线性规划问题有无穷多最优解。

2. 无最优解

1) 无界解

可用下述方法来判断一个线性规划是否有无界解:若在最终单纯形表的检验数行中非基变量检验数存在 $\sigma_k > 0$,而该检验数所对应的所有系数列向量 $p_k \leqslant 0$,即 $a_{ik} \leqslant 0 (i=1, 2, \cdots, m)$,则线性规划问题无最优解。

【例 2-10】 用单纯形法求解线性规划问题

$$\max z = 2x_1 + x_2$$

$$\text{s.t.} \begin{cases} x_1 - x_2 \leqslant 2 \\ -2x_1 + x_2 \leqslant 8 \\ x_1, x_2 \geqslant 0 \end{cases}$$

解:将上述线性规划问题化为规范型后,模型可写成

$$\max z = 2x_1 + x_2 + 0x_3 + 0x_4$$

$$\text{s.t.} \begin{cases} x_1 - x_2 + x_3 = 2 \\ -2x_1 + x_2 + x_4 = 8 \\ x_j \geqslant 0 \quad (j=1,2,\cdots,4) \end{cases}$$

以 x_3, x_4 为基变量列出初始单纯形表,进行迭代计算,过程如表 2-18 所示。

表 2-18

C_B	X_B	b	$c_j \rightarrow$ x_1	x_2	x_3	x_4
			2	1	0	0
0	x_3	2	[1]	−1	1	0
0	x_4	8	−2	1	0	1
	$c_j - z_j$		2	1	0	0
2	x_1	2	1	−1	1	0
0	x_4	12	0	−1	2	1
	$c_j - z_j$		0	3	−2	0

由表 2-18 最终单纯形表可知,只有 $\sigma_2>0$,其所对应的所有系数列向量 $a_{12}=-1<0$, $a_{22}=-1<0$,因而无法找到出基变量,则该线性规划问题有无界解(无最优解)。

2) 无可行解

可用下述方法来判断一个线性规划是否无可行解:

(1) 大 M 法求解时,最终单纯形表中含有非零人工变量,则原问题无可行解。

(2) 在两阶段法计算时,当第一阶段的最优值 $w\neq 0$ 时,则原问题无可行解。

【例 2-11】 用单纯形法求解线性规划问题

$$\max z = 2x_1 + x_2$$
$$\text{s.t.} \begin{cases} x_1 + x_2 \leqslant 2 \\ 2x_1 + x_2 \geqslant 8 \\ x_1, x_2 \geqslant 0 \end{cases}$$

解:将上述线性规划问题在添加松弛变量和人工变量化为规范型后,模型可写成

$$\max z = 2x_1 + x_2 + 0x_3 + 0x_4 - Mx_5$$
$$\text{s.t.} \begin{cases} x_1 + x_2 + x_3 = 2 \\ 2x_1 + x_2 - x_4 + x_5 = 8 \\ x_j \geqslant 0 \quad (j=1,2,\cdots,5) \end{cases}$$

以 x_3, x_5 为基变量列出初始单纯形表,进行迭代计算,过程如表 2-19 所示。

表 2-19

	$c_j \to$		2	1	0	0	$-M$
C_B	X_B	b	x_1	x_2	x_3	x_4	x_5
0	x_3	2	[1]	1	1	0	0
$-M$	x_5	8	2	1	0	-1	1
	$c_j - z_j$		$2+2M$	$1+M$	0	$-M$	0
2	x_1	2	1	1	1	0	0
$-M$	x_5	4	0	-1	-2	-1	1
	$c_j - z_j$		0	$-1-M$	$-2-2M$	$-M$	0

由表 2-19 最终单纯形表可以看出,所有 $c_j-z_j \leqslant 0$,基变量中仍含有非零的人工变量 $x_5=4$,故例 2-11 的线性规划问题无可行解。

3. 退化与循环

当基变量取值为零时的基本可行解称为退化解。在应用单纯形法选择出基变量时,如出现多个相等的最小比值,则一定会出现退化解:有多个相等最小比值时应选择最小比值所对应的任意一个基变量作为出基变量;此时不难推导出,对应于相等最小比值但未被选择为出基变量的基变量在下一个基本可行解中的取值将变为零,该基本可行解为退化解。

求解过程中若出现退化解,可能会造成目标函数在后续的若干次迭代中并未优化的现象,如果取值为零的基变量在下一次迭代中被选择为出基变量,那么就会继续出现有基

变量等于零、且目标函数值不变的迭代结果，最极端时还会出现死循环。

【例 2-12】 用单纯形法求解线性规划问题

$$\min z = x_1 + 2x_2 + x_3$$

$$\text{s.t.} \begin{cases} x_1 - 2x_2 + 4x_3 = 4 \\ 4x_1 - 9x_2 + 14x_3 = 16 \\ x_1, x_2, x_3 \geqslant 0 \end{cases}$$

解：用大 M 法，加入人工变量 x_4 与 x_5，构造数学模型

$$\min z = x_1 + 2x_2 + x_3 + Mx_4 + Mx_5$$

$$\text{s.t.} \begin{cases} x_1 - 2x_2 + 4x_3 + x_4 = 4 \\ 4x_1 - 9x_2 + 14x_3 + x_5 = 16 \\ x_j \geqslant 0 \quad (j=1,\cdots,5) \end{cases}$$

以 x_4, x_5 为基变量列出初始单纯形表，进行迭代计算，过程如表 2-20 所示。

表 2-20

	$c_j \to$			1	2	1	M	M
	C_B	X_B	b	x_1	x_2	x_3	x_4	x_5
(1)	M	x_4	4	1	-2	[4]	1	0
	M	x_5	16	4	-9	14	0	1
	$c_j - z_j$			$1-5M$	$2+11M$	$1-18M$	0	0
(2)	1	x_3	1	[1/4]	$-1/2$	1	1/4	0
	M	x_5	2	1/2	-2	0	$-7/2$	1
	$c_j - z_j$			$3/4-1/2M$	$5/2+2M$	0	$-1/4+9/2M$	0
(3)	1	x_1	4	1	-2	4	1	0
	M	x_5	0	0	[-1]	-2	-4	1
	$c_j - z_j$			0	$4+M$	$-3+2M$	$-1+5M$	0
(4)	1	x_1	4	1	0	8	9	-2
	2	x_2	0	0	1	[2]	4	-1
	$c_j - z_j$			0	0	-11	$M-17$	$M+4$
(5)	1	x_1	4	1	-4	0	-7	2
	1	x_3	0	0	1/2	1	2	$-1/2$
	$c_j - z_j$			0	11/2	0	$M+5$	$M-3/2$

由表 2-20 的(3)和(5)可知，得到退化最优解 $x^* = (4,0,0)^T$，最优值为 $z_{\max} = 4$。不难看出，表 2-20(3)~(5)的右端常数没有发生变化，表 2-20(2)的最小比值相同，导致出现退化。若在表 2-20(2)中选 x_5 出基便得到表 2-20(5)，或在表 2-20(3)中选 x_3 进基也得到表 2-20(5)。表 2-20(3)和(5)的最优解从数值上看相同，但它们是两个基本可行解，对应于同一个极点。表 2-20(3)的常数是零，可以选出基行任意非基变量的非零系数作主元素。

本例主要阐述退化解产生的原因与过程。其实，按前面求得最优解的方法可知，计算到表 2-20(3)就已经是最优解了。

【例 2-13】 用单纯形法求解线性规划问题

$$\max z = 4x_1 + 3x_3$$

$$\text{s.t.} \begin{cases} x_1 - x_2 \leqslant 4 \\ 2x_1 + x_3 \leqslant 8 \\ x_1 + x_2 + x_3 \leqslant 6 \\ x_j \geqslant 0 \quad (j = 1, \cdots, 3) \end{cases}$$

解：将上述线性规划问题化为标准形式

$$\max z = 4x_1 + 0x_2 + 3x_3 + 0x_4 + 0x_5 + 0x_6$$

$$\text{s.t.} \begin{cases} x_1 - x_2 + x_4 = 4 \\ 2x_1 + x_3 + x_5 = 8 \\ x_1 + x_2 + x_3 + x_6 = 6 \\ x_j \geqslant 0 \quad (j = 1, \cdots, 6) \end{cases}$$

以 x_4, x_5, x_6 为基变量列出初始单纯形表，进行迭代计算，过程如表 2-21 所示。

表 2-21

	C_B	X_B	b	$c_j \to$ 4 x_1	0 x_2	3 x_3	0 x_4	0 x_5	0 x_6
(1)	0	x_4	4	[1]	−1	0	1	0	0
	0	x_5	8	2	0	1	0	1	0
	0	x_6	6	1	1	1	0	0	1
		$c_j - z_j$		4	0	3	0	0	0
(2)	4	x_1	4	1	−1	0	1	0	0
	0	x_5	0	0	[2]	1	−2	1	0
	0	x_6	2	0	2	1	−1	0	1
		$c_j - z_j$		0	4	3	−4	0	0
(3)	4	x_1	4	1	0	1/2	0	1/2	0
	0	x_2	0	0	1	[1/2]	−1	1/2	0
	0	x_6	2	0	0	0	1	−1	1
		$c_j - z_j$		0	0	1	0	−2	0
(4)	4	x_1	4	1	−1	0	1	0	0
	3	x_3	0	0	2	1	−2	1	0
	0	x_6	2	0	0	0	[1]	−1	1
		$c_j - z_j$		0	−2	0	2	−3	0
(5)	4	x_1	2	1	−1	0	0	1	−1
	3	x_3	4	0	2	1	0	−1	2
	0	x_4	2	0	0	0	1	−1	1
		$c_j - z_j$		0	−2	0	0	−1	−2

由表 2-21 可知，得到退化最优解 $x^* = (2, 0, 4, 2, 0, 0)^T$，最优值为 $z_{\max} = 20$。

通过例 2-12 与例 2-13 可知，退化现象的本质是线性规划问题的多个基本可行解对应于可行域的同一个顶点。在例 2-13 中，表 2-21(2)~(4) 的 3 个基本可行解在数值上

都等于 $(4,0,0,0,0,2)^T$，只不过因为它们是由不同的基变量组合得出的，这 3 个基本可行解被人为区分成了 3 个不同的解，但它们在空间上都对应于可行域的同一个顶点。

在应用单纯形法求解线性规划问题时，选择出基变量时出现了相等的最小比值，都会得到退化解，这是单纯形法特有的问题。如果非基变量的个数为 n_N，选择出基变量时相等最小比值的个数为 n_r（其中 $n_r \geqslant 2$，$n_r = 1$ 表明最小比值为唯一，不会出现退化），则相同的基本可行解的个数为 $C_{n_N+n_r-1}^{n_r-1}$ 个。这是因为，相同最小比值的个数为 n_r，则下一个基本可行解中会有 (n_r-1) 个基变量的取值为 0，而又有 n_N 个为 0 的非基变量，所以相同的基本可行解的个数就是从 (n_N+n_r-1) 个 0 中取出 (n_r-1) 个作为基变量取值的组合数。例如，例 2-13 中共有 3 个非基变量，在选择出基变量时出现了两个相等的最小比值，所以相同的基本可行解的个数为 $C_{3+2-1}^{2-1} = C_4^1 = 4$ 个。表 2-22 列出了例 2-13 中的所有可能的基变量组合，可知，本例中共有 4 个基本可行解对应于同一个顶点（用单纯形法求解时只计算出了 3 个）。

表 2-22

序号	X_B	基 本 解	序号	X_B	基 本 解
1	$(x_1,x_2,x_3)^T$	—	11	$(x_2,x_3,x_4)^T$	$(0,-2,8,2,0,0)^T$
2	$(x_1,x_2,x_4)^T$	$(4,2,0,2,0,0)^T$	12	$(x_2,x_3,x_5)^T$	$(0,-4,10,0,-2,0)^T$
3	$(x_1,x_2,x_5)^T$	$(5,1,0,0,-2,0)^T$	13	$(x_2,x_3,x_6)^T$	$(0,-4,8,0,0,2)^T$
4	$(x_1,x_2,x_6)^T$	$(4,0,0,0,0,2)^T$	14	$(x_2,x_4,x_5)^T$	$(0,6,0,10,8,0)^T$
5	$(x_1,x_3,x_4)^T$	$(2,0,4,2,0,0)^T$	15	$(x_2,x_4,x_6)^T$	—
6	$(x_1,x_3,x_5)^T$	$(4,0,2,0,-2,0)^T$	16	$(x_2,x_5,x_6)^T$	$(0,-4,0,0,8,10)^T$
7	$(x_1,x_3,x_6)^T$	$(4,0,0,0,0,2)^T$	17	$(x_3,x_4,x_5)^T$	$(0,0,6,4,2,0)^T$
8	$(x_1,x_4,x_5)^T$	$(6,0,0,-2,-4,0)^T$	18	$(x_3,x_4,x_6)^T$	$(0,0,8,4,0,-2)^T$
9	$(x_1,x_4,x_6)^T$	$(4,0,0,0,0,2)^T$	19	$(x_3,x_5,x_6)^T$	—
10	$(x_1,x_5,x_6)^T$	$(4,0,0,0,0,2)^T$	20	$(x_4,x_5,x_6)^T$	$(0,0,0,4,8,6)^T$

为避免退化解出现求解时的"死循环"，可以采用查尼斯（A. Charnes）在 1952 年提出的摄动法、丹捷格在 1954 年提出的字典序法或布兰德（R. Bland）在 1976 年提出的 Bland 规则。Bland 规则被认为是操作相对简单且高效的方法，其约定为：取有正检验数的非基变量中下标最小的作为进基变量；在相等最小比值所对应的基变量中，取下标最小的基变量作为出基变量。实际上，例 2-13 的求解过程就在无意中采取了这种规则。

摄动法则约定从相等最小比值对应的基变量中选择下标最大的作为出基变量。摄动法求解例 2-13，其单纯形表求解过程如表 2-23 所示。

表 2-23

		$c_j \rightarrow$		4	0	3	0	0	0
	C_B	X_B	b	x_1	x_2	x_3	x_4	x_5	x_6
	0	x_4	4	1	-1	0	1	0	0
(1)	0	x_5	8	[2]	0	1	0	1	0
	0	x_6	6	1	1	1	0	0	1

续表

				4	0	3	0	0	0
		$c_j - z_j$							
	0	x_4	0	0	−1	−1/2	1	−1/2	0
(2)	4	x_1	4	1	0	1/2	0	1/2	0
	0	x_6	2	0	1	[1/2]	0	−1/2	1
		$c_j - z_j$		0	0	1	0	−2	0
	0	x_4	2	0	0	0	1	−1	1
(3)	4	x_1	2	1	−1	0	0	1	−1
	3	x_3	4	0	2	1	0	−1	2
		$c_j - z_j$		0	−2	0	0	−1	−2

由表 2-23 可知,得到最优解 $\boldsymbol{x}^* = (2,0,4,2,0,0)^\mathrm{T}$,最优值为 $z_{\max} = 20$。

表 2-23 采取了摄动法,迭代次数大为减少。所以,Bland 规则和摄动法的求解效率因问题而异。

单纯形法迭代对于大多数退化解是有效的,很少出现不收敛的情形。1955 年 Beale 提出了一个用单纯形法计算失效的模型

$$\min z = -\frac{3}{4}x_1 + 15x_2 - \frac{1}{2}x_3 + 6x_4$$

$$\text{s. t.} \begin{cases} \frac{1}{4}x_1 - 6x_2 - x_3 + 9x_4 \leqslant 0 \\ \frac{1}{2}x_1 - 9x_2 - \frac{1}{2}x_3 + 3x_4 \leqslant 0 \\ x_3 \leqslant 1 \\ x_j \geqslant 0 \quad (j = 1,2,3,4) \end{cases}$$

加入松弛变量后用单纯形法计算并且按字典序方法(按变量下标顺序)选进基变量,迭代 6 次后又回到初始表,继续迭代出现了无穷的循环,永远得不到最优解.但该模型的最优解为

$$\boldsymbol{x}^* = (1,0,1,0)^\mathrm{T}, \quad z_{\max} = -\frac{5}{4}$$

本 章 小 结

本章首先介绍了线性规划各种解的概念和有关的性质定理,可行解、基本解、基本可行解、基本最优解和最优解之间的联系与区别,线性规划的性质定理,适用于平面直角坐标系的图解法;其次阐述了单纯形法的基本思想,单纯形法的求解步骤;之后,介绍了单纯形法的一般法则及最优性判别准则,以及用单纯形表求解线性规划问题的过程,并进一步介绍了求解线性规划的大 M 法和两阶段法;最后,讨论了线性规划问题解的各种情况。

习 题

1. 用图解法求解下列线性规划问题。

(1) $\min z = 6x_1 + 4x_2$
s.t. $\begin{cases} 2x_1 + x_2 \geq 1 \\ 3x_1 + 4x_2 \geq 1.5 \\ x_1 \geq 0, x_2 \geq 0 \end{cases}$

(2) $\max z = x_1 + x_2$
s.t. $\begin{cases} x_1 - x_2 \geq -1 \\ -0.5x_1 + x_2 \leq 2 \\ x_1 \geq 0, x_2 \geq 0 \end{cases}$

(3) $\max z = 2x_1 + x_2$
s.t. $\begin{cases} x_1 - x_2 \geq 0 \\ 3x_1 - x_2 \leq -3 \\ x_1 \geq 0, x_2 \geq 0 \end{cases}$

(4) $\min z = -8x_1 - 10x_2$
s.t. $\begin{cases} 3x_1 + 4x_2 \leq 10 \\ 5x_1 + 2x_2 \leq 8 \\ x_1 - 2x_2 \leq 2 \\ x_1 \geq 0, x_2 \geq 0 \end{cases}$

2. 将下列线性规划模型化为标准形式。

(1) $\min z = x_1 + 2x_2 + 4x_3$
s.t. $\begin{cases} -3x_1 + 2x_2 + 2x_3 \leq 19 \\ -4x_1 + 3x_2 + 4x_3 \geq 14 \\ 5x_1 - 2x_2 - 4x_3 = -26 \\ x_1 \leq 0, x_2 \geq 0, x_3 \text{ 无约束} \end{cases}$

(2) $\max z = 2x_1 - 3x_2 + x_3$
s.t. $\begin{cases} 3x_1 + x_2 + x_3 \leq 7 \\ 4x_1 + x_2 + 6x_3 \geq 6 \\ -x_1 - x_2 + x_3 = -4 \\ x_1 \geq 0, x_2 \geq 0, x_3 \text{ 无约束} \end{cases}$

3. 用单纯形法求解下述线性规划问题。

(1) $\min z = x_1 + x_2 + 4x_3$
s.t. $\begin{cases} -3x_1 + x_2 + 2x_3 \leq 10 \\ -4x_1 + 2x_2 + 4x_3 \geq 13 \\ 3x_1 - 2x_2 - x_3 \leq 20 \\ x_1 \geq 0, x_2 \geq 0, x_3 \geq 0 \end{cases}$

(2) $\max z = 2x_1 - x_2 + x_3$
s.t. $\begin{cases} 3x_1 + x_2 + x_3 \leq 60 \\ x_1 - x_2 + 2x_3 \leq 10 \\ x_1 + x_2 - 2x_3 \leq 20 \\ x_1, x_2, x_3 \geq 0 \end{cases}$

(3) $\min z = 5x_1 - 2x_2 + 3x_3 + 2x_4$
s.t. $\begin{cases} x_1 + 2x_2 + 3x_3 + 4x_4 \leq 7 \\ 2x_1 + 2x_2 + x_3 + 2x_4 \leq 3 \\ x_1, x_2, x_3, x_4 \geq 0 \end{cases}$

(4) $\max z = 2x_1 - x_2 - 3x_3$
s.t. $\begin{cases} x_1 + x_2 + x_3 = 1 \\ 3x_1 - x_2 + 5x_3 \leq 8 \\ 2x_1 - 4x_2 + 3x_3 \geq 5 \\ x_1 \geq 0, x_2 \geq 0, x_3 \geq 0 \end{cases}$

4. 根据下述问题，建立数学模型。

(1) 制造某机床需要 A、B、C 三种轴，其规格、需要量如表 2-24 所示。各种轴都用长 7.4 米的圆钢来截毛坯。如果制造 100 台机床，问最少要用多少根圆钢？试建立数学模型。

表 2-24

轴 件	规格：长度/米	每台机床所需轴件数量/个
A	2.9	1
B	2.1	1
C	1.2	1

(2) 某罐头食品厂用 A、B 两个等级的西红柿加工成整番茄、番茄汁、番茄酱三种罐头。A，B 原料质量评分分别为 90 分、50 分。为保证产品质量，该厂规定三种罐头的品格（所用原料的质量平均分）如表 2-25 所示。

表 2-25

罐头品名	整番茄	番茄汁	番茄酱
品格/分	≥80	≥60	≥50

该厂现以 0.5 千克 0.6 元的价格购进 1 500 吨西红柿，其中可挑出 A 等西红柿 20%，其余为 B 等。据市场预测，三种罐头的最大需求量为：整番茄 800 万罐，番茄汁 50 万罐，番茄酱 80 万罐。原料耗量为：整番茄 0.75 千克/罐，番茄汁 1.0 千克/罐，番茄酱 1.25 千克/罐。三种罐头的价格及生产费用（其中不包括西红柿原料费）如表 2-26 所示。问该厂应如何拟订西红柿罐头的生产计划才能获利最大？试建立数学模型。

表 2-26

项 目	元/罐		
	整番茄	番茄汁	番茄酱
价格	8.60	9.00	7.60
加工费	2.36	2.64	1.08
其他费用	3.51	3.84	3.17

(3) 某农户年初承包了 40 亩土地，并备有生产专用资金 2 500 元。该户劳动力情况为：春夏季 4 000 工时，秋冬季 3 500 工时。若有闲余工时则将为别的农户帮工，其收入为：春季 0.5 元/工时，夏季 0.4 元/工时。该户承包的地块只适宜种植大豆、玉米、小麦，为此已备齐各种生产资料，因此不必动用现金。另外，该农户还饲养奶牛和鸡。每年每头奶牛需投资 400 元，每只鸡需投资 3 元。每头奶牛需用地 1.5 亩种植饲草，并占用劳动力：春夏季 0.3 工时和秋冬季 0.6 工时，每年净收入 10 元。该农户现有鸡舍最多能容纳 300 只鸡，牛棚最多能容纳 8 头奶牛。三种农作物一年需要的劳动力及收入情况如表 2-27 所示。问该农户应如何拟订经营方案才能使当年净收入最大？试建立该问题的数学模型。

表 2-27

项 目	大 豆	玉 米	小 麦
春夏季需工时/亩	20	35	10
秋冬季需工时/亩	50	75	40
净收入/(元/亩)	50	80	40

第 3 章

线性规划的对偶理论与灵敏度分析

学习目标
1. 理解并掌握对偶问题的概念、原理、定理及基本性质。
2. 能够构建线性规划问题的对偶规划模型。
3. 掌握对偶变量(影子价格)的经济意义及其实际应用。
4. 熟练掌握对偶单纯形法。
5. 掌握灵敏度分析方法。

3.1 线性规划的对偶问题

3.1.1 对偶问题的提出

线性规划与其对偶问题是对同一问题的不同诠释。任何一个最大化的线性规划都有一个最小化的线性规划问题与之对应,称这一对互相联系的两个问题为一对对偶问题。我们将其中一个称为原问题,另一个就称为对偶问题,在求出一个问题的解时,也同时给出了另一问题的解。对偶问题是线性规划的重点与核心部分,本节将讨论线性规划的对偶问题,从而加深对线性规划问题的理解,扩大其应用范围。

【例 3-1】 公司甲生产Ⅰ和Ⅱ两种产品,每种产品需经过三道工序,每件产品在每道工序中的工时定额、每道工序在每天可利用的有效工时和每件产品的利润如表 3-1 所示。试问每种产品各生产多少,可使这一天内生产的产品所获利润最大?

表 3-1

资源\产品	Ⅰ	Ⅱ	每天可用能力
设备	1	2	8 台时
原材料 A	4	0	16 千克
原材料 B	0	4	12 千克
利润/元	2	3	

公司甲在利用自己拥有的资源生产两种产品时，其线性规划问题为

$$\max z = 2x_1 + 3x_2$$

$$\text{s.t.} \begin{cases} x_1 + 2x_2 \leqslant 8 \\ 4x_1 \leqslant 16 \\ 4x_2 \leqslant 12 \\ x_j \geqslant 0 \quad (j = 1,2) \end{cases}$$

现在，从另一个角度来考虑该问题，假定有另一公司乙想把公司甲的资源收买过来，它至少应付出多大代价，才能使公司甲愿意放弃生产活动，出让自己的资源。显然公司甲愿出让自己资源的条件是，出让代价应不低于用同等数量资源由自己组织生产活动时获取的盈利。此时，决策者必须考虑如何为这三种资源定价的问题。设分别用 y_1, y_2, y_3 代表设备、原材料 A 和原材料 B 的单位出让代价。公司甲用 1 小时设备和 4 kg 原材料 A 可生产一件产品 I，盈利 2 元；用 2 小时设备和 4 千克原材料 B 可生产一件产品 II，盈利 3 元。由此 y_1, y_2, y_3 的取值应满足

$$\begin{cases} y_1 + 4y_2 \geqslant 2 & (3\text{-}1) \\ 2y_1 + 4y_3 \geqslant 3 & (3\text{-}2) \end{cases}$$

而又公司乙从自身出发，希望用最小代价把公司甲的全部资源收买过来，故有

$$\min w = 8y_1 + 16y_2 + 12y_3 \tag{3-3}$$

由于价格不能为负值，综合式(3-1)~式(3-3)，得出如下数学模型

$$\min w = 8y_1 + 16y_2 + 12y_3$$

$$\text{s.t.} \begin{cases} y_1 + 4y_2 \geqslant 2 \\ 2y_1 + 4y_3 \geqslant 3 \\ y_1, y_2, y_3 \geqslant 0 \end{cases}$$

上面两模型是对同一问题两种不同决策的数学描述，通常称前者为原问题，后者为前者的对偶问题。它们之间有着一定内在联系，进行比较分析可知，两个模型的对应关系有以下几种：

(1) 两个问题的系数矩阵互为转置。

(2) 一个问题的变量个数等于另一个问题的约束条件个数。

(3) 一个问题的右端系数是另一个问题的目标函数的系数。

3.1.2 对偶问题的数学模型

1. 对称形式的对偶问题

定义 3-1 满足下列条件的线性规划问题称为具有对称形式：其变量均具有非负约束，其约束条件当目标函数求极大时均取"$\leqslant$"，当目标函数求极小时均取"$\geqslant$"。

对称形式下线性规划原问题的一般形式为

$$\max z = c_1 x_1 + c_2 x_2 + \cdots + c_n x_n$$

$$(\text{LP}) \text{ s.t.} \begin{cases} a_{11}x_1 + a_{12}x_2 + \cdots + a_{1n}x_n \leqslant b_1 \\ a_{21}x_1 + a_{22}x_2 + \cdots + a_{2n}x_n \leqslant b_2 \\ \vdots \quad \vdots \quad \vdots \\ a_{m1}x_1 + a_{m2}x_2 + \cdots + a_{mn}x_n \leqslant b_m \\ x_j \geqslant 0 \quad (j=1,2,\cdots,n) \end{cases}$$

将其写成矩阵形式为

$$\max z = CX$$
$$\text{s.t.} \begin{cases} AX \leqslant b \\ X \geqslant 0 \end{cases} \tag{3-4}$$

用 $y_i(i=1,2,\cdots,m)$ 代表第 i 种资源的估价,则其对偶问题的一般形式为

$$\min w = b_1 y_1 + b_2 y_2 + \cdots + b_m y_m$$

$$(\text{DP}) \text{ s.t.} \begin{cases} a_{11}y_1 + a_{21}y_2 + \cdots + a_{m1}y_m \geqslant c_1 \\ a_{12}y_1 + a_{22}y_2 + \cdots + a_{m2}y_m \geqslant c_2 \\ \vdots \quad \vdots \quad \vdots \\ a_{1n}y_1 + a_{2n}y_2 + \cdots + a_{mn}y_m \geqslant c_n \\ y_i \geqslant 0 \quad (i=1,2,\cdots,m) \end{cases}$$

将其写成矩阵形式为

$$\min w = Yb$$
$$\text{s.t.} \begin{cases} YA \geqslant C \\ Y \geqslant 0 \end{cases} \tag{3-5}$$

其中 $Y = (y_1, y_2, \cdots, y_m)$ 是一个行向量,称为对偶变量。

将上述对称形式下线性规划的原问题与对偶问题进行比较,可以列出如表 3-2 所示的对应关系。

表 3-2

项目	原 问 题	对 偶 问 题
A	约束系数矩阵	其约束系数矩阵的转置
B	约束条件的右端项向量	目标函数中的价格系数向量
C	目标函数中的价格系数向量	约束条件的右端项向量
目标函数	$\max z = CX$	$\min w = Yb$
约束条件	$AX \leqslant b$	$YA \geqslant C$
决策变量	$X \geqslant 0$	$Y \geqslant 0$

【例 3-2】 求下述问题的对偶问题

$$\max z = 2x_1 - x_2 - 3x_3 + 4x_4$$

$$\text{s.t.} \begin{cases} x_1 + 2x_2 - 2x_3 \leqslant 4 \\ x_2 \quad -x_4 \leqslant 7 \\ -2x_1 - x_2 + 8x_3 + x_4 \leqslant 10 \\ x_1, \cdots, x_4 \geqslant 0 \end{cases}$$

解：根据表3-2,可直接得出上述规划问题的对偶问题

$$\min w = 4y_1 + 7y_2 + 10y_3$$

$$\text{s. t.} \begin{cases} y_1 - 2y_3 \geqslant 2 \\ 2y_1 + y_2 - y_3 \geqslant -1 \\ -2y_1 + 8y_3 \geqslant -3 \\ -y_2 + y_3 \geqslant 4 \\ y_1, y_2, y_3 \geqslant 0 \end{cases}$$

2. 非对称形式的对偶问题

除了对称形式的对偶关系外,还存在很多非对称形式的对偶关系,如

$$\max z = \boldsymbol{CX}$$
$$\text{s. t.} \begin{cases} \boldsymbol{AX} = \boldsymbol{b} \\ \boldsymbol{X} \geqslant \boldsymbol{0} \end{cases} \tag{3-6}$$

可将式(3-6)转化为对称形式,然后再按对称形式求出其对偶问题。式(3-6)等价于

$$\max z = \boldsymbol{CX} \qquad \max z = \boldsymbol{CX}$$
$$\begin{cases} \boldsymbol{AX} \leqslant \boldsymbol{b} \\ \boldsymbol{AX} \geqslant \boldsymbol{b} \\ \boldsymbol{X} \geqslant \boldsymbol{0} \end{cases} \quad 即 \quad \begin{cases} \boldsymbol{AX} \leqslant \boldsymbol{b} \\ -\boldsymbol{AX} \leqslant -\boldsymbol{b} \\ \boldsymbol{X} \geqslant \boldsymbol{0} \end{cases}$$

此时有 $2m$ 个约束方程组,且各个向量为

$$\boldsymbol{Y} = (\boldsymbol{Y}_1, \boldsymbol{Y}_2), \quad \boldsymbol{Y}_1 = (y_1, \cdots, y_m), \quad \boldsymbol{Y}_2 = (y_{m+1}, \cdots, y_{2m}),$$
$$\boldsymbol{b}' = \begin{pmatrix} b \\ -b \end{pmatrix}, \quad \boldsymbol{A}' = \begin{pmatrix} A \\ -A \end{pmatrix}$$

按对称形式,式(3-6)的对偶问题目标函数可写成

$$\min w = (\boldsymbol{Y}_1, \boldsymbol{Y}_2) \begin{pmatrix} b \\ -b \end{pmatrix} = \boldsymbol{Y}_1 \boldsymbol{b} - \boldsymbol{Y}_2 \boldsymbol{b} = (\boldsymbol{Y}_1 - \boldsymbol{Y}_2) \boldsymbol{b}$$

约束条件可写成

$$\begin{cases} \boldsymbol{Y}_1 \boldsymbol{A} - \boldsymbol{Y}_2 \boldsymbol{A} \geqslant \boldsymbol{C} \\ \boldsymbol{Y}_1 \geqslant \boldsymbol{0}, \boldsymbol{Y}_2 \geqslant \boldsymbol{0} \end{cases} \Rightarrow \begin{cases} (\boldsymbol{Y}_1 - \boldsymbol{Y}_2) \boldsymbol{A} \geqslant \boldsymbol{C} \\ \boldsymbol{Y}_1, \boldsymbol{Y}_2 \geqslant \boldsymbol{0} \end{cases}$$

令

$$\boldsymbol{Y} = \boldsymbol{Y}_1 - \boldsymbol{Y}_2$$

可得式(3-6)的对偶问题

$$\min w = \boldsymbol{Yb}$$
$$\begin{cases} \boldsymbol{YA} \geqslant \boldsymbol{C} \\ \boldsymbol{Y} \text{ 是自由变量} \end{cases}$$

【例 3-3】 求下述问题的对偶问题。

$$\max z = 2x_1 + x_2 + 4x_3 + 3x_4$$

$$\text{s. t.} \begin{cases} x_1 - 2x_2 - x_3 + 2x_4 = 5 \\ x_1 + 2x_2 - 4x_3 + x_4 = 8 \\ 4x_1 - 7x_2 + x_3 + 2x_4 = 10 \\ x_1, x_2, x_3, x_4 \geqslant 0 \end{cases}$$

解：将其化为对称形式为

$$\max z = 2x_1 + x_2 + 4x_3 + 3x_4$$

$$\text{s. t.} \begin{cases} x_1 - 2x_2 - x_3 + 2x_4 \leqslant 5 \\ -x_1 + 2x_2 + x_3 - 2x_4 \leqslant -5 \\ x_1 + 2x_2 - 4x_3 + x_4 \leqslant 8 \\ -x_1 - 2x_2 + 4x_3 - x_4 \leqslant -8 \\ 4x_1 - 7x_2 + x_3 + 2x_4 \leqslant 10 \\ -4x_1 + 7x_2 - x_3 - 2x_4 \leqslant -10 \\ x_1, x_2, x_3, x_4 \geqslant 0 \end{cases}$$

根据对称关系，可直接写出其对偶问题

$$\min w = 5y_1 - 5y_2 + 8y_3 - 8y_4 + 10y_5 - 10y_6$$

$$\text{s. t.} \begin{cases} y_1 - y_2 + y_3 - y_4 + 4y_5 - 4y_6 \geqslant 2 \\ -2y_1 + 2y_2 + 2y_3 - 2y_4 - 7y_5 + 7y_6 \geqslant 1 \\ -y_1 + y_2 - 4y_3 + 4y_4 + y_5 - y_6 \geqslant 4 \\ 2y_1 - 2y_2 + y_3 - y_4 + 2y_5 - 2y_6 \geqslant 3 \\ y_1, y_2, y_3, y_4, y_5, y_6 \geqslant 0 \end{cases}$$

令 $y'_1 = y_1 - y_2$，$y'_2 = y_3 - y_4$，$y'_3 = y_5 - y_6$，可得

$$\min w = 5y'_1 + 8y'_2 + 10y'_3$$

$$\text{s. t.} \begin{cases} y'_1 + y'_2 + 4y'_3 \geqslant 2 \\ -2y'_1 + 2y'_2 - 7y'_3 \geqslant 1 \\ -y'_1 - 4y'_2 + y'_3 \geqslant 4 \\ 2y'_1 + y'_2 + 2y'_3 \geqslant 3 \\ y'_1, y'_2, y'_3 \text{ 自由无约束} \end{cases}$$

3. 混合形式的对偶问题

前面探讨的两种情况，并没有包括所有的线性规划问题。一般情况下，线性规划问题的所有变量中，有些变量要求为"$\leqslant 0$"，有些变量要求为"$\geqslant 0$"，甚至还有些变量对符号没有要求。而在约束条件中，有些约束条件为"$\leqslant$"类型，有些约束条件为"$\geqslant$"类型，还有些约束条件为"$=$"类型，但无论哪种形式，均可化为线性规划问题的对称形式来处理。

【例 3-4】 求下述问题的对偶问题

$$\max z = x_1 + 4x_2 + 3x_3$$

$$\text{s. t.} \begin{cases} 2x_1 + 3x_2 - 5x_3 \leqslant 2 \\ 3x_1 - x_2 + 6x_3 \geqslant 1 \\ x_1 + x_2 + x_3 = 4 \\ x_1 \geqslant 0, x_2 \leqslant 0, x_3 \text{ 自由无约束} \end{cases}$$

解：先化为对称形式，因为目标函数求极大，所以约束条件变为"$\leqslant$"，决策变量"$\geqslant 0$"，令 $x_2' = -x_2, x_3 = x_3' - x_3''$，则有

$$\max z = x_1 - 4x_2' + 3x_3' - 3x_3''$$

$$\text{s. t.} \begin{cases} 2x_1 - 3x_2' - 5x_3' + 5x_3'' \leqslant 2 \\ -3x_1 - x_2' - 6x_3' + 6x_3'' \leqslant -1 \\ x_1 - x_2' + x_3' - x_3'' \leqslant 4 \\ -x_1 + x_2' - x_3' + x_3'' \leqslant -4 \\ x_1, x_2', x_3', x_3'' \geqslant 0 \end{cases}$$

令对应上述 4 个约束条件的对偶变量分别为 y_1, y_2', y_3', y_3''，则有

$$\min w = 2y_1 - y_2' + 4y_3' - 4y_3''$$

$$\text{s. t.} \begin{cases} 2y_1 - 3y_2' + y_3' - y_3'' \geqslant 1 & (1) \\ -3y_1 - y_2' - y_3' + y_3'' \geqslant -4 & (2) \\ -5y_1 - 6y_2' + y_3' - y_3'' \geqslant 3 & (3) \\ 5y_1 + 6y_2' - y_3' + y_3'' \geqslant -3 & (4) \\ y_1, y_2', y_3', y_3'' \geqslant 0 \end{cases}$$

令 $y_2 = -y_2', y_3 = y_3' - y_3''$，将上边(3),(4)两个约束条件合并，得

$$\min w = 2y_1 + y_2 + 4y_3$$

$$\text{s. t.} \begin{cases} 2y_1 + 3y_2 + y_3 \geqslant 1 \\ 3y_1 - y_2 + y_3 \leqslant 4 \\ -5y_1 + 6y_2 + y_3 = 3 \\ y_1 \geqslant 0, y_2 \leqslant 0, y_3 \text{ 自由无约束} \end{cases}$$

经过以上分析，可以总结出原规划与对偶规划相关数据间的联系，如表 3-3 所示。

表 3-3

项 目		原问题(对偶问题)	对偶问题(原问题)	
A		约束条件系数矩阵	约束条件系数矩阵的转置	
b		约束条件右端项向量	目标函数中的价格系数向量	
c		目标函数中的价格系数向量	约束条件右端项向量	
目标函数		max z	min w	
n 个变量	变量 $\geqslant 0$		约束条件 $\geqslant$	n 个约束
	变量 $\leqslant 0$		约束条件 $\leqslant$	
	变量无限制		约束条件 =	
m 个约束	约束条件 $\leqslant$		变量 $\geqslant 0$	m 个变量
	约束条件 $\geqslant$		变量 $\leqslant 0$	
	约束条件 =		变量无限制	

3.1.3 对偶问题的基本性质

为了揭示原问题的解和对偶问题的解之间的相互关系,本部分内容将讨论对偶问题的一些基本性质。

设原问题为

$$\max z = CX \\ \begin{cases} AX \leqslant b \\ X \geqslant 0 \end{cases} \tag{3-7}$$

其对偶问题为

$$\min w = Yb \\ \begin{cases} YA \geqslant C \\ Y \geqslant 0 \end{cases} \tag{3-8}$$

1. 对称性

线性规划对偶问题的对偶问题就是原问题。

证明:

原问题: $\max z = CX$, $\begin{cases} AX \leqslant b \\ X \geqslant 0 \end{cases}$ 由表 3-2 可知,其对偶问题为 $\min w = Yb$, $\begin{cases} YA \geqslant C \\ Y \geqslant 0 \end{cases}$

将式(3-8)进行变换,可得 $\max(-w) = -Yb$, $\begin{cases} -YA \leqslant -C \\ Y \geqslant 0 \end{cases}$

根据对称形式的对偶问题相互关系,可得出其对偶问题是

$\min(-w') = -CX$, $\begin{cases} -AX \geqslant -b \\ X \geqslant 0 \end{cases}$,由于 $-\min(-w') = \max w'$,令 $z = w'$,可得 $\max z = CX$, $\begin{cases} AX \leqslant b \\ X \geqslant 0 \end{cases}$,即为原问题。

2. 弱对偶性

若 $\bar{X}$ 是原问题(3-7)的可行解,$\bar{Y}$ 是对偶问题(3-8)的可行解,则一定有 $C\bar{X} \leqslant \bar{Y}b$。

证明: 由于 $\bar{X}$ 是式(3-7)的可行解,故有 $\begin{cases} A\bar{X} \leqslant b \\ \bar{X} \geqslant 0 \end{cases}$

又由于 $\bar{Y}$ 是式(3-8)的可行解,故有 $\begin{cases} \bar{Y}A \geqslant C \\ \bar{Y} \geqslant 0 \end{cases}$

用 $\bar{Y}$ 左乘 $A\bar{X} \leqslant b$,可得 $\bar{Y}A\bar{X} \leqslant \bar{Y}b$;用 $\bar{X}$ 右乘 $\bar{Y}A \geqslant C$,可得 $\bar{Y}A\bar{X} \geqslant C\bar{X}$,因此有

$$C\bar{X} \leqslant \bar{Y}A\bar{X} \leqslant \bar{Y}b$$

由弱对偶性，可得出以下推论：

推论 1 若 $\overline{X}$ 和 $\overline{Y}$ 分别是原问题(3-7)和对偶问题(3-8)的可行解，则对偶问题(3-8)的最小值不会小于原问题(3-7)的 $C\overline{X}$[即 $C\overline{X}$ 为对偶问题(3-8)的目标函数的一个下界]；而原问题(3-7)的最大值不会大于 $\overline{Y}b$[即 $\overline{Y}b$ 为原问题(3-7)的目标函数的一个上界]。

推论 2 互为对偶的一对线性规划问题，如果其中一个有可行解，但目标函数值无界（求最大的目标函数无上界，求最小的目标函数无下界），则另一个必无可行解。

推论 3 互为对偶的一对线性规划问题，如果其中一个有可行解，另一个无可行解，则这个可行解的目标函数值无界。

原问题与对偶问题的解的对应关系如表 3-4 所示。

表 3-4

原 问 题	对偶问题
有可行解，且有最优解	有可行解，且有最优解
有可行解，但无最优解	无可行解
无可行解	无可行解
无可行解	有可行解，但无最优解

3. 最优性

若 $\hat{X}$ 是原问题的可行解，$\hat{Y}$ 是其对偶问题的可行解，且 $C\hat{X}=\hat{Y}b$，则 $\hat{X}$ 和 $\hat{Y}$ 分别是它们对应线性规划的最优解。

证明：假设 X、Y 分别是原问题、对偶问题的任意可行解，根据弱对偶定理可知

$$CX \leqslant \hat{Y}b, \quad Yb \geqslant C\hat{X}$$

又已知

$$C\hat{X} = \hat{Y}b$$

可得

$$CX \leqslant C\hat{X}, \quad Yb \geqslant \hat{Y}b$$

由此可见，$\hat{X}$、$\hat{Y}$ 分别为原问题与其对偶问题的最优解。

4. 强对偶定理

如果原问题和对偶问题中有一个有最优解，则另一个问题也必存在最优解，且两个问题的最优解的目标函数值相等。

证明：设式(3-7)存在最优解，将其化为标准型，则有

$$\max z = CX + C_a X_a$$

$$\text{s.t.} \begin{cases} AX + IX_a = b \\ X \geqslant 0, X_a \geqslant 0 \end{cases}$$

设原问题的最优解为 $X^{(0)}$，基为 B，则有

$$X^{(0)} = \begin{bmatrix} X^* \\ X_a^* \end{bmatrix}, \quad \sigma_j = C_j - C_B B^{-1} P_j \leqslant 0$$

即

$$(C, C_a) - C_B B^{-1}(A, I) \leqslant 0 \Rightarrow \begin{cases} C - C_B B^{-1} A \leqslant 0 \\ C_a - C_B B^{-1} I \leqslant 0 \end{cases} \Rightarrow \begin{cases} C_B B^{-1} A \geqslant C \\ C_B B^{-1} \geqslant 0 \end{cases}$$

令

$$C_B B^{-1} = Y^{(0)} \quad 则有 \quad \begin{cases} Y^{(0)} A \geqslant C \\ Y^{(0)} \geqslant 0 \end{cases}$$

所以 $Y^{(0)}$ 是对偶问题的一个可行解。

由最优性可知

$$w^{(0)} = Y^{(0)} b = C_B B^{-1} b = C_B X_B = z^{(0)}$$

因此,另一个问题也必存在最优解,且两个问题的最优解的目标函数值相等。

5. 互补松弛性(松紧定理)

在线性规划问题的最优解中,如果对应某一约束条件的对偶变量值为非零,则该约束取严格等式;反之如果约束条件取严格不等式,则其对应的对偶变量一定为零。也即

若 $\hat{y}_i > 0$,则有 $\sum_{j=1}^{n} a_{ij} \hat{x}_j = b_i$,即 $\hat{x}_{si} = 0$;若 $\sum_{j=1}^{n} a_{ij} \hat{x}_j < b_i$,即 $\hat{x}_{si} > 0$,则有 $\hat{y}_i = 0$

因此一定有 $\hat{y}_i \cdot \hat{x}_{si} = 0$。

证明:由弱对偶性知

$$\sum_{j=1}^{n} c_j \hat{x}_j \leqslant \sum_{i=1}^{m} \sum_{j=1}^{n} a_{ij} \hat{x}_j \hat{y}_i \leqslant \sum_{i=1}^{m} b_i \hat{y}_i$$

又根据最优性 $\sum_{j=1}^{n} c_j \hat{x}_j = \sum_{i=1}^{m} b_i \hat{y}_i$,故上式中应全为等式。由上式右端等式得

$$\sum_{i=1}^{m} \left(\sum_{j=1}^{n} a_{ij} \hat{x}_j - b_i \right) \hat{y}_i = 0$$

因 $\hat{y}_i \geqslant 0$, $\sum_{j=1}^{n} a_{ij} \hat{x}_j - b_i \leqslant 0$,故上式成立必须对所有 $(i=1,2,\cdots,m)$,有

$$\left(\sum_{j=1}^{n} a_{ij} \hat{x}_j - b_i \right) \hat{y}_i = 0$$

由此,当 $\hat{y}_i > 0$ 时,必有 $\sum_{j=1}^{n} a_{ij} \hat{x}_j - b_i = 0$;当 $\sum_{j=1}^{n} a_{ij} \hat{x}_j - b_i < 0$ 时,必有 $\hat{y}_i = 0$。

将互补松弛性质应用于其对偶问题时可以这样叙述:

若 $\hat{x}_j > 0$,则有 $\sum_{i=1}^{m} a_{ij} y_i = c_j$;若 $\sum_{i=1}^{m} a_{ij} y_i > c_j$,则有 $\hat{x}_j = 0$

互补松弛性,又称松紧定理。"松""紧"是对约束而言的。

若某个线性规划的约束条件为严格的等式约束,则称该约束为紧约束(是有约束力的)。若某个线性规划的约束条件为严格的不等式约束,则称该约束为松约束(是不起作

用的约束)。

互补松弛性定理的应用:在已知一个问题的最优解时,可求其对偶问题的最优解。

【例 3-5】 已知线性规划问题
$$\min z = 8x_1 + 6x_2 + 3x_3 + 6x_4$$
$$\text{s.t.} \begin{cases} x_1 + 2x_2 + x_4 \geqslant 3 \\ 3x_1 + x_2 + x_3 + x_4 \geqslant 6 \\ x_3 + x_4 \geqslant 2 \\ x_1 + x_3 \geqslant 2 \\ x_j \geqslant 0 \quad (j=1,2,3,4) \end{cases}$$

已知其最优解为 $\boldsymbol{X}^* = (1,1,2,0)^{\mathrm{T}}$,求对偶问题的最优解。

解:对偶问题是
$$\max w = 3y_1 + 6y_2 + 2y_3 + 2y_4$$
$$\text{s.t.} \begin{cases} y_1 + 3y_2 + y_4 \leqslant 8 & (1) \\ 2y_1 + y_2 \leqslant 6 & (2) \\ y_2 + y_3 + y_4 \leqslant 3 & (3) \\ y_1 + y_2 + y_3 \leqslant 6 & (4) \\ y_1, y_2, y_3, y_4 \geqslant 0 \end{cases}$$

已知原问题的最优解为 $\boldsymbol{X}^* = (1,1,2,0)^{\mathrm{T}}$,又因为 $x_1^* = 1, x_2^* = 1, x_3^* = 2 > 0, x_4^* = 0$,得(1)、(2)、(3)约束条件为严格等式,设对偶问题的最优解为 $\boldsymbol{Y}^* = (y_1^*, y_2^*, y_3^*, y_4^*)^{\mathrm{T}}$,即有
$$\begin{cases} y_1^* + 3y_2^* + y_4^* = 8 \\ 2y_1^* + y_2^* = 6 \\ y_2^* + y_3^* + y_4^* = 3 \end{cases}$$

将 $x_1^*, x_2^*, x_3^*, x_4^*$ 的值代入约束条件,有 $y_4^* = 0$,此时
$$\begin{cases} y_1^* + 3y_2^* = 8 \\ 2y_1^* + y_2^* = 6 \\ y_2^* + y_3^* = 3 \end{cases}$$

求解后得到 $y_1^* = 2, y_2^* = 2, y_3^* = 1$。

故对偶问题的最优解为 $\boldsymbol{Y}^* = (2,2,1,0)^{\mathrm{T}}, z^* = 20$。

【例 3-6】 已知线性规划问题
$$\max z = x_1 + 2x_2 + 3x_3 + 4x_4$$
$$\text{s.t.} \begin{cases} x_1 + 2x_2 + 2x_3 + 3x_4 \leqslant 20 \\ 2x_1 + x_2 + 3x_3 + 2x_4 \leqslant 20 \\ x_1, x_2, x_3, x_4 \geqslant 0 \end{cases}$$

已知其对偶的最优解为 $(1.2, 0.2)^{\mathrm{T}}$,求其最优解与最优值。

解:该问题的对偶问题为

$$\min w = 20y_1 + 20y_2$$

$$\text{s.t.} \begin{cases} y_1 + 2y_2 \geq 1 & (1) \\ 2y_1 + y_2 \geq 2 & (2) \\ 2y_1 + 3y_2 \geq 3 & (3) \\ 3y_1 + 2y_2 \geq 4 & (4) \\ y_1, y_2 \geq 0 \end{cases}$$

将 $y_1=1.2, y_2=0.2$ 代入约束条件的式(1)与式(2)为严格不等式,由互补松弛性得 $x_1^*=0$,$x_2^*=0$,因为 $y_1, y_2 > 0$ 故有

$$\begin{cases} 2x_3^* + 3x_4^* = 20 \\ 3x_3^* + 2x_4^* = 20 \end{cases}$$

最后求得 $x_3^*=4, x_4^*=4$,即最优解:$\boldsymbol{X}^*=(0,0,4,4)^T$,目标函数最优值:$z^*=28$。

3.2 影子价格

定义 3-2 根据上节对偶问题的基本性质可以看出,当线性规划原问题求得最优解 x_j^* $(j=1,2,\cdots,n)$ 时,其对偶问题也得到最优解 y_i^* $(i=1,2,\cdots,m)$,且代入各自的目标函数后有

$$z^* = \sum_{j=1}^{n} c_j x_j^* = \sum_{i=1}^{m} b_i y_i^* = w^*$$

其中 b_i 是原问题约束条件的右端项,它代表第 i 种资源的拥有量;对偶变量 y_i^* 的意义代表在资源最优利用条件下对第 i 种资源的单位估价,但这种估价不是资源的市场价格,而是根据资源对生产所作的贡献而作的估价,其反映的是资源在企业内部的价值。为区别起见,称为影子价格,即卖主的内控价格。

(1) 资源的市场价格是其价值的客观体现,相对比较稳定,而它的影子价格则依赖于资源的利用情况,是未知数。因企业生产任务、产品结构等情况发生变化,资源的影子价格也随之变化。

(2) 影子价格是一种边际价格,在 $z^* = \sum_{i=1}^{m} b_i y_i^*$ 对 b_i 求偏导数得 $\frac{\partial z^*}{\partial b_i} = y_i^*$。这说明 y_i^* 的值相当于在资源得到最优利用的生产条件下,b_i 每增加一个单位时目标函数 z 的增量。

例

$$\max z = 56x_1 + 30x_2$$

$$\begin{cases} 4x_1 + 3x_2 \leq 120 & (1) \\ 2x_1 + x_2 \leq 50 & (2) \\ x_1, x_2 \geq 0 \end{cases}$$

$z^*=1440$,$\boldsymbol{X}^*=(15,20)^T$,$\boldsymbol{Y}^*=(2,24)$,这说明增加这两种资源都会引起目标值的增加,也就是说,它们都是稀缺资源。式(1)从 120 增加到 121,$z^*=1442$,(1)的边际价格为 2;式(2)从 50 增加到 51,$z^*=1464$,(2)的边际价格为 24。

(3) 资源的影子价格实际上是一种机会成本。在完全市场经济条件下,当某种资源的市场价低于影子价格时可以买进这种资源,反之某种资源的市场价高于影子价格时可以卖出这种资源。随着资源的买进与卖出,影子价格也随之变化,一直到这种资源的市场价与影子价格保持在同等水平,才处于平衡状态。

(4) 影子价格的大小客观地反映了资源的稀缺程度。在上一节对偶问题的互补松弛性质中有 $\sum_{j=1}^{n} a_{ij} x_j < b_i$ 时,$\hat{y}_i = 0$,资源供大于求,即达到最优解时,资源并没用完,为非稀缺资源(未得到充分利用),该种资源的影子价格为零,增加该资源的供应不会引起目标函数值的增加;当 $\hat{y}_i > 0$ 时,有 $\sum_{j=1}^{n} a_{ij} \hat{x}_j = b_i$,即当资源的影子价格不为零时,表明该种资源在生产中已耗费完毕,增加该资源的供应,会引起目标函数值的增加($y_i =$增加量)。注意,当出现退化的最优解时,会出现某种资源 i 刚好耗尽,而并非稀缺,但影子价格 y_i 仍大于零的情况(对于 y_i 的 i 个约束条件的松弛变量取值为零)。这时 b_i 值的任何增加只会带来该种资源的剩余,而不会增加利润值。

(5) 从影子价格的含义上再来考察单纯形表的计算。

$$\sigma_j = c_j - \boldsymbol{C}_B \boldsymbol{B}^{-1} \boldsymbol{P}_j = c_j - \sum_{i=1}^{m} a_{ij} y_i$$

上式中 c_j 代表第 j 种产品的价格,$\sum_{i=1}^{m} a_{ij} y_i$ 是生产该种产品所消耗各项资源的影子价格的总和,即隐含成本。可以根据这种产品的隐含成本来定这种产品价格与作生产计划安排。例:如果增加某种产品,告知新产品的定价标准。假设该产品对两种资源的消耗分别为 3 个单位(每个单位 2 元)与 2 个单位(每个单位 24 元),问销价应为多少才能盈利?

$$3 \times 2 \text{元} + 2 \times 24 \text{元} = 54 \text{元}$$

所以,售价大于 54 元,才盈利。如售价小于 54 元,不如把资源投入其他产品中。

(6) 一般来说,对线性规划问题的求解是确定资源的最优分配方案,而对于对偶问题的求解则是确定对资源的恰当估价,这种估价直接涉及资源的最有效利用。

以上所有的讨论都是在原来的最优基不变的基础上进行的,如果原来的最优基发生了变化,就要用灵敏度分析的方法来讨论了。

3.3 对偶单纯形法

1. 对偶单纯形法基本思路

对偶单纯形法是应用 3.1.3 对偶问题的基本性质,来求解原始线性规划最优解的一种方法,并不是求解对偶规划的单纯形法。当然,根据最优性,在求得原始规划最优解的同时也求出了对偶规划的最优解。

对偶单纯形法基本思路是:首先从原始规划的一个基本解出发,该基本解并不一定是可行解,其对应着一个对偶可行解(检验数非正)。然后检验原始规划的基本解是否可行,如可行,则该基本解是最优解;如不可行,则进行迭代,求得另一组基本解和对偶可行解,直至找到最优解为止。也就是说,对偶单纯形法在迭代过程中始终保持对偶解的可行性(即检验数非正),使原始规划的基本解由不可行逐步变为可行,当同时得到对偶规划和原始规划的可行解时,便得到了原始规划的最优解。对偶单纯形法正是基于这种思路而产生的,其基本思想就是在保持对偶解可行性的条件下,通过逐步迭代实现原始规划基本解的可行。

通过上面的分析,对偶单纯形法的使用条件有两点:其一是基本解 b 列中至少有一个基变量的取值为负;其二是在检验数行中,全部的检验数为非正。

实施对偶单纯形法的基本原则是在保持对偶可行的前提下进行基变换,在每一次迭代过程中,应将取值为负的一个基变量作为换出变量去替代某个非基变量,从而使原始规划的非可行解向可行解靠近,最终成为可行解的同时,也变成最优解。

2. 对偶单纯形法的计算步骤

设某标准形式的线性规划问题

$$\max z = CX$$

$$\text{s.t.} \begin{cases} AX = b \\ X \geqslant 0 \end{cases}$$

(1) 列出初始单纯形表,计算检验数,检查是否满足对偶单纯形法使用条件,若满足,转下一步,如图 3-1 所示。

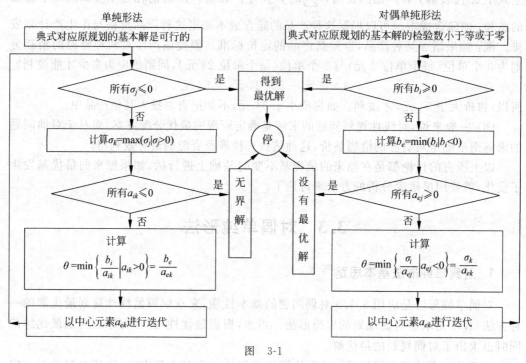

图 3-1

(2) 进行基变换。确定出基变量:其原则是选择基本解列中负元素对应的变量作为出基变量。一般情况下:

$$b_r = \min\{b_i \mid b_i < 0\}$$

选择最小负元素对应的基变量 x_r 作为换出变量,对应的行称为主元行。

确定进基变量:其原则是在保持对偶可行性的前提下减少原始规划不可行性。这样,只需计算检验数行元素与主元素行的比值,称为"对偶 θ 准则",即

$$\theta = \frac{\sigma_k}{a_{rk}} = \min_j \left\{ \frac{\sigma_j}{a_{rj}} \middle| a_{rj} < 0 \right\} = \min_j \left\{ \frac{c_j - z_j}{a_{rj}} \middle| a_{rj} < 0 \right\} = \frac{c_k - z_k}{a_{rk}}$$

则选择 x_k 作为换入变量,x_k 所对应的系数列即是主元素列。在考虑比值时,只取主元素行的负元素,是由于对于主元素行的正元素和零元素而言,对应变化后的新检验数肯定保持小于零,即对偶可行性自然满足。

(3) 线性方程组的初等行变换。将主元素化为1,主元素所在的列化为单位向量,并相应地可以得到一个新的单纯形表,返回步骤(1),用新的单纯形表代替原来的表格,然后继续步骤(2)、(3)。

重复以上步骤,直至 b 列基变量的取值全部变成非负元素即得到最优单纯形表。

为便于对照,现将单纯形法与对偶单纯形法的求解步骤框架图一并画在图 3-1 中。

【例 3-7】 用对偶单纯形法求解下述线性规划问题

$$\min w = 10y_1 + 8y_2$$

$$\text{s.t.} \begin{cases} 2y_1 + y_2 \geqslant 3 \\ y_1 + y_2 \geqslant 2 \\ y_1, y_2 \geqslant 0 \end{cases}$$

解:将上式进行标准化

$$\max z = -10y_1 - 8y_2 + 0y_3 + 0y_4$$

$$\begin{cases} -2y_1 - y_2 + y_3 = -3 \\ -y_1 - y_2 + y_4 = -2 \\ y_1, y_2, y_3, y_4 \geqslant 0 \end{cases}$$

列出单纯形表,并用上述对偶单纯形表求解步骤进行计算,其过程如表 3-5 所示。

表 3-5

C_B	基	b	$c_j \rightarrow$			
			-10	-8	0	0
			y_1	y_2	y_3	y_4
0	y_3	-3	$[-2]$	-1	1	0
0	y_4	-2	-1	-1	0	1
	$c_j - z_j$		-10	-8	0	0
-10	y_1	$3/2$	1	$1/2$	$-1/2$	0
0	y_4	$-1/2$	0	$[-1/2]$	$-1/2$	1
	$c_j - z_j$		0	-3	-5	0
-10	y_1	1	1	0	-1	1
-8	y_2	1	0	1	1	-2
	$c_j - z_j$		0	0	-2	-6

从上例可以看出,用对偶单纯形法求解线性规划问题时,当约束条件为"$\geqslant$"时,不必引进人工变量,使计算简化。但在初始单纯形表中其对偶问题应是基可行解这点,对多数

线性规划问题很难实现。因此对偶单纯形法一般不单独使用，而主要应用于灵敏度分析及整数规划等有关内容中。

【例 3-8】 用对偶单纯形法求解下述线性规划问题

$$\min z = 3x_1 + 4x_2 + 5x_3$$

$$\text{s.t.} \begin{cases} x_1 + 2x_2 + 3x_3 \geqslant 5 \\ 2x_1 + 2x_2 + x_3 \geqslant 6 \\ x_1, x_2, x_3 \geqslant 0 \end{cases}$$

解：引入松弛变量，则有

$$\min z = 3x_1 + 4x_2 + 5x_3 + 0x_4 + 0x_5$$

$$\text{s.t.} \begin{cases} -x_1 - 2x_2 - 3x_3 + x_4 = -5 \\ -2x_1 - 2x_2 - x_3 + x_5 = -6 \\ x_1, x_2, x_3, x_4, x_5 \geqslant 0 \end{cases}$$

用对偶单纯形法进行求解，其过程如表 3-6 所示。

表 3-6

	$c_j \rightarrow$		3	4	5	0	0
C_B	X_B	b	x_1	x_2	x_3	x_4	x_5
0	x_4	−5	−1	−2	−3	1	0
0	x_5	−6	[−2]	−2	−1	0	1
	$c_j - z_j$		3	4	5	0	0
0	x_4	−2	0	[−1]	−5/2	1	−1/2
3	x_1	3	1	1	1/2	0	−1/2
	$c_j - z_j$		0	1	7/2	0	3/2
4	x_2	2	0	1	5/2	−1	1/2
3	x_1	1	1	0	−2	1	−1
	$c_j - z_j$		0	0	1	1	1

最优解为 $\boldsymbol{X} = (1, 2, 0, 0, 0)^T$，最优值为 $z = 11$。

这里需要补充指出一点，对于求目标函数极小值的问题，确定进基变量的 θ 法则如下：若

$$\theta = \min\left\{\frac{\sigma_j}{-a_{kj}} \middle| j = m+1, m+2, \cdots, n; a_{kj} < 0\right\} = \frac{\sigma_l}{-a_{kl}}$$

则取 x_l 为进基变量。

需要指出的是，如果将目标函数极小值问题转化为极大值，其最终求解方法与本节对偶单纯形法计算步骤中的第（2）步是一致的。

3.4 灵敏度分析

在线性规划问题中，目标函数、约束条件的系数以及资源的限制量等都当作确定的常数，并在这些系数值的基础上求得最优解。但是实际上，这些系数或资源限制并不是一成

不变的,它们是一些估计或预测的数字,比如价值系数随市场的变化而变化,约束系数随着工艺的变化或消耗定额的变化而变化,计划期的资源限制量也是经常变化的。这些系数变化,最优解会受到什么影响,最优解对哪些参数的变动最敏感?

分析线性规划模型的某些系数的变动对最优解的影响,被称作灵敏度分析。

灵敏度分析主要解决以下两个问题:

(1) 这些系数在什么范围内变化时,原先求出的最优解或最优基不变,即最优解相对参数的稳定性。

(2) 如果系数的变化引起了最优解的变化,如何用最简便的方法求出新的最优解。

3.4.1 目标函数中系数 C 的分析

分别就非基变量和基变量的价值系数两种情况来讨论。

(1) 设非基变量 x_j 的价值系数,有增量 Δc_j,其他参数不变,求 Δc_j 的范围使原最优解不变。

由于 c_j 是非基变量的价值系数,因此它的改变仅仅影响检验数 σ_j 的变化,而对其他检验数没有影响。由于 $\bar{\sigma}_j = c_j + \Delta c_j - \boldsymbol{C}_B \boldsymbol{B}^{-1} \boldsymbol{P}_j = \sigma_j + \Delta c_j \leqslant 0$ 知,当 $\Delta c_j \leqslant -\sigma_j$ 时,原最优解不变。

(2) 设基变量 x_{Br} 的价值系数 c_{Br} 有增量 Δc_{Br},其他参数不变,求 Δc_{Br} 的范围使最优解不变。

由于 c_{Br} 是基变量的价值系数,因此它的变化将影响所有非基变量检验数的变化。由新的非基变量检验数:

$\bar{\sigma}_j = c_j - [\boldsymbol{C}_B + (0, \cdots, \Delta c_{Br}, \cdots, 0)] \boldsymbol{B}^{-1} \boldsymbol{P}_j = \sigma_j - (0, \cdots, \Delta c_{Br}, \cdots, 0) \boldsymbol{B}^{-1} \boldsymbol{P}_j = \sigma_j - a_{rj} \Delta c_{Br} \leqslant 0$ 可知:当 $\max\left\{\dfrac{\sigma_j}{a_{rj}} \middle| a_{rj} > 0\right\} \leqslant \Delta c_{Br} \leqslant \min\left\{\dfrac{\sigma_j}{a_{rj}} \middle| a_{rj} < 0\right\}$ 时,最优解不变。

【例 3-9】 已知一个例子的最优解以及最优值如表 3-7 所示。

表 3-7

C_B	X_B	b	$c_j \to$			
			6	4	0	0
			x_1	x_2	x_3	x_4
0	x_3	100	2	3	1	0
0	x_4	120	4	2	0	1
	$c_j - z_j$		6	4	0	0
			⋯			
4	x_2	20	0	1	1/2	−1/4
6	x_1	20	1	0	−1/4	3/8
	$c_j - z_j$		0	0	−1/2	−5/4

(1) 求使原最优解不变的 Δc_2 的变化范围。

(2) 若 c_1 变为 12,求新的最优解。

解:(1) c_2 即 c_{b1} 是基变量价值系数,用非基变量的检验数与单纯形表第一行相应元素相比得：$\dfrac{-\dfrac{1}{2}}{\dfrac{1}{2}} \leqslant \Delta c_2 \leqslant \dfrac{-\dfrac{5}{4}}{-\dfrac{1}{4}}$，解得 $-1 \leqslant \Delta c_2 \leqslant 5$，此时有 $3 \leqslant c_2 + \Delta c_2 \leqslant 9$。

(2) c_1 即 c_{b2}，$\dfrac{-\dfrac{5}{4}}{\dfrac{3}{8}} \leqslant \Delta c_1 \leqslant \dfrac{-\dfrac{1}{2}}{-\dfrac{1}{4}}$，$-\dfrac{10}{3} \leqslant \Delta c_1 \leqslant 2$，此时有 $\dfrac{8}{3} \leqslant c_1 + \Delta c_1 \leqslant 8$。

将 $c_1 = 12$ 代入原最优表，重新计算检验数，原最优解不再是最优解，用单纯形法继续计算，结果如表 3-8 所示。

表 3-8

C_B	X_B	b	$c_j \to$			
			12	4	0	0
			x_1	x_2	x_3	x_4
4	x_2	20	0	1	[1/2]	$-1/4$
12	x_1	20	1	0	$-1/4$	$3/8$
	$c_j - z_j$		0	0	1	$-7/2$
0	x_3	40	0	2	0	$-1/2$
12	x_1	30	1	1/2	0	$1/4$
	$c_j - z_j$		0	-2	0	-3

新的最优解：$x_1 = 30, x_3 = 40, x_2 = x_4 = 0$，最优值 $z^* = 360$。

3.4.2 资源系数 b_i 的分析

设 b_i 有增量 Δb_i，其他系数不变，则 Δb_i 的变化将影响其变量所取的值，但对检验数没有影响，记新的基变量为 $\bar{x}_B$，则

$\bar{x}_B = \boldsymbol{B}^{-1}[b + (0, \cdots, \Delta b_i, \cdots, 0)^T] = \boldsymbol{B}^{-1}b + (\boldsymbol{B}_{1i}^{-1}, \cdots, \boldsymbol{B}_{mi}^{-1})^T \Delta b_i$，这里 $(\boldsymbol{B}_{1i}^{-1}, \cdots, \boldsymbol{B}_{mi}^{-1})^T$ 是原最优基逆阵 $\boldsymbol{B}^{-1}$ 的第 i 列，如果变化后仍有 $\bar{x}_B \geqslant 0$，则原最优基不变。由此可知，当 Δb_i 满足 $\max\left\{\dfrac{-(\boldsymbol{B}^{-1}b)_k}{\boldsymbol{B}_{ki}^{-1}} \middle| \boldsymbol{B}_{ki}^{-1} > 0\right\} \leqslant \Delta b_i \leqslant \min\left\{\dfrac{-(\boldsymbol{B}^{-1}b)_k}{\boldsymbol{B}_{ki}^{-1}} \middle| \boldsymbol{B}_{ki}^{-1} < 0\right\}$ 时，原最优基不变，此时 $\bar{x}_B \geqslant 0 \Rightarrow \boldsymbol{B}^{-1}b + (\boldsymbol{B}_{1i}^{-1}, \cdots, \boldsymbol{B}_{mi}^{-1})^T \Delta b_i \geqslant 0 \Rightarrow (\boldsymbol{B}_{1i}^{-1}, \cdots, \boldsymbol{B}_{mi}^{-1})^T \Delta b_i \geqslant -\boldsymbol{B}^{-1}b$，当 $\boldsymbol{B}_{ki}^{-1} > 0$ 时，$\Delta b_i \geqslant \max\left\{\dfrac{-(\boldsymbol{B}^{-1}b)_k}{\boldsymbol{B}_{ki}^{-1}}\right\}$，即大于取大；当 $\boldsymbol{B}_{ki}^{-1} < 0$ 时，$\Delta b_i \leqslant \min\left\{\dfrac{-(\boldsymbol{B}^{-1}b)_k}{\boldsymbol{B}_{ki}^{-1}}\right\}$，即小于取小。结果说明，$\Delta b_i$ 的变化范围是由原基变量的相反数与 $\boldsymbol{B}^{-1}$ 的第 i 列元素的比值所确定。

如果 Δb_i 不在上述范围变动，则变化后的基变量所取值 $\bar{x}_B$ 一定会出现负变量，但由于 Δb_i 不影响检验数的变化，因此可以用 $\bar{x}_B$ 取代原最优解 $x_B = \boldsymbol{B}^{-1}b$，以该解为初始解，用对偶单纯形法继续求解。

【例 3-10】 已知线性规划问题的初始解及最优解，如表 3-9 所示。

(1) 求 Δb_1 的变化范围，使原最优基不变。

(2) 若 b_1 变为 200，试求新的最优解。

表 3-9

C_B	X_B	b	$c_j \to$ 6	4	0	0
			x_1	x_2	x_3	x_4
0	x_3	100	2	3	1	0
0	x_4	120	4	2	0	1
	$c_j - z_j$		6	4	0	0
	...					
4	x_2	20	0	1	1/2	−1/4
6	x_1	20	1	0	−1/4	3/8
	$c_j - z_j$		0	0	−1/2	−5/4

解：(1) $\boldsymbol{B}^{-1} = \begin{bmatrix} \frac{1}{2} & -\frac{1}{4} \\ -\frac{1}{4} & \frac{3}{8} \end{bmatrix}$，$x_B = \begin{bmatrix} 20 \\ 20 \end{bmatrix}$，$\frac{-20}{\frac{1}{2}} \leqslant \Delta b_1 \leqslant \frac{-20}{-\frac{1}{4}} \Rightarrow -40 \leqslant \Delta b_1 \leqslant 80$，用基变量的负值与 $\boldsymbol{B}^{-1}$ 的第一列相应的元素去比，原最优基不变。

(2) $\bar{x}_B = \boldsymbol{B}^{-1} b = \begin{bmatrix} \frac{1}{2} & -\frac{1}{4} \\ -\frac{1}{4} & \frac{3}{8} \end{bmatrix} \begin{bmatrix} 200 \\ 120 \end{bmatrix} = \begin{bmatrix} 70 \\ -5 \end{bmatrix}$ 不是可行解，须用 $\bar{x}_B$ 替代原最优表中的值，并采用对偶单纯形法求解，如表 3-10 所示。

表 3-10

C_B	X_B	b	$c_j \to$ 6	4	0	0
			x_1	x_2	x_3	x_4
4	x_2	70	0	1	1/2	−1/4
6	x_1	−5	1	0	[−1/4]	3/8
	$c_j - z_j$		0	0	−1/2	−5/4
4	x_2	60	2	1	0	1/2
0	x_3	20	−4	0	1	−3/2
	$c_j - z_j$		−2	0	0	−2

最优解 $x_1 = 0, x_2 = 60, x_3 = 20, x_4 = 0$，最优值 $z^* = 240$。

3.4.3 系数矩阵 A 的分析

系数矩阵 A 分以下四种情况讨论：

1. 增加一个新变量的分析

设 x_{n+1} 是新增加的变量，其对应的系数列向量 $\boldsymbol{P}_{n+1}$，价值系数为 c_{n+1}，试讨论原最优解有无改变，如有改变，应如何尽快地求出新的最优解。

如果原问题增加一个新变量，则系数矩阵增加一列，新增加的列在以 $\boldsymbol{B}$ 为基的单纯形表中应为 $\boldsymbol{B}^{-1} \boldsymbol{P}_{n+1}$，所以可先计算 $\boldsymbol{B}^{-1} \boldsymbol{P}_{n+1}$ 及 $\sigma_{n+1} = c_{n+1} - \boldsymbol{C}_B \boldsymbol{B}^{-1} \boldsymbol{P}_{n+1}$，若 $\sigma_{n+1} \leqslant 0$，则原

最优解不变。反之可将 $\boldsymbol{B}^{-1}\boldsymbol{P}_{n+1}$ 增添到原最优表的后面,用单纯形法继续迭代。

【例 3-11】 在例 3-10 中,设在已求解得原线性规划问题中考虑生产Ⅲ型计算机,已知生产每台Ⅲ型计算机所需原料 4 个单位,工时 3 个单位,可获利 8 个单位。试问该厂是否应该生产Ⅲ型计算机,如果生产,应该生产多少。

解:设生产Ⅲ型计算机 x_5 台,由原最优基的 $\boldsymbol{B}^{-1}$ 可得

$$\boldsymbol{P}'_5 = \boldsymbol{B}^{-1}\boldsymbol{P}_5 = \begin{bmatrix} \frac{1}{2} & -\frac{1}{4} \\ -\frac{1}{4} & \frac{3}{8} \end{bmatrix} \begin{bmatrix} 4 \\ 3 \end{bmatrix} = \begin{bmatrix} \frac{5}{4} \\ \frac{1}{8} \end{bmatrix}$$

由此可求得

$$\sigma_5 = C_5 - \boldsymbol{C}_B \boldsymbol{B}^{-1}\boldsymbol{P}_5 = \frac{9}{4}$$

因为 $\sigma_5 > 0$,所以安排生产Ⅲ型计算机有利,将 $\boldsymbol{B}^{-1}\boldsymbol{P}_5$ 增添到原最优表的后面,并用单纯形法继续计算,结果如表 3-11 所示。

表 3-11

C_B	X_B	b	$c_j \to$				
			6	4	0	0	8
			x_1	x_2	x_3	x_4	x_5
4	x_2	20	0	1	1/2	−1/4	[5/4]
6	x_1	20	1	0	−1/4	3/8	1/8
	$c_j - z_j$		0	0	−1/2	−5/4	9/4
8	x_5	16	0	4/5	2/5	−1/5	1
6	x_1	18	1	−1/10	−3/10	2/5	0
	$c_j - z_j$		0	−9/5	−7/5	−4/5	0

最优解 $x_1 = 18, x_2 = x_3 = x_4 = 0, x_5 = 16$ 最优值 $z^* = 236$。

2. 增加一个约束条件的分析

设 $a_{m+1,1}x_1 + a_{m+1,2}x_2 + \cdots + a_{m+1,n}x_n \leq b_{m+1}$ 是新增加的约束条件,试分析原问题的最优解有无变化。将原最优解代入新约束中,如果满足新的约束条件,则原最优解不变;反之,则需要进一步求出新的最优解。考虑到单纯形算法中,每步迭代得到的单纯形表对应的约束方程组等价,因此,可以将新的约束方程 $a_{m+1,1}x_1 + a_{m+1,2}x_2 + \cdots + a_{m+1,n}x_n + x_{n+1} = b_{m+1}$ 增添到原最优表的下面,变化后的单纯形表增加一行和一列,新约束对应的基变量 x_{n+1},在单纯形表中,由于增加了新的约束,原基变量对应的列向量可能不再是单位列变量,所以需要用初等行变换将表中基变量对应的列向量变为单位列向量。变换后,原最优表的检验数不变,但基变量 x_{n+1} 的值一般要变。若 $x_{n+1} = (\boldsymbol{B}^{-1}\boldsymbol{b})_{n+1} \geq 0$,则获得最优解;反之,若 $x_{n+1} = (\boldsymbol{B}^{-1}\boldsymbol{b})_{n+1} < 0$,则用对偶单纯性形法继续求解。

【例 3-12】 在例 3-10 中,设在原线性规划问题中增加一道工序,需要在另一台设备上进行。已知Ⅰ、Ⅱ型产品在该设备上加工工时分别为 2 个单位、3 个单位,计划期内该设备总台时为 90 单位,试分析原最优解有无变化,如果有变化,求出新的最优解。

解：新工序对应的约束条件为 $2x_1+3x_2\leqslant 90$，将原问题最优解 $x_1=x_2=20$ 代入该约束条件左端，显然不满足约束条件，因此原最优解不再是最优解。将 $2x_1+3x_2+x_5=90$ 增添到原最优表的下面，用初等行变换及对偶单纯形法计算，结果如表 3-12 所示。

表 3-12

C_B	X_B	b	$c_j \rightarrow$ 6 x_1	4 x_2	0 x_3	0 x_4	0 x_5
4	x_2	20	0	1	1/2	−1/4	0
6	x_1	20	1	0	−1/4	3/8	0
0	x_5	90	2	3	0	0	1
	c_j-z_j		0	0	−1/2	−5/4	0
4	x_2	20	0	1	1/2	−1/4	0
6	x_1	20	1	0	−1/4	3/8	0
0	x_5	−10	0	0	[−1]	0	1
	c_j-z_j		0	0	−1/2	−5/4	0
4	x_2	15	0	1	0	−1/4	1/2
6	x_1	22.5	1	0	0	3/8	−1/4
0	x_3	10	0	0	1	0	−1
	c_j-z_j		0	0	0	−5/4	−1/2

最优解 $x_1=22.5, x_2=15, x_3=10, x_4=x_5=0$，最优值 $z^*=195$。

3. 改变某非基变量的系数列向量的分析

设非基变量 x_j 的系数列向量变为 $\boldsymbol{P}_j^*$，试分析原最优解有何变化。该变化只影响最优单纯形表的第 j 列及检验数。因此，可以先计算 $\sigma_j^*=c_j^*-\boldsymbol{C}_B\boldsymbol{B}^{-1}\boldsymbol{P}_j^*$，若 $\sigma_j^*\geqslant 0$，则以 $\boldsymbol{B}^{-1}\boldsymbol{P}_j^*$ 代替原最优表中的第 j 列，用单纯形法继续计算。

4. 改变某基变量的系数列向量的分析

设基变量 x_j 的系数列向量变为 $\boldsymbol{P}_j^*$，试分析原最优解有何变化。显然，$\boldsymbol{P}_j^*$ 的变化将导致 $\boldsymbol{B}$ 的变化，似乎只能重新计算变化后的模型。但是，经过认真分析，还是可以利用原最优解计算新最优解的。我们可以将 x_j 看作新增加的变量，用 $\boldsymbol{B}^{-1}\boldsymbol{P}_j^*$ 替代原最优解的第 j 列（单位列向量），然后再利用初等行变换将表中 $\boldsymbol{B}^{-1}\boldsymbol{P}_j^*$ 恢复到原来的单位列向量，并重新计算检验数。

(1) 基变量取值全非负，且检验数全非正，已得到新的最优解。

(2) 基变量取值全非负，但存在正的检验数，该解是基可行解，可以用单纯形法求解。

(3) 存在取负值的基变量，但检验数全非正，该解是对偶可行解，可以用对偶单纯形法求解。

(4) 存在取负值的基变量，且存在正的检验数，该解既不是基可行解，又不是对偶可行解。对于这种情况，我们将表中取负值的基变量 x_{Bi} 对应的行还原为约束方程，用 (-1) 乘以方程两端，再在方程左端加一个人工变量 x_{n+1}，用该方程代替原单纯形表的第 i 行，

则表中第 i 行对应的基变量为人工变量 x_{n+1}，其对应的数值为 $-(B^{-1}b)_i$，其价值系数为 $(-M)$。然后可以用单纯形法继续求解。

【例 3-13】 在例 3-10 中，如果 x_1 的系数列向量变为 $\begin{bmatrix} 8 \\ 4 \end{bmatrix}$，则原问题最优解有何变化。

解： $B^{-1}P_j^* = \begin{bmatrix} \frac{1}{2} & -\frac{1}{4} \\ -\frac{1}{4} & \frac{3}{8} \end{bmatrix} \begin{bmatrix} 8 \\ 4 \end{bmatrix} = \begin{bmatrix} 3 \\ -1 \\ 2 \end{bmatrix}$，则用 $\begin{bmatrix} 3 \\ -1 \\ 2 \end{bmatrix}$ 取代原最优表的第一列，如表 3-13 所示。

表 3-13

C_B	X_B	b	$c_j \rightarrow$			
			6	4	0	0
			x_1	x_2	x_3	x_4
4	x_2	20	3	1	1/2	−1/4
6	x_1	20	−1/2	0	−1/4	3/8
	$c_j - z_j$		−3	0	−1/2	−5/4

再用初等行变换将该列变为原来的单位列向量，结果如表 3-14 所示。

表 3-14

C_B	X_B	b	$c_j \rightarrow$			
			6	4	0	0
			x_1	x_2	x_3	x_4
4	x_2	140	0	1	−1	2
6	x_1	−40	1	0	1/2	−3/4
	$c_j - z_j$		0	0	1	−7/2

该解既不是基可行解，又不是对偶可行解，将表中第 2 行乘以 (-1) 并用人工变量 x_5 取代 x_1，重新计算检验数，然后再用单纯形法继续计算，结果如表 3-15 所示。

表 3-15

C_B	X_B	b	$c_j \rightarrow$				
			6	4	0	0	$-M$
			x_1	x_2	x_3	x_4	x_5
4	x_2	140	0	1	−1	2	0
$-M$	x_5	40	−1	0	−1/2	[3/4]	1
	$c_j - z_j$		$6-M$	0	$4-1/2M$	$3/4M-8$	0
4	x_2	100/3	8/3	1	1/3	0	−8/3
0	x_4	160/3	−4/3	0	−2/3	1	4/3
	$c_j - z_j$		−14/3	0	−4/3	0	$-M+32/3$

最优值 $z^* = 400/3$。

灵敏度分析的关键在于线性规划某些参数或条件发生变化时，需要判断最优表中哪些数据发生了变化，如何求这些数据，如果不是最优解再用什么方法计算等问题。将这些问题简要综合在表 3-16 中。

表 3-16

参数或条件变化	最优表可能发生变化	可行与最优	单 纯 形 法
基变量系数 c_i	所有非基变量的检验数	可行	若非最优,用普通单纯形法
非基变量系数 c_j	只有 x_j 的检验数变化	可行	若非最优,用普通单纯形法
b_i	X_B	对偶问题可行	若不可行,用对偶单纯形法
基变量系数 a_{ij}	基、基变量、检验数等		视检验数和基本解来确定
非基变量系数 a_{ij}	非基变量系数及 x_j 的检验	可行	若非最优,用普通单纯形法
综合变化,参数、增减变量与约束等	用单纯形法的计算公式判断变化情况		若原问题与对偶问题都不可行,用人工变量法

3.5 参数线性规划

灵敏度分析时,主要讨论在最优基不变的条件下,确定系数 A、B、C 的变化范围,即单个离散地考察参数的某种特定变化情形。在实际问题中,经常会遇到单个或若干个系数随着某一个参数的变化而连续变化时,需要考察线性规划最优解的变化情况。例如,在生产计划问题中,产品的单位利润可能与某种替代品的价格变化有关,即目标函数中的决策变量系数 c 随着参数的变化而变化。类似地,约束右端项 b 也可能随着某个参数连续变化。这种同时连续改变一个或几个参数值的线性规划问题叫作参数线性规划。在参数线性规划问题中,要研究某参数连续变化时,使最优解发生变化的各临界点的值。如果将某参数作为参变量,由于目标函数在某区间内是该参数的线性函数,含有该参变量的约束条件是线性等式或不等式,因此,仍可用单纯形法和对偶单纯形法分析参数线性规划问题。

数学模型为

$$\max z = (C + \lambda C')X$$
$$\text{s. t} \begin{cases} AX = b \\ X \geqslant 0 \end{cases}$$

则

$$z(\lambda) = (C_B + \lambda C'_B)B^{-1}b = C_B B^{-1}b + \lambda C'_B B^{-1}b$$
$$\sigma(\lambda) = (C + \lambda C') - (C_B + \lambda C'_B)B^{-1}A$$
$$= C + \lambda C' - C_B B^{-1}A - \lambda C'_B B^{-1}A$$
$$= (C - C_B B^{-1}A) + \lambda(C' - C'_B B^{-1}A)$$
$$= \sigma + \lambda \sigma'$$

一般地,求解步骤简要地表述为:

(1) 对含有某参变量 λ 的参数线性规划问题,先令 $\lambda = 0$,用单纯形法求出最优解。

(2) 用灵敏度分析法,将参变量 λ 直接反映到最终单纯形表中。

(3) 当参变量 λ 连续变化时,考察 b 列和检验数行各数字的变化情况。若在 b 列首先出现某负值时,则以它对应的变量作为出基变量,用对偶单纯形法迭代一步;若在检验数行首先出现某正值时,则将它对应的变量作为进基变量,用单纯形法迭代一步。

(4) 在经过迭代一步后得到的新表上,令参变量 λ 继续变化,重复步骤(3),直到 b 列不再出现负值,检验数行不再出现正值为止。

对目标函数中的价值系数 C 或约束条件右端项 b 是参数 λ 的函数的情形,通过例子得出解参数线性规划问题的一般方法。

1. 目标函数的价值系数含有参数的线性规划问题

【例 3-14】 分析 λ 值变化时,下述参数线性规划问题最优解的变化

$$\max z(\lambda) = (3+2\lambda)x_1 + (5-\lambda)x_2$$

$$\text{s. t.} \begin{cases} x_1 \leqslant 4 \\ 2x_2 \leqslant 12 \\ 3x_1 + 2x_2 \leqslant 18 \\ x_1, x_2 \geqslant 0 \end{cases}$$

解:先令 $\lambda=0$ 求最优解,最终单纯形表如表 3-17 所示。

表 3-17

	$c_j \to$		3	5	0	0	0
C_B	X_B	b	x_1	x_2	x_3	x_4	x_5
0	x_3	2	0	0	1	1/3	-1/3
5	x_2	6	0	1	0	1/2	0
3	x_1	2	1	0	0	-1/3	1/3
	$c_j - z_j$		0	0	0	-3/2	-1

将参数 λ 直接反映到表 3-17,得表 3-18。

表 3-18

	$c_j \to$		$3+2\lambda$	$5-\lambda$	0	0	0
C_B	X_B	b	x_1	x_2	x_3	x_4	x_5
0	x_3	2	0	0	1	1/3	-1/3
$5-\lambda$	x_2	6	0	1	0	1/2	0
$3+2\lambda$	x_1	2	1	0	0	-1/3	1/3
	$c_j - z_j$		0	0	0	$-3/2+7/6\lambda$	$-1-2/3\lambda$

表 3-18 中,只要 $-\dfrac{3}{2} \leqslant \lambda \leqslant \dfrac{9}{7}$,表中解为最优,且 $z=36-2\lambda$。

(1) 在表 3-18 中,若 $\lambda > \dfrac{9}{7}$,变量 x_4 的检验数大于 0,x_4 成为进基变量,用单纯形表迭代计算得表 3-19。

表 3-19

C_B	X_B	b	x_1	x_2	x_3	x_4	x_5
	$c_j \rightarrow$		$3+2\lambda$	$5-\lambda$	0	0	0
0	x_4	6	0	0	3	1	-1
$5-\lambda$	x_2	3	0	1	$-3/2$	0	$1/2$
$3+2\lambda$	x_1	4	1	0	1	0	0
	c_j-z_j		0	0	$9/2-7/2\lambda$	0	$-5/2+\lambda/2$

表 3-19 中,当 $\frac{9}{7} \leqslant \lambda \leqslant 5$ 时,表中解为最优,且 $z=27+5\lambda$。当 $\lambda > 5$ 时,变量 x_5 的检验数大于 0,成为进基变量,用单纯形表迭代计算得表 3-20。

表 3-20

C_B	X_B	b	x_1	x_2	x_3	x_4	x_5
	$c_j \rightarrow$		$3+2\lambda$	$5-\lambda$	0	0	0
0	x_4	12	0	2	0	1	0
0	x_5	6	0	2	-3	0	1
$3+2\lambda$	x_1	4	1	0	1	0	0
	c_j-z_j		0	$5-\lambda$	$-3-2\lambda$	0	0

表 3-20 中,当 λ 再继续增大时,恒有检验数小于 0,最优值为 $z=12+8\lambda$。

(2) 在表 3-18 中,若 $\lambda < -\frac{3}{2}$,变量 x_5 的检验数大于 0,这时 x_5 成为进基变量,用单纯形表迭代计算得表 3-21。

表 3-21

C_B	X_B	b	x_1	x_2	x_3	x_4	x_5
	$c_j \rightarrow$		$3+2\lambda$	$5-\lambda$	0	0	0
0	x_3	4	1	0	1	0	0
$5-\lambda$	x_2	6	0	1	0	$1/2$	0
0	x_5	6	3	0	0	-1	1
	c_j-z_j		$3+2\lambda$	0	0	$\lambda/2-5/2$	0

表 3-21 中,当 $\lambda < -\frac{3}{2}$ 时,恒有检验数小于 0,表中解为最优,且 $z=30-6\lambda$。

2. 资源常量含有参数的线性规划问题

【例 3-15】 分析 λ 值变化时,下述参数线性规划问题最优解的变化

$$\max z = 5x_1 + 3x_2 + 6x_3$$

$$\begin{cases} 3x_1 + 4x_2 + 6x_3 \leqslant 60+2\lambda \\ 4x_1 + 2x_2 + 5x_3 \leqslant 50+\lambda \\ x_1, x_2, x_3 \geqslant 0 \end{cases}$$

解：先令 $\lambda=0$ 求最优解，最终单纯形表如表 3-22 所示。

表 3-22

C_B	X_B	b	$c_j \rightarrow$				
			5	3	6	0	0
			x_1	x_2	x_3	x_4	x_5
3	x_2	9	0	1	9/10	2/5	$-3/10$
5	x_1	8	1	0	4/5	$-1/5$	2/5
	c_j-z_j		0	0	$-7/10$	$-1/5$	$-11/10$

将约束条件右端分解成下列 λ 的线性形式

$$b = b' + b''\lambda = \begin{bmatrix}60\\50\end{bmatrix} + \begin{bmatrix}2\\1\end{bmatrix}\lambda$$

由灵敏度分析公式，有

$$\bar{b} = B^{-1}(b'+b''\lambda) = B^{-1}b' + B^{-1}b''\lambda = \begin{bmatrix}9\\8\end{bmatrix} + \begin{bmatrix}\frac{2}{5} & -\frac{3}{10}\\-\frac{1}{5} & \frac{2}{5}\end{bmatrix}\begin{bmatrix}2\\1\end{bmatrix}\lambda = \begin{bmatrix}9\\8\end{bmatrix} + \begin{bmatrix}\frac{1}{2}\\0\end{bmatrix}\lambda$$

则带参数的单纯形表如表 3-23 所示。

表 3-23

	C_B	X_B	b	$c_j \rightarrow$				
				5	3	6	0	0
				x_1	x_2	x_3	x_4	x_5
(1)	3	x_2	$9+1/2\lambda$	0	1	9/10	2/5	$[-3/10]$
	5	x_1	8	1	0	4/5	$-1/5$	2/5
		c_j-z_j		0	0	$-7/10$	$-1/5$	$-11/10$
(2)	0	x_5	$-30-5/3\lambda$	0	$-10/3$	-3	$-4/3$	1
	5	x_1	$20+2/3\lambda$	1	4/3	2	1/3	0
		c_j-z_j		0	$-11/3$	-4	$-5/3$	0

(1) 当 $\lambda \geqslant -18$ 时，表 2-23(1) 仍然是最优表，最优解 $X = \left(8, 9+\frac{1}{2}\lambda, 0\right)^T$，目标值 $z = 67 + \frac{3}{2}\lambda$。

(2) 当 $\lambda < -18$ 时不可行，用对偶单纯形法，x_2 出基，x_5 进基，得到表 2-23(2)。当 $-30 \leqslant \lambda \leqslant -18$ 时，最优解 $X = \left(20 + \frac{2}{3}\lambda, 0, 0\right)^T$，最优值 $z = 100 + \frac{10}{3}\lambda$。

(3) 当 $\lambda < -30$ 时，$x_1 < 0$，但 x_1 所在行元素均为正，故此时问题无可行解。

本 章 小 结

本章基于单纯形法的矩阵描述，深入讨论了原问题与对偶问题的关系，介绍了对偶单纯形法的基本性质，解释了对偶最优解的经济含义，系统介绍了对偶单纯形法的基本原理和实施步骤。灵敏度分析是本章讨论的最终目标,也是本章的核心内容。

任何一个线性规划问题总有一个伴生的线性规划,称其为原问题的对偶问题。对偶定理和对偶单纯形法使我们可以从另一个角度来寻求线性规划问题的解,即在保持基的对偶可行性的前提下,不断追求基的可行性,直至找到原问题的最优解。影子价格决定了额外增加一个单位的约束因素所需花费的成本上限,或能够给目标函数值带来的增量。通过对影子价格的分析,可以确定最为敏感的资源和背景问题的关键环节。灵敏度分析的目的是,观察当线性规划中的各种参数发生变化时,原来的最优解或最优解的结构是否以及如何发生变化。通过灵敏度分析可以获得最优解保持不变的参数取值范围,对管理者随机应变地进行管理决策具有重要的指导意义。

习 题

1. 写出下列线性规划问题的对偶问题。

(1) $\max z = x_1 - 2x_2 + 5x_3$
s.t. $\begin{cases} 3x_1 + x_2 + x_3 \leqslant 60 \\ 2x_1 + 2x_2 + 3x_3 \leqslant 40 \\ 2x_1 + 2x_2 + x_3 \leqslant 6 \\ x_1 \geqslant 0, x_2 \geqslant 0, x_3 \geqslant 0 \end{cases}$

(2) $\min z = 4x_1 - 2x_2$
s.t. $\begin{cases} 2x_1 - x_2 + 4x_3 \geqslant 2 \\ x_1 + x_2 - 2x_3 \geqslant 1 \\ 3x_1 - x_2 - x_3 \geqslant 3 \\ x_1 \geqslant 0, x_2 \geqslant 0, x_3 \geqslant 0 \end{cases}$

2. 用对偶单纯形法求解下述 LP 问题。

(1) $\max z = 3x_1 - 2x_2 - x_3$
s.t. $\begin{cases} x_1 - x_2 - x_3 = 4 \\ x_2 + 2x_3 \leqslant 8 \\ x_2 - x_3 \geqslant 2 \\ x_1, x_2, x_3 \geqslant 0 \end{cases}$

(2) $\max z = 5x_1 - 8x_2 - x_3 + 4x_4 - 11x_5$
s.t. $\begin{cases} 2x_1 - 9x_2 - 7x_3 + 2x_4 - 11x_5 \geqslant 5 \\ x_1 - 6x_2 - 6x_3 + 2x_4 - 9x_5 \leqslant 3 \\ x_1 - 7x_2 - 8x_3 + 3x_4 - 12x_5 \geqslant 4 \\ x_1, x_2, x_3, x_4, x_5 \geqslant 0 \end{cases}$

3. 已知线性规划问题

$\min z = 12x_1 + 20x_2$

s.t. $\begin{cases} x_1 + 4x_2 \geqslant 4 \\ x_1 + 5x_2 \geqslant 2 \\ 2x_1 + 3x_2 \geqslant 7 \\ x_1, x_2 \geqslant 0 \end{cases}$

的对偶问题最优解为 $\left(\frac{4}{5}, 0, \frac{28}{5}\right)^T$,利用互补松弛定理,求原问题的最优解。

4. 已知线性规划问题

$\max z = 15x_1 + 20x_2 + 5x_3$

s.t. $\begin{cases} x_1 + 5x_2 + x_3 \leqslant 5 \\ 5x_1 + 6x_2 + x_3 \leqslant 6 \\ 3x_1 + 10x_2 + x_3 \leqslant 7 \\ x_1 \geqslant 0, x_2 \geqslant 0, x_3 \text{ 自由无约束} \end{cases}$

的最优解 $X = \left(\dfrac{1}{4}, 0, \dfrac{19}{4}\right)^T$，求对偶问题的最优解。

5. 用单纯形法求解某线性规划问题得到最终单纯形表如表 3-24 所示：

表 3-24

C_B	X_B	b	$c_j \to$			
			50	40	10	60
			x_1	x_2	x_3	x_4
a	d	6	0	1	1/2	1
c	e	4	1	0	1/4	0
$c_j - z_j$			0	0	f	g

(1) 给出 a, c, d, e, f, g 的值或表达式。

(2) 指出原问题是求目标函数的最大值还是最小值。

(3) 用 $a + \Delta a, c + \Delta c$ 分别代替 a 和 c，仍然保持上表是最优单纯形表，求 $\Delta a, \Delta c$ 满足的范围。

6. 线性规划问题如下：

$$\max z = -5x_1 + 5x_2 + 13x_3$$

$$\text{s.t.} \begin{cases} -2x_1 + 2x_2 + 6x_3 \leqslant 40 & (1) \\ 6x_1 + 2x_2 + 5x_3 \leqslant 45 & (2) \\ x_1, x_2, x_3 \geqslant 0 \end{cases}$$

先用单纯形法求解，然后分析下列各种条件下，最优解分别有什么变化？

(1) 约束条件(1)的右端常数由 40 变为 60。

(2) 约束条件(2)的右端常数由 45 变为 35。

(3) 目标函数中 x_3 的系数由 13 变为 8。

(4) x_1 的系数列向量由 $(-2, 6)^T$ 变为 $(0, 5)^T$。

(5) 增加一个约束条件(3)：$2x_1 + 3x_2 + 5x_3 \leqslant 50$。

(6) 将原约束条件(2)改变为：$10x_1 + 5x_2 + 10x_3 \leqslant 100$。

7. 某厂生产甲、乙两种产品，需要 A、B 两种原料，生产消耗等参数见表 3-25（表中的消耗系数为千克/件）。

表 3-25

产品原料	甲	乙	可用量/千克	原料成本/(元/千克)
A	2	4	160	1.0
B	3	2	180	2.0
销售价/元	13	16		

(1) 请构造数学模型使该厂利润最大，并求解。

(2) 原料 A、B 的影子价格各为多少元？

(3) 现有新产品丙，每件消耗 3 千克原料 A 和 4 千克原料 B，问该产品的销售价格至少为多少元时才值得投产？

(4) 工厂可在市场上买到原料 A,工厂是否应该购买该原料以扩大生产? 在保持原问题最优基的不变的情况下,最多应购入多少? 可增加多少利润?

8. 某厂生产 A、B 两种产品需要同种原料,所需原料、工时和利润等参数如表 3-26 所示。

表 3-26

单位产品	A	B	可用量/千克
原料/千克	1	2	200
工时/小时	2	1	300
利润/万元	4	3	

(1) 请构造一数学模型使该厂总利润最大,并求解。
(2) 如果原料和工时的限制分别为 300 千克和 900 小时,又如何安排生产?
(3) 如果生产中除原料和工时外,尚考虑水的用量,设 A、B 两种产品的单位产品分别需水 4 吨和 2 吨,水的总用量限制在 400 吨以内,又应如何安排生产?

9. 对下列线性规划作参数分析。

(1) $\max z=(3+2\lambda)x_1+(5-\lambda)x_2$
$\begin{cases} x_1 \leqslant 4 \\ x_2 \leqslant 6 \\ 3x_1+2x_2 \leqslant 18 \\ x_1,x_2 \geqslant 0 \end{cases}$

(2) $\max z=3x_1+5x_2$
$\begin{cases} x_1 \leqslant 4+\lambda \\ x_2 \leqslant 6 \\ 3x_1+2x_2 \leqslant 18-2\lambda \\ x_1,x_2 \geqslant 0 \end{cases}$

第 4 章

运 输 问 题

学习目标
1. 理解运输问题数学模型的性质与特点。
2. 熟练掌握标准运输问题的表上作业法的原理与方法。
3. 掌握非标准运输问题的标准化处理方式。
4. 掌握典型运输问题的建模技巧。
5. 了解与掌握运输问题的进一步讨论。

运输问题(Transportation problem)一般是研究把某种商品从若干个产地运至若干个销地而使总运费最小的一类问题。然而从更广义上讲，运输问题是具有一定模型特征的线性规划问题。它不仅可以用来求解商品的调运问题，还可以解决诸多非商品调运问题。运输问题是一种特殊的线性规划问题，由于其技术系数矩阵具有特殊的结构，这就有可能找到比一般单纯形法更简便、高效的求解方法，这正是单独研究运输问题的目的所在。

4.1 运输问题的数学模型及其特点

4.1.1 运输问题的数学模型

运输问题是一种应用广泛的网络最优化模型，运输问题通常为：设有 m 个生产地 A_i，可供应量(产量)分别为 $a_i(i=1,2,\cdots,m)$；有 n 个销地 B_j，其需求量分别为 $b_j(j=1, 2,\cdots,n)$。已知从 A_i 到 B_j 运输单位物资的运价(单价)为 c_{ij}，要求找到使得总运费最小的运输方案。当问题满足总产量与总销量相等时，这类问题称为标准运输问题，或者产销平衡运输问题。

运输问题可用图 4-1 来表示。

图 4-1 是由多个产地供应多个销地的单品种物品运输问题。为直观清楚起见，可列出该问题的运输表，如表 4-1 所示。

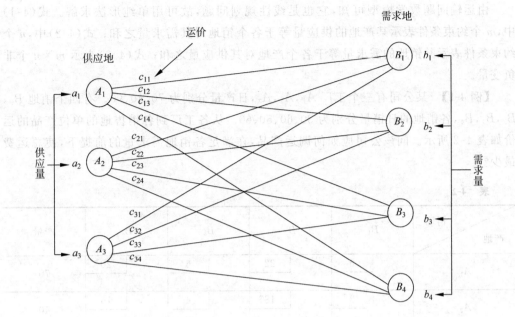

图 4-1

表 4-1

产地＼销地	B_1	B_2	...	B_n	产量
A_1	c_{11} / x_{11}	c_{12} / x_{12}		c_{1n} / x_{1n}	a_1
A_2	c_{21} / x_{21}	c_{22} / x_{22}		c_{2n} / x_{2n}	a_2
⋮					
A_m	c_{m1} / x_{m1}	c_{m2} / x_{m2}		c_{mn} / x_{mn}	a_m
销量	b_1	b_2	...	b_n	$\sum_{i=1}^{m} a_i = \sum_{j=1}^{n} b_j$

设从第 i 个产地到第 j 个销地的运输量为 $x_{ij}(i=1,2,\cdots,m;j=1,2,\cdots,n)$，从第 i 个产地到第 j 个销地的运价用 c_{ij} 表示，于是运输问题的数学模型可构造如下：

$$\min z = \sum_{i=1}^{m}\sum_{j=1}^{n} c_{ij} x_{ij}$$

$$\begin{cases} \sum_{j=1}^{n} x_{ij} = a_i \quad (i=1,2,\cdots,m) & (4\text{-}1) \\ \sum_{i=1}^{m} x_{ij} = b_j \quad (j=1,2,\cdots,n) & (4\text{-}2) \\ x_{ij} \geqslant 0 \quad (i=1,2,\cdots,m;\ j=1,2,\cdots,n) & (4\text{-}3) \end{cases}$$

由运输问题数学模型可知,它也是线性规划问题,故可用单纯形法求解。式(4-1)中,m 个约束条件表示某产地的供应量等于各个销地对其需求量之和;式(4-2)中,n 个约束条件表示某销地的需求量等于各个产地对其供应量之和;式(4-3)表示 $m \times n$ 个非负变量。

【例 4-1】 某公司有三个工厂 A_1, A_2, A_3,日产量分别为 70、40、90。有四个销地 B_1, B_2, B_3, B_4,各销地的日销量分别为 30、60、50、60。从各工厂到各销售地的单位产品的运价如表 4-2 所示。问该公司应如何调运产品,在满足各销地需求量的前提下,使总运费最少?

表 4-2

产地＼销地	B_1	B_2	B_3	B_4	产量
A_1	6	22	6	20	70
A_2	2	18	4	16	40
A_3	14	8	20	10	90
销量	30	60	50	60	

解:用 c_{ij}, x_{ij} 分别表示第 i 个产地运往第 j 个需求地的单位产品运价与数量,此时,该运输问题的数学模型为

$$\min z = \sum_{i=1}^{3}\sum_{j=1}^{4} c_{ij}x_{ij} = 6x_{11} + 22x_{12} + 6x_{13} + \cdots + 10x_{34}$$

$$\begin{cases} x_{11} + x_{12} + x_{13} + x_{14} = 70 \\ x_{21} + x_{22} + x_{23} + x_{24} = 40 \\ x_{31} + x_{32} + x_{33} + x_{34} = 90 \\ x_{11} + x_{21} + x_{31} = 30 \\ x_{12} + x_{22} + x_{32} = 60 \\ x_{13} + x_{23} + x_{33} = 50 \\ x_{14} + x_{24} + x_{34} = 60 \\ x_{ij} \geq 0 \quad (i=1,2,3; j=1,2,3,4) \end{cases}$$

当用线性规划的单纯形法求解运输问题时,先要在每个约束条件中引入一个人工变量,这样一来,变量数目就会达到 $(mn+m+n)$ 个(未考虑去掉一个多余约束条件,因而需要寻求更简便的解法)。为了说明适合运输问题的求解方法,有必要先分析一下其数学模型的特点。

4.1.2 运输问题数学模型的特点

运输问题数学模型的特点有以下几个。

(1) 有 m 个生产地,n 个销地,且产销平衡的运输问题的基变量个数为 $(m+n-1)$ 个。

在产销平衡条件下,运输问题有 $m \times n$ 个变量,$(m+n)$ 个约束条件,但其秩最大为 $(m+n-1)$。将式(4-1)与式(4-2)加以整理,可知其系数矩阵为下述形式。

$$A = \begin{bmatrix} x_{11} & x_{12} & \cdots & x_{1n} & x_{21} & x_{22} & \cdots & x_{2n} & \cdots & x_{m1} & x_{m2} & \cdots & x_{mn} \\ 1 & 1 & \cdots & 1 & & & & & & & & & \\ & & & & 1 & 1 & \cdots & 1 & & & & & \\ & & & & & & & & \ddots & & & & \\ & & & & & & & & & 1 & 1 & \cdots & 1 \\ 1 & & & & 1 & & & & & 1 & & & \\ & 1 & & & & 1 & & & & & 1 & & \\ & & \ddots & & & & \ddots & & & & & \ddots & \\ & & & 1 & & & & 1 & & & & & 1 \end{bmatrix} \quad (4-4)$$

证明:式(4-4)中,前 m 个约束条件为 $\sum_{j=1}^{n} x_{ij} = a_i (i=1,2,\cdots,m)$,后 n 个约束条件为 $\sum_{i=1}^{m} x_{ij} = b_j (j=1,2,\cdots,n)$,在产销平衡条件下,即 $\sum_{i=1}^{m} a_i = \sum_{j=1}^{n} b_j$,存在前 m 个约束条件之和等于后 n 个约束条件之和,即 $\sum_{i=1}^{m} a_i = \sum_{i=1}^{m} \left(\sum_{j=1}^{n} x_{ij} \right) = \sum_{j=1}^{n} \left(\sum_{i=1}^{m} x_{ij} \right) = \sum_{j=1}^{n} b_j$,也就是说,运输问题的 $(m+n)$ 个约束条件是线性相关的,因此,运输问题的约束条件系数矩阵的秩最大不会超过 $(m+n-1)$ 个。

从运输问题约束条件矩阵中取出前 $(m+n-1)$ 行和 $x_{1n},x_{2n},\cdots,x_{mn},x_{11},x_{12},\cdots,x_{1,n-1}$ 对应的共 $(m+n-1)$ 列,组成 $(m+n-1)$ 阶行列式

$$\begin{vmatrix} x_{1n} & x_{2n} & \cdots & x_{mn} & x_{11} & x_{12} & \cdots & x_{1,n-1} \\ 1 & 1 & \cdots & 1 & 1 & 1 & \cdots & 1 \\ & & & & 1 & & & \\ & & & & & \ddots & & \\ & & & 1 & & & & \\ 1 & & & & & & & \\ & \ddots & & & & & & \\ & & 1 & & & & & \end{vmatrix} \neq 0$$

由于上述行列式不等于 0,因此,运输问题约束系数矩阵的秩为 $(m+n-1)$。由第 2 章内容中的秩、基和基变量之间的关系可知,运输问题基变量的个数为 $(m+n-1)$。

(2) 由式(4-4)可知,约束条件系数矩阵的元素等于 0 或 1。

(3) 约束条件系数矩阵的每一列有两个非零元素,这对应于每一个变量在前 m 个约束方程中出现过一次,在后 n 个约束方程中出现过一次。

(4) 产销平衡问题存在可行解,其最优解不会趋于负无穷。

对于式(4-1)~式(4-3)所构成的运输问题,令其变量

$$x_{ij} = \frac{a_i b_j}{Q} \quad (i=1,2,\cdots,m; j=1,2,\cdots,n) \tag{4-5}$$

其中,$Q = \sum_{i=1}^{m} a_i = \sum_{j=1}^{n} b_j$,则式(4-5)就是运输问题的一个可行解,另外,由于运输问题为极小化问题,而 $x_{ij} \geqslant 0, c_{ij} \geqslant 0$,因此,一定能得到非负的目标函数值。

4.2 运输问题的表上作业法

表上作业法是求解运输问题的一种简便而有效的方法,实质是单纯形法,其求解工作在运输表上进行。表上作业法适用于产销平衡问题,至于产销不平衡问题,可以先将其转化成产销平衡问题,再求解,其求解步骤如下:

(1) 找出初始可行解,即在 $m \times n$ 产销平衡表上给出 $(m+n-1)$ 个数字格,分别代表 $(m+n-1)$ 个基变量,其余没有填入数字的格为空格,代表非基变量。

(2) 求各非基变量的检验数,即在表上计算空格的检验数。判别是否达到最优解,如已是最优解,则停止计算。

(3) 如不是最优方案,则需进行迭代,确定换入变量和换出变量,找出新的基可行解,在表上用闭回路法调整。

(4) 重复步骤(2)、(3),直至得到最优解为止。

4.2.1 确定初始基本可行解

确定初始基本可行解的方法有西北角法、最小元素法和 Vogel 法。

1. 西北角法

西北角法按下述方法选择初始基本可行解,即从西北角(左上角)格开始,在格内的右下角标上允许取得的最大数。然后按行(列)标下一格的数。若某行(列)的产量(销量)已满足,则把该行(列)划去。如此进行下去,直至得到一个基本可行解。

例 4-1 的初始基本可行方案可这样得出:

迭代 1:最西北角的单元格是 A_1B_1 格,填入其最大允许指派 30。此时 B_1 的需求已经得到满足,划去 B_1 列,同时,需注意 A_1 只剩下 40(70−30),见表 4-3。

迭代 2:作业表中未被划去的最西北角的单元格是 A_1B_2,填入其最大允许指派 40 个单位,此时 A_1 的产量已经用尽,划去 A_1 行,同时,需注意 B_2 还有 20 个单位的需求量没有满足(60−40),如表 4-4 所示。

表 4-3

产地＼销地	B_1	B_2	B_3	B_4	产量
A_1	6 30	22	6	20	70
A_2	2	18	4	16	40
A_3	14	8	20	10	90
销量	30	60	50	60	

表 4-4

产地＼销地	B_1	B_2	B_3	B_4	产量
A_1	6 30	22 40	6	20	70
A_2	2	18	4	16	40
A_3	14	8	20	10	90
销量	30	60	50	60	

依此步骤进行,直至第 6 次迭代只剩下 A_3B_4 格,将该单元格的最后指派量 60 填入,同时将 A_3 行和 B_4 列划去,结果如表 4-5 所示。这样,用西北角法求出的初始基本可行方案,见表 4-5:从 A_1 运 30 单位到 B_1,A_1 运 40 单位到 B_2,A_2 运 20 单位到 B_2,A_2 运 20 单位到 B_3,A_3 运 30 单位到 B_3,A_3 运 60 单位到 B_4。此时总运费为

$$\min z = \sum_{i=1}^{3}\sum_{j=1}^{4} c_{ij} x_{ij} = 30 \times 6 + 40 \times 22 + 20 \times 18 + 20 \times 4 + 30 \times 20 + 60 \times 10$$
$$= 2\,700 (单位)$$

表 4-5

产地＼销地	B_1	B_2	B_3	B_4	产量
A_1	6 30	22 40	6	20	70
A_2	2	18 20	4 20	16	40
A_3	14	8	20 30	10 60	90
销量	30	60	50	60	

2. 最小元素法

由于西北角法没有考虑运输成本，得到的方案可能与最优解相差甚远。最小元素法是按照"最低运输成本优先集中供应"的原则，基本思想是就近供应，每一次都要求找出单位运价表中最小的元素，在运量表内对应的方格中填入允许取得的最大数，若某行（列）的供应量（需求量）已满足，则把运价表中该运价所在行（列）划去；再找出未划去的单位运价中的最小数值，一直进行下去，直至得到一个基可行解。

下面就用例 4-1 说明最小元素法的应用。

第一步：从表 4-2 中找出最小运价"2"，这表示先将 A_2 生产的产品供应给 B_1。由于 A_2 每天生产 40 个单位产品，B_1 每天需求 30 个单位产品，即 A_2 每天生产的产品除满足 B_1 的全部需求外，还可多余 10 个单位产品。在 (A_2, B_1) 的交叉格处填上"30"，此时需求地 B_1 得到满足，故将运价表的 B_1 列运价划去，划去 B_1 列，表明 B_1 的需求已经得到满足，得表 4-6。

表 4-6

产地＼销地	B_1	B_2	B_3	B_4	产量
A_1	6	22	6	20	70
A_2	2 30	18	4	16	40
A_3	14	8	20	10	90
销量	30	60	50	60	

第二步：在表 4-6 的未被划掉的元素中再找出最小运价"4"，最小运价所确定的供应关系为 (A_2, B_3)，即将 A_2 余下的 10 个单位产品供应给 B_3，此时，供应地 A_2 已经用尽，而需求地 B_3 还有 40 个单位没有得到满足。划去 A_2 行的运价，表明 A_2 所生产的产品已全部运出，如表 4-7 所示。

表 4-7

产地＼销地	B_1	B_2	B_3	B_4	产量
A_1	6	22	6	20	70
A_2	2 30	18	4 10	16	40
A_3	14	8	20	10	90
销量	30	60	50	60	

第三步：在表 4-7 中再找出最小运价"6"，这样一步步地进行下去，直到单位运价表上的所有元素均被划去为止。最后在产销平衡表上得到一个调运方案，如表 4-8 所示。

表 4-8

产地＼销地	B_1	B_2	B_3	B_4	产量
A_1	6	22	6 40	20 30	70
A_2	2 30	18	4 10	16	40
A_3	14	8 60	20	10 30	90
销量	30	60	50	60	

这样，用最小元素法求出的初始基本可行方案如表 4-8 所示：从 A_1 运 40 单位到 B_3，A_1 运 30 单位到 B_4，A_2 运 30 单位到 B_1，A_2 运 10 单位到 B_3，A_3 运 60 单位到 B_2，A_3 运 30 单位到 B_4。此时总运费为

$$\min z = \sum_{i=1}^{3}\sum_{j=1}^{4} c_{ij}x_{ij} = 40 \times 6 + 30 \times 20 + 30 \times 2 + 10 \times 4 + 60 \times 8 + 30 \times 10$$
$$= 1\,720(\text{单位})$$

3. Vogel 法

最小元素法的缺点是只考虑了就近的问题，却没有考虑就近所付出的机会成本。最小元素法看似十分合理，但有时按某一最小运价优先安排物品调运时，可能会导致最终结果是不得不采用运费很高的其他供销点对，从而增加整个运输费用。Vogel 法，也称伏格尔法或差值法，是一种十分有效的方法。伏格尔法把费用增量定义为给定行或列次小元素与最小元素的差（如果存在两个或两个以上的最小元素费用增量定义为零）。这个差值为该供应地或需求地的罚数，如罚数不大，不按最小单位运价安排运输时所造成的运费损失不大；反之，如罚数很大时，如不按最小运价组织运输，就会造成很大损失，故应尽量按最小单位运价来安排运输，伏格尔法正基于此提出来的。

最大差值对应的行或列中的最小元素确定了产品的供应关系，即优先避免最大的费用增量发生。当产地或销地中的一方在数量上供应完毕或得到满足时，划去运价表中对应的行或列，再重复上述步骤，即可得到一个初始的基可行解。仍以例 4-1 来说明伏格尔法。

第一步：在表 4-2 中找出每行、每列两个最小元素的差额，并填入该表的最右列和最下行，见表 4-9。

第二步：从行和列的差额中选出最大者，选择它所在的行或列中的最小元素的位置确定供应关系。在表 4-9 中，最大差额为"10"，它位于 B_2 列，由于 B_2 列中的最小元素是"8"，从而确定了 A_3 与 B_2 间的供应关系，表 4-10 即反映了这一供应关系。同最小元素法一样，由于 B_2 的需求已得到了满足，将运价表中的 B_2 列划去。

表 4-9

销地\产地	B_1	B_2	B_3	B_4	产量	行罚数
A_1	6	22	6	20	70	0
A_2	2	18	4	16	40	2
A_3	14	8	20	10	90	2
销量	30	60	50	60		
列罚数	4	10	2	6		

表 4-10

销地\产地	B_1	B_2	B_3	B_4	产量	行罚数
A_1	6	22	6	20	70	0
A_2	2	18	4	16	40	2
A_3	14	8 (60)	20	10	90	2
销量	30	60	50	60		
列罚数	4	10	2	6		

第三步：重复第一、第二两步，直到给出一个初始基可行解，如表 4-11 所示。

表 4-11

销地\产地	B_1	B_2	B_3	B_4	产量	行罚数 1	2	3	4	5	6
A_1	6	22	6 (50)	20 (20)	70	0	0	0	14	0	0
A_2	2 (30)	18	4	16 (10)	40	2	2	2	12	0	
A_3	14	8 (60)	20	10 (30)	90	2	4				
销量	30	60	50	60							
列罚数 1	4	10	2	6							
2	4		2	6							
3	4		2	4							
4	4		2	4							
5				4							
6				6							

此时总运费为

$$\min z = \sum_{i=1}^{3}\sum_{j=1}^{4} c_{ij}x_{ij} = 50\times 6 + 20\times 20 + 30\times 2 + 10\times 16 + 60\times 8 + 30\times 10$$
$$= 1\,700(单位)$$

由以上可见，伏格尔法同最小元素法除在确定供求关系的原则上不同外，其余步骤是完全相同的。伏格尔法给出的初始解比最小元素法给出的初始解一般来讲会更接近于最优解。

4.2.2 基可行解的最优性检验

对初始基可行解的最优性检验有闭合回路法和位势法两种基本方法。闭合回路法具体、直接，并为方案调整指明了方向；而位势法，也称对偶变量法，具有批处理的功能，从而提高了计算效率。

1. 闭合回路法

判断基可行解的最优性，需计算空格（非基变量）的检验数。闭合回路法即通过闭合回路求空格检验数的方法。下面就以表 4-8 中给出的初始基可行解（最小元素法所给出的初始方案）为例，讨论闭合回路法，如表 4-12 所示。

表 4-12

销地 产地	B_1	B_2	B_3	B_4	产量
A_1	6 (+)	22	6 40(−)	20 30	70
A_2	2 30(−)	18	4 10(+)	16	40
A_3	14	8 60	20	10 30	90
销量	30	60	50	60	

从表 4-12 给定的初始方案的任一空格出发寻找闭合回路，如对于空格 (A_1,B_1) 在初始方案的基础上将 A_1 生产的产品调运一个单位给 B_1，为了保持新的平衡，就要依次在 (A_1,B_3) 处减少一个单位、(A_2,B_3) 处增加一个单位、(A_2,B_1) 处减少一个单位；即要寻找一条除空格 (A_1,B_1) 之外其余顶点均为有数字格（基变量）组成的闭合回路。表 4-12 中用虚线画出了这条闭合回路。闭合回路顶点所在格右上角的数字是相应的单位运价，单位运价下的"+""−"号表示运量的调整方向。

对应这样的方案调整，可以看出 (A_1,B_1) 处增加一个单位，运费增加 6 个单位；在 (A_1,B_3) 处减少一个单位，运费减少 6 个单位；在 (A_2,B_3) 处增加一个单位，运费增加 4 个单位；在 (A_2,B_1) 处减少一个单位，运费减少 2 个单位。增减相抵后，总的运费增加了 2 个单位。由检验数的经济含义可以知道，(A_1,B_1) 处单位运量调整所引起的运费增量就是(A_1,B_1)的检验数,即$\sigma_{11}=2$。仿照此步骤可以计算初始方案中所有空格的检验数,表 4-13 给出了最终结果。可以证明,对初始方案中的每一个空格来说"闭合回路存在且唯一"。

表 4-13

销地 产地	B_1	B_2	B_3	B_4	产量
A_1	$\sigma_{11}=2$	$\sigma_{12}=4$			70
A_2		$\sigma_{22}=2$		$\sigma_{24}=-2$	40
A_3	$\sigma_{31}=20$		$\sigma_{33}=24$		90
销量	30	60	50	60	

如果检验数表中所有数字均大于等于零,表明对调运方案作出任何改变都将导致运费的增加,即给定的方案是最优方案。在表 4-13 中,$\sigma_{24}=-2$,说明方案需要进一步改进。

2. 位势法

对于特定的调运方案的每一行 i 给出一个因子 u_i(称为行位势),每一列给出一个因子 v_j(称为列位势),使对于目前解的每一个基变量 x_{ij} 有 $c_{ij}=u_i+v_j$,这里的 u_i 和 v_j 可正、可负也可以为零。那么任一非基变量 x_{ij} 的检验数就是 $\sigma_{ij}=c_{ij}-(u_i+v_j)$。这一表达式完全可以通过先前所述的闭合回路法得到。在某一闭合回路上(表 4-14),由于基变量的运价等于其所对应的行位势与列位势之和,即 $c_{ik}=u_i+v_k$,$c_{lk}=u_l+v_k$,$c_{lj}=u_l+v_j$,于是 $\sigma_{ij}=c_{ij}-c_{ik}+c_{lk}-c_{lj}=c_{ij}-(u_i+v_k)+(u_l+v_k)-(u_l+v_j)$,所以 $\sigma_{ij}=c_{ij}-(u_i+v_j)$。

表 4-14

非基变量 $x_{ij}(+c_{ij})$	$(-c_{ik})$基变量 x_{ik}	u_i
基变量 $x_{lj}(c_{lj})$	$(+c_{lk})$基变量 x_{lk}	u_l
v_j	v_k	

对于一个具有 m 个产地、n 个销地的运输问题,应具有 m 个行位势、n 个列位势,即具有$(m+n)$个位势。运输问题基变量的个数只有$(m+n-1)$个,所以利用基变量所对应的$(m+n-1)$个方程,求出$(m+n)$个位势,进而计算各非基变量的检验数的工作十分繁重。通常可以通过在这些方程中对任意一个因子假定一个任意的值(如 $u_1=0$ 等),再求解其余的$(m+n-1)$个未知因子,这样就可求得所有空格(非基变量)的检验数。仍以表 4-8 中给出的初始基可行解(最小元素法所给出的初始方案)为例,讨论位势法求解非基变量检验数的过程。

第一步:把方案表中基变量格填入其相应的运价并令 $u_1=0$;让每一个基变量 x_{ij} 都有 $c_{ij}=u_i+v_j$,可求得所有的位势,如表 4-15 所示。

表 4-15

产地＼销地	B_1	B_2	B_3	B_4	产量	u_i
A_1	6	22	6 40	20 30	70	0
A_2	2 30	18	4 10	16	40	-2
A_3	14	8 60	20	10 30	90	-10
销量	30	60	50	60		
v_j	4	18	6	20		

第二步：利用 $\sigma_{ij} = c_{ij} - (u_i + v_j)$ 计算各非基变量 x_{ij} 的检验数,结果如表 4-16 所示。

表 4-16

产地＼销地	B_1	B_2	B_3	B_4	产量	u_i
A_1	6 2	22 4	6	20	70	0
A_2	2	18 2	4	16 -2	40	-2
A_3	14 20	8	20 24	10	96	-10
销量	30	60	50	60		
v_j	4	18	6	20		

比较表 4-13 与表 4-16 可知,用闭合回路法和位势法算出的检验数完全相同,由于 $\sigma_{24} = -2 < 0$,故这个解不是最优解。

4.2.3 方案的优化

在负检验数中找出最小的检验数,该检验数所对应的变量即为进基变量。在进基变量所处的闭合回路上,赋予进基变量最大的增量,即可完成方案的优化。在进基变量有最大增量的同时,一定存在原来的某一基变量减少至"0",该变量即为出基变量。切记出基变量的"0"运量要用"空格"来表示,而不能留有"0"。

在表 4-16 中,$\min\{\sigma_{ij} | \sigma_{ij} < 0\} = \sigma_{24} = -2$,故选择 x_{24} 为进基变量。在进基变量 x_{24} 所处的闭合回路上(表 4-17),赋 x_{24} 最大的增量"10",相应地有 x_{23} 出基、$x_{13} = 50$、$x_{14} = 20$。此时可得新的基可行解,见表 4-18(同 Vogel 法的初始解,见表 4-11)。

表 4-17

产地＼销地	B_1	B_2	B_3	B_4	产量
A_1	6	22	6 40(+10)------	20 ------30(−10)	70
A_2	2 30	18	4 10(−10)------	16 ------(+10)	40
A_3	14	8 60	20	10 30	90
销量	30	60	50	60	

表 4-18

产地＼销地	B_1	B_2	B_3	B_4	产量
A_1	6	22	6 50	20 20	70
A_2	2 30	18	4	16 10	40
A_3	14	8 60	20	10 30	90
销量	30	60	50	60	

再用位势法或闭合回路法求表 4-18 中各非基变量的检验数，结果显示于表 4-19 中。

表 4-19

产地＼销地	B_1	B_2	B_3	B_4	产量
A_1	$\sigma_{11}=0$	$\sigma_{12}=4$			70
A_2		$\sigma_{22}=4$	$\sigma_{23}=2$		40
A_3	$\sigma_{31}=18$		$\sigma_{33}=24$		90
销量	30	60	50	60	

由表 4-19 可以看出，所有非基变量的检验数均为非负，故这个解是最优解。此时总运费为

$$\min z = \sum_{i=1}^{3}\sum_{j=1}^{4} c_{ij}x_{ij} = 50\times 6 + 20\times 20 + 30\times 2 + 10\times 16 + 60\times 8 + 30\times 10$$
$$= 1\ 700(单位)$$

对于此解而言，因 $\sigma_{11}=0$，如将 x_{11} 作为进基变量再进行求解，将会得出一组新的最优解，但它与上组最优解的目标函数值是相等的，由此可知，此运输问题有两个最优解，根据单纯形法最优性检验与解的判断可知，它有无穷多个最优解。

表上作业法需要说明以下几个问题：

(1) 无论是西北角法、最小元素法还是 Vogel 法，每填入一个数相应地划掉一行或一列，这样最终将得到一个具有 $(m+n-1)$ 个数字格（基变量）的初始基可行解。然而，有时也会出现在供需关系格 (i,j) 处填入一数字，刚好使第 i 个产地的产品调空，同时也使第 j 个销地的需求得到满足，这时就出现了退化（最后一个运量的填入所出现行、列同时划掉的情况除外）。按照前述的处理方法，需要在运价表上相应地划去第 i 行和第 j 列。填入一数字同时划去了一行和一列，如果不采取任何补救措施的话，最终必然无法得到一个具有 $(m+n-1)$ 个数字格（基变量）的初始基可行解。为了使在产销平衡表上有 $(m+n-1)$ 个数字格，这时需要在同时划去的第 i 行或第 j 列的任意一个空格上填一个"0"。填"0"格虽然所反映的运输量同空格没有什么不同，但它所对应的变量却是基变量，而空格所对应的变量是非基变量，此种情况，将在本书的产销不平衡中体现。

(2) 当迭代到运输问题最优解时，如果有某非基变量的检验数等于零，则说明该运输问题有多重最优解。

(3) 若有多个非基变量检验数为负，取任意一个作为进基变量均可，一般而言，要使得目标函数值迅速向最优值靠近，则优先选检验数最小者作为进基变量。

4.3 运输问题的推广

前面我们讨论的运输问题，都是产销平衡的问题，即满足 $\sum_{i=1}^{m} a_i = \sum_{j=1}^{n} b_j$，在实际问题中，产销往往是不平衡的，遇到这种情况，我们可以经过简单的处理，使其转化为产销平衡问题，然后再按前面的方法来求解，本节将对这些运输问题的拓展问题进行讨论。

4.3.1 产销不平衡的运输问题

为了使产销不平衡问题也能利用表上作业法进行求解，就需将其转化成产销平衡问题。

1. 总产量大于总销量的情况

对于产大于销问题 $\sum_{i=1}^{m} a_i > \sum_{j=1}^{n} b_j$，可得到下列运输问题的模型

$$\min z = \sum_{i=1}^{m}\sum_{j=1}^{n} c_{ij} x_{ij}$$

$$\begin{cases} \sum_{j=1}^{n} x_{ij} \leqslant a_i & (i=1,2,\cdots,m) \\ \sum_{i=1}^{m} x_{ij} = b_j & (j=1,2,\cdots,n) \\ x_{ij} \geqslant 0 & (i=1,2,\cdots,m; j=1,2,\cdots,n) \end{cases} \quad (4\text{-}6)$$

我们只需在模型(4-6)中的产量限制约束(前 m 个不等式约束)中引入 m 个松弛变量 $x_{i,n+1}(i=1,2,\cdots,m)$ 即可。然后,需设一个假想的销地 B_{n+1},它的销量为:$b_{n+1}=\sum\limits_{i=1}^{m}a_i-\sum\limits_{j=1}^{n}b_j$。

某个产地 A_i 运到这个假想销地 B_{n+1} 的物资量 $x_{i,n+1}$,实际上就意味着将这些物资在原产地储存,其相应的运价 $c_{i,n+1}=0(i=1,2,\cdots,m)$,转化为产销平衡问题,其数学模型为

$$\min z = \sum_{i=1}^{m}\sum_{j=1}^{n+1}c_{ij}x_{ij}$$

$$\begin{cases} \sum\limits_{j=1}^{n+1}x_{ij}=a_i & (i=1,2,\cdots,m) \\ \sum\limits_{i=1}^{m}x_{ij}=b_j & (j=1,2,\cdots,n+1) \\ x_{ij}\geqslant 0 & (i=1,2,\cdots,m;j=1,2,\cdots,n+1) \end{cases} \quad (4-7)$$

模型(4-7)所对应的运输表如表 4-20 所示。

表 4-20

产地＼销地	B_1	B_2	$\cdots$	B_n	B_{n+1}(存储)	产量
A_1	c_{11} x_{11}	c_{12} x_{12}		c_{1n} x_{1n}	0 $x_{1,n+1}$	a_1
A_2	c_{21} x_{21}	c_{22} x_{22}		c_{2n} x_{2n}	0 $x_{2,n+1}$	a_2
$\vdots$	$\vdots$	$\vdots$		$\vdots$	$\vdots$	$\vdots$
A_m	c_{m1} x_{m1}	c_{m2} x_{m2}		c_{mn} x_{mn}	0 $x_{m,n+1}$	a_m
销量	b_1	b_2	$\cdots$	b_n	$\sum\limits_{i=1}^{m}a_i-\sum\limits_{j=1}^{n}b_j$	

2. 总产量小于总销量的情况

对于总产量小于总销量的问题,即 $\sum\limits_{i=1}^{m}a_i<\sum\limits_{j=1}^{n}b_j$,可增加一个假想的产地 A_{m+1},其产量为:$a_{m+1}=\sum\limits_{j=1}^{n}b_j-\sum\limits_{i=1}^{m}a_i$,其相应的运费为:$c_{m+1,j}=0(j=1,2,\cdots,n)$。

上述不平衡问题转化为平衡的问题,其数学模型为

$$\min z = \sum_{i=1}^{m+1}\sum_{j=1}^{n}c_{ij}x_{ij}$$

$$\begin{cases} \sum_{j=1}^{n} x_{ij} = a_i & (i=1,2,\cdots,m,m+1) \\ \sum_{i=1}^{m+1} x_{ij} = b_j & (j=1,2,\cdots,n) \\ x_{ij} \geqslant 0 & (i=1,2,\cdots,m,m+1; j=1,2,\cdots,n) \end{cases} \quad (4\text{-}8)$$

模型(4-8)所对应的运输表如表 4-21 所示。

表 4-21

产地＼销地	B_1	B_2	...	B_n	产量
A_1	c_{11} / x_{11}	c_{12} / x_{12}	...	c_{1n} / x_{1n}	a_1
A_2	c_{21} / x_{21}	c_{22} / x_{22}	...	c_{2n} / x_{2n}	a_2
⋮	⋮	⋮	⋮	⋮	⋮
A_m	c_{m1} / x_{m1}	c_{m2} / x_{m2}	...	c_{mn} / x_{mn}	a_m
A_{m+1}	0 / $x_{m+1,1}$	0 / $x_{m+1,2}$	...	0 / $x_{m+1,n}$	$\sum_{j=1}^{n} b_j - \sum_{i=1}^{m} a_i$
销量	b_1	b_2	...	b_n	

【例 4-2】 设有三个化肥厂 A、B、C 供应四个地区Ⅰ、Ⅱ、Ⅲ、Ⅳ的农用化肥。假定等量的化肥在这些地区使用效果相同。各化肥厂年产量，各地区年需求量及从各化肥厂到各地区运送单位化肥的运价如表 4-22 所示。试求出总的运费最节省的化肥调拨方案。

表 4-22

化肥厂＼需求地区	Ⅰ	Ⅱ	Ⅲ	Ⅳ	产量/万吨
A	16	13	22	17	50
B	14	13	19	15	60
C	19	20	23	/	50
最低需求/万吨	30	70	0	10	
最高需求/万吨	50	70	30	不限	

解：这是一个产销不平衡的运输问题，总产量为 160 万吨，四个地区的最低需求为 110 万吨，最高需求为无限。根据现有产量，第Ⅳ个地区每年最多能分配到 60 万吨，这样最高需求为 210 万吨，大于产量。为了求得平衡，在产销平衡表中增加一个假想的化肥厂 D，其年产量为 50 万吨。由于各地区的需要量包含两部分，如地区Ⅰ，其中 30 万吨是最低需求，故不能由假想化肥厂 D 供给，令相应运价为 M（任意大正数），而另一部分 20 万吨满足或不满足均可以，因此可以由假想化肥厂 D 供给，按前面讲的，令相应运价为 0。对凡是需求分两种情况的地区，实际上可按照两个地区看待。这样可以写出这个问题的

产销平衡表,如表 4-23 所示,以及单位运价表,如表 4-24 所示。

表 4-23

需求地区 化肥厂	I′	I″	II	III	IV′	IV″	产量/万吨
A							50
B							60
C							50
D							50
销量/万吨	30	20	70	30	10	50	

表 4-24

需求地区 化肥厂	I′	I″	II	III	IV′	IV″
A	16	16	13	22	17	17
B	14	14	13	19	15	15
C	19	19	20	23	M	M
D	M	0	M	0	M	0

将表 4-23 与表 4-24 写成运输表形式,并用 Vogel 法求初始基本可行解,如表 4-25 所示。

表 4-25

销地 产地	I′	I″	II	III	IV′	IV″	产量	行罚数							
								1	2	3	4	5	6	7	8
A	16 	16 50	13 	22 	17 	17 	50	3	3	3					
B	14 	14 20	13 	19 10	15 	15 30	60	1	1	1	1	1	1	1	
C	19 30	19 20	20 	23 	M 	M 	50	0	0	0	0	0	0	0	
D	M 	0 	M 30	0 	M 20	0 	50	0	0						
销量	30	20	70	30	10	50									
列罚数 1	2	14	0	19	2	15									
2	2	14	0		2	15									
3	2	2	0		2	2									
4	5	5	7		$M-15$	$M-15$									
5	5	5	7			$M-15$									
6	5	5	7												
7	0	0													
8		0													

增加一位势列和位势行，令 $u_4=0$，并计算位势如表 4-26 所示：

表 4-26

销地 产地	I′	I″	II	III	IV′	IV″	产量	u_i
A	16 2	16 2	13 7	22	17 2	17 2	50	15
B	14 0	14	13 4	19	15	15	60	15
C	19	19 2	20 3	23	M $M-20$	M $M-20$	50	20
D	M $M+1$	0 1	M $M+2$	0 M	M	0	50	0
销量	30	20	70	30	10	50		
v_j	-1	-1	-2	0	0	0		

由表 4-26 可以看出，所有非基变量的检验数均为非负，故这个解是最优解。此时总运费为

$$\min z = \sum_{i=1}^{4}\sum_{j=1}^{6} c_{ij}x_{ij} = 50\times 13 + 0\times 14 + 20\times 13 + 10\times 15 + 30\times 15 +$$
$$30\times 19 + 20\times 19 + 30\times 0 + 20\times 0 = 2\,460$$

对于此解而言，因 (B,I') 的检验数 $\sigma_{21}=0$，故此运输问题有无穷多个最优解。

4.3.2 转运问题

在运输管理中，经常要处理物资中转的运输问题，如物资从产地运到销地必须使用不同的运输工具，这样就需要首先将物资从产地运到某地（称为中转站），更换运输工具后再运往销地。又如，由于运输能力的限制或价格因素（转运运价小于直接运价），需要将不同产地的物资首先集中到某个中转站，再由中转站发往销地。需要中转站的运输称为转运运输。这里讨论一次转运问题，一般提法是：设 r 个中转站 $T_1,T_2,\cdots,T_r$，物资的运输过程是先从产地 A_i 运到某个中转站 T_k，再运往销地 B_j。已知 A_i 到 T_k 的运价为 c_{ik}，T_k 到 B_j 的运价为 c_{kj}，A_i 的供给量为 a_i，通过 T_k 的最大运输能力为 d_k，B_j 的需求量为 b_j，不妨设 $\sum_{i=1}^{m}a_i = \sum_{j=1}^{n}b_j$，$\sum_{i=1}^{m}a_i \leqslant \sum_{k=1}^{r}d_k$，也就是说，供需是平衡的且所有的物资经转运后都能送达销地。现在要求一转运方案，使得运输的总费用最小。

为建立转运问题模型，设决策变量：

x_{ik}：从 A_i 到 T_k 的调运量（$i=1,2,\cdots,m$；$k=1,2,\cdots,r$），且 $x_{ik}\geqslant 0$。

x_{kj}：从 T_k 到 B_j 的调运量（$k=1,2,\cdots,r$；$j=1,2,\cdots,n$），且 $x_{kj}\geqslant 0$。

则相应的数学模型为

$$\min z = \sum_{i=1}^{m}\sum_{k=1}^{r} c_{ik}x_{ik} + \sum_{j=1}^{n}\sum_{k=1}^{r} c_{kj}x_{kj}$$

$$\begin{cases} \sum_{k=1}^{r} x_{ik} = a_i & (i=1,2,\cdots,m) \quad \text{(供给约束)} \\ \sum_{i=1}^{m} x_{ik} = d_k & (k=1,2,\cdots,r) \quad \text{(运输能力约束)} \\ \sum_{i=1}^{m} x_{ik} = \sum_{j=1}^{n} x_{kj} & (k=1,2,\cdots,r) \quad \text{(中转站平衡)} \\ \sum_{k=1}^{r} x_{kj} = b_j & (j=1,2,\cdots,n) \quad \text{(需求约束)} \\ x_{ik} \geq 0, x_{kj} \geq 0 & (i=1,2,\cdots,m; k=1,2,\cdots,r; j=1,2,\cdots,n) \end{cases}$$

根据转运问题模型的结构可以看出，转运问题也可转化为运输问题模型求解，其方法是将每个中转站 T_k 既看成产地也看成销地，从而形成一个有 $(m+r)$ 个产地，有 $(r+n)$ 个销地的运输问题。由于物资不能由产地 A_i 直接到达销地 B_j，故 B_j 对 A_i 封锁。同样，不同的中转站之间也互相封锁。T_k 的供给量和需求量均为 d_k，从而总供给量为 $\left(\sum_{i=1}^{m} a_i + \sum_{k=1}^{r} d_k\right)$，总需求量为 $\left(\sum_{j=1}^{n} b_j + \sum_{k=1}^{r} d_k\right)$，以实现供需平衡。

【例 4-3】 某公司生产某种高科技产品。该公司在广州和大连设有两个分厂生产这种产品，在上海和天津设有两个销售公司，负责对南京、济南、南昌和青岛四个城市进行产品供应。因大连与青岛相距较近，公司同意也可以向青岛直接供货。各厂产量、各地需求量、线路网络及相应各城市间的每单位产品的运费均标在图 4-2 中，单位为百元。现在的问题是：如何调运这种产品使公司总的运费最小？

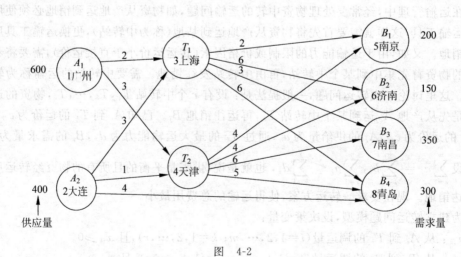

图 4-2

解： 如图 4-2 所示，给各城市编号，即 $i=1,2,\cdots,8$ 分别代表广州、大连、上海、天津、南京、济南、南昌和青岛。

设 x_{ij} 表示从第 i 个城市到第 j 个城市的调运量,可得该问题的线性规划模型:

$$\min z = 2x_{13} + 3x_{14} + 3x_{23} + x_{24} + 4x_{28} + 2x_{35} + 6x_{36} + 3x_{37} + 6x_{38} + 4x_{45} + 4x_{46} + 6x_{47} + 5x_{48}$$

$$\begin{cases} x_{13} + x_{14} = 600 \\ x_{23} + x_{24} + x_{28} = 400 \\ x_{13} + x_{23} - x_{35} - x_{36} - x_{37} - x_{38} = 0 \\ x_{14} + x_{24} - x_{45} - x_{46} - x_{47} - x_{48} = 0 \\ x_{35} + x_{45} = 200 \\ x_{36} + x_{46} = 150 \\ x_{37} + x_{47} = 350 \\ x_{38} + x_{48} + x_{28} = 300 \\ x_{ij} \geqslant 0 \quad (i = 1,2,3,4; j = 3,4,\cdots,8) \end{cases}$$

对于上述模型,用单纯形法可以得到最优解,但如果将其转化成运输问题模型,用表上作业法求解不仅简单而且直观。问题的产销平衡表如表 4-27 所示。

表 4-27

产地＼销地	T_1	T_2	B_1	B_2	B_3	B_4	供应量/台
A_1	2	3	M	M	M	M	600
A_2	3	1	M	M	M	4	400
T_1	0	M	2	6	3	6	1 000
T_2	M	0	4	4	6	5	1 000
需求量/台	1 000	1 000	200	150	350	300	

用表上作业法,可求得该问题的最优调运方案如表 4-28 所示。

表 4-28

产地＼销地	T_1	T_2	B_1	B_2	B_3	B_4	供应量/台
A_1	2 550	3 50	M	M	M	M	600
A_2	3	1 100	M	M	M	4 300	400
T_1	0 450	M	2 200	6	3 350	6	1 000
T_2	M	0 850	4	4 150	6	5	1 000
销量/台	1 000	1 000	200	150	350	300	

由表 4-28 可知，所有非基变量的检验数均大于零，所以表 4-28 的运量为最优，即，广州向中转站上海运 550 台，天津运 50 台；大连向中转站天津运 100 台，直接向青岛运 300 台；中转站上海向南京和南昌分别运 200 台和 350 台；中转站天津向济南运 150 台。最小运费为 $550\times2+50\times3+100\times1+300\times4+450\times0+200\times2+350\times3+850\times0+150\times4=4\,600$ 元。

在例 4-3 所描述的转运问题中，如果中转站有能力限制，且中转站也是需求地时，问题的数学模型与调运表需要重新考虑。例如，在该例中，设中转站 T_1 需求 100 台，中转能力为 800 台，为使产销平衡，设产地 A_2 的产量为 500 台，其他条件不变。这样问题的数学模型为

$$\min z = 2x_{13}+3x_{14}+3x_{23}+x_{24}+4x_{28}+2x_{35}+6x_{36}+3x_{37}+6x_{38}+4x_{45}+4x_{46}+6x_{47}+5x_{48}$$

$$\begin{cases} x_{13}+x_{14}=600 \\ x_{23}+x_{24}+x_{28}=500 \\ x_{13}+x_{23}-x_{35}-x_{36}-x_{37}-x_{38}=100 \\ x_{14}+x_{24}-x_{45}-x_{46}-x_{47}-x_{48}=0 \\ x_{35}+x_{36}+x_{37}+x_{38}\leqslant 800 \\ x_{35}+x_{45}=200 \\ x_{36}+x_{46}=150 \\ x_{37}+x_{47}=350 \\ x_{38}+x_{48}+x_{28}=300 \\ x_{ij}\geqslant 0 \quad (i=1,2,3,4;j=3,4,\cdots,8) \end{cases}$$

问题的调运表如表 4-29 所示。

表 4-29

产地＼销地	T_1	T_2	B_1	B_2	B_3	B_4	供应量/台
A_1	2	3	M	M	M	M	600
A_2	3	1	M	M	M	4	500
T_1	0	M	2	6	3	6	800
T_2	M	0	4	4	6	5	1 000
需求量/台	900	1 000	200	150	350	300	

在表 4-29 中，中转站 T_1 的销量为 900 台，产量为 800 台，表明中转能力为 800 台，T_1 本身需求 100 台。问题的求解结果如表 4-30 所示。

表 4-30

产地＼销地	T_1	T_2	B_1	B_2	B_3	B_4	供应量
A_1	2 600	3	M	M	M	M	600
A_2	3 50	1 150	M	M	M	4 300	500
T_1	0 250	M	2 200	6	3 350	6	800
T_2	M	0 850	4	4 150	6	5	1 000
销量	900	1 000	200	150	350	300	

由表 4-30 可知,所有非基变量的检验数均非负,所以表 4-30 的运量为最优,即,广州向中转站上海运 600 台,大连向中转站上海和天津站分别运 50 台和 150 台,直接向青岛运 300 台;中转站上海向南京和南昌分别运 200 台和 350 台;中转站天津向济南运 150 台。最小运费为 $600 \times 2 + 50 \times 3 + 150 \times 1 + 300 \times 4 + 250 \times 0 + 200 \times 2 + 350 \times 3 + 850 \times 0 + 150 \times 4 = 4\,750$ 元。

实际运输过程中物资可能需要多次中转,这种类型的转运问题比较复杂,但将它转化为运输问题模型时,与一次转运问题的处理思路一样,依照禁运与封锁原则,即当物资不能从一个产地或中转站直接到达另一个中转站或销地时,就应当对这两地实行禁运与封锁。

本 章 小 结

由于运输问题是线性规划问题的一个延伸分支,它作为一类非常有用且比较特殊的线性规划问题,其建模思路与方法同线性规划问题。针对标准运输问题自身的特点,介绍了比单纯形法更为简便而有效的求解方法——表上作业法。表上作业法的关键是确定初始基本可行解、进行基变换以调整调运方案、计算检验数以进行最优性检验,其核心思想仍然是单纯形法的基本原理。所以从逻辑结构上,本章对运输问题的主体内容是围绕标准运输问题的所特有的求解方法展开。首先介绍了产销平衡运输问题的数学模型、表上作业求解方法;在此基础上,介绍了产销不平衡的运输问题与转运问题,通过一定方法,产销不平衡的运输问题和转运问题都可以转化成产销平衡的运输问题来求解。

习 题

1. 单位费用如表 4-31 所示,分别用最小元素法、西北角法和伏格尔法给出此运输问题初始基可行解。

表 4-31

产地＼销地	B_1	B_2	B_3	B_4	供应量
A_1	(10)	(6)	(7)	(12)	4
A_2	(16)	(10)	(5)	(9)	9
A_3	(5)	(4)	(10)	(10)	5
需要量	5	3	4	6	18

2. 由产地 A_1，A_2 发向销地 B_1，B_2 的单位费用如表 4-32 所示，产地允许存贮，销地允许缺货，存贮和缺货的单位运费也列入表中。求最优调运方案，使总费用最省。

表 4-32

产地＼销地	B_1	B_2	供应量/件	存贮的单位运费/(元/件)
A_1	8	5	400	3
A_2	6	9	300	4
需要量/件	200	350		
缺货的单位运费/(元/件)	2	5		

3. 已知某厂每月最多生产甲产品 270 吨，先运至 A_1，A_2，A_3 三个仓库，然后再分别供应 B_1，B_2，B_3，B_4，B_5 五个用户。已知三个仓库的容量分别为 50 吨、100 吨和 150 吨，各用户的需要量分别为 25 吨、105 吨、60 吨、30 吨和 70 吨。已知从该厂经由各仓库然后供应各用户的储存和运输费用见表 4-33。试确定一个使总费用最低的调运方案。

表 4-33

产地＼销地	B_1	B_2	B_3	B_4	B_5
A_1	10	15	20	20	40
A_2	20	40	15	30	30
A_3	30	35	40	55	25

4. 对表 4-34 的运输问题：

表 4-34

产地＼销地	A	B	供应量
X	100(6)	(4)	100
Y	30(5)	50(8)	80
Z	(2)	60(7)	60
需要量	130	110	240

(1) 若要总运费最少，该方案是否为最优方案？

(2) 若产地 Z 的供应量改为 100，求最优方案。

5. 某利润最大的运输问题,其单位利润如表 4-35 所示:

表 4-35

产地＼销地	B_1	B_2	B_3	B_4	供应量
A_1	(6)	(7)	(5)	(8)	8
A_2	(4)	(5)	(10)	(8)	9
A_3	(2)	(9)	(7)	(3)	7
需要量	8	6	5	5	24

(1) 求最优运输方案,该最优方案有何特征?

(2) 当 A_1 的供应量和 B_3 的需求量各增加 2 时,结果又怎样?

6. 某玩具公司生产三种新型玩具,每月可供量分别为 1 000 件、2 000 件、2 000 件,它们分别被送到甲、乙、丙三个百货商店销售。已知每月百货商店各类玩具预期销售量均为 1 500 件,由于经营方面原因,各商店销售不同玩具的盈利额不同,如表 4-36 所示。又知丙百货商店要求至少供应 C 玩具 1 000 件,而拒绝进 A 玩具。求满足上述条件下使总盈利额最大的供销分配方案。

表 4-36

产地＼销地	甲	乙	丙	可供量/件
A	5	4	—	1 000
B	16	8	9	2 000
C	12	10	11	2 000

7. 目前,城市大学能存贮 200 个文件在硬盘上,100 个文件在计算机存贮器上,300 个文件在磁带上。用户想存贮 300 个字处理文件,100 个源程序文件,100 个数据文件。每月,一个典型的字处理文件、一个典型的源程序文件、一个典型的数据文件分别被访问 8 次、4 次、2 次。当某文件被访问时,重新找到该文件所需的时间取决于文件类型和存贮介质,如表 4-37 所示。

表 4-37

时间/分钟	字处理文件/个	源程序文件/个	数据文件/个
硬盘	5	4	4
存贮器	2	1	1
磁带	10	8	6

如果目标是极小化每月用户访问所需文件所花的时间,请构造一个运输问题的模型来决定文件应该怎样存放并求解。

第 5 章

目 标 规 划

学习目标

1. 理解目标约束中的正负偏差变量。
2. 理解目标的优先级和目标权系数。
3. 掌握规划数学建模及其步骤。
4. 掌握目标规划图解法和单纯形法。
5. 掌握目标规划对偶问题及其灵敏度分析。

目标规划(goal programming,GP)是在线性规划的基础上,为适应经济管理中多目标决策的需要而逐步发展起来的一个运筹学分支,是实行目标管理这种现代化管理技术的一个有效工具。

目标规划的有关概念和模型最早在 1961 年由美国学者查恩斯(A. Charnes)和库伯(W. W. Coopor)在他们合著的《管理模型和线性规划的工业应用》一书中提出,以后这种模型又先后经尤吉·艾吉里(Yuji Ijiri)等的不断完善改进,1976 年伊格尼齐奥(J. P. Ignizio)发表了《目标规划及其扩展》一书,系统归纳总结了目标规划的理论和方法。目前研究较多的有线性目标规划、非线性目标规划、线性整数目标规划和 0~1 目标规划等。本章主要讨论线性目标规划,简称目标规划。

5.1 目标规划的数学模型

5.1.1 问题的提出

应用线性规划,虽然可以处理许多线性系统的最优化问题,但是,线性规划作为一种决策工具,在解决实际问题时,还存在一定的局限性。

(1) 线性规划是在一组线性约束条件下,寻求某一项目标(如产量、利润或成本等)的最优值,而实际问题中往往要考虑多个目标的决策问题,如核电站的设计问题,传统的单目标规划只允许设定一个目标,那么单一目标选择什么? 是使整个核电站建设费用为最低,安全运行的可靠性最高,电能输出最大,还是对周围环境的影响最小? 显然,上述目标都很重要,且又可能互相矛盾,若系统设计只选取一个目标,如建设费用最低,这可能很容易达到,但这种选择的结果将牺牲其他方面条件,如降低运行的安全可靠性或环境条件的严重破坏。这是一个多目标决策问题,普通的线性规划是无能为力的。

(2) 线性规划最优解存在的前提条件是可行域为非空集,否则,线性规划无解。然而实际问题中,有时可能出现资源条件满足不了管理目标的要求的情况,此时,仅做无解的结论是没有意义的。

(3) 线性规划问题中的约束条件是不分主次、同等对待的,是一律要满足的"绝对约束",而在实际问题中,多个目标和多个约束条件并不一定是同等重要的,而是有轻重缓急和主次之分的。

(4) 线性规划的最优解可以说是绝对意义下的最优,但很多实际只需(或只能)找出满意解就可以,如对核电站设计问题中的若干目标。

以上的原因,限制了线性规划的应用范围。目标规划就是在解决以上问题的研究中应运而生,它能更确切地描述和解决经济管理中的许多实际问题。目前,目标规划的理论和方法已经在经济计划、生产管理经营、市场分析、财务管理等方面得到广泛的应用。

【例 5-1】 F 公司每周需要根据表 5-1 确定产品 A、B、C 的产量,以获取最大的利润

表 5-1

项目	Ⅰ	Ⅱ	Ⅲ	限量
原材料/(千克/件)	8	4	5	320
设备工时/(小时/件)	2	2	1	100
利润/(元/件)	5	4	2	

根据第 2 章内容,设产品 Ⅰ、Ⅱ、Ⅲ 的产量分别为 x_1, x_2, x_3,建立线性规划模型为

$$\max z = 5x_1 + 4x_2 + 2x_3$$
$$\text{s.t.} \begin{cases} 8x_1 + 4x_2 + 5x_3 \leqslant 320 \\ 2x_1 + 2x_2 + x_3 \leqslant 100 \\ x_1, x_2, x_3 \geqslant 0 \end{cases}$$

解之得最优生产计划为 $x_1 = 30$ 件,$x_2 = 20$ 件,利润为 $z_{\max} = 230$ 元。

本问题的求解目标是唯一的,即利润最大化。但现实问题往往会有多个目标,比如把上面这个例子变成例 5-2。

【例 5-2】 在满足例 5-1 资源约束的前提下,按优先次序满足以下目标:

(1) 利润最好不少于 200 元。
(2) 产品 B 为产品 A 的补充件,其产量最好低于产品 A 的一半。
(3) 产品 C 为战略性产品,其产量最好不低于 5 件。
(4) 设备工时最好全部使用完且不超量。
(5) 原材料比较稀缺,最好至少有 10 千克的剩余。

问:F 公司应如何安排生产计划,能够尽可能达成以上的经营目标?

解:问题的线性规划模型变为以下不等式组

原有资源约束:

$$\begin{cases} 8x_1 + 4x_2 + 5x_3 \leqslant 320 \\ 2x_1 + 2x_2 + x_3 \leqslant 100 \\ x_1, x_2, x_3 \geqslant 0 \end{cases} \tag{5-1}$$

新增的按优先顺序的 5 个目标约束:

$$\begin{cases} 5x_1 + 4x_2 + 2x_3 \geqslant 200 \\ x_1 - 2x_2 \geqslant 0 \\ x_3 \geqslant 5 \\ 2x_1 + 2x_2 + x_3 = 100 \\ 8x_1 + 4x_2 + 5x_3 \leqslant 310 \end{cases}$$

符合上述不等式组的解,就是本问题的解。但经过计算,该不等式组无解,而在实际背景下,该问题显然是有解的。

实际上,本问题前3个优先级的目标是可以完全达成的,第(4)、(5)个目标虽然无法完全达成,但是是允许妥协的,即只需要在前几个目标达成的基础上,尽可能满足即可。问题出在建模的方式上。

以上模型将5个原本有优先次序的、允许妥协的目标变成了必须同时严格满足的目标。因此,一个在现实中有解的多目标决策问题,以线性规划的思路建模可能就无解了。

目标规划的提出,正是针对这类线性规划无法解决的实际问题。下面介绍如何用目标规划方法来解决这样的问题,为此,先介绍目标规划的几个基本概念。

5.1.2 目标规划的基本概念

1. 目标值和偏差变量

目标规划通过引入目标值和正、负偏差变量,可以将目标函数转化为目标约束。

所谓目标值是指预先给定的某个目标的一个期望值,如例5-2中,计划利润200元就是目标的期望值,实现值或决策值是指当决策变量$x_j(j=1,2,\cdots,n)$确定以后,目标函数的对应值。显然,决策值与目标值之间会有一定的差异,这种差异用偏差变量(事先无法确定的未知量)来刻画,正偏差变量表示决策值超过目标值的数量,记为d^+;负偏差变量表示决策值未达到目标值的数量,记为d^-,显然$d^+ \geqslant 0, d^- \geqslant 0$。因为在一次决策中,决策值不可能既超过目标值,同时又未达到目标值,所以有$d^+ \cdot d^- = 0$。

例5-2中,如果某个满足了约束条件式(5-1)的决策为$x_1 = 25, x_2 = 13, x_3 = 5$,则第(1)个目标,其实现值为$5x_1 + 4x_2 + 2x_3 = 187$,未达到目标值200,如果用$d_1^+$和$d_1^-$表示该目标的正负偏差量,有$d_1^+ = 0$和$d_1^- = 13$;对于第(2)个目标,其实现值为$x_1 - 2x_2 = -1$,没有达到目标值0,如果用$d_2^+$和$d_2^-$表示该目标的正负偏差量,有$d_2^+ = 0$和$d_2^- = 1$;同理,对于第(3)个目标,因为实现值等于目标值5,有$d_3^+ = 0$和$d_3^- = 0$。

2. 绝对约束和目标约束

绝对约束是指必须严格满足的等式约束和不等式约束。绝对约束是刚性约束,也是硬约束,对它的满足与否,决定了解的可行性,如线性规划问题的所有约束条件,而不能满足这些约束条件的解称为非可行解,显然,绝对约束中,不会含有偏差变量,如原材料约束$8x_1 + 4x_2 + 5x_3 \leqslant 320$和$2x_1 + 2x_2 + x_3 \leqslant 100$。目标约束是目标规划特有的,可把约束右端看作要追求的目标值,在达到此目标值时允许发生正或负偏差,即允许某些目标的决策值与目标值存在偏差。因此在这些约束中加入正、负偏差变量,它们是软约束(柔性约束)。线性规划问题的目标函数在给定目标值和加入正、负偏差变量后,可变换为目标约束,也可根据问题的需要将绝对约束变换为目标约束。

由偏差变量的定义可知,如果某目标的正负偏差量用 d_i^+ 和 d_i^- 表示,一定会有"目标表达式=目标值$-d_i^-+d_i^+$",为了符合线性规划右端仅保留常数的表达习惯,此式又可写成:目标表达式$+d_i^- -d_i^+=$目标值,这就是软约束的表达式。

例如,对例 5-2 中的第(1)个目标,其软约束为
$$5x_1 + 4x_2 + 2x_3 + d_1^- - d_1^+ = 200$$

同理,对于第(2)、(3)个目标,其软约束分别为: $x_1-2x_2+d_2^- -d_2^+=0$ 和 $x_3+d_3^- - d_3^+ = 5$。

3. 优先因子(优先等级)与权系数(权重)

在一个多目标决策问题中,要找出使所有目标达到最优的解是很不容易的,在有些情况下,这样的解根本不存在(当这些目标是互相矛盾时)。而在实际问题中,决策者要求达到这些目标时,是有主次或轻重缓急的不同,凡要求第一位达到的目标赋予优先因子 P_1,次位的目标赋予优先因子 $P_2\cdots$,并规定 $P_k \gg P_{k+1}(k=1,2,\cdots,K)$。表示 P_k 比 P_{k+1} 有更大的优先权,即首先保证 P_1 级目标的实现,这时可不考虑次级目标;而 P_2 级目标是在实现 P_1 级目标的基础上考虑的,以此类推。若要区别具有相同优先因子的两个目标的差别,这时可分别赋予它们不同的权系数 w_j,优先级的划分,以及同一优先级下多个目标的权重的设定,没有普适性的规则,而应根据决策者的需求、偏好和具体情况来确定。在不同的问题背景或决策者偏好下,同一个目标的优先级或其在某个优先级中的权系数都可能有不同的设定。

4. 目标规划的目标函数

目标规划的目标函数(又称准则函数或达成函数),是由各目标约束的偏差变量及相应的优先因子和权系数构成的,由于目标规划追求的是尽可能接近各既定目标值,也就是各有关偏差变量尽可能小,记为 $\min z = f(d^+, d^-)$,应用时,对应一个目标约束,有以下三种情况,但只能出现其中之一:

(1) 要求恰好达到目标值。即 $f(x_j)=g$,亦即正、负偏差量都要尽可能的小。这时决策值超过或低于目标值都是不希望的,因此有
$$\min z = f(d^+ + d^-)$$

(2) 要求不超过目标值,即 $f(x_j) \leq g$,也就是允许达不到目标值,可理解为希望有负偏差,不希望有正偏差。就是正偏差变量要尽可能的小,因此有
$$\min z = f(d^+)$$

(3) 要求不低于目标值,即 $f(x_j) \geq g$,也就是允许超过目标值,可理解为希望有正偏差,不希望有负偏差。就是负偏差变量要尽可能的小,因此有
$$\min z = f(d^-)$$

结合软约束与达成函数,就可以写出每个目标的目标表达式。

例如,对例 5-2 中的第(1)个目标,其软约束为

$$5x_1 + 4x_2 + 2x_3 + d_1^- - d_1^+ = 200$$

该目标的表述等价于希望不要有负偏差或负偏差尽可能的小,因此,其达成函数为

$$\min d_1^-$$

第(2)个目标的表达式为

$$\min d_2^-$$

$$x_1 - 2x_2 + d_2^- - d_2^+ = 0$$

对于第(4)个目标的表达式为

$$\min(d_4^- + d_4^+)$$

$$2x_1 + 2x_2 + x_3 + d_4^- - d_4^+ = 100$$

根据上述概念,将上述问题的5个目标分别定为5个优先级 P_1, P_2, P_3, P_4, P_5(本问题不包含一个优先级中有多个目标的情况),最终可将例5-2的目标规划模型写成如下形式

$$\min z = P_1 d_1^- + P_2 d_2^- + P_3 d_3^- + P_4(d_4^- + d_4^+) + P_5 d_5^+$$

$$\text{s.t.} \begin{cases} 8x_1 + 4x_2 + 5x_3 \leqslant 320 \\ 2x_1 + 2x_2 + x_3 \leqslant 100 \\ 5x_1 + 4x_2 + 2x_3 + d_1^- - d_1^+ = 200 \\ x_1 - 2x_2 + d_2^- - d_2^+ = 0 \\ x_3 + d_3^- - d_3^+ = 5 \\ 2x_1 + 2x_2 + x_3 + d_4^- - d_4^+ = 100 \\ 8x_1 + 4x_2 + 5x_3 + d_5^- - d_5^+ = 310 \\ x_1, x_2, x_3, d_i^+, d_i^- \geqslant 0 \quad (i = 1, \cdots, 5) \end{cases}$$

其中,整个问题的达成函数除上述和的形式外,还可写成集合的形式,如 $\min\{P_1 d_1^-, P_2 d_2^-, P_3 d_3^-, P_4(d_4^- + d_4^+), P_5 d_5^+\}$。

5. 满意解

目标规划问题的求解是分级进行的,首先求满足 P_1 级目标的解,然后在保证 P_1 级目标不被破坏的前提下再求满足 P_2 级目标的解。以此类推,总之,是在不破坏上一级目标的前提下,实现下一级目标的最优。因此,这样最后求出的解就不是通常意义下的最优解,称之为满意解。之所以叫满意解,是因为对于这种解来说,前面的目标是可以保证实现或部分实现的,后面的目标就不一定能保证实现或部分实现,有些可能就不能实现。

满意解这一概念的提出是对最优化概念的一个突破,显然它更切合实际,更便于运用。

5.1.3 目标规划的数学模型及建模步骤

1. 目标规划的数学模型

有了目标规划的几个基本概念的介绍,下面通过实例来建立目标规划的数学模型。

综合以上分析,对于一个有 K 个目标,$L(L \leqslant K)$ 个优先等级的目标规划问题,其数学模型的一般表达形式为

$$\min z = \sum_{l=1}^{L} \left\{ P_l \cdot \sum [w_{lk} \cdot f(d_k^-, d_k^+)] \right\} \quad (k=1,2,\cdots,K) \tag{5-2}$$

$$\begin{cases} \sum_{j=1}^{n} a_{ij} x_j \leqslant (=, \geqslant) b_i \quad (i=1,2,\cdots,m) & (5\text{-}3) \\ \sum_{j=1}^{n} c_{kj} x_j + d_k^- - d_k^+ = g_k \quad (k=1,2,\cdots,K) & (5\text{-}4) \\ x_j \geqslant 0, d_k^+, d_k^- \geqslant 0 \quad (j=1,2,\cdots,n; k=1,2,\cdots,K) & (5\text{-}5) \end{cases}$$

其中,式(5-2)为整个问题的达成函数,$f(d_k^-, d_k^+)$为第 k 个目标函数的达成函数,依决策者对实现值的期望是超过、不超过或是等于目标值 g_k 而取 d_k^-、d_k^+ 或 $d_k^- + d_k^+$,对于同属于第 l 优先级下的多目标,用 w_{lk} 表示各目标的权系数;式(5-3)为绝对约束;式(5-4)为软约束;式(5-5)是决策变量、偏差变量的非负约束。

2. 目标规划的建模步骤

由以上例 5-2,可以总结出目标规划的建模步骤。
(1) 设定问题的决策变量。
(2) 列出问题的绝对约束。
(3) 根据决策者的需求和偏好,设定各个目标的优先级,当有多个目标同属于一个优先级下时,还需根据约定设定各个目标的权重;然后,写出各个目标的软约束和各优先级的达成函数。
(4) 用优先因子和权系数为各个目标的达成函数加权,写出整个问题的达成函数。
(5) 写出决策变量与偏差变量的非负约束。

【例 5-3】 电子产品生产企业 HF 公司通过采购半成品生产 A、B、C 三种型号的手机。这三种手机在同一流水线上生产,每件的生产工时消耗分别为 5 分钟、7 分钟、12 分钟,利润分别为每台 140 元、210 元、384 元。生产线正常运转时间为 250 小时/月,加班满负荷运转时最多有 400 小时/月。

HF 公司的决策者提出的月经营目标按优先级排序为:
(1) 尽可能充分利用生产线的正常工时,工时不够用时可以加班;
(2) 希望 A、B、C 的产量至少分别达到 700 台、750 台、500 台,根据单位工时的利润比例设定权系数;
(3) 加班工时最好不超过 40 小时/月;
(4) 希望 A、B、C 的产量尽可能分别超过月销售量预测的最低水平 800 台、900 台、550 台,根据单位工时的利润比例设定权系数。
问:各产品应生产多少才能达成上述经营目标?建立本问题的目标规划模型。

解:设 A、B、C 的产量分别为 x_1, x_2, x_3。P_2 与 P_4 下各有 3 个目标,其权系数比例为:$\frac{140}{5} : \frac{210}{7} : \frac{384}{12} = 14 : 15 : 16$,本问题的绝对约束为 $5x_1 + 7x_2 + 12x_3 \leqslant 24\,000$(时间单位为分钟)。

$$\min z = P_1 d_1^- + P_2(14 d_2^- + 15 d_3^- + 16 d_4^-) + P_3 d_5^+ + P_4(14 d_6^- + 15 d_7^- + 16 d_8^-)$$

$$\text{s.t.} \begin{cases} 5x_1 + 7x_2 + 12x_3 \leqslant 24\,000 \\ 5x_1 + 7x_2 + 12x_3 + d_1^- - d_1^+ = 15\,000 \\ x_1 + d_2^- - d_2^+ = 700 \\ x_2 + d_3^- - d_3^+ = 750 \\ x_3 + d_4^- - d_4^+ = 500 \\ 5x_1 + 7x_2 + 12x_3 + d_5^- - d_5^+ = 17\,400 \\ x_1 + d_6^- - d_6^+ = 800 \\ x_2 + d_7^- - d_7^+ = 900 \\ x_3 + d_8^- - d_8^+ = 550 \\ x_1, x_2, x_3, d_i^+, d_i^- \geqslant 0 \quad (i=1,\cdots,8) \end{cases}$$

【例 5-4】 SD 公司下属三个工厂生产某种产品来满足四个地区的需求,各工厂的产量、各地的需求量以及从各工厂到四地的单位产品运输费用如表 5-2 所示。

表 5-2

产地\销地	地区 1	地区 2	地区 3	地区 4	产量
工厂 1	4	3	5	7	250
工厂 2	3	4	3	6	200
工厂 3	5	4	3	4	400
需求量	100	200	400	300	

如果仅要求运输费用最小,在将该问题转化为产销平衡问题后,用运输问题表上作业法求解得最低总运费为 2 750 元。但是考虑到各地的不同情况和运输中可能存在的问题,该公司在确定最后运输方案时还需考虑其他几个目标,按重要程度依次为:

P_1:地区 3 为重点销售地区,其需求应优先全部满足。

P_2:用于供应地区 2 的产品中,工厂 1 的产品不少于 80 件。

P_3:为平衡各地需求,每个地区用户需求的满足率应不低于 90%。

P_4:由于交通条件的限制,应尽量避免从工厂 2 运输至地区 2。

P_5:尽可能减少总运费。

问:此家公司应如何安排运输,以实现上述目标?建立目标规划数学模型。

解:这是一个多目标问题,运输问题的线性规划建模与求解是针对单目标的,因此不适用于本例。

(1) 设 x_{ij} 表示从工厂 $i(i=1,2,3)$ 到地区 $j(j=1,2,3,4)$ 的运输量,这里隐含了两个绝对约束,一是工厂 $i(i=1,2,3)$ 的供应不能超过产量,二是地区 $j(j=1,2,3,4)$ 的销售不能超过需求量。

(2) 题目中已经给出了 5 个优先级,其中 P_3 优先级下有 4 个目标(未指定各目标的权重),P_5 下的目标"尽可能减少总运费"未给定目标值,可以以原最低总运费 2 750 元为目标值,而其达成函数应以减少与最优运费之间的正偏差量为目的(由于上述目标的引入必定会使得总运费高于原最低总运费)。实际上,在未给定原最低总运费时,也可以以 0

为目标值。

(3) c_{ij} 表示从工厂 i 到地区 j 的单位运输费用。

(4) P_4 的目标一定不会出现 $d_7^->0$ 的情况，否则没有实际意义。因为运输量 x_{22} 不可能小于 0。

(5) 根据前面的分析，P_5 的目标中也一定不会出现 $d_8^->0$ 的情况。所以在写出模型时，可将偏差变量 d_7^- 和 d_8^- 去掉，即使不去掉，也不会影响模型的求解结果。

综上，本问题的完整目标规划模型为

$$\min z = P_1 d_1^- + P_2 d_2^- + P_3(d_3^- + d_4^- + d_5^- + d_6^-) + P_4 d_7^+ + P_5 d_8^+$$

$$\text{s.t.} \begin{cases} x_{11} + x_{12} + x_{13} + x_{14} \leqslant 250 \\ x_{21} + x_{22} + x_{23} + x_{24} \leqslant 200 \\ x_{31} + x_{32} + x_{33} + x_{34} \leqslant 400 \\ x_{11} + x_{21} + x_{31} \leqslant 100 \\ x_{12} + x_{22} + x_{32} \leqslant 200 \\ x_{13} + x_{23} + x_{33} \leqslant 400 \\ x_{14} + x_{24} + x_{34} \leqslant 300 \\ x_{13} + x_{23} + x_{33} + d_1^- - d_1^+ = 400 \\ x_{12} + d_2^- - d_2^+ = 80 \\ x_{11} + x_{21} + x_{31} + d_3^- - d_3^+ = 90 \\ x_{12} + x_{22} + x_{32} + d_4^- - d_4^+ = 180 \\ x_{13} + x_{23} + x_{33} + d_5^- - d_5^+ = 360 \\ x_{14} + x_{24} + x_{34} + d_6^- - d_6^+ = 270 \\ x_{22} + d_7^- - d_7^+ = 0 \\ \sum_{i=1}^{3} \sum_{j=1}^{4} c_{ij} x_{ij} + d_8^- - d_8^+ = 2\ 750 \\ x_{ij}, d_k^+, d_k^- \geqslant 0 (i=1,2,3; j=1,2,3,4; k=1,\cdots,8) \end{cases}$$

5.2 目标规划的图解法

和线性规划问题一样，图解法可用于两个决策变量的目标规划问题，其操作简便，原理一目了然，并且有助于理解一般目标规划问题的求解原理和过程。

用图解法解目标规划时，先在由决策变量 x_1, x_2 构成的平面直角坐标系 $x_1 O x_2$ 的第一象限内作各约束条件。绝对约束条件的作图与线性规划相同，作目标约束时，先令 d_i^+，$d_i^-=0$，作相应的直线，然后在这直线旁标上 d_i^-, d_i^+ 增大的方向，在此基础上再按照优先级从高到低的顺序，逐个考虑各个目标约束。一般地，若优先因子 P_j 对应的解空间为 R_j，则优先因子 P_{j+1} 对应的解空间只能在 R_j 中考虑，即 $R_{j+1} \subseteq R_j$，若 $R_j \neq \varphi$，而 $R_{j+1} = \varphi$，则 R_j 中的解为目标规划的满意解，它只能保证满足 $P_1, P_2, \cdots, P_j$ 级目标，而不保证满足其后的各级目标是否能够实现。

【例 5-5】 用图解法求解目标规划问题

$$\min z = P_1 d_1^+ + P_2 d_2^+ + P_3 d_3^-$$

$$\text{s.t.} \begin{cases} x_1 + x_2 \leqslant 4 & (1) \\ -x_1 + 4x_2 + d_1^- - d_1^+ = 8 & (2) \\ x_1 + d_2^- - d_2^+ = 3 & (3) \\ 2x_1 + 4x_2 + d_3^- - d_3^+ = 4 & (4) \\ x_1, x_2, d_i^-, d_i^+ \geqslant 0 \quad (i=1,2,3) \end{cases}$$

解：由于决策变量非负，解空间必在第一象限内。首先画出绝对约束式(1)的边界线 $x_1 + x_2 = 4$，得到解空间 R_0，即图 5-1 中的三角形 OAB。

对 P_1 优先级目标，去掉其软约束式(2)中的偏差变量，得到 $-x_1 + 4x_2 = 8$，画出这条直线；该目标的达成函数为 $\min d_1^+$，在该直线上用箭头表示出 d_1^+ 增大的方向。这表明在直线 $-x_1 + 4x_2 = 8$ 上以及直线右下方(箭头相反的方向)，都有 $d_1^+ = 0$，其在 OAB 内的部分为 $OAFG$(图 5-2)，即解空间 R_1 为四边形 $OAFG$。

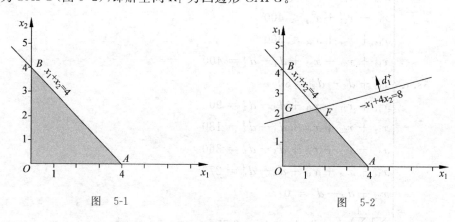

图 5-1   图 5-2

同理，对于 P_2 优先级目标，去掉其软约束式(3)中的偏差变量，画出 $x_1 = 3$；要得到 $\min d_2^+$，用箭头表示出 d_2^+ 增大的方向。此时的解空间 R_2 为图 5-3 中的五边形 $ODEFG$。

继续画出 P_3 优先级目标对应的直线 $2x_1 + 4x_2 = 4$，标出使 d_3^- 增大的方向，在五边形 $ODEFG$ 内找到此时的解空间 R_3，为图 5-4 中的六边形 $CDEFGH$。

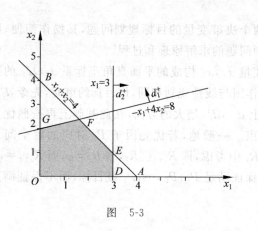

图 5-3

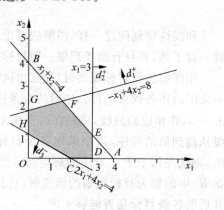

图 5-4

所有的目标已经处理完，解空间 $CDEFGH$（图 5-4 中的阴影区域）就是本问题的满意解。显然，在这个区域内的所有点，都能使得达成函数取值为 0，所有的目标都能达成。

在更多的实际问题中，有些优先级的目标是无法完全满足的，此时的满意解可能是一条线段或者一个点。为方便对比，在例 5-5 的约束式(4)前加入两个优先级的目标，得到例 5-6 的问题模型。

【例 5-6】 用图解法求解下述目标规划模型

$$\min z = P_1 d_1^+ + P_2 d_2^+ + P_3 d_3^- + P_4 d_4^- + P_5 d_5^-$$

$$\text{s. t.} \begin{cases} x_1 + x_2 \leqslant 4 & (1) \\ -x_1 + 4x_2 + d_1^- - d_1^+ = 8 & (2) \\ x_1 + d_2^- - d_2^+ = 3 & (3) \\ x_1 + d_3^- - d_3^+ = 6 & (4) \\ 5x_2 + d_4^- - d_4^+ = 26 & (5) \\ 2x_1 + 4x_2 + d_5^- - d_5^+ = 4 & (6) \\ x_1, x_2, d_i^-, d_i^+ \geqslant 0 \quad (i = 1,2,3,4,5) \end{cases}$$

解：本例的绝对约束、前两个优先级(P_1, P_2)与例 5-5 一样，在处理完 P_2 时，解空间 R_2 与例 5-5 一样，为图 5-5 中的五边形 $ODEFG$。

对于 P_3 优先级目标，去掉其软约束式(4)中的偏差变量，画出 $x_1 = 6$；要求 $\min d_3^-$，用箭头表示出 d_3^- 增大的方向，如图 5-6 所示。观察发现，满足 $d_3^- = 0$ 的区域在 $x_1 = 6$ 的右侧，与上一优先级的解空间 $ODEFG$ 无交集，表明该目标无法完全实现。但是，可以尽可能减少此目标实现时的偏差量 d_3^-：在 $ODEFG$ 内，使 d_3^- 取值最小的区域为线段 DE。这样，解空间 R_3 为线段 DE。

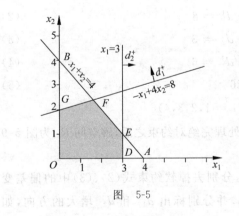

图 5-5

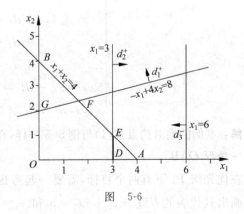

图 5-6

同理，对于 P_4 优先级目标，画出直线 $5x_2 = 26$，并标出其达成函数要求取最小值的 d_4^- 增大的方向，如图 5-7 所示。因为使得 $d_4^- = 0$ 的区域与 R_3（线段 DE）无交集，这个目标也无法完全实现，而线段 DE 内使 d_4^- 取值最小的部分显然为点 E，即此时的解空间 R_4 收缩到点 E。

至此，已经求解出问题的满意解：点 E 为直线 $x_1 + x_2 = 4$ 与 $x_1 = 3$ 的交点 $x_1 = 3$，

$x_2 = 1$。即使考虑 P_5 优先级的目标,其满意解也只能是点 E,如图 5-8 所示,否则就会破坏前面优先级目标的实现。所以,在用图解法求解两决策变量的目标规划问题时,当问题的解空间收缩到一个点,该点就是问题的满意解,无须再考虑尚未处理的目标。

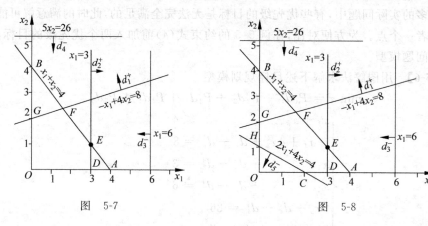

图 5-7   图 5-8

例 5-5 和例 5-6 介绍的是用图解法求解各优先级中只包含一个目标的问题。应用图解法求解只有两个决策变量且一个优先级 P_l 下有多个目标的目标规划模型时,确定 P_l 优先级的解空间 R_l 的过程就会变得比较复杂。

将例 5-6 问题模型中的第 1,2 个目标,第 3、4 个目标分别合并到一个优先级下,各赋予权系数,并去掉原 P_5 级目标,得到例 5-7 的问题。

【例 5-7】 用图解法求解下述目标规划问题。

$$\min z = P_1(d_1^+ + 5d_2^+) + P_2(3d_3^- + 2d_4^-)$$

$$\text{s. t.} \begin{cases} x_1 + x_2 \leqslant 4 & (1) \\ -x_1 + 4x_2 + d_1^- - d_1^+ = 8 & (2) \\ x_1 + d_2^- - d_2^+ = 3 & (3) \\ x_1 + d_3^- - d_3^+ = 6 & (4) \\ 5x_2 + d_4^- - d_4^+ = 26 & (5) \\ x_1, x_2, d_i^-, d_i^+ \geqslant 0 (i = 1,2,3,4) \end{cases}$$

解:本例的绝对约束式(1)与例 5-5 一样,在处理完绝对约束之后,解空间 R_0 为图 5-9 中的三角形 OAB。

在优先级 P_1 下有两个目标,需要一起考虑,分别去掉软约束式(2)、(3)中的偏差变量并画出其代表的直线 $-x_1 + 4x_2 = 8$ 和 $x_1 = 3$,并分别标出 d_1^+ 和 d_2^+ 增大的方向,如图 5-10 所示。要同时满足优先级 P_1 的两个目标,必须在 $ODHG$ 与 R_0(即 OAB)的交集 $ODEFG$ 内,这样就得到了满足优先级 P_1 的解空间 R_1 为 $ODEFG$ 内。在 R_1 内必有 $d_1^+ = d_2^+ = 0$,那么无论这两个目标的权系数是多少,优先级 P_1 都可以在 R_1 内完全实现。这说明,当同一优先级下有多个目标,而且这些目标可以同时完全实现时,权系数没有意义,问题很容易解决。

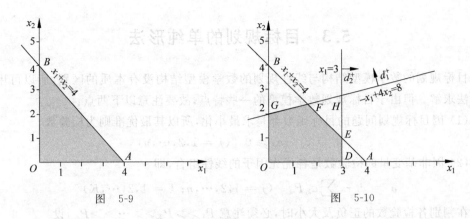

图 5-9 　　　　　　　　　　　图 5-10

继续求解，在优先级 P_2 下有两个目标，分别去掉软约束式(4)、(5)中的偏差变量并画出其代表的直线 $x_1=6$ 和 $5x_2=26$，并分别标出 d_3^- 和 d_4^- 增大的方向，如图 5-11 所示。

根据图 5-11，优先级 P_2 下的两个目标都无法完全达成，d_3^- 和 d_4^- 都大于零，但在 $ODEFG$ 内应能找到某个解空间 R_2 能使得 $3d_3^- + 2d_4^-$ 尽可能小。由于问题的特殊性——d_3^- 和 d_4^- 都大于零，那么，一定有 $d_3^+ = d_4^+ = 0$，则问题模型中的约束式(4)和(5)可改写为：$x_1 + d_3^- = 6$ 和 $5x_2 + d_4^- = 26$。用 x_1 和 x_2 来表示 d_3^- 和 d_4^-，则有 $d_3^- = 6 - x_1$，$d_4^- = 26 - 5x_2$。

然后，将 d_3^- 和 d_4^- 代入 P_2 的达成函数，得到

$$\min(3d_3^- + 2d_4^-) = \min[70 - (3x_1 + 10x_2)] \tag{5-6}$$

去掉式(5-6)中的常数部分，该达成函数可以变为一个最大值问题 $\max w = 3x_1 + 10x_2$。或者说，寻找 R_2 的问题可以转化成一个线性规划问题：在 $ODEFG$ 中寻找使得目标函数 $\max w = 3x_1 + 10x_2$ 取得最优解的问题。由于只有两个决策变量，这个问题的解可以用线性规划问题的图解法找到。

如图 5-12 所示，该线性规划问题的最优解在 F 点达到，即直线 $x_1 + x_2 = 4$ 与 $-x_1 + 4x_2 = 8$ 的交点，其坐标为 $x_1 = \dfrac{8}{5}$，$x_2 = \dfrac{12}{5}$。这样，整个问题求解完毕。

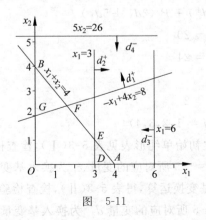 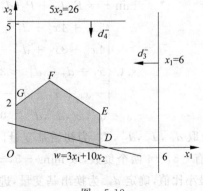

图 5-11 　　　　　　　　　　　图 5-12

5.3 目标规划的单纯形法

目标规划的数学模型结构与线性规划的数学模型结构没有本质的区别，所以可用单纯形法求解。但由于目标规划数学模型的一些特点，故要注意以下两点：

(1) 因目标规划问题的目标函数都是求最小化，所以其最优准则为检验数
$$\sigma_j = c_j - z_j \geqslant 0 \quad (j=1,2,\cdots,n)$$

(2) 因非基变量的检验数是各优先因子的线性组合，即
$$\sigma_j = c_j - \sum a_{kj} P_k \quad (j=1,2,\cdots,n; k=1,2,\cdots,K)$$

所以在判别各检验数的正负及大小时，必须注意 $P_1 \gg P_2 \gg \cdots \gg P_K$，设
$$i = \min\{k \mid a_{ki} \neq 0 \quad (k=1,2,\cdots,K)\}$$

即 σ_j 的正负由 a_{ij} 的正负所决定。

目标规划的单纯形法与一般线性规划单纯形法的求解过程大体相同，只不过由于是多个目标，且多个目标须按优先等级的次序实现，使其计算步骤略有区别。

解目标规划问题的单纯形法的计算步骤：

(1) 建立目标规划模型的初始单纯形表，在表中将检验数行按优先因子个数分别列成 K 行，设 $k=1$。

(2) 检验第 k 行检验数中是否存在负数。

若有负数，且有些负数对应的前 $(k-1)$ 行的检验数为零，则取这些负数中的最小者对应的变量为换入基变量，转(3)，否则，即所有这些负数对应的前 $(k-1)$ 行的检验数中都有大于零的数，此时，说明这些负数对应的检验数已为正数，转(5)；

若无负数，说明在前 k 级中非零检验数对应的变量不需要换入基变量了，转(5)。

(3) 按最小比值规划确定换出基变量，当存在两个和两个以上相同的最小比值时，选取具有较高优先级别的变量为换出变量。

(4) 按单纯形法进行基变换运算，建立新的单纯形表，转(2)。

(5) 当 $k=K$ 时，计算结束，表中的解即为满意解，否则设 $k=k+1$，转(2)。

【例 5-8】 用目标规划的单纯形法求解如下目标规划模型
$$\min z = P_1 d_1^- + P_2 (d_2^- + d_2^+) + P_3 (3d_3^- + 5d_4^-)$$
$$\text{s.t.} \begin{cases} 5x_1 + 4x_2 + d_1^- - d_1^+ = 20 \\ 4x_1 + 3x_2 + d_2^- - d_2^+ = 24 \\ x_1 + d_3^- - d_3^+ = 3 \\ -x_1 + x_2 + d_4^- - d_4^+ = 2 \\ x_1, x_2, d_i^-, d_i^+ \geqslant 0 \quad (i=1,2,3,4) \end{cases}$$

解：取 $d_1^-, d_2^-, d_3^-, d_4^-$ 为初始基变量，建立初始单纯形表见表 5-3(Ⅰ)，检查检验数 P_1 行中有 $-5, -4$ 两个负数，取 $\min\{-5, -4\} = -5$ 所对应的变量 x_1 为换入基变量，通过计算最小比值，确定 d_3^- 为换出基变量，进行基变换运算，得表 5-3(Ⅱ)，检查检验数 P_1 行中有 $-5, -4$ 两个负数，取 $\min\{-5, -4\} = -5$ 所对应的变量 d_3^+ 为换入基变量，通过

计算最小比值,确定 d_1^- 为换出基变量,进行基变换运算,得表 5-3(Ⅲ),这时,检验数 P_1 行中没有负数,所以检查检验数 P_2 行,依此反复运算,得表 5-3(Ⅵ),此时,检验数 P_1, P_2 行中已没有负数,P_3 行中有一个负数 $-\frac{3}{7}$,而它同列 P_2 行上已有正检验数。因此,若将该负数对应的变量作为换入基变量,则必破坏 P_2 行的非负性,故不能被改进了,已得满意解。

决策变量:$x_1^* = \frac{18}{7}$,$x_2^* = \frac{32}{7}$,偏差变量:$d_1^+ = \frac{78}{7}$,$d_3^- = \frac{3}{7}$,其余 d_i^-,d_i^+ 为零。此时,P_1,P_2 级目标已实现,P_3 级目标未能全部实现。

表 5-3

序号		$c_j \to$		0	0	P_1	0	P_2	P_2	$3P_3$	0	$5P_3$	0
	C_B	x_B	b	x_1	x_2	d_1^-	d_1^+	d_2^-	d_2^+	d_3^-	d_3^+	d_4^-	d_4^+
Ⅰ	P_1	d_1^-	20	5	4	1	−1	0	0	0	0	0	0
	P_2	d_2^-	24	4	3	0	0	1	−1	0	0	0	0
	$3P_3$	d_3^-	3	[1]	0	0	0	0	0	1	−1	0	0
	$5P_3$	d_4^-	2	−1	1	0	0	0	0	0	0	1	−1
	检	P_1		−5	−4	0	1	0	0	0	0	0	0
	验	P_2		−4	−3	0	0	0	2	0	0	0	0
	数	P_3		2	−5	0	0	0	0	0	3	0	5
Ⅱ	P_1	d_1^-	5	0	4	1	−1	0	0	−5	[5]	0	0
	P_2	d_2^-	12	0	3	0	0	1	−1	−4	4	0	0
	0	x_1	3	1	0	0	0	0	0	1	−1	0	0
	$5P_3$	d_4^-	5	0	1	0	0	0	0	1	−1	1	−1
	检	P_1		0	−4	0	1	0	0	5	−5	0	0
	验	P_2		0	−3	0	0	0	2	4	−4	0	0
	数	P_3		0	−5	0	0	0	0	−2	5	0	5
Ⅲ	0	d_3^+	1	0	4/5	1/5	−1/5	0	0	−1	1	0	0
	P_2	d_2^-	8	0	−1/5	−4/5	[4/5]	1	−1	0	0	0	0
	0	x_1	4	1	4/5	1/5	−1/5	0	0	0	0	0	0
	$5P_3$	d_4^-	6	0	9/5	1/5	−1/5	0	0	0	0	1	−1
	检	P_1		0	0	1	0	0	0	0	0	0	0
	验	P_2		0	1/5	4/5	−4/5	0	2	0	0	0	0
	数	P_3		0	−9	−1	1	0	0	3	0	0	5
Ⅳ	0	d_3^+	3	0	[3/4]	0	0	1/4	−1/4	−1	1	0	0
	0	d_1^+	10	0	−1/4	−1	1	5/4	−5/4	0	0	0	0
	0	x_1	6	1	3/4	0	0	1/4	−1/4	0	0	0	0
	$5P_3$	d_4^-	8	0	7/4	0	0	1/4	−1/4	0	0	1	−1
	检	P_1		0	0	1	0	0	0	0	0	0	0
	验	P_2		0	0	0	0	1	1	0	0	0	0
	数	P_3		0	−35/4	0	0	−5/4	5/4	3	0	0	5

续表

序号	C_B	x_B	b	$c_j \to$ 0 x_1	0 x_2	P_1 d_1^-	0 d_1^+	P_2 d_2^-	P_2 d_2^+	$3P_3$ d_3^-	0 d_3^+	$5P_3$ d_4^-	0 d_4^+
Ⅴ	0	x_2	4	0	1	0	0	1/3	−1/3	−4/3	4/3	0	0
	0	d_1^+	11	0	0	−1	1	4/3	−4/3	−1/3	1/3	0	0
	0	x_1	3	1	0	0	0	0	0	1	−1	0	0
	$5P_3$	d_4^-	1	0	0	0	0	−1/3	1/3	[7/3]	−7/3	1	−1
	检验数	P_1		0	0	1	0	0	0	0	0	0	0
		P_2		0	0	0	0	1	1	0	0	0	0
		P_3		0	0	0	0	5/3	−5/3	−26/3	35/3	0	5
Ⅵ	0	x_2	32/7	0	1	0	0	1/7	−1/7	0	0	4/7	−4/7
	0	d_1^+	78/7	0	0	−1	1	9/7	−9/7	0	0	1/7	−1/7
	0	x_1	18/7	1	0	0	0	1/7	−1/7	0	0	−3/7	3/7
	$3P_3$	d_3^-	3/7	0	0	0	0	−1/7	1/7	1	−1	3/7	−3/7
	检验数	P_1		0	0	1	0	0	0	0	0	0	0
		P_2		0	0	0	0	1	1	0	0	0	0
		P_3		0	0	0	0	3/7	−3/7	0	3	26/7	9/7

【例 5-9】 已知一个生产计划的线性规划模型为

$$\min z = 30x_1 + 12x_2$$

$$\text{s. t.} \begin{cases} 2x_1 + x_2 \leqslant 140 \\ x_1 \leqslant 60 \\ x_2 \leqslant 100 \\ x_1, x_2 \geqslant 0 \end{cases}$$

其中目标函数为总利润,三个约束条件分别为甲、乙、丙三种资源限制,x_1,x_2 为产品 A,B 的产量,现有下列目标:

P_1:要求总利润必须超过 2 500 元。

P_2:考虑到产品 A、B 受市场的影响,为避免造成产品积压,其生产量不要超过 60 单位和 100 单位。

试建立目标规划模型,并用目标规划单纯形法求解。

解:由于产品 A 与产品 B 的单位利润比为 2.5∶1,分别以它们为权系数,得目标规划模型为

$$\min z = P_1 d_1^- + P_2(2.5 d_3^+ + d_4^+)$$

$$\text{s. t.} \begin{cases} 30x_1 + 12x_2 + d_1^- - d_1^+ = 2\,500 \\ 2x_1 + x_2 + d_2^- - d_2^+ = 140 \\ x_1 + d_3^- - d_3^+ = 60 \\ x_2 + d_4^- - d_4^+ = 100 \\ x_1, x_2, d_i^-, d_i^+ \geqslant 0 \quad (i = 1, 2, 3, 4) \end{cases}$$

取 $d_1^-, d_2^-, d_3^-, d_4^-$ 为初始基变量,建立初始单纯形表见表 5-4(Ⅰ),检查检验数 P_1 行中有 −30,−12 两个负数,取 min{−30,−12} = −30 所对应的变量 x_1 为换入基变量,

通过计算最小比值，确定 d_3^- 为换出基变量，进行基变换运算得表 5-4(Ⅱ)，依此反复运算，最终得表 5-4(Ⅴ)，此时检验数 P_1, P_2 行中已没有负数，说明已得满意解，即

$$x_1^* = 60, \quad x_2^* = \frac{175}{3}, \quad d_2^+ = \frac{115}{3}, \quad d_4^- = \frac{125}{3}, \quad 其余为零。$$

代入原问题知 P_1, P_2 级目标都已实现，丙资源尚余 $\frac{125}{3}$ 单位，而甲资源还缺 $\frac{115}{3}$ 单位，这对实际生产计划很有指导价值，但该问题若用线性规划求解，结论只是无解，这充分说明目标规划解决问题更为灵活，更为有效。

表 5-4

序号		$c_j \to$		0	0	P_1	0	0	0	0	$2.5P_2$	0	P_2
	C_B	x_B	b	x_1	x_2	d_1^-	d_1^+	d_2^-	d_2^+	d_3^-	d_3^+	d_4^-	d_4^+
Ⅰ	P_1	d_1^-	2 500	30	12	1	−1	0	0	0	0	0	0
	0	d_2^-	140	2	1	0	0	1	−1	0	0	0	0
	0	d_3^-	60	[1]	0	0	0	0	0	1	−1	0	0
	0	d_4^-	100	0	1	0	0	0	0	0	0	1	−1
	检验数	P_1		−30	−12	0	1	0	0	0	0	0	0
		P_2		0	0	0	0	0	0	0	2.5	0	1
Ⅱ	P_1	d_1^-	700	0	12	1	−1	0	0	−30	30	0	0
	0	d_2^-	20	0	1	0	0	1	−1	−2	[2]	0	0
	0	x_1	60	1	0	0	0	0	0	1	−1	0	0
	0	d_4^-	100	0	1	0	0	0	0	0	0	1	−1
	检验数	P_1		0	−12	0	1	0	0	30	−30	0	0
		P_2		0	0	0	0	0	0	0	2.5	0	1
Ⅲ	P_1	d_1^-	400	0	−3	1	−1	−15	[15]	0	0	0	0
	$2.5P_2$	d_3^+	10	0	1/2	0	0	1/2	−1/2	−1	1	0	0
	0	x_1	70	1	1/2	0	0	1/2	−1/2	0	0	0	0
	0	d_4^-	100	0	1	0	0	0	0	0	0	1	−1
	检验数	P_1		0	3	0	1	15	−15	0	0	0	0
		P_2		0	−5/4	0	0	−5/4	5/4	5/2	0	0	1
Ⅳ	0	d_2^+	80/3	0	−1/5	1/15	−1/15	−1	1	0	0	0	0
	$2.5P_2$	d_3^+	70/3	0	[2/5]	1/30	−1/30	0	0	−1	1	0	0
	0	x_1	250/3	1	2/5	1/30	−1/30	0	0	0	0	0	0
	0	d_4^-	100	0	1	0	0	0	0	0	0	1	−1
	检验数	P_1		0	0	1	0	0	0	0	0	0	0
		P_2		0	−1	−1/12	1/12	0	0	5/2	0	0	1
Ⅴ	0	d_2^+	115/3	0	0	1/12	−1/12	−1	1	−1/2	1/2	0	0
	0	x_2	175/3	0	1	1/12	−1/12	0	0	−5/2	5/2	0	0
	0	x_1	60	1	0	0	0	0	0	1	−1	0	0
	0	d_4^-	125/3	0	0	−1/12	1/12	0	0	5/2	−5/2	1	−1
	检验数	P_1		0	0	0	0	0	0	0	0	0	0
		P_2		0	0	0	0	0	0	0	5/2	0	1

5.4 目标规划对偶问题单纯形法

在线性规划理论中,对偶问题和对偶理论、对偶单纯形法有着极为重要的地位,同样,目标规划也存在对偶问题和对偶单纯形法。目标规划的对偶单纯形法不仅是一种求解目标规划的方法,而且在参数目标规划和进行目标规划的灵敏度分析中起着重要的作用。

与线性规划问题一样,在目标规划单纯形法的迭代过程中如果出现最优性条件满足,而可行性条件不满足的情况,就可以采用目标规划的对偶单纯形法求解。这里所讲的最优性条件是指:目标规划单纯形法迭代表中,每一个非基变量的各级目标的非零检验数中,有最高级别的那个检验数都是正数。这里所讲的可行性条件与线性规划完全一样,即在解这一列中不出现负数。

5.4.1 目标规划对偶单纯形法的计算步骤

目标规划对偶单纯形法的计算步骤如下:

(1) 检查目标规划单纯形表。如果检验数满足最优性条件,当前解满足可行性条件,则已得到问题的满意解;如果检验数满足最优性条件,但当前解不满足可行性条件,则可以采用对偶单纯形法。

(2) 根据可行性条件,确定出基变量。选择出基变量的原则与线性规划单纯形法是一样的,即选择为负值的变量为出基变量。如果有两个以上的变量为负值,则选择值最小的或绝对值最大的变量为出基变量,从而确定主元行。

(3) 根据最优性条件,确定进基变量。在这里,进基变量的选择比线性规划的对偶单纯形法要麻烦一些。因为这时不再是从一行检验数中进行选择,而是从若干行检验数中选择,而且还要结合目标要求的优先级别来考虑进基变量,选择进基变量的规则如下:

① 确定出基变量以后,在主元行中找出所有可能进基的变量(即主元行中为负值的元素对应的变量)。

② 检查每一个可能进基变量的检验数,选择它们当中最高级别非零检验数对应的优先级别中具有最低优先级别的检验数所对应的变量为进基变量,从而确定主元列。

(4) 根据主元行和主元列,确定主元素并进行迭代,得到新的单纯形表。

以上步骤如此反复,当同时满足最优性条件和可行性条件时,就得到了问题的满意解。

5.4.2 算法举例

【例 5-10】 假设某目标规划问题的单纯形表如表 5-5 所示。

表 5-5

C_B	x_B	b	x_1	x_2	d_1^-	d_1^+	d_2^-	d_2^+	d_3^-	d_3^+	d_4^-	d_4^+
	$c_j \to$		0	0	0	$2P_1$	0	$3P_1$	P_2	0	0	P_3
0	x_2	-2	0	1	0	-1	$[-1]$	1	0	0	0	0
0	x_1	12	1	0	0	0	1	-1	0	0	0	0
P_2	d_3^-	2	0	0	-3	3	-2	2	1	-1	0	0
0	d_4^-	2	0	0	-1	1	0	0	0	0	1	-1
检	P_1		0	0	0	2	0	3	0	0	0	0
验	P_2		0	0	3	-3	2	-2	0	1	0	0
数	P_3		0	0	0	0	0	0	0	0	0	1

由于在 b 列存在负值,即 $x_2 = -2$,所以该单纯形表对应的解不可行。又由于检验数满足最优性条件,所以可以用对偶单纯形法继续求解。

首先选择 x_2 为出基变量,则第一行为主元行。再来寻找进基变量:按照对偶单纯形法的求解规则,用检验数行比上主元行中为负值的元素,并选择其中比值最小的元素对应的变量为进基变量。主元行中为负值的元素有两个,分别对应变量 d_1^+ 和 d_2^-。变量 d_1^+ 的最高级别非零检验数对应的优先级别是 P_1 级,而变量 d_2^- 的最高级别非零检验数对应的优先级别是 P_2 级,故选择这两个变量中最高级别非零检验数对应的优先级别中级别较低的变量 d_2^- 为进基变量。

以 x_2 为出基变量,d_2^- 为进基变量,用对偶单纯形法继续求解,求解过程如表 5-6 所示。

表 5-6

C_B	x_B	b	x_1	x_2	d_1^-	d_1^+	d_2^-	d_2^+	d_3^-	d_3^+	d_4^-	d_4^+
	$c_j \to$		0	0	0	$2P_1$	0	$3P_1$	P_2	0	0	P_3
0	d_2^-	2	0	-1	0	1	1	-1	0	0	0	0
0	x_1	10	1	1	0	-1	0	0	0	0	0	0
P_2	d_3^-	6	0	-2	-3	5	0	0	1	-1	0	0
0	d_4^-	2	0	0	-1	1	0	0	0	0	1	-1
检	P_1		0	0	0	2	0	3	0	0	0	0
验	P_2		0	2	3	-5	0	0	0	1	0	0
数	P_3		0	0	0	0	0	0	0	0	0	1

从表 5-6 可以看出,已经得到了满意解。

在用对偶单纯形法迭代的过程中,可能会遇到这样的情况,即在可能进基的变量中,有两个或两个以上变量的检验数对应的优先级别是一样的,那么该如何确定进基变量呢?我们仍然结合例题来讨论。

【例 5-11】 假设某目标规划问题的单纯形表如表 5-7 所示。

表 5-7

C_B	x_B	b	x_1	x_2	d_1^-	d_1^+	d_2^-	d_2^+
$c_j \to$			0	0	P_1	$3P_2$	P_2	P_3
$3P_2$	d_1^+	-4	-1	$[-2]$	-1	1	0	0
P_2	d_2^-	0	0	1	0	0	1	0
P_3	d_2^+	1	1	-1	0	0	0	1
检	P_1		0	0	1	0	0	0
验	P_2		3	5	3	0	0	0
数	P_3		-1	1	0	0	0	0

由于在 b 列中存在负值,即 $d_1^+ = -4$,所以该单纯形表对应的解不可行,又由于检验数满足最优性条件,所以可以用对偶单纯形法继续求解。

首先选择 d_1^+ 为出基变量,则第一行为主元行。再来寻找进基变量:按照对偶单纯形法的求解规则,在主元行中找出所有可能进基的变量,即主元行中为负值的元素对应的变量,分别对应变量 x_1,x_2 和 d_1^-。

检查这 3 个可能进基变量的检验数,变量 d_1^- 的最高级别非零检验数对应的优先级别是 P_1 级,而变量 x_1 和 x_2 的最高级别非零检验数对应的优先级别是 P_2 级,故应该在 x_1 和 x_2 这两个变量中再做选择。

由于

$$\min\left\{\frac{3}{-(-1)}, \frac{5}{-(-2)}\right\} = \frac{5}{2}$$

故选择 x_2 为进基变量,从而第二列为主元列,-2 为主元素。

以 x_2 为进基变量,d_1^+ 为出基变量,用对偶单纯形法继续求解,求解过程如表 5-8 所示。

表 5-8

C_B	x_B	b	x_1	x_2	d_1^-	d_1^+	d_2^-	d_2^+
$c_j \to$			0	0	P_1	$3P_2$	P_2	P_3
0	x_2	2	1/2	1	1/2	$-1/2$	0	0
P_2	d_2^-	-2	$[-1/2]$	0	$-1/2$	1/2	1	0
P_3	d_2^+	3	3/2	0	1/2	$-1/2$	0	1
检	P_1		0	0	1	0	0	0
验	P_2		1/2	0	1/2	5/2	0	0
数	P_3		$-3/2$	0	$-1/2$	1/2	0	0
0	x_2	0	0	1	0	0	1	0
0	x_1	4	1	0	1	-1	-2	0
P_3	d_2^+	-3	0	0	$[-1]$	1	3	1
检	P_1		0	0	1	0	0	0
验	P_2		0	0	0	3	1	0
数	P_3		0	0	1	-1	-3	0
0	x_2	0	0	1	0	0	1	0
0	x_1	1	1	0	0	0	1	1
P_1	d_1^-	3	0	0	1	-1	-3	-1
检	P_1		0	0	0	1	3	1
验	P_2		0	0	0	3	1	0
数	P_3		0	0	0	0	0	0

在表 5-8 的第一个单纯形表中,得到的解仍然不满足可行性,故仍需继续迭代。此时,以 d_2^- 为出基变量,可能的进基变量有 x_1 与 d_1^-,由于变量 d_1^- 的最高级别非零检验数对应的优先级别是 P_1 级,而变量 x_1 的最高级别非零检验数对应的优先级别是 P_2 级,故选择这两个变量中最高级别非零检验数对应的优先级别中级别较低的变量 x_1 为进基变量,从而第一列为主元列,$-\frac{1}{2}$ 为主元素。

在表 5-8 的第二个单纯形表中,得到的解仍然不满足可行性,故仍需继续迭代。此时,以 d_2^+ 为出基变量,可能的进基变量只有 d_1^-,故选择变量 d_1^- 为进基变量,从而第三列为主元列,-1 为主元素。

又经过一次迭代,在表 5-8 的第三个单纯形表中,最优性条件和可行性条件都得到了满足,从而得到了该问题的满意解。

在前面两节中,我们讨论了目标规划的两种求解方法:单纯形法和对偶单纯形法,其他的求解方法还有多阶段目标规划方法、顺序目标规划方法、目标规划改进单纯形法等。这些方法都能够很好地求出目标规划问题的解,且有着各自的特点和适用范围。这些方法不仅为我们提供了求解目标规划的方法,而且能使我们更深刻地理解目标规划的特点,便于我们根据问题,灵活应用。

5.5 目标规划的灵敏度分析

目标规划的一个最主要的作用就是通过目标规划可以对资源的各种投入情况、约束条件、既定目标、目标优先等级及权系数等进行组合、变换以及模拟分析,以选择最佳的决策方案,这个目标规划的作用,主要是通过其灵敏度分析来具体刻画。从某种意义上来说,目标规划的灵敏度分析比线性规划的灵敏度分析更为重要,因为目标规划本身所解决的各类问题,更切合实际,更有意义,对工作更有指导作用和实际价值。

5.5.1 目标规划的灵敏度分析内容

目标规划的灵敏度分析与线性规划类似,研究的主要内容包括以下几点:

(1) 约束条件(包括绝对约束和目标约束)右端常数发生变化时对原来满意解的影响。

(2) 目标函数中各偏差变量的优先等级或权系数发生变化时对原来满意解的影响。

(3) 约束条件中变量的系数发生变化时对原来满意解的影响。

(4) 增加新的变量(或目标)时对原来满意解的影响。

(5) 增加新的约束(或目标)时对原来满意解的影响。

以上各种变化,可能会产生以下结果:

(1) 满意解保持不变,即满意解对应的基矩阵及基变量相应的取值都保持不变。

(2) 满意解对应的基矩阵不变,但基变量的取值发生变化。

(3) 满意解对应的基矩阵和基变量都发生变化。

根据线性规划的有关理论,我们可知道以下几点:

(1) 约束条件(绝对约束和目标约束)右端常数的变化,只影响原问题的可行性。
(2) 目标函数中偏差变量优先等级及权系数的变化,只影响原问题的最优性。
(3) 约束条件中非基变量系数的变化,只影响原问题的最优性。

在以下的讨论中,我们以线性规划的灵敏度分析理论为基础,进一步将线性规划的灵敏度分析方法推广到目标规划中,进行目标规划的灵敏度分析。

为便于讨论,我们引进有关的符号,它与线性规划灵敏度分析的有关符号极为相似。

将目标规划的标准型记为

$$\min z = C_B X_B + C_N X_N$$

$$\begin{cases} BX_B + NX_N = b \\ X_B, X_N \geqslant 0 \end{cases}$$

5.5.2 分析举例

【例 5-12】 某厂生产 A、B 两种产品,单位产品需要加工工时分别为 1 小时和 2 小时,单位利润分别为 200 元与 100 元,现提出如下目标:

(1) 每天的加工工时不超过 8 小时。
(2) 争取使每天生产产品 A 和产品 B 的利润不低于 1 000 元。
(3) 每天生产的产品 A 和产品 B 的总产量至少为 6 个单位。

试建立该问题的目标规划模型,并用单纯形法求出满意解。

解:设 x_1 与 x_2 分别为产品 A 和产品 B 的日产量,z 为总的偏差量,则该问题的数学模型如下:

$$\min z = P_1 d_1^+ + P_2 d_2^- + P_3 d_3^-$$

$$\text{s.t.} \begin{cases} x_1 + 2x_2 + d_1^- - d_1^+ = 8 \\ 2x_1 + x_2 + d_2^- - d_2^+ = 10 \\ x_1 + x_2 + d_3^- - d_3^+ = 6 \\ x_1, x_2, d_i^-, d_i^+ \geqslant 0 \quad (i = 1, 2, 3) \end{cases}$$

用单纯形法求解如表 5-9 所示。

表 5-9

	$c_j \rightarrow$		0	0	0	P_1	P_2	0	P_3	0
C_B	x_B	b	x_1	x_2	d_1^-	d_1^+	d_2^-	d_2^+	d_3^-	d_3^+
0	d_1^-	8	1	2	1	-1	0	0	0	0
P_2	d_2^-	10	[2]	1	0	0	1	-1	0	0
P_3	d_3^-	6	1	1	0	0	0	0	1	-1
检	P_1		0	0	0	1	0	0	0	0
验	P_2		-2	-1	0	0	0	1	0	0
数	P_3		-1	-1	0	0	0	0	0	1
0	d_1^-	3	0	3/2	1	-1	$-1/2$	1/2	0	0
0	x_1	5	1	1/2	0	0	1/2	$-1/2$	0	0
P_3	d_3^-	1	0	[1/2]	0	0	$-1/2$	1/2	1	-1

续表

C_B	x_B	b	$c_j \to$ 0 x_1	0 x_2	0 d_1^-	P_1 d_1^+	P_2 d_2^-	0 d_2^+	P_3 d_3^-	0 d_3^+
检	P_1		0	0	0	1	0	0	0	0
验	P_2		0	0	0	0	1	0	0	0
数	P_3		0	$-1/2$	0	0	$1/2$	$-1/2$	0	1
0	d_1^-	0	0	0	1	-1	1	-1	-3	3
0	x_1	4	1	0	0	0	1	-1	-1	1
0	x_2	2	0	1	0	0	-1	1	2	-2
检	P_1		0	0	0	1	0	0	0	0
验	P_2		0	0	0	0	0	0	0	0
数	P_3		0	0	0	0	0	0	1	0

经过迭代，得到满意解（方案 1）为 $X^* = (4, 2)^T$，总利润为 1 000 元。且有：$d_1^+ = d_2^- = d_3^- = 0$，即各级目标均完全实现。又由 $d_1^- = 0$ 可知，8 个工时全部用完。

1. 约束条件右端常数的变化

【例 5-13】 根据市场情况，管理者需要了解以下情况：

(1) 若要求每天的生产总利润比现在提高 20%，原来的满意解有什么变化？

(2) 若要求每天生产的产品 A 和产品 B 的总产量至少为 8 个单位，原来的满意解有什么变化？

解：(1) 由表 5-9，可得

$$B^{-1}b = \begin{bmatrix} 1 & 1 & -3 \\ 0 & 1 & -1 \\ 0 & -1 & 2 \end{bmatrix} \begin{bmatrix} 8 \\ 12 \\ 6 \end{bmatrix} = \begin{bmatrix} 2 \\ 6 \\ 0 \end{bmatrix}$$

由此可知，解的可行性不变，从而基矩阵不变。但满意解（方案 2）变为 $X^* = (6, 0)^T$，总利润为 1 200 元。

又由于此时 $d_1^- = 2$，可知，有两个加工工时的剩余，即只需要 6 个加工工时就可以达到目标要求了，且总利润比原来还高出 200 元。显然，若不强调两种产品都必须生产的话，方案 2 优于方案 1。

(2) 由

$$B^{-1}b = \begin{bmatrix} 1 & 1 & -3 \\ 0 & 1 & -1 \\ 0 & -1 & 2 \end{bmatrix} \begin{bmatrix} 8 \\ 10 \\ 8 \end{bmatrix} = \begin{bmatrix} -6 \\ 2 \\ 6 \end{bmatrix}$$

可知，原来的满意解不再可行，将表 5-9 最终表中的常数列改为 $B^{-1}b$，用对偶单纯形法继续迭代，如表 5-10 所示。

经过迭代，得到新的满意解（方案 3）为 $X^* = (8, 0)^T$，总利润为 1 600 元。同时，由 $d_2^+ = 6$ 可知，超额完成了利润指标要求。

由于 $d_1^+ = d_2^- = d_3^- = 0$，故各级目标均完全实现。

将方案 3 与方案 1 相比可知，同样是用了 8 个工时，采用不同的生产方案，就会得到不同的利润。同样,若不强调两种产品都必须生产的话,方案 3 优于方案 1。

表 5-10

	$c_j \rightarrow$		0	0	0	P_1	P_2	0	P_3	0
C_B	x_B	b	x_1	x_2	d_1^-	d_1^+	d_2^-	d_2^+	d_3^-	d_3^+
0	d_1^-	-6	0	0	1	-1	1	-1	$[-3]$	3
0	x_1	2	1	0	0	0	1	-1	-1	1
0	x_2	6	0	1	0	0	-1	1	2	-2
检	P_1		0	0	0	1	0	0	0	0
验	P_2		0	0	0	0	1	0	0	0
数	P_3		0	0	0	0	0	0	1	0
P_3	d_3^-	2	0	0	$-1/3$	$1/3$	$-1/3$	$[1/3]$	1	-1
0	x_1	4	1	0	$-1/3$	$1/3$	$2/3$	$-2/3$	0	0
0	x_2	2	0	1	$2/3$	$-2/3$	$-1/3$	$1/3$	0	0
检	P_1		0	0	0	1	0	0	0	0
验	P_2		0	0	0	0	1	0	0	0
数	P_3		0	0	$1/3$	$-1/3$	$1/3$	$-1/3$	0	1
0	d_2^+	6	0	0	-1	1	-1	1	3	-3
0	x_1	8	1	0	-1	1	0	0	2	-2
0	x_2	0	0	1	1	-1	0	0	-1	1
检	P_1		0	0	0	1	0	0	0	0
验	P_2		0	0	0	0	1	0	0	0
数	P_3		0	0	0	0	0	0	1	0

2. 目标函数中优先等级或权系数的变化

【例 5-14】 如果在例 5-12 中,管理者将目标要求改为:既要充分利用每天的 8 小时工时,又不能超出。那么,原来的满意解有什么变化?

解:这时,目标函数变为

$$\min z = P_1(d_1^- + d_1^+) + P_2 d_2^- + P_3 d_3^-$$

由于基变量的优先级别发生了变化,所以会影响所有变量的检验数,此时要重新计算新的检验数。由表 5-9 可知:

$C_B = (0,0,0)$ 变为 $C_B' = (P_1,0,0)$,此时检验数

$$\sigma_N' = C_N - C_B B^{-1} N$$

$$= (P_1, P_2, 0, P_3, 0) - (P_1, 0, 0) \begin{bmatrix} 1 & 1 & -3 \\ 0 & 1 & -1 \\ 0 & -1 & 2 \end{bmatrix} \begin{bmatrix} -1 & 0 & 0 & 0 & 0 \\ 0 & 1 & -1 & 0 & 0 \\ 0 & 0 & 0 & 1 & -1 \end{bmatrix}$$

$$= (P_1, P_2, 0, P_3, 0) - (-P_1, P_1, -P_1, -3P_1, 3P_1)$$

$$= (2P_1, -P_1 + P_2, P_1, 3P_1 + P_3, -3P_1)$$

由于存在为负值的检验数,所以原来的解发生变化。将表 5-9 最终表中的检验数改为新的检验数,用单纯形法继续迭代,如表 5-11 所示。

表 5-11

$c_j \to$			0	0	P_1	P_1	P_2	0	P_3	0
C_B	x_B	b	x_1	x_2	d_1^-	d_1^+	d_2^-	d_2^+	d_3^-	d_3^+
P_1	d_1^-	0	0	0	1	−1	1	−1	−3	[3]
0	x_1	4	1	0	0	0	1	−1	−1	1
0	x_2	2	0	1	0	0	−1	1	2	−2
检验数	P_1		0	0	0	2	−1	1	3	−3
	P_2		0	0	0	0	1	0	0	0
	P_3		0	0	0	0	0	0	1	0
0	d_3^+	0	0	0	1/3	−1/3	1/3	−1/3	−1	1
0	x_1	4	1	0	−1/3	1/3	2/3	−2/3	0	0
0	x_2	2	0	1	2/3	−2/3	−1/3	1/3	0	0
检验数	P_1		0	0	1	1	0	0	0	0
	P_2		0	0	0	0	1	0	0	0
	P_3		0	0	0	0	0	0	1	0

经过迭代,基变量变了,但满意解没有变,仍然为 $X^* = (4,2)^T$,总利润为 1 000 元。且有:$d_1^- = d_1^+ = d_2^- = d_3^- = 0$,即各级目标均完全实现。

3. 增加新的约束(或目标)时的变化

【例 5-15】 在例 5-12 中,管理者根据市场情况,重新调整生产方案,要求产品 A 的产量不超过产品 B 的产量,且作为第四级目标要求。那么原来的满意解会发生什么样的变化?

解:这相当于在原来的模型中增加了新的目标约束:
$$x_1 - x_2 + d_4^- - d_4^+ = 0$$

且目标函数变为
$$\min z = P_1 d_1^+ + P_2 d_2^- + P_3 d_3^- + P_4 d_4^+$$

则原来的模型变为
$$\min z = P_1 d_1^+ + P_2 d_2^- + P_3 d_3^- + P_4 d_4^+$$
$$\text{s.t.} \begin{cases} x_1 + 2x_2 + d_1^- - d_1^+ = 8 \\ 2x_1 + x_2 + d_2^- - d_2^+ = 10 \\ x_1 + x_2 + d_3^- - d_3^+ = 6 \\ x_1 - x_2 + d_4^- - d_4^+ = 0 \\ x_1, x_2, d_i^-, d_i^+ \geqslant 0 \quad (i = 1, 2, 3, 4) \end{cases}$$

这时,原来模型中的目标函数与系数矩阵同时发生了变化,将新的约束加在表 5-9 的最终表中,并将基矩阵变换成单位矩阵,这时 b 列中出现负值,故用对偶单纯形法继续迭代,如表 5-12 所示。

表 5-12

C_B	x_B	b	$c_j \to$ 0 x_1	0 x_2	0 d_1^-	P_1 d_1^+	P_2 d_2^-	0 d_2^+	P_3 d_3^-	0 d_3^+	0 d_4^-	P_4 d_4^+
0	d_1^-	0	0	0	1	−1	1	−1	−3	3	0	0
0	x_1	4	1	0	0	0	1	−1	−1	1	0	0
0	x_2	2	0	1	0	0	−1	1	2	−2	0	0
0	d_4^-	0	1	−1	0	0	0	0	0	0	1	−1
0	d_1^-	0	0	0	1	−1	1	−1	−3	3	0	0
0	x_1	4	1	0	0	0	1	−1	−1	1	0	0
0	x_2	2	0	1	0	0	−1	1	2	−2	0	0
0	d_4^-	−2	0	0	0	0	−2	2	3	−3	1	[−1]
检验数	P_1		0	0	0	1	0	0	0	0	0	0
	P_2		0	0	0	0	1	0	0	0	0	0
	P_3		0	0	0	0	0	0	1	0	0	0
	P_4		0	0	0	0	0	0	0	0	0	1
0	d_1^-	0	0	0	1	−1	1	−1	−3	[3]	0	0
0	x_1	4	1	0	0	0	1	−1	−1	1	0	0
0	x_2	2	0	1	0	0	−1	1	2	−2	0	0
P_4	d_4^+	2	0	0	0	0	2	−2	−3	3	−1	1
检验数	P_1		0	0	0	1	0	0	0	0	0	0
	P_2		0	0	0	0	1	0	0	0	0	0
	P_3		0	0	0	0	0	0	1	0	0	0
	P_4		0	0	0	0	−2	2	3	−3	1	0
0	d_3^+	0	0	0	1/3	−1/3	1/3	−1/3	−1	1	0	0
0	x_1	4	1	0	−1/3	1/3	2/3	−2/3	0	0	0	0
0	x_2	2	0	1	2/3	−2/3	−1/3	1/3	0	0	0	0
P_4	d_4^+	2	0	0	−1	1	1	−1	0	0	−1	1
检验数	P_1		0	0	0	1	0	0	0	0	0	0
	P_2		0	0	0	0	1	0	0	0	0	0
	P_3		0	0	0	0	0	0	1	0	0	0
	P_4		0	0	1	−1	−1	1	0	0	1	0

经过迭代,得到新的满意解,新的满意解仍然为 $X^* = (4, 2)^T$,总利润为 1 000 元。且有: $d_1^+ = d_2^- = d_3^- = 0, d_4^+ = 2$,故 P_1、P_2、P_3 三级目标得到了实现,但 P_4 级目标没有实现。

4. 增加新的变量(或目标)时的变化

【**例 5-16**】 在例 5-12 中,根据市场调查,工厂的管理者决定生产一种新产品 C,单位产品 C 所需加工工时为 1 小时,单位利润为 200 元,要求每天生产这三种产品的总利润不低于 1 400 元。此时,应如何修改原来的生产计划,使之满足工厂提出的目标要求?

解:这个题目由于系数改变的较多,故使得问题变得稍微有点复杂。

(1) 增加新的产品 C,相当于在原来的模型中增加了一个新的变量,记为 x_3。

(2) 要求生产产品的总利润为 1 400 元,故常数 b 也发生了变化。

则原来的模型变为

$$\min z = P_1 d_1^+ + P_2 d_2^- + P_3 d_3^+$$

$$\text{s.t.} \begin{cases} x_1 + 2x_2 + x_3 + d_1^- - d_1^+ = 8 \\ 2x_1 + x_2 + 2x_3 + d_2^- - d_2^+ = 14 \\ x_1 + x_2 + d_3^- - d_3^+ = 6 \\ x_1, x_2, d_i^-, d_i^+ \geqslant 0 \quad (i = 1, 2, 3) \end{cases}$$

首先用 $\boldsymbol{B}^{-1}$ 乘以新增加的产品 C 的系数列向量,即

$$\boldsymbol{B}^{-1} \boldsymbol{P}_{x_3} = \begin{bmatrix} 1 & 1 & -3 \\ 0 & 1 & -1 \\ 0 & -1 & 2 \end{bmatrix} \begin{bmatrix} 1 \\ 2 \\ 0 \end{bmatrix} = \begin{bmatrix} 3 \\ 2 \\ -2 \end{bmatrix}$$

将其新加在表 5-9 的最终单纯形表的最右列,又由于

$$\boldsymbol{B}^{-1} \boldsymbol{b} = \begin{bmatrix} 1 & 1 & -3 \\ 0 & 1 & -1 \\ 0 & -1 & 2 \end{bmatrix} \begin{bmatrix} 8 \\ 14 \\ 6 \end{bmatrix} = \begin{bmatrix} 4 \\ 8 \\ -2 \end{bmatrix}$$

将上述变化反映在表 5-9 中,用对偶单纯形法继续迭代,计算过程如表 5-13 所示。

表 5-13

	$c_j \to$		0	0	0	P_1	P_2	0	P_3	0	0
C_B	x_B	b	x_1	x_2	d_1^-	d_1^+	d_2^-	d_2^+	d_3^-	d_3^+	x_3
0	d_1^-	4	0	0	1	−1	1	−1	−3	3	3
0	x_1	8	1	0	0	0	1	−1	−1	1	2
0	x_2	−2	0	1	0	0	[−1]	1	2	−2	−2
检	P_1		0	0	0	1	0	0	0	0	0
验	P_2		0	0	0	0	1	0	0	0	0
数	P_3		0	0	0	0	0	0	1	0	0
0	d_1^-	2	0	1	1	−1	0	0	−1	1	1
0	x_1	6	1	1	0	0	0	0	1	−1	0
P_2	d_2^-	2	0	−1	0	0	1	−1	−2	2	[2]
检	P_1		0	0	0	1	0	0	0	0	0
验	P_2		0	1	0	0	0	1	2	−2	−2
数	P_3		0	0	0	0	0	0	1	0	0
0	d_1^-	1	0	3/2	1	−1	−1/2	1/2	0	0	0
0	x_1	6	1	1	0	0	0	0	1	−1	0
0	x_3	1	0	−1/2	0	0	1/2	−1/2	−1	1	1
检	P_1		0	0	0	1	0	0	0	0	0
验	P_2		0	0	0	0	1	0	0	0	0
数	P_3		0	0	0	0	0	0	1	0	0

经过迭代,得到新的满意解为 $\boldsymbol{X}^* = (6, 0, 1)^{\mathrm{T}}$,总利润为 1 400 元。且有:$d_1^+ = d_2^- = d_3^- = 0$,即各级目标均完全实现。

以上我们是通过一个简单的例子来说明目标规划灵敏度分析的原理、方法的。在实

际应用中,可以借助于计算机来完成上述计算。

由上述的讨论,我们可以看到,在实际的管理工作中,利用目标规划对资源的各种投入、约束条件、既定目标、目标优先等级及权系数等进行灵敏度分析,比线性规划方法更为方便、灵活。

本 章 小 结

本章主要介绍了解决目标规划问题的思想和方法。首先,介绍了目标规划的基本概念、数学模型、模型特征、建模步骤等;然后,介绍了目标规划问题的图解法以及求解目标规划问题的单纯形法;最后,介绍了目标规划的对偶问题以及目标规划的灵敏度分析。

习　　题

1. 某厂有甲、乙两个车间生产同一种产品,每小时产量分别是 18 件、12 件。若每天正常工作时间为 8 小时,试拟订生产计划以满足下列目标:

P_1:日产量不低于 300 件。

P_2:充分利用工作指标(依甲、乙产量比例确定权数)。

P_3:必需加班时应使两车间加班时间均衡。

要求建立模型并用图解法求解。

2. 某厂拟生产甲、乙两种产品,每件利润分别为 20 元、30 元。这两种产品都要在 A、B、C、D 四种设备上加工,每件甲产品需占用各设备依次为 2 机时、1 机时、4 机时、0 机时,每件乙产品需占用各设备依次为 2 机时、2 机时、0 机时、4 机时,而这四种设备正常生产能力依次为每天 12 机时、8 机时、16 机时、12 机时。此外,A、B 两种设备每天还可加班运行。试拟订一个满足下列目标的生产计划:

P_1:两种产品每天总利润不低于 120 元。

P_2:两种产品的产量尽可能均衡。

P_3:A、B 设备都应不超负荷,其中 A 设备能力还应充分利用(A 比 B 重要 3 倍)。

要求建立模型并用图解法求解。

3. 某房地产公司生产 A、B 两种物业构件,有关数据如表 5-14 所示。

表 5-14

资源 \ 产品	A	B	资源限制量
电力	2	3	100 百度
煤	4	2	120 百吨
利润	6	4	万元

(1) 求最优生产计划。

(2) 若电力可多供应 20(百度),利润能否达 240(万元)。

(3) 若(2)达不到,改为以下目标规划。

目标1：保证利润不低于240万元。

目标2：耗电量、耗煤量应尽量少地超过120。

请建立模型并求满意解。

4．某纺织厂生产两种布料：衣料布与窗帘布，利润分别为每米1.5元、2.5元。该厂两班生产，每周生产时间为80小时，每小时可生产任一种布料1000米。据市场调查分析知道每周销量为：衣料布45 000米，窗帘布70 000米。试拟订生产计划以满足以下目标：

P_1：不使产品滞销。

P_2：每周利润不低于225 000元。

P_3：充分利用生产能力，尽量少加班。

要求建立模型并用图解法求解。

5．某商店有五名工作人员：经理一人，主任一人，全日工售货员两人，半日工售货员一人，有关情况如表5-15所示。

表 5-15

工作人员	贡献 /(元/工时)	工作量 /(工时/月)	工资/(元/月) (相当于销售额的5.5%)	加班限额 /(工时/月)
经理	24	200	—	24
主任	16	200	170	24
全日工甲	9	172	87	52
全日工乙	5	160	52	32
半日工	1.5	100	—	32

表中"标准"栏内的数字，是按每人实际工作的绩效所折合的销售额平均值。试建立数学模型以达到下述目标：

(1) 保证全体工作人员维持正常工作量。

(2) 销售额达到每月12 000元以上。

(3) 主任月工资不低于170元。

(4) 广告费不超过450元/月。

(5) 工作人员加班时间均不超过限额。

(6) 保证全日工甲每月收入87元，全日工乙每月收入52元。

6．已知3个工厂生产的同一种产品需供应4个客户，各厂产量、各户需求量以及厂户间单位运费(元/吨)如表5-16所示：

表 5-16

工厂 \ 客户	B_1	B_2	B_3	B_4	产量/吨
A_1	5	2	6	7	300
A_2	3	5	4	6	200
A_3	4	5	2	3	400
需求量/吨	200	100	450	250	

用表上作业法求解后发现，所得方案仅考虑总运费最少，尚不符合许多实际情况。为此，管理部门决定重新寻求调运方案以满足下述目标：

(1) B_4 为重要部门，所需产品必须全部满足。
(2) A_3 至少得供给 B_1 该产品 100 吨。
(3) 为统顾全局，每个客户满足率不低于 80%。
(4) 总运费不超过原方案的 10%。
(5) 因道路拥挤，$A_2 \sim B_4$ 应尽量避免分配运量。
(6) 客户 B_1 与 B_3 的所得量应力求符合需求量比例。
(7) 力求使总运费达到最少。

试建立数学模型。

第 6 章

整 数 规 划

学习目标
1. 理解整数规划的基本概念与分类。
2. 了解整数规划问题的建模与应用。
3. 掌握求解整数规划的分支定界法、割平面法的过程。
4. 理解求解 0-1 规划的隐枚举法。
5. 掌握指派匈牙利法和非标准指派问题的求解方法。

6.1 整数规划概述

6.1.1 整数规划的基本概念

整数规划是数学规划的一个重要分支,在有些线性规划问题中,要求部分或全部决策变量的取值必须是整数,否则原问题就会失去意义,该规划问题就称为整数线性规划问题(integer linear programming,ILP),简称整数规划问题(integer programming,IP)。不考虑整数条件,由余下的目标函数和约束条件构成的规划问题称为该整数规划问题的松弛问题。若松弛问题是一个线性规划,则称该整数规划为整数线性规划。整数规划问题可以看作是线性规划问题中对决策变量进行整数约束的一种特殊形式,因此,可以认为,整数规划问题一般要比相应的线性规划问题约束得更紧。整数线性规划数学模型的一般形式可以分为下列几种:

(1) 纯整数线性规划(pure integer linear programming)。纯整数线性规是指全部决策变量都必须取整数值的整数线性规划。有时,也称为全整数规划。

(2) 混合整数线性规划(mixed integer linear programming)。混合整数线性规划是指决策变量中有一部分必须取整数值,另一部分可以不取整数值的整数线性规划。

(3) 0-1 型整数线性规划(zero-one integer linear programming)。0-1 型整数线性规划是指决策变量只能取值为 0 或 1 的整数线性规划。

本章仅讨论整数线性规划。后面提到的整数规划,一般都是指整数线性规划。

在学习整数规划的过程中,需要集中在以下三点:应用、理论和计算。为了说明整数规划在实际中的广泛应用,本章首先介绍相关的实用模型,然后给出整数规划的两种经典算法:分支定界法与割平面法,在这两种方法中,分支定界法计算更加有效。本章的最后还将介绍一些特殊的整数规划问题(0-1 规划、指派问题等)的解法。

6.1.2 整数规划的数学模型

整数规划是在20世纪60年代发展起来的规划论中的一个分支,前面所介绍的线性规划模型中决策变量在非负要求条件下的取值范围是连续的,大多数情况下,最优解表现为分数或小数,但是对于某些具体问题,变量只有取非负整数才有意义。例如,一家运输公司要决定购买多少辆汽车,一家机械生产厂家决定购买多少台设备,一家宾馆准备配备几名保安,以及下料的毛坯个数、布料裁剪衣物的件数,等等,都只能取离散的整数值,含有分数或小数的解是不合要求的。对于这类问题,如果按一般的线性规划模型求解,很可能远远偏离了最优解,甚至变得不是可行解。特别是在考虑一些规模较大的工程时,更不能采取这种做法。因此,有必要进一步研究整数规划问题模型的建立和解法。

1. 整数线性规划数学模型的一般形式

人们对整数规划感兴趣,不仅仅是因为整数规划问题可以解决规划问题中变量取整数值的问题,更重要的是因为有些实际问题的解必须满足一些特殊的约束条件,其中包括逻辑条件和顺序要求等,诸如项目的取舍、资金额度的把握、固定成本系数的支付与否等关键问题。此时,我们往往需要引进取"是"(用"1"表示)和"非"(用"0"表示)为值的逻辑变量(又称为0-1变量)。所以说,整数规划对于分析研究管理方面的问题有着非常重要的意义和作用,很多管理问题无法归结为线性规划的数学模型,但却可以通过设置逻辑变量建立整数规划的数学模型。整数线性规划数学模型的一般形式为

$$\max(\text{或 min})z = \sum_{j=1}^{n} c_j x_j$$

$$\begin{cases} \sum_{j=1}^{n} a_{ij} x_j \leqslant (=, \geqslant) b_i & (i=1,2,\cdots,m) \\ x_j \geqslant 0 & (j=1,2,\cdots,n) \\ x_1, x_2, \cdots, x_n \text{ 中部分或全部取整数} \end{cases}$$

【例6-1】 某单位有5个拟选择的投资项目,其所需投资额与期望收益如表6-1所示。由于各项目之间有一定联系,A、C、E之间必须选择一项且仅需选择一项;B和D之间仅需选择一项;又由于C和D两项目密切相关,C的实施必须以D的实施为前提条件,该单位共筹集资金15万元,问应该选择哪些项目投资,使期望收益最大?

表 6-1　　　　　　　　　　　　　　　　　　　　　　　　　　　　　　　　单位:万元

项　目	所需投资额	期望收益
A	6	10
B	4	8
C	2	7
D	4	6
E	5	9

解：决策变量：设

$$x_j = \begin{cases} 0 & \text{表示项目 } j \text{ 不被选中} \\ 1 & \text{表示项目 } j \text{ 被选中} \end{cases} \quad (j=1,2,3,4,5)$$

目标函数：期望收益最大，$\max z = 10x_1 + 8x_2 + 7x_3 + 6x_4 + 9x_5$；约束条件：投资额限制条件，$6x_1 + 4x_2 + 2x_3 + 4x_4 + 5x_5 \leqslant 15$；项目 A、C、E 之间必须且只需选择一项：$x_1 + x_3 + x_5 = 1$；项目 B 和 D 之间必须且只需选择一项：$x_2 + x_4 = 1$；项目 C 的实施要以项目 D 的实施为前提条件：$x_3 \leqslant x_4$；归纳起来，其数学模型为

$$\max z = 10x_1 + 8x_2 + 7x_3 + 6x_4 + 9x_5$$

$$\begin{cases} 6x_1 + 4x_2 + 2x_3 + 4x_4 + 5x_5 \leqslant 15 \\ x_1 + x_3 + x_5 = 1 \\ x_2 + x_4 = 1 \\ x_3 \leqslant x_4 \\ x_j = 0 \text{ 或 } 1 \quad (j=1,2,3,4,5) \end{cases}$$

【例 6-2】 某个中型百货商场对售货人员（周工资 200 元）的需求经统计如表 6-2 所示。

表 6-2

星期	一	二	三	四	五	六	七
人数	12	15	12	14	16	18	19

为了保证销售人员充分休息，销售人员每周工作 5 天，休息 2 天。问应如何安排销售人员的工作时间，使得所配售货人员的总费用最小？

解：每天工作 8 小时，不考虑夜班的情况；每个人的休息时间为连续的两天时间；每天安排的人员数不得低于需求量，但可以超过需求量。

因素：不可变因素：需求量、休息时间、单位费用；可变因素：安排的人数、每人工作的时间、总费用；方案：确定每天工作的人数，由于连续休息 2 天，当确定每个人开始休息的时间就等于知道工作的时间，因而确定每天开始休息的人数就知道每天开始工作的人数，从而求出每天工作的人数；变量：每天开始休息的人数 $x_i(i=1,2,\cdots,7)$；约束条件：

(1) 每人休息时间 2 天，自然满足。

(2) 每天工作人数不低于需求量，第 i 天工作的人数就是从第 $(i-2)$ 天往前数 5 天内开始工作的人数，所以有约束

$$\begin{cases} x_2 + x_3 + x_4 + x_5 + x_6 \geqslant 12 \\ x_3 + x_4 + x_5 + x_6 + x_7 \geqslant 15 \\ x_4 + x_5 + x_6 + x_7 + x_1 \geqslant 12 \\ x_1 + x_2 + x_5 + x_6 + x_7 \geqslant 14 \\ x_1 + x_2 + x_3 + x_6 + x_7 \geqslant 16 \\ x_1 + x_2 + x_3 + x_4 + x_7 \geqslant 18 \\ x_1 + x_2 + x_3 + x_4 + x_5 \geqslant 19 \end{cases}$$

(3) 变量非负约束：$x_i(i=1,2,\cdots,7)$，且均为整数。

目标函数：总费用最小，总费用与使用的总人数成正比。由于每个人必然在且仅在

某一天开始休息,所以总费用为

$$\min z = 200 \sum_{i=1}^{7} x_i$$

总的模型为

$$\min z = 200 \sum_{i=1}^{7} x_i$$

$$\text{s. t.} \begin{cases} x_2 + x_3 + x_4 + x_5 + x_6 \geqslant 12 \\ x_3 + x_4 + x_5 + x_6 + x_7 \geqslant 15 \\ x_4 + x_5 + x_6 + x_7 + x_1 \geqslant 12 \\ x_1 + x_2 + x_5 + x_6 + x_7 \geqslant 14 \\ x_1 + x_2 + x_3 + x_6 + x_7 \geqslant 16 \\ x_1 + x_2 + x_3 + x_4 + x_7 \geqslant 18 \\ x_1 + x_2 + x_3 + x_4 + x_5 \geqslant 19 \\ x_i \geqslant 0 \quad (i = 1, 2, \cdots, 7), 且均为整数 \end{cases}$$

【例 6-3】 一个登山队员,需要携带的物品有食品、氧气、冰镐、绳索、帐篷、照相器材、通信器材等。每种物品的重量及重要性系数如表 6-3 所示。设登山运动员可携带的最大重量为 25 千克,试选择该队员所应携带的物品。

表 6-3

序 号	1	2	3	4	5	6	7
物品	食品	氧气	冰镐	绳索	帐篷	照相器材	通信器材
重量/千克	5	5	2	6	12	2	4
重要性系数	20	15	18	14	8	4	10

解:引入 0-1 型变量 x_i,若 $x_i = 1$ 表示应携带物品 i;若 $x_i = 0$,表示不应携带物品 i。因此模型可表达为

$$\max z = 20x_1 + 15x_2 + 18x_3 + 14x_4 + 8x_5 + 4x_6 + 10x_7$$

$$\begin{cases} 5x_1 + 5x_2 + 2x_3 + 6x_4 + 12x_5 + 2x_6 + 4x_7 \leqslant 25 \\ x_i = 0 \text{ 或 } 1 \quad (i = 1, 2, \cdots, 7) \end{cases}$$

【例 6-4】 试引入 0-1 变量将下列各题分别表达为一般线性约束条件:
(1) $x_1 + x_2 \leqslant 6$ 或 $4x_1 + 6x_2 \geqslant 10$ 或 $2x_1 + 4x_2 \leqslant 20$。
(2) 若 $x_1 \leqslant 5$,则 $x_2 \geqslant 0$,否则 $x_2 \leqslant 8$。
(3) x 取值 0,1,3,5,7。

解:(1) 3 个约束只有 1 个起作用

$$\begin{cases} x_1 + x_2 \leqslant 6 + y_1 M \\ 4x_1 + 6x_2 \geqslant 10 - y_2 M \\ 2x_1 + 4x_2 \leqslant 20 + y_3 M \\ y_1 + y_2 + y_3 = 2 \\ y_j = 0 \text{ 或 } 1 \quad (j = 1, 2, 3) \end{cases} \quad \text{或} \quad \begin{cases} x_1 + x_2 \leqslant 6 + (1 - y_1)M \\ 4x_1 + 6x_2 \geqslant 10 - (1 - y_2)M \\ 2x_1 + 4x_2 \leqslant 20 + (1 - y_3)M \\ y_1 + y_2 + y_3 = 1 \\ y_j = 0 \text{ 或 } 1 \quad (j = 1, 2, 3) \end{cases}$$

如果要求至少一个条件满足,则第 1 个式子改为 $y_1+y_2+y_3 \leqslant 2$,第 2 个式子改为 $y_1+y_2+y_3 \geqslant 1$。

(2) 两组约束只有一组起作用

$$\begin{cases} x_1 \leqslant 5+yM \\ x_1 > 5-(1-y)M \\ x_2 \geqslant -yM \\ x_2 \leqslant 8+(1-y)M \\ y=0 \text{ 或 } 1 \end{cases}$$

(3) 右端常数是 5 个值中的 1 个

$$\begin{cases} x = y_1+3y_2+5y_3+7y_4 \\ y_1+y_2+y_3+y_4 \leqslant 1 \\ y_j = 0 \text{ 或 } 1 \quad (j=1,2,3,4) \end{cases}$$

2. 整数线性规划解的特点

整数线性规划及其松弛问题,从解的特点上来说,二者之间既有密切的联系,又有本质的区别。

松弛问题作为一个线性规划问题,其可行解的集合是一个凸集,任意两个可行解的凸组合仍为可行解。整数规划问题的可行解集合是它的松弛问题可行解集合的一个子集,任意两个可行解的凸组合不一定满足整数约束条件,因而不一定为可行解。由于整数规划问题的可行解一定也是它的松弛问题的可行解(反之则不一定)。所以,前者最优解的目标函数值不会优于后者最优解的目标函数值。

在一般情况下,松弛问题的最优解不会刚好满足变量的整数约束条件,因而不是整数规划的可行解,自然就不是整数规划的最优解。此时,若对松弛问题的这个最优解中不符合整数要求的分量简单地取整,所得到的解不一定是整数规划问题的最优解,甚至也不一定是整数规划问题的可行解。

【例 6-5】 考虑下面的整数规划问题

$$\max z = 6x_1+4x_2$$

$$\begin{cases} 2x_1+4x_2 \leqslant 13 \\ 2x_1+x_2 \leqslant 7 \\ x_1,x_2 \geqslant 0,\text{且均为整数} \end{cases}$$

解:如果不考虑 x_1,x_2 取整数的约束,则称为上式的松弛问题,线性规划的可行域如图 6-1 中的阴影部分所示。

若不考虑整数约束条件,用单纯形法求得该规划所对应的松弛问题最优解为 A 点$(2.5,2)$,函数值为 23。由于 $x_1=2.5$ 时,它不满足整数约束条件,如果采用舍入取整的方法,若取 $x_1=3$,则整数解为$(3,2)$,不能满足两个约束条件,从而是该整数线性规划的非

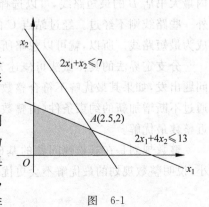

图 6-1

可行解；如果取 $x_1=2$，则整数解为 (2,2)，对应的目标函数值为 20，尽管此解是该整数线性规划的可行解，但不是最优解。实际上，该整数线性规划的最优解为 (3,1)，其对应的目标函数值为 22。

由此可见，整数规划的可行解是离散的、可数的点集，它是相应的松弛问题的可行集的子集，整数规划对应的松弛问题的可行集是凸集，而整数规划的可行集不一定为凸集。在目标函数求最大化（或最小化）时，整数规划的松弛问题的最优解对应的目标函数值要大于（或小于）该整数规划的最优解对应的目标函数值。即整数规划的最优解不优于相应的线性规划问题的最优解。下面分别讨论求解整数规划的分支定界法和割平面法。

6.2 整数规划的解法

混合整数规划问题一般有无限多个可行解，即使是纯整数规划问题，随着问题规模的扩展，其可行解的规模也将急剧增大。因此通过枚举全部可行解，并从中筛选出最优解的算法计算量太大，无实际应用价值。那么，能否在合理剖分可行域的同时，只需检验部分整数解，便可求得整数规划问题的最优解呢？实践证明这是可行的，因此如何巧妙地构造枚举过程是必须研究的问题，目前用得较多的是将完全枚举法变成部分枚举法。分支定界法（branch and bound method）就是一种隐枚举法或部分枚举法。20 世纪 60 年代初，分支定界法由 A. H. Land 和 A. G. Doig 提出，而后经过 Dakin 修正而成。由于这种方法灵活且便于计算机求解，所以目前已成为求解整数规划的重要方法之一，可用于求解纯整数规划和混合整数规划问题。

6.2.1 分支定界法

1. 分支定界法的基本思想

分支定界法主要是以"巧妙"的枚举法求整数规划问题的可行解的思想为依据设计的。分支定界法是将问题的可行域进行分解，逐一核查每一可行域子集，判断它是否包含最优解。其基本思想可形象地描述为：假如你正在寻找某座城市内从所在大学 A 到该市内最大书店 B 的最短路线，可以选择的路线有很多条，其中有一些路线经过站点 C，而另外一些路线则不经过。经过站点 C 的路线会大大加长路途距离，因此，这样的路线不会成为最短路线。所以，就可以忽略所有这些路线，而考察其他路线，直到寻找到最短路线。

分支定界法的具体做法可概述为：首先从不考虑变量的整数限制条件的相应的松弛问题出发，如果其最优解不符合整数限制条件，就将原问题分解成几个问题（分支问题），通过不断增加新的约束条件（由整数要求引出的条件）来压缩原来的可行解区域，逐步逼近整数最优解。

整数规划是在其松弛问题的基础上，添加了整数约束条件，故而其可行解范围要缩小，说明整数规划的最优解不会更优于其松弛问题。

2. 分支定界法求解整数规划的步骤

分支定界法的求解主要包括分支和定界两个关键步骤。

所谓"分支"就是在处理整数规划问题时，逐步加入对各变量的整数要求限制。先求解整数规划相应的松弛问题，若其最优解不符合整数条件，假设：$x_i = b_i$ 不符合整数条件，于是构造两个新的约束条件：$x_i \leqslant [b_i]$ 和 $x_i \geqslant [b_i]+1$，分别将其并入原整数规划问题中去，从而形成两个分支，这两个分支的可行域中包含原整数规划问题的所有可行解。此时相应的松弛问题中满足 $[b_i] < x_i < [b_i]+1$ 的区域被切掉了，切掉区域不含整数规划的任何可行解。在形成的两个分支中，每个分支都增加了约束条件，这样就缩小了可行域。根据需要，各个分支问题可以类似地产生自己的分支，如此不断继续，从而把原整数规划问题通过分支迭代求出最优解。

所谓"定界"就是在分支过程中，若某个分支问题所对应的松弛问题恰巧获得满足整数限制条件的最优解，那么它的目标值就是整数规划的目标函数值的一个"界限"，可作为衡量处理其他分支的一个依据。对于那些相应的松弛问题最优解的目标值比上述"界限"还差的分支问题，就可以将它剔除不加考虑。如果在后面的分支过程中出现更好的"界限"，则用它来取代原来的"界限"。如此继续可逐步逼近原整数规划问题的最优目标值。

"分支"为求解整数规划的最优解创造了条件，通过一个极大化问题来介绍分支定界法的算法步骤，而"定界"则可提高搜索的效率。下面为了直观，以二维为例，结合图解法进行讨论。

【例 6-6】 求下列整数规划问题的最优解

$$\max z = 4x_1 + 3x_2$$

$$\text{s.t.} \begin{cases} 1.2x_1 + 0.8x_2 \leqslant 10 \\ 2x_1 + 2.5x_2 \leqslant 25 \\ x_1, x_2 \geqslant 0, \text{且均取整数} \end{cases}$$

解：先求对应的松弛问题（记为 LP_0）

$$\max z = 4x_1 + 3x_2$$

$$\text{LP}_0 : \begin{cases} 1.2x_1 + 0.8x_2 \leqslant 10 \\ 2x_1 + 2.5x_2 \leqslant 25 \\ x_1, x_2 \geqslant 0 \end{cases}$$

用图解法得到最优解 $\boldsymbol{X}^* = (3.57, 7.14)^\text{T}$，$z_0 = 35.7$，如图 6-2 所示。

由于 x_1 和 x_2 均不是整数，故任选一个进行分支。如先选 x_1，则有：$x_1 \leqslant 3$ 和 $x_1 \geqslant 4$，将两个新得到的分支分别并入 LP_0 中，得 LP_1 与 LP_2。

$$\max z = 4x_1 + 3x_2 \qquad\qquad \max z = 4x_1 + 3x_2$$

$$\text{LP}_1 : \begin{cases} 1.2x_1 + 0.8x_2 \leqslant 10 \\ 2x_1 + 2.5x_2 \leqslant 25 \\ x_1 \leqslant 3 \\ x_1, x_2 \geqslant 0 \end{cases} \qquad \text{LP}_2 : \begin{cases} 1.2x_1 + 0.8x_2 \leqslant 10 \\ 2x_1 + 2.5x_2 \leqslant 25 \\ x_1 \geqslant 4 \\ x_1, x_2 \geqslant 0 \end{cases}$$

图解法如图 6-3 所示,由于目标函数是极大值,$z_2 > z_1$,故选较大分支 LP_2 进行分支。此时增加新的约束 $x_2 \leqslant 6$ 与 $x_2 \geqslant 7$,分别并入 LP_2,形成两个新分支,即 LP_2 的后续问题 LP_{21} 和 LP_{22}。由图 6-4 可以看出,由于 LP_{22} 的可行域为空集,所以只需考虑后续问题 LP_{21}。

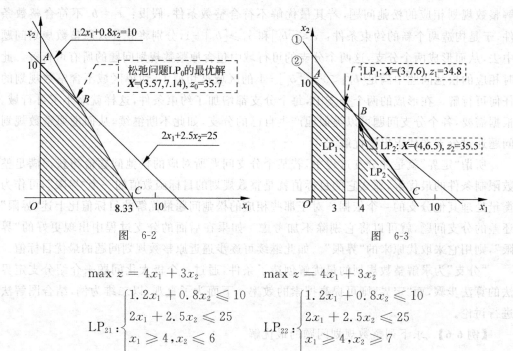

图 6-2　　　　　　　　　　　图 6-3

$$LP_{21}: \begin{cases} \max z = 4x_1 + 3x_2 \\ 1.2x_1 + 0.8x_2 \leqslant 10 \\ 2x_1 + 2.5x_2 \leqslant 25 \\ x_1 \geqslant 4, x_2 \leqslant 6 \\ x_1, x_2 \geqslant 0 \end{cases} \qquad LP_{22}: \begin{cases} \max z = 4x_1 + 3x_2 \\ 1.2x_1 + 0.8x_2 \leqslant 10 \\ 2x_1 + 2.5x_2 \leqslant 25 \\ x_1 \geqslant 4, x_2 \geqslant 7 \\ x_1, x_2 \geqslant 0 \end{cases}$$

用图解法求解 LP_{21},如图 6-5 所示。最优解为 $x_1 = 4.33, x_2 = 6, \max z = 35.33$。

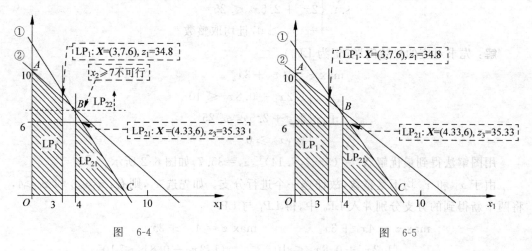

图 6-4　　　　　　　　　　　图 6-5

对于原整数规划 IP 来说,至少还剩两个分支:后续问题 LP_1 和 LP_{21}。因为 LP_{21} 的最优解目标函数值比 LP_1 的大,所以优先考虑对 LP_{21} 进行分支。两个新的约束条件为 $x_1 \leqslant 4$ 和 $x_1 \geqslant 5$,类似的形成 LP_{21} 的两个后续问题 LP_{211} 和 LP_{212}。

$$\text{LP}_{211}: \begin{cases} \max z = 4x_1 + 3x_2 \\ 1.2x_1 + 0.8x_2 \leqslant 10 \\ 2x_1 + 2.5x_2 \leqslant 25 \\ x_1 \geqslant 4, x_2 \leqslant 6, x_1 \leqslant 4 \\ x_1, x_2 \geqslant 0 \end{cases} \qquad \text{LP}_{212}: \begin{cases} \max z = 4x_1 + 3x_2 \\ 1.2x_1 + 0.8x_2 \leqslant 10 \\ 2x_1 + 2.5x_2 \leqslant 25 \\ x_1 \geqslant 5, x_2 \leqslant 6 \\ x_1, x_2 \geqslant 0 \end{cases}$$

其中 LP_{211} 的可行域中在 $x_1=4$ 这条线段上。LP_{211} 的最优解是 $x_1=4, x_2=6$，即图 6-6 中的点 E，$\max z=34$；LP_{212} 的最优解是 $x_1=5, x_2=5$，即图 6-6 中点 D，$\max z=35$。这两个解都是 IP 的可行解，但 $35>34$。至此，可以肯定两点：第一，在 LP_{211} 和 LP_{212} 中不可能存在比 D 点和 E 点更好的 IP 可行解，因此不必再在它们中继续搜索；第二，既然点 D 都是 IP 的可行解，那么它们的目标函数值 $\max z=35$ 就可看作 IP 最优解的目标函数值的一个界限（对于极大化问题，是下界；对于极小化问题，是上界）。

现在，尚未检查的后续问题只有 LP_1 了。但 LP_1 的最优解的目标函数值是 34.8，比界限 35 小。因此，LP_1 中不存在目标函数值比 35 大的 IP 可行解，也就是说，不必再对 LP_1 进行分支搜索了。

综上所述，我们已经求得了整数规划 IP 的一个最优解。最优解为 $x_1=5, x_2=5$，最优值为 $\max z=35$。上述分支定界法求解过程可用图 6-7 来表示。

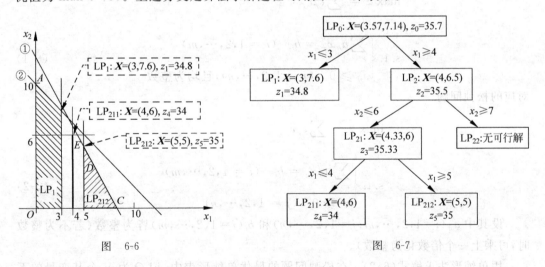

图 6-6　　　　　　　　　　　　　　　图 6-7

6.2.2　割平面法

割平面法(Cutting Plane Approach, CPA)是由美国学者高莫瑞(R. E. Gomory)于 1958 年提出的一种方法。解整数线性规划问题的割平面法有多种类型，但它们的基本思想是相同的，以下我们只介绍其基本方法，即 Gomory 割平面法。它在理论上是重要的，被认为是整数线性规划的核心部分。割平面法从总的思路来看，和分支定界法类似，它也是在求解整数规划相应的松弛问题的基础上，不断增加新的约束，在被压缩的可行域上通过求解一系列松弛问题最终得到原问题的整数最优解。但是在割平面法中，新约束的求法与在分支定界法中不同。

1. 割平面法的基本思想

对于整数规划问题 IP，首先不考虑对变量的整数要求，用单纯形法先求解对应的松弛问题 LP。由于问题 IP 的可行解集是由对应的问题 LP 的可行域内的全部整数点所组成的，所以若 LP 的最优解是可行域内的整数点，则此解就是问题 IP 的最优解；若问题 LP 的最优解的分量不全为整数，则设法构造一个特定的线性约束条件（在几何术语上称为割平面条件）增加在问题 LP 上得到缩小的可行域，在图形上犹如切割掉了可行域（凸的）中的某一部分边缘区域，且这个非整数最优解恰好在被割掉的区域内，而原问题 IP 的任何一个整数可行解都未被割掉，同时新增加的割平面还必须穿过至少一个可行或者不可行的整数点（这是对割平面的基本要求），此时缩减后的可行域的凸性不变。如此重复这个过程，逐步切割可行域，直到得到一个使目标函数达到最优的整数点恰好出现在新可行域的顶点上为止。

2. 割平面条件的生成方法

设整数规划

$$\max z = \sum_{j=1}^{n} c_j x_j$$

$$\text{s.t.} \begin{cases} \sum_{j=1}^{n} a_{ij} x_j = b_i & (i=1,2,\cdots,m) \\ x_j \geqslant 0 & (j=1,2,\cdots,n), \text{且均为整数} \end{cases} \tag{6-1}$$

对应的松弛问题

$$\max z = \sum_{j=1}^{n} c_j x_j$$

$$\text{s.t.} \begin{cases} \sum_{j=1}^{n} a_{ij} x_j = b_i & (i=1,2,\cdots,m) \\ x_j \geqslant 0 & (j=1,2,\cdots,n) \end{cases} \tag{6-2}$$

设其中 $a_{ij}(i=1,2,\cdots,m;j=1,2,\cdots,n)$ 和 $b_i(i=1,2,\cdots,m)$ 皆为整数（若不为整数时，可乘上一个倍数化为整数）。

用单纯形法求解式(6-2)。在松弛问题的最优单纯形表中，记 Q 为 m 个基变量的下标集合，K 为 $(n-m)$ 个非基变量的下标集合，则 m 个约束方程可表示为

$$x_i + \sum_{j \in k} \bar{a}_{ij} x_j = \bar{b}_i (i \in Q) \tag{6-3}$$

而对应的最优解 $\boldsymbol{X}^* = (x_1^*, x_2^*, \cdots, x_n^*)^T$，其中

$$x_j^* = \begin{cases} \bar{b}_j & j \in Q \\ 0 & j \in K \end{cases}$$

若各 $\bar{b}_j(j \in Q)$ 皆为整数，则 $\boldsymbol{X}^*$ 满足整数解要求，因而就是纯整数规划的最优解；若 $\bar{b}_j(j \in Q)$ 不全为整数，则 $\boldsymbol{X}^*$ 不满足整数解要求，因而就不是纯整数规划的可行解，自然

也不是原整数规划的最优解。

用割平面法解整数规划时,若松弛问题的最优解 X^* 不满足整数解要求,则从 X^* 的非整分量中选取一个,用以构造一个线性约束条件,将其加入原松弛问题中,形成一个新的线性规划,然后求解之。若新的最优解满足整数要求,则它就是整数规划的最优解;否则,重复上述步骤,直到获得整数最优解为止。

为最终获得整数最优解,每次增加的线性约束条件应当具备两个基本性质:其一是获得的不符合整数要求的线性规划最优解不满足该线性约束条件,从而不可能在以后的解中再出现;其二是凡整数可行解均满足该线性约束条件,因而整数最优解始终被保留在每次形成的线性规划可行域中。

为此,若 $\bar{b}_{i_0}(i_0 \in Q)$ 不是整数,在式(6-3)中对应的约束方程为

$$x_{i_0} + \sum_{j \in k} \bar{a}_{i_0,j} x_j = \bar{b}_{i_0} \tag{6-4}$$

其中,x_{i_0} 和 $x_j(j \in k)$ 按式(6-1)应为整数;$\bar{b}_{i_0}$ 按假设不是整数;$\bar{a}_{i_0,j}(j \in k)$ 可能是整数,也可能不是整数。分解 $\bar{a}_{i_0,j}$ 和 $\bar{b}_{i_0}$ 成两部分。一部分是不超过该数的最大整数,另一部分是余下的小数。即

$$\bar{a}_{i_0,j} = N_{i_0,j} + f_{i_0,j}, N_{i_0,j} \leqslant \bar{a}_{i_0,j} \text{ 且为整数}, 0 \leqslant f_{i_0,j} < 1 \quad (j \in k) \tag{6-5}$$

$$\bar{b}_{i_0} = N_{i_0} + f_{i_0}, N_{i_0} \leqslant \bar{b}_{i_0} \text{ 且为整数}, 0 < f_{i_0} < 1 \tag{6-6}$$

把式(6-5)和式(6-6)代入式(6-4),移项后得

$$x_{i_0} + \sum_{j \in k} N_{i_0,j} x_j - N_{i_0} = f_{i_0} - \sum_{j \in k} f_{i_0,j} x_j \tag{6-7}$$

式(6-7)中,左边是一个整数,右边是一个小于1的数,因此有 $f_{i_0} - \sum_{j \in k} f_{i_0,j} x_j \leqslant 0$,即

$$\sum_{j \in k} (-f_{i_0,j}) x_j \leqslant -f_{i_0} \tag{6-8}$$

现在,来考察现行约束条件(6-8)的性质:

一方面,由于式(6-8)中 $j \in k$,所以,如将 X^* 代入,各 x_j 作为非基变量皆为 0,因而有 $0 \leqslant -f_{i_0}$,这和式(6-6)矛盾。由此可见,X^* 不满足式(6-8)。

另一方面,满足式(6-1)约束的任何一个整数可行解 X 一定也满足式(6-3),式(6-4)是式(6-3)中的一个表达式,当然也满足。因而 X 必定满足式(6-7)和式(6-8)。由此可知,任何整数可行解一定能满足式(6-8)。

综上所述,现行约束条件(6-8)具备上述两个基本性质。将式(6-1)的结构性约束合并,构成一个新的线性规划。记 R 为原松弛问题可行域,R' 为新的线性规划可行域。从几何意义上看,式(6-8)实际上对 R 做了一次"切割",在留下的 R' 中,保留了整数规划的所有整数可行解,但不符合整数要求的 X^* 被"切割"掉了。随着"切割"过程的不断继续,整数规划最优解最终有机会成为某个线性规划可行域的顶点,作为该线性规划的最优解而被解得。

3. 割平面法求解步骤

(1) 将整数规划的松弛问题进行标准化,并用单纯形法求出其最优解。

(2) 若最优解全为整数,则达到最优,否则转下一步。

(3) 从最优单纯形表中选择具有最大小数部分的非整分量所在行构造割平面约束条件,将其变成割平面方程。

(4) 将新约束方程加入最后一个单纯形表中,并用对偶单纯形法求解。

(5) 如求出的解仍为非整数解,则重复步骤(3)、步骤(4),直至求出整数最优解。

【例 6-7】 用割平面法求解纯整数规划

$$\max z = x_1 + x_2$$
$$\text{s. t.} \begin{cases} 2x_1 + x_2 \leqslant 6 \\ 4x_1 + 5x_2 \leqslant 20 \\ x_1, x_2 \geqslant 0, \text{且均取整数} \end{cases}$$

解:不考虑整数约束,先引入松弛变量 x_3, x_4,将问题化为标准形式,用单纯形法进行求解,得最终单纯形表如表 6-4 所示。

表 6-4

C_B	X_B	$c_j \to$	1	1	0	0
		b	x_1	x_2	x_3	x_4
1	x_1	5/3	1	0	5/6	−1/6
1	x_2	8/3	0	1	−2/3	1/3
		$c_j - z_j$	0	0	−1/6	−1/6

由于表 6-4 中 b 的两列各分数均为 2/3,故任一行均可产生割平面约束。如选第一行,按照式(6-8),割平面约束为

$$-\frac{5}{6}x_3 - \frac{5}{6}x_4 \leqslant -\frac{2}{3}$$

引入松弛变量 x_5,得割平面方程

$$-\frac{5}{6}x_3 - \frac{5}{6}x_4 + x_5 = -\frac{2}{3}$$

将上面的割平面方程并入表 6-4,然后用对偶单纯形法求解,得表 6-5。

表 6-5

C_B	X_B	$c_j \to$	1	1	0	0	0
		b	x_1	x_2	x_3	x_4	x_5
1	x_1	5/3	1	0	5/6	−1/6	0
1	x_2	8/3	0	1	−2/3	1/3	0
0	x_5	−2/3	0	0	[−5/6]	−5/6	1
		$c_j - z_j$	0	0	−1/6	−1/6	0
1	x_1	1	1	0	0	−1	1
1	x_2	16/5	0	1	0	1	−4/5
0	x_3	4/5	0	0	1	1	−6/5
		$c_j - z_j$	0	0	0	0	−1/5

由于 x_2 不是整数解，由于 b 列各分数中 $x_3=\dfrac{4}{5}$ 有最大小数部分 $\dfrac{4}{5}$，故从表 6-5 中第三行产生割平面约束。按照式(6-8)，割平面约束为

$$-\frac{4}{5}x_5 \leqslant -\frac{4}{5}$$

引入松弛变量 x_6，得割平面方程

$$-\frac{4}{5}x_5 + x_6 = -\frac{4}{5}$$

将上面的割平面方程并入表 6-5，然后用对偶单纯形法求解，得表 6-6。

表 6-6

C_B	X_B	b	$c_j \to$ 4 x_1	0 x_2	3 x_3	0 x_4	0 x_5	0 x_6
1	x_1	1	1	0	0	-1	1	0
1	x_2	16/5	0	1	0	1	$-4/5$	0
0	x_3	4/5	0	0	1	1	$-6/5$	0
0	x_6	$-4/5$	0	0	0	0	$[-4/5]$	1
	$c_j - z_j$		0	0	0	0	$-1/5$	0
1	x_1	0	1	0	0	-1	0	5/4
1	x_2	4	0	1	0	1	0	-1
0	x_3	2	0	0	1	1	0	$-3/2$
0	x_5	1	0	0	0	0	1	$-5/4$
	$c_j - z_j$		0	0	0	0	0	$-1/4$

表 6-6 给出的最优解 $(x_1,x_2,x_3,x_4,x_5,x_6)^T=(0,4,2,0,1,0)^T$ 已满足整数要求，因而，原整数规划问题的最优解为 $x_1=0, x_2=4, \max z=4$。

6.3 0-1 整数规划

6.3.1 0-1 型整数规划

在整数规划问题中，整数决策变量常常只用来指明一项可能的行动究竟是采用还是不采用，这里的整数变量 x_i 仅可取 0 和 1 两个值，这时的变量 x_i 称为 0-1 变量。当整数规划问题的所有决策变量都是 0-1 变量时，则称它为 0-1 型整数规划问题。对于 x_i 仅取值 0 或 1 这个条件可由下述约束条件 $x_i=0$ 或 1 来表示；或者可用下述不等式约束 $x_i \geqslant 0$，$x_i \leqslant 1$ 且取整数代替，因此它也与一般整数规划约束条件形式上一致，所以说 0-1 型整数规划是整数规划中的特殊情形，特殊性仅在于变量是 0-1 变量。

0-1 型整数规划可以说是整数规划在实际应用中最活跃的部分，这是因为实际问题中存在大量的决策问题，决策者希望能回答诸如：要不要从事一个特定研究项目与发展项目，要不要在一处特定场地建一个新工厂，等等。回答这类问题就可以借助 0-1 变量。由于"0"在数学上的特性可以很好地代表"无"或"否"，而"1"则可很好地代表"有"或"是"。

所以 0-1 变量就可以量化地描述诸如开与关、是与否、取与舍、有与无等现象,它反映了离散变量间的逻辑关系。另外,引入 0-1 变量后,许多复杂的、困难的问题就相对变得简单,它可以反映约束条件的互斥关系,可把各种情况本来需要分别加以讨论的问题统一在一个问题模型中研究。因此,0-1 型整数规划有着广泛的应用背景。

1. 选址问题

【例 6-8】 某公司拟在市内 A,B,C 三个区建立销售点。经考察,有 10 个位置(点)S_i $(i=1,2,\cdots,10)$可以选择。规定在 A 区,由 S_{1-4} 四个点中至多选两个;在 B 区,由 S_{5-7} 三个点中至少选一个;在 C 区,由 S_{8-10} 三个点中至少选一个。如果选择 S_i 点,建设投资为 v_i 万元,每年可获得利润估计为 p_i 万元,但总投资不能超过 V 万元。问应如何选择可使年利润最大?

解:引入 0-1 变量 x_i,令

$$x_i = \begin{cases} 1, \text{当 } s_i \text{ 点被选中} \\ 0, \text{当 } s_i \text{ 点没被选中} \end{cases} \quad (i=1,2,\cdots,10)$$

此问题可用下列模型来表示

$$\max z = \sum_{i=1}^{10} p_i x_i$$

$$\begin{cases} \sum_{i=1}^{10} v_i x_i \leqslant V \\ \sum_{i=1}^{4} x_i \leqslant 2 \\ \sum_{i=5}^{7} x_i \geqslant 1 \\ \sum_{i=8}^{10} x_i \geqslant 1 \\ x_i = 0 \text{ 或 } 1 \quad (i=1,2,\cdots,10) \end{cases}$$

2. 相互排斥的约束条件

如果有 m 个相互排斥的约束条件($\leqslant$ 型)$\sum_{j=1}^{n} a_{ij} x_j \leqslant b_i$ $(i=1,2,\cdots,m)$。为了保证这 m 个约束条件只有 k 个起作用,可以引入 m 个 0-1 决策变量和一个充分大的常数 M。构造下面这一组 $m+1$ 个约束条件即可符合上述要求。

$$\begin{cases} \sum_{j=1}^{n} a_{ij} x_j \leqslant b_i + y_i M \\ \sum_{i=1}^{m} y_i = m - k \\ y_i = 0 \text{ 或 } 1 \quad (i=1,2,\cdots,m) \end{cases}$$

这里 $y_i=1$ 表示第 i 组约束不起作用，$y_i=0$ 表示第 i 个约束起作用。当约束条件是"$\geqslant$"符号时右端常数项应为 (b_i-My_i)。

在此列举引入 0-1 变量的实际问题。在经济管理的实践中，人们经常通过引入 0-1 变量来使问题简化，为解决实际问题提供方便。

【例 6-9】 某服装公司能够生产三种服装：衬衣、短裤和长裤。每种服装的生产都要求公司具有适当类型的机器。生产每种服装所需的机器将按下列费用租用：衬衣机器每周 200 元、短裤机器每周 150 元、长裤机器每周 100 元。每种服装的生产还需表 6-7 所示数量的布料和劳动时间，每种服装的售价和单位可变成本也列在此表中。每周可利用的劳动时间为 150 小时，布料为 160 平方米。试建立一个可以使该公司每周利润最大的整数规划模型。

表 6-7

服装类型	劳动时间/小时	布料/平方米	售价/元	可变成本/元
衬衣	3	4	12	6
短裤	2	3	8	4
长裤	6	4	15	8

解：设 x_i 为第 i 种服装的周产量

$$y_i=\begin{cases}1 & \text{生产第 } i \text{ 种服装}\\ 0 & \text{否则}\end{cases}$$

$$\max z = 6x_1+4x_2+7x_3-200y_1-150y_2-100y_3$$

$$\begin{cases}3x_1+2x_2+6x_3\leqslant 150\\ 4x_1+3x_2+4x_3\leqslant 160\\ x_i\leqslant My_i \quad (i=1,2,3)\\ x_i\geqslant 0 \text{ 且为整数}; y_i=0 \text{ 或 } 1 \quad (i=1,2,3)\end{cases}$$

其中，第 3 个约束保证当 $x_i>0$ 时，$y_i=1$。即生产服装 i，则必然发生租用机器 i 的费用。

3. 二选一约束条件

有下列两个约束条件

$$f(x_1,x_2,\cdots,x_n)\leqslant 0, \quad g(x_1,x_2,\cdots,x_n)\leqslant 0$$

我们希望保证至少满足两个约束条件中的一个约束条件。可以通过引入一个 0-1 变量 y 和一个正数 M，下面的两个约束条件则能保证至少满足以上两个约束条件中的一个约束条件

$$f(x_1,x_2,\cdots,x_n)\leqslant My, \quad g(x_1,x_2,\cdots,x_n)\leqslant M(1-y)$$

通常，M 是一个足够大的正数（M 必须足够大，使得 $f\leqslant M$ 和 $g\leqslant M$，对于满足问题中其他约束条件的 x_i 的所有值都成立）。

4. 集合覆盖问题

【例 6-10】 某城市有 6 个行政区，这个城市必须确定在什么地方修建消防站。在保证至少有一个消防站在每个行政区的 15 分钟（行驶时间）路程内的情况下，该市希望修建的消防站最少。表 6-8 给出了在该市的各行政区之间行驶时需要的时间（单位：分钟）。建立一个整数规划模型，告诉该市应当修建多少个消防站以及它们所在的位置。

解： 表 6-8 说明了哪些位置可以在 15 分钟内到达每个行政区。对在每个行政区来说，该市都必须确定是否在那里修建消防站。假设

$$x_i = \begin{cases} 1 & \text{在区 } i \text{ 修建消防站} \\ 0 & \text{否则} \end{cases}$$

表 6-8

行政区	行政区 1	行政区 2	行政区 3	行政区 4	行政区 5	行政区 6
行政区 1	0	10	20	30	30	20
行政区 2	10	0	25	35	20	10
行政区 3	20	25	0	15	30	20
行政区 4	30	35	15	0	15	25
行政区 5	30	20	30	15	0	14
行政区 6	20	10	20	25	14	0

表 6-9 在给定行政区 15 分钟行程内的行政区。

表 6-9

行 政 区	行政区 1	行政区 2	行政区 3	行政区 4	行政区 5	行政区 6
15 分钟内可到达的行政区	1、2	1、2、6	3、4	3、4、5	4、5、6	2、5、6

目标函数

$$\min z = \sum_{i=1}^{6} x_i$$

约束条件：从表 6-9 可知，行政区 1 和行政区 2 至少需修建 1 个消防站，行政区 1、2、6 三者中至少建 1 个消防站，其他行政区间有类似的约束。因此，有以下的约束条件

$$\begin{cases} x_1 + x_2 \geq 1 \\ x_1 + x_2 + x_6 \geq 1 \\ x_3 + x_4 \geq 1 \\ x_3 + x_4 + x_5 \geq 1 \\ x_4 + x_5 + x_6 \geq 1 \\ x_2 + x_5 + x_6 \geq 1 \\ x_i = 0 \text{ 或 } 1 \quad (i = 1, 2, \cdots, 6) \end{cases}$$

在集合覆盖问题中，给定集合（称之为集合 1）中的每个成员必须被某个集合（称之为

集合2)中的一个可接受成员"覆盖"。

集合覆盖问题的目标是使覆盖集合1中所有成员所需要的集合2中的成员数量最少。在例6-10中,集合1是该城市中的每个行政区,集合2是消防站的集合。行政区2中的消防站覆盖行政区1、2和6,行政区4中的消防站覆盖行政区3、4、5。

集合覆盖问题在航空乘务员调度、行政区划、航班调度和车辆行程安排等方面有许多应用。

5. 假设(if-then)约束条件

在许多应用中将出现下列情况:我们希望保证,如果满足约束条件 $f(x_1,x_2,\cdots,x_n)>0$,那么必须满足约束条件 $g(x_1,x_2,\cdots,x_n)\geqslant 0$。如果没有满足 $f(x_1,x_2,\cdots,x_n)>0$,那么可以满足也可以不满足 $g(x_1,x_2,\cdots,x_n)\geqslant 0$。简言之,我们希望保证 $f(x_1,x_2,\cdots,x_n)>0$,意味着 $g(x_1,x_2,\cdots,x_n)\geqslant 0$。为了确保这一点,我们将在表述中加入下列约束条件

$$-g(x_1,x_2,\cdots,x_n)\leqslant My, \quad f(x_1,x_2,\cdots,x_n)\leqslant M(1-y), \quad y=0 \text{ 或 } 1$$

通常,M 是一个足够大的正数(M 必须足够大,使得 $f\leqslant M$ 和 $g\leqslant M$,对于满足问题中其他约束条件的 x_i 的所有值都成立)。

例如,如果所有 x_{ij} 都必须等于0或1,有以下的限制条件:

如果 $x_{11}=1$,那么 $x_{21}=x_{31}=x_{41}=0$。

则我们可以把它转化为

如果 $x_{11}>0$,那么 $x_{21}+x_{31}+x_{41}\leqslant 0$ 或 $-x_{21}-x_{31}-x_{41}\geqslant 0$。

定义 $f=x_{11}$,$g=-x_{21}-x_{31}-x_{41}$,则可以用下面的约束条件表示原约束

$$\begin{cases} x_{21}+x_{31}+x_{41}\leqslant My \\ x_{11}\leqslant M(1-y) \\ y=0 \text{ 或 } 1 \end{cases}$$

由于 f 和 $-g$ 永远都不会超过3,所以我们可以选择 $M=3$,然后把下列约束条件添加到原始问题表述中

$$\begin{cases} x_{21}+x_{31}+x_{41}\leqslant 3y \\ x_{11}\leqslant 3(1-y) \\ y=0 \text{ 或 } 1 \end{cases}$$

6. 整数规划和分段线性函数

分段线性函数不是线性函数,所以人们可能认为不能使用线性规划求解涉及这些函数的最优化问题。但是,利用0-1型变量,可以把分段线性函数表示成线性形式。

假设一个分段线性函数 $f(x)$ 有间断点 $b_1,b_2,\cdots,b_n$。对于某个 $k(k=1,2,\cdots,n-1)$,有 $b_k\leqslant x\leqslant b_{k+1}$,因此对于某个数 $z_k(0\leqslant z_k\leqslant 1)$,可以把 x 记作 $x=z_k b_k+(1-z_k)b_{k+1}$。

由于当 $b_k\leqslant x\leqslant b_{k+1}$ 时,$f(x)$ 是线性的,所以我们可以把 $f(x)$ 写成

$$f(x)=z_k f(b_k)+(1-z_k)f(b_{k+1})$$

下面,我们介绍利用线性约束条件和0-1变量表示分段线性函数的方法。

第一步:在最优化问题中出现 $f(x)$ 的地方,用 $z_1 f(b_1)+z_2 f(b_2)+\cdots+z_n f(b_n)$ 代替 $f(x)$。

第二步：在问题中添加下列约束条件

$$\begin{cases} z_1 \leqslant y_1 \\ z_2 \leqslant y_1 + y_2 \\ z_3 \leqslant y_2 + y_3 \\ \cdots \\ z_{n-1} \leqslant y_{n-2} + y_{n-1} \\ z_n \leqslant y_{n-1} \\ \sum_{i=1}^{n-1} y_i = 1 \\ \sum_{i=1}^{n} z_i = 1 \\ x = \sum_{i=1}^{n-1} z_i b_i \\ y_i = 0 \text{ 或 } 1 \quad (i = 1, 2, \cdots, n-1) \\ z_i \geqslant 0 \quad (i = 1, 2, \cdots, n) \end{cases}$$

【例 6-11】 某石油公司利用两种石油（石油 1 和石油 2）生产两种汽油（汽油 1 和汽油 2）。每加仑汽油 1 至少必须含有 50% 的石油 1，每加仑汽油 2 至少必须含有 60% 的石油 1。每加仑汽油 1 的售价是 12 美分、汽油 2 的售价为 14 美分。目前有 500 加仑石油 1 和 1 000 加仑石油 2。可以按下列价格最多购买 1 500 加仑石油 1：第一批 500 加仑，每加仑 25 美分；下一批 500 加仑，每加仑 20 美分；再下一批 500 加仑，每加仑 15 美分。表述一个可以使公司利润最大的 IP。

解：设 x 为石油 1 的购买数量，x_{ij} 为用于生产汽油 j 的石油 i 的数量，则公司的利润为

$$12(x_{11} + x_{21}) + 14(x_{12} + x_{22}) - c(x)$$

$$c(x) = \begin{cases} 25x & (0 \leqslant x \leqslant 500) \\ 20x + 2\,500 & (500 \leqslant x \leqslant 1\,000) \\ 15x + 7\,500 & (1\,000 \leqslant x \leqslant 1\,500) \end{cases}$$

由于 $c(x)$ 的间断点是 $0, 500, 1\,000$ 和 $1\,500$，所以我们可以按下列步骤将其线性化：
第一步：用

$$c(x) = z_1 c(0) + z_2 c(500) + z_3 c(1\,000) + z_4 c(1\,500)$$

代替 $c(x)$。
第二步：添加下列约束条件

$$\begin{cases} x = 0z_1 + 500z_2 + 1\,000z_3 + 1\,500z_4 \\ z_1 \leqslant y_1 \\ z_2 \leqslant y_1 + y_2 \\ z_3 \leqslant y_2 + y_3 \\ z_4 \leqslant y_3 \\ z_1 + z_2 + z_3 + z_4 = 1 \\ y_1 + y_2 + y_3 = 1 \\ y_1, y_2, y_3 = 0 \text{ 或 } 1 \\ z_1, z_2, z_3, z_4 \geqslant 0 \end{cases}$$

目标函数：$\max z = 12(x_{11}+x_{21})+14(x_{12}+x_{22})-c(x)$，约束条件：除了上面第二步所建的约束外，其他的约束条件还有：

公司最多可以使用$(x+500)$加仑的石油 1：$x_{11}+x_{12} \leqslant x+500$

公司最多可以使用 1 000 加仑的石油 2：$x_{21}+x_{22} \leqslant 1\,000$

汽油 1 至少必须含有 50% 的石油 1：$x_{11}/(x_{11}+x_{21}) \geqslant 0.5$

汽油 2 至少必须含有 60% 的石油 1：$x_{12}/(x_{12}+x_{22}) \geqslant 0.6$

如果某模型目标函数或约束条件中含有非线性函数，我们可以先将此非线性函数分段线性化，然后采用以上的方法，从而可以将模型变成线性模型。

6.3.2 0-1 型整数规划的求解方法

求解 0-1 规划问题，最容易想到的方法就是穷举法，即检查变量取值为 0 或 1 的每种组合是否符合约束条件，然后再比较目标函数值，看是否已经求得最优解。但当变量个数 n 很大时，这时就需要检查变量的取值组合为 2^n。由此可见，穷举法针对较少的变量时，是比较有效的一种算法，因此，有必要介绍一种算法——隐枚举法。

1. 隐枚举法

隐枚举法的基本思路，不同于穷枚举法，它不需要对所有变量组合逐一算出，而是通过添加过滤条件分析、判断，然后排除一些不可能成为最优解的变量组合，这样能大大减少计算量。

2. 隐枚举法的步骤

第一步：重排 x_i 的顺序。当问题是求极大值时，使目标函数中 x_i 的系数是递增（不减）的；当问题是求极小值时，使目标函数中 x_i 的系数是递减（不增）的。

第二步：将目标函数所有可能的取值按照从大到小的顺序排列（对于极小化问题则按照从小到大的顺序排列），并按此顺序排列对应的变量取值组合；对于这组排列好的变量取值组合，从第 1 个组合开始，判断该组合是否满足所有的约束条件，若全部满足，则该组合即为最优解，停止检验；否则检验下一个组合，直到有一个组合满足全部的约束条件为止。

【例 6-12】 用隐枚举法求解
$$\max z = 4x_1 + 2x_2 + 5x_3 - x_4$$
$$\begin{cases} x_1 + 2x_2 + x_3 + 2x_4 \leqslant 4 \\ 7x_1 + 3x_3 - 4x_4 \leqslant 8 \\ 11x_1 - 6x_2 + 3x_4 \geqslant 3 \\ x_j = 0 \text{ 或 } 1 \quad (j=1,2,\cdots,4) \end{cases}$$

解法一：

步骤一，通过观察法易找到一个可行解：$x_0 = (1,0,0,0)^T$，此时目标函数值为 $z_0=4$，由于原目标函数是求最大值，故可将 4 作为该 0-1 规划问题的下界（最小值问题则为上界），于是，可增加一个约束条件
$$4x_1 + 2x_2 + 5x_3 - x_4 \geqslant 4$$

此约束条件也称为过滤条件，这样，原问题就变成了如下形式

$$\max z = 4x_1 + 2x_2 + 5x_3 - x_4$$

$$\begin{cases} 4x_1 + 2x_2 + 5x_3 - x_4 \geqslant 4 & (6-9) \\ x_1 + 2x_2 + x_3 + 2x_4 \leqslant 4 & (6-10) \\ 7x_1 + 3x_3 - 4x_4 \leqslant 8 & (6-11) \\ 11x_1 - 6x_2 + 3x_4 \geqslant 3 & (6-12) \\ x_j = 0 \text{ 或 } 1 \quad (j = 1, 2, \cdots, 4) \end{cases}$$

将目标函数按变量系数从小到大的顺序排列为

$$\max z = -x_4 + 2x_2 + 4x_1 + 5x_3$$

步骤二,列出变量取值 0 或 1 的所有组合,共 $2^4 = 16$ 个。并将变量组合按照 (x_4, x_2, x_1, x_3) 列出,以便能较早找出最优解。将约束条件按顺序排好,见表 6-10,然后分别将这些变量的组合解依次代入约束条件的左侧,求出数值,看是否适合不等式条件,如某一条件不适合,同行以下各条件就不必再检查,从而减少了运算次数。符合约束条件的打 "√",否则打 "×"。

表 6-10

x_j	(a)	(b)	(c)	(d)	z	x_j	(a)	(b)	(c)	(d)	z
(0,0,0,0)	×					(1,0,0,1)	×				
(0,0,0,1)	×					(1,0,1,0)	×				
(0,0,1,0)	√	√	√	√	4	(1,1,0,0)	×				
(0,1,0,0)	×					(0,1,1,1)	√	√	×		
(1,0,0,0)	×					(1,0,1,1)	√	√	√	√	8
(0,0,1,1)	√	√	×			(1,1,0,1)	×				
(0,1,0,1)	√	√	√	×		(1,1,1,0)	×				
(0,1,1,0)	√	√	√		6	(1,1,1,1)	√	×			

当某一变量的组合解代入后符合所有约束条件,且代入变量值后的目标函数值大于(最小值问题则为小于)过滤条件[式(6-9)]不等式右边的值,则立即修改过滤条件[式(6-9)],使该目标函数值为新的过滤条件[式(6-9)]不等式右边的值。例如(0,1,1,0)使得目标函数值为 6,大于原条件[式(6-9)]右边的值 4,因此修改原过滤条件[式(6-9)]为

$$4x_1 + 2x_2 + 5x_3 - x_4 \geqslant 6$$

步骤三,根据求出的目标函数值,确定最优解。由表 6-10 可知,该整数规划的最优解为 $x^* = (1, 0, 1, 1,)^T$,此时,最优目标函数值为 $z^* = 8$。

解法二:

步骤一,变换目标函数和约束方程组。

统一价值系数 c_j 的符号:在目标要求极大时,统一转化为负号;求极小时统一转化为正号。

在不满足上述要求时,用 $x_j = 1 - \bar{x}_j$ 进行变换。按 $|c_j|$ 值从小到大排列决策变量项。变换结果如下

$$\max z = 11 - (x_4 + 2\bar{x}_2 + 4\bar{x}_1 + 5\bar{x}_3)$$

$$\begin{cases} 2x_4 - 2\bar{x}_2 - \bar{x}_1 - \bar{x}_3 \leqslant 0 & (6\text{-}13) \\ -4x_4 - 7\bar{x}_1 - 3\bar{x}_3 \leqslant -2 & (6\text{-}14) \\ 3x_4 + 6\bar{x}_2 - 11\bar{x}_1 \geqslant -2 & (6\text{-}15) \\ x_j = 0 \text{ 或 } 1 \quad (j=1,2,\cdots,4) \end{cases}$$

步骤二,用目标函数值探索法求最优解。以 $z_0 = 11$ 为上界,逐步向下进行搜索,直至获得可行解为止,即得到最优解,搜索过程如表 6-11 所示。该整数规划的最优解为

$$x_1 = 1 - \bar{x}_1 = 1, \quad x_2 = 1 - \bar{x}_2 = 0, \quad x_3 = 1 - \bar{x}_3 = 1, \quad x_4 = 1$$

即 $x^* = (x_1, x_2, x_3, x_4)^T = (1, 0, 1, 1,)^T$,此时,最优目标函数值为 $z^* = 8$。

表 6-11

$\sum\|c_j\|$	z 值	组合解				是否满足条件			是否可行解
		x_4	$\bar{x}_2$	$\bar{x}_1$	$\bar{x}_3$	6-13	6-14	6-15	
0	11	0	0	0	0	√	×		否
2	10	1	0	0	0	×			否
3	9	0	1	0	0	√	×		否
4	8	1	1	0	0	√	√	√	是

6.4 指派问题

指派问题也称分配或配置问题,是资源合理配置或最优匹配问题。指派问题通常划分为标准和非标准的指派问题。

6.4.1 指派问题的引入

在现实生活中,有各种性质的指派问题。例如,有若干项工作需要分配给若干人(或部门)来完成,有若干项合同需要选择若干个投标者来承包,有若干班级需要安排在若干教室上课,等等。诸如此类的问题,它们的基本要求是在满足特定的指派要求条件下,使指派方案的总体效果最佳。

【例 6-13】 某商业公司计划开办五家新商店。为了尽早建成营业,商业公司决定由五家建筑公司分别承建。已知建筑公司 $A_i(i=1,2,3,4,5)$ 对新商店 $B_j(j=1,2,3,4,5)$ 的建造费用的报价(万元)为 c_{ij},见表 6-12。商业公司应当对五家建筑公司怎样分派建筑任务,才能使总的建筑费用最少?

表 6-12

商店 建筑公司	B_1	B_2	B_3	B_4	B_5
A_1	10	5	7	5	7
A_2	6	7	4	4	4
A_3	5	15	10	12	7
A_4	13	12	4	4	8
A_5	2	8	5	8	7

解：该指派问题是安排建筑公司承建商店，其决策变量为

$$x_{ij} = \begin{cases} 1, & \text{指派 } A_i \text{ 承建商店 } B_j \\ 0, & \text{不指派 } A_i \text{ 承建商店 } B_j \end{cases} \quad (i,j = 1,2,3,4,5)$$

该问题的数学模型为

$$\min z = \sum_{i=1}^{5} \sum_{j=1}^{5} c_{ij} x_{ij}$$

$$\begin{cases} \sum_{i=1}^{5} x_{ij} = 1 & (j = 1,2,3,4,5) \\ \sum_{j=1}^{5} x_{ij} = 1 & (i = 1,2,3,4,5) \\ x_{ij} = 0 \text{ 或 } 1 & (i,j = 1,2,3,4,5) \end{cases}$$

显然指派问题与运输问题相类似，该问题的指派平衡表如表 6-13 所示。

表 6-13

商店 建筑公司	B_1	B_2	B_3	B_4	B_5	任务数
A_1	10 x_{11}	5 x_{12}	7 x_{13}	5 x_{14}	7 x_{15}	1
A_2	6 x_{21}	7 x_{22}	4 x_{23}	4 x_{24}	4 x_{25}	1
A_3	5 x_{31}	15 x_{32}	10 x_{33}	12 x_{34}	7 x_{35}	1
A_4	13 x_{41}	12 x_{42}	4 x_{43}	4 x_{44}	8 x_{45}	1
A_5	2 x_{51}	8 x_{52}	5 x_{53}	8 x_{54}	7 x_{55}	1
公司数量	1	1	1	1	1	

6.4.2 指派问题的数学模型

下面给出指派问题的一般模型。

$$\min z = \sum_{i=1}^{n} \sum_{j=1}^{n} c_{ij} x_{ij}$$

$$\begin{cases} \sum_{i=1}^{n} x_{ij} = 1 & (j = 1,2,\cdots,n) \\ \sum_{j=1}^{n} x_{ij} = 1 & (i = 1,2,\cdots,n) \\ x_{ij} = 0 \text{ 或 } 1 & (i,j = 1,2,\cdots,n) \end{cases}$$

从例 6-13 可以看出，指派问题既是 0-1 规划问题的特例，也是运输问题的特例；当

然可以用整数规划,0-1 规划或运输问题的解法去求解,然而这样是不合算的,就如用单纯形法去求解运输问题一样,针对指派问题的特殊性有更简便的方法。

指派问题具有这样的性质:若从系数矩阵 $\boldsymbol{C}=(c_{ij})_{n\times n}$ 的一行(列)各元素中分别加上或减去一个常数 k,得到新矩阵 $(b_{ij})_{n\times n}$,那么以 $(b_{ij})_{n\times n}$ 为系数矩阵的指派问题与原问题具有相同的最优解,但最优值与原问题的最优值相差一个常数 k。

利用这个性质,可使原系数矩阵变换为含有很多 0 元素的新系数矩阵,而最优解保持不变。由于指派问题的目标函数一般是求最小值,在系数矩阵 $(b_{ij})_{n\times n}$ 中,关注位于不同行不同列的 0 元素,或者称为独立的 0 元素。若能在系数矩阵 $(b_{ij})_{n\times n}$ 中找出 n 个独立的 0 元素,则令解矩阵 $(x_{ij})_{n\times n}$ 中对应这 n 个独立的 0 元素的变量取值为 1,将其代入目标函数中,即可得到 z 的值,它一定最小。这就是以 $(b_{ij})_{n\times n}$ 为系数矩阵的指派问题的最优解,也就得到了原问题的最优解。

1955 年,库恩(W. W. Kuhn)提出了指派问题的解法,他引用了匈牙利数学家康尼格一个关于矩阵中 0 元素的定理:系数矩阵中独立 0 元素的最多个数等于能覆盖所有 0 元素的最少直线数,这个解法也就称为匈牙利法。匈牙利法的基本解题步骤如下:

第一步:变换指派问题的系数矩阵,使在各行各列中都出现 0 元素。

(1) 从系数矩阵的每行元素中减去该行的最小元素。

(2) 再从所得系数矩阵的每列元素中减去该列的最小元素,若某行(列)已有 0 元素,则不需要再减了。

第二步:进行试指派,以寻求最优解。按以下步骤进行:

经第一步变换后,系数矩阵中每行每列中都已有 0 元素,但需要找出 n 个独立的 0 元素。如能找出,就以这些独立的 0 元素对应解矩阵 (x_{ij}) 中的元素为 1,其余为 0,这就得到最优解。具体步骤为:

(1) 从只有一个 0 元素的行(列)开始,给这个 0 元素加圈,记作 ⓪,这表示对这行所代表的人只有一种任务可指派,然后划去 ⓪ 所在列(行)的其他 0 元素,记作 ø,这表示这列所代表的任务已指派完,不必再考虑别人了。

(2) 给只有一个 0 元素列(行)的 0 元素加圈,记作 ⓪,然后划去 ⓪ 所在行(列)的 0 元素,记 ø。

(3) 反复进行(1)、(2)步骤,直到所有 0 元素都被圈出和划掉为止。

(4) 若仍有没有划圈的 0 元素,且同行(列)的 0 元素至少有两个(表示对这人可以从两项任务中指派其一),则从剩有 0 元素最少的行(列)开始,比较这行各 0 元素所在列中 0 元素的数目,对 0 元素少的那列的这个 0 元素加圈(表示选择性多的应该先满足选择性少的),然后划掉同行同列的其他 0 元素。可反复进行,直到所有 0 元素都已划圈或划掉为止。

(5) 若 ⓪ 元素的数目 m 等于矩阵的阶数 n,那么该指派问题的最优解已得到;若 $m<n$,则转入下一步。

第三步:作最少的直线覆盖所有 0 元素,以确定该系数矩阵中能找到最多的独立 0 元素。为此按以下步骤进行:

(1) 对没有 ⓪ 的行打"√"。

(2) 在已打"√"的行中,对∅所在的列打"√"。

(3) 在已打"√"的列中,对⓪所在的行打"√"。

(4) 重复(2)和(3),直到再也不能找出可以打"√"的行或列为止。

(5) 对没有打"√"的行画一横线,对打"√"的列画一垂线,这样就得到了覆盖所有0元素的最少直线数目的直线集合。

第四步：继续变换系数矩阵。方法是在未被直线覆盖的元素中找出一个最小元素。对未被直线覆盖的元素所在行(列)中,各元素都减去这一最小元素。这样,在未被直线覆盖的元素中,势必会出现零元素,但同时却又使已被直线覆盖的元素中出现负元素。为了消除负元素,只要对它们所在列(行)中各元素都加上这一最小元素即可。返回步骤(2)。

当指派问题的系数矩阵,经过变换得到了同行和同列中都有两个或两个以上0元素时,可以任选一行(列)中某一个0元素,再划去同行(列)的其他0元素。这时会出现多重解。下面将通过例6-14来具体说明匈牙利法的解题步骤。

【例6-14】 求解例6-13。

解：(1) 将系数矩阵每行减去各自的最小值,根据题意,例6-13指派问题的系数矩阵变化情况如下：

$$C^{(0)} = \begin{bmatrix} 10 & 5 & 7 & 5 & 7 \\ 6 & 7 & 4 & 4 & 4 \\ 5 & 15 & 10 & 12 & 7 \\ 13 & 12 & 4 & 8 & 8 \\ 2 & 8 & 5 & 8 & 7 \end{bmatrix} \rightarrow \begin{bmatrix} 5 & 0 & 2 & 0 & 2 \\ 2 & 3 & 0 & 0 & 0 \\ 0 & 10 & 5 & 7 & 2 \\ 9 & 8 & 0 & 0 & 4 \\ 0 & 6 & 3 & 6 & 5 \end{bmatrix} = C^{(1)}$$

(2) 系数矩阵 $C^{(1)}$ 中每行与每列均有0元素,因此进行初次试指派,得 $C^{(2)}$。

$$C^{(2)} = \begin{bmatrix} 5 & ⓪ & 2 & ∅ & 2 \\ 2 & 3 & ⓪ & ∅ & ∅ \\ ⓪ & 10 & 5 & 7 & 2 \\ 9 & 8 & ∅ & ⓪ & 4 \\ ∅ & 6 & 3 & 6 & 5 \end{bmatrix}$$

由于只有4个独立0元素,少于系数矩阵阶数 $n=5$,故需要确定能覆盖所有0元素的最少直线数目的直线集合。

$$C^{(2)} = \begin{bmatrix} \text{---}5 & ⓪ & \text{---}2 & ∅ & \text{---}2\text{---} \\ \text{---}2 & 3 & ⓪ & ∅ & ∅\text{---} \\ ⓪ & 10 & 5 & 7 & 2 \\ \text{---}9 & 8 & ∅ & ⓪ & 4\text{---} \\ ∅ & 6 & 3 & 6 & 5 \end{bmatrix} \begin{matrix} \\ \\ √ \\ \\ √ \end{matrix}$$
$$\phantom{C^{(2)} = }\quad √$$

(3) 为了使 $C^{(2)}$ 中未被直线所覆盖的元素中出现0元素,将第三行和第五行中各元素都减去未被直线覆盖的元素中的最小元素2,得 $C^{(3)}$。但这样一来,第一列中出现了负元素。为了消除负元素,再对第一列各元素分别加上2,即

$$C^{(3)} = \begin{bmatrix} 5 & 0 & 2 & 0 & 2 \\ 2 & 3 & 0 & 0 & 0 \\ -2 & 8 & 3 & 5 & 0 \\ 9 & 8 & 0 & 0 & 4 \\ -2 & 4 & 1 & 4 & 3 \end{bmatrix} \rightarrow \begin{bmatrix} 7 & 0 & 2 & 0 & 2 \\ 4 & 3 & 0 & 0 & 0 \\ 0 & 8 & 3 & 5 & 0 \\ 11 & 8 & 0 & 0 & 4 \\ 0 & 4 & 1 & 4 & 3 \end{bmatrix} = C^{(4)}$$

(4) 将系数矩阵 $C^{(4)}$ 进行加圈，即

$$C^{(4)} = \begin{bmatrix} 7 & ⓪ & 2 & ∅ & 2 \\ 4 & 3 & ∅ & ⓪ & ∅ \\ ∅ & 8 & 3 & 5 & ⓪ \\ 11 & 8 & ⓪ & ∅ & 4 \\ ⓪ & 4 & 1 & 4 & 3 \end{bmatrix}$$

$C^{(4)}$ 中已有 5 个独立 0 元素，故可确定指派问题的最优指派方案。本例的最优解为

$$\begin{bmatrix} 0 & 1 & 0 & 0 & 0 \\ 0 & 0 & 0 & 1 & 0 \\ 0 & 0 & 0 & 0 & 1 \\ 0 & 0 & 1 & 0 & 0 \\ 1 & 0 & 0 & 0 & 0 \end{bmatrix}$$

也就是说，最优指派方案是：让 A_1 承建 B_2，让 A_2 承建 B_4，让 A_3 承建 B_5，让 A_4 承建 B_3，让 A_5 承建 B_1。这样安排能使总的建造费用最少，为 $5+4+7+4+2=22$（万元）。

在前面已经指出，当指派问题的系数矩阵，经过变换得到了同行和同列中都有两个或两个以上 0 元素时会出现多重解。本例还可得到另一指派方案，即将(4)中第二行第三列的 0 圈起来，这样第四行第四列的 0 也就自然被圈起来了，从而形成一组新的最优解。

$$C^{(4)} = \begin{bmatrix} 7 & ⓪ & 2 & ∅ & 2 \\ 4 & 3 & ⓪ & ∅ & ∅ \\ ∅ & 8 & 3 & 5 & ⓪ \\ 11 & 8 & ∅ & ⓪ & 4 \\ ⓪ & 4 & 1 & 4 & 3 \end{bmatrix}$$

也就是说，最优指派方案是：让 A_1 承建 B_2，让 A_2 承建 B_3，让 A_3 承建 B_5，让 A_4 承建 B_4，让 A_5 承建 B_1。这样安排能使总的建造费用最少，为 $5+4+7+4+2=22$（万元）。

6.4.3 非标准指派问题

在实际应用中，常会遇到非标准形式，如求最大值、人数与工作数不相等以及不可接受的配置（某人不可完成某项任务）等特殊指派问题。解决的思路是先化成标准形式，然后再用匈牙利法求解，即对效率矩阵通过适当变换使得满足匈牙利算法的条件再求解。

1. 最大化的指派问题

最大化指派问题的一般形式为

$$\max z = \sum_{i=1}^{n}\sum_{j=1}^{n} c_{ij} x_{ij}$$

$$\begin{cases} \sum_{j=1}^{n} x_{ij} = 1 & (i=1,\cdots,n) \\ \sum_{i=1}^{n} x_{ij} = 1 & (j=1,\cdots,n) \\ x_{ij} = 0 \text{ 或 } 1 & (i,j=1,\cdots,n) \end{cases}$$

解决办法：设最大化的指派问题的系数矩阵为 $C = [c_{ij}]_{n \times n}$，$M = \max\{c_{11}, c_{12}, \cdots, c_{nn}\}$，令 $B = [b_{ij}]_{n \times n} = [M - c_{ij}]_{n \times n}$，则以 B 为效率矩阵的最小化指派问题和以 C 为效率矩阵的原最大化指派问题有相同的最优解。

【例 6-15】某工厂有 4 名工人 A_1, A_2, A_3, A_4，分别操作 4 台车床 B_1, B_2, B_3, B_4，求产值最大的分配方案，各自效率矩阵如下：

$$\begin{array}{c} \\ A_1 \\ A_2 \\ A_3 \\ A_4 \end{array} \begin{array}{cccc} B_1 & B_2 & B_3 & B_4 \end{array} \\ \begin{bmatrix} 10 & 9 & 8 & 7 \\ 3 & 4 & 5 & 6 \\ 2 & 1 & 1 & 2 \\ 4 & 3 & 5 & 6 \end{bmatrix}$$

解：令

$$C = [c_{ij}]_{4 \times 4} = \begin{bmatrix} 10 & 9 & 8 & 7 \\ 3 & 4 & 5 & 6 \\ 2 & 1 & 1 & 2 \\ 4 & 3 & 5 & 6 \end{bmatrix}, \quad M = \max\{10, 9, \cdots, 6\} = 10$$

$$B = [M - c_{ij}]_{4 \times 4} = \begin{bmatrix} 0 & 1 & 2 & 3 \\ 7 & 6 & 5 & 4 \\ 8 & 9 & 9 & 8 \\ 6 & 7 & 5 & 4 \end{bmatrix}$$

经行列变换后,可得

$$B' = \begin{bmatrix} 0 & 0 & 1 & 3 \\ 3 & 1 & 0 & 0 \\ 0 & 0 & 0 & 0 \\ 2 & 2 & 0 & 0 \end{bmatrix}$$

将系数矩阵 B' 进行加圈可得

$$B' = \begin{bmatrix} ⓪ & ⌀ & 1 & 3 \\ 3 & 1 & ⌀ & ⓪ \\ ⌀ & ⓪ & ⌀ & ⌀ \\ 2 & 2 & ⓪ & ⌀ \end{bmatrix}$$

B' 中已有 4 个独立 0 元素,故可确定指派问题的最优指派方案。本例的最优解为

$$X = \begin{bmatrix} 1 & 0 & 0 & 0 \\ 0 & 0 & 0 & 1 \\ 0 & 1 & 0 & 0 \\ 0 & 0 & 1 & 0 \end{bmatrix}$$

最大产值为 $z=10+6+1+5=22$。本例还可得到另一指派方案,为

$$X = \begin{bmatrix} 1 & 0 & 0 & 0 \\ 0 & 0 & 1 & 0 \\ 0 & 1 & 0 & 0 \\ 0 & 0 & 0 & 1 \end{bmatrix}$$

最大产值为 $z=10+5+1+6=22$。

2. 人数和事数不等的指派问题

若人数小于事数,添一些虚拟的"人",此时这些虚拟的"人"做各件事的费用系数取为 0,理解为这些费用实际上不会发生;若人数大于事数,添一些虚拟的"事",此时这些虚拟的"事"被各个人做的费用系数同样也取为 0。

【例 6-16】 现有 4 个人,5 件工作,求耗时最少的指派方案。每人做每件工作所耗时间的系数矩阵为

$$C = \begin{bmatrix} 10 & 11 & 4 & 2 & 8 \\ 7 & 11 & 10 & 14 & 12 \\ 5 & 6 & 9 & 12 & 14 \\ 13 & 15 & 11 & 10 & 7 \end{bmatrix}$$

解:添加虚拟人 A_5,构造耗时矩阵 $C=[c_{ij}]_{5\times 5}$

$$C = \begin{bmatrix} 10 & 11 & 4 & 2 & 8 \\ 7 & 11 & 10 & 14 & 12 \\ 5 & 6 & 9 & 12 & 14 \\ 13 & 15 & 11 & 10 & 7 \\ 0 & 0 & 0 & 0 & 0 \end{bmatrix}$$

应用匈牙利法求解,得

$$X = \begin{bmatrix} 0 & 0 & 0 & 1 & 0 \\ 1 & 0 & 0 & 0 & 0 \\ 0 & 1 & 0 & 0 & 0 \\ 0 & 0 & 0 & 0 & 1 \\ 0 & 0 & 1 & 0 & 0 \end{bmatrix}$$

得到最优解 X,最少耗时为 $Z=2+7+6+7=22$。

3. 一个人可做几件事的指派问题

若某人可做几件事,则可将该人化作相同的几个"人"来接受指派。这几个"人"做同一件事的费用系数当然一样。

【例 6-17】 有三家建筑公司 A_1、A_2、A_3 来承建 5 家商店，根据实际情况，允许每家建筑公司承建一家或两家商店，求使总费用最少的指派方案。

$$C = \begin{bmatrix} 4 & 8 & 7 & 15 & 12 \\ 7 & 9 & 17 & 14 & 10 \\ 6 & 9 & 12 & 8 & 7 \end{bmatrix}$$

解： 由于每家建筑公司最多可承建两家新商店，因此，把每家建筑公司化作 A_i 和 $A_i'(i=1,2,3)$。相同的两家建筑公司费用相同，因而费用矩阵变为

$$C = \begin{bmatrix} 4 & 8 & 7 & 15 & 12 \\ 4 & 8 & 7 & 15 & 12 \\ 7 & 9 & 17 & 14 & 10 \\ 7 & 9 & 17 & 14 & 10 \\ 6 & 9 & 12 & 8 & 7 \\ 6 & 9 & 12 & 8 & 7 \end{bmatrix}$$

上面的系数矩阵有 6 行 5 列，为了使"人"和"事"的数目相同，引入一件虚拟"事"，使之成为标准的指派问题，其效率矩阵为 C'

$$C' = \begin{bmatrix} 4 & 8 & 7 & 15 & 12 & 0 \\ 4 & 8 & 7 & 15 & 12 & 0 \\ 7 & 9 & 17 & 14 & 10 & 0 \\ 7 & 9 & 17 & 14 & 10 & 0 \\ 6 & 9 & 12 & 8 & 7 & 0 \\ 6 & 9 & 12 & 8 & 7 & 0 \end{bmatrix}$$

应用匈牙利法求解，得最优解 X，总费用为 $Z=7+4+9+7+8=35$（万元）。

$$X = \begin{bmatrix} 0 & 0 & 1 & 0 & 0 & 0 \\ 1 & 0 & 0 & 0 & 0 & 0 \\ 0 & 1 & 0 & 0 & 0 & 0 \\ 0 & 0 & 0 & 0 & 0 & 1 \\ 0 & 0 & 0 & 0 & 1 & 0 \\ 0 & 0 & 0 & 1 & 0 & 0 \end{bmatrix}$$

4. 某事不能由某人去做的指派问题

某事不能由某人去做，可将此人做此事的费用取作足够大的 M。

【例 6-18】 分配甲、乙、丙、丁四个人去完成 A、B、C、D、E 五项任务。由于任务重，人数少，考虑：任务 E 必须完成，其他四项任务可选三项完成，但甲不能做 A 项工作，试确定最优分配方案，使完成任务的总时间最少，每人完成各项任务的消耗时间矩阵如下

$$C = \begin{bmatrix} M & 29 & 31 & 42 & 37 \\ 39 & 38 & 26 & 20 & 33 \\ 34 & 27 & 28 & 40 & 32 \\ 24 & 42 & 36 & 23 & 45 \end{bmatrix}$$

解：这是一人数与工作不等的指派问题，由于任务数大于人数，所以需要有一个虚拟的"人"，设为戊。因为甲不能做 A，所以令甲完成工作 A 的时间为 M；又因为工作 E 必须完成，故设戊完成 E 的时间为 M，即戊不能做工作 E，其余的假想时间为 0，建立的效率矩阵为 C，应用匈牙利法求解，得最优解 X，最少的耗时数为 $z = 29 + 20 + 32 + 24 = 105$。

$$C = \begin{bmatrix} M & 29 & 31 & 42 & 37 \\ 39 & 38 & 26 & 20 & 33 \\ 34 & 27 & 28 & 40 & 32 \\ 24 & 42 & 36 & 23 & 45 \\ 0 & 0 & 0 & 0 & M \end{bmatrix}$$

$$X = \begin{bmatrix} 0 & 1 & 0 & 0 & 0 \\ 0 & 0 & 0 & 1 & 0 \\ 0 & 0 & 0 & 0 & 1 \\ 1 & 0 & 0 & 0 & 0 \\ 0 & 0 & 1 & 0 & 0 \end{bmatrix}$$

本 章 小 结

本章介绍了一般整数规划问题的思想、建模以及求解方法，包括分支定界法、割平面法、隐枚举法和匈牙利法，最后，介绍了非标准指派问题的求解方法。

习　　题

1. 试用分支定界法求解下述 IP 问题。

(1) s.t. $\max z = 5x_1 + 8x_2$
$$\begin{cases} x_1 + x_2 \leqslant 6 \\ 5x_1 + 9x_2 \leqslant 45 \\ x_1 \geqslant 0, x_2 \geqslant 0 \\ x_1, x_2 \text{ 为整数} \end{cases}$$

(2) s.t. $\max z = x_1 + x_2$
$$\begin{cases} 14x_1 + 9x_2 \leqslant 51 \\ -6x_1 + 3x_2 \leqslant 1 \\ x_1 \geqslant 0, x_2 \geqslant 0 \\ x_1, x_2 \text{ 为整数} \end{cases}$$

2. 某钻井队要从以下 10 个可供选择的井位中确定 5 个钻井探油，使总的钻探费用为最小。若 10 个井位的代号为 $s_1, s_2, \cdots, s_{10}$，相应的钻探费用为 $c_1, c_2, \cdots, c_{10}$，并且在井位选择上要满足下列限制条件：

(1) 或选择 s_1 和 s_7，或选择钻探 s_8。

(2) 选择了 s_3 或 s_4 就不能选 s_5，或反过来也一样。

(3) 在 s_5, s_6, s_7, s_8 中最多只能选两个。

试建立此问题的整数规划模型。

3. 试用割平面法求解下述 IP 问题。

$$(1)\ \text{s.t.} \begin{cases} \max z = x_1 + x_2 \\ 2x_1 + x_2 \leq 6 \\ 4x_1 + 5x_2 \leq 20 \\ x_1 \geq 0, x_2 \geq 0 \\ x_1, x_2 \text{ 为整数} \end{cases} \qquad (2)\ \text{s.t.} \begin{cases} \max z = 3x_1 + x_2 \\ 2x_1 + x_2 \leq 5 \\ 2x_1 - x_2 \geq 2 \\ x_1 \geq 0, x_2 \geq 0 \\ x_1, x_2 \text{ 为整数} \end{cases}$$

4. 用隐枚举方法解下列 0-1 规划。

$$(1)\ \text{s.t.} \begin{cases} \max z = 4x_1 + 3x_2 + 2x_3 \\ 2x_1 - 5x_2 + 3x_3 \leq 4 \\ 4x_1 + x_2 + 3x_3 \geq 3 \\ x_2 + x_3 \geq 1 \\ x_1, x_2, x_3 = 0 \text{ 或 } 1 \end{cases} \qquad (2)\ \text{s.t.} \begin{cases} \min z = 2x_1 + 5x_2 + 3x_3 + 4x_4 \\ -4x_1 + x_2 + x_3 + x_4 \geq 0 \\ -2x_1 + 4x_2 + 2x_3 + 4x_4 \geq 4 \\ x_1 + x_2 - x_3 + x_4 \geq 1 \\ x_j = 0 \text{ 或 } 1 \quad (j = 1, 2, 3, 4) \end{cases}$$

5. 用匈牙利法求解如下效率矩阵的费用最少的指派问题。

$$\begin{bmatrix} 7 & 9 & 10 & 12 \\ 13 & 12 & 16 & 17 \\ 15 & 16 & 14 & 15 \\ 11 & 12 & 15 & 16 \end{bmatrix}$$

6. 有四项工作需要四个工人完成，每人完成每项工作所需时间不同，有关资料如表 6-14 所示，试确定总效率最好的指派方案。

表 6-14

工人	A	B	C	D
甲	15	18	21	24
乙	19	23	22	18
丙	26	17	16	19
丁	19	21	23	17

7. 分配甲、乙、丙、丁四人去完成五项任务。每人完成各项任务时间见表 6-15 所示。由于任务数多于人数，故规定其中有一个人可兼完成两项任务，其余三人每人完成一项。试确定总花费时间为最少的指派方案。

表 6-15

人 \ 任务	A	B	C	D	E
甲	25	29	31	42	37
乙	39	38	26	20	33
丙	34	27	28	40	32
丁	24	42	36	23	45

8. 已知下列五人各种姿势的游泳成绩（各为 50 米）如表 6-16 所示，试问如何进行指派，从中选拔一个参加 200 米混合泳的接力队，使预期比赛成绩为最好。

表 6-16　　　　　　　　　　　　　　　　　　　　　　　　　　　　　　　　　单位：s

姿势＼人	赵	钱	张	王	周
仰泳	37.7	32.9	33.8	37.0	35.4
蛙泳	43.4	33.1	42.2	34.7	41.8
蝶泳	33.3	28.5	38.9	30.4	33.6
自由泳	29.2	26.4	29.6	28.5	31.1

9. 有 3 个不同的产品要在三台机床上加工，每个产品必须首先在机床 1 上加工，然后依次在机床 2、机床 3 上加工。在每台机床上加工三个产品的顺序应保持一样，假定用 t_{ij} 表示在第 j 机床上加工第 i 个产品的时间，问应如何安排，使三个产品总的加工周期为最短。试建立此问题的整数规划模型。

10. 甲、乙、丙、丁、戊五个人翻译 5 种外文的速度(印刷符号/小时)如表 6-17 所示：

表 6-17

语种＼人	英	俄	日	德	法
甲	900	400	600	800	500
乙	800	500	900	1 000	600
丙	900	700	300	500	800
丁	400	800	600	900	500
戊	1 000	500	300	600	800

若规定每人专门负责一个语种的翻译工作，那么，试解答下列问题：
(1) 应如何指派，使总的翻译效率最高？
(2) 若甲不懂德文，乙不懂日文，其他数字不变，则应如何指派？
(3) 若将效率矩阵中各数字都除以 100，然后求解，问最优解有无变化？为什么？

第 7 章 非线性规划

学习目标
1. 理解并掌握非线性规划问题的基本概念、基本模型与原理。
2. 掌握非线性规划数学建模方法及图解法。
3. 理解凸函数与凸规划的性质。
4. 熟练掌握一维搜索方法。
5. 掌握无约束极值的求解方法与约束极值的求解方法。
6. 掌握分式规划与二次规划方法。

在科学管理和其他领域中,很多实际问题可归结为线性规划问题。但也有很多问题,其目标函数和(或)约束条件很难用线性函数表达。前面讨论的线性规划,其目标函数和约束条件都是决策变量的线性函数。如果目标函数或约束条件中含有决策变量的非线性函数,就称为非线性规划(Non-linear Programming,NLP)。非线性规划与线性规划一样,也是运筹学的一个极为重要的分支,它在最优设计、管理科学、系统控制等方面得到越来越广泛的应用。

非线性规划模型的建立与线性规划模型的建立类似,但是非线性规划问题的求解却是至今为止的一个研究难题。虽然开发了很多求解非线性规划的算法,但是目前还没有适用于求解所有非线性规划问题的一般算法,每种方法都有自己特定的适用范围。本章重点介绍非线性规划的基本理论和常用的具有代表性的算法。

7.1 非线性规划的数学模型

7.1.1 问题的提出

【例 7-1】 某公司准备建一临时混凝土搅拌站,向各工地供应商品混凝土,现需确定搅拌站建在什么位置,才能使它向各工地供应混凝土的费用最低。

下面,我们来分析这个例子,并为其建立数学模型。

设有 n 个工地,第 i 个工地的混凝土需求量为 $q_i(i=1,2,\cdots,n)$,单位混凝土的运费为 α(元/吨·千米)。

如图 7-1 所示,设混凝土搅拌站位置的坐标为 (x_0,y_0),各工地位置的坐标为 (x_i,y_i),则第 i 个工地与搅拌站的距离可用两点间的距离公式求得为 $d_i=\sqrt{(x_0-x_i)^2+(y_0-y_i)^2}$;搅

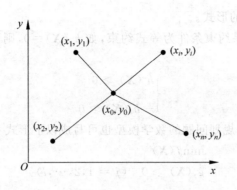

图 7-1

拌站向第 i 个工地供应原料的运费为 $c_i = \alpha q_i d_i$；搅拌站向各工地供应原料的总费用为

$$C = \sum_{i=1}^{n} c_i = \alpha \sum_{i=1}^{n} q_i d_i = \alpha \sum_{i=1}^{n} q_i \sqrt{(x_0 - x_i)^2 + (y_0 - y_i)^2}$$

综上可知，例 7-1 有以下数学模型

$$\min c = \alpha \sum_{i=1}^{n} q_i \sqrt{(x_0 - x_i)^2 + (y_0 - y_i)^2}$$

【例 7-2】 某公司经营两种产品，第一种产品每件售价 20 元，第二种产品每件售价 35 元。根据统计，售出一件第一种产品所需要的服务时间平均是 $(1 + 0.25x_1)$ 小时，其中 x_1 是第一种产品的售出数量，第二种产品是 1.5 小时。已知该公司在这段时间内的总服务时间为 650 小时，试决定使其营业额最大的营业计划。

解：设该公司计划经营第一种产品 x_1 件，第二种产品 x_2 件。根据题意，其营业额为

$$\max f(\mathbf{X}) = 20x_1 + 35x_2$$

由于服务时间的限制，该计划必须满足

$$(1 + 0.25x_1)x_1 + 1.5x_2 \leqslant 650$$

此外，这个问题还应满足 $x_1 \geqslant 0, x_2 \geqslant 0$，得到本问题数学模型为

$$\max f(\mathbf{X}) = 20x_1 + 35x_2$$
$$\begin{cases} x_1 + 0.25x_1^2 + 1.5x_2 \leqslant 650 \\ x_1 \geqslant 0, x_2 \geqslant 0 \end{cases}$$

7.1.2 非线性规划问题的数学模型

非线性规划的数学模型常表示成以下形式

$$\min f(\mathbf{X}) \tag{7-1}$$
$$\begin{cases} h_i(\mathbf{X}) = 0 & (i = 1, 2, \cdots, m) \tag{7-2} \\ g_j(\mathbf{X}) \geqslant 0 & (j = 1, 2, \cdots, l) \end{cases} \tag{7-3}$$

其中自变量 $\mathbf{X} = (x_1, x_2, \cdots, x_n)^{\mathrm{T}}$ 是 n 维欧氏空间 E^n 中的向量（点）。

(1) 目标函数。由于有 $\max f(\mathbf{X}) = -\min[-f(\mathbf{X})]$，当目标函数极大化时，只需将其化为负值极小化即可。

(2) 不等号问题。若某约束条件是"$\leqslant$"不等式时，仅需用"-1"乘该约束的两端，即

可将这个约束变为"≥"的形式。

(3) 约束条件。如果约束条件为等式约束,如 $h_i(\mathbf{X})=0$,则可将其化为两个等价的不等式,即

$$\begin{cases} h_i(\mathbf{X}) \geqslant 0 \\ -h_i(\mathbf{X}) \geqslant 0 \end{cases}$$

由以上可知,非线性规划问题的数学模型也可写成以下形式

$$\min f(\mathbf{X}) \tag{7-4}$$

$$g_j(\mathbf{X}) \geqslant 0 \quad (j=1,2,\cdots,l) \tag{7-5}$$

7.1.3 非线性规划问题的图解法

与求解线性规划问题相似,当非线性规划只有两个自变量时,也可以通过在平面上作图的方法求解。

【例 7-3】 考虑非线性规划问题

$$\min f(\mathbf{X}) = (x_1-2)^2 + (x_2-1)^2$$

$$\text{s.t.} \begin{cases} x_1 + x_2^2 - 5x_2 = 0 \\ x_1 + x_2 - 5 \geqslant 0 \\ x_1, x_2 \geqslant 0 \end{cases} \tag{7-6}$$

目标函数 $f(\mathbf{X})$ 是旋转抛物面,约束条件是一个平面和一个抛物柱面所围部分。虽然它们的图形都可以画出来,但使用起来并不方便,所以常将它们表示在某一个平面上。若令 $f(\mathbf{X})=C$(常数)表示相等的目标函数值的集合,一般地它表示一条曲线或一张曲面,通常称为等值线或等值面。如令 $f(\mathbf{X})=4$ 或者 20,便可得到两条圆形等值线,如图 7-2 所示。半径越大的等值线,其上的点对应的目标函数值越大。由图 7-2 可知,该问题的可行域是抛物线段 ABCD。

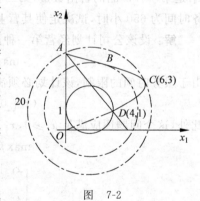

图 7-2

在此例中,我们令动点从 A 点出发沿抛物线 ABCD 移动,动点从 A 点移动到 B 点时,目标函数值减小。当动点从 B 点移动到 C 点时,目标函数值增大。由此可知,在可行域 ABC 这一范围内,B 点的目标函数值最小,即 B 点是一个极小值点。而当动点从 C 点移动到 D 点时,目标函数值又逐渐减小,且在 D 点的目标函数值最小。这里,点 B 只是一部分可行域上的极小值点,称为局部极小点(或相对极小点),对应的目标函数值称为局部极小值(相对极小值)。而 D 则是整个可行域上的极小值点,称为全局极小值点(最小值点)或绝对极小点,对应的目标函数值称为全局极小值(最小值)或绝对极小值。

此例中,约束条件(7-6)自然对最优解是有影响的。若不考虑约束条件,便是无约束问题。它的最优解为 $\mathbf{X}^* = (2,1)^T$,最优值为 $f(\mathbf{X}^*)=0$。

7.1.4 非线性规划极值问题

1. 局部极值和全局极值

由于线性规划的目标函数为线性函数,可行域为凸集,因而求出的最优解就是在整个可行域上的全局最优解。非线性规划却不然,有时求出的某个解虽是一部分可行域上的极值点,但却并不一定是整个可行域上的全局最优解。

设 $f(X)$ 为定义在 n 维欧氏空间 E^n 的某一区域 R 上的 n 元函数,其中 $X=(x_1, x_2, \cdots, x_n)^T$。对于 $X^* \in R$,如果存在某个 $\varepsilon > 0$,使所有与 X^* 的距离小于 ε 的 $X \in R$(即 $X \in R$ 且 $\|X-X^*\| < \varepsilon$)均满足不等式 $f(X) \geqslant f(X^*)$,则称 X^* 为 $f(X)$ 在 R 上的局部极小点(或相对极小点),$f(X^*)$ 为局部极小值。若对于所有 $X \neq X^*$ 且与 X^* 的距离小于 ε 的 $X \in R$,$f(X) > f(X^*)$,则称 X^* 为 $f(X)$ 在 R 上的严格局部极小点,$f(X^*)$ 为严格局部极小值。

若点 $X^* \in R$,而对所有 $X \in R$ 都有 $f(X) \geqslant f(X^*)$,则称 X^* 为 $f(X)$ 在 R 上的全局极小点,$f(X^*)$ 为全局极小值。若对于所有 $X \in R$ 且 $X \neq X^*$,都有 $f(X) > f(X^*)$,则称 X^* 为 $f(X)$ 在 R 上的严格全局极小点,$f(X^*)$ 为严格全局极小值。

如将上述不等式反向,即可得到相应的极大点和极大值的定义。下面仅就极小点和极小值加以说明,而且主要研究局部极小。

2. 极值点存在的条件

定理 7-1 (必要条件)

设 R 是 n 维欧氏空间 E^n 上的某一开集,$f(X)$ 在 R 上有一阶连续偏导数,且在点 $X^* \in R$ 取得局部极值,则必有

$$\frac{\partial f(X^*)}{\partial x_1} = \frac{\partial f(X^*)}{\partial x_2} = \cdots = \frac{\partial f(X^*)}{\partial x_n} = 0 \tag{7-7}$$

或

$$\nabla f(X^*) = 0 \tag{7-8}$$

式(7-8)中

$$\nabla f(X^*) = \left(\frac{\partial f(X^*)}{\partial x_1}, \frac{\partial f(X^*)}{\partial x_2}, \cdots, \frac{\partial f(X^*)}{\partial x_n}\right)^T \tag{7-9}$$

为函数 $f(X)$ 在点 X^* 处的梯度。

由数学分析知道,$\nabla f(X)$ 的方向为 $f(X)$ 的等值面(等值线)的法线(在点 X 处)方向,沿这个方向函数值增加最快。

满足式(7-7)或式(7-8)的点称为平稳点或驻点,在区域内部,极值点必为平稳点,但平稳点不一定是极值点。

定理 7-2 (充分条件)

设 R 是 n 维欧氏空间 E^n 上的某一开集,$f(X)$ 在 R 上有二阶连续偏导数,$X^* \in R$,若

$\nabla f(\boldsymbol{X}^*)=0$ 且对任何非零向量 $\boldsymbol{Z}\in E^n$ 有

$$\boldsymbol{Z}^{\mathrm{T}}\boldsymbol{H}(\boldsymbol{X}^*)\boldsymbol{Z}>0 \tag{7-10}$$

则 $\boldsymbol{X}^*$ 为 $f(\boldsymbol{X})$ 的严格局部极小点。此处 $\boldsymbol{H}(\boldsymbol{X}^*)$ 为 $f(\boldsymbol{X})$ 在点 $\boldsymbol{X}^*$ 处的二阶偏导数矩阵,通常称其为海赛(Hessian)矩阵

$$\boldsymbol{H}(\boldsymbol{X}^*)=\begin{bmatrix} \dfrac{\partial^2 f(\boldsymbol{X}^*)}{\partial x_1^2} & \dfrac{\partial^2 f(\boldsymbol{X}^*)}{\partial x_1 \partial x_2} & \cdots & \dfrac{\partial^2 f(\boldsymbol{X}^*)}{\partial x_1 \partial x_n} \\ \dfrac{\partial^2 f(\boldsymbol{X}^*)}{\partial x_2 \partial x_1} & \dfrac{\partial^2 f(\boldsymbol{X}^*)}{\partial x_2^2} & \cdots & \dfrac{\partial^2 f(\boldsymbol{X}^*)}{\partial x_2 \partial x_n} \\ \vdots & \vdots & & \vdots \\ \dfrac{\partial^2 f(\boldsymbol{X}^*)}{\partial x_n \partial x_1} & \dfrac{\partial^2 f(\boldsymbol{X}^*)}{\partial x_n \partial x_2} & \cdots & \dfrac{\partial^2 f(\boldsymbol{X}^*)}{\partial x_n^2} \end{bmatrix} \tag{7-11}$$

需要指出两点:

(1) 若将 $\boldsymbol{H}(\boldsymbol{X}^*)$ 正定改为负定,定理 7-2 就变成了 $\boldsymbol{X}^*$ 为 $f(\boldsymbol{X})$ 的严格局部极大点的充分条件。

(2) 定理 7-2 中的充分条件式(7-10)并不是必要的,如 $f(x)=x^6$,它的极小点是 $x^*=0$,但 $f''(x^*)=0$,这不满足式(7-10)。

二次型是 $\boldsymbol{X}=(x_1,x_2,\cdots,x_n)^{\mathrm{T}}$ 的二次齐次函数,它在研究非线性最优化中具有重要作用。现考虑二次型 $\boldsymbol{Z}^{\mathrm{T}}\boldsymbol{H}\boldsymbol{Z}$。若对于任意 $\boldsymbol{Z}\neq 0$(即 $\boldsymbol{Z}$ 的元素不全为零),二次型 $\boldsymbol{Z}^{\mathrm{T}}\boldsymbol{H}\boldsymbol{Z}$ 的值总是正的,即 $\boldsymbol{Z}^{\mathrm{T}}\boldsymbol{H}\boldsymbol{Z}>0$,则称该二次型是正定的;若对于任意 $\boldsymbol{Z}\neq 0$ 总有 $\boldsymbol{Z}^{\mathrm{T}}\boldsymbol{H}\boldsymbol{Z}\geqslant 0$,则称其为半正定;若对于任意 $\boldsymbol{Z}\neq 0$ 总有 $\boldsymbol{Z}^{\mathrm{T}}\boldsymbol{H}\boldsymbol{Z}<0$,则称其为负定;若对于任意 $\boldsymbol{Z}\neq 0$ 总有 $\boldsymbol{Z}^{\mathrm{T}}\boldsymbol{H}\boldsymbol{Z}\leqslant 0$,则称其为半负定。如果对某些 $\boldsymbol{Z}\neq 0, \boldsymbol{Z}^{\mathrm{T}}\boldsymbol{H}\boldsymbol{Z}>0$,而对另一些 $\boldsymbol{Z}\neq 0, \boldsymbol{Z}^{\mathrm{T}}\boldsymbol{H}\boldsymbol{Z}<0$,即它既非正定,也非负定,则称其为不定的。由线性代数可知,二次型 $\boldsymbol{Z}^{\mathrm{T}}\boldsymbol{H}\boldsymbol{Z}$ 为正定的充要条件,是它的矩阵 $\boldsymbol{H}$ 的左上角各阶主子式都大于零;而它为负定的充要条件,是它的矩阵 $\boldsymbol{H}$ 的左上角各阶主子式依次负正相间。

【例 7-4】 讨论函数 $f(\boldsymbol{X})=2x_1^2-x_1 x_2+x_2^2-7x_2$ 是否存在极值点。

解: 求出函数的驻点

$$\frac{\partial f(\boldsymbol{X})}{\partial x_1}=4x_1-x_2=0 \tag{1}$$

$$\frac{\partial f(\boldsymbol{X})}{\partial x_2}=-x_1+2x_2-7=0 \tag{2}$$

联立(1)、(2)两式,得驻点 $\boldsymbol{X}=(1,4)^{\mathrm{T}}$

由定理 7-2,可知

$$\frac{\partial^2 f(\boldsymbol{X})}{\partial x_1^2}=4>0, \quad \frac{\partial^2 f(\boldsymbol{X})}{\partial x_2^2}=2$$

$$\frac{\partial^2 f(\boldsymbol{X})}{\partial x_1 \partial x_2}=\frac{\partial^2 f(\boldsymbol{X})}{\partial x_2 \partial x_1}=-1, \quad |\boldsymbol{H}|=\begin{vmatrix} 4 & -1 \\ -1 & 2 \end{vmatrix}=7>0$$

因此,其海赛矩阵是正定,所以 $\boldsymbol{X}=(1,4)^{\mathrm{T}}$ 为极小点。

7.2 凸函数与凸规划

7.2.1 凸函数及其性质

1. 凸函数

定义 7-1 设 $f(\boldsymbol{X})$ 为定义在 n 维欧式空间 E^n 中的某个凸集 R 上的函数,若对任意的 $\alpha \in (0,1)$ 及 R 中任意两点 $\boldsymbol{X}^{(1)}$ 和 $\boldsymbol{X}^{(2)}$,恒有

$$f[\alpha \boldsymbol{X}^{(1)} + (1-\alpha) \boldsymbol{X}^{(2)}] \leqslant \alpha f(\boldsymbol{X}^{(1)}) + (1-\alpha) f(\boldsymbol{X}^{(2)}) \tag{7-12}$$

成立,则称 $f(\boldsymbol{X})$ 为 R 上的凸函数,或称 $f(\boldsymbol{X})$ 在 R 上是凸的。若对任意的 $\alpha \in (0,1)$ 及任意两点 $\boldsymbol{X}^{(1)} \neq \boldsymbol{X}^{(2)} \in R$,有

$$f[\alpha \boldsymbol{X}^{(1)} + (1-\alpha) \boldsymbol{X}^{(2)}] < \alpha f(\boldsymbol{X}^{(1)}) + (1-\alpha) f(\boldsymbol{X}^{(2)}) \tag{7-13}$$

成立,则称 $f(\boldsymbol{X})$ 为 R 上的严格凸函数,或称 $f(\boldsymbol{X})$ 在 R 上是严格凸的。

若 $f(\boldsymbol{X})$ 是 R 上的(严格)凸函数,则称 $-f(\boldsymbol{X})$ 是 R 上的(严格)凹函数,或称 $-f(\boldsymbol{X})$ 在 R 上是(严格)凹的。实际上,我们也可以仿照定义 7-1 来定义凹函数,只要令式(7-12)和式(7-13)不等号反向即可。

当 $n=1$ 时,图 7-3 凸函数(图 7-4 凹函数)的函数曲线上任意两点间的连线总在函数曲线的上(下)方。

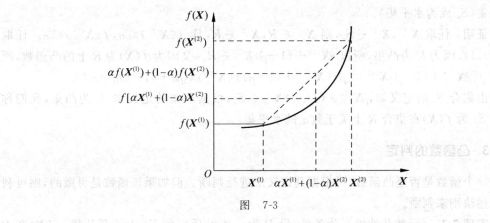

图 7-3

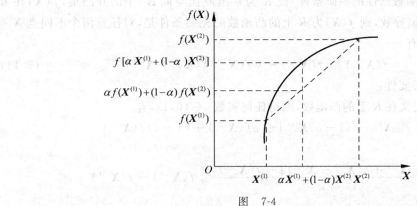

图 7-4

由凸（凹）函数的定义，可知线性函数既是凸函数，又是凹函数。

2. 凸函数的性质

根据凸函数的定义，易证凸函数有如下的基本性质。

性质 7-1 设 $f(\boldsymbol{X})$ 是凸集 R 上的凸函数，$\alpha \geqslant 0$ 为实数，则 $\alpha f(\boldsymbol{X})$ 也是 R 上的凸函数。

性质 7-2 设 $f_1(\boldsymbol{X})$ 和 $f_2(\boldsymbol{X})$ 均为凸集 R 上的凸函数，则 $f(\boldsymbol{X}) = f_1(\boldsymbol{X}) + f_2(\boldsymbol{X})$ 也是 R 上的凸函数。

因为 $f_1(\boldsymbol{X})$ 和 $f_2(\boldsymbol{X})$ 是定义在凸集 R 上的凸函数，故对任何实数 $\alpha \in (0,1)$ 以及 R 中的任意两点 $\boldsymbol{X}^{(1)}$ 和 $\boldsymbol{X}^{(2)}$，恒有

$$f_1[\alpha \boldsymbol{X}^{(1)} + (1-\alpha)\boldsymbol{X}^{(2)}] \leqslant \alpha f_1(\boldsymbol{X}^{(1)}) + (1-\alpha)f_1(\boldsymbol{X}^{(2)})$$

$$f_2[\alpha \boldsymbol{X}^{(1)} + (1-\alpha)\boldsymbol{X}^{(2)}] \leqslant \alpha f_2(\boldsymbol{X}^{(1)}) + (1-\alpha)f_2(\boldsymbol{X}^{(2)})$$

将上式两端分别相加得

$$f[\alpha \boldsymbol{X}^{(1)} + (1-\alpha)\boldsymbol{X}^{(2)}] \leqslant \alpha f(\boldsymbol{X}^{(1)}) + (1-\alpha)f(\boldsymbol{X}^{(2)})$$

故 $f(\boldsymbol{X})$ 是 R 上的凸函数。

以上两个性质可推得：有限个凸函数的非负线性组合仍为凸函数，即性质 7-3。

性质 7-3 设 $f_1(\boldsymbol{X}),\cdots,f_m(\boldsymbol{X})$ 均为凸集 R 上的凸函数，且 $\alpha_i \geqslant 0 (i=1,2,\cdots,m)$，则线性组合 $\alpha_1 f_1(\boldsymbol{X}) + \alpha_2 f_2(\boldsymbol{X}) + \cdots + \alpha_m f_m(\boldsymbol{X})$ 也是 R 上的凸函数。

性质 7-4 设 $f(\boldsymbol{X})$ 是凸集 R 上的凸函数，对任一实数 α，集合 $S_\alpha = \{\boldsymbol{X} | \boldsymbol{X} \in R, f(\boldsymbol{X}) \leqslant \alpha\}$ 是凸集（S_α 成为水平集）。

证明：任取 $\boldsymbol{X}^{(1)}, \boldsymbol{X}^{(2)} \in S_\alpha$，则 $\boldsymbol{X}^{(1)} \in R, \boldsymbol{X}^{(2)} \in R$，且 $f(\boldsymbol{X}^{(1)}) \leqslant \alpha, f(\boldsymbol{X}^{(2)}) \leqslant \alpha$。任取 $\beta \in (0,1)$，因为 R 为凸集，所以 $\beta \boldsymbol{X}^{(1)} + (1-\beta)\boldsymbol{X}^{(2)} \in R$。又因为 $f(\boldsymbol{X})$ 为 R 上的凸函数，所以有 $f[\beta \boldsymbol{X}^{(1)} + (1-\beta)\boldsymbol{X}^{(2)}] \leqslant \beta f(\boldsymbol{X}^{(1)}) + (1-\beta)f(\boldsymbol{X}^{(2)}) \leqslant \beta \alpha + (1-\beta)\alpha = \alpha$。

由集合 S_α 的定义知，$\beta \boldsymbol{X}^{(1)} + (1-\beta)\boldsymbol{X}^{(2)} \in S_\alpha$，根据凸集的定义知 S_α 为凸集，我们称集合 S_α 为 $f(\boldsymbol{X})$ 在集合 R 上关于数 α 的水平集。

3. 凸函数的判定

一个函数是否是凸函数，可根据其定义来进行判断。但如果该函数是可微的，则可利用下述法则来判断。

定理 7-3 （函数凸性的一阶条件）设 R 为 n 维欧氏空间 E^n 上的开凸集，$f(\boldsymbol{X})$ 在 R 上具有一阶连续偏导数，则 $f(\boldsymbol{X})$ 为 R 上的凸函数的充要条件是，对任意两个不同点 $\boldsymbol{X}^{(1)} \in R, \boldsymbol{X}^{(2)} \in R$，恒有

$$f(\boldsymbol{X}^{(2)}) \geqslant f(\boldsymbol{X}^{(1)}) + \nabla f(\boldsymbol{X}^{(1)})^{\mathrm{T}}(\boldsymbol{X}^{(2)} - \boldsymbol{X}^{(1)}) \tag{7-14}$$

证明：(1) 必要性：

设 $f(\boldsymbol{X})$ 是定义在 R 上的凸函数，则对任何实数 $\alpha \in (0,1)$，有

$$f[\alpha \boldsymbol{X}^{(2)} + (1-\alpha)\boldsymbol{X}^{(1)}] \leqslant \alpha f(\boldsymbol{X}^{(2)}) + (1-\alpha)f(\boldsymbol{X}^{(1)})$$

于是有

$$\frac{f[\boldsymbol{X}^{(1)} + \alpha(\boldsymbol{X}^{(2)} - \boldsymbol{X}^{(1)})] - f(\boldsymbol{X}^{(1)})}{\alpha} \leqslant f(\boldsymbol{X}^{(2)}) - f(\boldsymbol{X}^{(1)})$$

令 $\alpha \to +0$，上式左端的极限为 $\nabla f(\boldsymbol{X}^{(1)})^{\mathrm{T}}(\boldsymbol{X}^{(2)} - \boldsymbol{X}^{(1)})$，即
$$f(\boldsymbol{X}^{(2)}) \geqslant f(\boldsymbol{X}^{(1)}) + \nabla f(\boldsymbol{X}^{(1)})^{\mathrm{T}}(\boldsymbol{X}^{(2)} - \boldsymbol{X}^{(1)})$$

(2) 充分性：

任取 $\boldsymbol{X}^{(1)} \in R, \boldsymbol{X}^{(2)} \in R$，令 $\boldsymbol{X} = \alpha \boldsymbol{X}^{(1)} + (1-\alpha)\boldsymbol{X}^{(2)}, 0 < \alpha < 1$，分别以 $\boldsymbol{X}^{(1)}$ 与 $\boldsymbol{X}^{(2)}$ 为式(7-14)中的 $\boldsymbol{X}^{(2)}$，以 $\boldsymbol{X}$ 为式(7-14)中的 $\boldsymbol{X}^{(1)}$，则有
$$f(\boldsymbol{X}^{(1)}) \geqslant f(\boldsymbol{X}) + \nabla f(\boldsymbol{X})^{\mathrm{T}}(\boldsymbol{X}^{(1)} - \boldsymbol{X}), \quad f(\boldsymbol{X}^{(2)}) \geqslant f(\boldsymbol{X}) + \nabla f(\boldsymbol{X})^{\mathrm{T}}(\boldsymbol{X}^{(2)} - \boldsymbol{X})$$

用 α 乘上面的第一式，用 $(1-\alpha)$ 乘上面的第二式，然后两端相加并整理可得
$$\alpha f(\boldsymbol{X}^{(1)}) + (1-\alpha)f(\boldsymbol{X}^{(2)}) \geqslant f(\boldsymbol{X}) + \nabla f(\boldsymbol{X})^{\mathrm{T}} \times [\alpha \boldsymbol{X}^{(1)} - \alpha \boldsymbol{X} + (1-\alpha)(\boldsymbol{X}^{(2)} - \boldsymbol{X})]$$
$$= f(\boldsymbol{X}) = f[\alpha \boldsymbol{X}^{(1)} + (1-\alpha)\boldsymbol{X}^{(2)}]$$

从而可知 $f(\boldsymbol{X})$ 为 R 上的凸函数。

如果式(7-14)为严格不等式的话，那么它就是严格凸函数的充要条件。

凸函数的定义式(7-12)，本质上是说凸函数上两点间的线性插值不低于这个函数的值；而定理 7-3 则是说，基于某点导数的线性近似不高于这个函数的值，如图 7-5 所示。

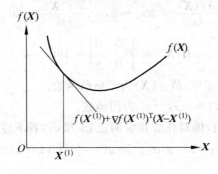

图 7-5

定理 7-4 （函数凸性的二阶条件）设 R 为 n 维欧氏空间 E^n 上的开凸集，$f(\boldsymbol{X})$ 在 R 上具有二阶连续偏导数，则 $f(\boldsymbol{X})$ 为 R 上的凸函数的充要条件是，$f(\boldsymbol{X})$ 的海赛矩阵 $\boldsymbol{H}(\boldsymbol{X})$ 在 R 上为半正定。

证明：(1) 必要性：

设 $f(\boldsymbol{X})$ 为 R 上的凸函数，任取 $\boldsymbol{X} \in R$ 和 $\boldsymbol{Z} \in E^n$，现证 $\boldsymbol{Z}^{\mathrm{T}} \boldsymbol{H}(\boldsymbol{X}) \boldsymbol{Z} \geqslant 0$。

因 R 为开集，故存在 $\bar{\alpha} > 0$，使得当 $\alpha \in [-\bar{\alpha}, \bar{\alpha}]$，有 $\boldsymbol{X} + \alpha \boldsymbol{Z} \in R$。由定理 7-3 可得
$$f(\boldsymbol{X} + \alpha \boldsymbol{Z}) \geqslant f(\boldsymbol{X}) + \alpha \nabla f(\boldsymbol{X})^{\mathrm{T}} \boldsymbol{Z}$$

再由泰勒公式
$$f(\boldsymbol{X} + \alpha \boldsymbol{Z}) = f(\boldsymbol{X}) + \alpha \nabla f(\boldsymbol{X})^{\mathrm{T}} \boldsymbol{Z} + \frac{1}{2}\alpha^2 \boldsymbol{Z}^{\mathrm{T}} \boldsymbol{H}(\boldsymbol{X}) \boldsymbol{Z} + o(\alpha^2)$$

其中，$\lim\limits_{\alpha \to 0} \dfrac{o(\alpha^2)}{\alpha^2} = 0$，由以上两式得
$$\frac{1}{2}\alpha^2 \boldsymbol{Z}^{\mathrm{T}} \boldsymbol{H}(\boldsymbol{X}) \boldsymbol{Z} + o(\alpha^2) \geqslant 0$$

从而
$$\frac{1}{2}\boldsymbol{Z}^{\mathrm{T}} \boldsymbol{H}(\boldsymbol{X}) \boldsymbol{Z} + \frac{o(\alpha^2)}{\alpha^2} \geqslant 0$$

令 $\alpha \to 0$,则得 $\mathbf{Z}^T \mathbf{H}(\mathbf{X})\mathbf{Z} \geq 0$,即 $\mathbf{H}(\mathbf{X})$ 为半正定矩阵。

(2) 充分性：

设对任意 $\mathbf{X} \in R$,$\mathbf{H}(\mathbf{X})$ 为半正定矩阵,任取 $\bar{\mathbf{X}} \in R$,由泰勒公式,则有

$$f(\mathbf{X}) = f(\bar{\mathbf{X}}) + \nabla f(\bar{\mathbf{X}})^T(\mathbf{X}-\bar{\mathbf{X}}) + \frac{1}{2}(\mathbf{X}-\bar{\mathbf{X}})^T \mathbf{H}[\bar{\mathbf{X}}+\lambda(\mathbf{X}-\bar{\mathbf{X}})](\mathbf{X}-\bar{\mathbf{X}})$$

其中 $\lambda \in (0,1)$。

又因 R 为凸集,$\bar{\mathbf{X}}+\lambda(\mathbf{X}-\bar{\mathbf{X}}) \in R$,再由假设知 $\mathbf{H}[\bar{\mathbf{X}}+\lambda(\mathbf{X}-\bar{\mathbf{X}})]$ 为半正定,从而

$$f(\mathbf{X}) \geq f(\bar{\mathbf{X}}) + \nabla f(\bar{\mathbf{X}})^T(\mathbf{X}-\bar{\mathbf{X}})$$

由定理 7-3 可知,$f(\mathbf{X})$ 为 R 上的凸函数。

如果对于一切 $\mathbf{X} \in R$,$f(\mathbf{X})$ 的海赛矩阵 $\mathbf{H}(\mathbf{X})$ 都是正定的,则 $f(\mathbf{X})$ 为 R 上的严格凸函数。对于凹函数,也可以得到与上述类似的结果。

【例 7-5】 试证明 $f(\mathbf{X}) = 10x_1^2 - 6x_1 + 4x_2^2 - 8x_2$ 为凸函数。

证明：用定理 7-4,由于

$$\frac{\partial f(\mathbf{X})}{\partial x_1} = 20x_1 - 6, \quad \frac{\partial f(\mathbf{X})}{\partial x_2} = 8x_2 - 8, \quad \frac{\partial^2 f(\mathbf{X})}{\partial x_1^2} = 20 > 0, \quad \frac{\partial^2 f(\mathbf{X})}{\partial x_2^2} = 8,$$

$$\frac{\partial^2 f(\mathbf{X})}{\partial x_1 \partial x_2} = \frac{\partial^2 f(\mathbf{X})}{\partial x_2 \partial x_1} = 0, \quad \mathbf{H}(\mathbf{X}) = \begin{vmatrix} 20 & 0 \\ 0 & 8 \end{vmatrix} = 160 > 0$$

可知,其海赛矩阵处为正定,故 $f(\mathbf{X})$ 为严格凸函数。

【例 7-6】 试证明 $f(\mathbf{X}) = -x_1^2 - x_2^2$ 为凹函数。

证明：首先用定义证明,即对任意指定两点 a_1 和 a_2,看下述各式是否成立？

$$-[\alpha a_1 + (1-\alpha)a_2]^2 \geq \alpha(-a_1^2) + (1-\alpha)(-a_2^2)$$

或者

$$a_1^2(\alpha - \alpha^2) - 2a_1 a_2(\alpha - \alpha^2) + a_2^2(\alpha - \alpha^2) \geq 0$$

或者

$$(\alpha - \alpha^2)(a_1 - a_2)^2 \geq 0$$

由于 $0 < \alpha < 1$,故 $\alpha - \alpha^2 > 0$。显然,不管 a_1 和 a_2 取什么值,总有 $(\alpha-\alpha^2)(a_1-a_2)^2 \geq 0$ 成立,从而证明了 $f_1(x_1) = -x_1^2$ 为凹函数。用同样的方法可以证明 $f_2(x_2) = -x_2^2$ 也是凹函数。根据性质 7-2,$f(\mathbf{X}) = -x_1^2 - x_2^2$ 为凹函数。

再用定理 7-3 证明。

任意选取两个点：$\mathbf{X}^{(1)} = (a_1, b_1)^T, \mathbf{X}^{(2)} = (a_2, b_2)^T$,可得到

$$f(\mathbf{X}^{(1)}) = -a_1^2 - b_1^2, \quad f(\mathbf{X}^{(2)}) = -a_2^2 - b_2^2,$$

$$\nabla f(\mathbf{X}) = (-2x_1, -2x_2)^T, \quad \nabla f(\mathbf{X}^{(1)}) = (-2a_1, -2b_1)^T$$

由于下面 4 个关系式

$$-a_2^2 - b_2^2 \leq -a_1^2 - b_1^2 + [-2a_1 \quad -2b_1]\begin{bmatrix} a_2 - a_1 \\ b_2 - b_1 \end{bmatrix}$$

$$-a_2^2 - b_2^2 \leq -a_1^2 - b_1^2 - 2a_1(a_2 - a_1) - 2b_1(b_2 - b_1)$$

$$-(a_2^2 - 2a_1 a_2 + a_1^2) - (b_2^2 - 2b_1 b_2 + b_1^2) \leq 0$$

$$-(a_2 - a_1)^2 - (b_2 - b_1)^2 \leq 0$$

不管 a_1, a_2, b_1, b_2 取什么值,均成立,从而得证。

再用定理 7-4 证明。

因为

$$\frac{\partial f(\boldsymbol{X})}{\partial x_1} = -2x_1, \quad \frac{\partial f(\boldsymbol{X})}{\partial x_2} = -2x_2, \quad \frac{\partial^2 f(\boldsymbol{X})}{\partial x_1^2} = -2 < 0, \quad \frac{\partial^2 f(\boldsymbol{X})}{\partial x_2^2} = -2,$$

$$\frac{\partial^2 f(\boldsymbol{X})}{\partial x_1 \partial x_2} = \frac{\partial^2 f(\boldsymbol{X})}{\partial x_2 \partial x_1} = 0, \quad |\boldsymbol{H}| = \begin{vmatrix} -2 & 0 \\ 0 & -2 \end{vmatrix} = 4 > 0$$

可知,其海赛矩阵处为负定,故 $f(\boldsymbol{X})$ 为严格凹函数。

4. 凸函数的极值

前已指出,函数的局部极小值并不一定等于它的最小值,前者只不过反映了函数的局部性质。而最优化的目的,往往是要求函数在整个域中的最小值(或最大值)。为此,必须将所得的全部极小值进行比较(有时尚需考虑边界值),以便从中选出最小者。然而,对于定义在凸集上的凸函数来说,则用不着进行这种麻烦的工作,它的极小值就等于其最小值。

定理 7-5 若 $f(\boldsymbol{X})$ 是凸集 $R \in E^n$ 上的凸函数,则它的任一局部极小点就是它在 R 上的全局极小点,而且它的极小点全体形成一个凸集。

证明: 设 $\boldsymbol{X}^*$ 是任一局部极小点, $N_\delta(\boldsymbol{X}^*)$ 为其充分小的邻域, $\forall \boldsymbol{X} \in N_\delta(\boldsymbol{X}^*)$ 有 $f(\boldsymbol{X}) \geqslant f(\boldsymbol{X}^*), \forall \boldsymbol{Z} \in R, \theta \in (0,1), \theta$ 充分小,则有 $(1-\theta)\boldsymbol{X}^* + \theta \boldsymbol{Z} \in N_\delta(\boldsymbol{X}^*)$,所以

$$f[(1-\theta)\boldsymbol{X}^* + \theta \boldsymbol{Z}] \geqslant f(\boldsymbol{X}^*)$$

因为 $f(\boldsymbol{X})$ 是凸集 $R \in E^n$ 上的凸函数,所以

$$(1-\theta)f(\boldsymbol{X}^*) + \theta f(\boldsymbol{Z}) \geqslant f[(1-\theta)\boldsymbol{X}^* + \theta \boldsymbol{Z}]$$

将上两式相加并除以 θ,即得

$$f(\boldsymbol{Z}) \geqslant f(\boldsymbol{X}^*), \quad \forall \boldsymbol{Z} \in R$$

由性质 7-4,所有极小点集合为一个凸集。

定理 7-6 设 $f(\boldsymbol{X})$ 在凸集 $R \in E^n$ 上可微且为凸函数,存在点 $\boldsymbol{X}^* \in R$,都有

$$\nabla f(\boldsymbol{X}^*)^{\mathrm{T}}(\boldsymbol{X} - \boldsymbol{X}^*) \geqslant 0 \tag{7-15}$$

则 $\boldsymbol{X}^*$ 是 $f(\boldsymbol{X})$ 在 R 上的全局极小点;若 $f(\boldsymbol{X})$ 为可微的严格凸函数,则 $\nabla f(\boldsymbol{X}^*) = 0$,即 $\boldsymbol{X}^*$ 是 $f(\boldsymbol{X})$ 的唯一全局极小点。

由定理 7-3 可知, $f(\boldsymbol{X}) \geqslant f(\boldsymbol{X}^*) + \nabla f(\boldsymbol{X}^*)^{\mathrm{T}}(\boldsymbol{X} - \boldsymbol{X}^*)$,由条件 $\nabla f(\boldsymbol{X}^*)^{\mathrm{T}}(\boldsymbol{X} - \boldsymbol{X}^*) \geqslant 0$ 知 $f(\boldsymbol{X}) \geqslant f(\boldsymbol{X}^*), \forall \boldsymbol{X} \in R$,所以 $\boldsymbol{X}^*$ 是 $f(\boldsymbol{X})$ 在 R 上的全局极小点。若 $f(\boldsymbol{X})$ 为可微的严格凸函数,则式(7-15)取严格不等号,即 $\forall \boldsymbol{X} \in R$,使得 $\nabla f(\boldsymbol{X}^*)^{\mathrm{T}}(\boldsymbol{X} - \boldsymbol{X}^*) > 0$。由 $\boldsymbol{X}$ 的任意性知 $\nabla f(\boldsymbol{X}^*) = 0$,由定理 7-3 知结论成立。

7.2.2 凸规划及其性质

考虑非线性规划问题

$$\min f(\boldsymbol{X})$$

$$\text{s.t.} \begin{cases} h_i(\boldsymbol{X}) = 0 & (i = 1, 2, \cdots, m) \\ g_j(\boldsymbol{X}) \geqslant 0 & (j = 1, 2, \cdots, l) \end{cases}$$

这里 $X \in R$,约束 R 可表示为
$$R = \{X \mid g_j(X) \geqslant 0 \quad (j=1,2,\cdots,l); h_i(X) = 0 \quad (i=1,2,\cdots,m)\}$$

若 $f(X)$ 为凸函数,$g_j(X)(j=1,2,\cdots,l)$ 为凹函数[或说 $-g_j(X)$ 为凸函数],则称以上非线性规划为凸规划。

凸规划是一类比较简单,而且具有重要理论意义的非线性规划。前面已经指出,凸规划的可行域为凸集,其局部极小点就是全局极小点,而且局部极小点的全体构成一个凸集。当凸规划的目标函数为严格凸函数时,其全局极小点唯一。

由于线性规划即可看作凸函数,也可看作凹函数,所以线性规划也属于凸规划。

【例 7-7】 试分析非线性规划
$$\min f(X) = x_1^2 + x_2^2 - 4x_1 + 4$$
$$\begin{cases} g_1(X) = x_1 - x_2 + 2 \geqslant 0 \\ g_2(X) = -x_1^2 + x_2 - 1 \geqslant 0 \\ x_1, x_2 \geqslant 0 \end{cases}$$

解:$f(X)$ 与 $g_2(X)$ 的海赛矩阵的行列式分别是
$$|H| = \begin{vmatrix} \dfrac{\partial^2 f(X)}{\partial x_1^2} & \dfrac{\partial^2 f(X)}{\partial x_1 \partial x_2} \\ \dfrac{\partial^2 f(X)}{\partial x_2 \partial x_1} & \dfrac{\partial^2 f(X)}{\partial x_2^2} \end{vmatrix} = \begin{vmatrix} 2 & 0 \\ 0 & 2 \end{vmatrix} = 4 > 0,$$

$$|g_2| = \begin{vmatrix} \dfrac{\partial^2 g_2(X)}{\partial x_1^2} & \dfrac{\partial^2 g_2(X)}{\partial x_1 \partial x_2} \\ \dfrac{\partial^2 g_2(X)}{\partial x_2 \partial x_1} & \dfrac{\partial^2 g_2(X)}{\partial x_2^2} \end{vmatrix} = \begin{vmatrix} -2 & 0 \\ 0 & 0 \end{vmatrix} = 0$$

故知 $f(X)$ 为严格凸函数,$g_2(X)$ 为凹函数,由于其他约束条件均为线性函数,所以这是一个凸规划,如图 7-6 所示。C 点为其最优点,此时 $X^* = (0.58, 1.34)^T$,目标函数的最优值为 $f(X^*) = 3.8$。

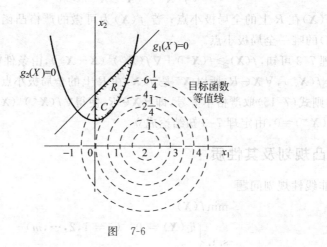

图 7-6

7.3 一维搜索方法

所谓一维搜索,又称线性搜索,就是指单变量函数的非线性规划问题,即沿某一已知方向求目标函数的极值点,它是多变量函数最优化的基础。当用迭代法求函数的极小点时,常常用到一维搜索。一维搜索的方法很多,根据求解问题的不同原则,可以将算法分成两类:精确一维搜索和非精确一维搜索。由于篇幅所限,这里只介绍两种方法:斐波那契法和 0.618 法,这两种方法属于直接法,仅需计算函数值,不必计算函数的导数。

7.3.1 斐波那契法(Fibonacci)

计算函数的次数越多,搜索区间就缩得越小,就越接近于函数的极小点,即区间的缩短率(缩短后的区间长度与原区间长度之比)与函数的计算次数有关。

设 $y=f(x)$ 是区间 $[a_0,b_0]$ 上的下单峰函数,则它有唯一极小点 x^*。若在此区间内任取两点 a_1 和 b_1,且 $a_1<b_1$,并计算函数值 $f(a_1)$ 与 $f(b_1)$,则可能会出现以下两种情形:

(1) $f(a_1)<f(b_1)$,这时极小点 x^* 必在区间 $[a_0,b_1]$ 内,如图 7-7 所示。

(2) $f(a_1)\geqslant f(b_1)$,这时极小点 x^* 必在区间 $[a_1,b_0]$ 内,如图 7-8 所示。

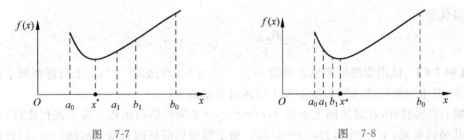

图 7-7   图 7-8

这说明,只要在区间 $[a_0,b_0]$ 内取两个不同点,并算出它们的函数值加以比较,就可以把搜索区间 $[a_0,b_0]$ 缩小成 $[a_0,b_1]$ 或 $[a_1,b_0]$(缩小后的区间仍需包含极小点)。如果要继续缩小搜索区间 $[a_0,b_1]$ 或 $[a_1,b_0]$,就只需在上述区间内再取一点算出其函数值,并与 $f(a_1)$ 或 $f(b_1)$ 加以比较即可。只要缩小后的区间包含极小点 x^*,则区间缩小得越小,就越接近于函数的极小点,但计算函数值的次数也就越多。为使单峰区间的长度能尽快缩短,设 $l=b_0-a_0$,给定 $\rho,\rho\in\left(0,\dfrac{1}{2}\right)$,根据图 7-9 所示,$b_1-a_0=(1-\rho)l$,$b_0-b_1=\rho l$,而区间 $[b_1,b_0]$ 的长度与区间 $[a_0,b_1]$ 的长度之比等于 $[a_0,b_1]$ 与 $[a_0,b_0]$ 的比例。

$$\frac{\rho}{1-\rho}=1-\rho \tag{7-16}$$

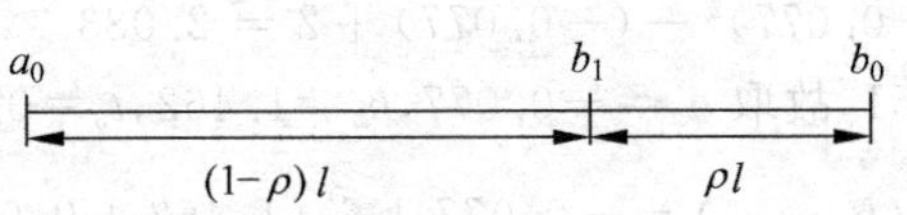

图 7-9

设 $F_0 = F_1 = 1, F_{n+1} = F_{n-1} + F_n (n = 1, 2, \cdots, m-1)$，$\{F_n\}$ 称为 Fibonacci 数列，称 F_n 为第 n 个 Fibonacci 数，$\dfrac{F_{n-1}}{F_n}$ 称为 Fibonacci 分数。据此，可计算出 F_n 的值，如表 7-1 所示。

表 7-1

n	0	1	2	3	4	5	6	7	8	9	10	11	12
F_n	1	1	2	3	5	8	13	21	34	55	89	144	233

斐波那契法的基本思想是在每次迭代中使用不同的步长

$$1 - \rho_n, \quad 0 \leqslant \rho_n < 1 \quad (n = 1, 2, \cdots, m)$$

由式(7-16)，则有

$$\rho_{n+1} = 1 - \dfrac{\rho_n}{1 - \rho_n} \quad (n = 1, 2, \cdots, m-1)$$

为了以最快速度求得最优解，可考虑如下优化问题

$$\min(1 - \rho_1)(1 - \rho_2) \cdots (1 - \rho_m)$$

$$\begin{cases} \rho_{n+1} = 1 - \dfrac{\rho_n}{1 - \rho_n} & (n = 1, 2, \cdots, m-1) \\ 0 \leqslant \rho_n \leqslant \dfrac{1}{2} & (n = 1, 2, \cdots, m) \end{cases} \quad (7\text{-}17)$$

得到最优解为

$$\rho_n = 1 - \dfrac{F_{m-n+1}}{1 - F_{m-n+2}} \quad (n = 1, 2, \cdots, m)$$

【例 7-8】 试用斐波那契法求函数 $f(t) = t^2 - t + 2$ 在区间 $[-1, 3]$ 上的近似极小点和极小值，要求缩短后的区间长度不大于原区间长度的 8%。

解：容易验证，在此区间上函数 $f(t) = t^2 - t + 2$ 为严格凸函数。为了进行比较，我们给出其精确解是：$t^* = 0.5, f(t^*) = 1.75$。由于缩短后的区间长度与区间 $[-1, 3]$ 的长度之比为 $\dfrac{1}{F_n}$，由题意可知，$\dfrac{1}{F_n} \leqslant 8\%$，即 $F_n \geqslant \dfrac{1}{8\%} = 12.5$，查表 7-1 可知，$n = 6, a_0 = -1, b_0 = 3$

$$t_1 = b_0 + \dfrac{F_5}{F_6}(a_0 - b_0) = 3 + \dfrac{8}{13}(-1 - 3) = 0.538$$

$$t_1' = a_0 + \dfrac{F_5}{F_6}(b_0 - a_0) = -1 + \dfrac{8}{13}[3 - (-1)] = 1.462$$

$$f(t_1) = 0.538^2 - 0.538 + 2 = 1.751$$

$$f(t_1') = 1.462^2 - 1.462 + 2 = 2.675$$

由于 $f(t_1) < f(t_1')$，故取 $a_1 = -1, b_1 = 1.462, t_2' = 0.538$

$$t_2 = b_1 + \dfrac{F_4}{F_5}(a_1 - b_1) = 1.462 + \dfrac{5}{8}(-1 - 1.462) = -0.077$$

$$f(t_2) = (-0.077)^2 - (-0.077) + 2 = 2.083$$

由于 $f(t_2) > f(t_2') = 1.751$，故取 $a_2 = -0.077, b_2 = 1.462, t_3 = 0.538$

$$t_3' = a_2 + \dfrac{F_3}{F_4}(b_2 - a_2) = -0.077 + \dfrac{3}{5}(1.462 + 0.077) = 0.846$$

$$f(t_3') = 0.846^2 - 0.846 + 2 = 1.870$$

由于 $f(t_3') > f(t_3) = 1.751$,故取 $a_3 = -0.077, b_3 = 0.846, t_4' = 0.538$

$$t_4 = b_3 + \frac{F_2}{F_3}(a_3 - b_3) = 0.846 + \frac{2}{3}(-0.077 - 0.846) = 0.231$$

$$f(t_4) = 0.231^2 - 0.231 + 2 = 1.822$$

由于 $f(t_4) > f(t_4') = 1.751$,故取 $a_4 = 0.231, b_4 = 0.846, t_5 = 0.538$

$$t_5' = a_4 + \frac{F_1}{F_2}(b_4 - a_4)$$

$$= 0.231 + \frac{1}{2}(0.846 - 0.231) = 0.539$$

$$f(t_5') = 0.539^2 - 0.539 + 2 = 1.752 > f(t_5) = 1.751$$

故取 $a_5 = 0.231, b_5 = 0.539$,由于 $f(t_5) = 1.751 < f(t_5') = 1.752$,所以 t_5 为近似极小点,近似极小值为 1.751。缩短后的区间长度为 $0.539 - 0.231 = 0.308, 0.308/4 = 0.077 < 0.08$。

7.3.2 0.618 法(黄金分割法)

当用斐波那契法以 n 个试点来缩短某一区间时,区间长度的第一次缩短率为 $\frac{F_{n-1}}{F_n}$,其后各次分别为 $\frac{F_{n-2}}{F_{n-1}}, \frac{F_{n-3}}{F_{n-2}}, \cdots, \frac{F_1}{F_2}$。现将以上数列分为奇数项 $\frac{F_{2k-1}}{F_{2k}}$ 和偶数项 $\frac{F_{2k}}{F_{2k+1}}$,可以证明,这两个数列收敛于同一个极限 0.618 033 988 741 894 8。以不变的区间缩短率 0.618 代替斐波那契法每次不同的缩短率,就得到了 0.618 法,也称为黄金分割法。可以把这个方法看成是斐波那契法的近似,它比较容易实现,效果也很好,因而更易于为人们所接受。

用 0.618 法时,计算 n 个试点的函数值可以把原区间 $[a_0, b_0]$ 连续缩短 $(n-1)$ 次,由于每次的缩短率均为 u,故最后的区间长度为

$$b_{n-1} - a_{n-1} = (b_0 - a_0)u^{n-1}$$

此法是一种等速对称消去区间的方法,每次的试点均取在区间相对长度的 0.618 和 0.382 处。

【例 7-9】 用 0.618 法求函数 $f(t) = 4t^2 - 6t - 3$ 在区间 $[0,1]$ 上的近似极小点和极小值,要求缩短后的区间长度不大于原区间长度的 8%。

解:令 $a_0 = 0, b_0 = 1$,则最初的两个探索点为

$$t_1 = 0 + 0.382(1-0) = 0.382, \quad t_1' = 0 + 0.618(1-0) = 0.618$$

$$f(t_1) = 4t^2 - 6t - 3 = 4 \times 0.382^2 - 6 \times 0.382 - 3 = -4.71$$

$$f(t_1') = 4t^2 - 6t - 3 = 4 \times 0.618^2 - 6 \times 0.618 - 3 = -5.11$$

由于 $f(t_1) > f(t_1')$,故极小点在区间 $[t_1', b_0]$ 中。

令 $a_1 = t_1' = 0.618, b_1 = b_0 = 1$,则有

$$t_2 = 0.618 + 0.382 \times (1 - 0.618) = 0.764$$

$$t_2' = 0.618 + 0.618 \times (1 - 0.618) = 0.854$$

$$f(t_2) = 4t^2 - 6t - 3 = 4 \times 0.764^2 - 6 \times 0.764 - 3 = -5.249$$

$$f(t_2') = 4t^2 - 6t - 3 = 4 \times 0.854^2 - 6 \times 0.854 - 3 = -5.21$$

由于 $f(t_2) < f(t_2')$，故极小点在区间 $[a_1, t_2]$ 中。

令 $a_2 = a_1 = 0.618, b_2 = t_2 = 0.764$，则有
$$t_3 = 0.618 + 0.382 \times (0.764 - 0.618) = 0.674$$
$$t_3' = 0.618 + 0.618 \times (0.764 - 0.618) = 0.708$$
$$f(t_3) = 4t^2 - 6t - 3 = 4 \times 0.674^2 - 6 \times 0.674 - 3 = -5.227$$
$$f(t_3') = 4t^2 - 6t - 3 = 4 \times 0.708^2 - 6 \times 0.708 - 3 = -5.243$$

由于 $f(t_3) > f(t_3')$，故极小点在区间 $[t_3', b_2]$ 中。

令 $a_3 = t_3' = 0.708, b_3 = b_2 = 0.764$，由于 $\dfrac{b_3 - a_3}{b_0 - a_0} = \dfrac{0.764 - 0.708}{1 - 0} = 0.056 < 8\%$，故区间 $[a_3, b_3]$ 为所求区间，极小点为 $b_3 = 0.764$，极小值为 $f(t^*) = f(b_3) = 4t^2 - 6t - 3 = 4 \times 0.764^2 - 6 \times 0.764 - 3 = -5.249$。

7.4 无约束极值的求解方法

考虑非线性无约束最优化问题
$$\min f(\boldsymbol{X}), \boldsymbol{X} \in E^n$$

前面已经讨论过，求解此无约束优化问题，可以求出平稳点及不可导点的方法。令 $\nabla f(\boldsymbol{X}^*) = 0$，求出平稳点。如果 $\nabla^2 f(\boldsymbol{X}^*)$ 是正定的，则 $\boldsymbol{X}^*$ 是非线性规划的严格局部最优解。若 $f(\boldsymbol{X})$ 在 E^n 上是凸函数，则是整体最优解。

在求解 $\nabla f(\boldsymbol{X}^*) = 0$ 这 n 维方程组比较困难时，就用最优化算法——迭代法。本节将只介绍梯度法和共轭梯度法。这些算法就是用不同的方法来选择搜索方向 $p^{(k)}$ 而得到的，当然 $p^{(k)}$ 必须是下降方向。

定理 7-7 设 $f: E^n \to R$，在点 $\bar{\boldsymbol{X}}$ 处可微，若存在 $\boldsymbol{p} \in E^n$，使 $\nabla f(\bar{\boldsymbol{X}})^T \boldsymbol{p} < 0$，则向量 $\boldsymbol{p}$ 是 $f(\boldsymbol{X})$ 在 $\bar{\boldsymbol{X}}$ 处的下降方向。

证明：由于 $f(\boldsymbol{X})$ 在 $\bar{\boldsymbol{X}}$ 处可微，由泰勒展开式，有
$$f(\bar{\boldsymbol{X}} + \lambda \boldsymbol{p}) = f(\bar{\boldsymbol{X}}) + \lambda \nabla f(\bar{\boldsymbol{X}})^T \boldsymbol{p} + o(\|\lambda \boldsymbol{p}\|)$$

又由于
$$\nabla f(\bar{\boldsymbol{X}})^T \boldsymbol{p} < 0, \quad \lambda > 0$$

因此
$$\lambda \nabla f(\bar{\boldsymbol{X}})^T \boldsymbol{p} < 0$$

所以，存在 δ，当 $\lambda \in (0, \delta)$ 时，有
$$\lambda \nabla f(\bar{\boldsymbol{X}})^T \boldsymbol{p} + o(\|\lambda \boldsymbol{p}\|) < 0$$

所以
$$f(\bar{\boldsymbol{X}} + \lambda \boldsymbol{p}) < f(\bar{\boldsymbol{X}}) \quad \forall \lambda \in (0, \delta)$$

因而 $\boldsymbol{p}$ 是 $f(\boldsymbol{X})$ 在 $\bar{\boldsymbol{X}}$ 处的下降方向。

7.4.1 梯度法

梯度法又称最速下降法，选择负梯度方向作为目标函数值下降的方向，是比较古老的一种算法，其他的方法是它的变形或受它的启发而得到的，因此它是最优化方法的基础。

由泰勒展开知：
$$f(\boldsymbol{X}^{(k)}) - f(\boldsymbol{X}^{(k)} + \lambda \boldsymbol{p}^{(k)}) = -\lambda \nabla f(\boldsymbol{X}^{(k)})^{\mathrm{T}} \boldsymbol{p}^{(k)} + o(\|\lambda \boldsymbol{p}^{(k)}\|)$$

略去 λ 的高阶无穷小项，取 $\boldsymbol{p}^{(k)} = -\nabla f(\boldsymbol{X}^{(k)})$ 时，函数值下降最多。而 $\nabla f(\boldsymbol{X}^{(k)})$ 为 $f(\boldsymbol{X})$ 在 $\boldsymbol{X}^{(k)}$ 处的梯度，所以下降方向 $\boldsymbol{p}^{(k)}$ 取为负梯度方向时，目标函数值下降最快。

梯度法的迭代步骤如下：

(1) 取初始点 $\boldsymbol{X}^{(0)}$，允许误差 $\varepsilon > 0$，令 $k := 0$。

(2) 计算 $\boldsymbol{p}^{(k)} = -\nabla f(\boldsymbol{X}^{(k)})$。

(3) 若 $\|\boldsymbol{p}^{(k)}\| \leqslant \varepsilon$，停止，点 $\boldsymbol{X}^{(k)}$ 为近似最优解。否则进入(4)。

(4) 求 λ_k，使 $f(\boldsymbol{X}^{(k)} + \lambda_k \boldsymbol{p}^{(k)}) = \min\limits_{\lambda \geqslant 0} f(\boldsymbol{X}^{(k)} + \lambda \boldsymbol{p}^{(k)})$。

(5) 令 $\boldsymbol{X}^{(k+1)} = \boldsymbol{X}^{(k)} + \lambda_k \boldsymbol{p}^{(k)}$，$k := k+1$，返回(2)。

【例 7-10】 用最速下降法计算函数 $f(\boldsymbol{X}) = (x_1 - 1)^2 + (x_2 - 1)^2$ 的极小点，取初始点 $\boldsymbol{X}^{(0)} = (0, 0)^{\mathrm{T}}$，终止误差 $\varepsilon = 5\%$。

解： 由于
$$\nabla f(\boldsymbol{X}) = \begin{bmatrix} 2x_1 - 2 \\ 2x_2 - 2 \end{bmatrix}, \nabla f(\boldsymbol{X}) \text{在} \boldsymbol{X}^{(0)} = (0,0)^{\mathrm{T}} \text{处有} \nabla f(\boldsymbol{X}^{(0)}) = (-2, -2)^{\mathrm{T}}$$

$$\|\nabla f(\boldsymbol{X}^{(0)})\| = \sqrt{(-2)^2 + (-2)^2} = 2\sqrt{2} > \varepsilon$$

而且
$$\boldsymbol{X}^{(1)} = \boldsymbol{X}^{(0)} - \lambda \nabla f(\boldsymbol{X}^{(0)}) = \begin{bmatrix} 0 \\ 0 \end{bmatrix} - \lambda \begin{bmatrix} -2 \\ -2 \end{bmatrix} = \begin{bmatrix} 2\lambda \\ 2\lambda \end{bmatrix} \qquad (7\text{-}18)$$

由于
$$\min\limits_{\lambda \geqslant 0} f(\boldsymbol{X}^{(k)} + \lambda \boldsymbol{p}^{(k)}) = \min\limits_{\lambda \geqslant 0} f[\boldsymbol{X}^{(k)} + \lambda \nabla f(\boldsymbol{X}^{(k)})]$$

所以将 $\boldsymbol{X}^{(1)}$ 代入目标函数可得
$$\min\limits_{\lambda \geqslant 0} f(\boldsymbol{X}^{(k)} + \lambda \boldsymbol{p}^{(k)}) = \min\limits_{\lambda \geqslant 0} f[\boldsymbol{X}^{(0)} - \lambda \nabla f(\boldsymbol{X}^{(0)})] = (2\lambda - 1)^2 + (2\lambda - 1)^2$$
$$= 2(2\lambda - 1)^2 = f(\boldsymbol{X}^{(1)})$$

令 $\dfrac{\mathrm{d}f(\boldsymbol{X}^{(1)})}{\mathrm{d}\lambda} = 0$，即有 $\lambda = \dfrac{1}{2}$，将 $\lambda = \dfrac{1}{2}$ 代入式(7-18)可得 $\boldsymbol{X}^{(1)} = \begin{bmatrix} 2\lambda \\ 2\lambda \end{bmatrix} = \begin{bmatrix} 1 \\ 1 \end{bmatrix}$。

函数 $f(\boldsymbol{X})$ 在 $\boldsymbol{X}^{(1)}$ 处的梯度为 $\nabla f(\boldsymbol{X}^{(1)}) = [2(1-1), 2(1-1)]^{\mathrm{T}} = (0, 0)^{\mathrm{T}}$，由于 $\|\nabla f(\boldsymbol{X}^{(1)})\| = 0 < \varepsilon = 5\%$，故 $\boldsymbol{X}^{(1)}$ 即为极小点，迭代停止，极小值为 0。

7.4.2 共轭梯度法

在梯度法的每一步迭代中，迭代方向的选择不依赖于过去的信息，收敛的速度有时较慢。共轭梯度法在确定搜索方向时用了上一阶段的梯度信息，其迭代步骤如下：

(1) 取初始点 $\boldsymbol{X}^{(0)}$ 和允许误差 $\varepsilon > 0$，初始搜索方向为负梯度方向 $\boldsymbol{p}^{(0)} = -\nabla f(\boldsymbol{X}^{(0)})$，初始迭代步长为 λ_0，使得 $f(\boldsymbol{X}^{(0)} + \lambda_0 \boldsymbol{p}^{(0)}) = \min\limits_{\lambda \geqslant 0} f(\boldsymbol{X}^{(0)} + \lambda \boldsymbol{p}^{(0)})$。

(2) 若 $\|\nabla f(\boldsymbol{X}^{(k)})\| \leqslant \varepsilon$，停止迭代；否则按下面公式计算在点 $\boldsymbol{X}^{(k)}$ 处的搜索方向
$$\beta_k = \dfrac{\|\nabla f(\boldsymbol{X}^{(k)})\|^2}{\|\nabla f(\boldsymbol{X}^{(k-1)})\|^2} \quad (k = 1, 2, \cdots, n)$$

$$\boldsymbol{p}^{(k)} = -\nabla f(\boldsymbol{X}^{(k)}) + \beta_k \boldsymbol{p}^{(k-1)} \quad (k=1,2,\cdots,n)$$

(3) 计算点 $\boldsymbol{X}^{(k)}$ 的步长 λ_k，使得 $f(\boldsymbol{X}^{(k)} + \lambda_k \boldsymbol{p}^{(k)}) = \min\limits_{\lambda \geqslant 0} f(\boldsymbol{X}^{(k)} + \lambda \boldsymbol{p}^{(k)})$。

(4) 令 $\boldsymbol{X}^{(k+1)} = \boldsymbol{X}^{(k)} + \lambda_k \boldsymbol{p}^{(k)}$，并转向第(2)步。

【例 7-11】 用共轭梯度法求函数 $f(\boldsymbol{X}) = x_1^2 + x_2^2 - x_1 x_2 - 10 x_1 - 4 x_2 + 60$ 的极小点和极小值。设初始点为 $\boldsymbol{X}^{(0)} = (0,0)^{\mathrm{T}}$，终止误差 $\varepsilon = 5\%$。

解：函数 $f(\boldsymbol{X})$ 的梯度为 $\nabla f(\boldsymbol{X}) = (2x_1 - x_2 - 10, 2x_2 - x_1 - 4)^{\mathrm{T}}$，将点 $\boldsymbol{X}^{(0)} = (0,0)^{\mathrm{T}}$ 代入 $\nabla f(\boldsymbol{X})$，有 $\nabla f(\boldsymbol{X}) = (2x_1 - x_2 - 10, 2x_2 - x_1 - 4)^{\mathrm{T}} = (-10, -4)^{\mathrm{T}}$，$\boldsymbol{p}^{(0)} = (10, 4)^{\mathrm{T}}$，则有

$$\boldsymbol{X}^{(0)} + \lambda_0 \boldsymbol{p}^{(0)} = (10\lambda_0, 4\lambda_0)^{\mathrm{T}}$$

$$\min_{\lambda \geqslant 0} f(\boldsymbol{X}^{(0)} + \lambda \boldsymbol{p}^{(0)}) = (10\lambda_0)^2 + (4\lambda_0)^2 - 10\lambda_0 \times 4\lambda_0 - 10 \times 10\lambda_0 - 4 \times 4\lambda_0 + 60$$

$$= 76\lambda_0^2 - 116\lambda_0 + 60$$

对上式求一阶导数，并令其为 0，则 $2 \times 76\lambda_0 - 116 = 0$，由此求得单变量极值问题的最优解为 $\lambda_0 = 0.763\,157\,89 \approx 0.763$，所以 $\boldsymbol{X}^{(1)} = \boldsymbol{X}^{(0)} + \lambda_0 \boldsymbol{p}^{(0)} = (7.63, 3.05)^{\mathrm{T}}$，计算函数 $f(\boldsymbol{X})$ 在 $\boldsymbol{X}^{(1)}$ 处的梯度 $\nabla f(\boldsymbol{X}^{(1)}) = (2.210\,5, -5.526\,0)^{\mathrm{T}}$，搜索方向为

$$\beta_1 = \frac{\|\nabla f(\boldsymbol{X}^{(1)})\|^2}{\|\nabla f(\boldsymbol{X}^{(0)})\|^2} = \frac{(2.210\,5)^2 + (-5.526\,0)^2}{(-10)^2 + (-4)^2} = \frac{35.423\,0}{116} \approx 0.305\,4$$

$$\boldsymbol{p}^{(1)} = -\nabla f(\boldsymbol{X}^{(1)}) + \beta_1 \boldsymbol{p}^{(0)} = \begin{bmatrix} -2.210\,5 \\ 5.526\,0 \end{bmatrix} + 0.305\,4 \begin{bmatrix} 10 \\ 4 \end{bmatrix} = \begin{bmatrix} 0.843\,5 \\ 6.747\,6 \end{bmatrix}$$

$$\boldsymbol{X}^{(2)} = \boldsymbol{X}^{(1)} + \lambda_1 \boldsymbol{p}^{(1)} = \begin{bmatrix} 7.63 \\ 3.05 \end{bmatrix} + \lambda_1 \begin{bmatrix} 0.843\,5 \\ 6.747\,6 \end{bmatrix} = \begin{bmatrix} 7.63 + 0.843\,5\lambda_1 \\ 3.05 + 6.747\,6\lambda_1 \end{bmatrix}$$

将 $\boldsymbol{X}^{(2)}$ 代入目标函数中，解

$\min\limits_{\lambda \geqslant 0} f(\boldsymbol{X}^{(1)} + \lambda \boldsymbol{p}^{(1)}) = \min\limits_{\lambda \geqslant 0} f(7.63 + 0.843\,5\lambda_1, 3.05 + 6.747\,6\lambda_1)$，从而求得 $\lambda_1 = 0.436\,78$，因此 $\boldsymbol{X}^{(2)} = \boldsymbol{X}^{(1)} + \lambda_1 \boldsymbol{p}^{(1)} = \begin{bmatrix} 7.63 \\ 3.05 \end{bmatrix} + 0.436\,78 \begin{bmatrix} 0.843\,5 \\ 6.747\,6 \end{bmatrix} = \begin{bmatrix} 7.999\,3 \\ 5.999\,7 \end{bmatrix}$

由于函数 $f(\boldsymbol{X})$ 在 $\boldsymbol{X}^{(2)}$ 处的梯度 $\nabla f(\boldsymbol{X}^{(2)}) = (-0.001\,1, 0.000\,1)^{\mathrm{T}}$，$\|\nabla f(\boldsymbol{X}^{(2)})\| = 0.001\,1 \leqslant \varepsilon = 5\%$，所以 $\boldsymbol{X}^{(2)}$ 是极小点，迭代停止，极小值为 $f(\boldsymbol{X}^{(2)}) \approx 8$。

7.5 约束极值的求解方法

考虑带约束条件的非线性规划问题

$$\min f(\boldsymbol{X})$$
$$g_j(\boldsymbol{X}) \geqslant 0 \quad (j=1,2,\cdots,l) \tag{7-19}$$

设 $\boldsymbol{X}^{(0)}$ 是非线性规划的一个可行解，它必然满足所有约束。对于某一不等式约束条件 $g_j(\boldsymbol{X}) \geqslant 0$，$\boldsymbol{X}^{(0)}$ 满足它有两种可能：一是 $g_j(\boldsymbol{X}^{(0)}) > 0$，此时，点 $\boldsymbol{X}^{(0)}$ 不处于由该约束条件形成的可行域的边界上，因而它对 $\boldsymbol{X}^{(0)}$ 点的微小摄动不起限制作用，称该约束条件是 $\boldsymbol{X}^{(0)}$ 点的不起作用约束（或无效约束）；二是 $g_j(\boldsymbol{X}^{(0)}) = 0$，此时，点 $\boldsymbol{X}^{(0)}$ 处于由该约束条件形成的可行域的边界上，因而它对 $\boldsymbol{X}^{(0)}$ 点的摄动起到了某种限制作用，称该约束条件是

$X^{(0)}$点的起作用约束(或有效约束)。显然,等式约束对所有可行点来说都起作用约束。

定理 7-8 (Kuhn-Tucker 条件)设 X^* 是式(7-19)的局部最优解,函数 $f(X)$ 和 $g_j(X)(j=1,2,\cdots,l)$ 在点 X^* 处有一阶连续偏导数,且与 X^* 处所有起作用约束对应的约束函数的梯度线性无关,则存在不全为零的实数 $\gamma_1,\gamma_2,\cdots,\gamma_l$ 使

$$\begin{cases} \nabla f(X^*) - \sum_{i=1}^{l} \gamma_j \nabla g_j(X^*) = 0 \\ \gamma_j g_j(X^*) = 0 \\ \gamma_j \geqslant 0 \quad (j=1,2,\cdots,l) \end{cases} \tag{7-20}$$

条件(7-20)简称为 K-T 条件,满足该条件的点称为 K-T 点。满足这个条件的点(它当然也满足非线性规划的所有约束条件)称为库恩-塔克点(或 K-T 点)。

现考虑一般非线性规划 K-T 条件

$$\min f(X)$$
$$\begin{cases} h_i(X) = 0 \quad (i=1,2,\cdots,m) \\ g_j(X) \geqslant 0 \quad (j=1,2,\cdots,l) \end{cases} \tag{7-21}$$

针对一般非线性规划(7-21),对每一个 i,以 $h_i(X) \geqslant 0$,$-h_i(X) \geqslant 0$ 来代替 $h_i(X)=0$,于是,可由条件(7-20)得到非线性规划问题(7-21)的 K-T 条件:若 X^* 是非线性规划问题(7-21)的局部最优解,且与在 X^* 处所有起作用约束对应的约束函数的梯度线性无关,则存在向量 $\boldsymbol{\Lambda}^* = (\lambda_1^*, \lambda_2^*, \cdots, \lambda_m^*)^T$ 和 $\boldsymbol{\Gamma}^* = (\gamma_1^*, \gamma_2^*, \cdots, \gamma_l^*)^T$,使下列 K-T 条件成立

$$\begin{cases} \nabla f(X^*) - \sum_{i=1}^{m} \lambda_i^* \nabla h_i(X^*) - \sum_{j=1}^{l} \gamma_j^* \nabla g_j(X^*) = 0 \\ \gamma_j^* g_j(X^*) = 0 \quad (j=1,2,\cdots,l) \\ \gamma_j^* \geqslant 0 \quad (j=1,2,\cdots,l) \end{cases} \tag{7-22}$$

其中 $\lambda_1^*, \lambda_2^*, \cdots, \lambda_m^*$ 和 $\gamma_1^*, \gamma_2^*, \cdots, \gamma_l^*$ 称为广义拉格朗日乘子。

K-T 条件是非线性规划领域中最重要的理论成果之一,是确定某点为局部最优解的必要条件,只要是局部最优解,且与该点处所有起作用约束的梯度线性无关,就满足该条件。但是,一般而言,它并不是充分条件,即满足 K-T 条件的点不一定是局部最优解。下面定理将说明,对于凸规划来说,K-T 条件既是局部最优解存在的必要条件,也是充分条件。

定理 7-9 设 $f(X), h_i(X)(i=1,2,\cdots,m), g_j(X)(j=1,2,\cdots,l)$,在 X^* 连续可微,且 $f(X), g_j(X)(j=1,2,\cdots,l)$ 是凸函数,$h_i(X)(i=1,2,\cdots,m)$ 是线性函数,若 X^* 是非线性规划问题(7-21)的 K-T 点,则 X^* 是其全局最优解。

【例 7-12】 用 Kuhn-Tucker 条件解非线性规划
$$\min f(X) = (x-3)^2$$
$$\text{s.t.} \ 0 \leqslant x \leqslant 5$$

解:先将该非线性规划问题写成以下形式
$$\min f(X) = (x-3)^2$$
$$\begin{cases} g_1(X) = x \geqslant 0 \\ g_2(X) = 5 - x \geqslant 0 \end{cases}$$

写出其目标函数和约束函数的梯度
$$\nabla f(\boldsymbol{X}) = 2(x-3), \quad \nabla g_1(\boldsymbol{X}) = 1, \quad \nabla g_2(\boldsymbol{X}) = -1$$

对上述约束条件分别引入广义拉格朗日乘子,设 K-T 点为 $\boldsymbol{X}^*$,则可以得到该问题的 K-T 条件,该问题的 K-T 条件为

$$\begin{cases} 2(x^*-3) - \gamma_1^* + \gamma_2^* = 0 \\ \gamma_1^* x^* = 0 \\ \gamma_2^* (5-x^*) = 0 \\ \gamma_1^*, \gamma_2^* \geqslant 0 \end{cases}$$

为解上述方程组,考虑以下几种情形:

(1) 令 $\gamma_1^* \neq 0, \gamma_2^* \neq 0$,无解。

(2) 令 $\gamma_1^* \neq 0, \gamma_2^* = 0$,解之,得 $x^*=0, \gamma_1^* = -6$,不是 K-T 点。

(3) 令 $\gamma_1^* = 0, \gamma_2^* \neq 0$ 解之,得 $x^*=5, \gamma_2^* = -4$,不是 K-T 点。

(4) 令 $\gamma_1^* = \gamma_2^* = 0$ 解之,得 $x^*=3$,此为 K-T 点,其目标函数值 $f(\boldsymbol{X}^*)=0$。

由于该非线性规划问题为凸规划,故 $x^*=3$ 就是其全局极小点。该点是可行域内的点,它也可直接由梯度等于零的条件求出。

【例 7-13】用 Kuhn-Tucker 条件解非线性规划
$$\min f(\boldsymbol{X}) = (x_1-2)^2 + (x_2-3)^2$$
$$\begin{cases} (2-x_1)^3 \geqslant x_2 \\ 2x_1 - x_2 = 1 \end{cases}$$

解:先将该非线性规划写成以下形式
$$\min f(\boldsymbol{X}) = (x_1-2)^2 + (x_2-3)^2$$
$$\begin{cases} g(\boldsymbol{X}) = (2-x_1)^3 - x_2 \geqslant 0 \\ h(\boldsymbol{X}) = 2x_1 - x_2 - 1 = 0 \end{cases}$$

写出其目标函数和约束函数的梯度
$$\nabla f(\boldsymbol{X}) = [2(x_1-2), 2(x_2-3)]^T, \quad \nabla g(\boldsymbol{X}) = [-3(x_1-2)^2, -1]^T,$$
$$\nabla h(\boldsymbol{X}) = (2,-1)^T,\ \text{令}\ \boldsymbol{X}^* = (x_1^*, x_2^*)^T\ \text{为全局最优解,则}\ \boldsymbol{X}^*\ \text{满足 Kuhn-Tucker 条件}$$

$$\begin{cases} 2(x_1^*-2) - 2\lambda + 3\gamma(x_1^*-2)^2 = 0 & (1) \\ 2(x_2^*-3) + \lambda + \gamma = 0 & (2) \\ \gamma[(2-x_1^*)^3 - x_2^*] = 0 \quad \gamma \geqslant 0 & (3) \\ (2-x_1^*)^3 - x_2^* \geqslant 0 & (4) \\ 2x_1^* - x_2^* - 1 = 0 & (5) \end{cases}$$

为解上述方程组,考虑以下两种情形:

(1) 令 $\gamma=0$,由方程组的式(1)、式(2)和式(5)可得 $\boldsymbol{X}^*=(x_1^*,x_2^*)^T=(2,3)^T, \lambda=0$,但这组解不满足式(4),故方程组无解。

(2) 令 $\gamma \neq 0$,解之,得 $\boldsymbol{X}^*=(x_1^*,x_2^*)^T=(1,1)^T, \gamma=\lambda=2, \boldsymbol{X}^*=(1,1)^T$ 为 K-T 点。

由于该非线性规划问题为凸规划,故 $X^* = (1,1)^T$ 就是其全局极小点,即全局最优解,其目标函数值为 $f(X^*)=5$。

7.6 分式规划与二次规划

本节介绍两类特殊的非线性规划:分式规划和二次规划。这两类规划都有其各自的特殊性,通过适当的处理,都能转化为线性规划的形式。下面通过例子来说明对它们的处理方法。

7.6.1 分式规划

如果一个非线性规划的目标函数是分式函数,而分子函数、分母函数和所有约束全为线性函数,则称这类非线性规划为线性分式规划。在不致歧义的情况下,也可简称为分式规划。

对这类规划,将采用查恩斯-库珀(Charnes-Cooper)变换,将分式规划化成线性规划,即只需通过简单的变量代换,将它化成一个线性规划,从而方便地求出其解。下面举例加以说明。

【例 7-14】 求解下述分式规划

$$\max f(\boldsymbol{X}) = \frac{2x_1 + 3x_2 - 2}{3x_1 + x_2 + 2}$$

$$\text{s.t.} \begin{cases} x_1 - x_2 \leqslant 4 & (1) \\ 2x_1 + x_2 \leqslant 6 & (2) \\ x_1 \leqslant 2 & (3) \\ x_1, x_2 \geqslant 0 \end{cases}$$

解:令

$$\lambda = \frac{1}{3x_1 + x_2 + 2} \tag{4}$$

$$y_1 = x_1\lambda, \quad y_2 = x_2\lambda \tag{5}$$

由于 $x_1, x_2 \geqslant 0$,故有 $\lambda > 0$,从而有 $y_1 \geqslant 0, y_2 \geqslant 0$。于是,可以将 $f(\boldsymbol{X})$ 化成

$$f(\boldsymbol{X}) = 2x_1\lambda + 3x_2\lambda - 2\lambda = 2y_1 + 3y_2 - 2\lambda$$

由式(5)可得

$$x_1 = \frac{y_1}{\lambda}, \quad x_2 = \frac{y_2}{\lambda} \tag{6}$$

将式(6)代入式(1)、式(2)、式(3)、式(4)中,则有

$$\max f(\boldsymbol{X}) = 2y_1 + 3y_2 - 2\lambda$$

$$\text{s.t.} \begin{cases} y_1 - y_2 - 4\lambda \leqslant 0 \\ 2y_1 + y_2 - 6\lambda \leqslant 0 \\ y_1 - 2\lambda \leqslant 0 \\ 3y_1 + y_2 + 2\lambda = 1 \\ y_1, y_2, \lambda \geqslant 0 \end{cases}$$

解得：$y_1^* = 0, y_2^* = \frac{3}{4}, \lambda^* = \frac{1}{8}$

从而可得原问题的最优解为 $\boldsymbol{X}^* = (x_1^*, x_2^*)^\mathrm{T} = (0, 6)^\mathrm{T}$，此解就是全局最优解，其目标函数值为 $f(\boldsymbol{X}^*) = 2$。

【例7-15】 求解下述分式规划

$$\max f(\boldsymbol{X}) = \frac{2x_1 - x_2 + 1}{x_1 - 2x_2 + 2}$$

$$\text{s. t.} \begin{cases} 3x_1 - x_2 \leqslant 2 \\ -x_1 + 2x_2 \leqslant 1 \\ x_1, x_2 \geqslant 0 \end{cases}$$

解：此例与例7-14不同之处在于无法确定目标函数分母的正负情况，故可令

$$\lambda = \pm \frac{1}{x_1 - 2x_2 + 2}, \quad y_1 = x_1 \lambda, \quad y_2 = x_2 \lambda$$

这样，就可将原问题化为两个线性规划问题，分别如下

$$\max f(\boldsymbol{X}) = 2y_1 - y_2 + \lambda$$

$$\mathrm{LP}_1 : \text{s. t.} \begin{cases} 3y_1 - y_2 - 2\lambda \leqslant 0 \\ -y_1 + 2y_2 - \lambda \leqslant 0 \\ y_1 - 2y_2 + 2\lambda = 1 \\ y_1, y_2, \lambda \geqslant 0 \end{cases}$$

$$\max f(\boldsymbol{X}) = -2y_1 + y_2 - \lambda$$

$$\mathrm{LP}_2 : \text{s. t.} \begin{cases} 3y_1 - y_2 - 2\lambda \leqslant 0 \\ -y_1 + 2y_2 - \lambda \leqslant 0 \\ y_1 - 2y_2 + 2\lambda = 1 \\ y_1, y_2, \lambda \geqslant 0 \end{cases}$$

针对 LP_1 进行求解可知，LP_1 的解为 $y_1^* = y_2^* = \lambda^* = 1$，从而可得原问题的最优解为 $\boldsymbol{X}^* = (x_1^*, x_2^*)^\mathrm{T} = (1, 1)^\mathrm{T}$，此解就是全局最优解，其目标函数值 $f(\boldsymbol{X}^*) = 2$。

针对 LP_2 进行求解可知，LP_2 无可行解。

7.6.2 二次规划

若非线性规划的目标函数为二次函数，而约束全为线性，则称之为二次规划。对它运用 K-T 条件，可以构造出一个线性规划，并且在一定的条件下可用单纯形法解之，从而得到二次规划的最优解。下面举例加以说明。

【例7-16】 求解下述二次规划

$$\max f(\boldsymbol{X}) = 2x_1 + 4x_2 - x_1^2 - x_2^2$$

$$\text{s. t.} \begin{cases} x_1 + 2x_2 \leqslant 4 \\ x_1, x_2 \geqslant 0 \end{cases} \tag{1}$$

解：将其化为标准形式，可得

$$\min -[f(\boldsymbol{X})] = x_1^2 + x_2^2 - 2x_1 - 4x_2$$

$$\text{s.t.} \begin{cases} g_1(\boldsymbol{X}) = x_1 \geqslant 0 \\ g_2(\boldsymbol{X}) = x_2 \geqslant 0 \\ g_3(\boldsymbol{X}) = 4 - x_1 - 2x_2 \geqslant 0 \end{cases}$$

由 K-T 条件

$$\nabla f(\boldsymbol{X}^*) - \sum_{i=1}^{m} \lambda_i^* \nabla h_i(\boldsymbol{X}^*) - \sum_{j=1}^{l} \gamma_j^* \nabla g_j(\boldsymbol{X}^*) = 0$$

即

$$\nabla f(\boldsymbol{X}^*) = \sum_{i=1}^{m} \lambda_i^* \nabla h_i(\boldsymbol{X}^*) + \sum_{j=1}^{l} \gamma_j^* \nabla g_j(\boldsymbol{X}^*)$$

可知,有

$$\begin{bmatrix} 2x_1 - 2 \\ 2x_2 - 4 \end{bmatrix} = \gamma_1 \begin{bmatrix} 1 \\ 0 \end{bmatrix} + \gamma_2 \begin{bmatrix} 0 \\ 1 \end{bmatrix} + \gamma_3 \begin{bmatrix} -1 \\ -2 \end{bmatrix}$$

即

$$\begin{cases} 2x_1 - \gamma_1 + \gamma_3 = 2 & (2) \\ 2x_2 - \gamma_2 + 2\gamma_3 = 4 & (3) \end{cases}$$

给约束(1)加上松弛变量 x_3,得到

$$x_1 + 2x_2 + x_3 = 4 \tag{4}$$

由此可得

$$x_3 = 4 - x_1 - 2x_2 = g_3(\boldsymbol{X})$$

再对二次规划运用 K-T 条件 $\gamma_j^* g_j(\boldsymbol{X}^*) = 0 (j=1,2,\cdots,l)$,并考虑上式,可得

$$\gamma_j x_j = 0 \quad (j=1,2,3) \tag{5}$$

又由 K-T 条件

$$\gamma_j^* \geqslant 0 \quad (j=1,2,\cdots,l) \text{ 有 } r_j^* \geqslant 0 (j=1,2,3) \tag{6}$$

由二次规划,还有

$$x_j \geqslant 0 \quad (j=1,2,3) \tag{7}$$

联立求解式(2)~式(4)并随时注意运用条件式(5)~式(7),若能求得同时满足式(2)~式(7)的解,则它就是二次规划的 K-T 点。

因本例目标函数 $f(\boldsymbol{X})$ 严格凸,则所得 K-T 点必为该二次规划的最优解。具体求解过程如下:

联立式(2)~式(4),从中解出 x_1, x_2, x_3,得

$$\begin{cases} x_1 = 1 + \dfrac{1}{2}\gamma_1 - \dfrac{1}{2}\gamma_3 \\ x_2 = 2 + \dfrac{1}{2}\gamma_2 - \gamma_3 \\ x_3 = -1 - \dfrac{1}{2}\gamma_1 - \gamma_2 + \dfrac{5}{2}\gamma_3 \end{cases} \tag{7-23}$$

由于目标函数等价于

$$-f(\boldsymbol{X}) = x_1^2 + x_2^2 - 2x_1 - 4x_2 = (x_1-1)^2 + (x_2-2)^2 - 5 \tag{8}$$

由式(8)可知,若 $X^{(0)} = (x_1, x_2)^T = (0,0)^T$, $X^{(1)} = (x_1, x_2)^T = (1,1)^T$ 时,则可行值 $-f(X^{(0)}) > -f(X^{(1)})$,因此有 $x_1 > 0, x_2 > 0$;由式(5)可知,此时必然有 $\gamma_1 = \gamma_2 = 0$。于是,式(7-23)就可简化为

$$\begin{cases} x_1 = 1 - \dfrac{1}{2}\gamma_3 & (9) \\ x_2 = 2 - \gamma_3 & (10) \\ x_3 = -1 + \dfrac{5}{2}\gamma_3 & (11) \end{cases} \qquad (7\text{-}24)$$

由式(7)可知,$x_3 \geqslant 0$,由式(11)可得 $\gamma_3 \geqslant \dfrac{2}{5} > 0$。

由式(5)可知,$x_3 = 0$,此时 $\gamma_3 = \dfrac{2}{5}$。

由式(7-24)可得 $X^* = (x_1^*, x_2^*)^T = \left(\dfrac{4}{5}, \dfrac{8}{5}\right)^T$ 就是全局最优解,其目标函数值 $f(X^*) = \dfrac{24}{5}$。

本例较简单且较特殊,采用解方程组的方法尚能奏效。一般来说,采用该法不易求得问题的解。

为了便于求解,可以给式(2)、式(3)分别引入一个人工变量 x_4, x_5,并按线性规划两阶段法的思想,构造一个人工线性规划问题:

$$\max z = -x_4 - x_5$$

$$\begin{cases} 2x_1 - \gamma_1 + \gamma_3 + x_4 = 2 \\ 2x_2 - \gamma_2 + 2\gamma_3 + x_5 = 4 \\ x_1 + 2x_2 + x_3 = 4 \\ x_1 \sim x_5, \gamma_1 \sim \gamma_3 \geqslant 0 \end{cases}$$

从而可用单纯形法解之。

但应特别注意:因为由式(5)有 $\gamma_j x_j = 0 (j=1,2,3)$,所以 γ_j 和 x_j 不能同时为正,或者说 γ_j 和 x_j 不能同时充当人工问题任一基本可行解的基变量。为此,必须给出单纯形法一个附加规则,即在每个迭代单纯形表中,若 x_j(或 γ_j)是基变量,则不能选其互补变量 γ_j(或 x_j)进基,除非是用 γ_j(或 x_j)去替换基变量 x_j(或 γ_j)。

按此规则,用单纯形法求解上述人工线性规划问题,具体迭代过程如表7-2所示。

表 7-2

序号	$c_j \rightarrow$			0	0	0	0	0	0	-1	-1
	C_B	x_B	b	x_1	x_2	x_3	γ_1	γ_2	γ_3	x_4	x_5
I	-1	x_4	2	[2]	0	0	-1	0	1	1	0
	-1	x_5	4	0	2	0	0	-1	2	0	1
	0	x_3	4	1	2	1	0	0	0	0	0
	$c_j - z_j$			2	2	0	-1	-1	3	0	0

续表

序号	C_B	x_B	b	x_1	x_2	x_3	y_1	y_2	y_3	x_4	x_5
	$c_j \rightarrow$			0	0	0	0	0	0	-1	-1
II	0	x_1	1	1	0	0	$-1/2$	0	$1/2$	$1/2$	0
	-1	x_5	4	0	2	0	0	-1	2	0	1
	0	x_3	3	0	[2]	1	$1/2$	0	$-1/2$	$-1/2$	0
	$c_j - z_j$			0	2	0	0	-1	2	-1	0
III	0	x_1	1	1	0	0	$-1/2$	0	$1/2$	$1/2$	0
	-1	x_5	1	0	0	-1	$-1/2$	-1	[5/2]	$1/2$	1
	0	x_2	3/2	0	1	$1/2$	$1/4$	0	$-1/4$	$-1/4$	0
	$c_j - z_j$			0	0	-1	$-1/2$	-1	$5/2$	$-1/2$	0
IV	0	x_1	4/5	1	0	1/5	$-2/5$	1/5	0	2/5	$-1/5$
	0	y_3	2/5	0	0	$-2/5$	$-1/5$	$-2/5$	1	1/5	2/5
	0	x_2	8/5	0	1	2/5	1/5	$-1/10$	0	$-1/5$	1/10
	$c_j - z_j$			0	0	0	0	0	0	-1	-1

在初始单纯形表(I)中,按单纯形法的最大检验数规则应选 y_3 进基,而按附加规则,这时只能用 y_3 替换 x_3,但因位于 y_3 列、x_3 行的数字为 0,不能参与比较,故无法作主元,故不可能用 y_3 替换 x_3;这时按附加规则,只能由次大检验数 2 所对应的非基变量 x_1 或者 x_2 作为进基变量。

由表 7-2 的最优单纯形表(IV)可见,最优解同前面解方程组所得结果一致。

需指出的是,有附加规则的单纯形表法,并非对任何二次规划都能奏效,但无论是极小化还是极大化二次规划,其目标函数只要是严格凸(或凹)函数,则采用此法,就能求出最优解。

本 章 小 结

本章介绍了非线性规划的基本概念、数学模型、图解法、凸函数与凸规划的性质、一维搜索方法、无约束极值求解和约束极值求解方法、分式规划与二次规划。通过本章学习,应理解各种方法的基本原理和掌握解题方法。

习 题

1. 计算下列各函数的梯度与海赛矩阵。

(1) $$f(\boldsymbol{X}) = 2x_1^2 + x_2^2 - x_1 x_2$$

(2) $$f(\boldsymbol{X}) = 2x_1^2 + x_2^2 + 5x_3^2 + x_1 x_2$$

2. 用 0.618 法求解下述问题。

$\min f(\boldsymbol{X}) = 2x^2 - x - 1$,初始区间为 $[-1,1]$,精度 $\varepsilon \leqslant 0.3$。

3. 用梯度法求解下列问题(迭代一次)。

(1) $\min f(\boldsymbol{X}) = 2x_1^2 + x_2^2$，初始点 $x^0 = (1,1)^\mathrm{T}$。

(2) $\min f(\boldsymbol{X}) = x_1^2 - 2x_1x_2 + 4x_2^2 + x_1 - 3x_2$，初始点 $x^0 = (1,1)^\mathrm{T}$。

4. 用共轭梯度法求解下列问题。

(1) $\min f(\boldsymbol{X}) = \frac{1}{2}x_1^2 + x_2^2$，初始点 $x^0 = (4,4)^\mathrm{T}$。

(2) $\min f(\boldsymbol{X}) = x_1^2 - 2x_1x_2 + 2x_2^2 + 2x_2 + 2$，初始点 $x^0 = (0,0)^\mathrm{T}$。

5. 用斐波那契法求函数 $f(\boldsymbol{X}) = -3x_1^2 + 21.6x_1 + 1$ 在区间 $[0, 25]$ 上的极大点，要求缩短后的区间长度不大于原区间长度的 8%。

6. 设有问题

$$\min f(\boldsymbol{X}) = x_1^2 + \frac{1}{4}(x_2 - 1)^2 + 2x_1 - x_2$$

$$\text{s. t.} \begin{cases} 2x_1^2 \leqslant x_2 \\ x_1 - x_2 \geqslant 1 \end{cases}$$

用 K-T 条件求 K-T 点，并判断是否为极值点。

7. 利用 K-T 条件，求解以下问题。

$$\min f(\boldsymbol{X}) = (x_1 - 1)^2 + (x_2 - 2)^2$$

$$\text{s. t.} \begin{cases} -x_1 + x_2 = 1 \\ x_1 + x_2 \leqslant a \\ x_1, x_2 \geqslant 0 \end{cases}$$

其中 a 为常数。

(1) 写出 K-T 条件。

(2) 如果上述问题有最优解，求 a。

8. 用图解法求解下述问题，并分析其最优解是否是 K-T 点。

$$\min f(\boldsymbol{X}) = (x_1 - 3)^2 + (x_2 - 2)^2$$

$$\text{s. t.} \begin{cases} (x_1 - 1)^2 + x_2 \leqslant 2 \\ x_1 + 2x_2 \leqslant 4 \\ x_1, x_2 \geqslant 0 \end{cases}$$

9. 解二次规划问题。

$$\min f(\boldsymbol{X}) = x_1^2 + x_2^2 - 6x_1 - 8x_2$$

$$\text{s. t.} \begin{cases} 2x_1 + x_2 \leqslant 4 \\ x_1, x_2 \geqslant 0 \end{cases}$$

10. 求解下述分式规划。

(1) $\max f(\boldsymbol{X}) = \dfrac{-2x_1 - x_2 + 1}{x_1 + 2x_2 + 3}$

$$\text{s. t.} \begin{cases} x_1 + x_2 \leqslant 10 \\ x_2 \leqslant 5 \\ -x_1 + x_2 \leqslant 3 \\ x_1, x_2 \geqslant 0 \end{cases}$$

(2) $\min f(\boldsymbol{X}) = \dfrac{x_1 + 2x_2 + 3x_3 + 1}{-2x_1 - x_2 + 3}$

$$\text{s. t.} \begin{cases} x_1 + x_2 + x_3 = 9 \\ 2x_1 - x_2 - x_3 = 6 \\ x_1, x_2 \geqslant 0 \end{cases}$$

第 8 章

动 态 规 划

学习目标
1. 理解动态规划的基本概念。
2. 了解动态规划的最优性原理和基本方程。
3. 理解动态规划的状态无后效性。
4. 掌握动态规划逆序求解思路和递推求解方法。
5. 掌握动态规划的模型及其应用。

动态规划(dynamic programming)是运筹学的一个重要分支,它是解决多阶段决策过程问题的一种数学方法,产生于20世纪50年代,由美国数学家贝尔曼(Bellman)等根据多阶段决策问题的特点,把多阶段决策问题转换为一系列互相联系的单阶段决策问题,然后逐一加以解决。与此同时,他提出了这类问题的"最优化原理",研究了许多实际问题,从而创建了解决最优化问题的一类新方法——动态规划。他的名著《动态规划》于1957年出版,该书为动态规划的第一部著作。

8.1 动态规划的基本概念与方法

在经济管理决策中,有些管理决策问题可以按时间顺序或空间演变划分成相互联系的多个阶段,呈现出明显的阶段性,在每一个阶段都需要作出决策,从而使整个过程达到最好的活动效果。而在每个阶段所作的决策不是任意确定的,它依赖于当前面临的状态,又影响未来的状态发展。于是可把这类决策问题分解成几个相互联系的阶段,每个阶段即为一个子决策问题。这样原有问题的求解就化为逐个求解几个简单的阶段子问题,当每一个阶段的决策子问题确定后,就组成了一个决策序列,每个阶段的决策一旦确定,整个决策过程也随之确定,此类把一个问题看作一个前后关联具有明显阶段性的决策过程就称为多阶段决策问题,如图 8-1 所示。

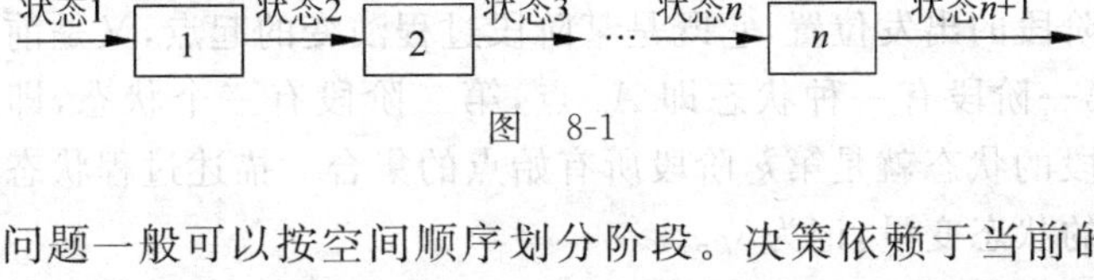

状态1 →[决策1 / 1]→ 状态2 →[决策2 / 2]→ 状态3 → … → 状态n →[决策n / n]→ 状态$n+1$

图 8-1

多阶段决策问题一般可以按空间顺序划分阶段。决策依赖于当前的状态,又随即影响未来的状态转移,一个决策序列就是在变化的状态中产生出来的,然后从可行方案中选择最优或满意的方案的过程也具有一定的"动态"含义,所以把这种方法称为动态规划法。

但是，一些与时间没有关系的静态规划（如线性规划、非线性规划等）问题，只要人为地引入"时间"因素，也可把它看作多阶段决策问题，即可用动态规划方法来处理。动态规划方法在企业管理中有重要的运用，如企业生产物流可以按物流环节分为物料供应、生产制造、分销零售等阶段，而物流运输配送的最短路线问题，可以按空间顺序划分阶段。

8.1.1 动态规划的基本概念

下面通过一个简单实例来说明动态规划的基本概念。

【例 8-1】 给定一个运输网络，如图 8-2 所示。位于城市 A_0 的某食品公司要把一批货物发送至位于城市 A_4 的公司，途中可经过的城市有 A_1、B_1、C_1；A_2、B_2、C_2；A_3、B_3 八个城市，图中箭线上方的数字表示两城市之间的距离，试求一条从 A_0 到 A_4 的运输线路，使总距离为最短。

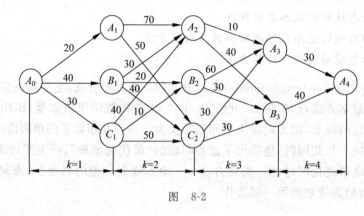

图 8-2

这是一个多阶段问题，由图 8-2 可知，按空间序列可以分为 4 个阶段。每个阶段选取的路线不同（即决策不同），相应地从 A_0 到 A_4 就有一系列不同的运输路线。

1. 阶段变量

对于给定的一个多阶段过程，恰当地分为若干个相互联系的阶段，以便能按一定的次序去求解。描述阶段的变量称为阶段变量，常用 k 表示。

阶段编号可以是顺序编号，令初始阶段为 1，以后逐渐增大；也可以是逆序编号，令最后一个阶段为 1，由后向前逐渐增大。本书采用顺序编号。对于例 8-1，可以将其划分为 4 个阶段，而且每一阶段都要作一次决策，选择下一站应走的地点。

2. 状态变量

状态表示某阶段的出发位置，它既是某阶段过程演变的起点，又是前一阶段决策的结果。例 8-1 中，第一阶段有一种状态即 A_0 点，第二阶段有三个状态，即点集合 $\{A_1, B_1, C_1\}$，一般第 k 阶段的状态就是第 k 阶段所有始点的集合。描述过程状态的变量称为状态变量。第 k 阶段的状态变量，记为 s_k。

状态变量的选取因具体问题而异，但始终必须注意，选取的状态变量必须满足无后效性，即某阶段的状态给定后，则过程未来发展不受该阶段以前各阶段状态的影响。

3. 决策变量

决策表示当过程处于某一阶段的某个状态时,可以作出不同的决定(或选择),从而确定下一阶段的状态,这种决定称为决策。描述决策的变量称为决策变量,常用 $u_k(s_k)$ 表示处于状态 s_k 时的决策变量,它是状态变量的函数,如

$$B_1 \to A_2, \quad 记为 u_2(B_1) = A_2$$

决策变量可取值的全体,称为允许决策集合。常用 $D_k(s_k)$ 表示状态 s_k 的允许决策集合,如

$$D_2(B_1) = \{A_2, B_2, C_2\}, \quad D_2(A_1) = \{A_2, C_2\}$$

4. 过程策略

全过程的各个阶段上所选择的决策组成的全体称之为全过程策略,记为 $P_{1,n}$。

若 $A_0 \to A_1 \to A_2 \to A_3 \to A_4$ 为一决策,则全过程策略可表示为

$$P_{1,n} = \{u_1(s_1), u_2(s_2), \cdots, u_4(s_4)\}$$

由过程的第 k 阶段开始到终止状态为止的过程,称为问题的后子过程(或 k 子过程)。其决策函数序列 $\{u_k(s_k), u_{k+1}(s_{k+1}), \cdots, u_n(s_n)\}$ 称为 k 子过程策略,简称子策略,记为 $p_{k,n}(s_k)$。即

$$p_{k,n}(s_k) = \{u_k(s_k), u_{k+1}(s_{k+1}), \cdots, u_n(s_n)\}$$

在实际问题中,可供选择的策略有一定范围,此范围称为允许策略集合,用 $p_{k,n}(s_k)$ 表示。从允许策略集合中找出达到最优效果的策略称为最优策略。

5. 状态转移方程

状态转移方程是确定过程由一个状态到另一个状态的演变过程。它描述了由 k 阶段到 $(k+1)$ 阶段的状态转移规律,称之为状态转移方程,记为 $s_{k+1} = T_k(s_k, u_k)$。

6. 指标函数和最优值函数

1) 阶段指标函数

用来衡量所实现过程优劣的一种数量指标,称为阶段指标。它是定义在全过程和所有后部子过程上确定的数量函数,常用 v_k 表示。即

$$v_k = v_k\{s_k(i), u_k[s_k(i)]\}$$

由例 8-1 可知,对于阶段中不同状态,采取不同的决策,其运输费用也不同,因此,阶段指标是特定状态和相应决策的函数。

2) 过程指标函数

从第 k 阶段的状态 s_k 出发到最后阶段结束,各阶段效益综合起来反映这个后部子过程的效益,称为过程指标函数,记为 $V_{k,n}$。显然 $V_{k,n}$ 的大小取决于从第 k 阶段到最后阶段所采取的子策略,即

$$V_{k,n} = V_{k,n}(s_k, u_k, s_{k+1}, u_{k+1}, \cdots, s_{n+1}), \quad k = 1, 2, \cdots, n$$

根据实际问题的性质,指标函数 $V_{k,n}$ 可以是各阶段指标的和或积,以及其他函数形

式。对于管理决策的指标函数主要针对和式展开。

由于过程和它的任一子过程的指标是它所包含的各阶段的指标和，即 $V_{k,n} = \sum_{j=k}^{n} v_j(s_j, u_j)$。指标函数具有可加性，其中 $v_j(s_j, u_j)$ 表示第 j 阶段的阶段指标，因此，上式可写成

$$V_{k,n} = v_k(s_k, u_k) + V_{k+1,n}(s_{k+1}, u_{k+1}, \cdots, s_{n+1})$$

由于给定了过程的初始状态及策略，则指标函数也随之确定，所以指标函数是初始状态和策略的函数，记为

$$V_{k,n}[s_k, P_{k,n}(s_k)]$$

其中，$P_{k,n}(s_k)$ 为子策略。

因此，上式也可写成

$$V_{k,n}[s_k, p_{k,n}] = v_k(s_k, u_k) + V_{k+1,n}[s_{k+1}, P_{k+1,n}]$$

3）最优指标函数

从状态 s_k 出发，选取最优策略后得到的指标函数值称为最优指标函数值，记为：$f_k(s_k)$，即

$$f_k(s_k) = \text{OPT} V_{k,n}(s_k, u_k, \cdots, s_{n+1}) = \underset{u_k \in D_k(s_k)}{\text{OPT}} \{v_k(s_k, u_k) + f_{k+1}(s_{k+1})\}$$

$$(k = n, n-1, \cdots, 1)$$

式中，OPT 是 optimization 的缩写，表示最优化，根据数量指标的具体含义可以取 max 或 min。

8.1.2　最优性原理及动态规划的基本方法

1. 最优性原理

作为整个过程的最优策略具有这样的性质，即无论过去的状态和决策如何，对前面的决策所形成的状态而言，余下的各决策必须构成最优策略。简而言之，一个最优策略的子策略总是最优的，这是动态规划的理论基础。

在例 8-1 中，如果 $A_0 \to B_1 \to A_2 \to B_3 \to A_4$ 是 A_0 到 A_4 的最短路线，则 $B_1 \to A_2 \to B_3 \to A_4$ 一定是由 B_1 到 A_4 的最短路线。

2. 逆序解法与顺序解法

动态规划的求解有两种基本方法：逆序解法（后向动态规划方法）、顺序解法（前向动态规划方法）。所谓逆序解法，指的是寻优的方向与多阶段决策过程的实际行进方向相反，即从最后一阶段开始计算，逐段前推；计算前一阶段要用到后一阶段的计算结果；第一阶段的计算结果就是全过程的最优结果。而顺序解法，指的是寻优的方向与多阶段决策过程的实际行进方向相同；从第一阶段开始计算，逐段后推；计算后一阶段要用到前一阶段的计算结果；最后一阶段的计算结果就是全过程的最优结果。

由上所述可知，在使用上述两种方法求解时，除了求解的行进方向不同外，在建模时要注意以下区别：

1）状态转移方式不同

逆序解法中第 k 段的输入状态为 s_k，决策为 u_k，输出状态为 s_{k+1}，即第 $(k+1)$ 阶段的

状态，所以状态转移方程为：$s_{k+1} = T_k(s_k, u_k)$，阶段指标为 $v_k(s_k, u_k)$。

顺序解法中第 k 段的输入状态为 s_{k+1}，决策为 u_k，输出状态为 s_k，所以状态转移方程为：$s_k = T_k(s_{k+1}, u_k)$，阶段指标为 $v_k(s_{k+1}, u_k)$。

2) 指标函数定义不同

逆序解法中，最优指标函数 $f_k(s_k)$ 表示第 k 段从状态 s_k 出发，到终点后部子过程最优效益值。$f_1(s_1)$ 是整体最优函数值。

顺序解法中，最优指标函数 $f_k(s_{k+1})$ 表示第 k 段时从起点到状态 s_{k+1} 的前部子过程最优效益值。$f_n(s_{n+1})$ 是整体最优函数值。

3) 基本方程形式不同

(1) 当指标函数为阶段指标和形式，逆序解法中，$V_{k,n} = \sum_{j=k}^{n} v_j(s_j, u_j)$，则基本方程为

$$\begin{cases} f_k(s_k) = \underset{u_k \in D_k}{\mathrm{OPT}} \{v_k(s_k, u_k) + f_{k+1}(s_{k+1})\} & (k = n, n-1, \cdots, 1) \\ f_{n+1}(s_{n+1}) = 0 \end{cases}$$

其中，$f_{n+1}(s_{n+1}) = 0$ 为边界条件，即第 n 阶段结束后，第 $(n+1)$ 阶段不会产生任何效果。

顺序解法中，$V_{1,k} = \sum_{j=1}^{k} v_j(s_{j+1}, u_j)$，基本方程为

$$\begin{cases} f_k(s_{k+1}) = \underset{u_k \in D_k}{\mathrm{OPT}} \{v_k(s_{k+1}, u_k) + f_{k-1}(s_k)\} & (k = 1, 2, \cdots, n) \\ f_0(s_1) = 0 \end{cases}$$

(2) 当指标函数为阶段指标积形式，逆序解法中，$V_{k,n} = \prod_{j=k}^{n} v_j(s_j, u_j)$，则基本方程为

$$\begin{cases} f_k(s_k) = \underset{u_k \in D_k}{\mathrm{OPT}} \{v_k(s_k, u_k) \cdot f_{k+1}(s_{k+1})\} & (k = n, n-1, \cdots, 1) \\ f_{n+1}(s_{n+1}) = 1 \end{cases}$$

其中，$f_{n+1}(s_{n+1}) = 1$ 为边界条件，即第 n 阶段结束后，第 $(n+1)$ 阶段不会产生任何效果。

顺序解法中，$V_{1,k} = \prod_{j=k}^{n} v_j(s_{j+1}, u_j)$，基本方程为

$$\begin{cases} f_k(s_{k+1}) = \underset{u_k \in D_k}{\mathrm{OPT}} \{v_k(s_{k+1}, u_k) \cdot f_{k-1}(s_k)\} & (k = 1, 2, \cdots, n) \\ f_0(s_1) = 1 \end{cases}$$

以上两种方法在具体的求解过程中，都是将原问题转化为一系列单个问题的求解。但是，两种方法各有优势，一般地，当初始状态给定时，用逆推法比较方便；当终止状态给定时，用顺推法比较方便。后向法求出了各点到目标地的最短路线；而前向法求出了起点到各目的地的最短路线。

8.2 动态规划的模型建立与求解步骤

8.2.1 动态规划的模型建立的基本要求

将一个实际问题建立成动态规划模型时，关键是要分析实际问题的特点能否满足动态规划模型的基本要求。下面就其中几个关键要点说明如下：

(1) 所研究的问题必须能够分成几个相互联系的阶段，而且在每一个阶段都具有需要进行决策的问题。如在例 8-1 选择最优运输路线的例子中，问题的阶段性是很明显的，在每一个阶段都有选择继续走哪条路线的决策问题。而在很多其他类型的决策问题中，问题的阶段性可能并不明显，这时要仔细地识别，如资源分配问题。这一类问题的基本模式是，现有一定数量的资源(如资金、原材料、设备、劳力等)要分配给 m 个($m > 1$)下属企业(或工厂、个人)。由于各企业的人员素质、生产能力、销售情况、成本与质量水平等情况的不同，各企业获得一定数量的该资源后，产生的效益不同。现在的问题是，如何合理地分配这些资源，使该资源发挥的总效益最大。在这类问题中，按时间的阶段性并不显著，但在考虑建立动态规划模型时，可以从分配的先后次序上来人为地赋予分配过程的阶段性。例如，先考虑分配给企业 1 的数量，再依次考虑分配给企业 $2, 3, \cdots, m$ 的数量。很显然在每一个分配阶段都有一个分配给该企业多少资源的决策问题。

(2) 在每一阶段都必须有若干个与该阶段相关的状态，识别每一阶段的状态是建立动态规划模型的关键内容。在一般情况下，状态是所研究系统在该阶段可能处于的情况或条件。状态的选取必须注意以下几个要点：

在所研究问题的各阶段，都能直接或间接确定状态变量的数值。例如，在选择最优运输路线的例 8-1 中，每一阶段的状态是运输主体(人或汽车)在各阶段可能到达的不同城市，这是可以直接确定的。在一般情况下，建模时总是从与决策有关的条件中，或是从问题的约束条件中去选择状态变量，并能通过现阶段的决策，使当前状态转移成下一阶段的某个状态。或者说能够给出状态的转移方程 $s_{k+1} = T_k(s_k, u_k)$。

如在前面提到的资源分配这类问题中，状态应当取为各阶段可能被分配的资源单位数。假设该资源是五台先进的设备，现在有四个工厂提出申请，那么在考虑分配给第一个工厂的台数时，可能的分配量就是 0,1,2,3,4,5。即状态变量 $s_1 = (0,1,2,3,4,5)$。第一个工厂分配完毕后，再考虑第二个工厂的分配问题时，如 $s_1 = 0$，则第二个工厂获得设备台数的可能性仍然是 $s_2 = (0,1,2,3,4,5)$。如果分配给第一个工厂 1 台设备，那么分配给第二个工厂的设备台数只能是 0,1,2,3,4。以此类推，故有状态转移公式 $s_{k+1} = s_k - u_k(s_k)$。

状态的无后效性：所谓状态的无后效性，是指以第 k 阶段的状态 s_k 为出发点的后部子过程的最优策略应与 s_k 状态之前的过程无关。也就是说，当某阶段状态 s_k 一旦给定，其后部子过程就是一个与 s_k 前部子过程无关的独立过程。这一点并不是每个问题都很容易满足的。例如，著名的旅行推销员问题，有 N 个城市，要求一个推销员从某城市出发去推销产品，每个城市至少要去一次，最后回到原来的出发城市，而走的路线最短。对于这个问题就不能再以城市的位置作为状态变量，因为它不满足无后效性的要求。

(3) 具有明确的指标函数 $V_{k,n}$，而且阶段指标值 $d(s_k,u_k)$ 可以计算，能正确列出最优指标函数 $f_k(s_k)$ 的递推公式和边界条件。

8.2.2 动态规划的求解步骤

首先将问题合理分成阶段。设阶段总数为 m，给定边界条件 $f_{m+1}(s_{m+1})$。然后从最后一个阶段 m 的优化开始，逐步向前一阶段推进，直到第一阶段为止。在每一个阶段都进行如下的步骤：

(1) 列出本阶段所有可能的状态变量 s_k，按时间或空间的先后顺序将问题划分为满足某种递推关系的若干阶段。

(2) 对每一个状态 s_k，列出可能的决策变量 $u_k(s_k)$。

状态变量应满足可知性和无后效性。可知性是指过程的各阶段状态变量的取值，都能直接或间接地确定。通常选择随递推关系累计的量或按某种规律变化的量作为状态变量。

(3) 对每一对 $s_k, u_k(s_k)$，计算本阶段的指标值 $d_k(s_k,u_k)$。

(4) 利用状态转移方程 $s_{k+1}=T_k(s_k,u_k)$，对每对 $s_k, u_k(s_k)$ 求出 s_{k+1} 的值。

(5) 计算每一对 $s_k, u_k(s_k)$ 的指标值 $d_k(s_k,u_k)+f_{k+1}(s_{k+1})$。

(6) 将第(5)步中各指标值进行比较，取最优者（最大值或最小值）为从本阶段 s_k 状态开始的后部子过程的最优指标 $f_k(s_k)$，相应的决策 $u_k(s_k)$ 即是本阶段以 s_k 为起始状态的最优决策 $u_k^*(s_k)$。

(7) 在第一阶段的最优决策 $u_1^*(s_1^*)$ 确定之后，第一阶段的最优初始 s_1^* 即可确定，然后根据状态转移方程 $s_{k+1}^*=T_k(s_k^*,u_k^*)$ 确定下一阶段的最优状态 s_{k+1}^*。这样，最优策略所经过的各阶段最优状态 s_k^* 即可逐次得到，从而确定最优策略的状态变化路线。

8.2.3 动态规划的模型分类

状态转移演进的过程可能是确定的，也可能是随机的；决策变量取值要求可能是离散取值，也可能是连续取值。因此，可把动态规划模型分类，如表 8-1 所示。

表 8-1

决策变量	演进过程	
	确定过程	随机过程
离散取值	离散确定型	离散随机型
连续取值	连续确定型	连续随机型

注意：如果状态转移演进的过程是随机的，需要借助概率论中有关期望的概念和性质，它是一个随机规划问题。

8.3 逆序求解递推过程

对于例 8-1 中满足多阶段决策问题的条件，我们可将其划分为四个阶段，而且还很容易找到满足无后效性的状态，并很容易看出过程指标函数 $V_{k,n}$ 是加法合成关系，所以递推

方程为

$$\begin{cases} f_k(s_k) = \underset{u_k \in D_k}{\text{OPT}}\{V_k(s_k,u_k) + f_{k+1}(s_{k+1})\}(k=4,3,2,1) \\ f_5(s_5) = 0 \end{cases}$$

现在用 8.1.2 节中的逆序法进行求解例 8-1。

1. 逆序标号

（1）从终点开始标号，给某公司 A_4 标上 $(A_4,0)$，前一个标号是路径标识，后一个标号是路长距离，如图 8-3 所示。

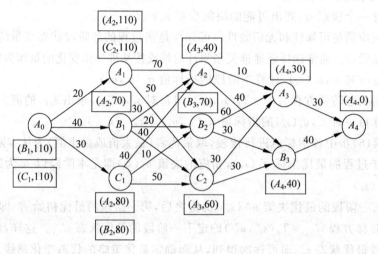

图 8-3

（2）给第四阶段的状态 A_3，B_3 标号，分别寻求各个中转城市到某公司 A_4 的最短路线和路长。显然，如果从状态 A_3 出发，最短路长为 30；如果从 B_3 状态出发，最短路长为 40。因此，给中转城市 A_3 标上 $(A_4,30)$，给 B_3 标上 $(A_4,40)$。

（3）给第三阶段的状态 A_2，B_2，C_2 标号，分别寻求 A_2，B_2，C_2 到中转城市再到某公司 A_4 的最短路线和路长。如果从状态 A_2 出发，最短路长为 $\min\{10+30,40+40\}=40$；如果从状态 B_2 出发，最短路长为 $\min\{60+30,30+40\}=70$；如果从状态 C_2 出发，最短路长为 $\min\{30+30,30+40\}=60$。故给 A_2，B_2，C_2 分别标上 $(A_3,40)$，$(B_3,70)$，$(A_3,60)$。

（4）再给第二阶段的状态 A_1，B_1，C_1 标号，分别寻求 A_1，B_1，C_1 到 A_2，B_2，C_2，再到 A_3，B_3，之后到某公司 A_4 的最短路线和路长。如果从状态 A_1 出发，最短路长为 $\min\{70+40,50+60\}=110$；如果从状态 B_1 出发，最短路长为 $\min\{30+40,20+70,40+60\}=70$；如果从状态 C_1 出发，则最短路长为 $\min\{40+40,10+70,50+60\}=80$；因此，给 A_1 标上 $(A_2,110)$ 或 $(C_2,110)$，B_1 标上 $(A_2,70)$，C_1 标上 $(A_2,80)$ 或 $(B_2,80)$。

（5）给第一阶段的已知状态，即始点 A_0 标号，分别寻求公司 A_0 到 A_1，B_1，C_1，再到 A_2，B_2，C_2，再到 A_3，B_3，之后到某公司 A_4 的最短路线和路长。最短路长为 $\min\{20+110,40+70,30+80\}=110$，因此，给 A_0 标上 $(B_1,110)$ 或 $(C_1,110)$。

顺序追踪寻求最短路径为：$A_0 \to B_1 \to A_2 \to A_3 \to A_4$ 或 $A_0 \to C_1 \to A_2 \to A_3 \to A_4$ 或 $A_0 \to C_1 \to B_2 \to B_3 \to A_4$，组成最佳策略。

2. 递推算法

当 $k=4$ 时

$$f_4(s_4) = \mathop{\text{OPT}}_{u_4 \in D_4} \{v_4(s_4, u_4(s_4)) + f_5(s_5)\},$$

$$s_4 = A_3, B_3, \quad D_4(A_3) = \{A_4\}, \quad D_4(B_3) = \{A_4\}$$

由于 $f_5(s_5)=0$
因此有

$$f_4(A_3) = \min_{u_4 \in D_4(A_3)} \{v(s_4, u_4)\} = \min\{v(A_3, A_4)\} = 30$$

最优决策：$A_3 \to A_4$。

$$f_4(B_3) = \min_{u_4 \in D_4(B_3)} \{v(s_4, u_4)\} = \min\{v(B_3, A_4)\} = 40$$

最优决策：$B_3 \to A_4$。

当 $k=3$ 时，$s_3 = A_2, B_2, C_2$

$$D_3(A_2) = D_3(B_2) = D_3(C_2) = \{A_3, B_3\}$$

$$f_3(A_2) = \min_{u_3 \in D_3(A_2)} \{v(A_2, u_3) + f_4(s_4)\}$$

$$= \min\{v(A_2, A_3) + f_4(A_3), v(A_2, B_3) + f_4(B_3)\}$$

$$= \min\{10+30, 40+40\} = 40$$

最优决策：$A_2 \to A_3$。

$$f_3(B_2) = \min_{u_3 \in D_3(B_2)} \{v(B_2, u_3) + f_4(s_4)\} = \min\{v(B_2, A_3) + f_4(A_3), v(B_2, B_3) + f_4(B_3)\}$$

$$= \min\{60+30, 30+40\} = 70$$

最优决策：$B_2 \to B_3$。

$$f_3(C_2) = \min_{u_3 \in D_3(C_2)} \{v(C_2 + u_3) + f_4(s_4)\}$$

$$= \min\{v(C_2, A_3) + f_4(A_3), v(C_2, B_3) + f_4(B_3)\}$$

$$= \min\{30+30, 30+40\} = 60$$

最优决策：$C_2 \to A_3$。

当 $k=2$ 时，$s_2 = A_1, B_1, C_1$

$$D_2(A_1) = \{A_2, C_2\}, D_2(B_1) = D_2(C_1) = \{A_2, B_2, C_2\}$$

$$f_2(A_1) = \min_{u_2 \in D_2(A_1)} \{v(A_1, u_2) + f_3(s_3)\}$$

$$= \min\{v(A_1, A_2) + f_3(A_2), v(A_1, C_2) + f_3(C_2)\}$$

$$= \min\{70+40, 50+60\} = 110$$

最优决策：$A_1 \to A_2, A_1 \to C_2$。

$$f_2(B_1) = \min_{u_2 \in D_2(B_1)} \{v(B_1, u_2) + f_3(s_3)\}$$

$$= \min\{v(B_1, A_2) + f_3(A_2), v(B_1, B_2) + f_3(B_2), v(B_1, C_2) + f_3(C_2)\}$$

$$= \min\{30+40, 20+70, 40+60\} = 70$$

最优决策：$B_1 \to A_2$。

$$f_2(C_1) = \min_{u_2 \in D_2(C_1)} \{v(C_2, u_2) + f_3(s_3)\}$$
$$= \min\{v(C_1, A_2) + f_3(A_2), v(C_1, B_2) + f_3(B_2), v(C_1, C_2) + f_3(C_2)\}$$
$$= \min\{40+40, 10+70, 50+60\} = 80$$

最优决策：$C_1 \to A_2, C_1 \to B_2$。

当 $k=1$ 时，$s_1 = A_0, D_1(A_0) = \{A_1, B_1, C_1\}$

$$f_1(A_0) = \min_{u_1 \in D_1(A_0)} \{v(A_0, u_1) + f_2(s_2)\}$$
$$= \min\{v(A_0, A_1) + f_2(A_1), v(A_0, B_1) + f_2(B_1), v(A_0, C_1) + f_2(C_1)\}$$
$$= \min\{20+110, 40+70, 30+80\} = 110$$

最优决策：$A_0 \to B_1, A_0 \to C_1$。

所以 $A_0 \to A_4$ 的最短距离为 110，最短路为

$$A_0 \to B_1 \to A_2 \to A_3 \to A_4$$
$$A_0 \to C_1 \to A_2 \to A_3 \to A_4$$
$$A_0 \to C_1 \to B_2 \to B_3 \to A_4$$

动态规划问题一般用逆序算法求解，或说寻优方向是逆序而行的。

【例 8-2】 利用动态规划的顺推解法求解下述问题。

$$\max F(u) = 4u_1^2 - u_2^2 + 2u_3^2 + 12$$
$$\begin{cases} 3u_1 + 2u_2 + u_3 \leqslant 9 \\ u_1, u_2, u_3 \geqslant 0 \end{cases}$$

解：按问题中变量的个数分为三个阶段。设状态变量为 s_0, s_1, s_2, s_3，并记 $s_3 \leqslant 9$；取 u_1, u_2, u_3 为各阶段的决策变量；各阶段指标函数按加法方式结合。

令最优值函数 $f_k(s_k)$ 表示第 k 阶段的结束状态为 s_3，从第 1 阶段到第 k 阶段的最大值。

设

$$3u_1 = s_1, \quad s_1 + 2u_2 = s_2, \quad s_2 + u_3 = s_3$$

则有

$$u_1 = \frac{s_1}{3}, \quad 0 \leqslant u_2 \leqslant \frac{s_2}{2}, \quad 0 \leqslant u_3 \leqslant s_3$$

用顺推法，从前向后依次有：

当 $k=1$ 时，有

$$f_1(s_1) = \max_{u_1 = \frac{s_1}{3}} (4u_1^2) = \frac{4s_1^2}{9}, \quad u_1^* = \frac{s_1}{3}$$

当 $k=2$ 时，有

$$f_2(s_2) = \max_{0 \leqslant u_2 \leqslant \frac{s_2}{2}} [-u_2^2 + f_1(s_1)] = \max_{0 \leqslant u_2 \leqslant \frac{s_2}{2}} \left[-u_2^2 + \frac{4}{9}(s_2 - 2u_2)^2\right]$$

令

$$h_2(u_2) = -u_2^2 + \frac{4}{9}(s_2 - 2u_2)^2$$

由 $\dfrac{\mathrm{d}h_2}{\mathrm{d}u_2} = \dfrac{14}{9}u_2 - \dfrac{16}{9}s_2 = 0$，解得 $u_2 = \dfrac{8}{7}s_2$，由于该点不在允许决策集合内，所以最大值点不可能在该点取得，所以无须验证。因此，$h_2(u_2)$ 的最大值必在两个端点上选取。计算得到 $h_2(0) = \dfrac{4}{9}s_2^2$，$h_2\left(\dfrac{1}{2}s_2\right) = -\dfrac{1}{4}s_2^2$。因此，$h_2(u_2)$ 的最大值点在 $u_2 = 0$ 处选取。因此有 $f_2(s_2) = \dfrac{4}{9}s_2^2$，$u_2^* = 0$。

当 $k = 3$ 时，有

$$f_3(s_3) = \max_{0 \leqslant u_3 \leqslant s_3}[2u_3^2 + 12 + f_2(s_2)] = \max_{0 \leqslant u_3 \leqslant s_3}\left[2u_3^2 + 12 + \frac{4}{9}s_2^2\right]$$

$$= \max_{0 \leqslant u_3 \leqslant s_3}\left[2u_3^2 + 12 + \frac{4}{9}(s_3 - u_3)^2\right]$$

令

$$h_3(u_3) = 2u_3^2 + 12 + \frac{4}{9}(s_3 - u_3)^2, \quad \frac{\mathrm{d}h_3}{\mathrm{d}u_3} = \frac{44}{9}u_3 - \frac{8}{9}s_3 = 0$$

解得 $u_3 = \dfrac{2}{11}s_3$，又 $\dfrac{\mathrm{d}^2 h_3}{\mathrm{d}u_3^2} = \dfrac{44}{9} > 0$，所以 $u_3 = \dfrac{2}{11}s_3$ 为极小值点，由此可得，函数 $h_3(u_3)$ 的最大值点必在两个端点上选取。计算两个端点的函数值，有

$$h_3(0) = \frac{4}{9}s_3^2 + 12, \quad h_3(s_3) = 2s_3^2 + 12$$

所以 $h_3(u_3)$ 的最大值点在 $u_3 = s_3$ 处。由此可知 $f_3(s_3) = 2s_3^2 + 12$，$u_3^* = s_3$。
由于 s_3 未知，故须再对 s_3 求一次极值，即

$$\max_{0 \leqslant s_3 \leqslant 9} f_3(s_3) = \max_{0 \leqslant s_3 \leqslant 9}[2s_3^2 + 12]$$

显然，当 $s_3 = 9$ 时，$f_3(s_3)$ 达到最大值，即

$$f_3(9) = 2 \times 9^2 + 12 = 174$$

再按计算的顺序反推算，可以求得最优解和最优值

$$u_1^* = 0, \quad u_2^* = 0, \quad u_3^* = 9, \quad \max F(u) = f_3(9) = 174$$

8.4 动态规划的应用

8.4.1 资源分配问题

在资源分配问题中，还有一种要考虑资源回收利用的问题，这里决策变量为连续值，故称为资源连续分配问题。这类分配问题一般叙述如下：

设有数量为 s_1 的某种资源，可投入生产 A 和 B 两种产品。第一年若以数量 u_1 投入生产 A，剩下的资源量 $(s_1 - u_1)$ 就投入生产 B，则可得收入为 $[g(u_1) + h(s_1 - u_1)]$，其中 $g(u_1)$ 和 $h(u_1)$ 为已知函数，且以 $g(0) = h(0) = 0$。这种资源在投入生产 A 和 B 两种产品后，年终还可回收再投入生产。设年回收率分别为 $0 < a < 1$ 和 $0 < b < 1$，则在第一年生产

后,回收的资源量合计为 $s_2 = au_1 + b(s_1 - u_1)$,第二年再将资源数量 s_2 中的 u_2 和 $(s_2 - u_2)$ 分别再投入生产 A 和 B 两种产品,则第二年又可得到收入为 $[g(u_2) + h(s_2 - u_2)]$。如此继续进行 n 年,试问应当如何决定每年投入生产 A 的资源 $u_1, u_2, \cdots, u_n$,才能使得总的收入最大。

此问题的数学模型可以写成

$$\max z = g(u_1) + h(s_1 - u_1) + g(u_2) + h(s_2 - u_2) + \cdots + g(u_n) + h(s_n - u_n)$$

$$\begin{cases} s_2 = au_1 + b(s_1 - u_1) \\ s_3 = au_2 + b(s_2 - u_2) \\ \vdots \quad \vdots \quad \vdots \\ s_{n+1} = au_n + b(s_n - u_n) \\ 0 \leqslant u_i \leqslant s_i \quad (i = 1, 2, \cdots, n) \end{cases}$$

下面用动态规划方法来处理:设 s_k 为状态变量,表示在第 k 阶段(第 k 年)可投入生产 A 和 B 两种产品的资源量。u_k 为决策变量,表示在第 k 阶段(第 k 年)用于生产 A 的资源量,则 $(s_k - u_k)$ 为用于生产 B 的资源量。状态转移方程为

$$s_{k+1} = au_k + b(s_k - u_k)$$

最优值函数 $f_k(s_k)$ 表示有资源 s_k,从第 k 阶段至第 n 阶段采取最优分配方案进行生产后所得到的最大总收入。因此可以写出动态规划的逆推关系式为

$$\begin{cases} f_n(s_n) = \max_{0 \leqslant u_n \leqslant s_n} \{g(u_n) + h(s_n - u_n)\} \\ f_k(s_k) = \max_{0 \leqslant u_k \leqslant s_k} \{g(u_k) + h(s_k - u_k) + f_{k+1}[au_k + b(s_k - u_k)]\} \quad (k = n-1, n-1, \cdots, 1) \end{cases}$$

最后求出的 $f_1(s_1)$ 即为所求问题的最大收入。

【例 8-3】 有 1 000 台机器生产 A, B 两种产品,用 Y 台机器生产 A 产品,可获得收入 $5Y$,用 Y 台机器生产 B 产品,可获得收入 $4Y$,一年后,生产 A 产品的机器完好率为 0.8,生产 B 产品的机器完好率为 0.9。问五年内如何安排生产 A, B 两种产品,使得总收入最大?

解:设 k 表示年度,s_k 为第 k 年初完好机器数[亦即第 $(k-1)$ 年末完好机器数],u_k 为第 k 年安排生产 A 产品的机器数[生产 B 产品的机器数为 $(s_k - u_k)$]。则允许决策集合

$$D_k(s_k) = \{u_k \mid 0 \leqslant u_k \leqslant s_k\}$$

状态转移方程为

$$s_{k+1} = 0.8u_k + 0.9(s_k - u_k) = 0.9s_k - 0.1u_k$$

基本方程为

$$\begin{cases} f_k(s_k) = \max_{u_k \in D_k(s_k)} \{v(s_k, u_k) + f_{k+1}(s_{k+1})\} \\ \quad\quad = \max_{u_k \in D_k(s_k)} \{5u_k + 4(s_k - u_k) + f_{k+1}(s_{k+1})\} \\ f_6(s_6) = 0 \quad (k = 5, 4, 3, 2, 1) \end{cases}$$

其中

$$s_{k+1} = 0.9s_k - 0.1u_k$$

当 $k = 5$ 时

$$f_5(s_5) = \max_{0 \leq u_5 \leq s_5} \{5u_5 + 4(s_5 - u_5) + f_6(s_6)\} = \max_{0 \leq u_5 \leq s_5} \{4s_5 + u_5\} = 5s_5$$

最优决策 $u_5^* = s_5$,即第五年所有设备都用于生产 A 产品。

当 $k=4$ 时

$$f_4(s_4) = \max_{0 \leq u_4 \leq s_4} \{5u_4 + 4(s_4 - u_4) + f_5(s_5)\} = \max_{0 \leq u_4 \leq s_4} \{4s_4 + u_4 + 5s_5\}$$

$$= \max_{0 \leq u_4 \leq s_4} \{4s_4 + u_4 + 5(0.9s_4 - 0.1u_4)\} = \max_{0 \leq u_4 \leq s_4} \{8.5s_4 + 0.5u_4\} = 9s_4$$

最优决策 $u_4^* = s_4$,即第四年所有设备都用于生产 A 产品。

当 $k=3$ 时

$$f_3(s_3) = \max_{0 \leq u_3 \leq s_3} \{5u_3 + 4(s_3 - u_3) + f_4(s_4)\} = \max_{0 \leq u_3 \leq s_3} \{4s_3 + u_3 + 9s_4\}$$

$$= \max_{0 \leq u_3 \leq s_3} \{4s_3 + u_3 + 9(0.9s_3 - 0.1u_3)\} = \max_{0 \leq u_3 \leq s_3} \{12.1s_3 + 0.1u_3\} = 12.2s_3$$

最优决策 $u_3^* = s_3$,即第三年所有机器都用于生产 A 产品。

当 $k=2$ 时

$$f_2(s_2) = \max_{0 \leq u_2 \leq s_2} \{5u_2 + 4(s_2 - u_2) + f_3(s_3)\} = \max_{0 \leq u_2 \leq s_2} \{4s_2 + u_2 + 12.2s_3\}$$

$$= \max_{0 \leq u_2 \leq s_2} \{14.98s_2 - 0.22u_2\} = 14.98s_2$$

最优决策 $u_2^* = 0$,即第二年所有设备都用于生产 B 产品。

当 $k=1$ 时

$$f_1(s_1) = \max_{0 \leq u_1 \leq s_1} \{5u_1 + 4(s_1 - u_1) + f_2(s_2)\} = \max_{0 \leq u_1 \leq s_1} \{4s_1 + u_1 + 14.98s_2\}$$

$$= \max_{0 \leq u_1 \leq s_1} \{17.482s_1 - 0.498u_1\} = 17.482s_1$$

最优决策 $u_1^* = 0$,即第一年所有设备都用于生产 B 产品。
最优策略 $\boldsymbol{P}^* = \{u_1^* = 0, u_2^* = 0, u_3^* = s_3, u_4^* = s_4, u_5^* = s_5\}$
由题意知:$s_1 = 1\,000, s_2 = 0.9s_1 - 0.1u_1 = 900, s_3 = 0.9s_2 - 0.1u_2 = 810$
$s_4 = 0.9s_3 - 0.1u_3 = 0.8s_3 = 648$, $s_5 = 0.9s_4 - 0.1u_4 = 0.8s_4 = 518.4$
最优策略 $\boldsymbol{P}^* = (0, 0, 810, 648, 518.4)$,最大收入为 17 482。

8.4.2 生产计划问题

设某公司对某种产品要制订一项 n 阶段的生产计划。已知它的库存量为零,每阶段生产该产品的数量有上限限制;每阶段社会对该产品的需求量已知,公司保证供应;在 n 阶段末的终结库存量为零。问该公司如何制订每个阶段的生产计划,从而使总成本最小。

设 d_k 为第 k 阶段对该产品的需求量,u_k 为第 k 阶段该产品的生产量,s_k 为第 k 阶段结束时的产品库存量。则有 $s_k = s_{k-1} + u_k - d_k$。

$c_k(u_k)$ 表示第 k 阶段生产产品 u_k 时的生产成本,它包含生产准备成本 K 和产品成本 au_k(其中 a 是单位产品成本)。即

$$c_k(u_k) = \begin{cases} 0 & (u_k = 0) \\ K + au_k & (0 < u_k \leq m) \end{cases}$$

式中，m 为每阶段生产产品的上限数。

设 $h_k(s_k)$ 表示第 k 阶段结束时有库存量 s_k 所需的存储费用。则上述问题的数学模型为

$$\min z = \sum_{k=1}^{n}[c_k(u_k) + h_k(s_k)]$$

$$\begin{cases} s_0 = s_n = 0 \\ s_k = \sum_{j=1}^{k}(u_j - d_j) \geqslant 0 \quad (k = 2, 3, \cdots, n-1) \\ 0 < u_k \leqslant m \quad (k = 1, 2, \cdots, n) \\ u_k \text{ 为整数} \quad (k = 1, 2, \cdots, n) \end{cases}$$

用动态规划方法求解，把它看成一个 n 阶段决策问题，令 s_k 为状态变量，它表示在第 k 阶段结束时的库存量；u_k 为决策变量，表示第 k 阶段的生产量；d_k 表示第 k 阶段的需求量。状态转移方程为

$$s_k = s_{k-1} + u_k - d_k \quad (k = 1, 2, \cdots, n)$$

最优值函数 $f_k(s_k)$ 表示从第 1 阶段到第 k 阶段的最小成本费用。

因此可写出顺序递推关系式

$$\begin{cases} f_k(s_k) = \min_{0 \leqslant u_k \leqslant \sigma_k} \{c_k(u_k) + h_k(s_k) + f_{k-1}(s_{k-1})\} \quad (k = 1, 2, \cdots, n) \\ f_0(s_0) = 0 \end{cases}$$

式中，$\sigma_k = (s_k + d_k, m)$。

从边界条件出发，利用上面的递推关系式，对每个 k 计算出 $f_k(s_k)$ 中 s_k 在 $0 \sim \min\left[\sum_{j=k+1}^{n} d_j, m - d_k\right]$ 的值，最后求出的 $f_n(0)$ 即为最小费用。

【例 8-4】 某工厂要对一种产品制订今后五个时期的生产计划，根据经验，已知今后五个时期的产品需求量见表 8-2，假定该工厂生产每批产品的固定成本为 3 000 元，不生产就为 0；产品的单位成本为 1 000 元；每时期生产能力不超过 6 个单位；每个时期末未销售的产品需存储，单位存储费为 500 元。还假设在第一时期的初始库存和第五时期末的库存量都为 0。试问该工厂如何安排各时期的生产，才能在满足市场需求的条件下，使总成本最小。

表 8-2

时期 (k)	1	2	3	4	5
需求量 (d_k)	2	3	2	4	3

解：设 d_k 为第 k 时期对该产品的需求量；u_k 为决策变量，表示第 k 时期该产品的生产量；s_k 为状态变量，表示第 k 时期结束时的产品库存量；状态转移方程为

$$s_k = s_{k-1} + u_k - d_k \quad (k = 1, 2, \cdots, 5)$$

$c_k(u_k)$ 表示第 k 时期生产产品 u_k 时的生产成本，即

$$c_k(u_k) = \begin{cases} 0 \quad (u_k = 0) \\ 3 + u_k \quad (0 < u_k \leqslant 6) \end{cases}$$

$h_k(s_k)$ 表示在第 k 阶段结束时,有库存量 s_k 所需的存储费用,$h_k(s_k)=0.5s_k$,$f_k(s_k)=c_k(u_k)+h_k(s_k)$ 表示从第一时期到第 k 时期的最小总成本。因而可写出如下数学模型

$$\min z = \sum_{k=1}^{5}[c_k(u_k)+h_k(s_k)]$$

$$\begin{cases} s_0=s_5=0 \\ s_k=\sum_{j=1}^{k}(u_j-d_j) \geqslant 0 \quad (k=2,3,4) \\ 0<u_k \leqslant 6 \quad (k=1,2,\cdots,5) \\ u_k \text{ 为整数} \quad (k=1,2,\cdots,5) \end{cases}$$

动态规划顺序递推关系式为

$$\begin{cases} f_k(s_k)=\min_{0 \leqslant u_k \leqslant \sigma_k}\{c_k(u_k)+h_k(s_k)+f_{k-1}(s_{k-1})\} \quad (k=1,2,\cdots,5) \\ f_0(s_0)=0 \end{cases}$$

式中,$\sigma_k=(s_k+d_k,6)$。

当 $k=1$ 时,有

$$f_1(s_1)=\min_{u_1=\min(s_1+2,6)}\{c_1(u_1)+h_1(s_1)+f_0(s_0)\}=\min_{u_1=\min(s_1+2,6)}\{c_1(u_1)+h_1(s_1)\}$$

对 s_1 在 $0 \sim \min\{\sum_{j=2}^{5}d_j,6-d_1\}=\min\{12,4\}=4$ 的值,分别进行计算,有

$s_1=0$ 时,$f_1(0)=3+u_1+0.5\times 0=5$,解得 $u_1=2$;
$s_1=1$ 时,$f_1(1)=3+u_1+0.5\times 1=6.5$,解得 $u_1=3$;
$s_1=2$ 时,$f_1(1)=3+u_1+0.5\times 2=8$,解得 $u_1=4$;
$s_1=3$ 时,$f_1(1)=3+u_1+0.5\times 3=9.5$,解得 $u_1=5$;
$s_1=4$ 时,$f_1(1)=3+u_1+0.5\times 4=11$,解得 $u_1=6$。

当 $k=2$ 时,有

$$f_2(s_2)=\min_{0 \leqslant u_2 \leqslant \sigma_2}\{c_2(u_2)+h_2(s_2)+f_1(s_2+3-u_2)\}$$

式中,$\sigma_2=\min\{s_2+3,6\}$。对 s_2 在 $0 \sim \min\{\sum_{j=3}^{5}d_j,6-d_2\}=\min\{9,3\}=3$ 的值,分别进行计算,有

$s_2=0$ 时,

$$f_2(s_2)=f_2(0)=\min_{0 \leqslant u_2 \leqslant 3}\{c_2(u_2)+h_2(s_2)+f_1(s_2+3-u_2)\}$$

$$=\min\begin{bmatrix} c_2(0)+h_2(0)+f_1(3) \\ c_2(1)+h_2(0)+f_1(2) \\ c_2(2)+h_2(0)+f_1(1) \\ c_2(3)+h_2(0)+f_1(0) \end{bmatrix}=\min\begin{bmatrix} (0+0)+0+9.5 \\ (3+1)+0+8 \\ (3+2)+0+6.5 \\ (3+3)+0+5 \end{bmatrix}=9.5, \quad \text{解得:} u_2=0$$

$s_2=1$ 时,

$$f_2(1)=\min_{0 \leqslant u_2 \leqslant 4}\{c_2(u_2)+h_2(s_2)+f_1(s_2+3-u_2)\}=11.5, \quad \text{解得:} u_2=0$$

同理,可得

$$f_2(2) = \min_{0 \leq u_2 \leq 5} \{c_2(u_2) + h_2(s_2) + f_1(s_2 + 3 - u_2)\} = 14, \quad 解得：u_2 = 5$$

$$f_2(3) = \min_{0 \leq u_2 \leq 6} \{c_2(u_2) + h_2(s_2) + f_1(s_2 + 3 - u_2)\} = 14, \quad 解得：u_2 = 6$$

注意：在计算 $f_2(2)$ 与 $f_2(3)$ 时，由于每个时期的最大生产量为 6 个单位，因此，$f_1(5)$ 与 $f_1(6)$ 是没有意义的，所以取 $f_1(5) = f_1(6) = \infty$，其余类推。

当 $k=3$ 时，有

$$f_3(s_3) = \min_{0 \leq u_3 \leq \sigma_3} \{c_3(u_3) + h_3(s_3) + f_2(s_3 + 2 - u_3)\}$$

式中，$\sigma_3 = \min\{s_3 + 2, 6\}$。对 s_3 在 $0 \sim \min\{\sum_{j=4}^{5} d_j, 6 - d_3\} = \min\{7, 4\} = 4$ 的值，分别进行计算，有

$f_3(0) = 14, \quad u_3 = 0; \quad f_3(1) = 16, \quad u_3 = 0$ 或 $u_3 = 3; \quad f_3(2) = 17.5,$
$u_3 = 4; \quad f_3(3) = 19, \quad u_3 = 5; \quad f_3(4) = 20.5, \quad u_3 = 6$

当 $k=4$ 时，有

$$f_4(s_4) = \min_{0 \leq u_4 \leq \sigma_4} \{c_4(u_4) + h_4(s_4) + f_3(s_4 + 4 - u_4)\}$$

式中，$\sigma_4 = \min\{s_4 + 4, 6\}$。对 s_4 在 $0 \sim \min\{\sum_{j=5}^{5} d_j, 6 - d_4\} = \min\{3, 2\} = 2$ 的值，分别进行计算，有

$f_4(0) = 20.5, \quad u_4 = 0; \quad f_4(1) = 22.5, \quad u_4 = 5; \quad f_4(2) = 24, \quad u_4 = 6$

当 $k=5$ 时，有

$$f_5(s_5) = \min_{0 \leq u_5 \leq \sigma_5} \{c_5(u_5) + h_5(s_5) + f_4(s_5 + 3 - u_5)\}$$

式中，$\sigma_5 = \min\{s_5 + 3, 6\}$。由于要求第 5 时期的库存量为 0，故有 $s_5 = 0$。

$$f_5(s_5) = \min_{0 \leq u_5 \leq 3} \{c_5(u_5) + h_5(s_5) + f_4(s_5 + 3 - u_5)\}$$

$$= \min \begin{bmatrix} c_5(0) + h_5(0) + f_4(3) \\ c_5(1) + h_5(0) + f_4(2) \\ c_5(2) + h_5(0) + f_4(1) \\ c_5(3) + h_5(0) + f_4(0) \end{bmatrix} = \min \begin{bmatrix} 0 + 0 + \infty \\ (3+1) + 0 + 24 \\ (3+2) + 0 + 22.5 \\ (3+3) + 0 + 20.5 \end{bmatrix} = 26.5, 解得：u_5 = 3$$

再按计算的顺序反推，即可找出每个时期的最优生产决策为

$$u_1 = 5, \quad u_2 = 0, \quad u_3 = 6, \quad u_4 = 0, \quad u_5 = 3$$

其相应的最小成本为 26.5 千元。

8.4.3 随机采购问题

【例 8-5】 某公司需要在近四周内采购一批原料，估计在未来四周内的价格可能有 60，80，90 和 100 四种状态，各状态发生的概率分别为 0.2，0.3，0.3 和 0.2，试求各周应以什么样的价格购入原料，才能使采购价格期望值最小？

解：阶段：将每一周作为一个阶段，即 $k=1,2,3,4$；决策变量：决策变量 u_k 表示第 k 周决定是否采购，$u_k=1$ 代表第 k 周决定采购，$u_k=0$ 代表第 k 周决定等待；状态变量：状态变量 s_k 代表第 k 周原材料的市场价格；中间变量：y_k 代表第 k 周决定等待，而在以后

采购最佳子策略时的采购价格期望值;最优指标函数:是否采购决定于目前市场价格与等待价格期望值的相对大小,如果前者大于后者,应决定等待;如果后者大于前者,则应决定采购。于是 $f_k(s_k) = \min\{s_k, y_k\}$;边界条件:对于第四周,因为没有继续等待的余地,所以 $f_4(s_4) = s_4$,即

$$f_4(s_4 = 60) = 60, \quad f_4(s_4 = 80) = 80, \quad f_4(s_4 = 90) = 90, \quad f_4(s_4 = 100) = 100$$

$$y_k = E\{f_{k+1}(s_{k+1})\} = 0.2 f_{k+1}(60) + 0.3 f_{k+1}(80) + 0.3 f_{k+1}(90) + 0.2 f_{k+1}(100)$$

$$u_k = \begin{cases} 1 & [f_k(s_k) = s_k] \\ 0 & [f_k(s_k) = y_k] \end{cases}$$

当 $k=4$ 时,只有一种选择:

$$f_4(s_4 = 60) = 60, \quad f_4(s_4 = 80) = 80, \quad f_4(s_4 = 90) = 90, \quad f_4(s_4 = 100) = 100$$

当 $k=3$ 时,有

$$y_3 = 0.2 f_4(60) + 0.3 f_4(80) + 0.3 f_4(90) + 0.2 f_4(100)$$
$$= 0.2 \times 60 + 0.3 \times 80 + 0.3 \times 90 + 0.2 \times 100 = 83$$

于是有

$$f_3(s_3) = \min\{s_3, y_3\} = \min\{s_3, 83\} = \begin{cases} 60 & (s_3 = 60) \\ 80 & (s_3 = 80) \\ 83 & (s_3 = 90) \\ 83 & (s_3 = 100) \end{cases}$$

即第三周期的最佳策略为

$$u_3 = \begin{cases} 1 & (s_3 = 60, 80) \\ 0 & (s_3 = 90, 100) \end{cases}$$

当 $k=2$ 时,有

$$y_2 = 0.2 f_3(60) + 0.3 f_3(80) + 0.3 f_3(90) + 0.2 f_3(100)$$
$$= 0.2 \times 60 + 0.3 \times 80 + 0.3 \times 83 + 0.2 \times 83 = 77.5$$

于是有

$$f_2(s_2) = \min\{s_2, y_2\} = \min\{s_2, 77.5\} = \begin{cases} 60 & (s_3 = 60) \\ 77.5 & (s_3 = 80) \\ 77.5 & (s_3 = 90) \\ 77.5 & (s_3 = 100) \end{cases}$$

即第二周期的最佳策略为

$$u_2 = \begin{cases} 1 & (s_3 = 60) \\ 0 & (s_3 = 80, 90, 100) \end{cases}$$

当 $k=1$ 时,有

$$y_1 = 0.2 f_2(60) + 0.3 f_2(80) + 0.3 f_2(90) + 0.2 f_2(100)$$
$$= 0.2 \times 60 + 0.3 \times 77.5 + 0.3 \times 77.5 + 0.2 \times 77.5 = 74$$

于是有

$$f_1(s_1) = \min\{s_1, y_1\} = \min\{s_1, 74\} = \begin{cases} 60 & (s_3 = 60) \\ 74 & (s_3 = 80) \\ 74 & (s_3 = 90) \\ 74 & (s_3 = 100) \end{cases}$$

即第一周期的最佳策略为

$$u_1 = \begin{cases} 1 & (s_3 = 60) \\ 0 & (s_3 = 80, 90, 100) \end{cases}$$

由以上的计算,可以看出最佳的采购策略为:第一周、第二周只有价格是 60 时才采购,否则就等待;第三周只要价格不超过 80 就采购,否则继续等待;如果已经等待到了第四周,那么无论什么价格都只有采购,别无选择。

8.4.4 设备负荷问题

合理分配设备,是生产运营中的基本任务,要求设备既能满负荷运行同时,还要考虑到设备的生产能力、磨损与故障规律等因素,追求设备的使用与企业生产计划相协调,与设备的维护阶段相适应,以实现设备资源利用的最大化。

【例 8-6】 某公司拥有挖土设备 100 台用于挖土作业,有两个班次作业方案可供选择。一个班次作业,年收益(单位:万元)与投入挖土设备数 Q 的关系为 $5Q$,年损坏率 $\beta=5\%$;两个班次下作业时,年损坏率 $\alpha=30\%$。要求制订一个五年计划,每年初决定如何重新安排作业班次的设备分配,使得五年内产品的总收益达到最高。

解:阶段:每年为一个阶段,即阶段变量 $k=1,2,3,4,5$;状态变量 s_k 表示第 k 年初所拥有的完好机器台数,已知 $s_1=100$;决策变量 u_k 表示第 k 年投入两个班次生产的设备数,则剩余设备 (s_k-u_k) 投入一个班次的生产作业,允许决策集合 $D_k(s_k)=\{u_k | 0 \leq u_k \leq s_k\}$;状态转移方程 $s_{k+1}=(1-\alpha)u_k+(1-\beta)(s_k-u_k)=0.95s_k-0.25u_k$;阶段指标 $v_k(s_k, u_k)$ 表示第 k 年的收益,即 $v_k(s_k, u_k)=10u_k+5(s_k-u_k)=5s_k+5u_k$;最优指数函数 $f_k(s_k)$ 为第 k 年从 s_k 开始 5 年末采用最优分配的最优收益。基本递推方程为

$$f_k(s_k) = \max_{u_k \in D_k(s_k)} \{v_k(s_k, u_k) + f_{k+1}(s_{k+1})\} = \max_{0 \leq u_k \leq s_k} \{5s_k + 5u_k + f_{k+1}(0.95s_k - 0.25u_k)\}$$

边界条件:$f_6(s_6)=0$。
当 $k=5$ 时,有

$$f_5(s_5) = \max_{0 \leq u_5 \leq s_5} \{v_5(s_5, u_5) + f_6(s_6)\} = \max_{0 \leq u_5 \leq s_5} \{5s_5 + 5u_5\}$$

由于 $f_5(s_5)$ 是关于 u_5 的单增函数,故 $u_5^* = s_5$ 时,$f_5(s_5)$ 最大,$f_5(s_5)=10s_5$。
当 $k=4$ 时,有

$$f_4(s_4) = \max_{0 \leq u_4 \leq s_4} \{v_4(s_4, u_4) + f_5(s_5)\} = \max_{0 \leq u_4 \leq s_4} \{5s_4 + 5u_4 + 10s_5\}$$

$$= \max_{0 \leq u_4 \leq s_4} \{5s_4 + 5u_4 + 10(0.95s_4 - 0.25u_4)\} = \max_{0 \leq u_4 \leq s_4} \{14.5s_4 + 2.5u_4\}$$

由于 $f_4(s_4)$ 是关于 u_4 的单增函数,故 $u_4^* = s_4$ 时,$f_4(s_4)$ 最大,$f_4(s_4)=17s_4$。
当 $k=3$ 时,有

$$f_3(s_3) = \max_{0 \leq u_3 \leq s_3} \{v_3(s_3, u_3) + f_4(s_4)\} = \max_{0 \leq u_3 \leq s_3} \{5s_3 + 5u_3 + 17s_4\}$$

$$= \max_{0 \leqslant u_3 \leqslant s_3} \{5s_3 + 5u_3 + 17(0.95s_3 - 0.25u_3)\} = \max_{0 \leqslant u_3 \leqslant s_3} \{21.15s_3 + 0.75u_3\}$$

由于 $f_3(s_3)$ 是关于 u_3 的单增函数，故 $u_3^* = s_3$ 时，$f_3(s_3)$ 最大，$f_3(s_3) = 21.9s_3$。

当 $k=2$ 时，有

$$f_2(s_2) = \max_{0 \leqslant u_2 \leqslant s_2} \{v_2(s_2, u_2) + f_3(s_3)\} = \max_{0 \leqslant u_2 \leqslant s_2} \{5s_2 + 5u_2 + 21.9s_3\}$$

$$= \max_{0 \leqslant u_2 \leqslant s_2} \{5s_2 + 5u_2 + 21.9(0.95s_2 - 0.25u_2)\} = \max_{0 \leqslant u_2 \leqslant s_2} \{25.805s_2 - 0.475u_2\}$$

由于 $f_2(s_2)$ 是关于 u_2 的单减函数，故 $u_2^* = 0$ 时，$f_2(s_2)$ 最大，$f_2(s_2) = 25.805s_2$。

当 $k=1$ 时，有

$$f_1(s_1) = \max_{0 \leqslant u_1 \leqslant s_1} \{v_1(s_1, u_1) + f_2(s_2)\} = \max_{0 \leqslant u_1 \leqslant s_1} \{5s_1 + 5u_1 + 25.805s_2\}$$

$$= \max_{0 \leqslant u_1 \leqslant s_1} \{5s_1 + 5u_1 + 25.805(0.95s_1 - 0.25u_1)\}$$

$$= \max_{0 \leqslant u_1 \leqslant s_1} \{29.51475s_1 - 1.45125u_1\}$$

由于 $f_1(s_1)$ 是关于 u_1 的单减函数，故 $u_1^* = 0$ 时，$f_1(s_1)$ 最大，$f_1(s_1) = 29.51475s_1$。由于 $s_1 = 100$，所以有 $f_1(s_1) = 29.51475s_1 = 29.51475 \times 100 = 2951.475$ 万元。

最优作业安排策略是前两年将挖土机全部按一个班次进行作业，后三年全部把完好挖土机按两个班次进行作业。这样 5 年总收益达到最大 2 951.475 万元。

根据状态转移方程可以预测每年初完好的设备数量，如下：$s_1 = 100$，而 $u_1^* = 0$，则 $s_2 = 0.95s_1 - 0.25u_1 = 95$ 台；同理，由 $u_2^* = 0$，则 $s_3 = 0.95s_2 - 0.25u_2 = 90$ 台；由 $u_3^* = s_3$，则 $s_4 = 0.95s_3 - 0.25u_3 = 63$ 台；由 $u_4^* = s_4$，则 $s_5 = 0.95s_4 - 0.25u_4 = 44$ 台；由 $u_5^* = s_5$，则 $s_6 = 0.95s_5 - 0.25u_5 = 30$ 台，即 5 年后完好设备数只有 30 台。

若 5 年末完好设备不低于 70，由状态转移方程可知，$0.95s_5 - 0.25u_5 \geqslant 70$，即允许决策集 $0 \leqslant u_5 \leqslant 3.8s_5 - 280$。当 $u_5^* = 3.8s_5 - 280$ 时，$f_5(s_5)$ 最大为 $5s_5 + 5u_5^* = 24s_5 - 1400$；同上类似地递推求解，可得最优作业安排为前 4 年将挖土机全部按一个班次进行作业，第 5 年才把完好挖土机的 35% 按两个班次进行作业，65% 按一个班次进行作业。

8.4.5 背包问题

有一个徒步旅行者，其可携带物品重量的限度为 a 千克，设有 n 种物品可供他选择装入包中。已知每种物品的重量及使用价值（作用）如表 8-3 所示，问此人应如何选择携带的物品（各几件），使所起作用（使用价值）最大？

表 8-3

物 品	1	2	…	j	…	n
每件质量/千克	a_1	a_2	…	a_j	…	a_n
每件使用价值	c_1	c_2	…	c_j	…	c_n

设 u_j 为第 j 种物品的装件数（非负整数），则问题的数学模型如下：

$$\max z = \sum_{j=1}^{n} c_j u_j$$

$$\begin{cases} \sum_{j=1}^{n} a_j u_j \leqslant a \\ u_j \geqslant 0 \text{ 且为整数} (j=1,2,\cdots,n) \end{cases}$$

根据该类问题的背景,令 $f_k(y)$ 为总重量不超过 $y\text{kg}$,包中只装有前 k 种物品时的最大使用价值。其中 $y \geqslant 0 (k=1,2,\cdots,n)$。所以问题就是求 $f_n(a)$,其递推关系式为

$$f_k(y) = \max_{0 \leqslant u_k \leqslant \frac{y}{a_k}} \{c_k u_k + f_{k-1}(y - a_k u_k)\} \quad (2 \leqslant k \leqslant n)$$

当 $k=1$ 时,有

$$f_1(y) = c_1 \left[\frac{y}{a_1}\right], \quad u_1 = \left[\frac{y}{a_1}\right]$$

其中,$\left[\frac{y}{a_1}\right]$ 表示不超过 $\frac{y}{a_1}$ 的最大整数。

【**例 8-7**】 求表 8-4 背包问题的最优解(其中:背包的总容量为 $a=5$)。

表 8-4

物品	1	2	3
每件质量/千克	3	2	5
每件使用价值	8	5	12

解:此问题的数学模型可表示为

$$\max z = 8u_1 + 5u_2 + 12u_3$$
$$\text{s.t.} \begin{cases} 3u_1 + 2u_2 + 5u_3 \leqslant 5 \\ u_1, u_2, u_3 \geqslant 0, \text{且为整数} \end{cases}$$

$a=5$,问题是求 $f_3(5)$。

$$f_3(5) = \max_{\substack{0 \leqslant u_3 \leqslant \frac{5}{5} \\ u_3 \text{为整数}}} \{12u_3 + f_2(5-5u_3)\} = \max_{\substack{0 \leqslant u_3 \leqslant \frac{5}{5} \\ u_3 \text{为整数}}} \{12u_3 + f_2(5-5u_3)\}$$

$$= \max_{u_3=0,1} \{12u_3 + f_2(5-5u_3)\} = \max\{\underset{(u_3=0)}{0+f_2(5)}, \underset{(u_3=1)}{12+f_2(0)}\}$$

$$f_2(5) = \max_{\substack{0 \leqslant u_2 \leqslant \frac{5}{2} \\ u_2 \text{为整数}}} \{5u_2 + f_1(5-2u_2)\} = \max_{\substack{0 \leqslant u_2 \leqslant \frac{5}{2} \\ u_2 \text{为整数}}} \{5u_2 + f_1(5-2u_2)\}$$

$$= \max_{u_2=0,1,2} \{5u_2 + f_1(5-2u_2)\} = \max\{\underset{(u_2=0)}{0+f_1(5)}, \underset{(u_2=1)}{5+f_1(3)}, \underset{(u_2=2)}{10+f_1(1)}\}$$

$$f_2(0) = \max_{\substack{0 \leqslant u_2 \leqslant \frac{0}{a_2} \\ u_2 \text{为整数}}} \{5u_2 + f_1(0-2u_2)\} = \max_{\substack{0 \leqslant u_2 \leqslant \frac{0}{2} \\ u_2 \text{为整数}}} \{5u_2 + f_1(0-2u_2)\}$$

$$= \max_{u_2=0} \{5u_2 + f_1(0-2u_2)\} = \max\{\underset{(u_2=0)}{0+f_1(0)}\} = f_1(0)$$

$$f_1(5) = c_1 u_1 = 8 \times \left[\frac{5}{3}\right] = 8 \quad (u_1 = 1)$$

$$f_1(3) = c_1 u_1 = 8 \times \left[\frac{3}{3}\right] = 8 \quad (u_1 = 1)$$

$$f_1(1) = c_1 u_1 = 8 \times \left[\frac{1}{3}\right] = 0 \quad (u_1 = 0)$$

$$f_1(0) = c_1 u_1 = 8 \times \left[\frac{0}{3}\right] = 0 \quad (u_1 = 0)$$

所以

$$f_2(5) = \max\left\{0 + f_1(5)_{(u_2=0)},\ 5 + f_1(3)_{(u_2=1)},\ 10 + f_1(1)_{(u_2=2)}\right\}$$

$$= \max\{8, 5+8, 10\} = 13 \quad (u_1 = 1, u_2 = 1)$$

$$f_2(0) = \max\left\{0 + f_1(0)_{(u_2=0)}\right\} = f_1(0) = 0 \quad (u_1 = 0, u_2 = 0)$$

最终得到

$$f_3(5) = \max\{0 + f_2(5)_{(u_3=0)},\ 12 + f_2(0)_{(u_3=1)}\} = \max\{0+13, 12+0\} = 13$$

$$(u_1 = 1, u_2 = 1, u_3 = 0)$$

所以，最优解为 $U^* = (1,1,0)^T$，最优值为 $z^* = 13$。

8.4.6 系统可靠性问题

系统的可靠性问题可以描述为：设某种设备的工作系统由 n 个零件串联组成，若有一个元件失灵，整个系统就不能正常工作。为提高系统工作的可靠性，在每个元件上都装有备用元件，并且设计了备用元件的自动投入装置。显然，备用元件越多，整个系统工作的可靠性就越大。但是，备用元件越多，整个系统的成本、重量及体积均相应加大。问题是在满足各种约束的条件下，如何选用备用元件数量，才能使整个系统工作的可靠性最大。

在此，设部件 $i (i=1,2,\cdots,n)$ 上装有 n_i 个备用元件时，正常工作的概率为 $P_i(n_i)$。因此，整个系统正常工作的可靠性可用其正常工作的概率来衡量，即为 $P = \prod_{i=1}^{n} P_i(n_i)$。

假设装一个备用元件 i 的费用为 c_i，重量为 w_i。要求总费用不超过 C，总重量不超过 W，则此问题的数学模型为

$$\max P = \prod_{i=1}^{n} P_i(n_i)$$

$$\begin{cases} \sum_{i=1}^{n} c_i n_i \leqslant C \\ \sum_{i=1}^{n} w_i n_i \leqslant W \\ n_i \geqslant 0 \text{ 且为整数} \quad (i=1,2,\cdots,n) \end{cases}$$

这是一个非线性整数规划问题。下面简要介绍利用动态规划的逆序算法求解此模型的思路。

由于模型中有两个约束条件（费用和质量），所以采用二维状态变量，用 y_k, z_k 来表示。其中 y_k 为由第 k 个到第 n 个元件所允许使用的总费用；z_k 为由第 k 个到第 n 个元件所允许的总重量。决策变量 u_k 为元件 k 上安装的备用元件的数量。显然，状态转移方程为

$$\begin{cases} y_{k+1} = y_k - c_k u_k \\ z_{k+1} = z_k - w_k u_k \end{cases} \quad (k=1,2,\cdots,n)$$

允许决策集合为：$D_k(y_k,z_k) = \left\{ u_k \,\middle|\, 0 \leqslant u_k \leqslant \min\left\{ \left[\dfrac{y_k}{c_k}\right], \left[\dfrac{z_k}{w_k}\right] \right\} \right\}$，其中，符号 $\left[\dfrac{y_k}{c_k}\right]$，$\left[\dfrac{z_k}{w_k}\right]$ 分别表示取值不超过 $\dfrac{y_k}{c_k}$，$\dfrac{z_k}{w_k}$ 的最大整数。

最优值函数 $f_k(y_k,z_k)$ 表示由状态 y_k 和 z_k 出发，从元件 k 到元件 n 系统的最大可靠性。因此，动态规划基本方程为

$$\begin{cases} f_k(y_k,z_k) = \max_{u_k \in D_k(y_k,z_k)} \{ P_k(u_k) f_{k+1}(y_k - c_k u_k, z_k - w_k u_k) \} \\ f_{n+1}(y_{n+1},z_{n+1}) = 1 \quad (k=n,n-1,\cdots,1) \end{cases}$$

在此需要说明的是，在这个问题中，如果在其数学模型中增加体积限制的约束条件，则状态变量就是三维的，用 y_k,z_k,x_k 表示，而决策变量仍然是一维的。

【例 8-8】 某电子设备制造厂设计一种电子设备，由三种组件 A_1,A_2,A_3 串联组成，已知这三种组件的价格和可靠性指标如表 8-5 所示，现要求在设计中所使用组件的费用不超过 105 元，设备中每种元件至少有一个。试问该厂应如何设计，使这种电子设备的可靠性达到最大（这里不考虑重量的限制）。

表 8-5

元件	单价/元	可靠性
A_1	30	0.9
A_2	15	0.8
A_3	20	0.5

解：根据上面的一般问题，按三种元件的种类分为三个阶段，设状态变量 s_k 表示能容许用在元件 A_k 至元件 A_3 的总费用；决策变量 u_k 表示在元件 A_k 上并联的数量，因为每种元件至少有一个，所以允许决策集合分别为

$$D_1(s_1) = \left\{ u_1 \,\middle|\, 1 \leqslant u_1 \leqslant \left[\dfrac{105-35}{30}\right] \right\} = \{u_1 \mid 1 \leqslant u_1 \leqslant 2\}$$

$$D_2(s_2) = \left\{ u_2 \,\middle|\, 1 \leqslant u_2 \leqslant \left[\dfrac{105-50}{15}\right] \right\} = \{u_2 \mid 1 \leqslant u_2 \leqslant 3\}$$

$$D_3(s_3) = \left\{ u_3 \,\middle|\, 1 \leqslant u_3 \leqslant \left[\dfrac{105-45}{20}\right] \right\} = \{u_3 \mid 1 \leqslant u_3 \leqslant 3\}$$

设 a_k 为 A_k 种元件的单位价格，则状态转移方程为

$$s_{k+1} = s_k - a_k u_k \quad (1 \leqslant k \leqslant 3)$$

用 P_k 表示一个元件 A_k 正常工作的概率，则 $(1-P_k)^{u_k}$ 为 u_k 个 A_k 元件不正常工作的概率。因此 u_k 个 A_k 元件正常工作的概率为 $1-(1-P_k)^{u_k}$。

令最优值函数 $f_k(s_k)$ 表示由状态 s_k 开始从元件 A_k 至元件 A_3 组成的系统的最大可靠性，则有

$$f_k(s_k) = \max_{u_k \in D_k(s_k)} [1-(1-P_k)^{u_k}] f_{k+1}(s_{k+1})$$

因此，动态规划基本方程为

$$\begin{cases} f_k(s_k) = \max_{u_k \in D_k(s_k)} [1-(1-P_k)^{u_k}] f_{k+1}(s_{k+1}) \\ s_{k+1} = s_k - a_k u_k \quad (k=3,2,1) \\ f_4(s_4) = 1 \end{cases}$$

这里，用逆序解法，则有

当 $k=3$ 时，有

$$f_3(s_3) = \max_{u_3 \in D_3(s_3)} [1-(1-P_3)^{u_3}] = \max_{1 \leqslant u_3 \leqslant 3} [1-(0.5)^{u_3}]$$

计算结果如表 8-6 所示。

表 8-6

s_3 \ u_3	$1-(0.5)^{u_3}$			$f_3(s_3)$	u_3^*
	1	2	3		
60	0.5	0.75	0.875	0.875	3
45	0.5	0.75		0.75	2
30	0.5			0.5	1

当 $k=2$ 时，有

$$f_2(s_2) = \max_{u_2 \in D_2(s_2)} [1-(1-P_2)^{u_2}] f_3(s_3) = \max_{1 \leqslant u_2 \leqslant 3} [1-(0.2)^{u_2}] f_3(s_2-15u_2)$$

计算结果如表 8-7 所示。

表 8-7

s_2 \ u_2	$[1-(0.2)^{u_2}] f_3(s_2-15u_2)$			$f_2(s_2)$	u_2^*
	1	2	3		
75	0.7	0.72	0.496	0.72	2
45	0.4			0.4	1

当 $k=1$ 时，由于

$$\begin{cases} f_1(s_1) = \max_{u_1 \in D_1(s_1)} [1-(1-P_1)^{u_1}] f_2(s_2) \\ D_1(s_1) = \{1,2\}, \quad s_1 = 105 \end{cases}$$

因此有

$$f_1(s_1) = \max_{1 \leqslant u_1 \leqslant 2} [1-(1-0.1)^{u_1}] f_2(s_1-30u_1)$$

计算结果如表 8-8 所示。

表 8-8

s_1 \ u_1	$[1-(1-0.1)^{u_1}] f_2(s_1-30u_1)$		$f_1(s_1)$	u_1^*
	1	2		
105	0.9×0.72=0.648	0.99×0.4=0.396	0.648	1

从而求得最优解为 $u_1^* = 1, u_2^* = 2, u_3^* = 2$，即最优设计方案为：设置 1 个元件 A_1、2 个元件 A_2 和 2 个元件 A_3，其总费用最少为 100 元，可靠性最大为 0.648。

本 章 小 结

本章介绍了动态规划的基本概念、一般的建模方法、最优性原理，并提出了动态规划可通过时空以及变量特征对阶段进行划分。通过本章学习，应该学会运用动态规划方法求解实际问题。

习　　题

1. 用动态规划方法求解下述问题。

$$\max z = 4x_1 + 9x_2 + 2x_3^2$$

$$\text{s.t.} \begin{cases} 2x_1 + 4x_2 + 3x_3 \leqslant 10 \\ x_1, x_2, x_3 \geqslant 0 \end{cases}$$

2. 某工业部门根据国家计划的安排，拟将某种高效率的设备五台，分配给所属的甲、乙、丙三个工厂，各工厂若获得这种设备之后，可以为国家提供的盈利如表 8-9 所示。

表 8-9

工厂＼设备数	0	1	2	3	4	5
甲	0	3	7	9	12	13
乙	0	5	10	11	11	11
丙	0	4	6	11	12	12

问：这五台设备如何分配给各工厂，才能使国家得到的盈利最大？

3. 某厂有 1 000 台机器，高负荷生产，产品年产量 S_1 与投入机器数 Y_1 的关系为 $S_1 = 8Y_1$，机器完好率为 0.7；低负荷生产，产品年产量 S_2 与投入机器数 Y_2 的关系为 $S_2 = 5Y_2$，机器完好率为 0.9；请制订一个五年计划，使总产量最大。

4. 设有一辆载重量为 15 吨的卡车，要装运四种货物。已知四种货物的单位重量和价值见表 8-10，在装载重量许可的情况下每辆车装载某种货物的条件不限，试问如何搭配这四种货物才能使每辆车装载货物的价值最大？

表 8-10

货物代号	重量/吨	价值/千元	货物代号	重量/吨	价值/千元
1	2	3	3	4	5
2	3	4	4	5	6

5. 某公司有资金 4 万元,可向 A、B、C 三个项目投资,已知各项目的投资回报如表 8-11 所示,求最大回报。

表 8-11

项目	投资额及收益				
	0	1	2	3	4
A	0	41	48	60	66
B	0	42	50	60	66
C	0	64	68	78	76

6. 某厂准备连续三个月生产 A 种产品,每月初开始生产。A 的生产成本费用为 x^2,其中 x 是 A 产品当月的生产数量。仓库存货成本费是每月每单位为 1 元。估计三个月的需求量分别为 $d_1=100, d_2=110, d_3=120$。现设开始时第一个月月初存货 $s_0=0$,第三个月的月末存货 $s_3=0$。试问:每月的生产数量应是多少才使总的生产和存货费用为最小。

7. 某公司有资金 10 万元,若投资用于项目 $i(i=1,2,3)$ 的投资额为 x_i 时,其收益分别为 $g(x_1)=4x_1, g(x_2)=9x_2, g(x_3)=2x_3$,问应如何分配投资数额才能使总收益最大?

第 3 篇

图与网络技术

第３章

図之格網方六

第 9 章

图与网络分析

学习目标

1. 理解并掌握图的基本概念。
2. 掌握可行流、可行流的流量、最大流、割、割的容量、最小割、增广链的概念。
3. 熟练掌握求解最小树、最短路、最大流、最小费用最大流以及中国邮递员问题。

图论是近几十年发展起来的一门应用十分广泛的运筹学分支,它已被广泛地应用于物理学、化学、控制论、信息论、管理科学、计算机等各个领域。由于其应用领域的广泛性,图论受到了社会各界的广泛重视。

图论思想的出现,可以追溯到 1736 年欧拉(Euler)发表的一篇题为"依据几何位置的解题方法"的论文,有效地解决了哥尼斯堡(Königsberg)七桥问题,这是有记载的第一篇图论论文,欧拉被公认为图论的创始人。为对图论思想的产生有一直观的认识,以对后续的学习有些帮助,在此先介绍几个在古典图论中具有重要影响的经典问题。

1. 欧拉(Euler)回路问题

哥尼斯堡是东普鲁士的一座城市,第二次世界大战后划归苏联,也就是现在的加里宁格勒。Pregel 河流经此城市,河中有两个孤岛,两岸与两岛之间有七座桥相连,如图 9-1 所示。当时那里的居民热衷于这样一个问题:从一个点出发,能否通过每座桥一次且仅一次,最后回到原来的出发点?

这个问题的提出虽是出自游戏,但它的思想却有着重大的意义。由于 Euler 率先解决了这一问题,故称其为 Euler 回路问题。Euler 把图 9-1 抽象为图 9-2,用 A,B,C,D 四点分别表示两岸和两岛,两点间的连线表示沟通它们的桥梁;因此,问题转化为从 A,B,C,D 中任一点出发,通过每条边一次且仅一次,最后回到原出发点,问这样的路径是否存在?于是问题变得简洁多了。

欧拉证明了这样的路径是不存在的,因为图 9-2 中的每一个点都只与奇数条线相关联,所以不可能不重复地一笔画出这个图。我们也可以这样来分析,对于开始的点,有一"去"就必然有一"回",一去一回构成偶数条关联边;对于中间的点,有一"来"就必然有一"去",一来一去也构成偶数条关联边;所以实现这样的路径要求图 9-2 中的每一个点都有偶数条关联边。显然,图 9-2 中的点不满足这样的要求,所以这样的路径不存在。

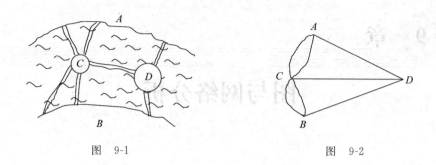

图 9-1　　　　　　　　　图 9-2

2. 哈密尔顿(Hamilton)回路问题

哈密尔顿(Hamilton)回路是 19 世纪英国数学家哈密尔顿提出，给出一个正十二面体图形，共有 20 个顶点表示 20 个城市，如图 9-3 所示。两点之间的连线表示两个城市间的航线，要求从某个城市出发沿着棱线寻找一条经过每个城市一次而且仅一次，最后返回原来的出发地的周游世界线路(并不要求经过每条边)。因 Hamilton 提出了这一有趣的问题，故称为 Hamilton 回路问题。Hamilton 回路问题在运筹学中有着重要的意义，特别是 Hamilton 回路中总距离最短的问题，是著名的旅行商问题(货郎担问题)。

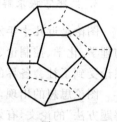

图 9-3

9.1　图与网络的基本概念

图论中的图，是对我们关注的对象以及对象之间某种性质的联系的一种抽象表示，自然界和人类社会中，大量的事物以及事物之间的关系，常可以用图形来描述。它比地图、天文图、电路图、分子结构图、几何图、数学分析图等现实抽象图更加抽象，因而也更具一般性。它是帮助人们认识和处理对象关系的一种高度抽象和特别有效的工具。

这里所研究的图与平面几何中的图不同，这里只关心图中有多少个点，点与点之间有无连线，至于连线的方式是直线还是曲线，点与点的相对位置如何，都是无关紧要的。总之，这里所讲的图是反映对象之间关系的一种工具。图的理论与方法，就是从形形色色的具体的图以及它们相关的实际问题中，抽象出共性的东西。找出其规律、性质、方法，再应用到要解决的实际问题中去。

9.1.1　图及其分类

图：一个图是由点集 $V=\{v_i\}$ 和 V 中元素的无序对的一个集合 $E=\{e_k\}$ 所构成的二元组，记为 $G=(V,E)$，式中 V 是点的集合，V 中的元素 v_i 叫作顶点，E 是边的集合，E 中的元素 e_k 叫作边。$|E|$ 表示图 G 的边数，$|V|$ 表示图 G 的顶点数。在不引起混淆的情况下简记为 m,n。

如果 $V(G)$ 和 $E(G)$ 都是有限集合，则称 G 为有限图；否则称为无限图。本书只限于研究有限图。只有点没有边的图称为空图,记为 $E(G)=\phi$;只有一个点的图称为平凡图;图中顶点的个数叫作图的阶。

图 9-4 所示就是一个图,其中

$V=\{v_1,v_2,v_3,v_4,v_5,v_6\}$, $E=\{e_1,e_2,e_3,e_4,e_5,e_6,e_7,e_8,e_9,e_{10}\}$

$e_1=\{v_1,v_2\}$, $e_2=\{v_1,v_2\}$, $e_3=\{v_2,v_3\}$, $e_4=\{v_3,v_4\}$, $e_5=\{v_1,v_3\}$

$e_6=\{v_3,v_5\}$, $e_7=\{v_3,v_5\}$, $e_8=\{v_5,v_6\}$, $e_9=\{v_6,v_6\}$, $e_{10}=\{v_1,v_6\}$

如果 $e_{ij}=\{v_i,v_j\}$,则称 e_{ij} 链接 v_i 和 v_j。点 v_i 和 v_j 称为 e_{ij} 的顶点,称 v_i 或 v_j 与 e_{ij} 关联,v_i 和 v_j 是邻接的顶点。如果两条边有一个公共顶点,则称这两条边是邻接的。

对于任一条边 (v_i,v_j) 属于 E,如果边 (v_i,v_j) 端点无序,则它是无向边,此时图 G 称为无向图。图 9-4 所示是无向图。如果边 (v_i,v_j) 的端点有序,即它表示以 v_i 为始点,v_j 为终点的有向边(或弧),即如果一个图是由点和弧所构成的,那么称它为有向图,记作 $D=(V,A)$,其中 V 表示有向图 D 的点集合,A 表示有向图 D 的弧集合。一条方向从 v_i 指向 v_j 的弧,记作 (v_i,v_j)。

图 9-5 所示为有向图,其中

$V=\{v_1,v_2,v_3,v_4,v_5,v_6\}$

$A=\{(v_1,v_3),(v_2,v_1),(v_2,v_3),(v_2,v_4),(v_2,v_5),(v_3,v_5),(v_4,v_5),(v_5,v_4),(v_5,v_6)\}$

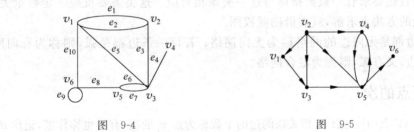

图 9-4　　　　　　　　　　　图 9-5

环:一条边的两个端点是相同的,那么就称为这条边是环(自回路)。如图 9-4 中的 e_9。

如果两个端点之间存在不止一条边,则称之为多重边。如图 9-4 中的 e_6,e_7。

简单图:无环也无多重边的图,称为简单图。如图 9-6 所示。

多重图:一个无环,有多重边的图称为多重图。如图 9-7 所示。

广义图:含有环的多重图称为广义图(伪图)。如图 9-4 所示。

完全图:每一对顶点间都有边相连的无向简单图称为完全图。如图 9-6 所示。

有向完全图:指任意两个顶点之间有且仅有一条有向边的简单图。如图 9-8 所示。

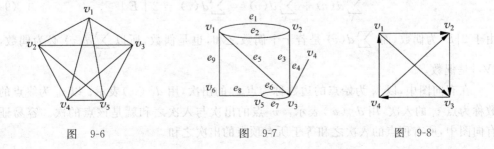

图 9-6　　　　　　图 9-7　　　　　　图 9-8

图 $G=(V,E)$，若 E' 是 E 的子集，V' 是 V 的子集，且 E' 中的边仅与 V' 的顶点相关联，则称 $G'=(V',E')$ 是 G 的一个子图。特别是，若 $V'=V$，则 G' 称为 G 的生成子图（支撑子图）。

图 9-10 是图 9-9 的子图，图 9-11 是图 9-9 的生成子图，由此可见，一个图的子图，未必就是其生成子图。

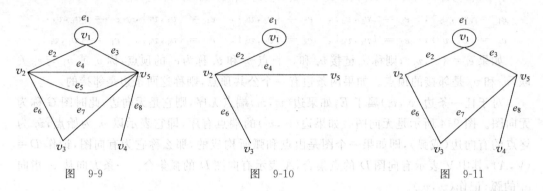

图 9-9　　　　　　　　图 9-10　　　　　　　　图 9-11

赋权图：设图 $G=(V,E)$ 的任意一条边 (v_i,v_j) 均有一个数 w_{ij} 与之对应，w_{ij} 称为边 (v_i,v_j) 的权，这样的图称为赋权图。这种点或边带有某种数量指标的图也称为网络（或权图）。例如，现实生活中各种管道的铺设、线路的安排等问题，不但需要反应研究对象的相互关系，而且还要求有一数量指标与这一关系相对应。这类需要反应一定数量关系的问题，用图论的方法来求解，就需借助赋权图。

每一条边都是无向边的网络称为无向网络；若每一条边都是弧，则称为有向网络；若既有无向边，又有弧，则称为混合网络。

9.1.2 顶点的次

在图 $G=(V,E)$ 中，与点 v_i 相关联的边的个数称为点 v_i 的次，有时也称作度，记作 $d(v_i)$。在图 9-4 中，$d(v_1)=4,d(v_4)=1,d(v_6)=4$（环算一条边，但要计两度）。度为奇数的点称为奇点，如 v_2 和 v_5；度为"1"的点称为悬挂点，如 v_4，悬挂点唯一的关联边称为悬挂边；度为偶数的点称为偶点，如 v_1；度为"0"的点称为孤立点。

定理 9-1　任何图中，顶点次数的总和等于边数的 2 倍。

证明：由于每条边必与两个顶点关联，在计算点的次数时，每条边均被计算了两次，所以顶点次数的总和等于边数的 2 倍。

定理 9-2　任何图中，次为奇数的顶点必为偶数个。

证明：设 V_1 和 V_2 分别为图 G 中奇点与偶点的集合（$V_1 \cup V_2 = V$）。由定理 9-1 知

$$\sum_{v \in V_1} d(v) + \sum_{v \in V_2} d(v) = \sum_{v \in V} d(v) = 2|E| \tag{9-1}$$

由于 $2|E|$ 为偶数，而 $\sum_{v \in V_2} d(v)$ 是若干个偶数之和，也是偶数，所以 $\sum_{v \in V_1} d(v)$ 必为偶数，即 $|V_1|$ 是偶数。

在有向图中，以 v_i 为始点的边数称为点 v_i 的出次，用 $d^+(v_i)$ 表示；以 v_i 为终点的边数称为点 v_i 的入次，用 $d^-(v_i)$ 表示。v_i 点的出次与入次之和就是该点的次。容易证明有向图中，所有顶点的入次之和等于所有顶点的出次之和。

9.1.3 链与圈

无向图 $G(V,E)$,设 $v_{i_0}, v_{i_1}, \cdots, v_{i_{k-1}}, v_{i_k} \in V, e_{i_1}, e_{i_2}, \cdots, e_{i_k} \in E$ 若有 $e_{i_t} = (v_{i_{t-1}}, v_{i_t})$ $(t=1,\cdots,k)$,即对任意 $t=1,\cdots,k$ 都有 $v_{i_{t-1}}$ 与 v_{i_t} 相邻,则称点、边交替序列 $u = (v_{i_0}, e_{i_1}, v_{i_1}, e_{i_2}, \cdots, v_{i_{k-1}}, e_{i_k}, v_{i_k})$ 是一条从 v_{i_0} 到 v_{i_k} 的链,且链长为 k;称 v_{i_0} 为链 u 的始点,v_{i_k} 为链 u 的终点。若有 $v_{i_0} = v_{i_k}$ 则称 u 为闭链,否则称 u 为开链。

若链 u 中的边全都不同,则称 u 为简单链;若端点也全都不同,则称 u 为初等链。

在一条闭链 u 中,若各边全都不同,则称 u 为一个圈;若除 $v_{i_0} = v_{i_k}$ 之外,其余各点也全都不同,即圈中既无重复点也无重复边者为初等圈。

但需注意,形如 $v_k v_l v_k$ 的不是圈,而仅为二重边;亦即圈为初等闭链,且至少含有 3 个不同端点。

在图 9-4 中:

$u_1 = v_1, v_2, v_3, v_4$ 是一条初等开链。

$u_2 = v_1, v_2, v_3, v_1, v_6, v_5$ 是一条简单开链;因为其中 v_1 重复出现,所以 u_2 不是初等链。

$u_3 = v_1, v_2, v_3, v_1$ 是一个圈。

$u_4 = \{v_3, e_6, v_5, e_7, v_3, e_5, v_1, e_1, v_2, e_3, v_3\}$ 是一条简单闭链;因为除了始点、终点是 v_3 外,其中还有一点 v_3 重复出现,因而 u_4 是简单圈,但不是一个初等圈。

9.1.4 基础图、道路与回路

若将一个有向图 D 中各弧 $a = (v_i, v_j)$ 的方向都去掉,即都用相应的无向边 $e = (v_i, v_j)$ 取代,所得到的一个无向图称为该有向图 D 的基础图,记为 $G(D)$。这样,上述的所有概念及其定义,若对基础图 $G(D)$ 成立,则都适用于有向图 D。

在图 9-12 中,$u_1 = \{v_4, e_3, v_3, e_5, v_1, e_1, v_2\}$ 是一条初等开链,则图 9-13 中与它相对应的 $u_1' = \{v_4, a_3, v_3, a_5, v_1, a_1, v_2\}$ 也是该有向图 D 的一条初等开链,等等。

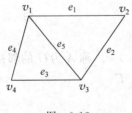

图 9-12

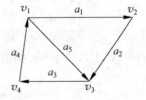

图 9-13

设点、边交替序列 $u = (v_{i_0}, a_{i_1}, v_{i_1}, a_{i_2}, \cdots, v_{i_{k-1}}, a_{i_k}, v_{i_k})$ 是图 $D(V,A)$ 的一条链,若有 $a_{i_t} = (v_{i_{t-1}}, v_{i_t})(t=1,\cdots,k)$ 即链 u 上各弧 a_{i_t} 的方向全都与链 u 的方向一致,则称 u 是图 D 的一条从 v_{i_0} 到 v_{i_k} 的路,若有 $v_{i_0} = v_{i_k}$ 则称 u 为回路,否则称 u 为开路。

由 9.1.3 可类似定义初等路(回路)。

对无向图 G 而言,链就是路,闭链就是回路,开链就是开路,链与路二者是一回事。但对有向图 D 而言,路肯定是链,链却未必是路,二者并非一回事。

如上所述,在图 9-13 中,u_1' 是该有向图 D 的一条链,但却不是 D 的路。而 $u_2' = \{v_4, a_4, v_1, a_1, v_2\}$ 则是该有向图 D 的一条路,等等。

9.1.5 连通图

在一个图中,若任意两点之间都至少存在一条链,则称该图为连通图,否则为不连通图。任何一个不连通图都可以分为若干个连通子图,每一个都称为原图的一个分图。

图 9-14 就不是连通图。图 9-15 与图 9-16 就是它分为的两个连通子图。

图 9-14　　　　　　　图 9-15　　　　　　　图 9-16

9.1.6 图的矩阵表示

对于网络(赋权图)$G=(V,E)$,其中边(v_i,v_j)有权 w_{ij},构造矩阵 $A=(a_{ij})_{n\times n}$,其中

$$a_{ij} = \begin{cases} w_{ij} & (v_i,v_j) \in E \\ 0 & (v_i,v_j) \notin E \end{cases} \tag{9-2}$$

称矩阵 A 为 G 的权矩阵。

【**例 9-1**】 写出图 9-17 的权矩阵。

解:图 9-17 的权矩阵为

$$A = \begin{array}{c} v_1 \\ v_2 \\ v_3 \\ v_4 \\ v_5 \\ v_6 \end{array} \begin{bmatrix} 0 & 4 & 0 & 6 & 4 & 3 \\ 4 & 0 & 2 & 7 & 0 & 0 \\ 0 & 2 & 0 & 5 & 0 & 3 \\ 6 & 7 & 5 & 0 & 2 & 0 \\ 4 & 0 & 0 & 2 & 0 & 3 \\ 3 & 0 & 3 & 0 & 3 & 0 \end{bmatrix}$$
$$\,\, v_1\,\, v_2\,\, v_3\,\, v_4\,\, v_5\,\, v_6$$

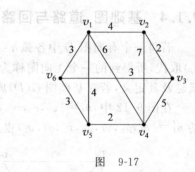

图 9-17

对于图 $G=(V,E)$,$|V|=n$,构造一个矩阵 $A=(a_{ij})_{n\times m}$,称 A 为 G 的邻接矩阵。若

$$a_{ij} = \begin{cases} 1, & (v_i,v_j) \in E \\ 0, & 其他 \end{cases} \tag{9-3}$$

【**例 9-2**】 写出图 9-17 的邻接矩阵。

解:图 9-17 的邻接矩阵为

$$B = \begin{array}{c} v_1 \\ v_2 \\ v_3 \\ v_4 \\ v_5 \\ v_6 \end{array} \begin{bmatrix} 0 & 1 & 0 & 1 & 1 & 1 \\ 1 & 0 & 1 & 1 & 0 & 0 \\ 0 & 1 & 0 & 1 & 0 & 1 \\ 1 & 1 & 1 & 0 & 1 & 0 \\ 1 & 0 & 0 & 1 & 0 & 1 \\ 1 & 0 & 1 & 0 & 1 & 0 \end{bmatrix}$$
$$\,\, v_1\,\, v_2\,\, v_3\,\, v_4\,\, v_5\,\, v_6$$

当 G 为无向图时,邻接矩阵为对称矩阵。

9.2 最小树问题

树是图论中比较活跃的领域,在各个学科中都有广泛的应用。本节重点介绍树、部分树的概念与性质,以及最小部分树的几种算法。

9.2.1 树的概念及其性质

1. 树的概念

连通且不含圈的无向图称为树。树中次为 1 的点称为树叶,次大于 1 的点称为分枝点。

2. 树的性质

树的性质可用下面的定理来说明。

定理 9-3 图 $T=(V,E)$,$|V|=n$,$|E|=m$,则下列关于树的说法是等价的:

(1) T 是一个树。

(2) T 无圈,且 $m=n-1$。

(3) T 连通,且 $m=n-1$。

(4) T 无圈,但每增加一新边即得唯一一个圈。

(5) T 连通,但任舍去一边就不连通。

(6) T 中任意两点,有唯一链相连。

上述性质结合具体的树图很容易理解,故证明略。

根据上述性质,可以推断出:对于若干点所组成的图而言,树是其中含边最少的连通图。

3. 图的支撑树

定义 9-1 如果图 $G=(V,E)$ 的生成子图 $T=(V,E')$ 是一个树,则称 T 为此图 G 的支撑树。

根据支撑树的定义,如果树 T 为图 G 的支撑树,则 T 的顶点数等于 G 的顶点数,且其边数等于顶点数减去 1。

定理 9-4 图 G 有支撑树的充要条件是 G 是连通图。

证明:(1)必要性。设图 G 有生成树 $T=(V,E')$,$T \subset G$,由于 T 是连通的,则 G 为连通图。

(2)充分性。设 G 是连通图,如果 G 不含圈,那么 G 本身即是一个树,从而 G 是其本身的一个支撑树。现设 G 含圈,任取一个圈,从该圈中任意去掉一条边,将圈破坏掉,得到图的一个支撑子图 G_1,如果 G_1 不含圈,则 G_1 必是 G 的一个支撑树;如果图 G_1 仍含圈,则从 G_1 中任选一个圈去掉一边将圈破坏掉,得到图 G 的一个支撑子图 G_2,如此重复,

最终必能得到图 G 的一个支撑子图 G_n,它必不含圈,所以 G_n 是 G 的一个支撑树。

9.2.2 最小支撑树

定义 9-1 赋权图中,一个支撑树 T 所有边上权的总和 $\sum_{e_i \in T} W(e_i)$,称为支撑树的权。具有最小权的支撑树,则称为最小支撑树,简称最小树。

由树的定义可知,一个图可能会有很多个支撑树,用枚举法从大量支撑树中选取最小支撑树,显然是不合理甚至是不可能的,所以必须另谋算法,下面介绍最小树的两种主要生成方法:避圈法和破圈法。

1. 避圈法

避圈法,又称作 Kruskal 算法,具体步骤如下:

(1) 先从图的始点 v_0 开始,选取与始点相连的各边权值最小的边。

(2) 观察与已选取边的另一端点 v_j 相连的后续各点所形成的边,选取与 v_j 相连的各边权值最小的边,若发现 v_j 与后续相连点 v_k 所形成的边 e_{jk} 的权值,大于前已选取的端点 v_i 与 v_k 所形成的边 e_{ik} 的权值,则选取边 e_{ik},原则是后选取的边与已选出边不构成圈。

(3) 重复(2),直至取足 $m = n - 1$ 条边为止。

【**例 9-3**】 图 9-18 中的 S, A, B, C, D, E, F, G 分别代表 8 个村镇,它们之间的连线代表各村镇间的道路情况,连线旁的数字(权)代表各村镇间的距离。现要求沿道路架设电线,使上述村镇全部通上电,应如何架设使总的线路长度最短。

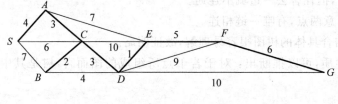

图 9-18

解:(1) 在图 9-18 中,始点是 S,与其相连的后续各点所形成的边分别为 SA, SB, SC,权值最小的边 $\min\{SA, SB, SC\} = \min\{4, 7, 6\} = 4$,选取边为 SA。

(2) 与 A 相连的后续各点所形成的边分别为 AC, AE,权值最小的边 $\min\{AC, AE\} = \min\{3, 7\} = 3$,选取边为 AC。

(3) 与 C 相连的后续各点所形成的边分别为 CB, CD, CE,权值最小的边 $\min\{CB, CD, CE\} = \min\{2, 3, 10\} = 2$,且 CB 小于 SB,故选取边为 CB。

(4) 与 B 相连的后续点 D 所形成的边为 BD,其权值大于前已选取的端点 C 与 D 所形成的边 CD 的权值,则选取边 CD。

(5) 与 D 相连的后续各点所形成的边分别为 DE, DF, DG,权值最小的边 $\min\{DE, DF, DG\} = \min\{1, 9, 10\} = 1$,$DE$ 的权值小于 CE, AE,故选取边为 DE。

(6) 与 E 相连的后续点 F 所形成的边为 EF,其权值小于前已选取的端点 D 与 F 所

形成的边 DF 的权值,则选取边 EF。

(7) 与 F 相连的后续点 G 所形成的边为 FG,其权值小于前已选取的端点 D 与 G 所形成的边 DG 的权值,则选取边 FG。

所构成的新图,如图 9-18 加黑部分,亦即图 9-19 所示。

2. 破圈法

利用"破圈法"生成连通图的支撑树,就是在连通图中任取一个圈,从圈中去掉一边,对余下的图重复该步骤,直至整个图不含圈为止,即可得到一个支撑树。

【例 9-4】 利用"破圈法"求图 9-18 的一个最小支撑树。

解: 因要使上述村镇全部通上电,所以 S,A,B,C,D,E,F,G 各点之间必须连通;此外,图中不能存在回路,否则从回路中去掉一条边仍然连通,即含有回路的路径一定不是最短线路。故架设长度最短的线路就是从图 9-18 中寻找一棵最小支撑树,即一棵最小部分树。

用"破圈法"求最小部分树时,从图 9-18 中任取一回路,如 $DFGD$,去掉最大权边 DG,得到一个部分图;继续在部分图任取一回路,如 $DEFD$,去掉最大权边 DF,得到另一个部分图。以此类推,最终得如图 9-19 所示的最小部分树。

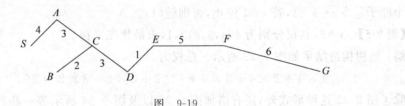

图 9-19

9.2.3 根树及其应用

前面几个部分我们讨论的树都是无向树。有向树中的根树在计算机科学、决策论中有重要应用。

若一个有向图在不考虑边的方向时是一棵树,则称这个有向图为有向树。若有向树 T,恰有一个结点入次为 0,其余各点入次均为 1,则称 T 为树根(又称外向树)。

根树中入次为 0 的点称为根。根树中出次为 0 的点称为叶,其他顶点称为分枝点。由根到某一顶点 v_i 的道路长度(设每边长度为 1),称为 v_i 的层次。

图 9-20 所示的树是根树,其中 v_1 为根,v_1,v_2,v_3,v_5,v_8 为分枝点,其余各点为叶,顶点 v_2,v_3 的层次为 1,顶点 v_{10},v_{11} 的层次为 4 等。

在根树中,若每个顶点的出次小于或等于 m,称这棵树为 m 叉树。若每个顶点的出次恰好等于 m 或 0,则称这棵树为完全 m 叉树。当 $m=2$ 时,称为二叉树、完全二叉树。

例如图 9-20 所示为完全二叉树、图 9-21 所示为三叉树。

在实际问题中常讨论叶子上带权的二叉树。令有 s 个叶子的二叉树 T 各叶子的权分别为 p_i,根到各叶子的距离(层次)为 $l_i(i=1,\cdots,s)$,这样二叉树 T 的总权数为

$$m(T) = \sum_{i=1}^{s} p_i l_i \tag{9-4}$$

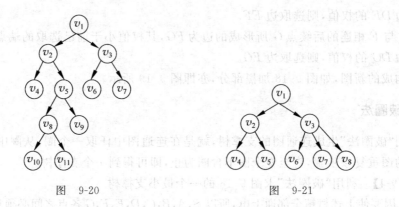

图 9-20　　　　　　　　图 9-21

满足总权最小的二叉树称为最优二叉树。霍夫曼(D. A. Huffman)给出了一个求最优二叉树的算法,所以又称霍夫曼树。

算法步骤为:

(1) 将 s 个叶子按权由小至大排序,不失一般性,设 $p_1 \leqslant p_2 \leqslant \cdots \leqslant p_s$。

(2) 将两个具有最小权的叶子合并成一个分支点,其权为 (p_1+p_2),将新的分支点作为一个叶子。令 $s \leftarrow s-1$,若 $s=1$ 停止,否则转(1)。

【例 9-5】 $s=6$,其权分别为 $4,3,3,2,2,1$,求最优二叉树。

解:该树构造结果如图 9-22 所示。总权为

$$1 \times 4 + 2 \times 4 + 2 \times 3 + 4 \times 2 + 3 \times 2 + 3 \times 2 = 38$$

除了图 9-22 这种形式外,还有诸如图 9-23 以及图 9-24 所示等一些其他形式,可以看出,最优二叉树形式不唯一。

图 9-23 所示总权为 $1 \times 3 + 2 \times 3 + 2 \times 3 + 3 \times 3 + 3 \times 2 + 4 \times 2 = 38$

图 9-24 所示总权为 $1 \times 3 + 2 \times 3 + 2 \times 3 + 3 \times 3 + 3 \times 2 + 4 \times 2 = 38$

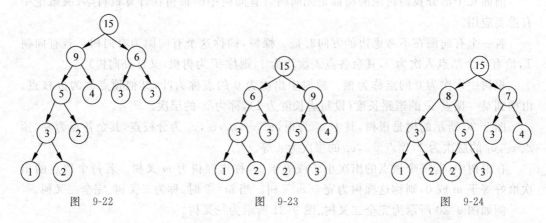

图 9-22　　　　　　　图 9-23　　　　　　　图 9-24

可以证明此算法得到的树为最优二叉树,直观意义:叶子的距离是依权的递减而增加,所以总权最小。最优二叉树有广泛应用。

9.3 最短路问题

9.3.1 问题的提出

设赋权有向图 $D(V,A)$,对图中的两个指定顶点 v_s,v_t,在从 v_s 到 v_t 上的所有路中若能找到一条路,使得该路所有弧的权数(可以是时间、距离或费用)之和最小,则称这条路为从 v_s 到 v_t 的最短路。该问题称为最短路问题。它是网络优化中的基本问题,在交通运输、设备更新、线路设计等方面有着广泛应用。

在动态规划中,最短路径问题可由贝尔曼最优化原理及其推理方程求解。在阶段明确下,用逆向逐段优化嵌套推进,这是一种反向搜索法;在阶段不明确的情况下,可用函数迭代法逐步正向搜索。这些算法都是依据同一个原理建立的,即网络图中,若 $\{v_1, v_2, \cdots, v_n\}$ 是从 v_1 到 v_n 的最短路径,则 $\{v_1, v_2, \cdots, v_{n-1}\}$ 也必然是从 v_1 到 v_{n-1} 的最短路径。

下面介绍求解最短路径问题的一种简便、有效的算法——Dijkstra 标号法。

9.3.2 Dijkstra 标号法

1959 年 Dijkstra 提出了求网络最短路径的标号法,用给节点记标号来逐步形成起点到各点的最短路径及其距离值,被公认为是目前较好的一种算法,因此该算法称为 Dijkstra 标号法,它也被称为双标号法。所谓双标号,就是对图中的点 v_i 赋予两个标号 $[v_i, P(v_j)]$,第一个标号 v_i 表示从起点 v_s 到 v_j 的最短路上 v_j 的前面一个相邻顶点的下标,用来表示路径,从而可对终点进行反向追踪,找到 v_s 到 v_t 的最短路;第二个标号 $P(v_j)$ 表示从起点 v_s 到 v_j 的最短距离的长度。

1. Dijkstra 算法的基本思想

对图 $D(V,A,W)$,指定某顶点 v_0 把图的顶点集合 V 分成两组,以已经求出最短路的顶点集合为第一组,记为 S(称为永久标号集,P 标号);其余尚未确定最短路的顶点为第二组,记为 $\bar{S}$(称为临时标号集,T 标号)。按最短路的路长递增次序逐个地把 $\bar{S}$ 中的顶点移到 S 中,直至从 v_0 出发可以到达的顶点都在 S 中。在这个过程中,须始终保持从 v_0 到 S 中各顶点的最短路的路长都不大于从 v_0 到 $\bar{S}$ 中的任何顶点的最短路的路长。另外,在处理过程中,需要为每个顶点保存一个距离。S 中的顶点的距离指从 v_0 到此顶点的最短路的路长;$\bar{S}$ 中顶点的距离是指从 v_0 到此顶点的只包括以 S 中的顶点为中间顶点的那部分还不完整的最短路的路长。

Dijkstra 标号法适用于每条弧的权值为非负实数的情况。如果权值有负的,则最短路问题可采用动态规划中不定期最短路径问题的解法(如函数迭代法)来求解,需要明确的是,有向图中的权 w_{ij} 一般不等于 w_{ji}。

2. Dijkstra 标号法具体步骤

设 $T(v_j)$ 表示 v_j 点的 T 标号,即初始点 v_0 到 v_j 的临时最短距离;$P(v_i)$ 表示 v_i 点的

P 标号,即初始点 v_0 到 v_i 的最短距离。

(1) 给 v_0 以 P 标号,$P(v_0)=0$,其余各点均以 T 标号,$T(v_i)=+\infty$。

(2) 若 v_i 点为刚得到 P 标号的点,考虑这样的点 v_j:$(v_i,v_j)\in E$,且 v_j 为 T 标号。对 v_j 的 T 标号更改为

$$T(v_j) = \min[T(v_j), P(v_i) + w_{ij}] \tag{9-5}$$

(3) 比较所有具有 T 标号的点,把最小者改为 P 标号,即 $P(\bar{v_i})=\min[T(v_j)]$。

当存在两个以上最小者时,可同时改为 P 标号。若全部点均为 P 标号则停止。否则用 $\bar{v_i}$ 代 v_i 转回(2)。

经过上述一个循环之后,可求出从 v_0 到节点 v_n 的最短路径及其长度,从而使一个节点 v_n 被赋予双标号。若图中共有 n 个节点,则最多可计算 $(n-1)$ 次循环,即可得到最后结果。

【例 9-6】 一个石油流向的管网如图 9-25 所示,v_1 代表石油开采地,v_7 代表石油汇集站,线旁的数字表示管线的长度,现在要从 v_1 地调运石油到 v_7 地,怎么选择管线可使路径最短?

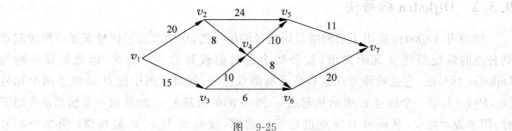

图 9-25

解:步骤如下:

(1) 给 v_1 以 P 标号 $[0,0]$,$S=\{v_1\}$,$P(v_1)=0$,并给其余所有点以 T 标号。

$$T(v_i)=+\infty \quad (i=2,3,\cdots,7)。$$

(2) 这时,与 S 相连的点有 v_2,v_3,这样有

$$T_{12} = p(v_1) + w_{12} = 0 + 20 = 20$$
$$T_{13} = p(v_1) + w_{13} = 0 + 15 = 15$$
$$\min\{T_{12}, T_{13}\} = T_{13} = 15$$

赋予边 (v_1,v_3) 的终点 v_3 以双标号 $(v_1,15)$,并令 $P(v_3)=15$,并记录路径 (v_1,v_3)。

(3) 这时,$S=\{v_1,v_3\}$,与 S 相连的点有 v_2,v_4,v_6,这样有

$$T_{34} = p(v_3) + w_{34} = 15 + 10 = 25$$
$$T_{36} = p(v_3) + w_{36} = 15 + 6 = 21$$
$$\min\{T_{34}, T_{36}, T_{12}\} = \min\{25, 21, 20\} = T_{12} = 20$$

赋予边 (v_1,v_2) 的终点 v_2 以双标号 $(v_1,20)$,并令 $P(v_2)=20$,并记录路径 (v_1,v_2)。

(4) 这时,$S=\{v_1,v_2,v_3\}$,与 S 相连的点有 v_4,v_5,v_6,这样有

$$T_{24} = p(v_2) + w_{24} = 20 + 8 = 28$$
$$T_{25} = p(v_2) + w_{25} = 20 + 24 = 44$$

$$\min\{T_{24}, T_{25}, T_{34}, T_{36}\} = \min\{28, 44, 25, 21\} = T_{36} = 21$$

赋予边 (v_3, v_6) 的终点 v_6 以双标号 $(v_3, 21)$，并令 $P(v_6) = 21$，并记录路径 (v_3, v_6)。

(5) 这时，$S = \{v_1, v_2, v_3, v_6\}$，与 S 相连的点有 v_4, v_5, v_7，这样有

$$T_{67} = p(v_6) + w_{67} = 21 + 20 = 41$$

$$\min\{T_{24}, T_{25}, T_{34}, T_{67}\} = \min\{28, 44, 25, 41\} = T_{34} = 25$$

赋予边 (v_3, v_4) 的终点 v_4 以双标号 $(v_3, 25)$，并令 $P(v_4) = 25$，并记录路径 (v_3, v_4)。

(6) 这时，$S = \{v_1, v_2, v_3, v_4, v_6\}$，与 S 相连的点有 v_5, v_7，这样有

$$T_{45} = p(v_4) + w_{45} = 25 + 10 = 35$$

$$\min\{T_{25}, T_{45}, T_{67}\} = \min\{44, 35, 41\} = T_{45} = 35$$

赋予边 (v_4, v_5) 的终点 v_5 以双标号 $(v_4, 35)$，并令 $P(v_5) = 35$，并记录路径 (v_4, v_5)。

(7) 这时，$S = \{v_1, v_2, v_3, v_4, v_5, v_6\}$，与 S 相连的点有 v_7，这样有

$$T_{57} = p(v_5) + w_{57} = 35 + 11 = 46$$

$$\min\{T_{57}, T_{67}\} = \min\{46, 41\} = T_{67} = 41$$

赋予边 (v_6, v_7) 的终点 v_7 以双标号 $(v_6, 41)$，并令 $P(v_7) = 41$，并记录路径 (v_6, v_7)。

至此，全部顶点都已标号，计算结束。

根据 v_7 的标号 $(v_6, 41)$ 可知，从 v_1 到 v_7 的最短路径为 41，其最短路径中的 v_7 的前面一点是 v_6，从 v_6 的标号 $(v_3, 21)$ 可知，从 v_1 到 v_6 的最短路径为 21，v_6 的前面一点是 v_3，从 v_3 的标号 $(v_1, 15)$ 可知，从 v_1 到 v_3 的最短路径为 15，v_3 的前面一点是 v_1，这样便得到石油开采地 v_1 到 v_7 汇集点的最短路径 $S = \{v_1, v_3, v_6, v_7\}$，最短路径长为 41，如图 9-26 所示。

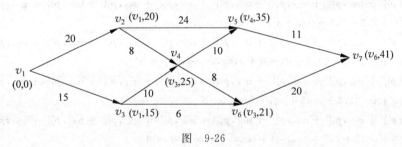

图 9-26

9.3.3 逐次逼近法（Bellman 算法）

此算法可用于网络中有带负权的边，求某指定点 v_1 到网络中任意指定点 v_j 的最短路。其基本思路是 v_1 到 v_j 的最短路总是沿着该路从 v_1 先到某一点 v_i，然后再沿边 (v_i, v_j) 到 v_j，则从 v_1 到 v_i 的最短路程也必定是从 v_1 到 v_i 的最短路程，记 $P(v_1, v_j)$ 表示从 v_1 到 v_j 的最短路长，也可记为 P_{1j}。此时，有下式成立：

$$P(v_1, v_j) = \min_i \{P(v_1, v_i) + w_{ij}\} \tag{9-6}$$

可用迭代法求解。初始解为

$$P^{(1)}(v_1, v_j) = w_{1j} \quad (j = 1, 2, \cdots, n) \tag{9-7}$$

即用 v_1 到 v_j 的直接距离作初始解。若 v_1, v_j 之间无边，则可令 v_1, v_j 之间的最短路

长为$+\infty$。然后,从第二步使用迭代公式:

$$P^{(k)}(v_1, v_j) = \min_i\{P^{(k-1)}(v_1, v_i) + w_{ij}\} \quad (k = 2, 3, \cdots) \tag{9-8}$$

求$P^{(k)}(v_1, v_j)$,当进行到第t步时,若出现

$$P^{(t)}(v_1, v_j) = P^{(t-1)}(v_1, v_j) \quad (j = 1, 2, \cdots, n) \tag{9-9}$$

则算法终止,$P^{(t)}(v_1, v_j)(j=1,2,\cdots,n)$即为$v_1$点到各点的最短路长。

【例 9-7】 求图 9-27 所示赋权有向图 D 中从 v_1 到各点的最短距离。

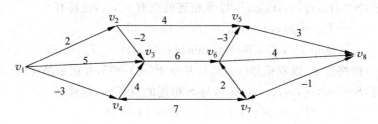

图 9-27

解:设从任一点v_i到任一点v_j都有一条弧,若没有,则添加一条弧(v_i, v_j),并令$w_{ij}=+\infty$,记$P_{ij}=P(v_i, v_j)$为从点v_i到点v_j的最短路长。

初始状态:$p_{11}^{(1)}=0, p_{12}^{(1)}=2, p_{13}^{(1)}=5, p_{14}^{(1)}=-3, p_{15}^{(1)}=p_{16}^{(1)}=p_{17}^{(1)}=p_{18}^{(1)}=\infty$

第一次迭代:

$p_{11}^{(2)} = \min\{p_{11}^{(1)}+w_{11}, p_{12}^{(1)}+w_{21}, p_{13}^{(1)}+w_{31}, p_{14}^{(1)}+w_{41}, p_{15}^{(1)}+w_{51}, p_{16}^{(1)}+w_{61}, p_{17}^{(1)}+w_{71}, p_{18}^{(1)}+w_{81}\}$
$= \min\{0+0, 2+\infty, 5+\infty, -3+\infty, \infty, \infty, \infty, \infty\} = 0$

$p_{12}^{(2)} = \min\{p_{11}^{(1)}+w_{12}, p_{12}^{(1)}+w_{22}, p_{13}^{(1)}+w_{32}, p_{14}^{(1)}+w_{42}, p_{15}^{(1)}+w_{52}, p_{16}^{(1)}+w_{62}, p_{17}^{(1)}+w_{72}, p_{18}^{(1)}+w_{82}\}$
$= \min\{0+2, 2+0, 5+\infty, -3+\infty, \infty, \infty, \infty, \infty\} = 2$

$p_{13}^{(2)} = \min\{p_{11}^{(1)}+w_{13}, p_{12}^{(1)}+w_{23}, p_{13}^{(1)}+w_{33}, p_{14}^{(1)}+w_{43}, p_{15}^{(1)}+w_{53}, p_{16}^{(1)}+w_{63}, p_{17}^{(1)}+w_{73}, p_{18}^{(1)}+w_{83}\}$
$= \min\{0+5, 2+(-2), 5+0, -3+4, \infty, \infty, \infty, \infty\} = 0$

$p_{14}^{(2)} = \min\{p_{11}^{(1)}+w_{14}, p_{12}^{(1)}+w_{24}, p_{13}^{(1)}+w_{34}, p_{14}^{(1)}+w_{44}, p_{15}^{(1)}+w_{54}, p_{16}^{(1)}+w_{64}, p_{17}^{(1)}+w_{74}, p_{18}^{(1)}+w_{84}\}$
$= \min\{0+(-3), 2+\infty, 5+\infty, -3+0, \infty, \infty, \infty, \infty\} = -3$

$p_{15}^{(2)} = \min\{p_{11}^{(1)}+w_{15}, p_{12}^{(1)}+w_{25}, p_{13}^{(1)}+w_{35}, p_{14}^{(1)}+w_{45}, p_{15}^{(1)}+w_{55}, p_{16}^{(1)}+w_{65}, p_{17}^{(1)}+w_{75}, p_{18}^{(1)}+w_{85}\}$
$= \min\{0+\infty, 2+4, 5+\infty, -3+\infty, \infty, \infty, \infty, \infty\} = 6$

$p_{16}^{(2)} = \min\{p_{11}^{(1)}+w_{16}, p_{12}^{(1)}+w_{26}, p_{13}^{(1)}+w_{36}, p_{14}^{(1)}+w_{46}, p_{15}^{(1)}+w_{56}, p_{16}^{(1)}+w_{66}, p_{17}^{(1)}+w_{76}, p_{18}^{(1)}+w_{86}\}$
$= \min\{0+\infty, 2+\infty, 5+6, -3+\infty, \infty, \infty, \infty, \infty\} = 11$

$p_{17}^{(2)} = p_{18}^{(2)} = \infty$

第二次迭代:

$p_{11}^{(3)} = \min\{p_{11}^{(2)}+w_{11}, p_{12}^{(2)}+w_{21}, p_{13}^{(2)}+w_{31}, p_{14}^{(2)}+w_{41}, p_{15}^{(2)}+w_{51}, p_{16}^{(2)}+w_{61}, p_{17}^{(2)}+w_{71}, p_{18}^{(2)}+w_{81}\}$
$= \min\{0+0, 2+\infty, 0+\infty, (-3)+\infty, 6+\infty, 11+\infty, \infty, \infty\} = 0$

同理有:

$p_{12}^{(3)} = 2, \quad p_{13}^{(3)} = 0, \quad p_{14}^{(3)} = -3, \quad p_{15}^{(3)} = 6, \quad p_{16}^{(3)} = 6, \quad p_{17}^{(3)} = \infty, \quad p_{18}^{(3)} = 15$

同理可得第三次迭代结果:

$$P_{11}^{(4)} = 0, \quad P_{12}^{(4)} = 2, \quad P_{13}^{(4)} = 0, \quad P_{14}^{(4)} = -3,$$
$$P_{15}^{(4)} = 3, \quad P_{16}^{(4)} = 6, \quad P_{17}^{(4)} = 14, \quad P_{18}^{(4)} = 10.$$

第四次迭代结果：
$$P_{11}^{(5)}=0,\quad P_{12}^{(5)}=2,\quad P_{13}^{(5)}=0,\quad P_{14}^{(5)}=-3,$$
$$P_{15}^{(5)}=3,\quad P_{16}^{(5)}=6,\quad P_{17}^{(5)}=9,\quad P_{18}^{(5)}=10$$

第五次迭代结果：
$$P_{11}^{(6)}=0,\quad P_{12}^{(6)}=2,\quad P_{13}^{(6)}=0,\quad P_{14}^{(6)}=-3,$$
$$P_{15}^{(6)}=3,\quad P_{16}^{(6)}=6,\quad P_{17}^{(6)}=9,\quad P_{18}^{(6)}=10$$

此时，$P_{1j}^{(6)}=P_{1j}^{(5)}(j=1,2,\cdots,8)$，算法终止。

寻找最短路：

方法 1 反向追踪的方法。可以得到 v_1 到各点的最短距离。已知 $P_{18}=10$，而 $P_{18}=\min\{P_{1i}+w_{i8}\}$，寻找满足等式的 v_i，得到 $P_{16}+w_{68}=10$，则 v_1 到 v_8 点的最短路径必经过 v_6 点。接着考虑 v_6 点，$P_{16}=6$，$P_{16}=\min\{P_{1i}+w_{i6}\}=P_{13}+w_{36}$，则 v_1 到 v_6 点的最短路径必经过 v_3 点。继续考查下去，最终得到 v_1 到 v_8 点的最短路径为 $v_1 \rightarrow v_2 \rightarrow v_3 \rightarrow v_6 \rightarrow v_8$。

方法 2 表格法。将计算结果反映在表 9-1 中，表中空格为 $+\infty$。其中表中最后一列数字表示 v_1 到各点的最短路长。由表 9-1 的最后一列自下而上可以看出，$10=[6]+4$；$6=[0]+6$；$0=[2]+(-2)$；$2=[0]+2$。而 v_1 到 v_8 点的最短路径从上至下可以得到为 $v_1 \rightarrow v_2 \rightarrow v_3 \rightarrow v_6 \rightarrow v_8$。

表 9-1

i \ j	v_1	v_2	v_3	v_4	v_5	v_6	v_7	v_8	$p_{1j}^{(1)}$	$p_{1j}^{(2)}$	$p_{1j}^{(3)}$	$p_{1j}^{(4)}$	$p_{1j}^{(5)}$	$p_{1j}^{(6)}$
v_1	0	2	5	-3					0	0	0	0	0	[0]
v_2		0	-2		4				2	2	2	2	2	[2]
v_3			0			6			5	0	0	0	0	[0]
v_4			4	0					-3	-3	-3	-3	-3	-3
v_5					0					6	6	3	3	3
v_6					-3	0		4	11	6	6	6	6	[6]
v_7				7		2	0					14	9	9
v_8					3		-1	0				15	10	[10]

9.3.4 Floyed 算法

Floyed 是一种更一般的算法，对于求任意两点之间的最短路、有负权值存在或权值均为负的最短路等一般网络的最短路问题均适用。这种算法实际上是一种矩阵（表格）迭代方法。

1. 符号说明

设矩阵 $\boldsymbol{A}=(a_{ij})_{m\times m}$，$\boldsymbol{B}=(b_{ij})_{m\times m}$。定义矩阵运算
$$\boldsymbol{D}=(d_{ij})_{m\times m}=\boldsymbol{A}\circ\boldsymbol{B} \tag{9-10}$$

其中
$$d_{ij}=\min_{k\in 1,2,\cdots,m}\{a_{ik}+b_{kj}\} \tag{9-11}$$

即 d_{ij} 为矩阵 A 中第 i 行与 B 中第 j 列对应元素之和取最小值。

2. Floyed 算法思路

若一步到达的两点最短路长矩阵为 B，已知目前恰走 l 步到达的两点间最短路长矩阵为 A，则恰走 $(l+1)$ 步到达两点最短路长矩阵必为 $D=(d_{ij})_{m\times m}=A\circ B$，比较矩阵 $D^{(n)}$ 与 $D^{(n-1)}$，当 $D^{(n)}=D^{(n-1)}$ 时，得到任意两点间的最短距离矩阵 $D^{(n)}$。下面通过一个具体实例来说明 Floyed 算法的应用。

【**例 9-8**】 图 9-28 所示为 7 个村子之间的道路交通情况，每条边旁的数表示两个村之间的距离。现在 7 个村要联合办一所小学，已知各村的小学生人数为：第一个村子 30 人，第二个村子 40 人，第三个村子 25 人，第四个村子 20 人，第五个村子 50 人，第六个村子 60 人，第七个村子 60 人。

试问：(1) 学校应建在哪个村子，使所有学生上学时所走的总路程最短。

(2) 离学校最远的村子的学生上学时所走的路程最近。

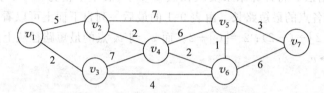

图 9-28

解：利用 Floyed 算法，先求任意两个村镇之间的最短距离。

一步到达矩阵 $D^{(1)}$ 为

$$D^{(1)}=\begin{matrix}v_1\\v_2\\v_3\\v_4\\v_5\\v_6\\v_7\end{matrix}\begin{bmatrix}0 & 5 & 2 & \infty & \infty & \infty & \infty\\5 & 0 & \infty & 2 & 7 & \infty & \infty\\2 & \infty & 0 & 7 & \infty & 4 & \infty\\\infty & 2 & 7 & 0 & 6 & 2 & \infty\\\infty & 7 & \infty & 6 & 0 & 1 & 3\\\infty & \infty & 4 & 2 & 1 & 0 & 6\\\infty & \infty & \infty & \infty & 3 & 6 & 0\end{bmatrix}$$
$$\quad\quad\quad v_1\ v_2\ v_3\ v_4\ v_5\ v_6\ v_7$$

两步到达矩阵 $D^{(2)}$ 为

$$D^{(2)}=D^{(1)}\circ D^{(1)}=\begin{matrix}v_1\\v_2\\v_3\\v_4\\v_5\\v_6\\v_7\end{matrix}\begin{bmatrix}0 & 5 & 2 & 7 & 12 & 6 & \infty\\5 & 0 & 7 & 2 & 7 & 4 & 10\\2 & 7 & 0 & 6 & 5 & 4 & 10\\7 & 2 & 6 & 0 & 3 & 2 & 8\\12 & 7 & 5 & 3 & 0 & 1 & 3\\6 & 4 & 4 & 2 & 1 & 0 & 4\\\infty & 10 & 10 & 8 & 3 & 4 & 0\end{bmatrix}$$
$$\quad\quad\quad\quad\quad\quad v_1\ v_2\ v_3\ v_4\ v_5\ v_6\ v_7$$

三步到达矩阵 $D^{(3)}$ 为

$$D^{(3)} = D^{(2)} \circ D^{(1)} = \begin{matrix} v_1 \\ v_2 \\ v_3 \\ v_4 \\ v_5 \\ v_6 \\ v_7 \end{matrix} \begin{bmatrix} 0 & 5 & 2 & 7 & 7 & 6 & 12 \\ 5 & 0 & 7 & 2 & 5 & 4 & 10 \\ 2 & 7 & 0 & 6 & 5 & 4 & 8 \\ 7 & 2 & 6 & 0 & 3 & 2 & 6 \\ 7 & 5 & 5 & 3 & 0 & 1 & 3 \\ 6 & 4 & 4 & 2 & 1 & 0 & 4 \\ 12 & 10 & 8 & 6 & 3 & 4 & 0 \end{bmatrix}$$
$$\quad\quad\quad\quad\quad\quad v_1 \; v_2 \; v_3 \; v_4 \; v_5 \; v_6 \; v_7$$

四步到达矩阵 $D^{(4)}$ 为

$$D^{(4)} = D^{(3)} \circ D^{(1)} = \begin{matrix} v_1 \\ v_2 \\ v_3 \\ v_4 \\ v_5 \\ v_6 \\ v_7 \end{matrix} \begin{bmatrix} 0 & 5 & 2 & 7 & 7 & 6 & 10 \\ 5 & 0 & 7 & 2 & 5 & 4 & 8 \\ 2 & 7 & 0 & 6 & 5 & 4 & 8 \\ 7 & 2 & 6 & 0 & 3 & 2 & 6 \\ 7 & 5 & 5 & 3 & 0 & 1 & 3 \\ 6 & 4 & 4 & 2 & 1 & 0 & 4 \\ 10 & 8 & 8 & 6 & 3 & 4 & 0 \end{bmatrix}$$
$$\quad\quad\quad\quad\quad\quad v_1 \; v_2 \; v_3 \; v_4 \; v_5 \; v_6 \; v_7$$

五步到达矩阵 $D^{(5)}$ 为

$$D^{(5)} = D^{(4)} \circ D^{(1)} = D^{(4)} = \begin{matrix} v_1 \\ v_2 \\ v_3 \\ v_4 \\ v_5 \\ v_6 \\ v_7 \end{matrix} \begin{bmatrix} 0 & 5 & 2 & 7 & 7 & 6 & 10 \\ 5 & 0 & 7 & 2 & 5 & 4 & 8 \\ 2 & 7 & 0 & 6 & 5 & 4 & 8 \\ 7 & 2 & 6 & 0 & 3 & 2 & 6 \\ 7 & 5 & 5 & 3 & 0 & 1 & 3 \\ 6 & 4 & 4 & 2 & 1 & 0 & 4 \\ 10 & 8 & 8 & 6 & 3 & 4 & 0 \end{bmatrix}$$
$$\quad\quad\quad\quad\quad\quad v_1 \; v_2 \; v_3 \; v_4 \; v_5 \; v_6 \; v_7$$

$D^{(5)}$ 中的元素即为图 9-28 中从 i 点到 j 点的最短距离。

将 $D^{(5)}$ 的第 i 行元素乘第 i 个村子的小学生人数,则乘积数字为如果小学建在各个村时,第 i 个村子小学生上学所走的路程,由此得到表 9-2。

表 9-2

村子号	v_1	v_2	v_3	v_4	v_5	v_6	v_7
v_1	0	150	60	210	210	180	300
v_2	200	0	280	80	200	160	320
v_3	50	175	0	150	125	100	200
v_4	140	40	120	0	60	40	120
v_5	350	250	250	150	0	50	150
v_6	360	240	240	120	60	0	240
v_7	600	480	480	360	180	240	0
总路程	1 700	1 335	1 430	1 070	835	770	1 330

由此可见，小学应建在第六个村子，使学生上学走的总路程最短。

(2) 令 $D(v_i)=\max(d_1,d_2,\cdots,d_7)(i=1,2,\cdots,7)$，表示若学校建在 v_i，则离学校最远的村子距离为 $D(v_i)$，然后从 $D(v_i)(i=1,2,\cdots,7)$ 中选出最小者即为所求。计算结果见表 9-3。由于 $D(v_6)=6$ 最小，所以学校应建在 v_6，即第六个村子，方可使得离学校最远的村子的学生上学时所走的路程最近。

表 9-3

村子号	v_1	v_2	v_3	v_4	v_5	v_6	v_7	$D(v_i)$
v_1	0	5	2	7	7	6	10	10
v_2	5	0	7	2	5	4	8	8
v_3	2	7	0	6	5	4	8	8
v_4	7	2	6	0	3	2	6	7
v_5	7	5	5	3	0	1	3	7
v_6	6	4	4	2	1	0	4	6
v_7	10	8	8	6	3	4	0	10

9.4 最大流问题

在许多实际网络系统中都存在着流量和最大流问题。例如，铁路运输系统中的车辆流，城市给排水系统的水流问题，等等。这类网络通常都有最大通过能力（即容量）的限制，故可称之为容量网络。网络系统最大流问题是图与网络理论中十分重要的优化问题，它对于解决生产实际问题起着十分重要的作用。

9.4.1 最大流的基本概念

1. 容量网络

设一个赋权有向图 $D=(V,A)$，在 V 中指定一个发点 v_s 和一个收点 v_t，其他的点叫作中间点。对于 D 中的每一个弧 $(v_i,v_j)\in A$，都有一个非负数 c_{ij}，叫作弧的容量。我们把这样的图 D 叫作一个容量网络，简称网络，记作 $D=(V,A,C)$。

网络 D 上的流，是指定义在弧集合 A 上的一个函数

$$f=\{f(v_i,v_j)\}=\{f_{ij}\} \tag{9-12}$$

其中，$f(v_i,v_j)=f_{ij}$ 叫作弧 (v_i,v_j) 上的流量。

2. 可行流

称满足下列条件的流为可行流：

(1) 容量条件。对于每一个弧 $(v_i,v_j)\in A$ 都有 $0\leqslant f_{ij}\leqslant c_{ij}$。

(2) 平衡条件。对于发点 v_s 和收点 v_t，有

$$\sum_{(v_s,v_i)\in A}f_{si}=\sum_{(v_j,v_t)\in A}f_{jt}=W \tag{9-13}$$

式中,W 为网络中的总流量。

对于中间点,有
$$\sum_{(v_i,v_j)\in A} f_{ij} = \sum_{(v_j,v_k)\in A} f_{jk} \tag{9-14}$$

对网络的某一可行流 $f=\{f_{ij}\}$,$f_{ij}=c_{ij}$ 的弧叫作饱和弧,$f_{ij}<c_{ij}$ 的弧叫作非饱和弧,$f_{ij}>0$ 的弧叫作非零流弧,$f_{ij}=0$ 的弧叫作零流弧。最大流问题实质上是一个线性规划问题,上述两个条件相当于问题的约束条件,目标是使得网络 D 上的总流量 W 最大,而可行流就是该线性规划的可行解。

3. 增广链

容量网络 D,若 μ 为网络中从 v_s 到 v_t 的一条链,给 μ 定向为从 v_s 到 v_t,μ 上的弧凡与 μ 方向相同的称为前向弧(即正向弧),凡与 μ 方向相反的称为后向弧(即逆向弧),其集合分别用 μ^+ 和 μ^- 表示。

f 是一个可行流,如果满足
$$\begin{cases} 0 \leqslant f_{ij} < c_{ij} & (v_i,v_j) \in \mu^+ \\ 0 < f_{ij} \leqslant c_{ij} & (v_i,v_j) \in \mu^- \end{cases} \tag{9-15}$$

即 μ^+ 中的每一条弧都是非饱和弧,μ^- 中的每一条弧都是非零流弧,则称 μ 为从 v_s 到 v_t 的关于 f 的一条增广链。

推论:可行流 f 是最大流的充分必要条件是不存在从 v_s 到 v_t 的关于 f 的一条可增广链。

4. 割集

容量网络 $D=(V,A,C)$,v_s,v_t 分别为发点、收点,若有边集 A' 为 A 的子集,将 D 分为两个子图 D_1,D_2,其顶点集合分别 $S,\bar{S}$,$S\cup\bar{S}=V$,$S\cap\bar{S}=\phi$,v_s,v_t 分属 $S,\bar{S}$,满足①$D(V,A-A')$不连通;②A'' 为 A' 的真子集,而 $D(V,A-A'')$ 仍连通,则称 A' 为 D 的割集(又称截集),记 $A'=(S,\bar{S})$。割集 $(S,\bar{S})$ 中所有弧的容量之和,称为这个割集的容量(又称截量),记为 $C(S,\bar{S})$。

如图 9-29 所示,边集 (v_s,v_1),(v_2,v_3),(v_3,v_t),(v_4,v_t) 是 D 的割集。其顶点分别属于两个互补不相交的点集。去掉这四条边,则图不连通,去掉这四条边中的任意 1~3 条,图仍然连通。

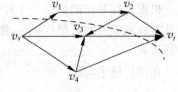

图 9-29

9.4.2 最大流最小割定理

定理 9-5 设 f 为网络 $D=(V,A,C)$ 的任一可行流,流量为 W,$(S,\bar{S})$ 是分离 v_s,v_t 的任一割集,则有 $W \leqslant C(S,\bar{S})$。

定理 9-5 表明,网络中任一可行流的流量都不会超过任一割集的容量。如果网络上的一个可行流 f^* 和网络中的一个割集 $(S^*,\bar{S}^*)$,满足条件 $W(f^*)=C(S^*,\bar{S}^*)$,那么 f^* 一定是 D 上的最大流,而 $(S^*,\bar{S}^*)$ 一定是 D 上的最小割,从而有如下定理。

定理 9-6 （fold-fulkerson 最大流-最小割定理）在任何网络中，从 v_s 到 v_t 的最大流的流量等于最小割集的容量。

可增广链的实际意义是：沿着这条链从 v_s 到 v_t 输送的流，还有潜力可挖，需要进行调整，从而提高流量。调整后的流，在各点仍满足平衡条件及容量限制条件，即仍为可行流。这样就得到了一个寻求最大流的方法：从一个可行流开始，寻求关于这个可行流的可增广链，若存在，则可以经过调整，得到一个新的可行流，其流量比原来的可行流要大，重复这个过程，直到不存在关于该流的可增广链时就得到了最大流。

9.4.3 求最大流的标号算法

求最大流的标号算法一般采用 fold-fulkerson 算法：设网络中已有一个可行流 f（如果 D 中没有给出可行流 f，可以根据可行流的两个条件设定一个初始可行流，也可将零流设为初始可行流），标号算法分为两步：第一步是标号过程，目的是寻找可增广链并确定流量调整量；第二步是调整过程，沿可增广链调整流量。交替进行这两步就可以得到网络的最大流及最小割。

1. 标号过程

采用双标号方式，第 1 个标号表示该结点的标号来自何处，第 2 个标号表示流量的最大允许调整量。

（1）给发点 v_s 标号 $(\Delta, +\infty)$。

（2）取一个已标号的顶点 v_i，对于 v_i 的所有未给标号的邻接点 v_j 按下列规则处理：

① 如果弧 $(v_i, v_j) \in A$，且 $f_{ij} < c_{ij}$，则给 v_j 以标号 $(+v_i, \delta_j)$，其中 $\delta_j = \min(c_{ij} - f_{ij}, \delta_i)$。

② 如果弧 $(v_j, v_i) \in A$，且 $f_{ji} > 0$，则给 v_j 以标号 $(-v_i, \delta_j)$，其中 $\delta_j = \min(f_{ji}, \delta_i)$。

（3）重复步骤（2），直到收点 v_t 被标号或标号过程无法进行下去，则标号结束。

若 v_t 被标号，则存在一条可增广链，转调整过程；若 v_t 未被标号，而标号过程无法进行下去，这时的可行流就是最大流。

2. 调整过程

根据已标号点的最后一个标号逆向追踪，找出从收点到发点的增加的链条，并正向写出从发点到收点的可增广链 μ，便可对可增广链 μ 上弧的流量进行调整。调整量为第二个标号 δ_t。

在增广链中，设

$$\delta_1 = \min\{c_{ij} - f_{ij} \mid (v_i, v_j) \in \mu^+\} \tag{9-16}$$

$$\delta_2 = \min\{f_{ij} \mid (v_i, v_j) \in \mu^-\} \tag{9-17}$$

$$\delta_t = \min(\delta_1, \delta_2) \tag{9-18}$$

（1）令

$$f'_{ij} = \begin{cases} f_{ij} + \delta_t & (v_i, v_j) \in \mu^+ \\ f_{ij} - \delta_t & (v_i, v_j) \in \mu^- \\ f_{ij} & (v_i, v_j) \notin \mu \end{cases} \tag{9-19}$$

(2) 将调整了流量的网络去掉所有标号,回到第(1)步,对可行流 f' 重新标号。

【例 9-9】 用 Fold-Fulkerson 标号算法求图 9-30 所示网络的最大流,弧旁的一对有序数是 (c_{ij}, f_{ij})。

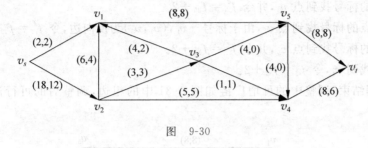

图 9-30

解：(1) 给发点 v_s 标号 $(\Delta, +\infty)$。

(2) 与已标号点 v_s 相邻的没有标号点有 v_1 和 v_2,其中 (v_s, v_1) 是前向饱和弧,所以 v_1 不符合标号条件,(v_s, v_2) 是前向非饱和弧,所以 v_2 点得到标号 $(+v_s, 6)$,其中 $\delta_{v_2} = \min[(18-12), +\infty] = 6$。

(3) 与已标号点 v_2 相邻的没有标号点有 v_1, v_3 和 v_4,其中 (v_2, v_3) 和 (v_2, v_4) 是前向饱和弧,所以 v_3 和 v_4 不符合标号条件,只有 (v_2, v_1) 是前向非饱和弧,所以 v_1 点得到标号 $(+v_2, 2)$,其中 $\delta_{v_1} = \min[(6-4), 6] = 2$。

(4) 与已标号点 v_1 相邻的没有标号点有 v_3 和 v_5,其中 (v_1, v_5) 是前向饱和弧,所以 v_5 不符合标号条件,因为 (v_1, v_3) 是后向非零流弧,所以 v_3 点得到标号 $(-v_1, 2)$,其中 $\delta_{v_3} = \min(2, 2) = 2$。

(5) 与已标号点 v_3 相邻的没有标号点有 v_4 和 v_5,其中 (v_3, v_4) 是前向饱和弧,所以 v_4 不符合标号条件,由于 (v_3, v_5) 是前向非饱和弧,所以 v_5 点得到标号 $(+v_3, 2)$,其中 $\delta_{v_5} = \min[(4-0), 2] = 2$。

(6) 与已标号点 v_5 相邻的没有标号点有 v_4 和 v_t,其中 (v_5, v_t) 是前向饱和弧,故 v_t 不符合标号条件,由于 (v_5, v_4) 是前向非饱和弧,所以 v_4 点得到标号 $(+v_5, 2)$,其中 $\delta_{v_4} = \min[(4-0), 2] = 2$。

(7) 与已标号点 v_4 相邻的没有标号点只有 v_t,又因为 v_t 是前向非饱和弧,所以 v_t 点得到标号 $(+v_4, 2)$,其中 $\delta_{v_t} = \min[(8-6), 2] = 2$。

因为收点 v_t 得到了标号,说明存在可增广链,所以标号过程结束,如图 9-31 所示。从而得到一条增广链:$v_s \to v_2 \to v_1 \to v_3 \to v_5 \to v_4 \to v_t$。

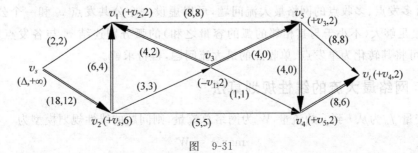

图 9-31

转入调整过程，令 $\delta = \delta_{v_t} = 2$ 为调整量，从 v_t 点开始，由逆可增广链方向按标号 $[+v_4, 2]$ 找到点 v_4，令 $f'_{4t} = f_{4t} + 2$。

再由 v_4 点的标号 $[+v_5, 2]$ 找到前一个点 v_5，并令 $f'_{54} = f_{54} + 2$。

由 v_5 点的标号找到点 v_3，并令 $f'_{35} = f_{35} + 2$。

再由 v_3 点的标号找到点 v_1，由于标号 $-v_1$，(v_1, v_3) 为反向边，令 $f'_{13} = f_{13} - 2$。

由 v_1 点的标号找到点 v_2，并令 $f'_{21} = f_{21} + 2$。

由 v_2 点找到 v_s，令 $f'_{s2} = f_{s2} + 2$。

调整过程结束，调整中的可增广链如图 9-31 中的粗边，调整后的可行流如图 9-32 所示。

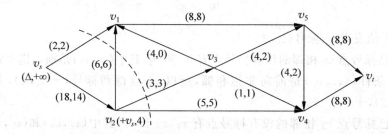

图 9-32

去掉所有的标号，从发点 v_s 开始重新进行标号。

(1) 给发点 v_s 标号 $(\Delta, +\infty)$。

(2) 与已标号点 v_s 相邻的没有标号点有 v_1 和 v_2，其中 (v_s, v_1) 是前向饱和弧，所以 v_1 依然不符合标号条件，由于 (v_s, v_2) 是前向非饱和弧，所以 v_2 点得到标号 $(+v_s, 4)$。

(3) 与已标号点 v_2 相邻的没有标号点有 v_1、v_3 和 v_4，由图 9-32 可知 (v_2, v_1)、(v_2, v_3) 和 (v_2, v_4) 均为前向饱和弧，所以点 v_1，v_3 和 v_4 都不符合标号条件，至此标号过程无法进行下去，而收点 v_t 没能得到标号，说明图 9-32 中已不存在可增广链。所以图 9-32 中的流即为网络的最大流。最大流的算法有两种，一种是发点 v_s 发出量或收点 v_t 的流入量，即 $\sum_{(v_s, v_i) \in A} f_{si} = \sum_{(v_j, v_t) \in A} f_{jt} = W = f_{s1} + f_{s2} = 2 + 14 = 16$；另外一种是割集容量与最大流量相等关系，用割集来进行计算，即以已标号点 v_s，v_2 作为点集 S，其余没有标号点为点集 $\bar{S}$，则弧集 $(S, \bar{S})$ 即为网络的一个最小割集，其容量为：$C(S, \bar{S}) = (v_s, v_1) + (v_2, v_1) + (v_2, v_3) + (v_2, v_4) = 2 + 6 + 3 + 5 = 16$。

针对多发点、多收点的网络最大流问题，可以虚设一个公共发点 v_s 和一个公共收点 v_t，用容量足够大（不小于与其相邻的弧的容量之和）的弧分别连结 v_s 与各发点、v_t 与各收点，即可将其转化为单发点、单收点的最大流问题，再行求解。

9.4.4 网络最大流的线性规划算法

设变量 f_{ij} 为从 i 到 j 的流量，W 为网络总流量，则问题的线性规划模型为

$$\max z = W$$

$$\begin{cases} f_{ij} \leqslant c_{ij} \\ \sum_{(v_i,v_j)\in A} f_{ij} - \sum_{(v_j,v_k)\in A} f_{jk} = 0 \\ W - \sum_{(v_s,v_i)\in A} f_{si} = 0 \\ \sum_{(v_j,v_t)\in A} f_{jt} - W = 0 \\ f_{ij} \geqslant 0, W \geqslant 0 \end{cases} \tag{9-20}$$

【例 9-10】 用线性规划方法求解图 9-33 中的网络最大流,网络上的数字为两个节点之间的容量 c_{ij}。

解:设变量 f_{ij} 为从节点 i 到节点 j 的流量,且 W 为网络总流量,依据图 9-33,建立问题的线性规划模型如下:

$$\max z = W$$

$$\begin{cases} f_{12} \leqslant 5 \\ f_{13} \leqslant 6 \\ f_{14} \leqslant 5 \\ f_{23} \leqslant 2 \\ f_{25} \leqslant 3 \\ f_{32} \leqslant 2 \\ f_{34} \leqslant 3 \\ f_{35} \leqslant 3 \\ f_{36} \leqslant 7 \\ f_{46} \leqslant 5 \\ f_{56} \leqslant 1 \\ f_{57} \leqslant 8 \\ f_{65} \leqslant 1 \\ f_{67} \leqslant 7 \\ f_{12} + f_{32} - f_{23} - f_{25} = 0 \\ f_{13} + f_{23} - f_{32} - f_{34} - f_{35} - f_{36} = 0 \\ f_{14} + f_{34} - f_{46} = 0 \\ f_{25} + f_{35} + f_{65} - f_{56} - f_{57} = 0 \\ f_{36} + f_{46} + f_{56} - f_{65} - f_{67} = 0 \\ W - f_{12} - f_{13} - f_{14} = 0 \\ f_{57} + f_{67} - W = 0 \\ f_{ij} \geqslant 0, W \geqslant 0 \end{cases}$$

求解的结果如下:

$$f_{12}=3, \quad f_{13}=6, \quad f_{14}=5, \quad f_{23}=0, \quad f_{25}=3, \quad f_{32}=f_{34}=0,$$
$$f_{35}=f_{36}=3, \quad f_{46}=5, \quad f_{56}=0, \quad f_{57}=7, \quad f_{65}=1, \quad f_{67}=7$$

最优值即最大流为 $W^* = 14$。具体最大流如图 9-34 所示。

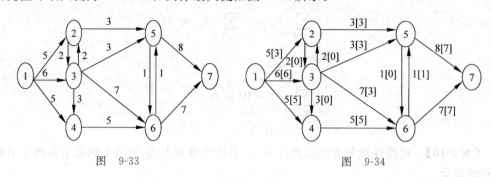

图 9-33　　　　　　　　　　　　图 9-34

9.5　最大基数匹配问题

在实际企业管理、人员调度、人才招聘等决策过程中，常常涉及这样的问题：有 m 个人 $(x_1, x_2, \cdots, x_m)$ 和 n 项工作 $(y_1, y_2, \cdots, y_n)$，规定每个人至多做一项工作，且每项工作至多分配给一人去做。已知每个人能胜任其中一项或几项工作，所面临的问题是如何分配任务，才能使尽可能多的人有工作可做，这就是"最大基数匹配问题"。

在本节中，将最大基数匹配问题转化为二分图，以研究二分图的最大基数匹配问题。

9.5.1　基本概念

1. 二分图（也叫二部图）

图 $G = (V, E)$，若 $V = X \cup Y$ 且 $X \cap Y = \phi$，使得 E 中每一条边的两个端点必有一个属于 X，另一个属于 Y，则称 G 为二分图。记 $G = (X, Y, E)$ 或 $G = (X, E, Y)$，如图 9-35 所示。此时，$X = \{x_1, x_2, \cdots, x_m\}$，$Y = \{y_1, y_2, \cdots, y_n\}$。

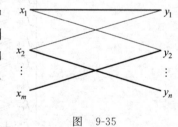

图 9-35

2. 匹配

对给定的二分图 $G = (X, Y, E)$，若有 M 包含于 E，且 M 中任意两条边都没有公共端点，则称 M 为 G 的一个匹配（也称对集）。

3. 饱和点

M 中任意边的端点称为（关于 M 的）饱和点（即已经有匹配的顶点），G 中其他顶点称为非饱和点。

4. 完美匹配

如果 G 的每个点都是 M 的饱和点，则称 M 是 G 的完美匹配。

5. 最大基数匹配

设 Q 表示 G 中所有的匹配集,即 $Q=\{M|M$ 为 G 的匹配集$\}$,$|M|$ 表示 M 的边数,若存在 M_0 使对任意的 $M\in Q$,有 $|M_0|\geqslant|M|$,或者说 M_0 是 G 的边数最多的匹配,则称 M_0 是 G 的最大基数匹配。但需注意,G 中最大基数匹配方案可能不唯一。

显然,完美匹配是最大基数匹配。本节仅讨论二分图的最大基数匹配问题,并给出相应的算法。

9.5.2 求二分图最大基数匹配的算法

1. 算法思想

首先将二分图转化为等价的带有一个发点和一个收点的有向网络,然后将求二分图的最大基数匹配问题转化为求有向网络的最大流问题,直接应用 fulkerson 算法即可求得网络的最大流,最大流的流量即是最大基数匹配数,最大流经过的弧所对应的边即为匹配方案。

由此可见,利用求有向网络最大流算法求二分图的最大基数匹配,关键是将二分图转化为等价的有向网络。

2. 二分图转化为有向网络

设 $D=(V,A)$ 是一个二分图,$V=X\cup Y$,令 $X=\{x_1,x_2,\cdots,x_m\}$,$Y=\{y_1,y_2,\cdots,y_n\}$,如图 9-35 所示。构造有向网络的步骤如下:

(1) 增加两个新顶点 v_s 和 v_t,对一切 $x_i\in X$,$y_j\in Y$,分别连接弧 (v_s,x_i) 和 (y_j,v_t),而且这些弧上的容量都定义为 1,意味着一个人只能分配一项工作,而且每项工作只能由一个人来完成。

(2) 把 D 中的边 $\{x_i,y_j\}$ 改成弧 (x_i,y_j),其容量都定义为 1,以保证在每个人所能够胜任的所有工作中,至多能分配一项,从而得到带一个发点和一个收点的有向网络 D'。

下面来说明 D 的匹配 M 与 D' 中可行流一一对应。

对于 D 的任一匹配 M,构造 D' 中的可行流 f_{ij} 如下:

如果 $\{x_i,y_j\}\in M$,则令 $f_{ij}=1$ 及 $f_{si}=f_{jt}=1$,其他弧上的流量为 0,则 f_{ij} 为 D' 中的一个可行流。

设 f_{ij} 是 D' 的任一可行流,构造 D 中的匹配 M 如下:

令

$$M=\{\{x_i,y_j\}\in E\mid f_{ij}=1\} \tag{9-21}$$

则 M 是 D 的一个匹配。

因此,D 中的匹配 M 与 D' 中的可行流一一对应,且匹配数等于可行流的流量。从而用前面求最大流的方法,可求出 D' 的最大流,从而得到 D 的最大基数匹配数。

3. 计算实例

下面通过实例具体说明利用网络最大流算法和求解二分图的最大基数匹配数的过程。

【例 9-11】 设现有 5 位待业者和 5 项工作,他们各自能胜任工作的情况如图 9-36 所示,要求设计一个就业方案,使尽量多的人能够实现就业。

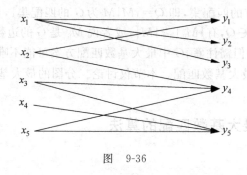

图 9-36

其中,$x_1,\cdots,x_5$ 表示工人;$y_1,\cdots,y_5$ 表示工作。

如上所述,二部图中最大匹配问题,是可以转化为最大流问题来进行求解。在二部图 9-36 中增加两个新点 v_s 和 v_t 分别作为发点、收点。并用有向边把它们与原二部图中顶点相连,如图 9-37 所示。令全部边上的容量均为 1。当网络流达到最大时,如果 (x_i, y_j) 上的流量为 1,就让 x_i 做 y_j 的工作,此即为最大匹配方案。

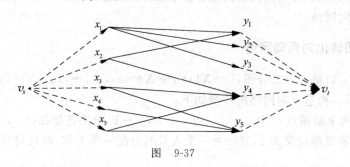

图 9-37

(1) 第一次标号,如图 9-38 所示。

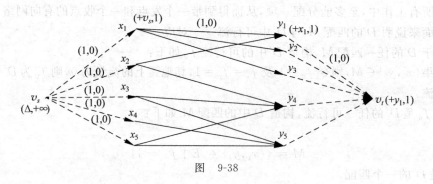

图 9-38

调整。调整之后的如图 9-39 所示。

(2) 第二次标号,如图 9-39 所示。

调整。调整之后的如图 9-40 所示。

(3) 第三次标号,如图 9-40 所示。

调整。调整之后的如图 9-41 所示。

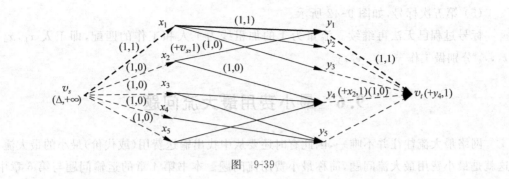

图 9-39

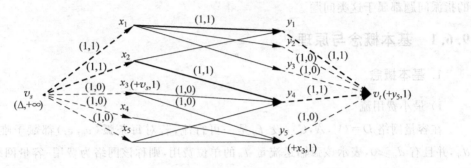

图 9-40

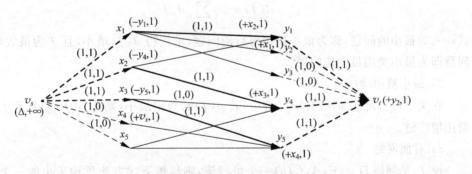

图 9-41

(4) 第四次标号,如图 9-41 所示。

调整。调整之后的如图 9-42 所示。

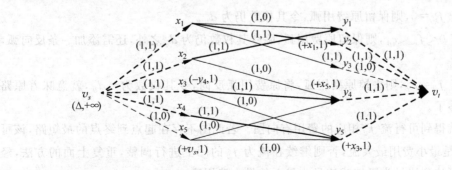

图 9-42

(5) 第五次标号，如图 9-42 所示。

标号过程已无法再继续。流量为 1 的加粗线为工人和工作的匹配，即工人 x_1, x_2, x_3, x_4 分别做工作 y_2, y_1, y_4, y_5。

9.6 最小费用最大流问题

网络最大流往往并不唯一，因此有时还要从中找出输送费用（或代价）最小的最大流，这就是最小费用最大流问题，简称最小费用流问题。本书第 4 章的运输问题与第 6 章中的指派问题都属于这类问题。

9.6.1 基本概念与原理

1. 基本概念

1) 最小费用流

在容量网络 $D=(V,A,C)$，设 f_{ij} 是一可行流，若对每条弧 (v_i,v_j) 都赋予唯一实数 d_{ij}，并且有 $d_{ij} \geqslant 0$，表示该弧输送流量 f_{ij} 的单位费用，则称该网络为费用-容量网络，记为 $D=(V,A,C,d)$。可行流 f_{ij} 的总费用

$$d(f) = \sum_{(v_i,v_j) \in A} d_{ij} f_{ij} \tag{9-22}$$

式(9-22)最小的问题，称为最小费用可行流问题，求使得 $d(f)$ 最小，且 f 为最大流时，此问题即为最小费用最大流问题。

2) 最小费用增广链

在关于可行流 f_{ij} 的所有增广链中，若 $\mu(f)$ 的费用最小，则称 $\mu(f)$ 为关于 f 的最小费用增广链。

3) 对偶网络

设 f_{ij} 是网络 $D=(V,A,C)$ 的一个可行流，则称按下述方法所构造出的一个新网络 $D'=(V,A,d)$，D' 是关于原网络 D 和可行流 f_{ij} 的一个对偶网络。

D' 与 D 的端点集完全相同，对应 D 的每一弧 $(v_i,v_j) \in A$ 及其流量 f_{ij} 确定 D' 的弧及其权数如下：

(1) 若 $f_{ij}=0$，则保留原费用弧，令其权数仍为 d_{ij}。

(2) 若 $0<f_{ij}<c_{ij}$，则保留原费用弧，除令其权数仍为 d_{ij} 之外，还需添加一条反向弧，令其为 $-d_{ij}$。

(3) 若 $f_{ij}=c_{ij}$，则去掉原费用弧，将原费用弧反向，令其权数为 $-d_{ij}$，就意味着原路无法再调整了。

这样就得到可行流 f_{ij} 相应的费用有向图。若此图不存在起点到终点的最短路，该可行流 f_{ij} 就是最小费用最大流，否则继续在流为 f_{ij} 的图上进行调整，重复上面的方法，经有限步即可达到流量为已知或流量为最大的最小费用流。

2. 基本原理

定理 9-7 设 f_{ij} 是网络 $D=(V,A)$ 的一个可行流，D' 是其对偶网络，μ^* 是 D' 中一条从发点 v_s 到收点 v_t 的最短路，则 μ^* 必是原网络 D 中一条关于可行流 f_{ij} 的最小费用增广链。

证明：略。

定理 9-8 设网络 $D=(V,A)$ 的一个可行流 f_{ij} 是流量为 f 的最小费用流，$\mu^*(f_{ij})$ 是关于可行流 f_{ij} 的最小费用增广链，f_{ij}^* 是沿着 μ^* 以最大可调整量 $\theta>0$ 去调整 f_{ij} 而得到的一个新可行流，则 f_{ij}^* 必是流量为 $(f+\theta)$ 的最小费用流。

证明：略。

为此首先作出费用赋权有向图（即权为费用），称为费用有向图。最小费用增广链就是费用有向图中起点到终点的最短路，因此只需在费用有向图上找出最小费用增广链即可。

3. 求最小费用流的方法与步骤

(1) 作零流 $f_{ij}=0$ 所相应的费用有向图。

(2) 在费用有向图上确定最短路 μ，于是就得到网络 D 中关于 $f_{ij}=0$ 的最小费用增广链。

(3) 调整 $f_{ij}=0$ 为新的可行流 f_{ij}，调整的方法前面已述。

(4) 作与最小费用流 f_{ij} 相应的费用有向图，若已达到要求，则停止；否则，返回(2)。

9.6.2 最小费用最大流的解法

【**例 9-12**】 在图 9-43 中，每条弧旁边有两个数字，第一个数字为 C_{ij}，第二个数字为 d_{ij}，求最小费用流。

解：(1) 作 $f_{ij}=0$ 的对应费用有向图，如图 9-44 所示。

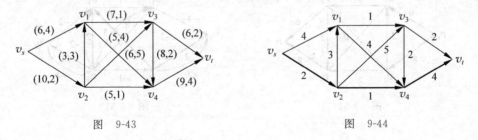

图 9-43　　　　　　　　图 9-44

(2) 利用标号法找出 v_s 到 v_t 的最短路，如图 9-44 所示，粗线箭头线路即为最短路。在原网络图 9-43 中与该最短路相应的增广链 μ 为 $\{v_s, v_2, v_4, v_t\}$，在 μ 上进行调整。调整量 $\theta=\min\{10,5,9\}=5$，当 $(v_i,v_j)\in\mu^+$ 时，有 $f_{s2}=f_{24}=f_{4t}=5$，其余弧流量不变，如图 9-45 所示。

(3) 作与图 9-45 对应的费用有向图，如图 9-46 所示。

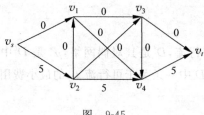
图 9-45

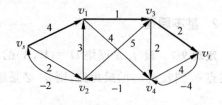
图 9-46

(4) 利用标号法找出 v_s 到 v_t 的最短路,如图 9-46 所示,粗线箭头线路即为最短路。再调整图 9-45 的流量,得图 9-47。

继续重复以上步骤,如图 9-48～图 9-54 所示。

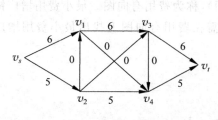
图 9-47

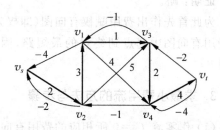
图 9-48

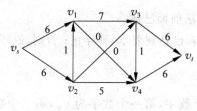
图 9-49

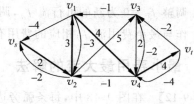
图 9-50

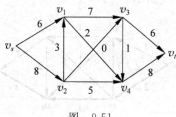
图 9-51

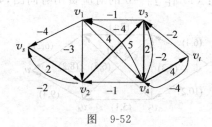
图 9-52

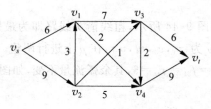
图 9-53

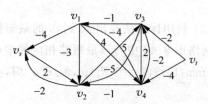
图 9-54

图 9-54 无法再找到最短路,也就是说,不存在增广链,故此题的最小费用最大流为 $f^* = 6+9=15$。最小费用为
$W(f^*) = 4\times 6 + 2\times 9 + 3\times 3 + 1\times 7 + 4\times 2 + 5\times 1 + 1\times 5 + 2\times 2 + 2\times 6 + 4\times 9$
$= 128$

注:如果本例改为求流量为 14 的最小费用流时,求解到图 9-51 即可结束。

【例 9-13】 图 9-55 给出了一个运输网络,各弧上标有两个数字,第一个为容量,第二个为单位流量费用,求:

(1) 求总流量为 20 的最小费用流。

(2) 求最大流量的最小费用流。

解: 设变量 f_{ij} 为从节点 i 到节点 j 的流量,且 W 为网络总流量,依据图 9-55 所示,建立总流量为 20 的最小费用流的线性规划模型如下

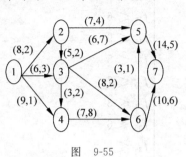

图 9-55

$\min z = 2f_{12} + 3f_{13} + f_{14} + 2f_{23} + 4f_{25} + 2f_{34} + 7f_{35} + 2f_{36} + 8f_{46} + 5f_{57} + f_{65} + 6f_{67}$

$$\begin{cases} f_{12} \leqslant 8 \\ f_{13} \leqslant 6 \\ f_{14} \leqslant 9 \\ f_{23} \leqslant 5 \\ f_{25} \leqslant 7 \\ f_{34} \leqslant 3 \\ f_{35} \leqslant 6 \\ f_{36} \leqslant 8 \\ f_{46} \leqslant 7 \\ f_{57} \leqslant 14 \\ f_{65} \leqslant 3 \\ f_{67} \leqslant 10 \\ f_{12} - f_{23} - f_{25} = 0 \\ f_{13} + f_{23} - f_{34} - f_{35} - f_{36} = 0 \\ f_{14} + f_{34} - f_{46} = 0 \\ f_{25} + f_{35} + f_{65} - f_{57} = 0 \\ f_{36} + f_{46} - f_{65} - f_{67} = 0 \\ W - f_{12} - f_{13} - f_{14} = 0 \\ f_{57} + f_{67} - W = 0 \\ W = 20 \\ f_{ij} \geqslant 0, (v_i, v_j) \in A \end{cases}$$

求解的结果如下

$f_{12} = 8, \quad f_{13} = f_{14} = 6, \quad f_{23} = 1, \quad f_{25} = 7, \quad f_{34} = 0, \quad f_{35} = 2,$

$f_{36}=5, \quad f_{46}=6, \quad f_{57}=10, \quad f_{65}=1, \quad f_{67}=10$

最小费用为 $z^*=253$，具体流量网络如图 9-56 所示，[ ]中的数字为实际流量。

（2）最小费用最大流的线性规划模型为

$\min z = 2f_{12}+3f_{13}+f_{14}+2f_{23}+4f_{25}+2f_{34}+7f_{35}+2f_{36}+8f_{46}+5f_{57}+f_{65}+6f_{67}$

$$\begin{cases} f_{12} \leqslant 8 \\ f_{13} \leqslant 6 \\ f_{14} \leqslant 9 \\ f_{23} \leqslant 5 \\ f_{25} \leqslant 7 \\ f_{34} \leqslant 3 \\ f_{35} \leqslant 6 \\ f_{36} \leqslant 8 \\ f_{46} \leqslant 7 \\ f_{57} \leqslant 14 \\ f_{65} \leqslant 3 \\ f_{67} \leqslant 10 \\ f_{12}-f_{23}-f_{25}=0 \\ f_{13}+f_{23}-f_{34}-f_{35}-f_{36}=0 \\ f_{14}+f_{34}-f_{46}=0 \\ f_{25}+f_{35}+f_{65}-f_{57}=0 \\ f_{36}+f_{46}-f_{65}-f_{67}=0 \\ W-f_{12}-f_{13}-f_{14}=0 \\ f_{57}+f_{67}-W=0 \\ f_{ij} \geqslant 0, W \geqslant 0, (v_i,v_j) \in A \end{cases}$$

求解的结果如下

$f_{12}=8, \quad f_{13}=6, \quad f_{14}=7, \quad f_{23}=1, \quad f_{25}=7, \quad f_{34}=0,$
$f_{35}=3, \quad f_{36}=4, \quad f_{46}=7, \quad f_{57}=11, \quad f_{65}=1, \quad f_{67}=10$

总流量 $W^*=21$，此时最小费用为 $z^*=272$，最小费用最大流如图 9-57 所示，[ ]中的数字为实际流量。

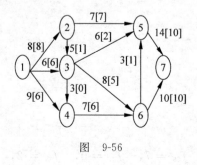

图 9-56　　　　　　　　　　图 9-57

9.7 中国邮递员问题

所谓中国邮递员问题,用图的语言描述,就是给定一个连通图 G,在每条边上都有一个非负的权,要寻求一个圈,经过 G 的每条边至少一次,并且圈的总权数最小。由于这个问题是由我国管梅谷于1962年提出来的,因此国际上通常称它为中国邮递员问题。

9.7.1 一笔画问题

一笔画问题也称为边遍历问题,是很有实际意义的。

若 P 为连通无向图 G 的一条链,G 的每一条边在 P 中恰出现一次,则称 P 为欧拉链。若无向图 G 含有一条闭的欧拉链,则称图 G 为欧拉图。显然,一个图 G 若能一笔画出,这个图必然是欧拉图或含有欧拉链。

定理 9-9 当且仅当连通图 G 的全部顶点都是偶次顶点时,图 G 才是欧拉图。当连通图恰有两个奇次顶点时,G 才有欧拉链。

9.7.2 邮路问题

一个邮递员需从邮局出发,走遍他负责投递的街道,完成投递任务后返回邮局,他应沿怎样的路线走,才能使所走的总路程为最短。这是中国邮路问题的典型描述。

实际上这个问题可以归纳为,如果有一个连通图 $G=(V,E)$,它的每一条边都有一个权,对于这样的赋权连通图,要求每条边至少通过一次的闭链 P,使得总数最小(即 P 的各边权数之和最小)。若赋权图 G 中的所有顶点均为偶次,则 G 是欧拉图,图 G 闭的欧拉链总权最小。如果图 G 不存在闭的欧拉链,然而又要求每边至少一次,故总可在这些奇次顶点上添加一些与原图相重复的边,使这些奇次顶点成为偶次顶点,从而得到一个闭的欧拉链。现在的问题是这些重复边应如何添加,方能得到一个总权最小的闭的欧拉链。

定理 9-10 总权数为最小的闭的欧拉链的充要条件如下:

(1) 在赋权图 G 的一些边上,加且仅加一条重复边,使图 G 的每个顶点成为偶次顶点。

(2) 在赋权图 G 的每个闭链上,重复边权之和不超过该闭链总权数的一半或该闭链中非重复边权之和。

结论 1 如果连通图 G 中所有顶点都是偶点,则可以从任何一个顶点出发,经过每条边一次且仅一次,最后回到出发点。

结论 2 若连通图 G 中含有奇点(一定为偶数个),那么要想从一个顶点出发,经过每条边一次且仅一次,最后回到出发点,就必须在某些边上重复经过一次或多次。

结论 3 最短的投递路线要满足对于重复走的边,重复次数不能超过一次。

9.7.3 奇偶点图上作业法

1. 算法思想

如果某个投递区域所对应的连通图 G 中含有奇点,此时任何邮递路线都必定要在某些街道上重复走,这等价于将图 G 的某些边变为重边,得到一个新图,并且新图中不含奇点。最优投递路线要满足新增加边的总权为最小。因此,解决中国邮递员问题的核心是求给定赋权图的最小新增边集。

设 E_1 表示所有新增加边的集合,它是图 G 的一个子集。当且仅当 E_1 满足下面两个条件时,E_1 为权最小的新增边集:

(1) E_1 中没有重复出现的边。

(2) 在 G 的每个回路上,属于 E_1 的边权之和不超过该回路权和的一半。

2. 算法步骤

(1) 构造赋权图 G 的新增边集 E_1,使其满足条件(1),并且图 $(G \cup E_1)$ 没有奇点,转第(2)步。

(2) 调整新增边集 E_1,使图 $(G \cup E_1)$ 满足条件(2),最终得到最优投递路线。

【**例 9-14**】 求解图 9-58 所示的投递区域的最优投递路线。

第一步:确定初步可行性方案。

先检查图中是否有奇点,如无奇点则已是欧拉图,找出欧拉回路即可。如有奇点,由前述可知奇点个数必为偶数个,所以可以两两配对。每对点间选择一条路,使这条路上均为二重边。

图 9-58 中有四个奇点 v_1, v_2, v_3, v_4,将 v_1 与 v_2、v_3 与 v_4 配对,联结 v_1 与 v_2 的路有好几条,任取一条,如 $\{v_1, v_2\}$,类似地,对 v_3 与 v_4 取 $\{v_3, v_4\}$,得到图 9-59,已是欧拉图。对应这个可行性方案,重复边的总长为:$p_{12} + p_{34} = 5 + 9 = 14$。

第二步:调整可行性方案,经检查,满足条件(1),但由于圈 $(v_1, v_2, v_3, v_4, v_1)$ 总长度为 23,而重复边的总长度大于其所在圈总长度的一半,故不满足条件(2),需进行调整,调整后的欧拉图如图 9-60 所示。此时,重复边的总长度为:$p_{14} + p_{23} = 2 + 7 = 9$。

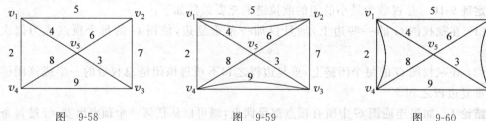

图 9-58　　　　　　　图 9-59　　　　　　　图 9-60

再检查图 9-60:

$$p_{14} < \frac{1}{2}(p_{14} + p_{45} + p_{51}), \quad p_{23} < \frac{1}{2}(p_{25} + p_{53} + p_{32}),$$

$$p_{14} + p_{23} < \frac{1}{2}(p_{14} + p_{43} + p_{32} + p_{21})$$

故满足条件(1)和(2),图 9-60 已是最优方案,图中任一欧拉回路即为最优邮递路线。

这种方法虽然比较容易,但要检查每个初等圈,当 G 中的点数或边数较多时,运算量极大。Edmods 和 Johnson 于 1973 年给出了一种比较有效的算法,即化为最短路及最优匹配问题。

9.7.4 Edmonds算法

1. 算法思想

Edmonds算法的基本思想是由图 G 的所有奇点构造一个完全图（称为"奇点完全图"），图中每条边的权等于该边的两个顶点在 G 中的最短路长。这样就将最优投递路线问题转化为求奇点完全图的最小权完美匹配问题。

2. 算法步骤

（1）根据给定的图 G，构造一个新图 G^*，G^* 中的顶点就是 G 中的所有奇点，并将 G^* 中任意两顶点都相连，此时 G^* 是一个完全图（奇点完全图），G^* 中边 $\{v_i,v_j\}$ 的权等于 G 中顶点 v_i 与 v_j 之间的最短距离（即 v_i 到 v_j 的最短路长）。

（2）在 G^* 中找一个最小权完美匹配 M，M 是 G^* 中具有如下性质的一个边集：G^* 中每个点恰与 M 中一条边关联，且 M 的权为最小。

（3）在 G 中将互相匹配的奇点用最短路径相连，便可得到 G 的最小新增边集。

【例 9-15】 利用Edmonds算法求图 9-61 所示的投递区域的最优投递路线。

解：图 9-61 中奇点为 v_1,v_2,v_3,v_5，点 v_1,v_2 之间的最短路长为 4，路径为 (v_1,v_2)；点 v_1,v_3 之间的最短路长为 3，路径为 (v_1,v_4,v_3)；点 v_1,v_5 之间的最短路长为 4，路径为 (v_1,v_4,v_3,v_5)；点 v_2,v_3 之间的最短路长为 7，路径为 (v_2,v_1,v_4,v_3)；点 v_2,v_5 之间的最短路长为 8，路径为 (v_2,v_1,v_4,v_3,v_5)；点 v_3,v_5 之间的最短路长为 1，路径为 (v_3,v_5)。

（1）构造奇点完全图 G^*（图 9-62）。

（2）求 G^* 的最小权完美匹配 M，得 $M=\{\{v_3,v_5\},\{v_1,v_2\}\}$，如图 9-62 中粗线部分，其权为 $1+4=5$。

（3）在图 9-61 中加入 v_1,v_2 和 v_3,v_5 两条最短路，即得到图 G 的最小新增边集，其权值为 $37+5=42$，如图 9-63 所示，其已满足最优投递路线。

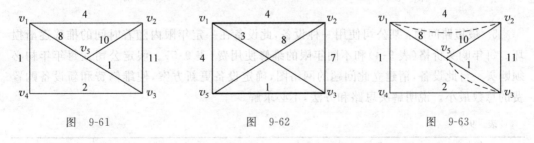

图 9-61　　　　　图 9-62　　　　　图 9-63

本 章 小 结

图与网络是将实际问题借助于点和线，以图的形式表示出来，表征不同事物及其之间的关系，图与网络是一种解决实际管理中事物之间复杂关系的一种有效手段。图与网络解决问题比较抽象,但是解决方法简单易行。经过多年的发展已经建立了很多行之有效的解决方法以及具有一般性的问题求解思路。

本章中主要介绍了图论的一些基本概念和定理,介绍了应用较为广泛的最小树问题、最短路问题、最大流问题、最小费用最大流问题、中国邮递员问题。

习 题

1. 分别用避圈法和破圈法求图 9-64 的最小部分树。
2. 求图 9-65 的最小生成树和最大生成树。

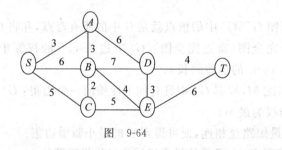

图 9-64

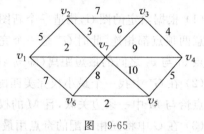

图 9-65

3. 如图 9-66 所示,求从 v_1 到 v_7 的最短路。
4. 图 9-67 所示的容量网络,弧边第一个值为弧的容量,第二个值为弧的单位流量费用。需完成的网络流量为 12,求费用最小的网络流。

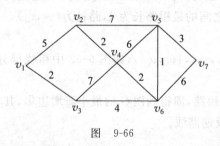

图 9-66

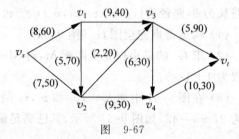

图 9-67

5. 最短路问题:某公司使用一种设备,此设备在一定年限内随着时间的推移逐渐损坏。每年购买价格(表 9-4)和不同年限的维修使用费(表 9-5)。假定公司在每年年初必须购买一台此设备,请建立此问题的网络图,确定设备更新方案,使维修费和新设备购置费的总数最小。说明解决思路和方法,不必求解。

表 9-4

年份	1	2	3	4	5
价格	20	21	23	24	26

表 9-5

使用年限	0~1	1~2	2~3	3~4	4~5
维修费用	8	13	19	23	30

6. 某单位招收懂俄、英、日、德、法文的翻译各一人，有五人应聘。已知乙懂俄文，甲、乙、丙、丁懂英文，甲、丙、丁懂日文，乙、戊懂德文，戊懂法文，问这五个人是否都能得到聘书？最多几个得到招聘，招聘后每人从事哪一方面翻译任务？

7. 用标号法求图 9-68 所示的最大流问题，弧上数字为容量和初始可行流量。

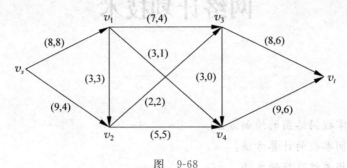

图 9-68

8. 表 9-6 给出某运输问题的产销平衡表与单位运价表。将此问题转化为最小费用最大流问题，画出网络图并求数值解。

表 9-6

产地＼销地	1	2	3	产量
A	15	18	6	9
B	22	16	15	10
销量	5	6	8	

第 10 章

网络计划技术

学习目标
1. 理解并掌握网络图的绘制方法。
2. 掌握时间参数的计算方法。
3. 熟练掌握关键路线的方法。
4. 能够对实际的项目进行实践与资源的优化与调整。

网络计划技术主要是指关键线路法和计划评审技术,它在现代管理中得到广泛的应用,被认为是最行之有效的管理方法之一。

美国是网络计划技术的发源地,1957 年美国杜邦公司在兰德公司的配合下,提出了一个运用网络图解来制订计划的方法,取名为"关键路线法"(critical path method,CPM)。1958 年,美国海军特种计划局在研制"北极星"导弹潜艇过程中也提出一种以数理统计为基础,以网络分析为主要内容的新型计划管理方法,称为"计划评审技术"(program evaluation and review technique,PERT)。20 世纪 60 年代初,我国著名数学家华罗庚教授致力于推广和应用这些新的科学管理方法,并把它们统一起来,定名为"统筹方法",在我国国民经济各部门得到广泛应用,并取得了显著的效果。

网络计划技术的基本思想是首先应用网络计划图来表示工程项目中计划要完成的各项工作,以及各项工作之间的先后顺序和相互依存的逻辑关系,然后通过网络计划图计算时间参数,找出关键工作和关键线路,最后通过不断改进网络计划,寻求最优方案,以最少的时间和资源消耗来完成系统目标,以取得良好的经济效益。

本章首先介绍网络计划图的编制方法,然后给出计算时间参数和关键线路的方法,最后考虑网络计划中的优化问题。

10.1 网络计划图的基本概念及绘图规则

网络分析技术是以工作所需的工时作为时间因素,用工作之间相互关系的"网络图"反映出整个工程或任务的全貌,并在此网络计划图上进行计算和优化,因而网络计划图是网络分析技术的基础。网络计划图是在图上标注表示时间参数的进度计划图,实质上是有时序的有向赋权图。表述关键线路法与计划评审技术的网络计划图没有本质的区别,它们的结构和术语是一样的,不同的是前者的时间参数是确定的,而后者的时间参数是不确定的,所以给出一套统一的专用术语和符号。

10.1.1 网络计划图及其分类

网络计划的主要标志是网络计划图,网络计划图是由带箭头的线和节点构成的。箭线表示工作(工序、活动),节点表示事项。网络计划图是标注了项目的所有工作及其之间的逻辑关系、各活动的时间参数的有向赋权图,是项目计划和管理的重要依据。

网络计划图的重要性可以从项目管理的基本思路中反映出来。首先,将整个项目分解成若干个活动,确定各活动的时间长度及相互之间的逻辑关系(先后关系等),并绘制相应的网络计划图,计算各活动的时间参数,确定关键活动和整个项目的工期。其次,根据网络计划图来编制和优化项目计划,主要是根据项目目标进行资源、成本和时间的优化,从而寻求最优进度方案,并在此基础上编制项目的进度计划。最后,利用编制的进度计划,定期对项目的执行情况进行监控、分析和评价,并采取相应措施保证合理地使用人力、物力和财力资源,以最小的成本获取最大的经济效益。在必要时可以更新网络计划图,修改项目计划。

网络计划图可分为用箭线表示项目活动(activity on arrow,AOA)的网络计划图(又称双代号图)和用节点表示项目活动(activity on node,AON)的网络计划图(又称单代号图)。

双代号网络图(AOA)中,用箭线表示项目的活动,箭尾的节点表示各活动的开始,箭头的节点表示各活动(工序)的结束,并在节点上标明代号以表示不同的活动,箭线之间的连接顺序表示各工序之间的衔接关系,如图10-1所示。

单代号网络图(AON)中,用节点表示活动,箭线表示活动之间的衔接关系,如图10-2所示。

图 10-1　　　　　　　　　　图 10-2

本章将以双代号网络计划图为例,介绍网络计划图的绘制和活动时间参数的计算方法。

10.1.2 基本术语及绘图规则

1. 基本术语

(1)项目。项目在某些领域又称为工程,是由一个人或组织所进行的一系列相互联系和协调的活动,它具有特定的时间、费用和质量性能的目标要求,有明确的开始和结束时间。

(2)工作。工作又称为工序、任务、活动,是项目中需要消耗资源和时间的独立的子项目或活动,是项目的基本组成单元。对项目活动的划分主要根据项目的实际情况,可粗可细。在一些常见项目的计划管理中,对活动的划分可借助于过去的经验和模板。

(3)事项。事项又称事件,表示活动之间的连接和活动的开始或结束的一种标志,本身不消耗时间或资源,或所消耗的时间或资源可以忽略不计,用带数字标号的节点表示。

(4) 方向、时序与编号。方向：网络图是有方向的，按项目流程的顺序，活动从左到右排列。时序：时序反映各项活动发生的先后顺序和相互之间的衔接关系。在复杂的工程项目中，活动之间的衔接关系一般分为四种：结束-开始关系(finish-to-start)，即 A 结束之后，B 才能开始；结束-结束关系(finish-to-finish)，即 A 结束之后，B 才能结束；开始-开始关系(start-to-start)，即 A 开始之后，B 才能开始；开始-结束关系(start-to-finish)，即 A 开始之后，B 才能结束。其中，结束-开始型关系是项目活动之间最为常见的衔接关系；编号：对节点的编号依照项目活动的时序，遵循从左到右、从上到下逐步增大的原则。数字号码不能重复，并且箭尾节点的编号必须小于箭头节点的编号。

唯一性：两个节点之间只能有一条箭线，代表一项活动，即不允许有两个或两个以上的工作，如图 10-3 所示不符合规范。

(5) 紧前工作和紧后工作。紧前工作是指紧排在某项活动之前的工作，紧前工作结束后，紧后工作才能开始；而紧后工作，是指紧接某项活动的后续工作，某项活动结束后，其后续工作才能展开。

图 10-4 所示中，a、b、c 是 d 的紧前活动，只有当 a、b、c 结束后 d 才能开始。同样，d 是 a、b、c 的紧后活动。

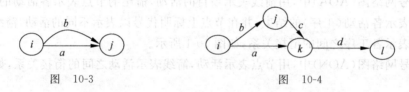

图 10-3　　　　　　　　　图 10-4

(6) 虚工作。在双代号网络计划图中，虚工作只用于表示相邻活动之间的逻辑关系，它并不消耗时间和占用人力、物力和资金。虚工作用虚线型的箭线表示，如前述不符合规范的图 10-3，将其改画成图 10-5 就正确了。

(7) 缺口与回路。在网络图中，除了始点和终点外，其他所有的节点都必须用箭线连接起来，不可中断，在图中不能存在缺口，否则就表示这些活动永远达不到终点，项目无法完成了。图 10-6 所示活动 j 失去了与其紧后活动 c 的联系，在此种情况下，可以通过添加虚工序的形式将 j 与紧后活动连接起来，如图 10-7 所示。

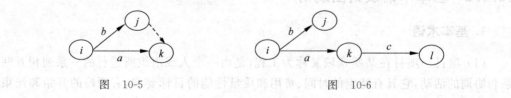

图 10-5　　　　　　　　　图 10-6

另外，网络图中不能存在回路，即严禁从一个节点出发，顺箭线方向经过若干活动后又回到原出发的节点。与缺口一样，回路也意味着这些活动永远无法达到终点，项目无法完成。图 10-8 所示是存在回路的错误画法，也应将其改画成图 10-7 所示的形式。

(8) 平行工作。平行工作指从某个节点出发有两项以上的同时进行的活动。如将图 10-9 中的 i、j 改为三组工作同时进行，可画成图 10-10。

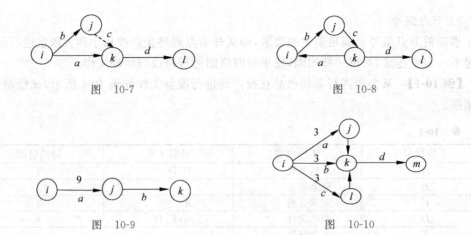

图 10-7   图 10-8

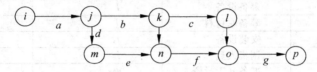

图 10-9   图 10-10

(9) 交叉工作。交叉工作指两件及以上工作交叉进行。如图 10-11 所示。

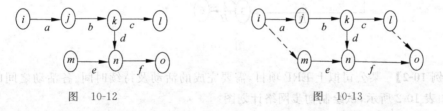

图 10-11

(10) 开始节点与终止节点。在网络计划图中只能有一个开始节点和一个终止节点。当项目开始或完成时，如果同时存在几项平行作业的活动，可以用虚活动将其与开始节点或终止节点连接起来。如图 10-12 所示不规范，应将其改画成图 10-13 所示的形式。

图 10-12   图 10-13

(11) 线路。在网络图中，从开始节点沿箭线方向顺序通过一系列活动，并最终到达终点节点的一条路。

(12) 网络计划图的布局。网络计划图的布局应尽可能将关键路线布置在网络计划图的中间位置，按工作的先后顺序将联系紧密的工作布置在邻近位置。

2. 绘图规则

1) 任务分解

一个任务首先要分解为若干项工作，再分析清楚这些工作之间在工艺或组织上的联系及制约关系，从而确定各工作的先后关系，并列出工作明细表。

2) 网络图的绘制

按照明细表中所示的工作，遵循前面的画图规则，画出网络图，并在箭线上标出工时。

3）节点编号

事项的节点编号要满足前述的要求，即从开始点到终止点按从小到大依次进行编号。编号不一定要连续，可留一些间隔，便于对网络图进行修改与增添工作。

【例 10-1】 某公司进行某新产品在投产前进行准备工作如表 10-1 所示，试绘制网络计划图。

表 10-1

工作代号	工作内容	紧后工作	持续时间
A	市场调查	B,D	2
B	资金筹备	C	12
C	需求分析	E	3
D	产品设计	G,F,H	4
E	产品研制	G	3
F	制订成本计划	I	18
G	制订生产计划	I	6
H	筹备设备	I	2
I	筹备原材料	J	15
J	安装设备	K	2
K	调集人员	L	30
L	准备开工投资	/	15

根据双代号的网络计划图绘制规则，绘制的初始网络图如图 10-14 所示。

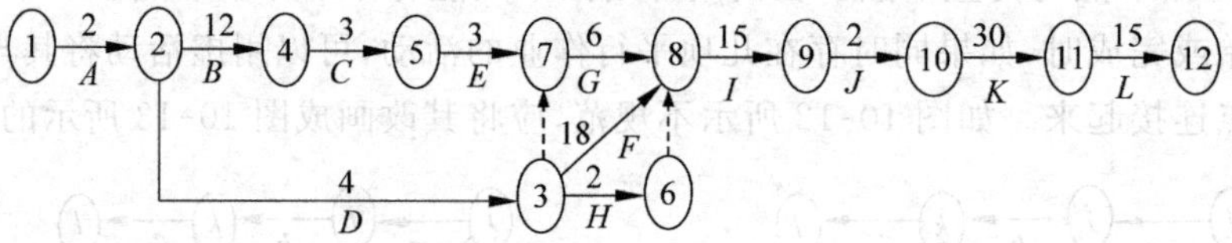

图 10-14

【例 10-2】 某公司拟上 ERP 项目，需要完成的活动及持续时间、各活动之间的逻辑关系如表 10-2 所示，试绘制初步网络计划图。

表 10-2

工作代号	工作内容	紧前工作	持续时间
A	市场调查	/	2
B	资金筹备	/	12
C	需求分析	A	3
D	产品设计	A	4
E	产品研制	D	3
F	制订成本计划	C,E	18
G	制订生产计划	F	6
H	筹备设备	B,G	2
I	筹备原材料	B,G	15
J	安装设备	H	2
K	调集人员	G	30
L	准备开工投资	I,J,K	15

根据双代号的网络计划图绘制规则,绘制的初始网络图如图 10-15 所示。

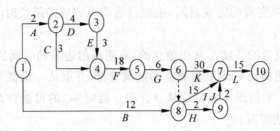

图 10-15

10.2 网络计划的时间参数计算

网络计划的时间参数是项目计划定量分析与优化的基础,其基本内容是网络中所有活动和事项的周期进度(相对于项目计划开始执行以后的周期进度),有关的计算称为网络的"基本进度计算"。在网络计划时间进度参数的计算中,最基础的依据是每个单项活动周期。当各个活动周期均经估算确定以后,网络的所有时间参数计算方可展开。

10.2.1 活动时间的确定

活动有关参数是对网络计划进行定量分析的基础。活动的基本参数是时间周期,此外,还有为完成活动任务所需的各类资源需求量、费用或费用率以及投资等。

活动的时间参数基本上可以分为以下两大类:

(1) 确定型的时间周期。这类活动一般有过去的经验统计资料可以供借鉴,活动时间周期在网络计划执行过程中偏差较小,其平均值可以准确地估计。CPM 中的活动周期即属于这种类型。

(2) 概率型的时间周期。一些研究开发型项目中,多数任务是过去尚未执行过的,且包括很多随机因素。周期估计值与实际情况往往有较大偏差,因而活动周期被认为是随机变量,需要以分布形式给出有关参数。PERT 中活动的时间周期即属于这种类型。在 PERT 发展过程中,研究认为多数活动的时间参数分布可用 β 分布表示,其分布曲线如图 10-16 所示。

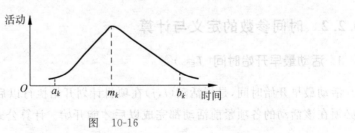

图 10-16

图 10-16 中,对每项活动的时间周期可应用三种时间估计值进行统计估算。

a_k:活动 k 最乐观完成的完成时间,也就是活动 k 完成的最短时间估计。

m_k：活动 k 最可能完成的时间估计。

b_k：活动 k 最悲观完成的完成时间，也就是活动 k 完成的最长时间估计。

其基本假设如下：

① 每项工程所包含的活动是互相独立的，有明确的边界和时间的起止界限。

② 每项活动周期都是 PERT 中独立的随机变量，并服从一定概率分布规律。

③ 活动周期在一般情况下假定服从 β 分布。假定 m_k 的可能性两倍于 a_k 或者 b_k 的可能性，由加权平均法可有：

在 (a_k, m_k) 之间的平均值为 $\dfrac{a_k + 2m_k}{3}$；

在 (m_k, b_k) 之间的平均值为 $\dfrac{2m_k + b_k}{3}$；

$t(k)$ 为活动 k 的期望时间周期可以用 $\dfrac{a_k + 2m_k}{3}$ 与 $\dfrac{2m_k + b_k}{3}$ 的和的 $\dfrac{1}{2}$ 可能出现的分布来代表，即其期望值近似地可按下式计算：

$$\mu_k = E(X_k) = t(k) = \frac{1}{2}\left(\frac{a_k + 2m_k}{3} + \frac{2m_k + b_k}{3}\right) = \frac{a_k + 4m_k + b_k}{6}$$

活动周期时间分布的方差 σ_k^2 为

$$\sigma_k^2 = D(X_k) = \frac{1}{2}\left[\left(\frac{a_k + 4m_k + b_k}{6} - \frac{a_k + 2m_k}{3}\right)^2 + \left(\frac{a_k + 4m_k + b_k}{6} - \frac{2m_k + b_k}{3}\right)^2\right]$$

$$= \left(\frac{b_k - a_k}{6}\right)^2 \tag{10-1}$$

概率型网络图与确定型网络图在工时确定之后，对其他参数的计算基本相同，没有原则性区别。根据以上所述，在网络的关键路线上，当活动含量足够多时，可利用中心极限定理计算项目总周期的概率。假设所有活动的周期时间是相互独立的，且具有相同的分布，若关键路线上有 n 项活动，则工程完工时间近似服从正态分布，其均值为

$$T_E = \sum_{k=1}^{n} \frac{a_k + 4m_k + b_k}{6} \tag{10-2}$$

方差为

$$\sigma_E^2 = \sum_{k=1}^{n} \left(\frac{b_k - a_k}{6}\right)^2 \tag{10-3}$$

10.2.2 时间参数的定义与计算

1. 活动最早开始时间（T_{ESij}）

活动最早开始时间，是指活动 (i,j) 在项目计划开始执行以后，最早可能开始的时间，它必须在该活动的各项紧前活动都完成以后才能开始。计算公式为

$$T_{ESij} = \max_{hi \in \{P_{ij}\}} \{T_{EShi} + t_{hi}\} \tag{10-4}$$

式中，hi 为活动 (i,j) 的紧前活动 (h,i)；$\{P_{ij}\}$ 为活动 (i,j) 的紧前活动集合；t_{hi} 为活动 (h,i) 的时间周期。

2. 活动最早完成时间（T_{EFij}）

活动最早完成时间，是指活动(i,j)开工以后，最早可能完成的时间，它与活动最早开始时间之差为活动(i,j)本身的时间周期。计算公式为

$$T_{EFij} = T_{ESij} + t_{ij} \tag{10-5}$$

3. 事项的最早实现时间（T_{Ej}）

事项的最早实现时间，它是指当且仅当以某事项为终点的活动皆完成以后，始发于该事项的活动方可开始，故事项的最早实现时间为从计划的始点事项到达本事项的最长（费时最多）路径的时间长度。计算公式为

$$T_{Ej} = \max_{i \in \{P_j\}} \{T_{Ei} + t_{ij}\} \tag{10-6}$$

式中，$\{P_j\}$ 为事项 j 的所有紧前事项的集合。

以上最早时间的计算皆从网络始点开始，顺弧的方向正向逐层进行计算，称为正向计算，如图 10-17 所示。网络始点事项的最早时间设定为 0，即 $T_{ES}=0$，S 为网络的开始节点。活动最早开始时间与事项的最早实现时间有如下关系：

$$T_{ESij} = T_{Ei} \tag{10-7}$$

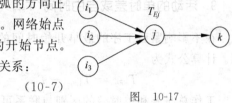

图 10-17

4. 活动最迟完成时间（T_{LFij}）

活动最迟完成时间，是指为了保证网络总计划如期完成，活动(i,j)最迟必须完成的时间。这个时间直接关系到其后续活动能否如期完工，以致最终保证网络的最后活动能否如期完工。计算公式为

$$T_{LFij} = \min_{jk \in \{Q_{ij}\}} \{T_{LFjk} - t_{jk}\} = \min_{jk \in \{Q_{ij}\}} T_{LSjk} \tag{10-8}$$

式中，jk 为活动(i,j)的紧后活动(j,k)；$\{Q_{ij}\}$ 为活动(i,j)的紧后活动集合；t_{jk} 为活动(j,k)的时间周期。

5. 活动最迟开始时间（T_{LSij}）

活动最迟开始时间，是指为了保证活动(i,j)能够在其最迟完成时间之前完工，该活动最迟必须开始的时间。最迟完成时间与最迟开始时间之差也为活动本身的时间周期。计算公式为

$$T_{LSij} = T_{LFij} - t_{ij} = \min_{jk \in \{Q_{ij}\}} \{T_{LSjk} - t_{ij}\} = \min_{jk \in \{Q_{ij}\}} T_{LSjk} - t_{ij} \tag{10-9}$$

6. 事项的最迟实现时间（T_{Li}）

事项的最迟实现时间，是指不影响工程最终按期完成，以该事项为始点的活动最迟必须开工的时间。计算公式为

$$T_{Li} = \min_{j \in \{Q_i\}} \{T_{Lj} - t_{ij}\} \tag{10-10}$$

式中，$\{Q_i\}$ 为事项 i 的所有紧后事项的集合。

以上最迟时间的计算皆从网络终点开始,反向逐层进行计算,称为反向计算,如图 10-18 所示。设定网络终点事项的最迟实现时间等于工程的计划期,即 $T_{Lf}=T_D$,网络终节点的各个活动的最迟完成时间等于终点事项的最迟实现时间,即

$$T_{LFif}=T_{Lf} \qquad (10\text{-}11)$$

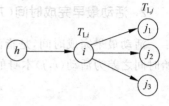

图 10-18

7. 事项时差(T_{Si})

$$T_{Si}=T_{Li}-T_{Ei} \qquad (10\text{-}12)$$

8. 活动的总时差或松弛时间(T_{TFij})

$$T_{TFij}=T_{LFij}-T_{EFij}=T_{LSij}+t_{ij}-(T_{ESij}+t_{ij})=T_{LSij}-T_{ESij} \qquad (10\text{-}13)$$

9. 活动的单时差或自由时间(T_{FFij})

在不影响紧后工序的最早开始时间的条件下,活动(i,j)的开始时间可以推迟的时间。计算公式为

$$T_{FFij}=T_{ESjk}-T_{EFij}=T_{Ej}-T_{Ei}-t_{ij}=T_{TFij}-T_{Sj} \qquad (10\text{-}14)$$

工作总时差和单时差的区别与联系可以通过图 10-19 来说明。在图 10-19 中,工作 b 与工作 c 同为工作 a 的紧后工作,可以看出,工作 a 的单时差不影响紧后工作的最早开工时间,而其总时差却不仅包括本工作的单时差,而且包括了工作 b,c 的时差,使得工作 c 失去了部分时差,而工作 b 失去了全部自由机动时间。所以,占用一道工序的总时差虽然不影响整个任务的最短工期,却有可能会使其紧后工作失去自由机动的余地。

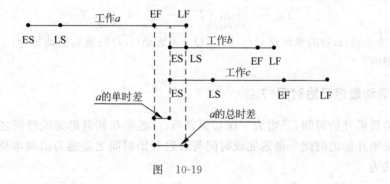

图 10-19

10. 关键路线的确定

算出网络时间参数后,可发现某些活动的总时差 $T_{TFij}=0$,这表示这些活动在计划执行过程中没有任何松弛余地,必须按时开始,按时完成,否则将影响整个工程的周期进度,称这些活动为关键活动。从网络始点到终点,关键活动构成的路径为关键路线。关键路线上各活动时间总和决定了工程的总周期,它实际是网络从始点到终点的一条最长路,在时间参数确定的网络计划图中,关键路线是网络图中耗时最长的路线,它等于项目的总工

期；在非确定的网络计划图中，关键路线是估计完工期完成可能性最小的路线。关键路线可以有多条，并且也并不是固定不变的，在采取一定技术和组织实施后，关键路线可能会由于发生变化而缩短，从而导致其他的路线因相对变长而成为新的关键路线。

关键路线的确定，有以下两种方法：

(1) 根据作业的总时差。总时差为零的作业称为关键作业，把网络图中所有关键作业串联起来就构成了关键路线。

(2) 破圈法。在没有计算网络时间参数之前，可以用破圈法求关键路线。方法是将网络图中由箭线围成的很多圈，自左至右逐个破坏，而留下一条或数条由始点到终点的通路。这些通路就是关键路线。破圈的原则是：比较每个圈中自箭尾节点到箭头节点的两条通路的长度，保留较长的路线。如果两条路线长度相等，则均保留。

【例 10-3】 表 10-3 是某项目的数据，试画出网络计划图，并计算各活动的时间参数。

表 10-3

工作代号	工作内容	紧前工作	持续时间/天
A	系统地提出问题	/	1
B	研究选点问题	A	5
C	准备调研方案	A	6
D	收集资料，安排工作	A	6
E	挑选和训练调研人员	B, C	8
F	准备有关表格	C	4
G	实地调查	D, F	6
H	分析调查数据，写调查报告	D	3
I	质量保证	E, G, H	2

解：直接在网络图上计算各活动的时间参数，计算后的各时间参数数字的相应位置为网络图右上角所示，网络图计算后的结果如图 10-20 所示。

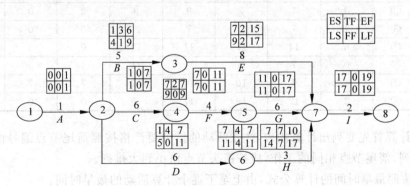

图 10-20

在图中可以找到总时差为零的活动 A、C、F、G、I 为关键活动，由此关键路线为 A→C→F→G→I，关键路线的总长度是 1+6+4+6+2=19(d)，这也是项目的总工期。

在计算时间参数时,对于最早时间和最晚时间的计算要谨遵规则,最早开始时间是从开始节点向终止节点进行,逐个计算,最晚时间则是从终止点向开始点逆向进行。例如,对于活动 G 而言,由于其紧前活动包括 F、D,所以其最早开始时间是 F 与 D 的最早完工时间的最大值,为 11 天,相应的最早完工时间为 $11+6=17$(天)。对于活动 D 而言,由于其紧后活动包括 G、H 两项,所以其最晚结束时间应取 G、H 最晚开始时间的最小值,即第 11 天,相应的最晚开工时间为 $11-6=5$(天)。

关于总时差 TF 和自由时差 FF 的区别。对于活动 B 而言,其总时差 TF 是 3 天,意味着从最早时间开始向后延迟 3 天,不会影响总工期,但紧后活动 E 的最早开工时间会受到影响;B 的自由时差 FF 是 1,意味着 B 活动从最早开工时间向后延迟 1 天,紧后活动 E 的最早开工时间不会受到影响,当然总工期也不会受影响。可以看出,B 的总时差是与 E 共享的,B 如果延迟 2 天,E 就不可能再延迟 2 天,而是只剩余 1 天的机动时间。同样,对于活动 D 而言,从最早开工时间向后延迟 4 天不会使总工期延误,但紧后活动 G、H 的最早开工时间均受到影响。而 D 的自由时差为 0,则意味着没有自由时差,否则紧后活动 G、H 的最早开工时间均会受到影响。

网络计划图的时间参数的计算可以直接在网络图上进行,比较简便直观,但是当活动数目较多时,就会使得网络计划图的时间参数很多,致使图形复杂,容易遗漏和出错,故常常采用列表的方式进行计算,通常称为表格法。表 10-4 就是例 10-3 的列表计算结果。

表 10-4

工作		工作时间 t_{ij}	最早开工 T_{ESij}	最早完工 T_{EFij}	最迟开工 T_{LSij}	最迟完工 T_{LFij}	总时差 T_{TFij}	单时差 T_{FFij}	关键工作
箭尾 i	箭头 j								
1	2	3	4	5	6	7	8	9	10
①	②	1	0	1	0	1	0	0	①→②
②	③	5	1	6	4	9	3	1	
②	④	6	1	7	1	7	0	0	②→④
②	⑥	6	1	7	5	11	4	0	
③	⑦	8	7	15	9	17	2	2	
④	⑤	0	7	7	9	9	2	0	
④	⑤	4	7	11	7	11	0	0	④→⑤
⑤	⑦	6	11	17	11	17	0	0	⑤→⑦
⑥	⑦	0	7	7	11	11	4	4	
⑥	⑦	3	7	10	14	17	7	7	
⑦	⑧	2	17	19	17	19	0	0	⑦→⑧

表中计算首先要列出计算用表,注意活动的排列要严格按照箭尾节点编号由小到大的顺序排列,箭尾节点相同的工作,应按箭头节点由小到大排列。

(1) 按照最早时间的计算公式,由上至下逐个计算活动的最早时间。

(2) 按照最晚时间的计算公式,由下至上逐个计算活动的最晚时间。

(3) 按照时差的计算公式,计算活动的总时差和自由时差。

(4) 根据总时差最小(一般为 0)的原则标出相应的关键路线。

10.2.3 概率型网络时间参数的计算

设给定一个时间 T_D，则工程完工时间不超过 T_D 的概率为

$$P(t \leqslant T_D) = F(T_D) = \int_{-\infty}^{T_D} \frac{1}{\sqrt{2\pi}\sigma} e^{-\frac{1}{2}\left(\frac{t-T_n}{\sigma}\right)^2} dt \qquad (10\text{-}15)$$

令 $z = \dfrac{t-T_n}{\sigma}$，此时有 $dz = \dfrac{1}{\sigma}dt$，代入式 (10-15) 可得

$$P(t \leqslant T_D) = \int_{-\infty}^{T_D} \frac{1}{\sqrt{2\pi}\sigma} e^{-\frac{1}{2}\left(\frac{t-T_n}{\sigma}\right)^2} dt$$

$$= \frac{1}{\sqrt{2\pi}} \int_{-\infty}^{\frac{T_D-T_n}{\sigma}} e^{-\frac{z^2}{2}} dz = \Phi\left(\frac{T_D - T_n}{\sigma}\right) \qquad (10\text{-}16)$$

或者

$$P(t \leqslant T_D) = \int_{-\infty}^{T_D} N(\mu_n, \sigma_n^2) dz = \int_{-\infty}^{\frac{T_D-\mu_n}{\sigma_n}} N(0,1) dz = \Phi\left(\frac{T_D - \mu_n}{\sigma_n}\right) \qquad (10\text{-}17)$$

要使项目完工的概率为 P_0，至少需要多少时间 T_D，由

$$P(t \leqslant T_D) = \int_{-\infty}^{Z} N(0,1) dt = P_0 \qquad (10\text{-}18)$$

查正态分布表，求出 Z，又 $Z = \dfrac{T_D - \mu_n}{\sigma_n}$，得

$$T_D = Z\sigma_n + \mu_n \qquad (10\text{-}19)$$

当 $T_D = \mu_n$ 时，$P = 0.5$。

【例 10-4】 已知某一计划中各项工作的 a、b、m 值（单位：月），见表 10-5 的第 3、4、5 列。要求：

(1) 求工序的最早开始和最迟开始时间。
(2) 求工程完工期的期望值及其标准差。
(3) 求工程完工期为 72 天的概率。
(4) 要求完工的概率为 0.98，至少需要多少天？

表 10-5

工序	紧前工序	工序的三种时间			工序	紧前工序	工序的三种时间		
		a	m	b			a	m	b
a	/	6	7	9	f	c	18	24	26
b	/	5	8	10	g	e	30	35	42
c	/	11	12	14	h	d	20	26	30
d	a、b、c	15	17	19	i	f	14	17	22
e	a	9	10	12	j	f	28	34	38

解：(1) 工序的最早开始和最迟开始时间如图 10-21 所示。
(2) 关键工序是 c、f 与 j，各工序的期望值与方差如表 10-6 所示。

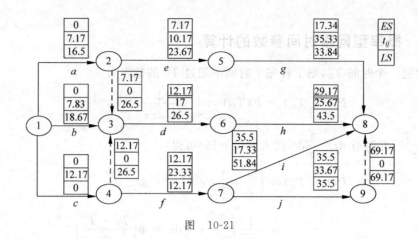

图 10-21

表 10-6

工序	a	b	c	d	e	f	g	h	i	j
期望值	7.17	7.83	12.17	17	10.17	23.33	35.33	25.67	17.33	33.67
方差	0.25	0.69	0.25	0.44	0.25	1.78	4	2.78	1.78	2.78

则项目完工期的期望值、方差、标准差分别为

$\mu = 12.17 + 23.33 + 33.67 = 69.17$,$\sigma^2 = 0.25 + 1.78 + 2.78 = 4.81$,所以 $\sigma = 2.19$。

(3) 工程完工期为 $X_0 = 72$,$\dfrac{X_0 - \mu}{\sigma} = \dfrac{72 - 69.17}{2.19} = 1.29$

$$p\{X \leqslant 72\} = \Phi\left(\dfrac{X_0 - \mu}{\sigma}\right) = \Phi(1.29) = 0.9014 = 90.14\%$$

(4) 已知完工的概率为 $P_0 = 0.98$,查正态分布表有

$$p\{X \leqslant X_0\} = \Phi(Z) = 0.98, \quad Z = 2.05$$

$$X_0 = Z\sigma + \mu = 2.05 \times 2.19 + 69.17 = 73.66(天)$$

要使项目完工的概率为 0.98,至少需要 73.66 天。

10.3 网络计划的优化

由于关键路线的存在,在现有工作持续时间限制下,整个工程的工期无法减少。如果要求缩短工程工期必须减少某些工序的持续时间,而持续时间的减少是以增加投入或工作强度为代价的。同时,当某些非关键路线在关键路线上的某个工作持续时间减少到一定程度时,某些非关键路线可能变成关键路线,此时,若只改变关键路线上的工作持续时间,就不能达到缩短工期的目的。因而必须对整个工程统筹安排,以最小成本实现缩短工期的目标。

缩短网络图上关键路线的持续时间可通过以下途径实现:

(1) 检查关键路线上各项作业的计划时间是否定得恰当,如果定得过长,则可适当缩短。

(2) 将关键路线上的作业进一步分细,尽可能安排多工位或平行作业。

(3) 尽量利用单时差,其次总时差。非关键路线上的工作有时差,可以考虑放慢非关

键工作的进度,减少其资源,即抽调非关键路线上的人力、物力支援关键路线上的作业。

(4) 有时也可通过重新制定工艺流程,也就是用改变网络图结构的办法来达到缩短时间的目的。不过这种方法工作量大,只有对整个工作的持续时间有十分严格的要求,而用其他方法均不能奏效的情况下才采用。

10.3.1 网络计划的资源优化

网络计划中的资源是为完成工序任务所需要的人力、材料、机械设备和资金等的统称。资源优化指在项目工期不变的条件下,均衡地利用资源,采用的是"削峰填谷"的原理,即充分利用各工序的所具有的时差,调整工序的开始和完成时间,使调整后的资源用量小于原安排的资源需用量,从而实现规定工期条件下的资源均衡。

【例10-5】 某项目各工序的紧前工序、工序时间及各工序所需人数如表10-7所示,其中几道工序需要一定的机械加工工人,已知现有机械加工工人总人数为65人,并假设这些工人可以完成工序中的任一工序。试对该工程的人力资源进行优化。

表 10-7

工序	紧前工序	作业时间	需要的机械加工人数/天
A	/	60	/
B	A	45	/
C	A	10	/
D	A	20	58
E	A	40	/
F	C	18	22
G	D	30	42
H	D、E	15	39
I	G	25	26
J	B、I、F、H	35	/

解:把工序的时间参数汇总于表10-8中,该项目网络图如图10-22所示,各工序时间,参数标于图中,由工序时差知该项目的关键路线为 $A \to D \to G \to I \to J$,总工期为170天。

表 10-8

工序	工作时间 t_{ij}	最早开工 T_{ESij}	最早完工 T_{EFij}	最迟开工 T_{LSij}	最迟完工 T_{LFij}	总时差 T_{TFij}	关键工作
A	60	0	60	0	60	0	是
B	45	60	105	90	135	30	否
C	10	60	70	107	117	47	否
D	20	60	80	60	80	0	是
E	40	60	100	80	120	20	否
F	18	70	88	117	135	47	否
G	30	80	110	80	110	0	是
H	15	100	115	120	135	20	否
I	25	110	135	110	135	0	是
J	35	135	170	135	170	0	是

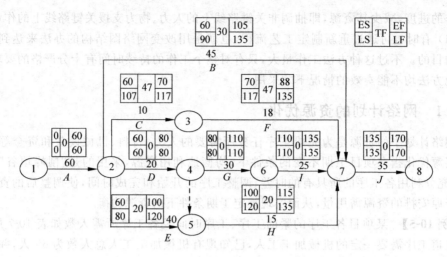

图 10-22

在需要机械加工工人的工序中,工序 D、G、I 的总时差为 0,说明是关键工序,而工序 F、H 有一定的时差。若上述工序按最早开始时间安排,则在涉及机械加工工人的五个工序中,所需的机械加工工人人数如图 10-23 所示。

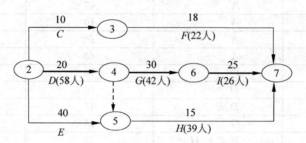

图 10-23

在图 10-23 中,工序代号后括号内的数字表示该工序的机械加工工人人数;图 10-24 中表示不同时间内所需机械加工工人总人数,称为资源负荷图,图中标出了资源负荷的构成。

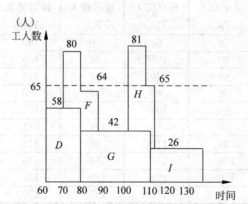

图 10-24

可以看出，目前的资源负荷是不均衡的，其中有两段时间所需的工人数超出了现有工人总数；另外有两段时间所需的工人数远少于总人数，显然，这样的安排是不合理的。

若各工序都按最晚开始时间安排，那么在第 117～135 天时间内需要工人人数为 87 人，也大大超过了现有工人人数。

应该优先安排关键工序所需的工人，再利用非关键工序的时差，错开各工序的开始时间，从而拉平工人需要量的高峰。经过调整，让非关键工序 F 从第 80 天开始，工序 H 从第 110 天开始，优化后的方案如图 10-25 和图 10-26 所示。

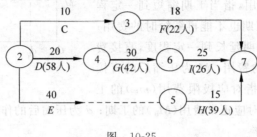

图 10-25

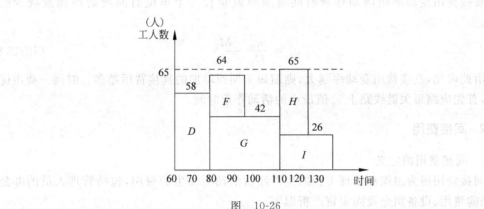

图 10-26

上例说明，利用非关键工序总时差可以尽量拉平资源负荷高峰，经过若干次调整，可以得到一个可行的、经过优化的计划方案。这种方法适用于人力、物力、财力等各种资源与时间进度的综合平衡，从而选择一个最好的计划方案。

10.3.2 最低成本日程

在编制网络计划过程中，研究如何使得工程在既定的完工时间条件下，所需要的费用最少，或者在限制费用的条件下，工程完工时间最短，这就是网络计划费用优化所要研究和解决的问题。

按照会计核算的分类，工程总费用主要包括以下两方面的内容：

1. 直接费用

1）直接费用定义

直接费用指直接用于工程建设工作的耗费，包括直接生产工人的工资及附加费、设备、能源、工具及材料消耗等直接与完成工作有关的费用。

为缩短工序的作业时间，需要采取一定的技术组织措施，相应地要增加一部分直接费用。在一定条件和一定范围内，工序的作业时间越短，直接费用越多。缩短工序单位时间所增加的费用称为直接费用。

2）直接费用的计算

假定直接费用与工期为线性关系，如图 10-27 所示。

图中，m_{ij} 为极限费用，指当工期缩短到一定程度，再增加直接费用，工期也不能再缩短时的费用；M_{ij} 为正常费用，指当工期延长到一定程度，直接费用不能再随之下降时的费用；M 为压缩后的直接费用；d_{ij} 为极限工期，指对应极限费用（m_{ij}）的工期；D_{ij} 为正常工期，指对应正常费用（M_{ij}）的工期；d 为压缩后的作业时间。

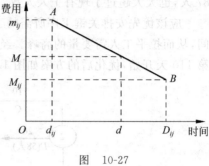

图 10-27

3）直接费用变动率

直接费用变动率指活动作业时间每缩短或延长一个单位时间所需增加或减少的费用。

$$c_{ij} = \frac{m_{ij} - M_{ij}}{D_{ij} - d_{ij}} \tag{10-20}$$

由此可见，直接费用变动率越大，则缩短工期而增加的直接费用越多。时间—费用优化时，首先应缩短关键线路上 c_{ij} 值最小的活动作业时间。

2．间接费用

1）间接费用的定义

间接费用指为组织和管理工程的生产经营活动所发生的费用，包括管理人员的办公费、采购费用、设备租金及固定资产折旧等。

间接费用通常按施工时间的长短进行分摊，在一定的生产规模内，工序的作业时间越短，分摊的间接费用越少。大部分情况下，间接费用有一个间接费率，直接与完工时间相乘计算间接费用。

2）间接费用的计算

设单位时间间接费用额为 C_j，则工期 T_x 对应的间接费用 C_J 为

$$C_J = C_j T_x \tag{10-21}$$

3．时间—费用优化的原则

（1）关键线路上的活动优先。

（2）直接费用变化率小的活动优先。

（3）逐次压缩活动的作业时间，以不超过赶工时间为限。

4．具体步骤

（1）用正常作业时间计算网络时间参数、活动直接费用变化率及工程周期。

(2) 计算正常时间条件下的工程总费用。
(3) 逐步压缩关键线路的延续时间，找出最低费用及最佳工期。

注意：每次优化后，会引起关键线路的变化，因而要重新绘制网络图，寻找出关键线路。

完成工程项目（由各工序组成）的直接费用、间接费用、总费用与工程完工时间即工期的关系，如图10-28所示。从图中可以看出，工程总费用有一个最低点，工程费用最低的工程完工时间称为"最低成本日程"。

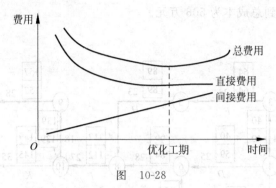

图 10-28

最低成本日程提供了时间和费用方面最优的配置状况，在工期和投资限制都较少的情况下，选择最低成本日程制订工期和投资计划，无疑会获得较高的收益。但现实中，往往时间和投资都会受到不同程度的限制约束，因此，关于工程的费用优化，常分为两种情况：一是在工期受到限制的情况下，使工程的总费用最低；二是在投资费用一定的情况下，使工期最短。但不管是哪种，最低成本日程都是重要的参考数据。

【**例 10-6**】 项目工序的正常时间、应急时间及对应的费用如表10-9所示。

表 10-9

工序	紧前工序	时间/天		成本/万元		时间最大压缩量/天	应急增加成本/(万元/天)
		正常	应急	正常	应急		
A	/	19	15	52	80	4	7
B	A	21	19	62	90	2	14
C	B	24	22	24	30	2	3
D	B	25	23	38	60	2	11
E	B	26	24	18	26	2	4
F	C	25	23	88	102	2	7
G	D,E	28	23	19	39	5	4
H	F	23	23	30	30	0	/
I	G,H	27	26	40	55	1	15
J	I	18	14	17	21	4	1
K	I	35	30	25	35	5	2
L	J	28	25	30	60	3	10
M	K	30	26	45	57	4	3
N	L	25	20	18	28	5	2
总成本				506	713		

(1) 绘制项目网络图,按正常时间计算完成项目的总成本和工期。

(2) 按应急时间计算完成项目的总成本和工期。

(3) 按应急时间的项目完工期,调整计划使总成本最低。

(4) 已知项目缩短 1 天额外获得奖金 5 万元,减少间接费用 1 万元,求总成本最低的项目完工期,也称为最低成本日程。

解:(1) 项目网络图及时间参数如图 10-29 所示。项目的完工期为 210 天,将表 10-9 正常成本一列相加得到总成本为 506 万元。

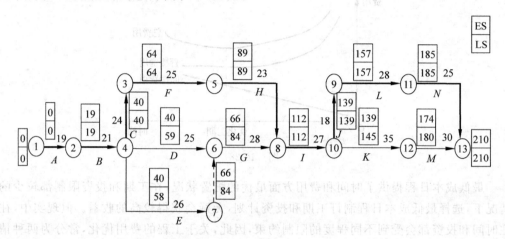

图 10-29

(2) 项目网络图不变,时间参数如图 10-30 所示,完工期 187 天,将表 10-9 应急成本一列相加得到总成本为 713 万元。

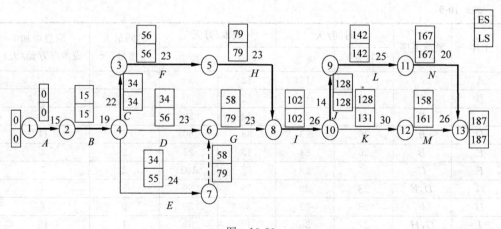

图 10-30

(3) 图 10-30 中,非关键工序是 D、E、G、K 和 M,可以看出,将工序 D、E、G 按正常时间施工时,最早开始和最迟开始时间不相等,说明按正常时间施工不影响项目的完工期 (187 天),如图 10-31 所示。工序 K 和 M 按正常时间共要缩短时间 6 天,如图 10-32 所示。

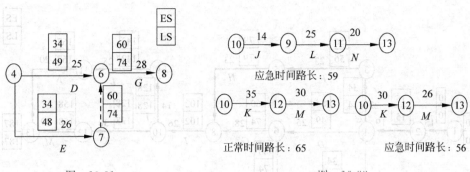

图 10-31　　　　　　　　　　图 10-32

则最优的决策方案是：关键工序 A、B、C、F、H、I、J、L、N 全部按应急时间施工，总成本等于各工序应急成本之和；工序 D、E、G 按正常时间施工，成本等于各工序正常成本之和；工序 K 缩短 5 天，工序 M 缩短 1 天，成本等于正常成本加应急时间增加的成本。按项目完工期 187 天施工的最小成本为

$80(A)+90(B)+30(C)+38(D)+18(E)+102(F)+19(G)+$
$30(H)+55(I)+21(J)+25(K)+60(L)+45(M)+28(N)+$
$2\times5(K$ 缩短 5 天应急时间增加的成本$)+1\times3(M$ 缩短 1 天应急时间增加的成本$)$
$=654$（万元）

成本分析如表 10-10 所示。调整后有两条关键路线，如图 10-33 所示。由于工序 K 缩短 5 天、工序 M 缩短 1 天，并没使得项目完工期 187 天缩短，故没有项目缩短 1 天额外获得奖金 5 万元与减少间接费用 1 万元。

表 10-10

工序	关键工序	正常时间	应急时间	实际使用时间	应急增加成本	正常成本	实际总成本
A	是	19	15	15	28	52	80
B	是	21	19	19	28	62	90
C	是	24	22	22	6	24	30
D		25	23	25	0	38	38
E		26	24	26	0	18	18
F	是	25	23	23	14	88	102
G		28	23	28	0	19	19
H	是	23	23	23	0	30	30
I	是	27	26	26	15	40	55
J	是	18	14	14	4	17	21
K	是	35	30	30	10	25	35
L	是	28	25	25	30	30	60
M	是	30	26	29	3	45	48
N	是	25	20	20	10	18	28
合计				187	148	506	654

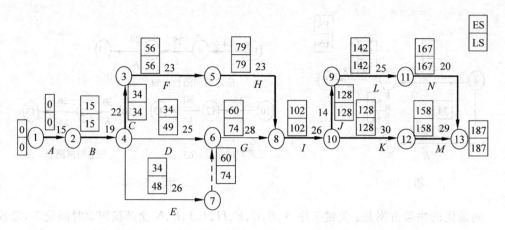

图 10-33

(4) 考虑缩短关键工序的时间,选择 1 天应急增加的成本小于等于 6 的关键工序采取应急措施来缩短时间,这样的工序有 C、J、N,工序 C 缩短 2 天,工序 J 缩短 4 天,工序 N 缩短 2 天。对图 10-29 进行第一次调整得到图 10-34。得到两条关键路线,工序 K 和 M 变为关键工序,项目完工期为 202 天,缩短了 8 天。总成本变动额为:$2\times 3+4\times 1+2\times 2-8\times 6=-34$(万元)。

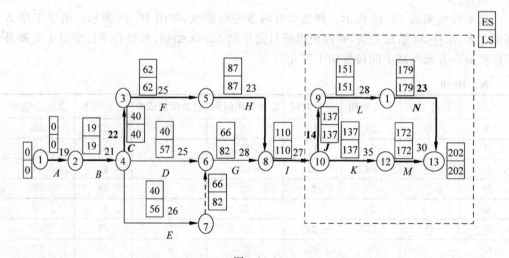

图 10-34

检查图 10-34 虚线围起来的部分。要缩短工期必须两条关键路线同时缩短时间,上面一条路线工序 N 还能缩短 3 天,因此下面一条路线只对工序 K 缩短 3 天,对图 10-34 调整得到图 10-35。项目的完工期为 199 天,又缩短了 3 天,总成本变动额为
$$3\times 2+3\times 2-3\times 6=-6(万元)$$

继续检查发现,缩短任何关键工序都不能降低成本,则总成本最低的项目工期是 199 天,总成本为:$506-34-6=466$(万元)。

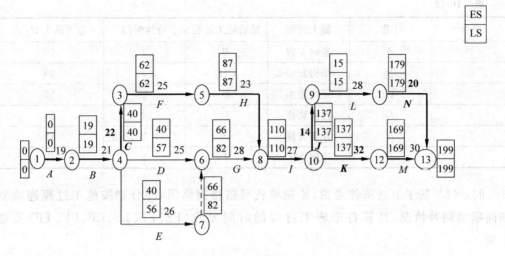

图 10-35

本章小结

本章主要介绍了有关网络图的一些基本概念,阐述了网络图在绘制过程中需要注意的事项,给出了网络图各个时间参数的计算方式,并根据网络图的总时差寻找关键路线,最后,针对实际项目,给出了网络图的优化方法。

习 题

1. 某项工程由11项作业组成,各项作业之间的先后展开关系如表10-11所示,请绘制网络图,并找出关键路线。

表 10-11

作业	紧前作业	作业	紧前作业
A	/	G	B、E
B	/	H	B、E
C	/	I	B、E
D	B	J	F、G、I
E	A	K	F、G
F	C、D		

2. 某承包商承接了一个旅游开发区的六栋度假别墅的施工任务。根据现有的资源条件,承包商将六栋度假别墅划分为六个施工段,组织搭接施工。每栋别墅的施工过程名称、持续时间、专业施工队伍人数及相互关系如表10-12所示。

表 10-12

序号	工作	施工过程	紧后施工过程	持续时间	施工队人数/人
1	A	基础工程	B	2	10
2	B	结构安装	C、E	4	20
3	C	屋面防水	D	1	15
4	D	内部装修	F	4	20
5	E	外部装修	F	2	15
6	F	外围总体	/	1	10

问：（1）基于上述条件考虑，绘制单代号搭接网络图，并分别按施工过程连续型和间断型两种情况，计算各个施工过程的时间参数（ES、EF、LS、LF、FF、TF）及总工期。

（2）如果结构安装（B）、内部装修（D）两项施工过程各采用两支施工队，其他施工过程（A、C、E、F）仍然各采用一支施工队，试分别按施工过程连续型和间断型两种情况，绘制横道图进度计划及相应的劳动力需要量曲线。

3．项目各工序的时间和资源如表 10-13 所示：

表 10-13

工序	紧前工序	每天需要资源/人	时间/天		成本/万元		时间最大压缩量/d	应急增加成本/（万元/天）
			正常	应急	正常	应急		
A	/	5	10	8	30	70	2	20
B	A	12	8	6	130	150	2	10
C	B	20	10	7	100	130	3	10
D	A	12	7	6	40	50	1	10
E	D	20	10	8	50	80	2	15
F	C、E	10	3	3	60	60	0	/
G	E	7	13	9	70	86	4	4

（1）绘制项目网络图，按正常时间计算项目完工期及按期完工最多需要多少人？

（2）保证按期完工，怎样采取应急措施，使总成本最小又使得总人数最少，对计划进行系统优化分析。

4．已知某一计划中各项工作的 a、m、b 值（单位：月），如图 10-36 所示，要求计算：

（1）每项工作的平均工时 t 及均方差 σ。

（2）画出网络图，确定关键路线。

（3）在 25 个月前完工的概率。

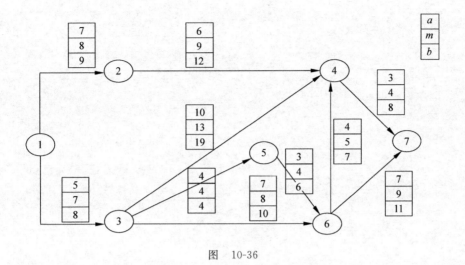

图 10-36

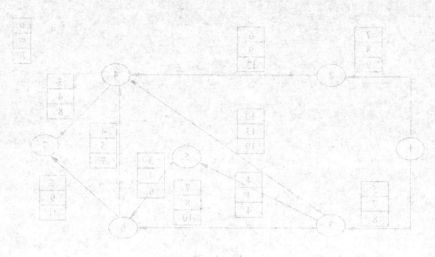

图 4-10-3B

第4篇

决策技术

第八篇

苗圃苗木

第11章

决策分析

学习目标
1. 了解决策问题的概念与模型。
2. 了解确定型决策的理论。
3. 熟练掌握不确定型及风险型决策的理论与方法。
4. 掌握效用理论及期望效用决策方法。

人们在实际工作中,经常会遇到需要作出判断和决定的问题,也就是决策问题。所谓的决策是为了达到某个目的,从多种不同的方案中选择某个确定的行动方案。例如,人们在日常生活中、企业在经营活动中、社会团体和国家政府在政治活动中都有许多需要作出决策的问题。具体地讲,像股民在购买股票时,选择购买哪一只股票好,什么时候卖出?出行选择什么样的交通工具和行驶路线?企业生产计划如何制订及经营方案怎样选择?体育比赛时选择什么样的排兵布阵策略?国家、政府年度计划制订,军事、外交活动的决策等问题。要解决这一类问题,就是决策分析要研究的问题。

所谓决策分析,是指研究从多种可供选择的方案中,选择最优方案的一种有效解决方法。

11.1 决策的基本概念

虽然决策问题的形式多种多样,涉及领域广泛,但其问题的结构是基本一致的。首先介绍有关决策的基本概念。

11.1.1 决策问题的三要素

实际中,一般的决策问题主要由状态集、决策集和效益函数构成。

(1) 状态集。把决策的对象称为一个系统,系统所处的不同情况称为状态。它是由不可控制的自然因素所引起的结果,故称为自然状态。把自然状态量化得到一个状态变量,也称为随机变量。所有状态构成的集合称为状态集,记为 $S=\{s_1,s_2,\cdots,s_n\}$,其中 s_j 是第 j 种状态的状态变量;$P(S)=\{p(s_1),p(s_2),\cdots,p(s_n)\}$ 表示各种状态出现的概率,其中 $p(s_j)$ 表示第 j 种状态 $s_j(j=1,2,\cdots,n)$ 发生的概率。

(2) 决策集。为达到某种目的而选择的行动方案称为方案;将其数量化后称为决策变量,记为 a_i。决策变量的集合称为决策集,记为 $A=\{a_1,a_2,\cdots,a_m\}$。

(3) 效益函数。定义在 $A \times S$ 上的一个二元函数 $R(a_i, s_j)$，它表示在状态 $s_j(j=1, 2, \cdots, n)$ 出现时，决策者采取方案 $a_i(i=1, 2, \cdots, m)$ 所得到的收益或损失值，即称为效益。对所有的状态和所有可能的方案所对应效益的全体构成的集合称为效益函数，记为 $R = \{R(a_i, s_j)\}$。

对于实际问题，如果决策的三要素确定了，则相应问题的决策模型也就确定了，在这里记为 $D = \{A, P(S), R\}$。

例如，某房地产开发公司打算投资几处楼盘，不同地段的楼盘其升值潜力是不同的，在决策时需要考虑方方面面的因素，该公司应该如何根据实际情况作出选择决策？这就是一个决策问题，该问题的三要素如下：

状态集。各处地价、升值潜力、预期的销售情况、银行利率、税率等影响成本和收入的因素，以及相应的发生概率。

决策集。在各处的投资强度、开发户型、销售定价等。

效益函数。根据状态集的各因素，采用不同策略下可获得的盈利。

再例如第二次世界大战期间，盟军打算在诺曼底登陆作战，但由于受多种不确定因素的影响，具体的登陆时间不便于提前确定，这也是一个决策问题，根据不同的具体情况，选择不同的时间，可能的作战结果是不同的。该决策问题的三要素如下：

状态集。不同时间登陆诺曼底可能存在的各种影响成败的因素。例如，天气状况、双方部署情况、双方装备情况、双方情报情况等。

决策集。决定于何时登陆。

效益函数。不同时间登陆所获得的作战效能。

11.1.2 决策的分类

依据决策问题的三要素，从不同角度可以将决策问题进行分类。

(1) 按照决策的环境分类。按照决策的环境分类，可将决策问题分为确定型决策、不确定型决策和风险型决策三类。确定型决策就是指决策环境是完全确定的，作出的决策方案的效益也是确定的；不确定型决策是指决策环境是不确定的，决策者对各种可能的结果发生的概率是未知的；风险决策是指问题的环境不是完全确定的，但各种可能的结果发生的概率是已知的。

(2) 按照决策的重要性分类。按照决策的重要性分类，可将决策分为战略决策、策略决策和执行决策三类，或称为战略计划、管理控制和运行控制三个等级。战略决策是涉及某组织发展生存的全局性和长远性问题的决策；策略决策是为完成战略决策所规定的目的而进行的决策；执行决策是根据策略决策的要求对行为方案的选择决策。

(3) 按决策的结构分类。按决策的结构分类，可将决策分为程序决策和非程序决策。程序决策是一种有章可循的决策，一般是可以重复进行的；而非程序决策一般是无章可循的决策，只能凭借决策者的经验直觉地作出相应的决策，通常是不可重复进行的。

(4) 按决策指标的性质分类。按决策指标的性质分类，可将决策问题分为定量决策、定性决策、模糊决策和灰色决策。如果描述决策对象的指标都可以量化，则称为定量决策；否则称为定性决策。如果描述决策对象的指标是模糊的，则称为模糊决策；如果描述决策对象的指标是灰色的,则称为灰色决策。对于实际中的问题,应尽可能地将其化为定量决策问题来解决。

（5）按决策的过程分类。按决策的过程分类,可将决策分为单项决策和序贯决策。单项决策是指整个决策过程只作一次决策就可以得到决策结果;序贯决策是指整个决策过程由一系列的单项决策组成,只有完成这一系列的单项决策后,才能够最终得到整个决策的结果。

（6）按决策目标个数的分类。按照决策目标的个数可将其分为单目标决策和多目标决策;按照目标函数的形式又可分为显式决策和隐式决策。

例如,上述某房地产公司开发楼盘的问题,其决策指标既有确定的(各处地价),也有不完全确定的(升值潜力和预期销售效果),还有完全不确定的(银行利率和税率等)。从决策目标的角度来看,开发商既要关心经济利益,又要兼顾社会效益,因此这是一个多目标决策问题。其中经济利益可以定量给出,即是一个定量决策问题;社会效益包括对城市景观的影响、小区的配套设施建设情况等。如果这些因素只能用定性的方法进行描述,则这部分就是定性决策问题;如果要将以上因素进行量化,即采用模糊的方法进行刻画,则该问题又属于模糊决策问题。

11.1.3 决策的原则

在进行决策的过程中,必须遵守五项基本原则,即最优化原则、系统原则、信息准全原则、可行性原则和集团决策原则。

1. 最优化原则

决策作为一个管理过程的重要意义在于,在资源稀缺的约束条件下,任何作出的决策都应该有利于企业实现最大化的效益,有利于最大化地实现企业的价值。也就是说,决策的制定应该以追求和实现企业价值最大化为目标。

2. 系统原则

任何决策的制定和实施、实现都存在于某一个决策环境中。对于国民经济中的各种组织、实体来讲,他们的决策环境就是整个国民经济和整个世界经济。对于一个个体来讲,他的决策环境就是他所处的组织或实体。不论是什么样的决策环境,都有作为一个系统的特性,也就是系统中的各种因素相互影响和相互作用的特性,同时系统中的各种因素都应协调地、平衡地变化发展。因此,决策的制定必然要遵守系统的原则,换一种说法,决策的制定应该以追求和实现最大化的系统的价值为目标。

3. 信息准全原则

各种先进、完备的决策技术的作用对象都是信息。决策信息的准确和全面是取得高质量决策的前提条件。在决策理论的发展过程中,有些决策理论所需要的决策信息由于很难收集到,使得这些决策理论的发展和实践都受到了很大的限制。然而,信息技术的蓬勃发展给决策理论的发展注入了活力。通过信息技术,我们可以获得大量的我们所需要的以前没有办法获得的决策信息。这一变化的出现,使得一些原来受制于决策信息收集困难的决策理论获得了新的发展的机会。由此可见,信息准全的重要意义。当然,决策问题所需要的信息,实际上很难被完全收集,但毫无疑问,信息的准全对决策质量的提高起着非常重要的作用。

4. 可行性原则

由于决策者和决策实施者受到了他们所掌握的资源的影响,使得他们必须考虑决策在技术上、经济上和社会效益上的可行性。进一步地讲,只有在准确地把握好以上三个方面的可行性之后,决策者和决策的实施者才能运用最优化原则进行决策。

5. 集团决策原则

科学技术的飞速发展,已使得社会、经济、科技等许多问题的复杂程度与日俱增。不少问题的决策已非决策者个人和少数几个人所能胜任。因此,集团决策是决策科学化的重要组织保证。所谓集团决策,不是靠少数领导"拍脑袋",也不是找某几个专家简单讨论一下,或靠少数服从多数进行决策,而是依靠和充分利用智囊团,对要决策的问题进行系统的调查研究,弄清历史、现状,掌握第一手资料,然后通过方案论证和综合评估,提出切实可行的方案供决策者参考。

11.1.4 决策的过程

决策作为一个过程,通常是通过调查研究,在了解客观实际和预测今后发展的基础上,明确提出各种可供选择的方案,以及各种方案的效应,然后从中选定某个最优方案。实际中的决策问题的整个过程分为下列七个步骤:

(1) 明确问题。根据决策所提出的问题,找出症结点,明确问题的实质。

(2) 确定目标。目标是决策所要达到的结果。如果目标不明确,则往往可能会造成决策失误。当有多个目标时,则应分清主次,统筹兼顾,同时要注意目标的先进性和可靠性。

(3) 制订方案。在确定目标之后,要对决策的状态进行分析,收集相关信息,建立相应的模型,提出实现决策目标的各种可行方案。

(4) 方案评估。利用各个方案结果的度量值(如效益值、效用值、损失值)给出对各个方案的偏好。尽可能地通过科学计算,用定量分析的方法来比较其优劣和得失。

(5) 选择方案。决策者应从总体角度,对各种可能方案的目的性、可行性和时效性进行综合的系统分析,选取使目标达到最优的方案,必要时可做灵敏度分析。

(6) 组织实施。为了保证最优方案的实施,需要制定实施措施,落实执行单位,明确具体责任和要求。

(7) 反馈调整。在决策实施过程中,可能会产生这样或那样偏离目标的情况,因此实际中必须及时收集决策执行中的反馈信息,分析既定决策方案是否可以实现预定决策目标。

11.1.5 决策的模型

根据决策问题的三个要素进行分析,构造出决策者决策行为的模型,即为决策模型。不同类型的决策问题,可以构建不同类型的决策模型。构造决策模型的方法主要有两种:一种是针对决策结果的方法,另一种是针对决策过程的方法。如果决策者能够正确地预见到决策的结果,其核心是决策结果的准确性和正确性的预测,则这种方法属于针对决策结果的方法。通常的单目标决策和多目标决策问题都属于这种类型。如果决策者已了解了决策过程,掌握了决策的全过程,并且通过控制这一过程,能够正确地预见决策的结果,则这种方法属于针对决策过程的方法。

11.1.6 决策问题条件

关于决策问题,无论是何种类型,它必须具备以下五个条件。
(1) 只有一个明确的决策目标。
(2) 至少存在一个自然因素。
(3) 至少存在两个可供决策者选择的方案。
(4) 可以确定各种自然状态产生的概率。
(5) 可以计算出各种方案在各种自然状态下的损益值。

11.2 确定型决策问题

确定型决策就是指在知道某个自然因素必然发生或对某个自然因素发生有十分把握的前提下所作的决策。这种问题的决策在矩阵中只有一列,即确定型决策除了满足上节 11.1.6 中所提到的一般决策问题的五个条件外,还需加一个条件:只存在一个确定的自然因素。

如果方案 A_i 在自然因素 S 的影响下所产生的损益值 $a_{ij}(i=1,2,\cdots,m;j=1,2,\cdots,n)$ 是成本或费用等,"选优"的原则是取损益值最小的方案。相反,如果损益值是利润或收益,则"选优"的原则是取损益值最大的方案。

确定型决策问题往往是很复杂的,可供选择的方案很多。例如,有 m 个产地 n 个销地的运输问题,目标是运输费用最小,自然因素是满足所有销地的需要。当 m,n 很大时,运输方案很多,如果再要列出它的决策矩阵是很不经济的,也就是说,由于求出所有方案的损益值所需的计算量太大,这就需要用其他方法来解决(如线性规划方法)。

【例 11-1】 设有某类物资,要从发点 A_1、A_2、A_3 运往收点 B_1、B_2、B_3、B_4。各发点的发货量、各收点的收货量以及从某发点 $A_i(i=1,2,3)$ 运往某收点 $B_j(j=1,2,3,4)$ 1 t 物资所需运费 c_{ij}(单位:元)如表 11-1 所示,问应如何组织运输才能使总运费最少?

表 11-1

产地＼销地	B_1	B_2	B_3	B_4	产量
A_1	3	6	2	4	70
A_2	5	3	3	4	80
A_3	1	7	5	2	50
销量	40	30	70	60	

这是本书第 4 章中介绍过的运输问题,它也是确定型决策问题,可以用线性规划中运输问题的表上作业法来求解。此问题的线性规划模型为

$$\min z = \sum_{i=1}^{3}\sum_{j=1}^{4} c_{ij}x_{ij} = 3x_{11} + 6x_{12} + 2x_{13} + \cdots + 2x_{34}$$

$$\begin{cases} x_{11} + x_{12} + x_{13} + x_{14} = 70 \\ x_{21} + x_{22} + x_{23} + x_{24} = 80 \\ x_{31} + x_{32} + x_{33} + x_{34} = 50 \\ x_{11} + x_{21} + x_{31} = 40 \\ x_{12} + x_{22} + x_{32} = 30 \\ x_{13} + x_{23} + x_{33} = 70 \\ x_{14} + x_{24} + x_{34} = 60 \\ x_{ij} \geqslant 0 \quad (i=1,2,3; j=1,2,3,4) \end{cases}$$

解得:$x_{13}=70, x_{22}=30, x_{24}=50, x_{31}=40, x_{34}=10$,运输费最小值为 490 元。

11.3 不确定型决策问题

不确定型决策的基本特征是决策环境是不确定的,决策的结果也是不确定的,各可能方案发生概率(主观或客观)也是未知的。这种情况下的决策主要取决于决策者的素质和要求。

下面,通过例 11-2 来介绍几种常用的处理不确定型决策问题的方法。

【例 11-2】 设某决策问题的决策收益表如表 11-2 所示。

表 11-2

方案	状态				
	S_1	S_2	S_3	S_4	S_5
A_1	0	1	2	3	5
A_2	−1	3	2	6	2
A_3	−2	6	4	7	4
A_4	−3	2	3	4	8
A_5	−4	2	5	6	9

11.3.1 悲观主义决策准则

悲观主义决策准则属保守型的决策准则,也称作 max-min 准则或华尔德(Wald)法。当决策者面临情况不明,由于决策错误可能造成很大的经济损失时,他处理问题比较小心谨慎,这时他总是从最坏的结果着想,从最坏的结果中选择最好的结果。他分析收益矩阵时,先从各策略所对应的可能发生事件的结果中选出最小值,并将它们列于收益矩阵的右列,再从这列中挑出最大的值,列于收益矩阵的最右列,最大的值对应的策略即为决策者应选择的最优策略,如表 11-3 所示。

表 11-3

方案	状态					min	max-min
	S_1	S_2	S_3	S_4	S_5		
A_1	0	1	2	3	5	0	
A_2	-1	3	2	6	2	-1	
A_3	-2	6	4	7	4	-2	0
A_4	-3	2	3	4	8	-3	
A_5	-4	2	5	6	9	-4	

表 11-3 中对应的最优策略是 A_1 这个方案。其实,对于一个决策者而言,在实际决策中,当碰到一个情况不明而又复杂的决策问题,一旦决策错误又将产生不良后果时,他往往是采用保守主义准则来考虑问题,这就是从最坏情况着眼,争取其中最好的结果,选择什么也不做的方案是意味着先观望一下,以后再做其他选择,这种考虑是合理的。

11.3.2 乐观主义决策准则

乐观主义的决策者在考虑问题时,恰好与悲观主义者相反。他在决策时,虽在情况不明的情况下,也绝不放弃任何一个获得最好结果的机会,他充满着乐观冒险的精神,要争取好中之好,这种决策准则也称为 max-max 准则。根据收益矩阵,寻找最优策略的步骤为:

(1) 对应每一个可行策略有若干个可能结果,从这些结果中选择最大值列于矩阵的右列。

(2) 从矩阵的右列数字中挑出其中最大的值,列于收益矩阵的最右列,这个值对应的策略为最优策略。

若决策者按 max-max 准则进行决策时,他从分析收益矩阵着手,如表 11-4 所示。

表 11-4

方案	状态					max	max-max
	S_1	S_2	S_3	S_4	S_5		
A_1	0	1	2	3	5	5	
A_2	-1	3	2	6	2	6	
A_3	-2	6	4	7	4	7	9
A_4	-3	2	3	4	8	8	
A_5	-4	2	5	6	9	9	

表 11-4 中对应的最优策略是 A_5 这个方案。这说明当决策者拥有较大经济实力,对所面临的决策问题即使失败了,对他来讲损失不大,而成功了则有较大收益,这种情况下决策者按乐观主义准则办事。

11.3.3 折中主义决策准则

有些决策者认为,用前述 max-min 准则或 max-max 准则来处理问题有些太极端,因此提出把这两种决策准则进行综合,这就是折中主义决策准则,也称为折中准则或赫威斯(Hurwicz)法。其特点是决策者对所面临的客观状态既不悲观也不乐观,而是采用一个乐观系数 α 来反映决策者对客观状态估计的乐观程度。具体算法是:

令 $0 \leqslant \alpha \leqslant 1$,并用以下关系来表示

$$E(A_i) = \alpha \max_{1 \leqslant j \leqslant n} a_{ij} + (1-\alpha) \min_{1 \leqslant j \leqslant n} a_{ij} \quad (i=1,2,\cdots,m) \tag{11-1}$$

其中,a_{ij} 为决策矩阵中的收益值。由式(11-1)可知,当 $\alpha=0$ 时,即为悲观主义决策准则的结果;当 $\alpha=1$ 时,即为乐观主义决策准则的结果。

现在取 $\alpha=0.7$,得表 11-5。

表 11-5

方案	状态					$\alpha=0.7$	$1-\alpha=0.3$	$E(A_i)$	$\max[E(A_i)]$
	S_1	S_2	S_3	S_4	S_5				
A_1	0	1	2	3	5	3.5	0	3.5	
A_2	−1	3	2	6	2	4.2	−0.3	3.9	
A_3	−2	6	4	7	4	4.9	−0.6	4.3	5.1
A_4	−3	2	3	4	8	5.6	−0.9	4.7	
A_5	−4	2	5	6	9	6.3	−1.2	5.1	

表 11-5 中对应的最优策略是 A_5 这个方案。当然,我们也可以选取两个方案的期望 $E(A_i)$ 相等,从而解出 α 的值,此时的 α 值,称作为转折概率。在实际工作中,如果状态概率、收益值在其可能发生变化的范围内变化时,最优方案保持不变,则这个方案是比较稳定的。反之,如果参数稍有变化,最优方案就会有变化,则这个方案就是不稳定的,需要我们作进一步的分析。就自然状态 s_i 的概率而言,当其概率值越远离转折概率时,则其相应的最优方案就越稳定;反之,就越不稳定。因此,我们可以利用 α,进一步对自然状态发生的概率进行灵敏度分析。

11.3.4 等可能性决策准则

等可能性决策准则又称为拉普拉斯(Laplace)准则,这个准则认为,一个人面临着一个事件的集合,在没有什么特殊理由来说明这个事件比那个事件有更多的发生机会时,只能认为它们的发生机会是等可能的或机会相等的,从而确定出最佳的决策方案。

如果事件集中共有 n 个事件,即事件集合为 $S=\{s_1,s_2,\cdots,s_n\}$,则每一个事件 s_j 发生的概率为 $p_j=\dfrac{1}{n}$。其各种状态下效益的期望值 $E(s_j)(j=1,2,\cdots,n)$,在所有可能策略的

期望值中选择最大者。即

$$E(s_j^*) = \max_{1 \leqslant j \leqslant n}\{E(s_j)\}$$

其相应的策略即为等可能性决策准则下的最优策略,如表 11-6 所示。

表 11-6

方案	状态					期望值
	S_1	S_2	S_3	S_4	S_5	
A_1	0	1	2	3	5	2.2
A_2	−1	3	2	6	2	2.4
A_3	−2	6	4	7	4	3.8
A_4	−3	2	3	4	8	2.8
A_5	−4	2	5	6	9	3.6

根据等可能性准则可知,表 11-6 中对应的最优策略是 A_3 这个方案。

11.3.5 最小机会损失决策准则

最小机会损失决策准则是由经济学家萨万奇(Savage)提出来的,又称为最小最大遗憾准则。它指的是在因策略的选择可能会造成损失情况下,将其损失控制在最小,同时效益最大。

将效益矩阵 $\boldsymbol{M} = (a_{ij})_{m \times n}$ 中的各元素转换为每一策略下各事件(状态)发生的机会所造成的损失值。

如果第 j 个事件 s_j 发生,相应各策略的效益:$a_{ij}(i = 1, 2, \cdots, m)$,其最大值:$a_{i^*j} = \max_{1 \leqslant i \leqslant m}\{a_{ij}\}(1 \leqslant j \leqslant n)$,各策略的机会损失值:$a'_{ij} = a_{i^*j} - a_{ij}(i = 1, 2, \cdots, m; 1 \leqslant j \leqslant n)$。

最大机会损失的最小者:$a'_{i^*j^*} = \min_{1 \leqslant i \leqslant m} \max_{1 \leqslant j \leqslant n}\{a'_{ij}\}$,计算结果如表 11-7 所示。

表 11-7

方案	状态					$\max_{1 \leqslant j \leqslant n}\{a'_{ij}\}$	$\min_{1 \leqslant i \leqslant m} \max_{1 \leqslant j \leqslant n}\{a'_{ij}\}$
	S_1	S_2	S_3	S_4	S_5		
A_1	0	5	3	4	4	5	
A_2	1	3	3	1	7	7	
A_3	2	0	1	0	5	5	4
A_4	3	4	2	3	1	4	
A_5	4	4	0	1	0	4	

由表 11-7 可知,对应的最优策略是 A_4 或 A_5。

综上所述,在实际决策过程中,往往会同时采用几个准则来进行分析与比较,具体采用哪个方案,还需看具体情况和决策者对自然状态所持的态度而定,针对例 11-2,利用这五种不同准则进行决策分析的结果显示于表 11-8 中,一般而言,被选中多的方案(如 A_5),理应给予优先考虑。

表 11-8

准则	决策方案				
	A_1	A_2	A_3	A_4	A_5
悲观主义决策准则	√				
乐观主义决策准则					√
折中主义决策准则					√
等可能性决策准则			√		
最小机会损失决策准则				√	√

11.4 风险型决策

对于风险型决策,由于已知其状态变量出现的概率分布,因此,决策时就需要比较各策略的期望值来选择最优策略。下面介绍最大可能法则、期望值方法和后验概率方法(贝叶斯决策)。

11.4.1 最大可能法则

基本思想:从自然状态中取出概率最大的作为决策的依据(自然状态概率最大的当作概率是 1,其他自然状态的概率当作概率是 0),将风险型决策转化为确定型决策来处理。

【例 11-3】 某厂要确定下个计划期间产品的生产批量,根据以前经验并通过市场调查和预测,其产品批量决策见表 11-9。通过决策分析,确立下一个计划期内的生产批量,使企业获得效益最大。其中 A_i 表示行动方案,a_{ij} 表示效益值,$p(s_j)$ 表示自然状态概率,s_j 表示自然状态。

表 11-9

A_i \ a_{ij} \ $p(s_j)$ \ s_j	产品销路		
	s_1(好)	s_2(一般)	s_3(差)
	$p(s_1)=0.3$	$p(s_2)=0.5$	$p(s_3)=0.2$
A_1(大批量生产)	9	5	2
A_2(中批量生产)	7	8	5
A_3(小批量生产)	5	4	3

解:由表 11-9 可知 s_2 的概率最大,因而产品销路 s_2 的可能性也最大,由最大可能准则可知,只需考虑 s_2 的自然状态进行决策,使之变为确定型决策问题;再由表 11-9 可知,A_2 在 s_2 下获得最大效益值,因此选 A_2 为最优决策。

当一组自然状态的某一状态的概率比其他状态的概率都明显大时,用此法效果较好。但当各状态的概率都互相接近时,用此法效果并不好。

11.4.2 期望值方法

基本思想：将每个行动方案的期望值求出，通过比较效益期望值进行决策。由于益损矩阵的每个元素代表"行动方案和自然状态对"的收益值或损失值，因此分如下几种情况来讨论。

1. 最大期望收益决策准则（EMV）

最大期望收益决策准则的基本思想可以描述为：如果对将要发生的事件的概率多少有些信息资料，从中可以估算出各事件发生的概率。根据各事件的概率计算出各策略的期望收益值，并从中选择最大的期望值，以它对应的策略为最优策略。

采用最优期望益损值作为决策准则的决策方法称为期望值法。若离散型随机变量的分布列为

$$\left(\frac{X}{P(X=x_i)} \middle| \frac{x_1 \quad x_2 \quad \cdots \quad x_n}{p(x_1) \quad p(x_2) \quad \cdots \quad p(x_n)}\right)$$

则有

$$E(X) = \sum_{i=1}^{n} x_i p(x_i)$$

若把每个行动方案 A_i 看作是离散型随机变量，其取值就是在每个状态下相应的益损值 a_{ij}，则一般风险型决策可由表 11-10 表示。

表 11-10

方案	状态			
	S_1	S_2	$\cdots$	S_n
	P_1	P_2	$\cdots$	P_n
A_1	a_{11}	a_{12}	$\cdots$	a_{1n}
A_2	a_{21}	a_{22}	$\cdots$	a_{2n}
$\cdots$	$\cdots$	$\cdots$	$\cdots$	$\cdots$
A_m	a_{m1}	a_{m2}	$\cdots$	a_{mn}

则第 i 个方案的益损期望值为

$$E(A_i) = \sum_{j=1}^{n} a_{ij} p_j \quad (i=1,2,\cdots,m) \tag{11-2}$$

式(11-2)表示行动方案在各种不同状态下的益损平均值（可能平均值）。期望值法，就是先把各个行动方案的期望值求出来，进行比较。如果决策目标是收益最大，则期望值最大的方案为最优方案

$$E(A_i^*) = \max_{1 \leqslant i \leqslant m} E(A_i) \tag{11-3}$$

【例 11-4】 利用最大期望收益决策准则求解例 11-3。

解：由题意有

$$E(A_1) = \sum_{j=1}^{3} a_{1j} p_j = 9 \times 0.3 + 5 \times 0.5 + 2 \times 0.2 = 5.6$$

$$E(A_2) = \sum_{j=1}^{3} a_{2j}p_j = 7\times 0.3 + 8\times 0.5 + 5\times 0.2 = 7.1$$

$$E(A_3) = \sum_{j=1}^{3} a_{3j}p_j = 5\times 0.3 + 4\times 0.5 + 3\times 0.2 = 4.1$$

通过比较上述的各方案期望值可知,$E(A_2)=7.1$ 最大,因此选择 A_2 为最优方案。

2. 最小机会损失决策准则(EOL)

基本思想:首先构造一个机会损失矩阵,然后分别计算采用各种不同策略时的机会损失期望值,并从中选择最小的一个,以它对应的策略为最优策略,即

$$E(A_i^*) = \min_{1\leq i\leq m} E(A_i) \tag{11-4}$$

【**例 11-5**】 工厂生产的某种产品,每件产品的成本 3 元,批发价每件 5 元。但生产量超过销售量时,每积压一件,要损失 1 元。根据长期的销售记录统计和市场调查,预测到每日销售量的变动幅度及其相应的概率见表 11-11。试分析并确定这种产品的最优日产量应为多少时,才能使该厂所造成的损失最小。

表 11-11

日销售量	20	40	60	80
日销售概率	0.1	0.3	0.4	0.2

解:可供选择的日产量有四种方案:$A_1=20, A_2=40, A_3=60, A_4=80$,利用最小机会损失决策准则,进行损失最小的决策,由于市场需求量不确定,无法确切知道该做何种选择,收益情况只能做如下估计:

计算公式:收益 = $(5-3)\times$销量 $-1\times$未售出量,如表 11-12 所示。

表 11-12

事件 策略		日销售量/件			
		$S_1=20$	$S_2=40$	$S_3=60$	$S_4=80$
产量/件	$A_1=20$	40	40	40	40
	$A_2=40$	20	80	80	80
	$A_3=60$	0	60	120	120
	$A_4=80$	-20	40	100	160

该厂机会损失矩阵如表 11-13 所示。

表 11-13

事件 策略		日销售量/件			
		$S_1=20$	$S_2=40$	$S_3=60$	$S_4=80$
产量/件	$A_1=20$	0	40	80	120
	$A_2=40$	20	0	40	80
	$A_3=60$	40	20	0	40
	$A_4=80$	60	40	20	0

根据机会损失矩阵,用最小机会损失期望决策准则时的计算过程如表 11-14 所示。

表 11-14

策略	事件	日销售量/件				$EOL = \sum_{j=1}^{n} a_{ij} p_j$	min(EOL)
		$S_1=20$ $P(S_1)=0.1$	$S_2=40$ $P(S_2)=0.3$	$S_3=60$ $P(S_3)=0.4$	$S_4=80$ $P(S_4)=0.2$		
产量/件	$A_1=20$	0	40	80	120	68	18
	$A_2=40$	20	0	40	80	34	
	$A_3=60$	40	20	0	40	18	
	$A_4=80$	60	40	20	0	26	

从表 11-14 最右列可以看出,min(EOL)=18,对应的方案为 A_3。

3. 决策树方法

实际中的决策问题往往是多步决策问题,每走一步选择一个决策方案,下一步的决策取决于上一步的决策及其结果,因而是多阶段决策问题。这类问题一般不便用决策表来表示,常用的方法是决策树法。

决策树是一种树状图,它是决策分析最常使用的方法之一。决策树一般由以下四种元素组成:

1) 决策节点

在决策树中,决策节点用图符"□"表示,决策者需要在决策节点处进行策略(方案)的决策。从它引出的每一分枝,都是策略分枝,都代表决策者可能选取的一个策略,总的分枝数即可能的策略数。最后选中的策略的期望益损值要写在决策节点上方,未被选中的方案要"剪枝"(在相应的策略分枝上标上"⊣⊢")。

2) 状态节点

在决策树中,状态节点位于策略分枝的末端,用图符"○"表示,其上方的数字为该状态的期望益损值。从状态节点引出的分枝叫概率分枝,每个分枝上面都写明它代表的自然状态及其出现的概率,总的分枝数即为可能的自然状态数。

3) 结果节点

在决策树中,结果节点用图符"△"表示,它是概率分枝的末梢其旁边的数字是相应策略在该状态下的益损值。

4) 分枝

分枝包含策略分枝和概率分枝。最终决策结果求出之后,应对未选上的策略分枝进行剪枝。

【例 11-6】 有一个化工原料厂,在编制五年计划时打算用某项新工艺代替原来的旧工艺。取得新工艺有两种途径:一是自行研究,其成功的可能性是 70%;二是购买专利,估计谈判成功的可能性是 60%。无论研究成功或谈判成功,生产规模都考虑两种方案:一是产量不变,二是产量增加。如果研究或谈判失败,则仍采用原工艺进行生产,并保持原产量不变。

根据市场预测，今后五年内这种产品价格低、价格中等和价格高的可能性分别为10%、60%和30%，各种情况下的益损值矩阵如表11-15所示，试用决策树法进行决策。

表 11-15

价格状态（概率） \ 益损值 \ 方案	按原工艺生产	购买专利成功		自行研究成功	
		产量不变	产量增加	产量不变	产量增加
价格低(10%)	−100	−150	−200	−150	−200
价格中等(60%)	0	60	60	0	−250
价格高(30%)	120	200	300	250	500

解：(1) 画出决策树（从左至右），如图 11-1 所示。

(2) 计算各节点的期望益损值（从右至左）。

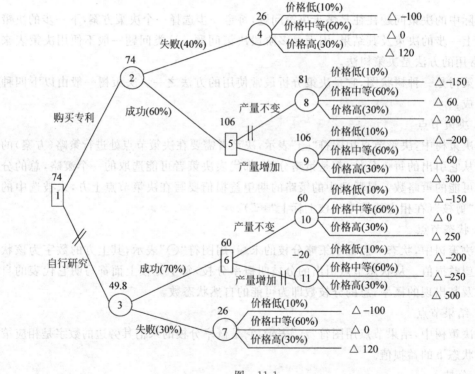

图 11-1

关于购买专利：

状态点 4：$-100 \times 10\% + 0 \times 60\% + 120 \times 30\% = 26$

状态点 8：$-150 \times 10\% + 60 \times 60\% + 200 \times 30\% = 81$

状态点 9：$-200 \times 10\% + 60 \times 60\% + 300 \times 30\% = 106$

对于决策点 5 之后的状态点 8 与状态点 9 可知，应该删去状态点 8。此时，经计算可得状态点 2：$26 \times 40\% + 106 \times 60\% = 74$。

关于自行研究：

状态点 10：$-150\times 10\% + 0\times 60\% + 250\times 30\% = 60$

状态点 11：$-200\times 10\% - 250\times 60\% + 500\times 30\% = -20$

状态点 7：$-100\times 10\% + 0\times 60\% + 120\times 30\% = 26$

对于决策点 6 之后的状态点 10 与状态点 11 可知，应该删去状态点 11。此时，经计算可得状态点 3：$60\times 70\% + 26\times 30\% = 49.8$。

(3) 最终确定方案。

将决策点 1 之后的状态点 2 与状态点 3 比较可知，状态点 2 的期望效益值更大，故合理的决策应该是购买专利，购买专利成功后应增加产量。

11.4.3 完全情报及其价值

正确的决策来源于可靠的情报或信息。情报、信息越全面、可靠，对自然状态发生的概率的估计就越准确，据此作出的决策也就越合理。能完全肯定某一状态发生的情报称为完全情报；否则，称为不完全情报。有了完全情报，决策者在决策时即可准确预测将出现什么状态，从而把风险型决策转化为确定型决策。

实际上，获得完全情报是十分困难的，大多数情报属于不完全情报。

为了得到情报，需要进行必要的调查、试验、统计等，或直接从别人手中购买，总之，要付出一定的代价。若决策者支付的费用过低，则难以得到所要求的情报。若需支付的费用过高，则决策者可能难以承受且可能不划算。另外，在得到完全情报之前，并不知道哪个状态将会出现，因此也无法准确算出这一情报会给决策者带来多大利益，但为了决定是否值得去采集这项情报，必须先估计出该情报的价值。完全情报的价值，等于因获得了这项情报而使决策者的期望收益增加的数值。如果它大于采集该情报所花费用，则采集这一情报是值得的，否则就不值得了。因此，完全情报的价值给出了支付情报费用的上限。具体见例 11-7。

11.4.4 后验概率方法（贝叶斯决策）

基于在实际决策中，决策者常常碰到的问题是没有掌握充分的信息，于是往往采取各种"试验"手段（这里的试验是广义的，包括抽样调查、抽样检验、购买情报、专家咨询等），但这样获得的情报，一般并不能准确预测未来将出现的状态。所以这种情报称为不完全情报。若决策者通过"试验"等手段获得了自然状态出现概率的新信息作为补充信息，用它来修正原来的先验概率估计。修正后的后验概率，通常要比先验概率准确可靠，可作为决策者进行决策分析的依据。由于这种概率的修正是借助于贝叶斯定理完成的，所以这种决策就称为贝叶斯决策。贝叶斯决策可以利用贝叶斯公式来实现，它体现了最大限度地利用现有信息，并加以连续观察和重新估计。其具体步骤如下：

(1) 由过去的资料和经验获得状态（事件）发生的先验概率。

(2) 根据调查或试验算得的条件概率，利用贝叶斯公式计算出各状态的后验概率，贝叶斯公式为

$$P(B_i \mid A) = \frac{P(B_i)P(A \mid B_i)}{\sum_{j=1}^{n} P(B_j)P(A \mid B_j)} \quad (i = 1, 2, \cdots, n)$$

上式中：事件 B_i 可表示自然状态，$B_i(i=1,2,\cdots,n)$ 是所有可能出现的自然状态，且其中任意两个自然状态不可能同时发生，即 $\{B_1, B_2, \cdots, B_n\}$ 是两两互斥的完备事件组。

$P(B_i)$ 是自然状态 B_i 出现的概率，即先验概率。

$P(A|B_i)$ 是自然状态 B_i 出现的情况下，事件 A 发生的条件概率。

$P(B_i|A)$ 是事件 A 发生的情况下，自然状态 B_i 出现的条件概率，即后验概率。

"发生了一次事件 A" 作为补充情报，据此对先验概率加以修正，以得到后验概率。显然，贝叶斯公式就是根据补充情报，由先验概率计算后验概率的公式。

【例 11-7】 某公司有 5 万元多余资金，如用于某项开发事业，估计成功率为 96%，成功时可获利 12%，若一旦失败，将丧失全部资金。如果把资金存到银行中，则可稳得利息 6%。为获取更多情报，该公司可求助于咨询服务，咨询费用为 0.05 万元，但咨询意见只能提供参考。该咨询公司过去类似的 200 例咨询意见实施结果如表 11-16 所示。试用决策树法决定：该公司是否值得求助于咨询服务？该公司的多余资金应如何使用？

表 11-16

咨询意见 \ 实施结果	投资成功/次	投资失败/次	总计/次
可以投资	154	2	156
不可以投资	38	6	44
总计/次	192	8	200

解：根据已知条件，有 $5 \times 12\% = 0.6$，$5 \times 6\% = 0.3$，即多余资金用于开发事业成功时可获利 0.6 万元，如果存入银行可获利 0.3 万元。设 T_1 为咨询公司意见为可以投资；T_2 为咨询公司意见为不可以投资。E_1 为投资成功；E_2 为投资失败。依题意有

$$P(E_1) = 0.96, \quad P(E_2) = 0.04, \quad P(T_1) = \frac{156}{200} = 0.78,$$

$$P(T_2) = 1 - P(T_1) = 1 - 0.78 = 0.22$$

又根据概率论中"积"的定义可知，T, E 二者的积的概率是 T 与 E 同时发生的概率。由表 11-16 所提供的数据可以算出

$$P(T_1 E_1) = \frac{154}{200} = 0.77, \quad P(T_1 E_2) = \frac{2}{200} = 0.01$$

$$P(T_2 E_1) = \frac{38}{200} = 0.19, \quad P(T_2 E_2) = \frac{6}{200} = 0.03$$

因为有乘法定理 $P(TE) = P(T)P(E|T) = P(E)P(T|E)$，因此

$$P(E \mid T) = \frac{P(TE)}{P(T)} \tag{11-5}$$

利用式(11-5)可以计算出

$$P(E_1 \mid T_1) = \frac{P(T_1 E_1)}{P(T_1)} = \frac{0.77}{0.78} = 0.987, \quad P(E_2 \mid T_1) = \frac{P(T_1 E_2)}{P(T_1)} = \frac{0.01}{0.78} = 0.013$$

$$P(E_1 \mid T_2) = \frac{P(T_2 E_1)}{P(T_2)} = \frac{0.19}{0.22} = 0.864, \quad P(E_2 \mid T_2) = \frac{P(T_2 E_2)}{P(T_2)} = \frac{0.03}{0.22} = 0.136$$

上述 $P(E_1)$ 与 $P(E_2)$ 为先验概率，$P(E_1|T_1)$，$P(E_2|T_1)$，$P(E_1|T_2)$，$P(E_2|T_2)$ 为后验概率。这里，求后验概率时没有用到贝叶斯公式。当然，也可以先根据乘法定理求出条件概率 $P(T|E)$，再利用贝叶斯公式求后验概率，但那样算会比较麻烦。该问题的决策树如图 11-2 所示。

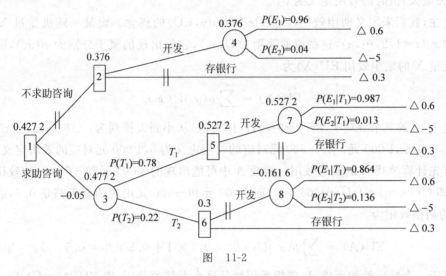

图 11-2

本问题的结论是：该公司应求助于咨询服务。如果咨询意见是可投资开发，则投资于开发事业，如果咨询意见是不可投资开发，则将多余资金存入银行。

11.5 效用理论

11.5.1 效用的概念

上一节利用决策树进行决策的方法，都是用期望值准则来判断和选择决策的，即假定决策者认为，期望值大小是决策选择的标准。可是进一步的研究表明，在实际风险决策过程中，决策者的许多决策行为并不遵从期望值准则。

【例 11-8】 要求决策者从下面三个游戏中选择对自己最有利的一种。

游戏 A：投一枚硬币，正面朝上，游戏者获得 1000 元；反面朝上，游戏者要付出 600 元。

游戏 B：投一枚硬币，正面朝上，游戏者获得 600 元；反面朝上，游戏者要付出 200 元。

游戏 C：不投硬币，游戏者直接获得 200 元。

尽管对于 A、B、C 三个游戏，收益的期望值都等于 200 元，但绝大多数游戏者都会直观地认为，这三个游戏对自己的价值是不同的，游戏 C 比游戏 B 好，游戏 B 比游戏 A 好。

为什么决策者认为游戏 C 是最好的呢？因为直接得到 200 元不包含任何风险，而游戏 B 和游戏 A 尽管期望值都是 200 元，但游戏 B 和 A 收益的期望值 200 元都是包含风险的，游戏 B 包含要付出 200 元的风险，而游戏 A 包含要付出 600 元的风险，游戏 A 包含的风险比游戏 B 更大。

由此我们可以知道，决策者在进行决策时不仅要根据决策收益的期望值的大小，而且还要考虑决策包含的风险大小。带有风险的收益对决策者的价值称为效用(utility)。

11.5.2 效用的测定和效用函数

效用是一个相对的概念。我们通常把收益取最大值时的效用定义为1，收益取最小（即损失最大）值时的效用定义为0。

现在，我们来定义期望效用(expected utility, EU)的概念。设某一随机变量 X 可能出现的 $x_i(i=1,2,\cdots,n)$，这些值的效用为 $U(x_i)$，它们出现的概率分别为 $p(x_i)$，则这个随机变量 X 的期望效用 $EU(X)$ 为

$$EU(X) = \sum_{i=1}^{n} p(x_i)U(x_i) \tag{11-6}$$

例11-8的三个游戏中，所涉及的收益(损失值)从小到大排列为：-600元，-200元，200元，600元，1000元。将-600元对应的效用定义为0，1000元对应的效用定义为1。

首先计算游戏 A 的期望效用。游戏 A 中可能出现的 1000 元和 -600 元的效用是已知的，即 $U(1000)=1, U(-600)=0$，而 1000 元和 -600 元出现的概率都是 0.5，因此游戏 A 的期望效用为

$$EU(A) = \sum_{i=1}^{n} p(x_i)U(x_i) = 0.5 \times 1 + 0.5 \times 0 = 0.5$$

对于一个确定性的事件 A，期望效用就是这个事件的效用，即 $EU(A)=U(A)$。通过对决策者的问卷测试，可以测定决策者对不同的收益/损失值的效用值。测试的过程如下：

(1) 要求游戏者在游戏 A 和游戏 C 中作出选择，游戏者选择 C。这个选择表明

$$U(C=200) > EU(A) = 0.5 \times 1 + 0.5 \times 0 = 0.5$$

也就是说，游戏者认为没有风险的 200 元的价值比包含 -600 元风险的 200 元的价值要高。

(2) 把游戏 C 中的 200 元降低为 100 元，要求游戏者再次在游戏 A 和游戏 C 中作出选择，游戏者还是选择 C。这说明

$$U(C=100) > EU(A) = 0.5 \times 1 + 0.5 \times 0 = 0.5$$

(3) 把游戏 C 中的 100 元降低为 50 元，要求游戏者再次在游戏 A 和游戏 C 中作出选择，游戏者还是选择 C。这说明

$$U(C=50) > EU(A) = 0.5 \times 1 + 0.5 \times 0 = 0.5$$

从这个结果可以看出，游戏者宁愿要没有风险的 50 元，也不愿意去冒可以收获 1000 元但可能损失 600 元的风险。

(4) 把游戏 C 中的 50 元降低为 10 元。要求游戏者再次在游戏 A 和游戏 C 中作出选择，游戏者还是选择 C。这说明

$$U(C=10) > EU(A) = 0.5 \times 1 + 0.5 \times 0 = 0.5$$

也就是说，游戏者宁愿要没有风险的 10 元，也不愿意去冒可以收获 1000 元，但可能损失 600 元的风险。由此可以看出，这是一位决策很稳健、不愿意冒险的决策者。

(5) 把游戏 C 中的 10 元降低为 -50 元，要求游戏者再次在游戏 A 和游戏 C 中作出选择，即要求游戏者要么投掷硬币来决定他是赢 1 000 元还是输 600 元，如果他拒绝玩游戏 A，就得付出 50 元的代价。这时游戏者的选择发生了逆转，他认为，与其选择 C 而付出 50 元，不如孤注一掷，选择游戏 A。这说明，此时他认为游戏 C 的价值比游戏 A 要低。

$$U(C=-50) < \mathrm{EU}(A) = 0.5 \times 1 + 0.5 \times 0 = 0.5$$

(6) 把游戏 C 中的 -50 元提高为 -10 元，要求游戏者在游戏 A 和游戏 C 中作出选择。游戏者这时产生了犹豫。考虑良久，最后认为 A 和 C 没有区别，任意选择一种对他来说都一样。这说明

$$U(C=-10) = \mathrm{EU}(A) = 0.5 \times 1 + 0.5 \times 0 = 0.5$$

这样，我们最终测定出这位游戏者除了 $U(1\,000)=1$，$U(-600)=0$ 以外的第三个效用值，即 $U(-10)=0.5$。

接着，我们可以改变游戏方法，例如，投掷两枚硬币并设置不同投掷结果的收益/损失值来继续问卷测试，用类似的方法得出这位游戏者其他收益/损失值的效用值。最终测试得到的效用值可以标记在图 11-3 中。连接这些点形成的曲线称为这位游戏者的效用曲线，这条曲线对应的以收益/损失值为自变量、以效用值为因变量的函数称为效用函数。正如以上问卷表明的那样，这位游戏者是一位非常不愿意面对风险的决策者，我们把这样的决策者称为保守型的决策者。从图 11-3 可以看出，保守型的决策者的效用函数是一条上凸的曲线，上凸越多，越保守。

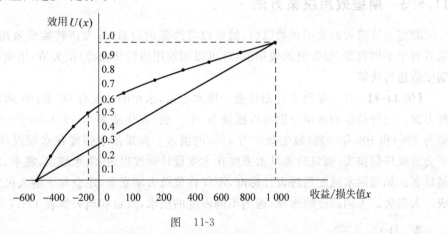

图 11-3

假设有另一位游戏者，在面临游戏 A 和 C 的选择时，毫不犹豫地选择了 A。这说明对这位游戏者来说，游戏 A 的价值远比游戏 C 高，即

$$U(C=200) < \mathrm{EU}(A) = 0.5 \times 1 + 0.5 \times 0 = 0.5$$

将游戏 C 中的 200 元提高到 300 元，要求游戏者再次在游戏 A 和游戏 C 中作出选择，这位游戏者仍然坚定地选择游戏 A。这说明

$$U(C=300) < \mathrm{EU}(A) = 0.5 \times 1 + 0.5 \times 0 = 0.5$$

如此不断提高游戏 C 中无条件即可获得的价值，一直提高到 600 元时，这位游戏者才认为游戏 A 和游戏 C 对他来说没有区别。这样得到

$$U(C=600) = \mathrm{EU}(A) = 0.5 \times 1 + 0.5 \times 0 = 0.5$$

这位游戏者的效用函数如图 11-4 所示，这是一条下凹的曲线，我们将其称为冒险型的决策者的效用曲线。下凹越多，越喜好风险。

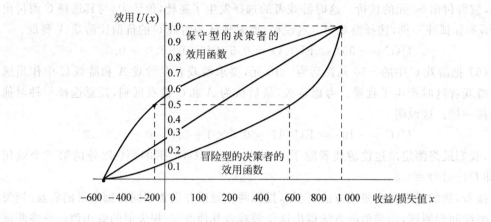

图 11-4

遵从期望值准则的决策者的效用函数是图 11-4 中两条曲线中间的直线，既不喜好风险，也不厌恶风险。研究表明，绝大多数决策者都是保守型的，不过保守的程度因人而异，因问题而异。

11.5.3 期望效用决策方法

测定了决策者的效用函数以后，就可以将决策的收益/损失值转换成效用值，有了决策者对于不同收益/损失值的效用值，就可以用效用值代替收益/损失值，用期望效用代替期望值进行决策。

【例 11-9】 在一条河上计划建造一座水电站，水坝的高度有 50 米、80 米和 100 米三种方案。三种高度的水坝分别可以抵御 20 年一遇（发生概率为 5%），50 年一遇（发生概率为 2%）和 100 年一遇（发生概率为 1%）的洪水。如果洪水强度在水坝设计标准以内，不会造成任何损失，而且只要洪水强度在大坝设计标准以内，洪水越大，蓄水、发电等效益越显著。如果洪水强度超过设计标准，不仅将危及大坝安全，还会对下游人民生命财产造成巨大损失。不同高度的水坝，遇到不同强度的洪水，效益和损失如表 11-17 所示。

表 11-17

洪水强度	发生概率/%	效益/损失值/千万元		
		50 米	80 米	100 米
小于 20 年一遇	90.5	8	7	6
20 年一遇	5	20	15	10
50 年一遇	2	−6	200	180
100 年一遇	1	−15	−30	500
大于 100 年一遇	1.5	−20	−100	−200
收益/损失期望值		7.67	9.285	11.53

根据表11-17,如果以收益/损失期望值为评价指标,则建造100米高度的水坝为最优决策。

设已测定出决策者的效用函数如图11-5所示。

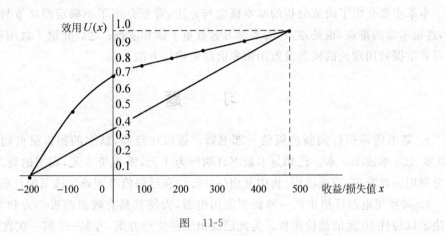

图 11-5

由图11-5,可以得到建造水坝的效益/损失值和效用值对照表,如表11-18所示。

表 11-18

效益/损失值/千万元	−200	−100	−30	−20	−15	−6	6	7
效用	0.0	0.5	0.7	0.71	0.72	0.73	0.74	0.75
效益/损失值/千万元	8	10	15	20	180	200	500	
效用	0.76	0.77	0.78	0.80	0.93	0.95	1.0	

利用期望效用公式(11-6),计算不同高度水坝的期望效用,得到表11-19。

表 11-19

洪水强度	发生概率/%	效用值		
		50米	80米	100米
小于20年一遇	90.5	0.76	0.75	0.74
20年一遇	5	0.80	0.78	0.77
50年一遇	2	0.73	0.95	0.93
100年一遇	1	0.72	0.70	1.00
大于100年一遇	1.5	0.71	0.50	0.00
期望效用		0.760	0.751	0.737

由表11-19可以看出,如果以期望效用为决策准则,建造高度为50米的水坝为最优决策。以期望效用为决策准则的决策选择不同于期望值准则,因为决策者具有规避风险的倾向,他无论如何都要避免建造100米高的大坝,当遭受大于100年一遇的洪水时,将遭受20亿元损失的风险,尽管发生这种事件的概率只有1.5%。

本章小结

本章主要介绍了决策分析的基本概念与方法,着重介绍了不确定型决策与风险型决策,这是本章的重点,也是难点,需要学习者着重了解和掌握;之后介绍了效用理论,需要学习者掌握效用理论的概念及效用值和曲线的确定方法。

习　　题

1. 某书店希望订购新出版的一部书籍。据以往经验,新书的销售量可能为 50 本、100 本、150 本或 200 本。已知每本新书订购价为 4 元,零售价 6 元,剩书的处理价 1 元。试分别用乐观准则、悲观准则、折中准则($\alpha=0.7$)和后悔值准则确定该书的订购量。

2. 某民用电器厂拟生产一种新型家用电器,为使其具有较强的吸引力和竞争力,该厂决定以每件 10 元的低价出售。为此已提出三种生产方案,方案一:需一次性投资 10 万元,投产后每件产品成本 5 元;方案二:需一次性投资 16 万元,投产后每件产品成本 4 元;方案三:需一次性投资 25 万元,投产后每件产品成本 3 元。据市场预测,这种电器的需求量可能为 3 万件、12 万件或 20 万件,各需求量的概率依次是 0.15、0.75、0.10,试用 EMV 准则进行决策。

3. 某施工队已承包一项小型工程,计划从 7 月 1 日开工,到月末完工。据天气预报,从 16 日以后可能出现中雨(概率 0.5),这样将使工期延长 5 天;也可能出现暴雨(概率 0.3),这样将延期 10 天。延期施工的损失为:前 5 天每天 400 元,后 5 天每天 600 元。但若采取紧急措施,有可能减少延期的天数,如表 11-20 所示,这样每天需增加 200 元应急费用。另外,也可在开工后每天加班突击,这样能赶在 15 日提前完工,不过每天需要增加 120 元加班费。问该施工队应如何决策(按 EMV 准则)?

表　11-20

天气	应急可减少的天数	概率
中雨	1	0.4
	2	0.25
	3	0.35
暴雨	1	0.5
	2	0.4
	3	0.1

4. 某企业为了提高经济效益,决定开发某种新产品,产品开发生产需要对设备投资规模作决策。设有三种可供选择的策略:
s_1:购买大型设备;s_2:购买中型设备;s_3:购买小型设备。
未来市场对这种产品的需求情况也有三种:
N_1:需求量较大;N_2:需求量中等;N_3:需求量较小。

经估计,各种方案在不同的需求情况下收益值如表 11-21 所示。

表 11-21

$F(s_i, N_1)$	N_1 $P(N_1)=0.3$	N_2 $P(N_2)=0.4$	N_3 $P(N_3)=0.3$
s_1	50	20	-20
s_2	30	25	-10
s_3	10	10	10

表中数据 $F(s_i, N_1)$ 出现负数,表示该企业将亏损。现问企业应选取何种策略,可使其收益最大?

5. 某科研所考虑是否要向某企业提出开发一种新产品的建议。如果打算提出建议,在提建议前先需要做一些初始科研工作,估计需要花费 2 万元。该科研所认为,如果一旦提出建议,60% 有可能签上合同,40% 可能签不成合同。如果签不成合同,2 万元的初始科研费就损失掉了。签上合同后科研所开发新产品有两种方法:方法一需要花费 30 万元,成功概率 0.8;方法二只需要花费 18 万元,成功概率 0.5。科研所签上合同并新产品开发成功,企业给科研所 80 万元技术转让费,若研制开发失败,科研所赔偿企业 15 万元。问科研所是否需要向企业提出研制开发新产品的建议?请用决策树方法求解。

6. 某电子厂根据需要对应用某种新技术生产市场所需的某种产品的生产和发展前景作决策。现有三种可供选择的策略:一是先只搞研究,二是研究与发展结合,三是全力发展。如果先只搞研究,有突破的可能性为 60%,突破后又有两种方案:

(1) 变为研究与发展结合。

(2) 变为全力发展。如果研究与发展结合,有突破的可能性为 50%,突破后有两种方案:①仍为研究与发展结合;②变为全力发展。无论采用哪一种策略,都将对产品的价格产生影响。据估计,今后三年内,这种产品价格下降的概率是 0.4,产品价格上升的概率 0.6。经过分析计算,得到各方案在不同的情况下的收益值,收益情况如表 11-22 所示。试画出决策树,寻找最优策略。

表 11-22 百万元

收益	只搞研究			研究与发展结合			全力发展
	无突破	有突破		无突破	有突破		
		变研究与发展结合	变为全力发展		仍研究与发展结合	变为全力发展	
产品价格上升	100	200	300	200	250	350	400
产品价格下降	-100	-200	-250	-200	-150	-200	-400

7. 某厂考虑是否生产一种新产品,也有两种方案:S_1(生产新产品),S_2(继续生产老产品)。管理者对市场销售的状况进行了预测,认为可能出现三种不同的状态:N_1(销路好),N_2(销路一般),N_3(销路差)。相应的概率分布与两种方案的收益由表 11-23 给出。

表 11-23

$F(s_i, N_j)$	N_1	N_2	N_3
	$P(N_1)=0.25$	$P(N_2)=0.3$	$P(N_3)=0.45$
s_1	15	10	-6
s_2	6	4	1

根据某咨询站免费提供的市场调查的报告,得知在市场实际状态为 N_j 的条件下调查结果为 Z_k 的概率如表 11-24 所示。

表 11-24

$P(Z_k|N_j)$	N_1	N_2	N_3
Z_1	0.65	0.25	0.10
Z_2	0.25	0.45	0.15
Z_3	0.10	0.30	0.75

试问:(1)如果调查费为 1,那么调查是否合算?

(2)如果调查结果为 Z_3,那么验前和验后的最优方案各是什么?

8. 有一个面临带有风险的投资问题。在可供选择的投资方案中可能出现的最大收益为 200 万元,可能出现的最少收益为 -100 万元。为了确定该投资者在某次决策问题上的效用函数,对投资者进行了以下一系列询问,现将询问结果归纳如下:

(1)投资者认为:"以 50% 的机会得 200 万元,50% 的机会损失 100 万元"和"稳获 0 万元"二者对他来说没有差别。

(2)投资者认为:"以 50% 的机会得 200 万元,50% 的机会损失 0 万元"和"稳获 80 万元"二者对他来说没有差别。

(3)投资者认为:"以 50% 的机会得 0 万元,50% 的机会损失 100 万元"和"肯定失去 60 万元"二者对他来说没有差别。

要求:(1)根据上述询问结果,计算该投资者关于 200 万元、80 万元、0 万元、-60 万元、-100 万元的效用值。

(2)画出该投资者的效用曲线,并说明该投资者是敢于冒险还是回避风险的决策者。

第 12 章

库存决策

学习目标
1. 理解并掌握库存有关的基本费用。
2. 了解库存模型的分类。
3. 理解 ABC 方法的使用。
4. 熟练掌握各种库存模型，并会用其解决相应的现实问题。

12.1 库存问题的基本概述

库存论(inventory theory)也称存贮论或者存储论，是运筹学中发展较早的一个分支。其早期的研究可追溯到 20 世纪 20 年代，早在 1915 年，哈里斯(F. Harris)针对银行货币的储备问题进行了详细的研究，建立了一个确定的库存费用模型，并求得了最优解，即最优批量公式。1934 年，威尔逊(R. H. Wilson)重新得出了这个公式，后来人们称这个公式为经济订货批量公式(economic ordering quantity，EOQ)。库存论的经济订货批量公式的提出标志着库存论的发展进入一个新的阶段。但这仍然只是库存论早期的工作。库存论作为一门学科理论发展是 20 世纪 50 年代。20 世纪 50 年代以后，威汀(T. M. Whitin)的《存贮管理理论》、阿罗(K. J. Arrow)的《存贮和生产的数学理论研究》、毛恩(P. A. Moran)等的《存贮理论》等相继问世，库存论也真正成为一门应用数学分支而归入运筹学范畴。随着库存问题的日趋复杂，所运用的数学方法日趋多样。其不仅包含常见的数学方法，如概率统计、数值计算方法，而且也包括运筹学的其他分支，如排队论、动态规划、马尔可夫决策规划等。随着企业管理水平的不断提高，库存论将得到更广泛的应用。

库存论是研究物资最优库存策略及库存控制的理论。通俗来讲，库存论是研究在一定的采购、运输、管理、需求条件下，使得材料、资源或者物质保持合理的库存水平，在保证生产或者营销活动能够继续的前提下，使得总的费用最小。当然，这里的关键问题是库存的量与周期的问题。库存论的数学模型一般分为两大类：一类是确定型库存模型，另一类是随机型库存模型。

本章首先介绍库存论的基本概念，然后分别介绍确定型库存模型和随机型库存模型。供需事先可以预测的模型称为确定型模型，否则就是随机型模型。模型虽然各异，但基本思路都是以目标函数达到最优为出发点来确定最优的库存策略。本章的目的是让学生通过学习，了解库存论的方法与原理，用以解决实际中的问题。

12.1.1 问题的提出

有关库存模型在实际中的应用问题,在人们日常生活和生产实践中,存在着大量的库存现象。例如:

(1) 水电站在雨季到来之前,水库应蓄水多少?如果蓄水量过多,水位上涨易摧毁大坝,还会给下游带来巨大损失;如果蓄水量过少,又满足不了发电的要求。

(2) 工厂生产需用原料,如没有储存一定数量的原料,就会发生停工待料现象;如库存过多的原料,又会带来过多的库存费用。

(3) 在商店里若库存商品数量不足,会发生缺货现象,失去销售机会而减少利润;如果存量过多,一时售不出去,会造成商品积压,占用流动资金过多而且周转不开。这样也会给商家造成经济损失。

库存论就是研究此类库存问题的一门科学,它用定量的方法描述何时补充库存,补充多少的问题,以及如何采用合理的库存策略达到最大的经济效益,从而为人们提供定量的决策依据和有价值的定性指导。

如果以库存为中心,把资源的供应作为输入,需求作为输出,则构成了一个库存控制系统,如图 12-1 所示。

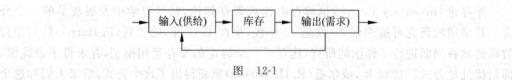

图 12-1

12.1.2 与库存有关的基本费用项目

库存论是研究如何库存,也就是,库存多少、何时库存使库存费用最小的理论。因此必须首先明确与库存有关的费用项目。

与库存有关的基本费用有以下几项:

(1) 订购费或生产准备费。这是每订购一批货物必须支付的有关费用。它包括各种手续费、电信往来、派人员外出采购的差旅费等。这些费用每次订购都要承担,与订购量的多少无关。因此,订购的次数越少,订购的费用越小;订购的次数越多,订购的费用越大。

如果库存供应是由企业内部生产自行解决的,则订购费相当于生产准备费。它是在每批产品投产前的工艺准备、设备调整费,与投产批次有关,与批量无关。本书用 C_3 表示一次订货的订购费或生产准备费。

(2) 库存费也叫存储费。这是与库存直接相关的费用,包括保管费、利息、保险费、税金、库存物的变质损失等。这类费用与库存物数量的多少及库存时间的长短成正比,所以库存量越少越好。库存费有一种常用的算法是单位物资在单位时间内的库存费占该项物资单位成本的百分比。例如,一件物资成本为 100 元,月库存费占 1%,则月库存费为 1 元。本书用 C_1 表示单位货物在计划期内的库存费。

(3) 缺货损失费也叫中断费用。它是由于库存应付不了需要,使供应中断所造成的经济损失。例如，由于原材料供应不上而造成的机器和工人停工待料的损失，由于供货中断而导致的为顾客服务水平的下降，以及紧急采购所需要的高费用等。不过，缺货或供货中断，有时则是一种经营策略。如在商品销售中，有时允许一些商品短期少量缺货，这往往是一种经营策略，因为这样做可将节约的一部分资金用于热门货的订购和销售，加速资金周转，提高经济效益。

缺货损失费的估计比较困难，即它一般难以用精确的数量来表示。这项费用的估计往往具有近似和任意的性质，但这并不意味着这项费用可以被忽视。本书用 C_2 表示单位货物的缺货损失费。

（4）货物成本费用（生产可变成本费用）。它是指货物本身的价格，或者是与生产产品数量有关的可变成本费用。

（5）总费用。总费用包括用于购买物资的费用、订购费、库存费与缺货损失费之和，用 C 表示。则库存总费用 $C=$ 订购费 $+$ 货物成本费用 $+$ 库存费 $+$ 缺货损失费。

一般情况下，由于库存物资的单价是固定不变的，因此有些书在计算总费用时，不包括用于购买物资的费用，而是将订购费、库存费与缺货损失费之和称为总费用。用 C 表示。

库存论要解决的问题是寻找一个供应周期 t_0 及供应批量 Q_0，使得库存总费用 C 最小。

12.1.3　库存策略

库存策略是决定多少时间补充一次以及每次补充多少的策略。通常有三种类型：

(1) t 循环策略。即每隔 t 时间补充库存量 Q。

(2) (s, S) 策略。每当库存量下降至 s 时，即刻补充，使库存量达到 S。

(3) (t, s, S) 混合策略。每隔 t 时间检查库存量 x。当 $x > s$ 时，不补充；当 $x \leq s$ 时进行补充，使库存量达到 S。

为了确定一个库存系统的最佳库存策略，首先对实际库存系统建立相应的数学模型。这模型既要不太复杂又要能反映出实际系统的主要本质特点。

12.2　确定型库存模型

确定型库存模型是最简单的库存模型，这类模型的有关参数如需求量、提前订货时间是已知确定的值，而且在相当长一段时间内稳定不变。经过数学抽象概括的库存模型虽然不可能与现实完全等同，但对模型的探讨将加深我们对库存系统的认识，其模型的解也将对库存系统的决策提供帮助和依据。

12.2.1　经济订货批量(EOQ)库存模型

1. 模型假设

(1) 需求是连续均匀的，需求速度为常数 R，则 t 时间内的需求量为 Rt。

(2) 当库存量降至零时，可立即补充，不会造成缺货。

(3) 每次订购费为 C_3，单位货物保管费或库存费为 C_1，均为常数。

(4) 每次订购量相同,均为 Q。

(5) 不允许缺货。

这时,我们可以理想地认为到货时间 t 恰好就是库存量为零的时刻,也是库存量从零突然增加到最大值 Q 的时刻。这是一个典型的 t 循环策略,其库存的变化规律如图 12-2 所示。

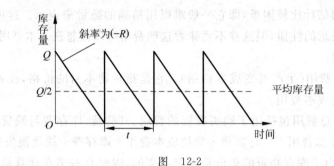

图 12-2

由于可以立即得到供货,所以不会出现缺货,因此,在研究此模型时可以不考虑缺货费用,故该模型的费用只有输入过程的费用和库存费。我们将以总平均库存费用来衡量订货方案的优劣。为找出最低费用的方案,首先想到在需求一定的情况下,每次订货量多,则可减少订货次数,从而减少订货费。然而,每次订货量多,则会增加库存量,致使库存费用增加。如何使库存系统中这两种费用趋于最佳平衡就是需要解决的问题。

在一个订货周期 T 内,由于需求率 R 是固定的,所以库存量均匀地从 Q 下降到零,因此有 $Q=RT$,则 T 时间内平均库存为

$$\frac{1}{T}\int_0^T Rt\,\mathrm{d}t = \frac{1}{T}\times\frac{1}{2}RT^2 = \frac{1}{2}RT = \frac{Q}{2}$$

2. 库存模型

(1) 库存策略。该问题的库存策略就是每隔 T 时间订购一次,订购量为 $Q=RT$。

(2) 优化准则。优化准则为 T 时间内平均费用最小。由于问题是线性的,因此,若 T 时间内平均费用最小,则总体平均费用就会最小。

(3) 目标函数。根据优化准则和库存策略,该问题的目标函数就是 T 时间内的平均费用函数,即 $C=C(t)$。具体费用有以下几项:

① T 时间内订货费＝订购费＋货物成本费＝C_3+KRT(其中 K 为货物单价)。

② T 时间内库存费＝平均库存量×单位库存费×时间＝$\frac{Q}{2}C_1 T = \frac{RT}{2}C_1 T = \frac{1}{2}C_1 RT^2$。

(4) T 时间内平均费用(目标函数)为

$$C(T) = \frac{C_3}{T} + \frac{KQ}{T} + \frac{1}{2}\frac{C_1 RT^2}{T} = \frac{C_3}{T} + KR + \frac{1}{2}C_1 RT \tag{12-1}$$

(5) 最优库存策略。在上述目标函数中,令 $\dfrac{\mathrm{d}C(T)}{\mathrm{d}T} = -\dfrac{C_3}{T^2} + 0 + \dfrac{1}{2}C_1 R = 0$,得

$$T^* = \sqrt{\frac{2C_3}{C_1 R}} \tag{12-2}$$

即每隔 T^* 时间订货一次，可使得平均费用最小，此时有

$$Q^* = RT^* = R\sqrt{\frac{2C_3}{C_1 R}} = \sqrt{\frac{2C_3 R}{C_1}} \qquad (12\text{-}3)$$

即当库存为 0 时立即订货，订货量为 Q^* 可使平均费用最小。该 Q^* 就是著名的经济订货批量。此时，最小平均总费用为

$$C(T^*) = \frac{C_3}{T^*} + KR + \frac{1}{2}C_1 RT^* = \sqrt{2C_1 C_3 R} + KR \qquad (12\text{-}4)$$

费用函数可以用图 12-3 来描述。

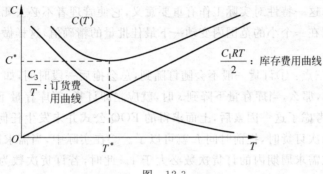

图 12-3

【例 12-1】 某厂对某种材料的全年需求量为 1 040 吨，其单价为 1 200 元/吨，每次采购该种材料的订货费为 2 040 元，每年保管费为 170 元/吨。试求工厂对该材料的最优订货批量、每年订货次数及全年的费用。

解： 已知 $R = 1\,040, C_1 = 170, C_3 = 2\,040, K = 1\,200$

因此最优订货批量：$Q^* = \sqrt{\dfrac{2C_3 R}{C_1}} = \sqrt{\dfrac{2 \times 2\,040 \times 1\,040}{170}} \approx 157.99 \approx 158$（吨）

每年订货次数：$\dfrac{1\,040}{158} \approx 6.58$（次）

如果订货 6 次，则总费用为：$C = 6 \times \left(2\,040 + \dfrac{1\,040}{6} \times 1\,200 + \dfrac{1}{2} \times \dfrac{1\,040 \times 170}{6}\right) = 1\,348\,640$（元）

如果订货 7 次，则总费用为：$C = 7 \times \left(2\,040 + \dfrac{1\,040}{7} \times 1\,200 + \dfrac{1}{2} \times \dfrac{1\,040 \times 170}{7}\right) = 1\,350\,680$（元）

因此，订货 6 次更为合适，每次订货费用为 $1\,040 \div 6 = 173.3$（元），每年的总费用为 $1\,348\,640$ 元。

在应用 EOQ 公式时，注意到一个重要的特性，即该模型不太敏感，也就是说，即使输入参数的值有较大的误差，用 EOQ 公式仍能给出一个不太差的结果。在例 12-1 中，假定每次订购费为 C_3 是 4 080 元，这时，Q 应修正为

$$Q^* = \sqrt{\dfrac{2C_3 R}{C_1}} = \sqrt{\dfrac{2 \times 4\,080 \times 1\,040}{170}} \approx \sqrt{2} \times 158 \text{（吨）}$$

其结果大约是原来的 1.41 倍,换句话说,输入中有 100% 的误差,而输出结果只产生 41% 的误差。周期与费用函数也具有同样的特性。显然,这种很有价值的特性来自平方根的形式。

由此可见,即使对参数值的确定并无多大把握的情况下,还可以充满信心地去应用 EOQ 公式。这种情况也许是颇为常见的。如库存费用实际上很难从固定管理费中划分出来,往往是估算的,应该列入订购费用的一些项目可能被漏掉等。虽然参数值不很精确,但仍可以获得较好的结果,这就是 EOQ 模型能够得到较为广泛使用的重要原因。

此外,从图 12-3 还可看出,在最佳订货周期 T^* 附近有一个 $C(t)$ 变化较平缓的区域,这就意味着,总费用对其订货周期在最佳订货周期附近的变动不太敏感。同样地,对最佳批量也有此性质,这一特性对实际工作有重要意义,它使管理者不必去死死追求最佳批量的精确值,而可以在一个小的范围内变动一下最佳批量的精确值,这样做所造成的损失是较小的。

需要说明有三点:①订货一般不会随订随到,总会拖后一段时间,如果这段时间固定且已知,假定为 L,那么,当库存量下降到 s 时,就应立即订货,等库存量下降为零时,货物正好得到补充。考虑了这一因素后,上面求得的 EOQ 公式并未发生任何变化,仍旧是经济批量,只是在每次订货时,提前时间 L 就可以了。②在实际中,当需求周期的需求量大于订货批量时,在需求周期内的订货次数必大于 1。此时,若订货次数为整数时(或题目中允许订货次数为小数时),在需求周期内,费用的计算可用公式

$$C(T^*) = n\sqrt{2C_1 C_3 R} + KR \tag{12-5}$$

即可;若不为整数,则需采用例 12-1 的方式计算之后,再进行结果比较,从而选出最优订货次数。③当需求周期的需求量小于订货批量时,再对需求周期内的费用计算,可直接使用公式 $C(T^*) = \sqrt{2C_1 C_3 R} + KR$ 即可。

12.2.2 在制品批量的库存模型

模型 12.2.1 有一个前提条件,即每次进货能在瞬间全部入库,但许多实际库存系统并非如此。如订购的货物很多,不能一次运到,需要一段时间陆续入库;又如工业企业通过内部生产来实现补充时也往往需要一段时间陆续生产出所需批量的零部件。在这种情况下,除了进货时间大于 0 之外,模型 12.2.1 的其余假设条件均成立。

1. 模型假设

(1) 需求是连续均匀的,且设需求速度为常数 R。

(2) 每次生产准备费用为 C_3,单位库存费为 C_1,且都为常数。

(3) 当库存量降至 0 时开始生产,单位时间生产量(生产率)P 为常数($P>R$),生产的产品一部分满足当时的需要,剩余部分作为库存,库存量以 $(P-R)$ 的速度增加;当生产 T_P 时间以后,停止生产,此时库存量为 $(P-R)T_P$,以该库存量来满足需求。当库存量降至 0 时,再开始生产,开始一个新的周期。

(4) 每次生产量均相同,均为 Q。

设最大库存量为 S,总周期时间为 T,其中生产时间为 T_P,不生产时间为 T_R,库存状

态如图 12-4 所示。在 $[0, T_P]$ 区间内,库存以 $(P-R)$ 速度增加,在 $[T_P, T]$ 区间内,库存以速度 R 减少。T_P 与 T 均为待定数。

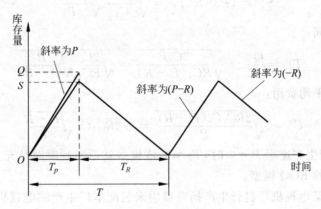

图 12-4

2. 库存模型

(1) 库存策略。一次生产的生产量为 Q,即问题的决策变量。

(2) 优化准则。(T_P+T_R) 时期内,平均费用最小。

(3) 费用函数:

① 生产时间:$T_P = \dfrac{Q}{P}$。

② 最大库存量:$S = (P-R)T_P = \dfrac{(P-R)Q}{P}$,$T$ 时间内的平均库存量为 $\dfrac{S}{2}$。

③ 不生产时间:$T_R = \dfrac{S}{R} = \dfrac{(P-R)Q}{PR}$,总时间:$T = T_P + T_R = \dfrac{Q}{R}$。

④ T 时间内平均库存费:$\dfrac{SC_1}{2} = \dfrac{C_1}{2} \cdot \dfrac{(P-R)Q}{P}$。

⑤ T 时间内所需的平均装配费用:$\dfrac{C_3}{T} = \dfrac{C_3 R}{Q}$。

⑥ T 时间内总平均费用:

$$C(Q) = \frac{1}{2} C_1 \cdot \frac{P-R}{P} \cdot Q + \frac{C_3 R}{Q} \tag{12-6}$$

(4) 最优库存策略。在上述费用函数的基础上,令 $\dfrac{\mathrm{d}C(Q)}{\mathrm{d}Q} = 0$

有最佳生产量:

$$Q^* = \sqrt{\frac{2C_3 RP}{C_1(P-R)}} = \sqrt{\frac{2C_3 R}{C_1}} \sqrt{\frac{P}{P-R}} \tag{12-7}$$

最佳生产时间:

$$T_P = \frac{Q^*}{P} = \sqrt{\frac{2C_3 R}{C_1}} \sqrt{\frac{1}{P(P-R)}} \tag{12-8}$$

最大库存量：

$$S^* = (P-R)T_P = \sqrt{\frac{2C_3R}{C_1}}\sqrt{\frac{P-R}{P}} \tag{12-9}$$

最佳循环时间：

$$T^* = \frac{Q^*}{R} = \sqrt{\frac{2C_3P}{RC_1(P-R)}} = \sqrt{\frac{2C_3}{RC_1}}\sqrt{\frac{P}{P-R}} \tag{12-10}$$

循环周期内平均费用：

$$C^* = \sqrt{\frac{2RC_1C_3(P-R)}{P}} = \sqrt{2RC_1C_3}\sqrt{\frac{P-R}{P}} \tag{12-11}$$

可以看出，当生产速率 $P \to \infty$ 时，$T_P \approx 0$，该模型就返回到瞬时补充且不允许缺货的模型，即 12.2.1 的 EOQ 模型。

【例 12-2】某电视机厂自行生产扬声器用来装配本厂生产的电视机，每台电视机装一个扬声器。该厂每天生产 100 台电视机，而扬声器生产车间每天可以生产 5 000 个扬声器。已知该厂每批电视机装配的生产准备费为 5 000 元，而每个扬声器每天的库存费用为 0.02 元。试确定该厂扬声器的最佳生产批量、生产时间、电视机的安装周期和循环周期内平均费用。

解：已知需求率 $R = 100$ 台/天，生产率 $P = 5 000$ 台/天，生产准备费用 $C_3 = 5 000$ 元，库存费 $C_1 = 0.02$ 元/天。

最佳生产批量

$$Q^* = \sqrt{\frac{2C_3RP}{C_1(P-R)}} = \sqrt{\frac{2C_3R}{C_1}}\sqrt{\frac{P}{P-R}} = \sqrt{\frac{2 \times 5\,000 \times 100}{0.02}}\sqrt{\frac{5\,000}{5\,000-100}}$$

$$\approx 7\,142.86 \approx 7\,143(\text{个})$$

最佳安装周期：$T^* = \dfrac{Q^*}{R} = \dfrac{7\,143}{100} \approx 71.43(\text{天})$

最佳生产时间：$t_P = \dfrac{Q^*}{P} = \dfrac{7\,143}{5\,000} = 1.428\,6 \approx 1.43(\text{天})$

循环周期内平均费用

$$C^* = \sqrt{2RC_1C_3}\sqrt{\frac{P-R}{P}} = \sqrt{2 \times 100 \times 0.02 \times 5\,000}\sqrt{\frac{5\,000-100}{5\,000}} = 140(\text{元})$$

12.2.3 允许缺货、补充时间极短的库存模型

上述两个模型是以不允许缺货为前提的，但对实际的库存系统而言，由于受各种客观条件的制约，不缺货几乎是很难实现的。这样为保证不缺货，要求企业保有大量的库存，这无形中增加了库存费用开支；而缺货时，必然要求支付缺货损失费，但可以减少物资的库存量，延长订货周期，但这必须使得顾客遇到缺货不受损失或损失很小，并假设顾客会耐心等待，直到新的补充到来。当新的补充一到，企业立即将所缺的货物交付给这些顾客，即缺货部分不进入库存。如果允许缺货，对企业来说除了支付少量的缺货费用外，并无其他的损失，这样企业就可以利用"允许缺货"这个宽松条件，少付几次订货费用，少付一些库存费用，从经济观点出发，这样的允许缺货现象对企业来说是有利的。因此综合考

虑库存系统的总费用,适当采取缺货策略在一定程度上是可取的。

1. 模型假设

一般发生缺货后的情况又可分为两种:一种是缺货后可以延期付货;另一种是发生缺货后损失无法弥补,损失顾客。由于第二种情况是企业所不希望出现的,因此在下面的讨论中,仅探讨允许延期付货的情形。在这种情况下,虽然在一段时间内发生缺货,但下批订货到达后立即补足缺货,如图 12-5 所示。

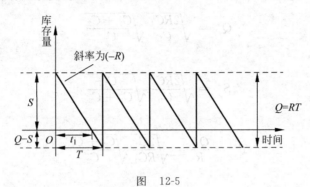

图 12-5

(1) 需求是连续均匀的,且设需求速度为常数 R。
(2) 每次生产准备费用为 C_3,单位库存费为 C_1,单位缺货费用为 C_2,且都为常数。
(3) 当库存量降至 0 时仍不生产。
(4) 以 t_1 表示需求全由库存现货供应的时间。
(5) 允许缺货,缺货时间为 $(T-t_1)$,且缺货部分用下一批到货一次补足。
(6) 用 S 表示初始库存量。
(7) $(Q-S)$ 表示缺货数量。

2. 库存模型

设初始库存量为 S,可满足 t_1 时间段内的需求,需求缺口为 $(Q-S)$,订货量 $Q=RT$。t_1 时间段内的平均库存量为 $\dfrac{S}{2}$,库存周期 T 内的最大缺货量为 $(Q-S)$,平均缺货量为 $\dfrac{(Q-S)(T-t_1)}{2T}$。因 S 可满足 t_1 时间段内的需求,故:

(1) 不缺货时间:$t_1=\dfrac{S}{R}$。

(2) 缺货时间:$T-t_1=\dfrac{Q-S}{R}$。

(3) 周期 T 内平均库存量:$\dfrac{St_1}{2T}=\dfrac{S}{2}\dfrac{S}{Q}=\dfrac{S^2}{2Q}$。

(4) 周期 T 内平均缺货量:

$$\frac{(Q-S)(T-t_1)}{2T}=\frac{(Q-S)}{2}\frac{(Q-S)}{Q}=\frac{(Q-S)^2}{2Q}=\frac{(RT-S)^2}{2Q}$$

(5) 周期 T 内平均订货费：

$$\frac{C_3}{T} = \frac{C_3 R}{Q}$$

(6) 周期 T 内平均总费用函数：

$$C(S, Q) = \frac{S^2 C_1}{2Q} + \frac{(Q-S)^2 C_2}{2Q} + C_3 \frac{R}{Q} \tag{12-12}$$

令 $\dfrac{\partial C(S,Q)}{\partial T} = 0, \dfrac{\partial C(S,Q)}{\partial S} = 0$，求得最佳订货量：

$$Q^* = \sqrt{\frac{2RC_3}{C_1}} \sqrt{\frac{C_1 + C_2}{C_2}} \tag{12-13}$$

最佳库存量：

$$S^* = \sqrt{\frac{2RC_3}{C_1}} \sqrt{\frac{C_2}{C_1 + C_2}} \tag{12-14}$$

最佳循环时间：

$$T^* = \frac{Q^*}{R} = \sqrt{\frac{2C_3}{RC_1}} \sqrt{\frac{C_1 + C_2}{C_2}} \tag{12-15}$$

周期内平均费用：

$$C(S^*, Q^*) = \sqrt{2RC_1 C_3} \sqrt{\frac{C_2}{C_1 + C_2}} \tag{12-16}$$

可以看出，当 $C_2 \to \infty$ 时，$\dfrac{C_2}{C_1 + C_2} \to 1$，模型返回到瞬时补充且不允许缺货的 EOQ 模型。最大缺货量为

$$Q^* - S^* = \sqrt{\frac{2RC_1 C_3}{(C_1 + C_2) C_2}} \tag{12-17}$$

综上所述，在允许缺货的情况下，库存策略是隔 T^* 时间订货一次，订货量为 Q^*，用 Q^* 中的一部分补充所缺货物，剩余的 S^* 用于库存。

【例 12-3】 为了报刊发行的需要，报社必须关心适时补充新闻纸库存的问题。假设这种新闻纸以"卷"为单位进货，印刷需求的速度是每周 32 卷。补充费用是每次 25 元。纸张的库存费是每卷每周 1 元。假定允许缺货，单位缺货在一周里的损失为 3 元，试求此时的经济采购批量、最大的库存量、采购间隔期和最小库存总费用。

解：已知需求率 $R = 32$，库存费 $C_1 = 1$，补充费（订购费）用 $C_3 = 25$，缺货损失费 $C_2 = 3$。

$$Q^* = RT^* = \sqrt{\frac{2RC_3}{C_1}} \sqrt{\frac{C_1 + C_2}{C_2}} = \sqrt{\frac{2 \times 32 \times 25}{1}} \sqrt{\frac{1+3}{3}} \approx 46 (卷)$$

$$S^* = \sqrt{\frac{2RC_3}{C_1}} \sqrt{\frac{C_2}{C_1 + C_2}} = \sqrt{\frac{2 \times 32 \times 25}{1}} \sqrt{\frac{3}{1+3}} = 34.64 \approx 35 (卷)$$

$$T^* = \sqrt{\frac{2C_3}{RC_1}} \sqrt{\frac{C_1 + C_2}{C_2}} = \sqrt{\frac{2 \times 25}{32 \times 1}} \sqrt{\frac{1+3}{3}} = 1.44 (周)$$

$$C(S^*, Q^*) = \sqrt{2RC_1 C_3} \sqrt{\frac{C_2}{C_1 + C_2}} = \sqrt{2 \times 32 \times 1 \times 25} \sqrt{\frac{3}{1+3}} \approx 35 (元)$$

此时的经济采购批量约为 46 卷,最大的库存量约为 35 卷,采购间隔期约为 1.44 周,最小库存总费用约为 35 元。

12.2.4 允许缺货、补充时间较长的库存模型

此模型与 12.2.2 模型相比,放宽了假设条件:允许缺货。与 12.2.3 模型相比,相差的只是:补充不是瞬间完成,而是靠逐步补充,因此,补充数量不能同时到位。开始补充时,一部分产品满足需要,剩余产品作为储存。生产停止时,靠储存量来满足需要。

1. 模型假设

假设允许缺货,补充需要一定的时间,其余假设与瞬时补充且不允许缺货的模型相同。该模型是以上三种模型的综合。其库存状态变化如图 12-6 所示。

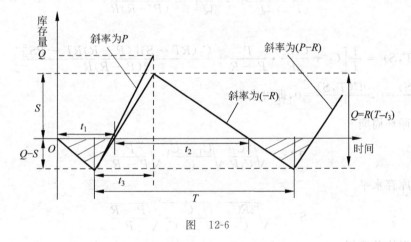

图 12-6

设生产速率为 P,需求速度为 $R(P>R)$。当库存达到最大库存量 S 时停止生产,循环周期为 T。在周期 T 中,生产时间为 t_3,库里有产品的时间是 t_2,库里无产品的时间是 t_1。最大库存量与最大缺货量之和为 $Q=R(T-t_3)$,最大缺货量为 $(Q-S)$。

2. 库存模型

设当达到最大缺货量 $(Q-S)$ 时开始组织生产,每天生产的 P 件产品中有 R 件产品满足当天的市场需求,其余的 $(P-R)$ 件产品用于补充上期的缺货,多余的产品补充库存。经过时间段 t_3 后库存达到最大库存量 S,则停止生产。

周期 T 内的平均装配费用(相当于订购费)为:$\dfrac{C_3}{T}$。

周期 T 内的平均库存费用为:$\dfrac{1}{2T}St_2C_1$。

周期 T 内的平均缺货费为:$\dfrac{1}{2T}(RT-S)(T-t_2)C_2$。

因此,平均总费用函数为

$$C(T,S) = \frac{1}{T}\left[C_3 + \frac{1}{2}St_2C_1 + \frac{1}{2}(RT-S)(T-t_2)C_2\right] \tag{12-18}$$

为了计算 t_2，根据以下关系：

① t_3 期间的全部产量等于在周期 T 内的全部需求，即

$$Pt_3 = RT \Rightarrow T = \frac{P}{R}t_3 \qquad (12\text{-}19)$$

② 在 t_3 期间内生产的 Pt_3 件产品分配如下：满足 t_3 中的需求 Rt_3 后，补足上期的缺货 $(Q-S)$ 件，然后使库存达到 S 件。此时有

$$Pt_3 = Rt_3 + (Q-S) + S \Rightarrow t_3 = \frac{Q}{P-R} \qquad (12\text{-}20)$$

$$T = \frac{PQ}{(P-R)R} \qquad (12\text{-}21)$$

③ 相似三角形的比例关系

$$\frac{t_2}{T} = \frac{S}{Q} \Rightarrow t_2 = \frac{S}{Q}T = \frac{PS}{(P-R)R} \qquad (12\text{-}22)$$

整理可得

$$C(T,S) = \frac{1}{T}\left[C_3 + \frac{C_1 S^2}{2R} \cdot \frac{P}{P-R} + \frac{C_2(RT-S)[(P-R)RT-PS]}{2(P-R)R}\right] \qquad (12\text{-}23)$$

令 $\dfrac{\partial C(T,S)}{\partial T}=0, \dfrac{\partial C(T,S)}{\partial S}=0$，即可求得：

最优循环周期

$$T^* = \sqrt{\frac{2C_3}{C_1 R}}\sqrt{\frac{C_1+C_2}{C_2}}\sqrt{\frac{P}{P-R}} \qquad (12\text{-}24)$$

最大库存水平

$$S^* = \sqrt{\frac{2RC_3}{C_1}}\sqrt{\frac{C_2}{C_1+C_2}}\sqrt{\frac{P-R}{P}} \qquad (12\text{-}25)$$

最小平均总费用

$$C(T^*,S^*) = \sqrt{2RC_1 C_3}\sqrt{\frac{C_2}{C_1+C_2}}\sqrt{\frac{P-R}{P}} \qquad (12\text{-}26)$$

最优订货批量

$$Q^* = \sqrt{\frac{2RC_3}{C_1}}\sqrt{\frac{C_1+C_2}{C_2}}\sqrt{\frac{P}{P-R}} \qquad (12\text{-}27)$$

最大缺货量

$$Q^* - S^* = \sqrt{\frac{2RC_1 C_3}{(C_1+C_2)C_2}}\sqrt{\frac{P-R}{P}} \qquad (12\text{-}28)$$

当 $C_2 \to \infty, P \to \infty$ 时，模型返回到瞬时补充且不允许缺货的模型；当 $C_2 \to \infty$ 时，模型返回到逐渐补充且不允许缺货的模型；当 $P \to \infty$ 时，模型返回到瞬时补充且允许缺货的模型。

【例 12-4】 某厂每月生产需要甲零件 100 件，该厂自己组织该零件的生产，生产速度为每月 500 件，每批生产的固定费用为 5 元，每月每件产品库存费为 0.4 元，允许缺货，单位缺货的月费用为 1.6 元，其他条件不变。试求经济生产批量、最大的库存量、最大的缺货量和最小平均总费用。

解：已知 $R=100, P=500, C_3=5, C_1=0.4, C_2=1.6$。

经济生产批量

$$Q^* = \sqrt{\frac{2RC_3}{C_1}}\sqrt{\frac{C_1+C_2}{C_2}}\sqrt{\frac{P}{P-R}} = \sqrt{\frac{2\times 100 \times 5}{0.4}}\sqrt{\frac{0.4+1.6}{1.6}}\sqrt{\frac{500}{500-100}}$$
$$= 62.5 \approx 63(\text{件})$$

最大的库存量

$$S^* = \sqrt{\frac{2RC_3}{C_1}}\sqrt{\frac{C_2}{C_1+C_2}}\sqrt{\frac{P-R}{P}} = \sqrt{\frac{2\times 100 \times 5}{0.4}}\sqrt{\frac{1.6}{0.4+1.6}}\sqrt{\frac{500-100}{500}} = 40(\text{件})$$

最大的缺货量

$$Q^* - S^* = \sqrt{\frac{2RC_1C_3}{(C_1+C_2)C_2}}\sqrt{\frac{P-R}{P}} = \sqrt{\frac{2\times 100 \times 0.4 \times 5}{(0.4+1.6)\times 1.6}}\sqrt{\frac{500-100}{500}} = 10(\text{件})$$

最小平均总费用

$$C(T^*, S^*) = \sqrt{2RC_1C_3}\sqrt{\frac{C_2}{C_1+C_2}}\sqrt{\frac{P-R}{P}}$$
$$= \sqrt{2\times 100 \times 0.4 \times 5}\sqrt{\frac{1.6}{0.4+1.6}}\sqrt{\frac{500-100}{500}} = 16(\text{元})$$

经济生产批量约为 63 件，最大库存量为 40 件，而最大缺货量为 10 件，最小平均总费用为 16 元。

12.2.5 经济订货批量折扣模型

经济订货批量折扣模型是 EOQ 的一种发展。在前面四种模型中，单位货物的进价成本即货物单价都是固定的，而经济订货批量折扣模型中的进价成本是随订货数量的变化而变化的。

所谓货物单价有"折扣"是指供应方采取的一种鼓励用户多订货的优惠政策，即根据订货量的大小规定不同的货物单价。通常，订货越多，购价越低。我们常见的所谓零售价、批发价和出厂价，就是供应方根据货物的订货量而制定的不同的货物单价。

1. 模型假设

除去货物单价随订货数量而变化外，本模型的条件均与 12.2.1 模型假设条件相同。

2. 库存模型

设 $K(Q)$ 为货物单价，Q 为订货量。为方便讨论，设 $K(Q)$ 按三个数量等级变化，如图 12-7 所示。

$$K(Q) = \begin{cases} K_1, & 0 \leqslant Q < Q_1 \\ K_2, & Q_1 \leqslant Q < Q_2 \quad (K_1 > K_2 > K_3) \\ K_3, & Q \geqslant Q_2 \end{cases} \quad (12\text{-}29)$$

单位时间内的平均总费用表示为

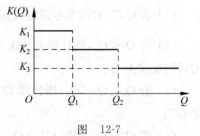

图 12-7

$$C_T(Q) = \frac{C_3}{T} + K(Q)R + \frac{1}{2}C_1 RT = \frac{1}{2}C_1 Q + \frac{C_3 R}{Q} + RK(Q) \quad (12\text{-}30)$$

若将每单位物资平均的总费用记为 $C(Q)$,则

$$C(Q) = \frac{1}{2}C_1 \frac{Q}{R} + \frac{C_3}{Q} + K(Q) \quad (12\text{-}31)$$

将 $K(Q)$ 代入,得

$$C^1(Q) = \frac{1}{2}C_1 \frac{Q}{R} + \frac{C_3}{Q} + K_1, \quad Q \in [0, Q_1) \quad (12\text{-}32)$$

$$C^2(Q) = \frac{1}{2}C_1 \frac{Q}{R} + \frac{C_3}{Q} + K_2, \quad Q \in [Q_1, Q_2) \quad (12\text{-}33)$$

$$C^3(Q) = \frac{1}{2}C_1 \frac{Q}{R} + \frac{C_3}{Q} + K_3, \quad Q \in [Q_2, \infty) \quad (12\text{-}34)$$

如果不考虑 $C^1(Q), C^2(Q), C^3(Q)$ 的定义域,则它们之间只差一个常数,所以它们表示一族平行曲线,同时也表示出平均每单位货物所需要的费用 $C(Q)$,如图 12-8 所示。

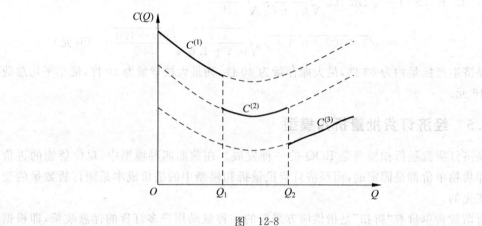

图 12-8

为求最小总费用,先求 $\dfrac{dC(Q)}{dQ} = \dfrac{C_1}{2R} - \dfrac{C_3}{Q^2}$,再令其等于零,得 $Q_0 = \sqrt{\dfrac{2C_3 R}{C_1}}$,这就是 12.2.1 模型得到经济订货批量。

然而,Q_0 究竟落在哪一个区间,事先难以预计,不妨设 $Q_1 < Q_0 < Q_2$,这时也不能肯定 $C^2(Q_0)$ 最小。从图 12-8 的直观感觉启发人们思考:是否 $C^3(Q_2)$ 的费用更小呢?按此思路,给出价格有折扣的情况下,求解最佳订货批量 Q^* 的计算步骤:

(1) 若对 $C^1(Q)$(不考虑定义域)求得极值点 $Q_0 = \sqrt{\dfrac{2C_3 R}{C_1}}$。

(2) 若 $Q_0 < Q_1$,则计算 $C^1(Q_0), C^2(Q_1)$ 与 $C^3(Q_2)$,取其中单位货物费用最小者对应的订购批量为 Q^*。

(3) 若 $Q_1 \leqslant Q_0 < Q_2$,则计算 $C^2(Q_0)$ 和 $C^3(Q_2)$,并由 $C^2(Q_0)$ 和 $C^3(Q_2)$ 的最小者来决定 Q^*。

(4) 若 $Q_0 \geqslant Q_2$,则取 $Q^* = Q_0$。

这个过程首先计算每单位物资平均的总费用的共同部分$\left(\dfrac{1}{2}C_1\dfrac{Q}{R}+\dfrac{C_3}{Q}\right)$的最小值$Q_0$,若$Q_0<Q_1$,则保证了落入$Q_0>Q$且$Q\in(Q_0,Q_1)$的订货量不是最小费用;所以经济订货批量只能等于$Q_0$或大于等于$Q_1$;而在区间$[Q_1,Q_2)$中,总费用的最小值一定在$Q_1$处达到,因为区间$[Q_1,Q_2)$在$Q_0$点的右侧,又因为函数$\left(\dfrac{1}{2}C_1\dfrac{Q}{R}+\dfrac{C_3}{Q}\right)$是增函数,以此类推,在区间$[Q_2,\infty)$中,总费用的最小值一定在$Q_2$处达到,所以$Q_0$点的费用与各个端点处的费用相比较就能得到最小费用,从而就能确定出经济订货批量。同理,由于需求R是一个常数,函数$\left(\dfrac{1}{2}C_1\dfrac{Q}{R}+\dfrac{C_3}{Q}\right)$和$\left(\dfrac{1}{2}C_1Q+\dfrac{RC_3}{Q}\right)$增减区间完全一致,也可比较单位时间内的平均总费用,从而求出经济订货批量。

【例12-5】 图书馆设备公司准备从生产厂家购进阅览桌用于销售,每个阅览桌的价格为500元,每个阅览桌库存一年的费用为阅览桌价格的20%,每次的订货费为200元,该公司预测这种阅览桌每年的需求为300个。生产厂商为了促进销售规定:如果一次订购量达到或超过50个,每个阅览桌将打九六折,即每个售价为480元;如果一次订购量达到或超过100个,每个阅览桌将打九五折,即每个售价为475元。请决定为使其一年总费用最少的最优订货批量Q^*,并求出这时一年的总费用为多少?

解:已知$R=300$个/年,$C_3=200$元/次。

(1) 当一次订货$Q<50$时,$k_1=500$元/桌,此时的库存费用为$C_1=500\times20\%=100$(元/个·年)。

(2) 当一次订货$50\leq Q<100$时,$k_2=500\times96\%=480$(元/桌),此时的库存费用为$C_1=480\times20\%=96$(元/个·年)。

(3) 当一次订货$100\leq Q$时,$k_3=500\times95\%=475$(元/桌),此时的库存费用为$C_1=475\times20\%=95$(元/个·年)。

从而,我们就可以求得这三种情况的最优订货量,它们分别是:

① 当一次订货$Q<50$时,则有:$\bar{Q}_1=\sqrt{\dfrac{2RC_3}{C_1}}=\sqrt{\dfrac{2\times300\times200}{100}}\approx35$(个)。

② 当一次订货$50\leq Q<100$时,则有:$\bar{Q}_2=\sqrt{\dfrac{2RC_3}{C_1}}=\sqrt{\dfrac{2\times300\times200}{96}}\approx35$(个)。

③ 当一次订货$100\leq Q$时,则有:$\bar{Q}_3=\sqrt{\dfrac{2RC_3}{C_1}}=\sqrt{\dfrac{2\times300\times200}{95}}\approx36$(个)。

由①、②、③可知,只有$\bar{Q}_1\approx35\in(Q<50)$的范围内。此时需注意,每次订购越多,折扣也就越大,因此,还需考虑除①、②、③范围之外的另两个端点,即$Q=50$和$Q=100$。

因此,单位时间内的平均总费用表示为

$$C(35)=\dfrac{1}{2}C_1Q+\dfrac{C_3R}{Q}+RK(Q)=\dfrac{1}{2}\times100\times35+\dfrac{200\times300}{35}+300\times500$$
$$\approx153\ 464(\text{元})$$

$$C(50)=\dfrac{1}{2}C_1Q+\dfrac{C_3R}{Q}+RK(Q)=\dfrac{1}{2}\times96\times50+\dfrac{200\times300}{50}+300\times480$$
$$=147\ 600(\text{元})$$

$$C(100) = \frac{1}{2}C_1 Q + \frac{C_3 R}{Q} + RK(Q) = \frac{1}{2} \times 95 \times 100 + \frac{200 \times 300}{100} + 300 \times 475$$
$$= 147\,850(元)$$

从以上的数据可以看出，一年的总费用最少为 147 600 元，因此，最佳订货批量为 $Q^* = 50$ 个。

12.3 随机型库存模型

  前面介绍了五个确定型库存模型，在模型中均假设需求是固定不变的。实际上，在很多情况下需求不是固定不变的，而是随机变化的，如商场每天的销售量就是一个随机变量。由于需求的随机性，经常会因缺货而失去一些获利的机会，或者因为商品的积压而使得库存费用增加，这样对库存系统的管理就变得更加困难。

  与确定型模型不同的是，随机型库存模型的不允许缺货的条件只能从概率意义上去理解，库存策略优劣的评判标准是获利的期望值最大或者损失的期望值最小。根据物品补充的情况，随机型库存模型可分为单周期随机库存模型和多周期随机库存模型。两者区别是单周期只有一次订货，而多周期可以进行多次订货，下面来具体介绍这两种模型。

12.3.1 需求为离散型随机变量的库存模型

  下面通过一个典型例子——报童问题来进行分析。

  报童问题：报童每天销售报纸的数量是一个随机变量，每日售出 r 份报纸的概率 $P(r)$（根据以往的经验）是已知的。报童每售出一份报纸赚 k 元，如果报纸未能售出，每份赔 h 元，问报童每日最好准备多少报纸，才能使得收入最大？

  这就是一个需求量为随机变量的单一周期的库存问题。在这个问题中要解决最优订货量 Q 的问题。如果订货量 Q 选得过大，那么报童就会因不能售出报纸造成损失；如果订货量 Q 选得过小，那么报童就要因缺货失去销售机会而造成机会损失。如何适当地选择订货量 Q，才能使赚钱期望最大？

  解：设报童订 Q 份报纸方能使得获利期望最大，并且有 $\sum_{r=0}^{+\infty} P(r) = 1$。现在，分两种情况来进行讨论：

  (1) 当供大于求，即 $r \leqslant Q$ 时，售出 r 份报纸即可赚得 kr 元，没有售出的 $(Q-r)$ 份，就亏损 $h(Q-r)$ 元。

  (2) 当供小于求，即 $r > Q$ 时，此时的 Q 份报纸全部售出，可赚得 kQ 元。

结合(1)，(2)有

$$C(Q) = \begin{cases} kr - h(Q-r) & r \leqslant Q \\ kQ & r > Q \end{cases} \quad (12\text{-}35)$$

一个周期内的总利润期望值为

$$E[C(Q)] = \sum_{r=0}^{Q}[kr - h(Q-r)]P(r) + \sum_{r=Q+1}^{+\infty} kQP(r) \quad (12\text{-}36)$$

要使得 $E[C(Q)]$ 达到最大值,则应该满足
$$E[C(Q-1)] \leqslant E[C(Q)] \tag{12-37}$$
$$E[C(Q+1)] \leqslant E[C(Q)] \tag{12-38}$$
将式(12-36)代入式(12-37),可得
$$k\sum_{r=0}^{Q-1} rP(r) - h\sum_{r=0}^{Q-1}(Q-1-r)P(r) + k\sum_{r=Q}^{+\infty}(Q-1)P(r)$$
$$\leqslant k\sum_{r=0}^{Q} rP(r) - h\sum_{r=0}^{Q}(Q-r)P(r) + k\sum_{r=Q+1}^{+\infty} QP(r) \tag{12-39}$$
化简为
$$-kQP(Q) + h\sum_{r=0}^{Q-1} P(r) + k(Q-1)P(Q) - k\sum_{r=Q+1}^{+\infty} P(r) \leqslant 0$$
$$-kP(Q) + h\sum_{r=0}^{Q-1} P(r) - k\sum_{r=Q+1}^{+\infty} P(r) \leqslant 0$$
$$h\sum_{r=0}^{Q-1} P(r) - k\sum_{r=Q}^{+\infty} P(r) \leqslant 0 \tag{12-40}$$
由式(12-40),可得
$$h\sum_{r=0}^{Q-1} P(r) + k\sum_{r=0}^{Q-1} P(r) \leqslant k\sum_{r=0}^{+\infty} P(r) + k\sum_{r=0}^{Q-1} P(r)$$
由于有 $\sum_{r=0}^{+\infty} P(r) = 1$,故可得 $(h+k)\sum_{r=0}^{Q-1} P(r) \leqslant k$,即
$$\sum_{r=0}^{Q-1} P(r) \leqslant \frac{k}{k+h} \tag{12-41}$$
同理,将式(12-36)代入式(12-38),可得
$$k\sum_{r=0}^{Q+1} rP(r) - h\sum_{r=0}^{Q+1}(Q+1-r)P(r) + k\sum_{r=Q+2}^{+\infty}(Q+1)P(r)$$
$$\leqslant k\sum_{r=0}^{Q} rP(r) - h\sum_{r=0}^{Q}(Q-r)P(r) + k\sum_{r=Q+1}^{+\infty} QP(r) \tag{12-42}$$
经化简整理得到
$$\sum_{r=0}^{Q} P(r) \geqslant \frac{k}{k+h} \tag{12-43}$$
综合式(12-41)和式(12-43),从而得到
$$\sum_{r=0}^{Q-1} P(r) \leqslant \frac{k}{k+h} \leqslant \sum_{r=0}^{Q} P(r) \tag{12-44}$$
由式(12-44)可以确定出最佳订货批量,其中,称 $\frac{k}{k+h}$ 为临界值。

当然,也可从损失期望最小的角度出发,即从损失最小的角度来考虑进货量 Q,则损失 $C(Q)$ 与 Q 之间的关系
$$C(Q) = \begin{cases} h(Q-r) & r \leqslant Q \\ k(r-Q) & r > Q \end{cases} \tag{12-45}$$

一个周期内的总损失期望值为

$$E[C(Q)] = \sum_{r=0}^{Q} h(Q-r)P(r) + \sum_{r=Q+1}^{+\infty} k(r-Q)P(r) \quad (12\text{-}46)$$

要使得 $E[C(Q)]$ 达到最小值，则应该满足

$$E[C(Q-1)] \geqslant E[C(Q)] \quad (12\text{-}47)$$

$$E[C(Q+1)] \geqslant E[C(Q)] \quad (12\text{-}48)$$

依旧可以推导出式(12-44)。这说明，虽然盈利期望最大值与损失最小值不同，但订货的数量 Q 值的条件却是完全相同的。

【**例 12-6**】 某报刊亭每卖出一份报纸可获利 0.6 元，每积压一份，损失 1 元，问一次性进货多少份报纸，才能使获利最大？根据以往的经验，市场的需求量及其对应的概率如表 12-1 所示。

表 12-1

需求量	5	6	7	8	9	10
概率	0.12	0.18	0.22	0.25	0.15	0.08

解：对表 12-1 中的概率分布值进行累积可得到表 12-2。

表 12-2

需求量	5	6	7	8	9	10
概率	0.12	0.18	0.22	0.25	0.15	0.08
概率累计	0.12	0.30	0.52	0.77	0.92	1.00

由于 $k=0.6, h=1$，故有 $\dfrac{k}{k+h} = \dfrac{0.6}{1.6} = 0.375$，从表 12-2 中的累积概率可以看出 $0.30 < 0.375 < 0.52$，所以最佳进货量为 7 份报纸，才能使获利最大。

【**例 12-7**】 某商品每件进价 40 元，售价 73 元，商品过期后降价为 20 元时一定可以售出，该商品的销售量服从 Poisson 分布：$P(r) = \dfrac{\mathrm{e}^{-\lambda}\lambda^r}{r!}$，根据以往经验，平均销售量 $\lambda = 6$ 件，问该商店应采购多少件商品，可使期望损失值达到最小？

解：每件商品的获利为：$k = 73 - 40 = 33$(元)，滞销的商品每件损失为：$h = 40 - 20 = 20$(元)。此时有

$$\frac{k}{k+h} = \frac{33}{33+20} \approx 0.6226$$

令

$$F(Q) = \sum_{r=0}^{Q} P(r) = \sum_{r=0}^{Q} \frac{\mathrm{e}^{-\lambda}\lambda^r}{r!}, \text{其中 } \lambda = 6, \text{计算 Poisson 的累计分布}：F(Q) = \sum_{r=0}^{Q} P(r) = \sum_{r=0}^{Q} \frac{\mathrm{e}^{-6} 6^r}{r!}，\text{查 Poisson 分布表并计算可得}$$

$$F(6) = \sum_{r=0}^{6} P(r) = 0.6023 < 0.6226 < F(7) = \sum_{r=0}^{7} P(r) = 0.7440$$

因而，商品应采购 7 件时，可使期望损失值达到最小。

12.3.2 需求为连续型随机变量的库存模型

设有某种单时期需求的物资，需求量 r 为连续型随机变量，已知其概率密度为 $\varphi(r)$，每件物品的成本为 k 元，售价为 v 元，且 $v>k$。如果当时销售不完，下一期就要降价处理，处理价为 w 元，且 $w<k$，求最佳订货数量 Q^*。

(1) 如果订购量大于需求量 ($Q \geqslant r$) 时，盈利的期望值为

$$\int_0^Q [(v-k)r - (k-w)(Q-r)]\varphi(r)\mathrm{d}r$$

(2) 如果订购量小于需求量 ($Q<r$) 时，盈利的期望值为：$\int_Q^\infty (v-k)Q\varphi(r)\mathrm{d}r$，故总盈利的期望值为

$$C(Q) = \int_0^Q [(v-k)r - (k-w)(Q-r)]\varphi(r)\mathrm{d}r + \int_Q^\infty (v-k)Q\varphi(r)\mathrm{d}r$$

$$= (v-k)Q + (v-w)\int_0^Q r\varphi(r)\mathrm{d}r - (v-w)\int_0^Q Q\varphi(r)\mathrm{d}r \quad (12\text{-}49)$$

此时有：$\dfrac{\mathrm{d}C(Q)}{\mathrm{d}Q} = (v-k) - (v-w)\int_0^Q \varphi(r)\mathrm{d}r$，令 $\dfrac{\mathrm{d}C(Q)}{\mathrm{d}Q}=0$，可得

$$\int_0^Q \varphi(r)\mathrm{d}r = \frac{v-k}{v-w} \quad (12\text{-}50)$$

记

$$F(Q) = \int_0^Q \varphi(r)\mathrm{d}r$$

则有

$$F(Q) = \frac{v-k}{v-w} \quad (12\text{-}51)$$

又由于 $\dfrac{\mathrm{d}^2 C(Q)}{\mathrm{d}Q^2} = -(v-w)\varphi(Q) < 0$，故由式 (12-51) 求得的 Q 为 $C(Q)$ 的极大值点，即为总利润期望值最大的最佳经济批量。

如果设单位货物进价为 k，售价为 v，库存费为 C_1，则当期如不能出售，亏损应为 $(k+C_1)$，此时利润与亏损之和为 $(v-k)+(k+C_1)=v+C_1$，式 (12-51) 成为

$$F(Q) = \frac{v-k}{v+C_1} \quad (12\text{-}52)$$

若缺货损失 $v<C_2$，只需将式 (12-52) 中的 v 用 C_2 替代即可，即 $F(Q)=\dfrac{C_2-k}{C_2+C_1}$。

【例 12-8】某工厂生产产品，其成本为 220 元/吨，售价为 320 元/吨，每月库存费为 10 元，月销售量服从 $r \sim N(60,3)$ 的正态分布，问工厂每月生产多少吨，可使获利的期望值达到最大。

解：由条件可知，$v=320, k=220, C_1=10, r \sim N(60,3)$，由式 (12-52)，可有

$$F(Q) = \frac{v-k}{v+C_1} = \frac{320-220}{320+10} = 0.303$$

其中 $F(Q) = \int_0^{\frac{Q-60}{3}} \dfrac{\mathrm{e}^{-\frac{r^2}{2}}}{\sqrt{2\pi}}\mathrm{d}r$，由正态分布表得 $\dfrac{Q-60}{3} = -0.515$，所以 $Q^* = 58.455$（吨），可

使获利的期望值达到最大。

12.3.3 (s, S)型连续库存模型

问题：设货物单位成本为 k，单位库存费为 C_1，单位缺货费为 C_2，每次订购费为 C_3，需求 r 是连续的随机变量，密度函数为 $\varphi(r)$，$\int_0^\infty \varphi(r)\mathrm{d}r = 1$，分布函数 $F(a) = \int_0^a \varphi(r)\mathrm{d}r$，且 $a > 0$，期初库存为 I，订货量为 Q，此时期初库存达到 $S = I + Q$。问如何确定订货量为 Q 的值，方可使得损失的期望值最小（或是盈利的期望值最大）。

分析：本阶段的各种费用有

(1) 订货费：$C_3 + kQ$。

(2) 库存费：当 $r < S$ 时，未售出部分应付库存费用；当 $r \geqslant S$ 时，不需要付库存费。故库存费期望值为 $\int_0^S C_1(S-r)\varphi(r)\mathrm{d}r$。

(3) 缺货损失费：当 $r > S$ 时，不足部分需付缺货费用；当 $r \leqslant S$ 时，不需要付缺货费，故缺货费期望值为 $\int_S^\infty C_2(r-S)\varphi(r)\mathrm{d}r$。

因此本阶段所需总费用的期望值为

$$\begin{aligned}C(S) &= C_3 + kQ + \int_0^S C_1(S-r)\varphi(r)\mathrm{d}r + \int_S^\infty C_2(r-S)\varphi(r)\mathrm{d}r\\ &= C_3 + k(S-I) + \int_0^S C_1(S-r)\varphi(r)\mathrm{d}r + \int_S^\infty C_2(r-S)\varphi(r)\mathrm{d}r\end{aligned} \quad (12\text{-}53)$$

Q 可以连续取值，$C(S)$ 是 S 的连续可导函数，故可令 $\dfrac{\mathrm{d}C(S)}{\mathrm{d}S} = 0$，即

$$\frac{\mathrm{d}C(S)}{\mathrm{d}S} = k + C_1 \int_0^S \varphi(r)\mathrm{d}r - C_2 \int_S^\infty \varphi(r)\mathrm{d}r = 0$$

此时，可解得

$$\int_0^S \varphi(r)\mathrm{d}r = \frac{C_2 - k}{C_2 + C_1} \quad (12\text{-}54)$$

记

$$F(S) = \int_0^S \varphi(r)\mathrm{d}r$$

则有

$$F(S) = \frac{C_2 - k}{C_2 + C_1} \quad (12\text{-}55)$$

其中，$\dfrac{C_2 - k}{C_2 + C_1}$ 为临界值，为求最佳订货量 Q^*，只需从 $\int_0^S \varphi(r)\mathrm{d}r = \dfrac{C_2 - k}{C_2 + C_1}$ 中确定出 S，即可得到最佳订货 Q^*。

本模型还有一个问题，原有的库存量 I 达到什么水平可以不订货？假设这一水平为 s，则

(1) 当 $I \geqslant s$ 时，可以不订货。

(2) 当 $I < s$ 时订货，订货量 $Q = S - I$，即补充库存达到 S。显然在 s 处不订货的损失期望值应该不超过订货的损失期望值，即

$$ks + C_1\int_0^s (s-r)\varphi(r)dr + C_2\int_s^\infty (r-s)\varphi(r)dr \leqslant C_3 + kS +$$

$$C_1\int_0^S (S-r)\varphi(r)dr + C_2\int_S^\infty (r-S)\varphi(r)dr \tag{12-56}$$

当 $s < S$ 时，式(12-56)左端第三项缺货损失费的期望值会增加，但是前两项订货费及库存费期望值会减少，故不等式仍有可能成立，在最不利的情况下，即 $s = S$ 时，不等式仍是成立的。因此 s 的值一定可以找到，如果不止一个 s 的值使得式(12-56)成立，则选其中最小者作为本模型 (s, S) 库存策略的 s。

这种库存策略的特点是：定期订货但订货量不确定，订货数量的多少，视期末库存 I 来确定订货量 Q，$Q = S - I$。对于不易清点数量的库存，人们常把库存分为两堆，一堆的数量为 s，其余的放另一堆。平时从放的另一堆中取用，当动用了数量为 s 的一堆时，期末即订货。如果未动用 s 的一堆，期末即可不订货，此种方法，也被称为两堆法。

【例 12-9】 某商店经销一种电子产品，根据过去经验，这种电子产品的月销量服从区间 $[5, 10]$ 内的均匀分布，即

$$\varphi(r) \begin{cases} \dfrac{1}{5}, & 5 \leqslant r \leqslant 10 \\ 0, & \text{其他} \end{cases}$$

订购费 5 元/次，进价 3 元/台，库存费为 1 元/台·月，单位缺货损失费为 5 元，期初存货为 $I = 10$ 台，求 (s, S) 订货策略。

解：由题意可知，$k = 3, C_1 = 1, C_2 = 5, C_3 = 5$，又由临界值公式 $\int_0^S \varphi(r)dr = \dfrac{C_2 - k}{C_2 + C_1} = \dfrac{5-3}{5+1} = \dfrac{1}{3}$，即 $\int_0^S \varphi(r)dr = \int_5^S \dfrac{1}{5}dr = \dfrac{1}{5}(S - 5) = \dfrac{1}{3}$，从而解得：$S = \dfrac{20}{3}$。由式(13-56)，可得

$$3s + \int_5^s \dfrac{1}{5}(s-r)dr + 5\int_s^{10} \dfrac{1}{5}(r-s)dr \leqslant 5 + 3 \times \dfrac{20}{3} + \int_5^{\frac{20}{3}} \dfrac{1}{5}\left(\dfrac{20}{3} - r\right)dr + 5\int_{\frac{20}{3}}^{10} \dfrac{1}{5}\left(r - \dfrac{20}{3}\right)dr$$

$$3s + \dfrac{1}{5}\left(sr - \dfrac{1}{2}r^2\right)\Big|_5^s + \left(\dfrac{1}{2}r^2 - sr\right)\Big|_s^{10} \leqslant 5 + 20 + \dfrac{1}{5}\left(\dfrac{20}{3}r - \dfrac{1}{2}r^2\right)\Big|_5^{\frac{20}{3}} + \left(\dfrac{1}{2}r^2 - \dfrac{20}{3}r\right)\Big|_{\frac{20}{3}}^{10}$$

整理后得 $\dfrac{3}{5}s^2 - 8s + \dfrac{65}{3} \leqslant 0$，将此不等式取等号，则有

$$s = \dfrac{8 \pm \sqrt{8^2 - 4 \times 0.6 \times \dfrac{65}{3}}}{2 \times 0.6} = \dfrac{5}{6} \times (8 \pm \sqrt{12})$$

所以有 $s_1 = 9.55, s_2 = 3.78$。由于 $s_1 = 9.55 > S = 6.7$，故应舍去，应选取 $s_2 = 3.78$。

12.3.4 (s, S) 型离散库存模型

问题：设货物单位成本为 k，单位库存费为 C_1，单位缺货费为 C_2，每次订购费为 C_3，需求 r 是连续的随机变量，取值为 $r_0, r_1, r_2, \cdots, r_m (r_i < r_{i+1})$，其对应的概率分别为 $P(r_0)$，$P(r_1), P(r_2), \cdots, P(r_m)$，且 $\sum_{i=0}^m P(r_i) = 1$，期初库存为 I，订货量为 Q，此时期初库存达到

$S=I+Q$。问如何确定订货量为 Q 的值,方可使得损失的期望值最小(或是盈利的期望值最大)。

分析:本阶段的各种费用有:

(1) 订货费: C_3+kQ。

(2) 库存费: 当 $r<S$ 时,未售出部分应付库存费用;当 $r \geqslant S$ 时,不需要付库存费。故库存费期望值为 $\sum_{r \leqslant S} C_1(S-r)P(r)$。

(3) 缺货损失费: 当 $r>S$ 时,不足部分需付缺货费用;当 $r \leqslant S$ 时,不需要付缺货费,故缺货费期望值为 $\sum_{r>S} C_2(r-S)P(r)$。

因此,本阶段所需总费用的期望值为

$$C(S) = C_3 + kQ + \sum_{r \leqslant S} C_1(S-r)P(r) + \sum_{r>S} C_2(r-S)P(r)$$

$$= C_3 + k(S-I) + \sum_{r \leqslant S} C_1(S-r)P(r) + \sum_{r>S} C_2(r-S)P(r) \quad (12\text{-}57)$$

下面求 S 使 $C(S)$ 的值最小。由于需求是随机离散的,因此不能用数学分析的方法来解,按下列方法来求解最小费用:

(1) 将需求 r 的随机值按大小顺序排列, $r_0, r_1, r_2, \cdots, r_m (r_i < r_{i+1})$,令 $\Delta r_i = r_{i+1} - r_i$ $(i=0,1,2,\cdots,m-1)$。

(2) S 只从 $r_0, r_1, r_2, \cdots, r_m (r_i < r_{i+1})$ 中取值。当 S 取值为 r_i 时,记为 $S_i = r_i$,令 $\Delta S_i = S_{i+1} - S_i = r_{i+1} - r_i = \Delta r_i \neq 0 (i=0,1,2,\cdots,m-1)$。

(3) 求使 $C(S)$ 最小的 S 值。

设 S_i 使得 $C(S)$ 最小,则一定有下式成立:

① $C(S_{i+1}) - C(S_i) \geqslant 0$。

② $C(S_i) - C(S_{i-1}) \leqslant 0$

由式①可得

$$\Delta C(S_i) = C(S_{i+1}) - C(S_i) = k\Delta S_i + C_1 \Delta S_i \sum_{r \leqslant S_i} P(r) - C_2 \Delta S_i \sum_{r>S_i} P(r)$$

$$= k\Delta S_i + C_1 \Delta S_i \sum_{r \leqslant S_i} P(r) - C_2 \Delta S_i + C_2 \Delta S_i \sum_{r \leqslant S_i} P(r)$$

$$= k\Delta S_i + (C_1+C_2)\Delta S_i \sum_{r \leqslant S_i} P(r) - C_2 \Delta S_i \geqslant 0 \quad (12\text{-}58)$$

由于 ΔS_i 非负,故在式(12-58)两端同时除以 ΔS_i,可得 $k+(C_1+C_2)\sum_{r \leqslant S_i} P(r) - C_2 \geqslant 0$,所以有

$$\sum_{r \leqslant S_i} P(r) \geqslant \frac{C_2-k}{C_2+C_1} \quad (12\text{-}59)$$

其中, $\frac{C_2-k}{C_2+C_1}$ 为临界值。

由式②,则有 $k+(C_1+C_2)\sum_{r \leqslant S_{i-1}} P(r) - C_2 \leqslant 0$,所以有

$$\sum_{r \leqslant S_{i-1}} P(r) \leqslant \frac{C_2 - k}{C_2 + C_1} \tag{12-60}$$

综上,可得

$$\sum_{r \leqslant S_{i-1}} P(r) \leqslant \frac{C_2 - k}{C_2 + C_1} \leqslant \sum_{r \leqslant S_i} P(r) \tag{12-61}$$

取满足上式(12-61)的 S_i 为 S,本阶段订货量为 $Q = S - I$。

本模型还有一个和12.3.3模型相同的问题,即原有的库存量 I 达到什么水平可以不订货?

假设这一水平为 s,则

(1) 当 $I \geqslant s$ 时,可以不订货。

(2) 当 $I < s$ 时订货,订货量 $Q = S - I$,即补充库存达到 S。显然 s 与 S 两处的总费用应满足以下不等式

$$ks + \sum_{r \leqslant s} C_1(s-r)P(r) + \sum_{r > s} C_2(r-s)P(r)$$

$$\leqslant C_3 + kS + \sum_{r \leqslant S} C_1(S-r)P(r) + \sum_{r > S} C_2(r-S)P(r) \tag{12-62}$$

s 也只能从 $r_0, r_1, r_2, \cdots, r_m (r_i < r_{i+1})$ 中取值,与12.3.3模型中的式(12-56)的分析类似,一定可以找到使式(12-62)成立的最小的 r_i 值作为 s,s 就是 (s, S) 库存策略中的订货点,即当 $I < s$ 时订货,订货量为 $Q = S - I$;当 $I \geqslant s$ 时,可以不订货。

【例12-10】某厂对原料需求的概率如表12-3所示,每次订购费用为500元,原料每吨单价为400元,每吨原料库存费为50元,缺货费每吨为600元,该厂希望制定 (s, S) 库存策略,试求 s 和 S 的值。

表 12-3

需求量	20	30	40	50	60
概率	0.1	0.2	0.3	0.3	0.1

解:由题意可知,$k = 400$,$C_1 = 50$,$C_2 = 600$,$C_3 = 500$,又由临界值公式 $\frac{C_2 - k}{C_2 + C_1} = \frac{600 - 400}{600 + 50} = \frac{4}{13} \approx 0.31$。由前面所述,需选择使得 $\sum_{r \leqslant S_i} P(r) \geqslant 0.31$ 成立的 S_i 作为 S,即有

$$P(20) + P(30) = 0.1 + 0.2 = 0.3 < 0.31,$$

$$P(20) + P(30) + P(40) = 0.1 + 0.2 + 0.3 = 0.6 > 0.31$$

故选取 $S = 40$。

由于 $s \leqslant S = 40$,故 s 的取值也只能被限定在 20,30 或是 40 这三个数据之中。

(1) 将 $S = 40$ 代入式(12-62)的右端,则有

$$C_3 + kS + \sum_{r \leqslant S} C_1(S-r)P(r) + \sum_{r > S} C_2(r-S)P(r)$$

$$= 500 + 400 \times 40 + 50 \times [(40-20) \times 0.1 + (40-30) \times 0.2] +$$

$$600 \times [(50-40) \times 0.3 + (60-40) \times 0.1]$$

$$= 19\ 700$$

(2) 将 $s=20$ 代入式(12-62)的左端,则有

$$ks + \sum_{r \leqslant S} C_1(s-r)P(r) + \sum_{r > S} C_2(r-s)P(r)$$
$$= 400 \times 20 + 0 + 600 \times$$
$$[(30-20) \times 0.2 + (40-20) \times 0.3 + (50-20) \times 0.3 + (60-20) \times 0.1]$$
$$= 20\ 600$$

(3) 将 $s=30$ 代入式(12-62)的左端,则有

$$ks + \sum_{r \leqslant S} C_1(s-r)P(r) + \sum_{r > S} C_2(r-s)P(r)$$
$$= 400 \times 30 + 50 \times [(30-20) \times 0.1 + 0] +$$
$$600 \times [(40-30) \times 0.3 + (50-30) \times 0.3 + (60-30) \times 0.1]$$
$$= 19\ 250$$

由(1)、(2)、(3)的计算结果可以看出,当 $s=30$ 的总费用小于 $S=40$ 的总费用,故 $s=30$。

在随机型库存模型中,还有需求量与交货滞后时间都是随机变量的情形,以及多种物资、多级库存结构等问题。另外,还有多阶段的库存决策等。

库存理论要更好地为企业生产经营服务,就必须与现代管理的其他方法相结合,如 ABC 分类管理法等,这样才能真正成为解决实际问题的有效工具。

12.4 ABC 分类法

ABC 分类管理法又叫 ABC 分析法、ABC 库存控制技术,它是以某类库存物品品种数占总的物品品种数的百分比和该类物品金额占库存物品总金额的百分比大小为标准,将库存物品分为 A、B、C 三类,进行分级管理。ABC 分类管理法简单易行,效果显著,在现代库存管理中已被广泛应用。

1. ABC 分析法的来源

ABC 分析的基础可源自意大利经济学家帕累托分析(Pareto Analysis)。帕累托在 1897 年研究社会财富分配时,收集了许多国家的收入统计资料,得出收入与人口关系的规律,即占人口比重不大(20%)的少数人的收入占总收入的大部分(80%),而大多数人(80%)的收入只占总收入的很小部分(20%)。由此他提出了所谓的"关键的少数和次要的多数"的结论。1951 年,美国通用电气公司的董事长迪基对公司所属某厂的库存物品经过调查分析后发现,上述原理适用于储存管理,将库存物品按所占资金也可分成三类,并分别采取不同的管理办法和采购、储存策略,尤其是对重点物品实行 ABC 分类分析的重点管理的原则。

2. ABC 分类管理法的原理

仓库保管的货物品种繁多,有些物品的价值较高,对企业的发展影响较大,或者对保管的要求较高;而多数被保管的货物价值较低,要求不是很高。如果我们对所有的货物采取相同的管理方法,则可能投入的人力、资金很多,而效果事倍功半。如何在管理中突出重点,做到事半功倍,这是应用 ABC 分析方法的目的。

20-80 原则是 ABC 分类的指导思想。所谓 20-80 原则,简单地说,就是 20% 的因素带来了 80% 的结果。如 20% 的客户提供了 80% 的订单,20% 的产品赢得了 80% 的利润,20% 的员工创造了 80% 的财富。当然,这里的 20% 和 80% 并不是绝对的,还可能是 25% 和 75% 等。总之,20-80 原则作为统计规律,是指少量的因素带来了大量的结果。它告诉人们,不同的因素在同一活动中起着不同的作用,在资源有限的情况下,注意力显然应该放在起着关键性作用的因素上。ABC 分类法正是在这种原则指导下,企图对库存物品进行分类,以找出占用大量资金的少数库存货物,并加强对它们的控制与管理,对那些占用少量资金的大多数货物,则实行较简单的控制与管理。

一般地,人们将价值比率为 65%~80%、数量比率为 15%~20% 的物品划为 A 类;将价值比率为 15%~20%、数量比率为 30%~40% 的物品划为 B 类;将价值比率为 5%~15%、数量比率为 40%~55% 的物品划为 C 类。

3. ABC 分类的步骤

采用 ABC 分类管理法可以按照下列步骤进行。

(1)分析本仓库所存货物的特征。这包括:货物的价值、重要性以及保管要求上的差异等。

(2)收集有关的货物库存资料。这包括各种货物的库存量、出库量和结存量。前两项应收集半年到一年的资料,后一项应收集盘点或分析时的最新资料。

(3)资料的整理和排序。将所收集的货物资料按价值(或重要性、保管难度等)进行排序。当货物品种较少时,以每一种库存货物为单元统计货物的价值;当种类较多时,可将库存货物采用按价值大小逐步递增的方法分类,分别计算出各范围内所包含的库存数量和价值。

(4)将上面计算出的资料整理成表格形式,求出累计百分数。

(5)根据表中统计数据绘制 ABC 分析图,再根据价值和数量比率的划分标准,可确定货物对应的种类。

【例 12-11】 经统计,某仓库库存货物的数量和价值如表 12-4 所示,试对库存货物进行 ABC 分类。

表 12-4

序号	货物单价/元	数量	数量比率/%	数量累计比率/%	价值/万元	价值比率/%	价值累计比率/%
1	10 000 以上	10	5.0	5.0	36	48.0	48.0
2	5 001~10 000	17	8.5	13.5	15	20.0	68.0
3	4 001~5 000	15	7.5	21.0	6.5	8.7	76.7
4	3 001~4 000	22	11.0	32.0	6	8.0	84.7
5	2 001~3 000	27	13.5	45.5	5.5	7.3	92
6	1 001~2 000	45	22.5	68.0	5	6.7	98.7
7	0~1 000	64	32.0	100	1	1.3	100
合计		200	100		75	100	

解：根据表 12-4 数据绘制 ABC 分析图。

第一步：以横坐标反映数量累计比率，纵坐标反映价值累计比率，描点后连接起来，如图 12-9 所示。

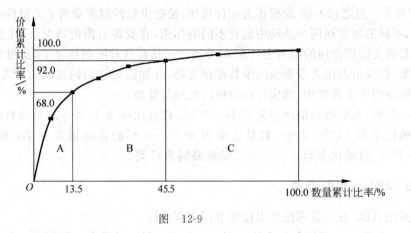

图 12-9

第二步：根据 ABC 分析图以及价值和数量比率的划分标准，确定货物的分类。如表 12-5 所示。

表 12-5

序号	分类
1,2	A
3,4,5	B
6,7	C

4. ABC 分类法的运用

综上所述，对物品实施 ABC 分类的目的就是要对不同种类的物品进行轻重有别的管理。一般来说，对于低价值的 C 类物品，应维持较高的库存以避免缺货，对于高价值的 A 类物品，则应利用省下来的资源集中力量进行分析与控制，以减少库存。具体来说，对于 A、B、C 类物品，在确定控制的松紧程度、赋予优先权、订购和做存量记录各方面都应区别对待。

(1) A 类物品。应尽可能施以紧的控制，包括最完整、精确的记录，最高的作业优先权，高层管理人员经常检查，小心精确地确定订货量和订货点，采取紧密的跟踪措施以使库存时间最短。

(2) B 类物品。正常的控制，包括做记录和固定时间的检查；只有在紧急情况下，才赋予较高的优先权；可按经济批量进行订货。

(3) C 类物品。尽可能简单的控制，如设立简单的记录或不设立记录，可通过半年或一年一次的盘存来补充大量的库存，给予最低的优先作业次序等。

根据 ABC 分析图，需要对不同等级的货物进行不同的管理方法，见表 12-6：

表 12-6

项目/级别	A 类库存	B 类库存	C 类库存
控制程度	严格控制	一般控制	简单控制
库存量计算	依库存模型详细计算	一般计算	简单计算或不计算
进出记录	详细记录	一般记录	简单记录
存货检查频度	密集	一般	很低
安全库存量	低	较大	大量

12.5 其他类型库存问题

库存管理的实际需求是非常迫切的,即使是简单的库存策略,也会带来巨大的经济效益。由于实际问题的多样性,库存模型也远比我们前面介绍的模型要多得多,解决库存问题的方法也灵活多样。前面所讨论的是库存系统中的常规问题,但都属于经典的库存模型。现实中,还存在一些其他类型的库存系统,有的是系统环境条件比较特殊,有的则是将库存管理与其他学科相结合而派生出来的新问题。比如,订货时无论是供应商供货,还是生产补充,所收到的货物并不一定能保证全部都是合格的,如果含有不合格品时,如何确定最优订货批量? 再如,库存中的货物量随时间可能会发生变化。例如,时鲜产品的变质或货物价值的贬损都会引起货物量随时间而变化,当货物量随时间发生变化时,如何确定最优订货批量等。

对上述问题的分析,有时需要将经典的库存模型进行扩展,有时需要建立新的模型及求解方法。

12.5.1 库容有限制的库存问题

在前面讨论经济订货批量模型时,由于物品多样且订货受到仓库容量或资金方面的限制,于是在考虑经济订货批量时,必须增加必要的约束条件。现以仓库容量为限制条件,讨论瞬时进货不允许缺货模型的处理方法。

设 Q_i 为第 $i(i=1,2,\cdots,n)$ 种物品的订货批量,已知每种第 i 件物品占有的库存空间为 w_i,仓库的最大容积为 W,在考虑各种物品的订货批量时要附加约束条件

$$\sum_{i=1}^{n} Q_i w_i \leqslant W \tag{12-63}$$

设第 i 种物品单位时间内需求率为 R_i,每批订货费和单位时间的库存费分别为 C_{3i} 与 C_{1i},求订货批量,使总费用最小。此时的数学模型为

$$\min c = \sum_{i=1}^{n} \left(\frac{R_i}{Q_i} C_{3i} + \frac{1}{2} Q_i C_{1i} \right)$$

$$\text{s. t.} \begin{cases} \sum_{i=1}^{n} Q_i w_i \leqslant W \\ Q_i \geqslant 0 \quad (i=1,2,\cdots,n) \end{cases} \tag{12-64}$$

在不考虑库容限制条件时,每种物品的经济订货批量就是前面所介绍的 EOQ 公式,若该公式所计算的结果能够满足上述约束条件,则由 EOQ 公式计算出来的 Q^* 值,就是

每种物品的经济订货批量。

假设不满足约束条件,可运用拉格朗日乘数法求多元函数的极值,先建立拉格朗日函数

$$L(\lambda,Q_1,Q_2,\cdots,Q_n) = \sum_{i=1}^{n}\left(\frac{R_i}{Q_i}C_{3i} + \frac{1}{2}Q_iC_{1i}\right) - \lambda\left(\sum_{i=1}^{n}Q_iw_i - W\right) \quad (12-65)$$

式中,$\lambda < 0$,称为拉格朗日乘数。式(12-65)对 λ 与 Q_i 分别求导,并令其为 0,即可得到

$$\frac{\partial L}{\partial \lambda} = -\sum_{i=1}^{n}Q_iw_i + W = 0, \quad \frac{\partial L}{\partial Q_i} = -\frac{R_i}{Q_i^2}C_{3i} + \frac{1}{2}C_{1i} - \lambda w_i = 0$$

解得

$$Q^* = \sqrt{\frac{2R_iC_{3i}}{C_{1i} - 2\lambda w_i}} \quad (12-66)$$

拉格朗日乘数 λ 也可联立求出。但在实际问题中,一般先令 $\lambda=0$,再运用 $Q^* = \sqrt{\dfrac{2R_iC_{3i}}{C_{1i} - 2\lambda w_i}}$,求出 Q^*,并验证是否满足库容限制条件。如果不满足,采用试算法,逐步减少 λ,直到求出的 Q^* 满足约束条件为止。

【例 12-12】 某仓库要存储三种物品,有关数据如表 12-7 所示。已知仓库的库存容量为 $W=30 \text{ m}^3$,试求每种物品的经济订货批量。

表 12-7

物品	C_{3i}	R_i	C_{1i}	w_i
1	10	2	0.3	1
2	5	4	0.1	1
3	15	4	0.2	1

解:根据题意,当 $\lambda=0$ 时,结合经济订货批量公式 $Q=\sqrt{\dfrac{2C_3R}{C_1}}$,计算三种物品的经济订货批量如下

$$Q_1 = \sqrt{\frac{2\times 10 \times 2}{0.3}} \approx 11.54 \approx 11.5, \quad Q_2 = \sqrt{\frac{2\times 5 \times 4}{0.1}} = 20,$$

$$Q_3 = \sqrt{\frac{2\times 15 \times 4}{0.2}} \approx 24.49 \approx 24.5$$

由于

$$\sum_{i=1}^{3}Q_iw_i = 11.5 \times 1 + 20 \times 1 + 24.5 \times 1 = 56, \quad \text{故} \sum_{i=1}^{3}Q_iw_i > 30$$

所以通过逐步减少 λ 值进行试算,计算过程如表 12-8 所示。

表 12-8

λ	Q_1	Q_2	Q_3	$\sum_{i=1}^{3}Q_iw_i$
-0.05	10.0	14.1	17.3	41.4
-0.1	9.0	11.5	14.9	35.4
-0.15	8.2	10.0	13.4	31.6
-0.2	7.6	8.9	12.2	28.7

根据表 12-8,通过取整的方法,可以得到 $Q_1^* = 8, Q_2^* = 9, Q_3^* = 13$。

某些情况下,也可应用线性规划建立库存模型,并进行求解。

【例 12-13】 已知仓库最大容量为 A,仓库原有存储量为 I,第 i 个周期出售一个单位货物的收入为 $a_i(i=1,2,\cdots,m)$,而订购一个单位货物的订购费为 b_i。要计划在 m 个周期内,确定每一个周期的合理进货量与销售量,使得总收入达到最大。

解:设 x_i, y_i 分别为第 i 个周期的进货量与销售量,此时根据题意则有

$$\max z = \sum_{i=1}^{m}(a_i y_i - b_i x_i)$$

$$\begin{cases} I + \sum_{i=1}^{S}(x_i - y_i) \leqslant A & (i=1,2,\cdots,m) \\ y_S \leqslant I + \sum_{i=1}^{S-1}(x_i - y_i) & (S=1,2,\cdots,m) \\ x_i, y_i \geqslant 0 & (i=1,2,\cdots,m) \end{cases} \quad (12\text{-}67)$$

在上述线性规划模型中,第一个约束条件体现了库存容量限制;第二个约束条件体现了每个周期售出量不能超过库存量;第三个约束条件体现了非负性要求。目标函数、约束条件是线性的,因此,可以用线性规划进行求解,此线性规划模型的最优解即为最佳进货量与销售量。

12.5.2 含不合格品经济订货批量

现实中,由供应商提供过来的货物不一定全是合格品。本部分内容主要讨论当含有不合格品时,如何确定最优的订货批量。

除货物中含有不合格品外,其他条件与经济订货批量模型相同。记 K 为订货单价,每次订购费为 C_3,单位货物保管费或库存费为 C_1,单位时间市场需求量为 R,η 为货物的合格品率,且该值为常数。

如果每次按批量供应过来的货物中含有废品,在分析最优订货批量时,要明确废品的发现时间以及对其处理的方式,下面就几种不同的情况分别进行讨论。

1. 使用前发现并退款

对于每批送到的货物都要进行合格品检验,并与供应商约定,检测出来的废品将由供应商退款。

在上述条件下,系统运行过程中,与经济订货批量模型相比,当订货批量为 Q 时,每次订购费为 C_3 无任何变化;因废品要被退款,所以与订货有关的费用 KQ 也无任何变化。单位货物保管费或库存费为 C_1,因废品在到货后立即检查并被处理掉了,它们并未发生货物保管费或库存费,所以货物保管费或库存费也与经济订货批量中的持货成本是一样的。

从上面的分析可知,当货物中含有废品时,若使用前进行合格品检验,并且废品按退款处理,则模型上与经济订货批量模型并无本质的区别,只要使检验后合格品的量正好与

经济订货批量相等即可。为此，每次的订货批量应是经济订货批量放大 $\frac{1}{\eta}$ 倍，这样挑出废品后，可供使用的合格品量就正好是经济订货批量。

因此，对于使用前检验、废品按退款处理的情况下，最优订货批量 Q^* 为

$$Q^* = \frac{1}{\eta}\sqrt{\frac{2C_3 R}{C_1}} \tag{12-68}$$

对应的系统长期运行下单位时间的总成本为

$$C(Q^*) = \sqrt{2C_1 C_3 R} + KR \tag{12-69}$$

【例 12-14】 某生产企业生产某种产品，已知年需求率为 20 000 件，每件产品价格为 400 元，产品合格率为 99%，每次订货费用为 900 元，资本年回报率为 36%，试求最优订货批量与年度总成本。

解：$K = 400$，单位货物保管费或库存费（持货成本系数）为 $C_1 = 400 \times 36\% = 144$，$R = 20\,000$，$C_3 = 900$，$\eta = 99\%$。

最优订货批量：$Q^* = \frac{1}{\eta}\sqrt{\frac{2C_3 R}{C_1}} = \frac{1}{99\%}\sqrt{\frac{2 \times 900 \times 20\,000}{144}} = 505.05$（件）

年度总成本

$$C(Q^*) = \sqrt{2C_1 C_3 R} + KR = \sqrt{2 \times 144 \times 900 \times 20\,000} + 400 \times 20\,000$$
$$= 8\,072\,000\,(元/年)$$

2. 使用前发现无退款

这一情形是对于每批送到的货物都进行合格品检验，但发现废品时供应商不退款，如何确定最优的订货批量。

当订货批量为 Q 时，订货可变费用为 KQ，而合格品的数量为 ηQ，市场需求率为 R，故一个订货周期的时间长度为 $T = \frac{\eta Q}{R}$。关于成本，因在一个订货周期内，花费订货可变费用 KQ 可购进合格货物量为 ηQ，相当于合格品的订货单价为 $\frac{K}{\eta}$，所以合格品的库存费就是 $\frac{C_1}{\eta}$。对于废品，因在到货时就进行检验被挑出来并处理掉了，所以废品部分并不发生库存费用。

由上面的分析可知，在一个订货周期内，所发生的成本分别为：订货启动费用为 C_3，订货可变费用为 KQ，库存费用为 $\frac{C_1}{\eta} \cdot \frac{T\eta Q}{2} = \frac{TQC_1}{2}$。因此，单位时间的总成本就为

$$C(Q) = \frac{1}{T}\left(C_3 + KQ + \frac{TQC_1}{2}\right) = \frac{RC_3}{\eta Q} + \frac{KR}{\eta} + \frac{QC_1}{2} \tag{12-70}$$

式(12-70)与经济订货批量模型具有相同的形式，于是可得最优订货批量为

$$Q^* = \sqrt{\frac{2C_3 R}{C_1 \eta}} \tag{12-71}$$

对应的系统长期运行下单位时间的总成本为

$$C(Q^*) = \sqrt{\frac{2C_1C_3R}{\eta}} + \frac{KR}{\eta} \tag{12-72}$$

【例 12-15】 在例 12-14 中,如果废品不退款,试求最优订货批量与年度总成本。

解:由 $Q^* = \sqrt{\frac{2C_3R}{C_1\eta}}$,可得最优的订货批量为

$$Q^* = \sqrt{\frac{2 \times 900 \times 20\,000}{144 \times 99\%}} \approx 502.52 \approx 503(件)$$

年度总成本为

$$C(Q^*) = \sqrt{\frac{2C_1C_3R}{\eta}} + \frac{KR}{\eta} = \sqrt{\frac{2 \times 144 \times 900 \times 20\,000}{99\%}} + \frac{400 \times 20\,000}{99\%}$$

$$\approx 8\,153\,170.8 \approx 8\,153\,171(元/年)$$

3. 使用中发现并退款

对于每批送到的货物并不是马上对整批货物进行合格品检验,而是货物在被使用时才进行检验。因此,整批货物是在逐步消耗的过程中被检验的,当发现废品时由供应商退款。

市场对合格品产品的需求率为 R,由于废品的存在,货物被消耗的真实速率应为 $\frac{R}{\eta}$。

如果订货批量为 Q,则一个订货周期的时间长度为 $T = \frac{\eta Q}{R}$,在一个订货周期内所发生的成本分别为:订货启动费用为 C_3,订货可变费用为 KQ,库存费用为 $\frac{C_1}{\eta} \cdot \frac{T\eta Q}{2} = \frac{TQC_1}{2}$,退款费用为 $KQ(1-\eta)$。因此,单位时间的总成本就为

$$C(Q) = \frac{1}{T}\left[C_3 + KQ + \frac{TQC_1}{2} - KQ(1-\eta)\right] = \frac{RC_3}{\eta Q} + KR + \frac{QC_1}{2} \tag{12-73}$$

式(12-73)与经济订货批量模型具有相同的形式,于是可得最优订货批量为 $Q^* = \sqrt{\frac{2C_3R}{C_1\eta}}$,对应的系统长期运行下,单位时间的总成本为

$$C(Q^*) = \sqrt{\frac{2C_1C_3R}{\eta}} + KR \tag{12-74}$$

【例 12-16】 在例 12-14 中,如果货物是在消耗过程中发现废品并且由供应商退款,试求最优订货批量与年度总成本。

解:由 $Q^* = \sqrt{\frac{2C_3R}{C_1\eta}}$,可得最优的订货批量为

$$Q^* = \sqrt{\frac{2 \times 900 \times 20\,000}{144 \times 99\%}} \approx 502.52 \approx 503(件)$$

年度总成本为

$$C(Q^*) = \sqrt{\frac{2C_1C_3R}{\eta}} + KR = \sqrt{\frac{2 \times 144 \times 900 \times 20\,000}{99\%}} + 400 \times 20\,000$$

$$\approx 8\,072\,362.72 \approx 8\,072\,363(元/年)$$

4. 使用中发现无退款

该情形与使用中发现并退款一样,只是发现废品时供应商并不退款。因此,单位时间的总成本就为 $C(Q)=\dfrac{1}{T}\left(C_3+KQ+\dfrac{TQC_1}{2}\right)=\dfrac{RC_3}{\eta Q}+\dfrac{KR}{\eta}+\dfrac{QC_1}{2}$。

这种情形的总费用与使用前发现无退款时的模型完全一样。故最优订货批量为 $Q^*=\sqrt{\dfrac{2C_3R}{C_1\eta}}$,对应的系统长期运行下,单位时间的总成本为 $C(Q^*)=\sqrt{\dfrac{2C_1C_3R}{\eta}}+\dfrac{KR}{\eta}$。

12.6 时鲜类产品的库存管理

在一些实际的库存系统中,其货物本身的性质随时间会发生变化,最常见的就是食品类产品,随着时间的推移,产品可能会变质、腐烂等。因此,引起库存量变化的因素除了市场需求外,货物本身也在导致库存量发生变化。这类产品又可分为两种情况:一是具有保质期的产品,产品在保质期以前是有效的,但一过保质期将变成是无价值的货物;二是连续腐烂的产品,产品随时间不停地腐烂,腐烂的货物被剔除出库存系统,剩下的货物是有效的。时鲜类产品的库存,除货物本身的性质随时间会发生变化外,其他条件与经济订货批量模型相同。因此可记 K 为订货单价,每次订购费为 C_3,单位货物保管费或库存费为 C_1,单位时间市场需求量为 R。

12.6.1 具有保质期的产品

假设新补充进来的货物的保质期为 t,即货物在库存系统里最多只能滞留 t 时间单位,达到 t 后被立即处理掉。

在不考虑货物的保质期的前提下,按经济订货批量来分析,当订货批量为 Q 时,系统在长期运行下,单位时间的总成本就是 $C(Q)=\dfrac{RC_3}{Q}+KR+\dfrac{QC_1}{2}$,最优订货批量是 $Q^*=\sqrt{\dfrac{2C_3R}{C_1}}$,对应的最优订货周期为 $T^*=\dfrac{Q^*}{R}=\sqrt{\dfrac{2C_3}{C_1R}}$。

当货物具有保质期 t 时,则最优订货周期应为 t 和 T^* 的小者,这是合理的。因为,如果 $t<T^*$,在不允许缺货的要求下,订货周期必须小于等于 t,由经济订货批量的成本曲线(12.2.1 中的图 12-3)可知,在 T^* 的左边部分,成本曲线是随着订货周期 T 的增大而下降的,因此,小于 t 处的成本就比等于 t 处的成本大。如果 $t>T^*$,由于 T^* 是全局最小点,以 T^* 为订货周期,可使系统的成本达到最小。因此,最优订货周期就是 T^*。综上所述,最优订货周期应为 $T=\min\{t,T^*\}$,最优订货批量为 $Q=RT$。

12.6.2 连续腐烂的产品

假设货物的腐烂速率为 θ,即单位货物每单位时间腐烂 θ 量,如果在 t 时刻的库存量为 $I(t)$,则单位时间腐烂的货物量为 $\theta I(t)$。由于货物腐烂的量与库存量有关,因此,可建

立以下微分方程

$$\frac{\mathrm{d}I(t)}{\mathrm{d}t} = -\theta I(t) - R \tag{12-75}$$

此式左端表示在 t 时刻库存量为 $I(t)$ 时所产生的增量变化（实际上是减少），右端 t 时刻引起库存量的变化有两个因素：一是货物的腐烂，二是货物被市场的需求所消耗。

假设在 $t=0$ 时刻正好是货物补充的时刻，批量为 Q，利用这一边界条件，可得到微分方程 $\frac{\mathrm{d}I(t)}{\mathrm{d}t} = -\theta I(t) - R$ 的解为

$$I(t) = \left(Q + \frac{R}{\theta}\right) e^{-\theta t} - \frac{R}{\theta} \tag{12-76}$$

当补货批量为 Q 时，对应的订货周期为 T，则在 T 时刻库存量下降到零，同时马上补充一个批量 Q，库存状态的变化如图 12-10 所示。

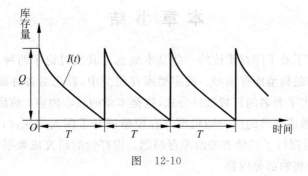

图 12-10

在 T 时刻库存量为零，即 $I(T) = 0$，代入式(12-76)中，可得

$$Q = \frac{R}{\theta}(e^{\theta T} - 1) \tag{12-77}$$

系统的平均库存与一个订货周期内的平均库存相等，而一个订货周期内的平均库存是图 12-10 中 $I(t)$ 下部分的面积除以订货周期的长度，即

$$\bar{I} = \frac{1}{T}\int_0^T I(t)\mathrm{d}t = \frac{1}{T}\int_0^T \left[\left(Q + \frac{R}{\theta}\right)e^{-\theta t} - \frac{R}{\theta}\right]\mathrm{d}t = \frac{R}{\theta^2 T}(e^{\theta T} - \theta T - 1) \tag{12-78}$$

通过上面的分析，系统长期运行下单位时间的总成本为

$$C(T) = \frac{1}{T}(C_3 + KQ) + \bar{I}C_1$$

$$= \frac{C_3}{T} + \frac{R}{\theta T}(e^{\theta T} - 1)K + \frac{R}{\theta^2 T}(e^{\theta T} - \theta T - 1)C_1 \tag{12-79}$$

式(12-79)对 T 求一阶导数，并令其等于零，有

$$(\theta T - 1)e^{\theta T} = \frac{\theta^2 C_3}{R(C_1 + \theta K)} - 1 \tag{12-80}$$

从式(12-80)中求出的 T 是 $C(T)$ 的极值点，取其中的极小值点为订货周期，然后由式(12-77)得到对应的订货批量。

【例 12-17】 有一海鲜超市购买某种海鲜，已知此种海鲜每千克为 10 元，每次订货准备费用为 300 元，每千克的海鲜在仓库中储存一周需要 2 元，市场每周可以消耗此种海鲜

2 000 千克,此海鲜变质的速率为 5%。试求最优订货批量。

解：$K=10, C_1=2, R=2\,000, C_3=300, \theta=5\%$，将有关参数代入式(12-80)中,求解得到订货周期 $T=0.344$ 周,可验证该点是极小值点,由式(12-77)可得订货批量为

$$Q = \frac{R}{\theta}(e^{\theta T} - 1) = \frac{2\,000}{5\%}(e^{5\% \times 0.344} - 1) \approx 693.95(千克)$$

作为对比,如果该商品无腐烂,则按经济订货批量可求得最优订货批量为

$$Q^* = \sqrt{\frac{2C_3 R}{C_1}} = \sqrt{\frac{2 \times 300 \times 2\,000}{2}} = \sqrt{600\,000} = 100\sqrt{60} = 774.597 \approx 774.60(千克)$$

对应的最优订货周期为

$$T^* = \frac{Q^*}{R} = \sqrt{\frac{2C_3}{C_1 R}} = \sqrt{\frac{2 \times 300}{2 \times 2\,000}} = \sqrt{\frac{3}{20}} \approx 0.387(周)$$

本 章 小 结

本章首先介绍了基于库存系统的一些基本概念。其次讨论了两种类型的库存模型：确定型库存模型和随机型库存模型。确定型库存模型中,首先对各种确定型库存模型进行了费用分析,得出了著名的订货批量公式,这是本章的核心内容；然后在随机型库存模型中,就需求是离散或连续的两类随机型库存模型展开了深入的探讨；接着简要阐述了 ABC 分类法。最后探讨了其他类型的库存问题。库存论的研究成果很多,本章的内容仅仅是其中传统或经典的部分内容。

习 题

1. 某产品中有一外购件,年需求量为 10 000 件,单价为 100 元,由于该件可在市场采购,故订货提前期为零,并且不允许缺货。已知每组织一次采购需 2 000 元,每件每年的库存费为该件单价的 20%,试求经济订货批量及每年最小的总费用。

2. 假设某工厂生产某种零件,年产量为 18 000 件,该厂每月可生产 3 000 件,每批生产的固定费用为 500 元,每个零件的年度库存费为 1.8 元,求每次生产的最佳批量。

3. 某公司采用无安全存量的库存策略,每年需电感 5 000 只,每次订货的采购费用为 50 元,每只每年的保管费用为 1 元,不允许缺货。若采购少量电感,每只单价为 3 元,若一次采购 1 500 只以上,则每只单价为 1.8 元,问该公司电感的经济采购批量是多少只？

4. 假设某厂自行生产某种装配零件,该零件的年度需求量为 18 000 件,该厂每月的生产能力是 3 000 件,每批生产的固定费用为 500 元,当月过剩的零件可以以每件每月 0.15 元的费用进行库存,允许缺货,单位缺货在单位时间内的费用为 1.85 元,求最大库存量、最大缺货量和每次生产的最佳批量。

5. 某印刷厂负责印刷一本年度销量为 120 万册的图书,需求均匀地进行。该厂有充分的生产能力,每年的印刷量可达 300 万册。完成每批印刷任务,需要换版印刷其他的图书,假设由于换版所产生的每批固定费用为 2 000 元。如果每万册图书每年的库存费用

为 250 元,试分别求在不允许缺货和允许缺货两种不同情况下的经济印刷批量。允许缺货时,每万册图书缺货一年的费用为 5 000 元。

6. 某食杂店经销面包,其进价为 1 元,零售价为 1.5 元,如果当日的面包过剩,可以以 0.3 元的价格返销给面包厂。假设需求服从正态分布,期望值为 200,标准差为 250,试确定该食杂店面包的最佳进货批量。

7. 一自动售货机销售三明治,店主每天早晨放入新的并取出前一天的剩货。三明治的购入价为 1.35 元,售出价为 1.85 元,隔夜三明治只能以 0.62 元的价格向外销售。假设三明治的日需求服从泊松分布,期望值为 100。试确定每日放入自动售货机中三明治的最佳数量。

8. 某商店准备购进一批月饼,据历年经验判定,需求服从 $\mu=200$、$\sigma^2=300$ 的正态分布。每箱月饼售价为 2 500 元,购入价为 1 500 元。如果所进的月饼在中秋节前不能销售出去,节后只能无残值销毁。试回答下述各问题:
(1) 该商店应进多少箱月饼?
(2) 若商店按 200 箱进货,期望的利润值是多少?
(3) 若商店按经济批量进货,则未能销售出去的月饼的期望值是多少?

9. 某货物的需求量在 14~21 件,其概率分布如表 12-9 所示,每卖出一件可获利 6 元,每积压 1 件,损失 2 元,问一次性进货多少件,才使获利期望最大?

表 12-9

需求量	14	15	16	17	18	19	20	21
概率	0.10	0.15	0.12	0.12	0.16	0.18	0.10	0.07

10. 某设备上有一关键零件常需更换,更换需求量服从泊松分布,根据以往的经验,平均需求量为 5 件,此零件的价格为 100 元/件,若零件用不完,到期末就完全报废,若备件不足,等零件损坏后再去订购就会造成停工损失 180 元,问应备多少备件最好?

11. 某公司利用塑料制成产品出售,已知每箱塑料购价为 800 元,订购费为每次 60 元,库存费为每箱 40 元,缺货费为每箱 1 015 元,原有库存量 10 箱,已知对原料需求的概率见表 12-10。求该公司的 (s,S) 库存策略。

表 12-10

需求量	30	40	50	60
概率	0.20	0.20	0.40	0.20

12. 某商店经销一种电子产品,每台进货价为 4 000 元,单位库存费为 60 元,如果缺货,缺货费为 4 300 元,每次订购费为 5 000 元,根据资料分析,该产品销售量服从区间 [75,100] 内的均匀分布,即

$$\phi(r) = \begin{cases} \dfrac{1}{25} & (75 \leqslant r \leqslant 100) \\ 0 & (其他) \end{cases}$$

期初库存为零。试确定 (s, S) 型库存策略中 s 及 S 的值。

13. 某电子产品的需求率为 5 000 件/年，进货单价为 200 元/件，产品的合格率为 98%，订购费用为 2 000 元/次，资本的年度回报率为 20%，试分别计算以下各种情况下最优订购批量：

(1) 使用前发现废品并退款。

(2) 使用前发现废品无退款。

(3) 使用中发现废品并退款。

(4) 使用中发现废品无退款。

14. 某牛奶的保质期为 45 天。若牛奶的订货准备费用为 500 元/次，库存费用为 0.02 元/(袋·周)，某超市每天的牛奶需求量为 500 袋，试求最优订货周期及订货批量。若牛奶的保持期为 30 天，则最优订货周期及订货批量又该是多少？

15. 某水果店香蕉的进货单价为 3 元/千克，订货费为 200 元/次，库存成本为 0.05 元/(千克·天)，市场需求率为 500 千克/天，香蕉的腐烂率为 5%，试确定最优订货批量。

第 5 篇

对策分析技术

第 13 章

对 策 论

学习目标
1. 了解决策的基本概念。
2. 理解矩阵对策基本概念和基本原理。
3. 了解多人合作型对策与多人非合作型对策。
4. 准确理解极大极小原理、最优策略、最优混合策略。
5. 掌握矩阵对策的求解方法,并能够正确使用这些方法解决实际问题。

第 11 章中所讨论的决策问题,只是一方决策者根据各种客观条件(自然因素)来选择最优方案。但在现实生活中,常常碰到的是有利害冲突(竞争性质)的各方所参加的决策问题,这就是所谓的对策问题。有利害冲突的各方所采取的决策称为对策,也称作博弈。

研究这类具有竞争、冲突性质问题的数学理论就是对策论,也称为博弈论。对策论的研究和应用始终与经济学相联系,20 世纪 70 年代后,对策论逐渐成为经济学研究的重要理论工具。

13.1 对策论概述

13.1.1 对策论发展简史

在现实社会中,我们经常会遇到带有竞赛或斗争性质的现象,像下棋、打扑克、体育比赛、军事斗争等。这类现象的共同特点是参加的往往是利益互相冲突的双方或几方,而对抗的结局并不取决于某一方所选择的策略,而是由双方或者几方所选择的策略决定,这类带有对抗性质的现象称为"对策现象"。

最初用数学方法来研究对策现象的是数学家 E. Zermelo,他在 1912 年发表的"关于集合论在象棋对策中的应用"一文中,证明三种着法必定存在一种:不依赖于黑方(对手)如何行动,白方(自己一方)总取胜的着法;不依赖于白方如何行动,黑方总取胜的着法;或者有一方总能保证达到和局的着法(究竟存在的是哪一种,并没能指出来)。此后,1921 年,法国数学家 E. Borel 讨论了个别几种对策现象,引入了"最优策略"的概念,证明对于这些对策现象存在最优策略,并猜出了一些结果。1928 年,德国数学家 J. Von Neumann 证明了这些结果。

20 世纪 40 年代以来,由于战争和生产的需要,提出不少"对策问题",如飞机如何侦察潜水艇的活动、护航商船队的组织形式等。这些问题引起了一些科学家的兴趣,进而对

"对策现象"进行研究。同时,许多经济问题使经济学与对策论研究结合起来,为对策论的应用提供了广泛的场所,也加快了对策论体系的形成。1944年 J. Von Neumann 和 O. Morgenstern 总结了对策论的研究成果,合著了《对策论与经济行为》一书。标志着现代系统对策理论的初步形成。书中提出的标准型、扩展型和合作型对策模型解的概念和分析方法,奠定了这门学科的理论基础,成为使用严谨的数学模型研究冲突对抗条件下最优决策问题的理论。然而,J. Von Neumann 的对策论的局限性也日益暴露出来。由于它过于抽象,使应用范围受到很大限制,所以影响力很有限。20世纪50年代,纳什(Nash)建立了非合作对策的"纳什均衡"理论,标志着对策的新时代开始,是纳什在经济对策论领域划时代的贡献,是继 J. Von Neumann 之后最伟大的对策论大师之一。1994年纳什获得了诺贝尔经济学奖,他提出的著名的纳什均衡概念在非合作对策理论中起着核心作用。由于纳什均衡的提出和不断完善,为对策论广泛应用于经济学、管理学、社会学、政治学、军事科学等领域奠定了坚实的理论基础。

近几年来,对策论的发展很快,应用也很广泛。例如,统计判决函数的研究,使对策论应用于统计学,微分对策应用于航天技术,某些经济学的理论研究引起了人们对多人合作对策的兴趣。

13.1.2 对策论的基本术语

对策论是指某个人或组织,面对一定的环境条件,在一定的规则约束下,依靠所掌握的信息,从各自的行为或策略中进行选择并加以实施,并从各自选择的行为中取得相应结果或收益的过程,在经济学上,对策论是个非常重要的概念。对策过程中涉及如下几个基本的术语。

(1) 决策人。在对策中率先作出决策的一方,这一方往往依据自身的感受、经验和表面状态优先采取一种有方向性的行动。比如囚徒困境的例子中,如果警察先审讯罪犯甲,那么罪犯甲就要先作出决策,他为了不被关押就会去追求自身的利益最大化,再根据自身的利益最大化来选取相应的策略,此时甲和乙都是决策人。

(2) 对抗者。在对策二人对局中行动滞后的那个人,与决策人要作出基本反面的决定,并且他的动作是滞后的、默认的、被动的,但最终占优。他的策略可能依赖于决策人劣势的策略选择,占去空间特性,因此对抗是唯一占优的方式,实为领导人的阶段性终结行为。

(3) 局中人。在一场竞赛或对策中,每一个有决策权的参与者都成为一个局中人。只有两个局中人的对策现象称为"二人对策",而多于两个局中人的对策称为"多人对策"。

(4) 策略。一局对策中,每个局中人都有选择实际可行的完整的行动方案,即方案不是某阶段的行动方案,而是指导整个行动的一个方案,一个局中人的一个可行的自始至终全局筹划的一个行动方案,称为这个局中人的一个策略。如果在一个对策中,局中人都总共有有限个策略,则称为"有限对策",否则称为"无限对策"。

(5) 得失。一局对策结束时的结果称为得失。每个局中人在一局对策结束时的得失,不仅与该局中人自身所选择的策略有关,而且与全局中人所取定的一组策略有关。所以,一局对策结束时,每个局中人的得失都是全体局中人所取定的一组策略的函数,通常称为得益函数,也称为支付函数。

(6) 次序。各对策方的决策有先后之分,且一个对策方要做不止一次的决策选择,这样就出现了次序问题;其他要素相同而次序不同,对策就不同。

(7) 均衡。均衡是平衡的意思,在经济学中,均衡即相关量处于稳定值。在供求关系中,某一商品市场如果在某一价格下,想以此价格买此商品的人均能买到,而想卖的人均能卖出,此时我们就说,该商品的供求达到了均衡。

13.1.3 对策三要素

为了对对策问题进行数学上的分析,需要建立对策问题的数学模型,称为对策模型。根据所研究问题的不同性质,可建立不同的对策模型。尽管对策模型的种类千差万别,但本质上都必须包含三个基本要素。

(1) 局中人。局中人是指在一个对策行为中,有权决定自己行动方案的对策参加者。通常用 i 表示局中人的集合,如果有 n 个局中人,则 $i=\{1,2,\cdots,n\}$。一般要求一个对策中至少要有两个局中人。

对策中关于局中人的概念具有广义性。除了可以理解为自然人外,还可以理解为某一集体,如球队、企业等。在一个对策中利益完全一致的所有参加者只能看作一个局中人,如桥牌中的东西方和南北方各为一个局中人,虽有四人参加比赛,但只能算两个局中人。

每个局中人都应该是理智的、聪明的,或者说在选择策略时,应选择对自己最有利的策略。例如,在"囚徒困境"中,一个囚徒不会为了另一个囚徒的利益采取不坦白的策略而牺牲自己的利益。

(2) 策略集。策略集是指局中人所拥有的对付其他局中人的手段、方案的集合。在一局对策中,可供局中人选择的一个实际行动的完整行动方案称为一个策略,所有行动方案的集合称为一个策略集。每一个局中人 i 都有自己的策略集 S_i。一般而言,每一个局中人的策略集中至少要包含两个策略。

此处我们用"田忌赛马"的例子来进行说明。战国时代(前475—前221),有一次齐王提出要与大将田忌赛马。已知马分为上、中、下三个等级,在同等级的马中,田忌的马不如齐王的马,但若田忌的马高出一个等级,则可取胜。双方均有上马、中马、下马各一匹,每场比赛双方各出一匹马,每匹马只能参赛一场,每场的负者要付给胜者千金。著名军事家孙膑给田忌出了一个主意:每场比赛时,都让齐王先牵出参赛的马,然后用下马对齐王的上马,用中马对齐王的下马,用上马对齐王的中马。全部三场比赛下来,田忌两胜一负净得千金。而若每场双方均是同等级的马相赛,则田忌必输三千金。看来每场比赛时,都让齐王先牵出参赛的马是问题的关键。

根据上例,如果用(上,中,下)表示以上马、中马、下马依次参赛这样一个次序,这就是一个完整的行动方案,即为一个策略。可见,局中人齐王和田忌各自都有6个策略:(上,中,下)、(上,下,中)、(中,上,下)、(中,下,上)、(下,中,上)、(下,上,中),所有的这些策略的集合就构成了一个策略集。

(3) 得益函数。在一局对策中,对应于各个参与方的每一组可能的决策选择,都应有一个结果表示该策略组合下每个参与方的得益,常用得益函数表示。如果一个策略中有

n 个参与方,则他们可形成一个策略组。

$$s = \{s_1, s_2, \cdots, s_n\}$$

s 就是一个局势。全体局势的集合 S 可用各个局中人的策略集的笛卡儿积(笛卡儿积是集合的一种,假设 A 和 B 都是集合,A 和 B 的笛卡儿积可以用 $A \times B$ 来表示,是所有有序偶 (a,b) 的集合,其中 $a \in A, b \in B, A \times B = \{(a,b) | a \in A, b \in B\}$,则 $A \times B$ 所形成的集合叫作笛卡儿积)。可表示为

$$S = S_1 \times S_2 \times \cdots \times S_n$$

当局势出现后,对策的结果也就确定了。也就是说,对任意局势,局中人可以得到一个得益函数 $H(s)$。显然,这是局势 S 的函数,S_i 称为第 i 个局中人的得益函数。一般当三个基本因素确定后,一个对策模型也就给定了。

对于一个对策问题,如果在每一个"局势"中,全体局中人的"得失"相加为零,则称此对策为"零和对策",否则称为"非零和对策"。对策论的模型很多,由于篇幅的限制,本章主要研究的对策问题是只有两个局中人参加,各自的策略集合只含有限个策略的对策问题,如果每局中两个局中人的得失总和为零(一个局中人的赢得值恰为另一个局中人所输掉的值),我们称这种对策问题为"二人有限零和对策",也称为"矩阵对策";如果两个局中人得失总和不等于零(两个局中人各有所得),我们称这种对策问题为"二人有限非零和对策",也称为"双矩阵对策"。

13.1.4　对策问题举例及对策的分类

对策论在经济管理的众多领域中有着十分广泛的应用,下面列举几个可以用对策论思想和模型进行分析的例子。

【例 13-1】　(市场购买力争夺问题)据预测,某乡镇下一年的饮食品购买力有 6 000 万元。乡镇企业和中心城市企业饮食品的生产情况是:乡镇企业有特色饮食品和一般饮食品两类,中心城市企业有高档饮食品和低档饮食品两类产品。它们争夺这一部分购买力的结局见表 13-1,问题是乡镇企业和中心城市企业应如何选择对自己最有利的产品策略?

表 13-1　　　　　　　　　　　　　　　　　　　　　　　　　　　　　　　万元

中心城市企业策略 乡镇策略	出售高档饮食品	出售低档饮食品
出售特色饮食品	3 000	4 000
出售一般饮食品	2 000	4 000

【例 13-2】　(费用分摊问题)假设沿某一河流有相邻的三个城市分别为 A、B、C,各城市可单独建立水厂,也可合作兴建一个大水厂。经估计,合建一个大水厂,加上铺设管道的费用,要比单独建立三个水厂的总费用少。但是合建大厂的方案能否实施,要看总的建设费用分摊的是否合理。如果某个城市分摊到的费用比它单独建立水厂的费用还要高的话,它显然不会接受合作的方案。问题是应该如何合理地分摊费用,使合作兴建大水厂的方案得以实现?

【例 13-3】 (拍卖问题)最常见的一种拍卖形式是先由拍卖商把拍卖品描述一番,然后提出第一个报价。接下来由买者紧跟着报价,每次报价都要比前一次高,最后谁出的价格最高,拍卖品即归谁所有。假设有 n 个买主给出的报价分别为 $P_1, P_2, \cdots, P_n$,且 $P_1 < P_2 < \cdots < P_n$,则买主 n 只要报价略高于 P_{n-1},就能买到拍卖品,即拍卖品实际上是以次高价格卖出的。现在的问题是,各个买主之间可能知道他人的估价,也可能不知道他人的估价,每人应该如何报价对自己能以较低的价格得到拍卖品最为有利?最后的结果又会怎样?

上面的几个例子都可看成一个对策问题,所不同的是有些是二人对策,有些是多人对策;有些是有限对策,有些是无限对策;有些是零和对策,有些是非零和对策;有些是合作对策,有些是非合作对策,读者可以自己尝试着用对策论的思想和方法来解上面的几个问题。

为了便于对不同的对策问题进行研究,可以根据不同方式对对策论问题进行分类,通常的分类方式有以下几种:

(1) 根据局中人的个数,分为二人对策和多人对策。
(2) 根据各局中人的得益的代数和是否为零,分为零和对策与非零和对策。
(3) 根据各局中人相互之间是否允许合作,分为合作对策和非合作对策。
(4) 根据局中人的策略集中的策略个数,分为有限对策和无限对策。

此外,还有许多其他的分类方式。例如,根据策略的选择是否与时间有关,可分为静态对策和动态对策;根据对策模型的数学特征,可分为矩阵对策、连续对策、微分对策、阵地对策、凸对策、随机对策等。

在众多对策模型中,占有重要地位的是二人有限零和对策。这类对策是到目前为止在理论研究和求解方法方面都比较完善的一个对策分支。矩阵对策可以说是一类最简单的对策模型,其研究思想和方法十分具有代表性,体现了对策论的一般思想和方法,且矩阵对策的基本结果也是研究其他对策模型的基础。

基于上述原因,本章将着重介绍矩阵对策的基本内容和一些相关的解题方法和解题技巧,对其他对策模型只作简要介绍。主要的对策模型分类如图 13-1 所示。

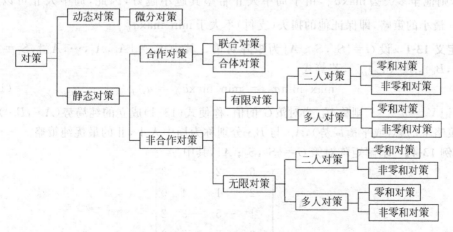

图 13-1

13.2 矩阵对策的基本理论

矩阵对策指的是：对策的局中人为两个，每个局中人都有有限个纯策略可供选择，且在任一局势中，两个局中人所得之和总等于零。在这种对策中，一个局中人的所得就等于另一个局中人的所失，两个局中人的利益是根本冲突的。

13.2.1 矩阵对策的数学描述

设参加对策的两个局中人为 Ⅰ 和 Ⅱ，他们各自具有有限的纯策略集 $S_1=\{A_1,A_2,\cdots,A_m\}$ 和 $S_2=\{B_1,B_2,\cdots,B_n\}$，当 Ⅰ 出策略 A_i，Ⅱ 出策略 B_j 时，Ⅰ 的赢得为 a_{ij}，则 Ⅰ 在各个策略下的赢得构成一个矩阵

$$A=\begin{bmatrix} a_{11} & a_{12} & \cdots & a_{1n} \\ a_{21} & a_{22} & \cdots & a_{2n} \\ \vdots & \vdots & & \vdots \\ a_{m1} & a_{m2} & \cdots & a_{mn} \end{bmatrix}$$

由于对策是为零和的，故局中人 Ⅱ 的赢得矩阵为 $-A^T$，当局中人 Ⅰ 和 Ⅱ 的策略集 S_1，S_2 和 A 的赢得矩阵确定后，一个矩阵对策就给定了。通常将矩阵对策记为 $G=\{Ⅰ,Ⅱ;S_1,S_2;A\}$ 或 $G=\{S_1,S_2;A\}$。称 A 为局中人 Ⅰ 的赢得矩阵（或局中人 Ⅱ 的支付矩阵）。

13.2.2 纯策略矩阵对策

在对对策问题进行研究时，我们通常假设①局中人充分了解相互的得失；②局中人是理性的；③局中人之间不允许存在任何协议。

在这种对策中，局中人 Ⅰ 希望赢得矩阵中的值 a_{ij} 越大越好，局中人 Ⅱ 则希望支付矩阵中的值 a_{ij} 越小越好。如果局中人 Ⅰ 选择策略 A_i，则他至少可以赢得 $\min\limits_{1\leqslant j\leqslant n} a_{ij}$，即为赢得矩阵第 i 行元素中的最小元素。由于局中人 Ⅰ 希望 a_{ij} 越大越好，因此局中人 Ⅰ 可以选择使 $\min\limits_{1\leqslant j\leqslant n} a_{ij}$ 为最大的策略，从而他赢得的不小于 $\max\limits_{1\leqslant i\leqslant m}\min\limits_{1\leqslant j\leqslant n} a_{ij}$。同理，如果局中人 Ⅱ 选择策略 B_j，则他至多失去 $\max\limits_{1\leqslant i\leqslant m} a_{ij}$，由于局中人 Ⅱ 希望其越小越好，因此，局中人 Ⅱ 可以选择 $\max\limits_{1\leqslant i\leqslant m} a_{ij}$ 最小的策略，即保证他的损失（支付）不大于 $\min\limits_{1\leqslant j\leqslant n}\max\limits_{1\leqslant i\leqslant m} a_{ij}$。

定义 13-1 设 $G=\{S_1,S_2;A\}$ 为矩阵对策。其中 $S_1=\{A_1,A_2,\cdots,A_m\}$，$S_2=\{B_1,B_2,\cdots,B_n\}$，$A=(a_{ij})_{m\times n}$，若等式

$$\max\limits_{1\leqslant i\leqslant m}\min\limits_{1\leqslant j\leqslant n} a_{ij} = \min\limits_{1\leqslant j\leqslant n}\max\limits_{1\leqslant i\leqslant m} a_{ij} = a_{i^* j^*} \tag{13-1}$$

成立，记 $V_G=a_{i^* j^*}$。则称 V_G 为对策 G 的值，称使式(13-1)成立的纯局势 (A_{i^*},B_{j^*}) 为 G 在纯策略下的解（或平衡局势），A_{i^*} 与 B_{j^*} 分别称为局中人 Ⅰ，Ⅱ 的最优纯策略。

【例 13-4】 求解矩阵对策 $G=\{S_1,S_2;A\}$，其中

$$A=\begin{bmatrix} -6 & 2 & -5 & 3 \\ 2 & 1 & 4 & 0 \\ 1 & -5 & -3 & 2 \\ 3 & 5 & 7 & 9 \end{bmatrix}$$

解：根据矩阵 A，得表 13-2。

表 13-2

策略	B_1	B_2	B_3	B_4	$\min\limits_{1\leqslant j\leqslant n} a_{ij}$
A_1	-6	2	-5	3	-6
A_2	2	1	4	0	0
A_3	1	-5	-3	2	-5
A_4	3	5	7	9	3^*
$\max\limits_{1\leqslant i\leqslant m} a_{ij}$	3^*	5	7	9	

于是
$$\max_{1\leqslant i\leqslant m}\min_{1\leqslant j\leqslant n} a_{ij} = \min_{1\leqslant j\leqslant n}\max_{1\leqslant i\leqslant m} a_{ij} = a_{41} = 3$$

由定义 13-1，$V_G = 3$，G（对策）的解为 (A_4, B_1)，两个局中人的最优纯策略分别为 A_4 和 B_1。

由例 13-4 可知，矩阵 A 的元素 a_{41} 既是其所在行的最小元素，也是其所在列的最大元素，即 $a_{i1} \leqslant a_{41} \leqslant a_{4j}$ ($i=1,2,3,4$；$j=1,2,3,4$)，将这一事实推广到一般矩阵对策，可得如下定理。

定理 13-1 矩阵对策 $G=\{S_1, S_2; A\}$ 在纯策略意义下有解的充分必要条件是：存在纯局势 (A_{i^*}, B_{j^*}) 使得对一切 $i=1,\cdots,m$；$j=1,\cdots,n$ 均有

$$a_{ij^*} \leqslant a_{i^*j^*} \leqslant a_{i^*j} \tag{13-2}$$

证明：

（1）充分性。由于对任意 i, j 均有 $a_{ij^*} \leqslant a_{i^*j^*} \leqslant a_{i^*j}$，故有 $\max\limits_{1\leqslant i\leqslant m} a_{ij^*} \leqslant a_{i^*j^*} \leqslant \min\limits_{1\leqslant j\leqslant n} a_{i^*j}$，由于 $\min\limits_{1\leqslant j\leqslant n}\max\limits_{1\leqslant i\leqslant m} a_{ij} \leqslant \max\limits_{1\leqslant i\leqslant m} a_{ij^*}$，$\min\limits_{1\leqslant j\leqslant n} a_{i^*j} \leqslant \max\limits_{1\leqslant i\leqslant m}\min\limits_{1\leqslant j\leqslant n} a_{ij}$，因此

$$\min_{1\leqslant j\leqslant n}\max_{1\leqslant i\leqslant m} a_{ij} \leqslant a_{i^*j^*} \leqslant \max_{1\leqslant i\leqslant m}\min_{1\leqslant j\leqslant n} a_{ij} \tag{13-3}$$

又由于对任意的 i, j，均有 $\min\limits_{1\leqslant j\leqslant n} a_{ij} \leqslant a_{ij} \leqslant \max\limits_{1\leqslant i\leqslant m} a_{ij}$，所以

$$\max_{1\leqslant i\leqslant m}\min_{1\leqslant j\leqslant n} a_{ij} \leqslant \min_{1\leqslant j\leqslant n}\max_{1\leqslant i\leqslant m} a_{ij} \tag{13-4}$$

由式(13-3)和式(13-4)有 $\max\limits_{1\leqslant i\leqslant m}\min\limits_{1\leqslant j\leqslant n} a_{ij} = \min\limits_{1\leqslant j\leqslant n}\max\limits_{1\leqslant i\leqslant m} a_{ij} = a_{i^*j^*}$，且 $V_G = a_{i^*j^*}$。

（2）必要性。设有 i^*, j^*，使得 $\min\limits_{1\leqslant j\leqslant n} a_{i^*j} = \max\limits_{1\leqslant i\leqslant m}\min\limits_{1\leqslant j\leqslant n} a_{ij}$，$\max\limits_{1\leqslant i\leqslant m} a_{ij^*} = \min\limits_{1\leqslant j\leqslant n}\max\limits_{1\leqslant i\leqslant m} a_{ij}$，由 $\max\limits_{1\leqslant i\leqslant m}\min\limits_{1\leqslant j\leqslant n} a_{ij} = \min\limits_{1\leqslant j\leqslant n}\max\limits_{1\leqslant i\leqslant m} a_{ij}$，有 $\max\limits_{1\leqslant i\leqslant m} a_{ij^*} = \min\limits_{1\leqslant j\leqslant n} a_{i^*j} \leqslant a_{i^*j^*} \leqslant \max\limits_{1\leqslant i\leqslant m} a_{ij^*} = \min\limits_{1\leqslant j\leqslant n} a_{i^*j}$，故对任意 i, j，均有 $a_{ij^*} \leqslant \max\limits_{1\leqslant i\leqslant m} a_{ij^*} \leqslant a_{i^*j^*} \leqslant \min\limits_{1\leqslant j\leqslant n} a_{i^*j} \leqslant a_{i^*j}$。

为便于对更为广泛的对策情形进行分析，现引进关于二元函数鞍点的概念。

定义 13-2 设 $f(x, y)$ 为一个定义在 $x \in A$ 与 $y \in B$ 上的实值函数，如果存在 $x^* \in A$，$y^* \in B$ 使得对一切 $x \in A$ 与 $y \in B$，有

$$f(x, y^*) \leqslant f(x^*, y^*) \leqslant f(x^*, y) \tag{13-5}$$

则称 (x^*, y^*) 为函数 $f(x, y)$ 的一个鞍点。

由定义 13-2 及定理 1 可知，矩阵对策 G 在纯策略意义下有解，且 $V_G = a_{i^*j^*}$ 的充要条件是：$a_{i^*j^*}$ 是矩阵 A 的一个鞍点。在对策论中，矩阵 A 的鞍点也称为对策的鞍点。

【例 13-5】 求对策的解。设矩阵对策 $G=\{S_1,S_2;\boldsymbol{A}\}$，其中 $S_1=\{A_1,A_2,A_3,A_4\}$，$S_2=\{B_1,B_2,B_3,B_4\}$，赢得矩阵为

$$\boldsymbol{A}=\begin{bmatrix} 8 & 7 & 8 & 7 \\ 3 & 6 & 4 & 1 \\ 10 & 7 & 9 & 7 \\ 2 & 4 & 8 & 4 \end{bmatrix}$$

解：直接在 $\boldsymbol{A}$ 提供的赢得表上计算，有

$$\begin{array}{c} \;\; B_1 \;\; B_2 \;\; B_3 \;\; B_4 \;\min \\ \begin{array}{c} A_1 \\ A_2 \\ A_3 \\ A_4 \end{array} \begin{bmatrix} 8 & 7 & 8 & 7 \\ 3 & 6 & 4 & 1 \\ 10 & 7 & 9 & 7 \\ 2 & 4 & 8 & 4 \end{bmatrix} \begin{array}{c} 7^* \\ 1 \\ 7^* \\ 2 \end{array} \\ \max \;\; 10 \;\; 7^* \;\; 9 \;\; 7^* \end{array}$$

于是

$$\max_{1\leqslant i\leqslant m}\min_{1\leqslant j\leqslant n} a_{ij} = \min_{1\leqslant j\leqslant n}\max_{1\leqslant i\leqslant m} a_{ij} = a_{i^*j^*} = 7$$

其中 $i^*=1,3$；$j^*=2,4$，故 $(A_1,B_2),(A_1,B_4),(A_3,B_2),(A_3,B_4)$ 都是对策的解，且 $V_G=7$。

由例 13-5 可知，一般对策矩阵的解可以是不唯一的，当解不唯一时，解之间的关系则有下面的性质：

性质 13-1 无差别性。即若 (A_{i_1},B_{j_1}) 与 (A_{i_2},B_{j_2}) 是对策 G 的两个解，则 $a_{i_1j_1}=a_{i_2j_2}$。

性质 13-2 可交换性。即若 (A_{i_1},B_{j_1}) 与 (A_{i_2},B_{j_2}) 是对策 G 的两个解，则 (A_{i_1},B_{j_2}) 与 (A_{i_2},B_{j_1}) 也是对策 G 的解。

13.2.3 具有混合策略的对策

一般地说，对于矩阵对策 $G=\{S_1,S_2;\boldsymbol{A}\}$，不一定有 $\max\limits_{1\leqslant i\leqslant m}\min\limits_{1\leqslant j\leqslant n} a_{ij}=\min\limits_{1\leqslant j\leqslant n}\max\limits_{1\leqslant i\leqslant m} a_{ij}$，因此，在纯策略意义下对策不一定有解。

【例 13-6】 设对策矩阵的赢得矩阵为

$$\boldsymbol{A}=\begin{bmatrix} 4 & 2 \\ 0 & 8 \end{bmatrix}$$

由于 $\max\limits_{1\leqslant i\leqslant m}\min\limits_{1\leqslant j\leqslant n} a_{ij}=2\neq\min\limits_{1\leqslant j\leqslant n}\max\limits_{1\leqslant i\leqslant m} a_{ij}=4$，故无鞍点，因此，在纯策略意义下无解。

所以假设局中人 I 选取纯策略 A_1 和 A_2 的概率分别为 x_1 和 x_2，并且 $x_1+x_2=1$，$x_1\geqslant 0,x_2\geqslant 0$，局中人 II 选取纯策略 B_1 和 B_2 的概率分别为 y_1 和 y_2，并且 $y_1+y_2=1$，$y_1\geqslant 0,y_2\geqslant 0$，此时二维向量 $\boldsymbol{x}=(x_1,x_2)^T$ 和 $\boldsymbol{y}=(y_1,y_2)^T$ 分别表示两个局中人的一套策略，即混合策略，这时局中人 I 赢得的数学期望为

$$E(\boldsymbol{x},\boldsymbol{y})=\boldsymbol{x}^T\boldsymbol{A}\boldsymbol{y}=\sum_{i=1}^{2}\sum_{j=1}^{2}a_{ij}x_iy_j=4x_1y_1+2x_1y_2+0x_2y_1+8x_2y_2$$
$$=8-6x_1-8y_1+10x_1y_1$$

下面，根据表 13-3 中列出的已知条件，计算上述局中人 I 赢得的数学期望。

表 13-3

A		y	y_1	y_2
x	S_1	S_2	B_1	B_2
x_1	A_1		4	2
x_2	A_2		0	8

由例 13-6 可知，$E(\boldsymbol{x},\boldsymbol{y})$ 由四项（$m \times n$）组成，而每项都是由表 13-3 中矩阵 $\boldsymbol{A}$ 的一个元素 $a_{ij}(i=1,2;j=1,2)$ 乘以与该元素同行的 $\boldsymbol{x}$ 向量的分量 x_i，再乘以与该元素同列的 $\boldsymbol{y}$ 向量的分量 y_j。

若推广到矩阵对策的一般情况，则得表 13-4。

表 13-4

A		y	y_1	y_2	…	y_j	…	y_n
x	S_1	S_2	B_1	B_2	…	B_j	…	B_n
x_1	A_1		a_{11}	a_{12}	…	a_{1j}	…	a_{1n}
x_2	A_2		a_{21}	a_{22}	…	a_{2j}	…	a_{2n}
⋮	⋮		⋮	⋮		⋮		⋮
x_i	A_i		a_{i1}	a_{i2}	…	a_{ij}	…	a_{in}
⋮	⋮		⋮	⋮		⋮		⋮
x_m	A_m		a_{m1}	a_{m2}	…	a_{mj}	…	a_{mn}

此时有

$$E(\boldsymbol{x},\boldsymbol{y}) = \sum_{i=1}^{m}\sum_{j=1}^{n} a_{ij} x_i y_j = a_{11} x_1 y_1 + a_{12} x_1 y_2 + \cdots + a_{1j} x_1 y_j + \cdots + a_{1n} x_1 y_n + $$
$$a_{21} x_2 y_1 + a_{22} x_2 y_2 + \cdots + a_{2j} x_2 y_j + \cdots + a_{2n} x_2 y_n + $$
$$\cdots + $$
$$a_{i1} x_i y_1 + a_{i2} x_i y_2 + \cdots + a_{ij} x_i y_j + \cdots + a_{in} x_i y_n + $$
$$\cdots + $$
$$a_{m1} x_m y_1 + a_{m2} x_m y_2 + \cdots + a_{mj} x_m y_j + \cdots + a_{mn} x_m y_n$$

一般地，给定对策 $G=\{S_1, S_2; \boldsymbol{A}\}$，设局中人 I 以概率 $x_i, 0 \leqslant x_i \leqslant 1$ 来选取 $A_i(i=1, 2, \cdots, m)$，于是得到 m 维概率向量 $\boldsymbol{x} = (x_1, x_2, \cdots, x_m)^{\mathrm{T}}$，它是定义在纯策略集 $S_1 = \{A_1, A_2, \cdots, A_m\}$ 上的概率分布。这可以解释为局中人 I 在一局对策中，对各种纯策略的偏爱程度，显然有 $\sum_{i=1}^{m} x_i = 1, x_i \geqslant 0 (i=1,2,\cdots,m)$。

同理，对局中人 II 有相应的 n 维概率向量 $\boldsymbol{y} = (y_1, y_2, \cdots, y_n)^{\mathrm{T}}$，它是定义在纯策略集 $S_2 = \{B_1, B_2, \cdots, B_n\}$ 上的概率分布，满足 $\sum_{j=1}^{n} y_j = 1, y_j \geqslant 0 (j=1,2,\cdots,n)$。

设 $\boldsymbol{x}=(x_1,x_2,\cdots,x_m)^T$,$\boldsymbol{y}=(y_1,y_2,\cdots,y_n)^T$,$\boldsymbol{x}$,$\boldsymbol{y}$ 分别称为局中人Ⅰ,Ⅱ的混合策略,$(\boldsymbol{x},\boldsymbol{y})$ 称为混合局势,令

$$S_1^* = \left\{\boldsymbol{x} \mid x_i \geqslant 0, \sum_{i=1}^m x_i = 1\right\}, \quad S_2^* = \left\{\boldsymbol{y} \mid y_j \geqslant 0, \sum_{j=1}^n y_j = 1\right\}$$

S_1^*,S_2^* 分别称为局中人Ⅰ,Ⅱ的混合策略集。这时纯策略可以认为是混合策略的特殊情况。例如,当局中人Ⅰ取纯策略 A_1 时,对应于混合策略 $e_1=(1,0,\cdots,0)^T \in S_1^*$,故以后不再区分纯策略和混合策略,统称为策略。

混合局势下,局中人Ⅰ赢得的数学期望是

$$E(\boldsymbol{x},\boldsymbol{y}) = \boldsymbol{x}^T A \boldsymbol{y} = \sum_{i=1}^m \sum_{j=1}^n a_{ij} x_i y_j$$

局中人Ⅱ赢得的数学期望是 $-E(\boldsymbol{x},\boldsymbol{y})$。

定义 13-3 设矩阵对策 $G=\{S_1,S_2;A\}$,S_1^*,S_2^* 分别为局中人Ⅰ,Ⅱ的混合策略集,$E(\boldsymbol{x},\boldsymbol{y})=\boldsymbol{x}^T A\boldsymbol{y}$ 是局中人Ⅰ的赢得期望值,则称 $G^*=\{S_1^*,S_2^*;E\}$ 是 G 的混合扩充。

类似于纯策略的情况,若存在混合局势 $(\boldsymbol{x}^*,\boldsymbol{y}^*)$ 满足

$$E(\boldsymbol{x},\boldsymbol{y}^*) \leqslant E(\boldsymbol{x}^*,\boldsymbol{y}^*) \leqslant E(\boldsymbol{x}^*,\boldsymbol{y}) \tag{13-6}$$

对一切 $\boldsymbol{x}\in S_1^*$,$\boldsymbol{y}\in S_2^*$ 成立,则称 $(\boldsymbol{x}^*,\boldsymbol{y}^*)$ 为混合扩充的解。而 $\boldsymbol{x}^*$,$\boldsymbol{y}^*$ 分别为局中人Ⅰ,Ⅱ的最优(混合)策略,$E(\boldsymbol{x}^*,\boldsymbol{y}^*)$ 称为对策 G 在混合扩充下的值。

对于例 13-6,矩阵对策 $A=\begin{bmatrix}4 & 2\\0 & 8\end{bmatrix}$,局中人Ⅰ赢得的期望值

$$E(\boldsymbol{x},\boldsymbol{y}) = \boldsymbol{x}^T A \boldsymbol{y} = 8 - 6x_1 - 8y_1 + 10x_1 y_1$$

容易解出 $\boldsymbol{x}^*=\left(\dfrac{4}{5},\dfrac{1}{5}\right)^T$,$\boldsymbol{y}^*=\left(\dfrac{3}{5},\dfrac{2}{5}\right)^T$,可以验证 $\boldsymbol{x}^*$,$\boldsymbol{y}^*$ 满足式(13-6),分别称为局中人Ⅰ、Ⅱ的最优策略,对策的值为(局中人Ⅰ的赢得期望值)$V_G=\dfrac{16}{5}$。

定理 13-2 矩阵对策 G 在混合扩充意义下有解的充分必要条件是

$$\max_{\boldsymbol{x}\in S_1^*} \min_{\boldsymbol{y}\in S_2^*} E(\boldsymbol{x},\boldsymbol{y}) = \min_{\boldsymbol{y}\in S_2^*} \max_{\boldsymbol{x}\in S_1^*} E(\boldsymbol{x},\boldsymbol{y})$$

定理 13-2 的证明类似于定理 1,故省略。

如果局中人Ⅰ取定纯策略 A_i,即 $\boldsymbol{x}=e_i=(1,0,\cdots,0)^T \in S_1^*$ 时,对任意的 $\boldsymbol{y}\in S_2^*$,记

$$E(i,\boldsymbol{y}) = E(e_i,\boldsymbol{y}) = \sum_{i=1}^m \sum_{j=1}^n a_{ij} x_i y_j = e_i^T A\boldsymbol{y} = \sum_{j=1}^n a_{ij} y_j$$

类似地,局中人Ⅱ取定纯策略 B_j,即 $\boldsymbol{y}=e_j=(0,\cdots 0,1,0\cdots 0)^T \in S_2^*$ 时,对任意的 $\boldsymbol{x}\in S_1^*$,记

$$E(\boldsymbol{x},j) = E(\boldsymbol{x},e_j) = \sum_{i=1}^m \sum_{j=1}^n a_{ij} x_i y_j = \boldsymbol{x}^T A e_j = \sum_{i=1}^m a_{ij} x_i$$

对 $\boldsymbol{x}\in S_1^*$,$\boldsymbol{y}\in S_2^*$,则有

$$E(\boldsymbol{x},\boldsymbol{y}) = \sum_{i=1}^m E(i,\boldsymbol{y}) x_i = \sum_{j=1}^n E(\boldsymbol{x},j) y_j$$

13.2.4 矩阵策略的性质

定理 13-3 设 $\boldsymbol{x}^*\in S_1^*$,$\boldsymbol{y}^*\in S_2^*$,则 $(\boldsymbol{x}^*,\boldsymbol{y}^*)$ 是 G 的解的充要条件是:对任意 $i=1,\cdots,m$ 与 $j=1,\cdots,n$,均有

$$E(i,\boldsymbol{y}^*) \leqslant E(\boldsymbol{x}^*,\boldsymbol{y}^*) \leqslant E(\boldsymbol{x}^*,j) \qquad (13\text{-}7)$$

证明：设$(\boldsymbol{x}^*,\boldsymbol{y}^*)$是$G$的解，由式(13-6)以及纯策略是混合策略的特例可知，式(13-7)成立。反之，设式(13-7)成立，由

$$E(\boldsymbol{x},\boldsymbol{y}^*) = \sum_{i=1}^{m} E(i,\boldsymbol{y}^*) x_i \leqslant E(\boldsymbol{x}^*,\boldsymbol{y}^*) \sum_{i=1}^{m} x_i = E(\boldsymbol{x}^*,\boldsymbol{y}^*)$$

$$E(\boldsymbol{x}^*,\boldsymbol{y}) = \sum_{j=1}^{n} E(\boldsymbol{x}^*,j) y_j \geqslant E(\boldsymbol{x}^*,\boldsymbol{y}^*) \sum_{j=1}^{n} y_j = E(\boldsymbol{x}^*,\boldsymbol{y}^*)$$

即得式(13-6)。

定理13-4 矩阵对策$G=\{S_1,S_2;\boldsymbol{A}\}$的混合扩充$G^*=\{S_1^*,S_2^*;E\}$一定有解。

证明：只要证明存在$E(\boldsymbol{x}^*,\boldsymbol{y}^*), \boldsymbol{x}^* \in S_1^*, \boldsymbol{y}^* \in S_2^*$，均有

$$E(i,\boldsymbol{y}^*) \leqslant E(\boldsymbol{x}^*,\boldsymbol{y}^*) \leqslant E(\boldsymbol{x}^*,j)$$

对任意$i=1,\cdots,m$与$j=1,\cdots,n$，构造如下两个线性规划问题：

$$(P) \begin{cases} \max w \\ \sum_{i=1}^{m} a_{ij} x_i \geqslant w \quad (j=1,2,\cdots,n) \\ \sum_{i=1}^{m} x_i = 1 \\ x_i \geqslant 0 \quad (i=1,2,\cdots,m) \end{cases} \quad \text{与} \quad (D) \begin{cases} \min v \\ \sum_{j=1}^{n} a_{ij} y_j \leqslant v \quad (i=1,2,\cdots,m) \\ \sum_{j=1}^{n} y_j = 1 \\ y_j \geqslant 0 \quad (j=1,2,\cdots,n) \end{cases}$$

易验证，问题(P)和(D)是互为对偶的线性规划问题，而且注意到问题(P)和(D)均有可行解，分别为

$$\boldsymbol{x}=(1,0,\cdots,0)^T \in E^m, \quad w=\min_{1\leqslant j\leqslant n} a_{1j}, \quad \boldsymbol{y}=(1,0,\cdots,0)^T \in E^n, \quad v=\max_{1\leqslant i\leqslant m} a_{i1}$$

由线性规划的对偶理论可知，问题(P)和(D)分别存在最优解$\boldsymbol{x}^*$和$\boldsymbol{y}^*$，且最优值相等。即存在$\boldsymbol{x}^* \in S_1^*, \boldsymbol{y}^* \in S_2^*$和数$v^*$，使得对任意$i=1,2,\cdots,m$和$j=1,2,\cdots,n$，有

$$\sum_{j=1}^{n} a_{ij} y_j^* \leqslant v^* \leqslant \sum_{i=1}^{m} a_{ij} x_i^* \quad \text{或} \quad E(i,\boldsymbol{y}^*) \leqslant v^* \leqslant E(\boldsymbol{x}^*,j) \qquad (13\text{-}8)$$

又由于

$$E(\boldsymbol{x}^*,\boldsymbol{y}^*) = \sum_{i=1}^{m} E(i,\boldsymbol{y}^*) x_i^* \leqslant v^* \sum_{i=1}^{m} x_i^* = v^*$$

$$E(\boldsymbol{x}^*,\boldsymbol{y}^*) = \sum_{j=1}^{n} E(\boldsymbol{x}^*,j) y_j^* \geqslant v^* \sum_{j=1}^{n} y_j^* = v^*$$

得到$v^*=E(\boldsymbol{x}^*,\boldsymbol{y}^*)$，故由式(13-8)知式(13-7)成立，证毕。

定理13-5 设$(\boldsymbol{x}^*,\boldsymbol{y}^*)$是矩阵对策$G=\{S_1,S_2;\boldsymbol{A}\}$的解，$v=V_G$，则有

(1) 当$x_i^*>0$时，则有$\sum_{j=1}^{n} a_{ij} y_j^* = v$。

(2) 当$y_j^*>0$时，则有$\sum_{i=1}^{m} a_{ij} x_i^* = v$。

(3) 当$\sum_{j=1}^{n} a_{ij} y_j^* < v$时，则有$x_i^*=0$。

(4) 当$\sum_{i=1}^{m} a_{ij} x_i^* > v$时，则有$y_j^*=0$。

证明：按定义有 $v=\max\limits_{x\in S_1^*}E(x,y^*)$，故 $v-\sum\limits_{j=1}^n a_{ij}y_j^* = \max\limits_{x\in S_1^*}E(x,y^*) - E(i,y^*) \geqslant 0$，又由于 $\sum\limits_{i=1}^m x_i^*\left(v-\sum\limits_{j=1}^n a_{ij}y_j^*\right) = v-\sum\limits_{i=1}^m\sum\limits_{j=1}^n a_{ij}x_i^*y_j^* = 0, x_i^*\geqslant 0 (i=1,\cdots,m)$，所以，当 $x_i^* > 0$ 时，必有 $\sum\limits_{j=1}^n a_{ij}y_j^* = v$；当 $\sum\limits_{j=1}^n a_{ij}y_j^* < v$ 时，必有 $x_i^*=0$，(1)、(3)得证。同理可证(2)、(4)。证毕。

定理 13-6 设 $x^*\in S_1^*, y^*\in S_2^*$，则 (x^*, y^*) 为 G 的解（纳什均衡）的充要条件是：存在数 v，使得 x^* 和 y^* 分别是不等式组(1)和(2)的解，且 $v=V_G$。

$$(1)\begin{cases}\sum\limits_{i=1}^m a_{ij}x_i \geqslant v \quad (j=1,\cdots,n) \\ \sum\limits_{i=1}^m x_i = 1 \\ x_i \geqslant 0 \quad (i=1,\cdots,m)\end{cases} \tag{13-9}$$

$$(2)\begin{cases}\sum\limits_{j=1}^n a_{ij}y_j \leqslant v \quad (i=1,\cdots,m) \\ \sum\limits_{j=1}^n y_j = 1 \\ y_j \geqslant 0 \quad (j=1,\cdots,n)\end{cases} \tag{13-10}$$

记矩阵对策 G 的解集为 $T(G)$，下面三个定理是关于对策解集性质的主要内容。

定理 13-7 设有两个矩阵对策 $G_1=\{S_1,S_2,A_1\}, G_2=\{S_1,S_2,A_2\}$，其中 $A_1=(a_{ij})$，$A_2=(a_{ij}+L)$，L 为任一常数，则有：
(1) $V_{G_2}=V_{G_1}+L$。
(2) $T(G_1)=T(G_2)$。

定理 13-8 设有两个矩阵对策 $G_1=\{S_1,S_2;A\}, G_2=\{S_1,S_2;\alpha A\}$，其中 $\alpha>0$ 为任一常数。则有：
(1) $V_{G_2}=\alpha V_{G_1}$。
(2) $T(G_1)=T(G_2)$。

定理 13-9 设 $G=\{S_1,S_2;A\}$ 为一矩阵对策，且 $A=-A^T$ 为斜对称矩阵（亦称这种对策为对称对策）。则有：
(1) $V_G=0$。
(2) $T_1(G)=T_2(G)$，其中 $T_1(G)$ 与 $T_2(G)$ 分别为局中人Ⅰ和Ⅱ的最优策略集。

13.3 矩阵对策的解法

13.3.1 公式法

对于赢得矩阵 A，如果有鞍点，则可求出最优纯策略；反之，则可证明各局中人最优混合策略中的 x^*, y^* 都大于 0，针对赢得矩阵 $A=\begin{bmatrix}a_{11} & a_{12} \\ a_{21} & a_{22}\end{bmatrix}$，需要求出下列等式组：

$$(1)\begin{cases} a_{11}x_1 + a_{21}x_2 = v \\ a_{12}x_1 + a_{22}x_2 = v \\ x_1 + x_2 = 1 \end{cases}, \quad (2)\begin{cases} a_{11}y_1 + a_{12}y_2 = v \\ a_{21}y_1 + a_{22}y_2 = v \\ y_1 + y_2 = 1 \end{cases}$$

如果 A 没有鞍点，则可以证明上面的等式组一定有严格的非负解 $\boldsymbol{x}^* = (x_1^*, x_2^*)^T$ 与 $\boldsymbol{y}^* = (y_1^*, y_2^*)^T$，其中

$$x_1^* = \frac{a_{22} - a_{21}}{(a_{11} + a_{22}) - (a_{12} + a_{21})}, \quad x_2^* = \frac{a_{11} - a_{12}}{(a_{11} + a_{22}) - (a_{12} + a_{21})},$$

$$y_1^* = \frac{a_{22} - a_{12}}{(a_{11} + a_{22}) - (a_{12} + a_{21})}, \quad y_2^* = \frac{a_{11} - a_{21}}{(a_{11} + a_{22}) - (a_{12} + a_{21})},$$

$$V_G = \frac{a_{11}a_{22} - a_{12}a_{21}}{(a_{11} + a_{22}) - (a_{12} + a_{21})}$$

【例 13-7】 求解矩阵对策 $G = \{S_1, S_2; A\}$，其中

$$A = \begin{bmatrix} 1 & 3 \\ 4 & 2 \end{bmatrix}$$

解：由于 A 没有鞍点，其具有混合策略解，通过计算，即可得到最优解为

$$x_1^* = \frac{a_{22} - a_{21}}{(a_{11} + a_{22}) - (a_{12} + a_{21})} = \frac{2 - 4}{(1 + 2) - (3 + 4)} = \frac{1}{2}$$

$$x_2^* = \frac{a_{11} - a_{12}}{(a_{11} + a_{22}) - (a_{12} + a_{21})} = \frac{1 - 3}{(1 + 2) - (3 + 4)} = \frac{1}{2}$$

同理，可求得 $y_1^* = \frac{1}{4}, y_2^* = \frac{3}{4}, V_G = \frac{5}{2}$，故最优解为 $\boldsymbol{x}^* = \left(\frac{1}{2}, \frac{1}{2}\right)^T, \boldsymbol{y}^* = \left(\frac{1}{4}, \frac{3}{4}\right)^T$，对策值为 $V_G = \frac{5}{2}$。

13.3.2 图解法

图解法主要应用在赢得矩阵为 $2 \times n, m \times 2, 3 \times n, m \times 3$ 阶的对策上，不适用于 n, m 均大于 3 的对策。图解法的主要求解步骤如下：

(1) 假设局中人 I 的混合策略为 $(x, 1-x)^T, 0 \leqslant x \leqslant 1$，在数轴上坐标为 O 和 $(1,0)$ 的两点分别作两条垂线 I-I 和 II-II，垂线上点的纵坐标值分别表示局中人 I 采取纯策略 A_1 和 A_2 时，局中人 II 选择各纯策略时的赢得值。当局中人 I 选择每一策略 $(x, 1-x)^T$ 时，他的最少可能的赢得为由局中人 II 选择各种策略时所确定的直线。

(2) 连接 3 条直线，形成一个交集区域。

(3) 找出最高的交点，以该交点的直线建立方程并求解，即可得到最优混合策略。

【例 13-8】 求解对策 $G = \{S_1, S_2; A\}$，其中 $S_1 = \{A_1, A_2\}, S_2 = \{B_1, B_2, B_3\}, A = \begin{bmatrix} 1 & 3 & 5 \\ 4 & 2 & 1 \end{bmatrix}$。

解：按照步骤(1)的思想，可以构建图 13-2。

当局中人 I 选择每一策略 $(x, 1-x)^T$ 时，最少

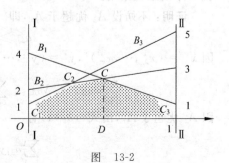

图 13-2

可能的赢得为由局中人Ⅱ选择 B_1,B_2,B_3 时所分别确定的3条直线 $x+4(1-x)=V$, $3x+2(1-x)=V, 5x+(1-x)=V$。

在 x 处的纵坐标中的最小者，即折线 $C_1C_2CC_3$，按最小最大原则，应选择 $x=OD$，而 CD 即为对策值。为了求出点 x 和对策值 V_G，可联立经过 C 点的 B_1 和 B_2 所确定的方程

$$\begin{cases} x+4(1-x)=V_G \\ 3x+2(1-x)=V_G \end{cases}$$

解得 $x=\dfrac{1}{2}, V_G=\dfrac{5}{2}$，所以 $\boldsymbol{x}^*=\left(\dfrac{1}{2},\dfrac{1}{2}\right)^{\mathrm{T}}$；局中人Ⅱ的最优混合策略只由 B_1 和 B_2 组成。

$$\begin{cases} y_1+3y_2=\dfrac{5}{2} \\ 4y_1+2y_2=\dfrac{5}{2} \\ y_1+y_2=1 \end{cases}$$

求得 $y_1^*=\dfrac{1}{4}, y_2^*=\dfrac{3}{4}$，所以局中人Ⅱ的最优混合策略为 $\boldsymbol{y}^*=\left(\dfrac{1}{4},\dfrac{3}{4},0\right)^{\mathrm{T}}$。

13.3.3 优超原则法

定义 13-4 设有矩阵对策 $G=\{S_1,S_2;\boldsymbol{A}\}$，其中 $S_1=\{A_1,A_2,\cdots,A_m\}, S_2=\{B_1,B_2,\cdots,B_n\}, \boldsymbol{A}=(a_{ij})_{m\times n}$。如果对一切 $j=1,2,\cdots,n$，都有 $a_{i^0j}\geqslant a_{k^0j}$，即矩阵 $\boldsymbol{A}$ 的第 i^0 行元素均不小于第 k^0 行的对应元素，则称局中人Ⅰ的纯策略 A_{i^0} 优超于 A_{k^0}；同样，若对一切 $i=1,2,\cdots,m$，都有 $a_{ij^0}\leqslant a_{it^0}$，即矩阵 $\boldsymbol{A}$ 的第 t^0 列元素均不小于第 j^0 列的对应元素，则称局中人Ⅱ的纯策略 B_{j^0} 优超于 B_{t^0}。

定理 13-10 设矩阵对策 $G=\{S_1,S_2;\boldsymbol{A}\}$，其中 $S_1=\{A_1,A_2,\cdots,A_m\}, S_2=\{B_1,B_2,\cdots,B_n\}, \boldsymbol{A}=(a_{ij})_{m\times n}$。若纯策略 A_1 被其余纯策略 $A_2,\cdots,A_m$ 中之一所优超，由 G 可得到一个新矩阵对策 $G'=\{S_1',S_2;\boldsymbol{A}'\}$，其中：

$$S_1'=\{A_2,\cdots,A_m\}, \quad \boldsymbol{A}'=(a_{ij})_{(m-1)\times n} \quad (i=2,\cdots,m; j=1,\cdots,n)$$

则有

(1) $V_{G'}=V_G$。

(2) G' 中局中人Ⅱ的最优策略就是其在 G 中的最优策略。

(3) 若 $(x_2^*,\cdots,x_m^*)^{\mathrm{T}}$ 是 G' 中局中人Ⅰ的最优策略，则 $\boldsymbol{x}^*=(0,x_2^*,\cdots,x_m^*)^{\mathrm{T}}$ 便是其在 G 中的最优策略。

证明：不妨设 A_2 优超于 A_1，即

$$a_{2j}\geqslant a_{1j} \quad (j=1,\cdots,n) \tag{13-11}$$

因 $\boldsymbol{x}^{*'}=(x_2^*,\cdots,x_m^*)^{\mathrm{T}}, \boldsymbol{y}^*=(y_1^*,\cdots,y_n^*)^{\mathrm{T}}$ 是 G' 的解，由定理 13-3 有

$$\sum_{j=1}^n a_{ij}y_j^*\leqslant V_{G'}\leqslant \sum_{i=2}^m a_{ij}x_i^* \quad (i=2,\cdots,m; j=1,\cdots,n) \tag{13-12}$$

因 A_2 优超于 A_1，由式(13-11)有

$$\sum_{j=1}^n a_{1j}y_j^*\leqslant \sum_{j=1}^n a_{2j}y_j^*\leqslant V_{G'} \tag{13-13}$$

合并式(13-12)和式(13-13)，得

$$\sum_{j=1}^{n} a_{ij} y_j^* \leqslant V_{G'} \leqslant \sum_{i=2}^{m} a_{ij} x_i^* + a_{1j} \cdot 0 \quad (i=1,\cdots,m; j=1,\cdots,n)$$

或者

$$E(i, \boldsymbol{y}^*) \leqslant V_{G'} \leqslant E(\boldsymbol{x}^*, j) \quad (i=1,\cdots,m; j=1,\cdots,n)$$

由定理 13-6，$(\boldsymbol{x}^*, \boldsymbol{y}^*)$ 是 G 的解，其中 $\boldsymbol{x}^* = (0, x_2^*, \cdots, x_m^*)^{\mathrm{T}}, V_{G'} = V_G$。

定理 13-10 实际给出了一个化简赢得矩阵 $\boldsymbol{A}$ 的原则，称为优超原则。根据这个原则，当局中人 Ⅰ 的某纯策略 A_i 被其他纯策略或纯策略的凸线性组合所优超时，可在矩阵 $\boldsymbol{A}$ 中划去第 i 行而得到一个与原对策 G 等价但赢得矩阵阶数较小的对策 G'，而 G' 的求解往往比 G 的求解容易些，通过求解 G' 而得到 G 的解。类似地，对局中人 Ⅱ 来说，可以在赢得矩阵 $\boldsymbol{A}$ 中划去被其他列或其他列的凸线性组合所优超的那些列。

【例 13-9】 设赢得矩阵为 $\boldsymbol{A}$，求解对策的纳什均衡。

$$\boldsymbol{A} = \begin{bmatrix} 3 & 2 & 0 & 3 & 0 \\ 5 & 0 & 2 & 5 & 9 \\ 7 & 3 & 9 & 5 & 9 \\ 4 & 6 & 8 & 7 & 5.5 \\ 6 & 0 & 8 & 8 & 3 \end{bmatrix}$$

解： 由定理 13-10 可知，第 4 行优于第 1 行，第 3 行优于第 2 行，故可划去第 1 行和第 2 行，得到新的赢得矩阵 $\boldsymbol{A}_1$

$$\boldsymbol{A}_1 = \begin{bmatrix} 7 & 3 & 9 & 5 & 9 \\ 4 & 6 & 8 & 7 & 5.5 \\ 6 & 0 & 8 & 8 & 3 \end{bmatrix}$$

对于 $\boldsymbol{A}_1$，第 1 列优超于第 3 列，第 2 列优超于第 4 列，$1/3 \times$（第 1 列）$+ 2/3 \times$（第 2 列）优超于第 5 列，因此去掉第 3 列、第 4 列和第 5 列，得到 $\boldsymbol{A}_2$

$$\boldsymbol{A}_2 = \begin{bmatrix} 7 & 3 \\ 4 & 6 \\ 6 & 0 \end{bmatrix}$$

这时，第一行又优超于第 3 行，故从 $\boldsymbol{A}_2$ 中划去第 3 行，得到 $\boldsymbol{A}_3$

$$\boldsymbol{A}_3 = \begin{bmatrix} 7 & 3 \\ 4 & 6 \end{bmatrix}$$

对于 $\boldsymbol{A}_3$，可知无鞍点存在，应用定理 13-10，求解下述不等式组

$$(1) \begin{cases} 7x_3 + 4x_4 \geqslant v \\ 3x_3 + 6x_4 \geqslant v \\ x_3 + x_4 = 1 \\ x_3, x_4 \geqslant 0 \end{cases}, \quad (2) \begin{cases} 7y_1 + 3y_2 \leqslant v \\ 4y_1 + 6y_2 \leqslant v \\ y_1 + y_2 = 1 \\ y_1, y_2 \geqslant 0 \end{cases}$$

首先考虑满足

$$\begin{cases} 7x_3 + 4x_4 = v \\ 3x_3 + 6x_4 = v \\ x_3 + x_4 = 1 \end{cases} \quad \begin{cases} 7y_1 + 3y_2 = v \\ 4y_1 + 6y_2 = v \\ y_1 + y_2 = 1 \end{cases}$$

的非负解。求得解为 $x_3^* = \frac{1}{3}, x_4^* = \frac{2}{3}$；$y_1^* = \frac{1}{2}, y_2^* = \frac{1}{2}$；$v = 5$。于是，原矩阵对策的纳什均衡为：$G = (\boldsymbol{x}^*, \boldsymbol{y}^*)$；$\boldsymbol{x}^* = \left(0, 0, \frac{1}{3}, \frac{2}{3}, 0\right)^{\mathrm{T}}$，$\boldsymbol{y}^* = \left(\frac{1}{2}, \frac{1}{2}, 0, 0, 0\right)^{\mathrm{T}}$；$V_G = 5$。

13.3.4 方程组法

根据定理 13-6，求解矩阵对策解 $(\boldsymbol{x}^*, \boldsymbol{y}^*)$ 的问题等价于求解不等式组式(13-9)和式(13-10)，又根据定理 13-4 和定理 13-5，如果假设最优策略中的 x_i^* 和 y_j^* 均不为零，即可将式(13-9)和式(13-10)两个不等式组的求解问题转化成求解下面两个方程组的问题

$$\begin{cases} \sum_{i=1}^{m} a_{ij} x_i = v \quad (j = 1, \cdots, n) \\ \sum_{i=1}^{m} x_i = 1 \end{cases} \tag{13-14}$$

$$\begin{cases} \sum_{j=1}^{n} a_{ij} y_j = v \quad (i = 1, \cdots, m) \\ \sum_{j=1}^{n} y_j = 1 \end{cases} \tag{13-15}$$

注意：式(13-14)和式(13-15)存在非负解 x_i^* 和 y_j^*，便得到一个纳什均衡的解 $(\boldsymbol{x}^*, \boldsymbol{y}^*)$。如果所求 x_i^* 和 y_j^* 有负分量，可视具体情况将式(13-14)和式(13-15)的某些等式变为不等式，继续试算直至求出其解。

【**例 13-10**】 求解矩阵对策 $G = \{S_1, S_2; \boldsymbol{A}\}$，其中

$$\boldsymbol{A} = \begin{bmatrix} 1 & 2 & -1 \\ -5 & -4 & 1 \\ 2 & -2 & -1 \end{bmatrix}$$

解：对于 $\boldsymbol{A}$，可知不存在鞍点和优超策略。设 $\boldsymbol{x}^* = (x_1^*, x_2^*, x_3^*)^{\mathrm{T}}$，$\boldsymbol{y}^* = (y_1^*, y_2^*, y_3^*)^{\mathrm{T}}$，其中 $x_i^* > 0, y_j^* > 0 (i, j = 1, 2, 3)$，求线性方程组

$$\begin{cases} x_1 - 5x_2 + 2x_3 = v \\ 2x_1 - 4x_2 - 2x_3 = v \\ -x_1 + x_2 - x_3 = v \\ x_1 + x_2 + x_3 = 1 \end{cases}, \quad \begin{cases} y_1 + 2y_2 - y_3 = v \\ -5y_1 - 4y_2 + y_3 = v \\ 2y_1 - 2y_2 - y_3 = v \\ y_1 + y_2 + y_3 = 1 \end{cases}$$

求解得：$\boldsymbol{x} = (0.525, 0.275, 0.2)^{\mathrm{T}}$，$\boldsymbol{y} = (0.2, 0.05, 0.75)^{\mathrm{T}}$，$V_G = -0.45$。

注意：应用该方法的条件是所有策略的概率大于零。

13.3.5 线性规划方法

由定理 13-4 可知，任一矩阵对策 $G = \{S_1, S_2; \boldsymbol{A}\}$ 的求解均等价于一对互为对偶的线性规划问题，对策 G 的解 $\boldsymbol{x}^*$ 和 $\boldsymbol{y}^*$ 等价于下面两个不等式组的解

$$\begin{cases} \sum_{i=1}^{m} a_{ij}x_i \geqslant v & (j=1,\cdots,n) \\ \sum_{i=1}^{m} x_i = 1 \\ x_i \geqslant 0 & (i=1,2,\cdots,m) \end{cases} \quad (13\text{-}16)$$

$$\begin{cases} \sum_{j=1}^{n} a_{ij}y_j \leqslant v & (i=1,\cdots,m) \\ \sum_{j=1}^{n} y_j = 1 \\ y_j \geqslant 0 & (j=1,\cdots,n) \end{cases} \quad (13\text{-}17)$$

对策值 $v = \max\limits_{x \in S_1^*} \min\limits_{y \in S_2^*} E(\boldsymbol{x},\boldsymbol{y}) = \min\limits_{y \in S_2^*} \max\limits_{x \in S_1^*} E(\boldsymbol{x},\boldsymbol{y})$

定理 13-11 设矩阵对策 $G = \{S_1, S_2; \boldsymbol{A}\}$ 的值为 V_G，则有

$$V_G = \max\limits_{x \in S_1^*} \min\limits_{1 \leqslant j \leqslant n} E(\boldsymbol{x}, j) = \min\limits_{y \in S_2^*} \max\limits_{1 \leqslant i \leqslant m} E(i, \boldsymbol{y}) \quad (13\text{-}18)$$

证明：因 V_G 是对策的值，故

$$V_G = \max\limits_{x \in S_1^*} \min\limits_{y \in S_2^*} E(\boldsymbol{x},\boldsymbol{y}) = \min\limits_{y \in S_2^*} \max\limits_{x \in S_1^*} E(\boldsymbol{x},\boldsymbol{y}) \quad (13\text{-}19)$$

一方面，任给 $\boldsymbol{x} \in S_1^*$ 有

$$\min\limits_{1 \leqslant j \leqslant n} E(\boldsymbol{x}, j) \geqslant \min\limits_{y \in S_2^*} E(\boldsymbol{x}, \boldsymbol{y})$$

因此

$$\max\limits_{x \in S_1^*} \min\limits_{1 \leqslant j \leqslant n} E(\boldsymbol{x}, j) \geqslant \max\limits_{x \in S_1^*} \min\limits_{y \in S_2^*} E(\boldsymbol{x}, \boldsymbol{y}) \quad (13\text{-}20)$$

另一方面，任给 $\boldsymbol{x} \in S_1^*, \boldsymbol{y} \in S_2^*$ 有

$$E(\boldsymbol{x}, \boldsymbol{y}) = \sum_{j=1}^{n} E(\boldsymbol{x}, j) \cdot y_j \geqslant \min\limits_{1 \leqslant j \leqslant n} E(\boldsymbol{x}, j)$$

因此

$$\min\limits_{y \in S_2^*} E(\boldsymbol{x}, \boldsymbol{y}) \geqslant \min\limits_{1 \leqslant j \leqslant n} E(\boldsymbol{x}, j) \quad (13\text{-}21)$$

$$\max\limits_{x \in S_1^*} \min\limits_{y \in S_2^*} E(\boldsymbol{x}, \boldsymbol{y}) \geqslant \max\limits_{x \in S_1^*} \min\limits_{1 \leqslant j \leqslant n} E(\boldsymbol{x}, j) \quad (13\text{-}22)$$

由式(13-20)和式(13-22)得

$$V_G = \max\limits_{x \in S_1^*} \min\limits_{1 \leqslant j \leqslant n} E(\boldsymbol{x}, j)$$

同理可证

$$V_G = \min\limits_{y \in S_2^*} \max\limits_{1 \leqslant i \leqslant m} E(i, \boldsymbol{y})$$

由定理 13-4 和定理 13-6 可知，任意矩阵对策 $G = \{S_1, S_2; \boldsymbol{A}\}$ 在混合意义下都有解，并且对策 G 的解 $\boldsymbol{x}^*$ 和 $\boldsymbol{y}^*$ 等价于求式(13-9)和式(13-10)的解。

根据定理 13-7，不妨设 $v > 0$，令

$$x_i' = \frac{x_i}{v} \quad (i=1,\cdots,m), \quad y_j' = \frac{y_j}{v} \quad (j=1,\cdots,n) \quad (13\text{-}23)$$

此时,式(13-9)和式(13-10)就变为

$$\max v = \frac{1}{\sum_{i=1}^{m} x'_i}$$

$$(1) \begin{cases} \sum_{i=1}^{m} a_{ij} x'_i \geqslant 1 & (j=1,2,\cdots,n) \\ \sum_{i=1}^{m} x'_i = \frac{1}{v} \\ x'_i \geqslant 0 & (i=1,2,\cdots,m) \end{cases}$$

根据定理 13-11,$v = \max_{x \in S_1^*} \min_{1 \leqslant j \leqslant n} \sum_{i=1}^{m} a_{ij} x_i$,不等式组(1)即等价于线性规划问题

$$\min z = \sum_{i=1}^{m} x'_i$$

$$(P) \begin{cases} \sum_{i=1}^{m} a_{ij} x'_i \geqslant 1 & (j=1,2,\cdots,n) \\ x'_i \geqslant 0 & (i=1,2,\cdots,m) \end{cases}$$

同理

$$(2) \begin{cases} \sum_{j=1}^{n} a_{ij} y'_j \leqslant 1 & (i=1,\cdots,m) \\ \sum_{j=1}^{n} y'_j = \frac{1}{v} \\ y'_j \geqslant 0 & (j=1,\cdots,n) \end{cases}$$

由于 $v = \min_{y \in S_2^*} \max_{1 \leqslant i \leqslant m} \sum_{j=1}^{n} a_{ij} y_j$,与之等价的线性规划问题是

$$\max w = \sum_{j=1}^{n} y'_j$$

$$(D) \begin{cases} \sum_{j=1}^{n} a_{ij} y'_j \leqslant 1 & (i=1,\cdots,m) \\ y'_j \geqslant 0 & (j=1,\cdots,n) \end{cases}$$

显然,问题(P)和(D)是互为对偶的线性规划,故可利用单纯形法或对偶单纯形法求解。在求解时,一般先求问题(D)的解,因为这样容易在迭代的第一步就找到第一个基本可行解,而问题(P)的解从问题(D)的最后一个单纯形表上即可得到。当求得问题(P)和(D)的解后,再利用变换式(13-23)即可求出原对策问题的解及对策的值。

【例 13-11】 某地有两家商店 A 和 B 均有三个广告策略,双方采取不同的广告策略时,A 商店的赢得矩阵为:$A = \begin{bmatrix} 3 & 0 & 2 \\ 0 & 2 & 0 \\ 2 & -1 & 4 \end{bmatrix}$,求解矩阵对策。

解:由题意可知

$$A = \begin{bmatrix} 3 & 0 & 2 \\ 0 & 2 & 0 \\ 2 & -1 & 4 \end{bmatrix} \begin{matrix} x_1 \\ x_2 \\ x_3 \end{matrix}$$
$$\quad\quad y_1 \quad y_2 \quad y_3$$

该问题可化成以下两个互为对偶的线性规划问题：

$$\min z = x_1 + x_2 + x_3$$

$$(P) \begin{cases} 3x_1 + 2x_3 \geqslant 1 \\ 2x_2 - x_3 \geqslant 1 \\ 2x_1 + 4x_3 \geqslant 1 \\ x_1, x_2, x_3 \geqslant 0 \end{cases}$$

$$\max w = y_1 + y_2 + y_3$$

$$(D) \begin{cases} 3y_1 + 2y_3 \leqslant 1 \\ 2y_2 \leqslant 1 \\ 2y_1 - y_3 + 4y_3 \leqslant 1 \\ y_1, y_2, y_3 \geqslant 0 \end{cases}$$

利用单纯形方法求解问题(D)，迭代过程如表 13-5 所示。

表 13-5

C_B	x_B	b	$c_j \to$ y_1	1 y_2	1 y_3	0 u_1	0 u_2	0 u_3	w
0	u_1	1	[3]	0	2	1	0	0	
0	u_2	1	0	2	0	0	1	0	
0	u_3	1	2	-1	4	0	0	1	
	$c_j - z_j$		1	1	1	0	0	0	0
1	y_1	1/3	1	0	2/3	1/3	0	0	
0	u_2	1	0	[2]	0	0	1	0	
0	u_3	1/3	0	-1	8/3	$-2/3$	0	1	
	$c_j - z_j$		0	1	1/3	$-1/3$	0	0	1/3
1	y_1	1/3	1	0	2/3	1/3	0	0	
1	y_2	1/2	0	1	0	0	1/2	0	
0	u_3	5/6	0	0	[8/3]	$-2/3$	1/2	1	
	$c_j - z_j$		0	0	1/3	$-1/3$	$-1/2$	0	5/6
1	y_1	1/8	1	0	0	1/2	$-1/8$	$-1/4$	
1	y_2	1/2	0	1	0	0	1/2	0	
1	y_3	5/16	0	0	1	$-1/4$	3/16	3/8	
	$c_j - z_j$		0	0	0	$-1/4$	$-9/16$	$-1/8$	15/16

从表 13-5 中可得到问题(D)的解为

$$\begin{cases} \boldsymbol{y} = \left(\dfrac{1}{8}, \dfrac{1}{2}, \dfrac{5}{16}\right)^{\mathrm{T}} \\ w = \dfrac{15}{16} \end{cases}$$

由表 13-5 中最后一个单纯形表可得问题 (P) 的解为

$$\begin{cases} \boldsymbol{x} = \left(\dfrac{1}{4}, \dfrac{9}{16}, \dfrac{1}{8}\right)^{\mathrm{T}} \\ z = \dfrac{15}{16} \end{cases}$$

于是

$$V_G = \frac{16}{15}, \quad \boldsymbol{x}^* = V_G \cdot \left(\frac{1}{4}, \frac{9}{16}, \frac{1}{8}\right)^{\mathrm{T}} = \left(\frac{4}{15}, \frac{3}{5}, \frac{2}{15}\right)^{\mathrm{T}},$$

$$\boldsymbol{y}^* = V_G \cdot \left(\frac{1}{8}, \frac{1}{2}, \frac{5}{16}\right)^{\mathrm{T}} = \left(\frac{2}{15}, \frac{8}{15}, \frac{1}{3}\right)^{\mathrm{T}}.$$

13.4 二人有限非零和对策

13.4.1 非零和对策的模型

与矩阵对策的情形类似，双矩阵对策一般也要在混合策略意义下求解。

前面讨论的都是由两个局中人参加的对策，并且都是零和对策。零和的意义就是说，双方的利害关系是对抗性的：有利于一个局中人，必然不利于另一个局中人。每个局中人寻求一个对自己一方最有利的策略，这个策略必然也是对另一方损害最大的策略。

现在转而讨论非零和对策，就是有 n 个局中人参加的对策。n 人对策 ($n \geqslant 2$) 又可以分为非合作对策和合作对策。所谓非合作对策，就是局中人之间互不合作，对于策略的选择不容许在事先有任何交换、传递信息的行为，不许可订立任何强制性的约定。每个局中人的目标也是希望自己得到尽可能多的支付，寻求一个对自己尽可能最有利的策略。在一个非合作 n 人对策中，有利于一个局中人的，并不一定不利于其他局中人。即是一个非合作二人对策，两个局中人的利害关系也可能不是绝对对抗性的。当然，这时对策不再是零和的，因为零和必是对抗性的。

【例 13-12】 （夫妇爱好问题）一对夫妇，打算外出欢度周末。丈夫（局中人 I）喜欢看足球赛，妻子（局中人 II）喜欢看芭蕾舞。但是，他们更重要的是采取同一行动，一同外出娱乐，而不是各看各的。这个非合作对策的规则规定，双方必须分别作出选择，而不许在事先进行协商。如果两个人都以策略 I 表示主张看足球赛，策略 II 表示要看芭蕾舞，则双方在周末文娱活动中得到的享受可以按下列赢得（支付）矩阵来评价

$$\boldsymbol{A} = \begin{bmatrix} 2 & -1 \\ -1 & 1 \end{bmatrix}, \quad \boldsymbol{B} = \begin{bmatrix} 1 & -1 \\ -1 & 2 \end{bmatrix}$$

$\boldsymbol{A}$ 为丈夫的赢得，$\boldsymbol{B}$ 为妻子的赢得，这种对策称为双矩阵对策。

【例 13-13】 前面讲过的"囚徒困境"的对策。局中人为两个囚徒，两个人都有两种策略（坦白、不坦白），两人的策略集共有四个元素。我们用 -1、-7、-9 分别表示被判刑的得益，用 0 表示被释放的得益，则对策的赢得矩阵如表 13-6 所示。

表 13-6

囚徒 2 \ 囚徒 1	策略	坦白	不坦白
策略	坦白	(−7,−7)	(0,−9)
	不坦白	(−9,0)	(−1,−1)

由此得两局中人得益矩阵

$$A = \begin{bmatrix} -7 & 0 \\ -9 & -1 \end{bmatrix}, \quad B = \begin{bmatrix} -7 & -9 \\ 0 & -1 \end{bmatrix}$$

这两个例子都是双矩阵对策的简单的情形，本节主要研究二人非零和对策。

依然在混合扩充意义考虑有限二人非零和对策，记局中人 I 的混合策略为 x，局中人 II 的混合策略为 y，相应的策略集为 S_1^*, S_2^*。

定义 13-5 对于某个有限二人非零和对策，其局中人 I 的赢得（混合策略）为

$$E_1(x,y) = \sum_{i=1}^{m} \sum_{j=1}^{n} a_{ij} x_i y_j$$

局中人 II 的赢得（混合策略下）为

$$E_2(x,y) = \sum_{i=1}^{m} \sum_{j=1}^{n} b_{ij} x_i y_j$$

式中，$A = (a_{ij})_{m \times n}$，$B = (b_{ij})_{m \times n}$。

定理 13-12 在有限二人非零和对策中，设 $E_1(x,y)$，$E_2(x,y)$ 分别为局中人 I、局中人 II 的赢得，$x \in S_1^*$，$y \in S_2^*$ 为任意策略，如果有一对策 $x^* \in S_1^*$，$y^* \in S_2^*$，满足

$$E_1(x, y^*) \leqslant E_1(x^*, y^*), \quad E_2(x^*, y^*) \leqslant E_2(x^*, y)$$

则称 (x^*, y^*) 为该对策的纳什均衡。称

$$(U^*, V^*) = (E_1(x^*, y^*), E_2(x^*, y^*))$$

为对策的均衡解。

定理 13-13 （纳什定理）任何双矩阵对策至少存在一个平衡局势（纳什均衡）。

定理 13-14 (x^*, y^*) 为双矩阵对策 G 的一个平衡局势的充要条件是存在数 p^* 和 q^*，使得 $[x^*, y^*, p^*, q^*]^T$ 是下述规划问题的一个解：

$$\max(x^T A y + x^T B y - p - q)$$

$$\begin{cases} Ay \leqslant p E_n \\ x^T B \leqslant q E_m \\ E_m^T x = E_n^T y = 1 \\ x \geqslant 0, y \geqslant 0 \end{cases}$$

其中 E_n 和 E_m 是分量均为 1 的 n 维和 m 维向量，A，B 分别为局中人 I 与 II 的赢得（支付）矩阵。

定理 13-14 说明，求解双矩阵对策的问题可以转化为求解一个数学规划问题。但由于这是一个非线性规划，一般来说求解比较复杂。不过当矩阵 A 和 B 均为 2×2 阶时，可以利用较简单的方法求解。

13.4.2 求平衡解的图解法

纳什定理肯定在对策中至少有一个平衡偶,但是并没有说明如何找平衡解,因为求解涉及两个不等式的求解问题。事实上,构造可以求出二人非零和对策的所有平衡偶的算法是很困难的,至今仍在继续研究之中。不过,对于 2×2 对策,采用下面介绍的图解法可以求出所有平衡解。

图解法步骤如下:
(1) 建立坐标系。
(2) 画出当 y 变化时,使 $E_1(x,y)$ 达到最大值的 x 的曲线——曲线1。
(3) 画出当 x 变化时,使 $E_2(x,y)$ 达到最大值的 y 的曲线——曲线2。
(4) 求两曲线的交点,确定纳什均衡。

【例 13-14】 求如下双矩阵的二人非零和对策。

$$\begin{bmatrix} (3,2) & (2,1) \\ (0,3) & (4,4) \end{bmatrix}$$

采用记号: $x=(x_1,x_2), y=(y_1,y_2)$,式中: $x_1+x_2=1, y_1+y_2=1$。$0 \leqslant x_1 \leqslant 1, 0 \leqslant y_1 \leqslant 1$,此时

$$A = \begin{bmatrix} 3 & 2 \\ 0 & 4 \end{bmatrix}, \quad B = \begin{bmatrix} 2 & 1 \\ 3 & 4 \end{bmatrix}$$

由定义 13-5 可得

$$E_1(x,y) = \sum_{i=1}^{2}\sum_{j=1}^{2} a_{ij}x_iy_j = (x_1, 1-x_1)\begin{bmatrix} 3 & 2 \\ 0 & 4 \end{bmatrix}\begin{bmatrix} y_1 \\ 1-y_1 \end{bmatrix} = x_1(5y_1-2)+4-4y_1$$

由图 13-3 可知:当 $0 \leqslant y_1 < \frac{2}{5}$ 时,则 $x_1=0$ 能使上式最大;如果 $y_1 = \frac{2}{5}$,对任何 $x_1(0 \leqslant x_1 \leqslant 1)$,$E_1(x,y)$ 都是最大的;如果 $\frac{2}{5} < y_1 \leqslant 1$,当 $x_1=1$ 时,$E_1(x,y)$ 最大。

同理

$$E_2(x,y) = \sum_{i=1}^{2}\sum_{j=1}^{2} b_{ij}x_iy_j = y_1(2x_1-1)+4-3x_1$$

由图 13-4 可知:当 $0 \leqslant x_1 < \frac{1}{2}, y_1=0$ 时,$E_2(x,y)$ 最大;当 $x_1 = \frac{1}{2}, y_1 \in [0,1]$ 时,$E_2(x,y)$ 总是最大的;当 $\frac{1}{2} < x_1 \leqslant 1, y_1=1$ 时,$E_2(x,y)$ 是最大的。

图 13-3

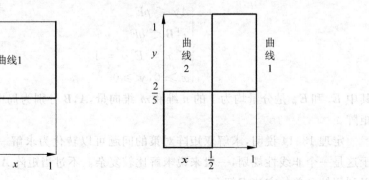

图 13-4

两曲线有三个交点 $(0,0),(1,1),\left(\dfrac{1}{2},\dfrac{2}{5}\right)$，相应的 $(x^*,y^*)=((x_1^*,1-x_1^*),(y_1^*,1-y_1^*))$ 能够同时满足 $E_1(x,y^*) \leqslant E_1(x^*,y^*),E_2(x^*,y^*) \leqslant E_2(x^*,y)$，于是

(1) $x_1^* = y_1^* = 0$ 时，$(x^*,y^*)=((0,1),(0,1)),(U^*,V^*)=(4,4)$。

(2) $x_1^* = y_1^* = 1$ 时，$(x^*,y^*)=((1,0),(1,0)),(U^*,V^*)=(3,2)$。

(3) $x_1^* = \dfrac{1}{2}, y_1^* = \dfrac{2}{5}$ 时，$(x^*,y^*)=\left(\left(\dfrac{1}{2},\dfrac{1}{2}\right)\left(\dfrac{2}{5},\dfrac{3}{5}\right)\right),(U^*,V^*)=\left(\dfrac{12}{5},\dfrac{5}{2}\right)$。

13.5 二人有限合作对策

前面介绍的是二人有限非零和对策在对策双方不合作的情况。在有些对策问题中，如果采用合作的方式，则可能使对策结果（各方的赢得）好于不合作的情况。

以 2×2 对策为例，局中人 I、局中人 II 的纯策略分别为 A_1,A_2 和 B_1,B_2，在这种情况下，所谓合作是指双方约定以概率 P_{ij} 采取策略对 (A_i,B_j)。此双方的期望得益分别记为

$$U = E_1(x,y) = \sum_{i=1}^{2}\sum_{j=1}^{2} P_{ij} a_{ij}, \quad V = E_2(x,y) = \sum_{i=1}^{2}\sum_{j=1}^{2} P_{ij} b_{ij}$$

式中，$\sum_{i=1}^{2}\sum_{j=1}^{2} P_{ij} = 1 (0 \leqslant P_{ij} \leqslant 1)$。

对于有限二人非零和对策的双矩阵 $\boldsymbol{A}$ 及 $\boldsymbol{B}$，在合作时，双方赢得在二维平面上的所有点构成的区域为

$$H = \left\{(U,V) \mid U = \sum_{i=1}^{2}\sum_{j=1}^{2} P_{ij} a_{ij}, V = \sum_{i=1}^{2}\sum_{j=1}^{2} P_{ij} b_{ij}, \sum_{i=1}^{2}\sum_{j=1}^{2} P_{ij} = 1 (0 \leqslant P_{ij} \leqslant 1)\right\}$$

称此为赢得区域，其为纯局势下赢得的点为顶点的凸多边形，表示在合作情况下，两个局中人的赢得的变化范围。

定义 13-6 若两对赢得 (U,V) 和 (U',V') 满足 $U \leqslant U', V \leqslant V',(U,V) \neq (U',V')$，则称 (U,V) 被 (U',V') 共同优超。

定义 13-7 若一对赢得 (U,V) 不被其他任何赢得共同优超，则称 (U,V) 为帕累托赢得。

定义 13-8 对于二人有限非零和对策，称 $U_0 = \max\limits_{x \in S_1^*}\min\limits_{y \in S_2^*} E_1(\boldsymbol{x},\boldsymbol{y})$ 和 $V_0 = \max\limits_{y \in S_2^*}\min\limits_{x \in S_1^*} E_2(\boldsymbol{x},\boldsymbol{y})$ 分别为局中人 I 和局中人 II 的最大最小解，称 (U_0,V_0) 为合作双矩阵对策的安全点。

定义 13-9 称 $\boldsymbol{B} = \{(u,v) \mid u \geqslant U_0, v \geqslant V_0\}$ 为赢得区域的帕累托解[即帕累托最优点 (u,v) 的全体]为谈判集。

下面，给出 Nash 谈判解的求解步骤：

(1) 由矩阵 $\boldsymbol{A}$ 和 $\boldsymbol{B}$ 求安全点 (U_0,V_0)。

(2) 求可行得失区域，对于 2×2 阶双矩阵对策，即以 $(a_{ij},b_{ij})(i=1,2;j=1,2)$ 为顶点的四边形。

(3) 求出 Pareto 最优点的区域，在 2×2 阶情形，一般位于右上方边界。

(4) 求 Nash 谈判集。

(5) 在 Nash 谈判集中，求 $f(U,V)=(U-U_0)(V-V_0)$ 的最大点 (U^*,V^*)，即 Nash 谈判解。

求 Nash 谈判解的过程，很像一个谈判协商过程，称为 Nash 谈判过程。

谈判集的意义是明确的，是指处于赢得区域内，不被其他赢得共同优超，且保证双方赢得至少不小于其相应的最大最小解的赢得点所构成的集合，是两个局中人谈判协商过程中所能容许的范围。当然，如果合作的结果是某个局中人的赢得小于其最大最小解，则该局中人便认为没有必要参加合作，因而谈判破裂。所以，合作型对策的解应从谈判集中去找。

【例 13-15】 求下述双矩阵对策的 Nash 谈判解

$$\begin{bmatrix}(1,2) & (4,5)\\(7,1) & (3,0)\end{bmatrix}$$

解：将此问题转化为针对局中人Ⅰ和局中人Ⅱ的两个零和对策矩阵

$$\boldsymbol{A}=\begin{bmatrix}1 & 4\\7 & 3\end{bmatrix},\quad \boldsymbol{B}^{\mathrm{T}}=\begin{bmatrix}2 & 1\\5 & 0\end{bmatrix}$$

利用零和对策的方法可求得局中人Ⅰ的最大最小解分别为

$$U_0=\frac{1\times 3-4\times 7}{1-4+3-7}=\frac{25}{7}$$

计算局中人Ⅱ的最大最小解需要将 $\boldsymbol{B}$ 转置，利用相同方法求其最大最小解

$$V_0=\frac{2\times 0-1\times 5}{2-1+0-5}=\frac{5}{4}$$

安全点为 $(U_0,V_0)=\left(\dfrac{25}{7},\dfrac{5}{4}\right)$。下面画出合作型对策赢得区域的图形，以矩阵中四个元素为顶点，画出多边形区域 $ABDC$，如图 13-5 所示，构成的区域为赢得区域。Nash 谈判集为如图 13-5 中的线段 AE。

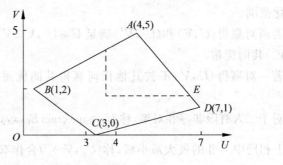

图 13-5

直线 AD 的方程为：$\dfrac{V-5}{1-5}=\dfrac{U-4}{7-4}$，整理可得：$V=-\dfrac{4}{3}U+\dfrac{31}{3}$。

当 $V=V_0=\dfrac{5}{4}$，$U=\dfrac{99}{16}$，即 E 点为 $\left(\dfrac{99}{16},\dfrac{5}{4}\right)$，在 $4\leqslant U\leqslant \dfrac{99}{16}$ 上求

$$f(U)=\left(U-\frac{25}{7}\right)\left(V-\frac{5}{4}\right)=\left(U-\frac{25}{7}\right)\left(-\frac{4}{3}U+\frac{31}{3}-\frac{5}{4}\right)=-\frac{4}{3}U^2+\frac{3\,489}{252}U-\frac{2\,725}{84}$$

的最大点,令 $f'(U)=0$,即

$$f'(U) = -\frac{8}{3}U + \frac{3\,489}{252} = 0, \quad U^* = \frac{3\,489}{672} \approx 5.19 \approx 5.2$$

由于 $f''(U) = -\frac{8}{3} < 0$,因此 $U^* = 5.2$ 为极大点。相应的

$$V^* = -\frac{4}{3}U + \frac{31}{3} = -\frac{4}{3} \times \frac{26}{5} + \frac{31}{3} = \frac{51}{15} = 3.4$$

所以 $(U^*, V^*) = (5.2, 3.4)$ 是 Nash 谈判解。

13.6 二人无限零和对策

13.6.1 无限对策的纯策略与混合策略

作为矩阵对策最简单的推广,就是把每个局中人的策略集从一个有限集换成一个无限集,如换成一个区间 I 中的全体实数,或取 $\{x_i | i=1,2,\cdots\}$。

当取 $I=[0,1]$ 时,局中人 I 从区间 $[0,1]$ 中选择一个数 x,局中人 II 完全独立地从区间 $[0,1]$ 中选择一个数 y。x 和 y 称为局中人 I 和 II 的纯策略。选定 x,y 后,就确定了对策的一个局,其结果用一个支付函数 $P(x,y)$ 来表示。局中人 I 得到支付 $P(x,y)$,局中人 II 得到支付 $-P(x,y)$,或者说,局中人 II 付给局中人 I 为 $P(x,y)$。

这种对策称为无限对策。由于局中人 I、II 得到的支付之和恒为零,所以这种无限对策也是零和二人对策。

例如,局中人 I、II 互相独立地从 $[0,1]$ 中分别选择一对实数 x、y,支付函数是

$$P(x,y) = (x-y)^2$$

就是定义在正方形 $0 \leqslant x \leqslant 1, 0 \leqslant y \leqslant 1$ 上的一个零和二人无限对策。

对于局中人 I 选定的一个固定的 $x \in [0,1]$,他至少可以得到支付

$$\min_{0 \leqslant y \leqslant 1} P(x,y) \tag{13-24}$$

局中人 I 希望支付越大越好,因此,他将选择 $x \in [0,1]$ 使得式(13-24)最小值为最大,即

$$\max_{0 \leqslant x \leqslant 1} \min_{0 \leqslant y \leqslant 1} P(x,y) \tag{13-25}$$

不论局中人 II 如何策略,局中人 I 至少可以得到支付式(13-25)。

出于同样的考虑,对于局中人 II 选定的一个固定的 $y \in [0,1]$,他最多付出

$$\max_{0 \leqslant x \leqslant 1} P(x,y)$$

局中人 II 希望支付越小越好,因此,他将选择 $y \in [0,1]$ 使得上面这个最大值为最小,即

$$\min_{0 \leqslant y \leqslant 1} \max_{0 \leqslant x \leqslant 1} P(x,y) \tag{13-26}$$

与矩阵对策相同,也有下面的不等式成立

$$\max_{0 \leqslant x \leqslant 1} \min_{0 \leqslant y \leqslant 1} P(x,y) \leqslant \min_{0 \leqslant y \leqslant 1} \max_{0 \leqslant x \leqslant 1} P(x,y) \tag{13-27}$$

如果

$$\max_{0\leqslant x\leqslant 1}\min_{0\leqslant y\leqslant 1}P(x,y)=\min_{0\leqslant y\leqslant 1}\max_{0\leqslant x\leqslant 1}P(x,y)$$

则存在(x^*,y^*)使得不等式

$$P(x,y^*)\leqslant P(x^*,y^*)\leqslant P(x^*,y) \tag{13-28}$$

对一切$x\in[0,1]$及$y\in[0,1]$成立。此时,称(x^*,y^*)为支付函数的一个鞍点。

$P(x,y)$在鞍点(x^*,y^*)处的值

$$V=P(x^*,y^*)$$

成为对策的值,且$\max\limits_{0\leqslant x\leqslant 1}\min\limits_{0\leqslant y\leqslant 1}P(x,y)=V=P(x^*,y^*)=\min\limits_{0\leqslant y\leqslant 1}\max\limits_{0\leqslant x\leqslant 1}P(x,y)$

如果式(13-27)不成立,即$\max\limits_{0\leqslant x\leqslant 1}\min\limits_{0\leqslant y\leqslant 1}P(x,y)<\min\limits_{0\leqslant y\leqslant 1}\max\limits_{0\leqslant x\leqslant 1}P(x,y)$

这时,可以像矩阵对策一样,引入混合策略。

设局中人Ⅰ、局中人Ⅱ分别按分布函数$F(x),G(y)$在$[0,1]$选取x和y,如果局中人Ⅰ采用纯策略x,局中人Ⅱ采用混合策略$G(y)$,则局中人Ⅰ得到的期望赢得为

$$\int_0^1 P(x,y)\mathrm{d}G(y)$$

这里的积分是斯蒂尔杰斯积分。

同样,对于局中人Ⅱ选定的一个确定的$y\in[0,1]$,局中人Ⅰ采用混合策略$F(x)$,局中人Ⅱ的期望支付为

$$\int_0^1 P(x,y)\mathrm{d}F(x)$$

如果局中人Ⅰ、局中人Ⅱ分别按分布函数$F(x),G(y)$选取混合策略,则局中人Ⅰ的期望赢得为

$$E(F,G)=\int_0^1\int_0^1 P(x,y)\mathrm{d}F(x)\mathrm{d}G(y)$$

局中人Ⅰ希望这个期望的得益越大越好。当他选用某个混合策略$F(x)$时,期望得益至少为$\min\limits_{G}E(F,G)$,所以他应选取F使其最大,即

$$V_1=\max_F\min_G E(F,P) \tag{13-29}$$

同样,局中人Ⅱ期望支付越小越好,即

$$V_2=\min_G\max_F E(F,P) \tag{13-30}$$

当V_1,V_2都存在时,两者之间有关系式

$$V_1=\max_F\min_G E(F,P)\leqslant\min_G\max_F E(F,P)=V_2$$

下面是关于无限对策的基本定理:

定理13-15 设无限对策的支付函数$P(x,y)$是在$x\in[0,1],y\in[0,1]$上的连续函数,则

$$V_1=\max_F\min_G\int_0^1\int_0^1 P(x,y)\mathrm{d}F(x)\mathrm{d}G(y)$$

与

$$V_2=\min_G\max_F\int_0^1\int_0^1 P(x,y)\mathrm{d}F(x)\mathrm{d}G(y)$$

存在并相等。

当支付函数为连续函数的无限对策时,则称为连续对策。

【例 13-16】 设连续对策的支付函数是
$$P(x,y) = (x-y)^2, x \in [0,1], \quad y \in [0,1]$$

在这个对策中,对策值为 $\frac{1}{4}$,局中人 Ⅱ 的最优策略为纯策略 $y = \frac{1}{2}$,局中人 Ⅰ 以相等的概率选择 $x=0$ 或 $x=1$。即
$$G^*(y) = I_{\frac{1}{2}}(y), \quad F^*(x) = \frac{1}{2}I_0(x) + \frac{1}{2}I_1(x)$$

因为
$$\max_{0 \leqslant x \leqslant 1} \int_0^1 P(x,y) dG^*(y) = \max_{0 \leqslant x \leqslant 1} \int_0^1 (x-y)^2 dI_{\frac{1}{2}}(y) = \frac{1}{4}$$

$$\min_{0 \leqslant y \leqslant 1} \int_0^1 P(x,y) dF^*(x) = \min_{0 \leqslant y \leqslant 1} \int_0^1 (x-y)^2 d\left[\frac{1}{2}I_0(x) + \frac{1}{2}I_1(x)\right]$$
$$= \min_{0 \leqslant y \leqslant 1} \left[\frac{1}{2}(0-y)^2 + \frac{1}{2}(1-y)^2\right] = \frac{1}{4}$$

13.6.2 凸对策

当单位正方形上连续对策的支付函数如果对于其中一个变量来说是凸函数,这种对策叫作凸对策,或者叫作具凸支付函数的对策。

$P(x,y)$ 为凸函数,指对每个 $x \in [0,1]$,对每一对 $y_1, y_2 \in [0,1]$ 和 $\lambda \in [0,1]$,$P(x,y)$ 满足
$$P(x, \lambda y_1 + (1-\lambda)y_2) \leqslant \lambda P(x, y_1) + (1-\lambda) P(x, y_2) \tag{13-31}$$

当 $\lambda \in (0,1)$ 时,式(13-31)中恒成立严格不等号,则称其为严格凸函数。

其主要结果为:

定理 13-16 设函数 $P(x,y)$ 在单位正方形 $x \in [0,1], y \in [0,1]$ 上对于 x 和 y 都连续,如果对于每一个 $x \in [0,1]$,$P(x,y)$ 是 y 的严格凸函数,则由下面积分所定义的函数
$$\psi(y) = \int_0^1 P(x,y) dF(x)$$

是 y 的连续函数,并且也是 y 的严格凸函数,式中 $F(x)$ 是任意分布函数。

定理 13-17 设单位正方形上连续对策的支付函数是 $P(x,y)$,并设 $P(x,y)$ 对于每一个 x 是 y 的严格凸函数,则局中人 Ⅱ 的最优策略是一个纯策略,并且这个纯策略是局中人 Ⅱ 的唯一的最优策略。

13.7 多人非合作对策

实际问题中,会经常出现多人对策的问题,且每个局中人的赢得函数之和也不必一定为零,特别是许多经济过程中的对策模型一般都是非零和的,因为经济过程总是有新价值的产生。所谓非合作对策,就是指局中人之间互不合作,对策略的选择不允许事先有任何交换信息的行为,不允许订立任何约定,矩阵对策就是一种非合作对策。一般非合作对策

模型可描述为：

(1) 局中人集合：$I=\{1,2,\cdots,n\}$。

(2) 每个局中人的策略集：$S_1,S_2,\cdots,S_n$（都为有限集）。

(3) 局势：$s=(s_1,s_2,\cdots,s_n)\in S_1\times S_2\times\cdots\times S_n$。

(4) 每个局中人 i 的赢得函数记为 $H_i(s)$，一般说来，$\sum_{i=1}^{n}H_i(s)\neq 0$。一个非合作 n 人对策，一般用符号 $G=\{I,\{S_i\},\{H_i\}\}$ 表示。

为讨论非合作 n 人对策的平衡局势，引入记号

$$s\parallel s_i^0=(s_1,s_2,\cdots,s_{i-1},s_i^0,s_{i+1},\cdots,s_n) \tag{13-32}$$

它的含义是：在局势 $s=(s_1,s_2,\cdots,s_n)$ 中，局中人 i 将自己的策略由 s_i 换成 s_i^0，其他局中人的策略不变而得到的一个新局势。如果存在一个局势 s，使得对任意 $s_i^0\in s_i$，有

$$H_i(s)\geqslant H_i(s\parallel s_i^0) \tag{13-33}$$

则称局势 s 对局中人 i 有利，也就是说，若局势 s 对局中人 i 有利，则不论局中人 i 将自己的策略如何置换，都不会得到比在局势 s 下更多的赢得。显然，在非合作的条件下，每个局中人都力图选择对自己最有利的局势。

定义 13-10 如果局势 s 对所有的局中人都有利，即对任意 $i\in I, s_i^0\in S_i$，有 $H_i(s)\geqslant H_i(s\parallel s_i^0)$，则称 s 为非合作对策 G 的一个平衡局势（或平衡点）。

当 G 为二人零和对策时，上述定义等价于 (A_{i^*},B_{j^*}) 为平衡局势的充要条件是：对任意 i,j，有 $a_{ij^*}\leqslant a_{i^*j^*}\leqslant a_{i^*j}$，此与前述关于矩阵对策平衡局势的定义是一致的。

由矩阵对策的结果可知，非合作多人对策在纯策略意义下的平衡局势不一定存在。因此，需要考虑局中人的混合策略。对每个局中人的策略集 S_i，令 S_i^* 为定义在 S_i 上的混合策略集（即 S_i 上所有概率分布的集合），x^i 表示局中人 i 的一个混合策略，$x=(x^1,x^2,\cdots,x^n)$ 为一个混合局势

$$x\parallel z^i=(x^1,x^2,\cdots,x^{i-1},z^i,x^{i+1},\cdots,x^n) \tag{13-34}$$

表示局中人 i 在局势 x 下，将自己的策略 x^i 置换为 z^i 而得到的一个新的混合局势。以下记 $E_i(x)$ 为局中人 i 在混合局势 x 下赢得的期望值，则有以下关于非合作多人对策解的定义。

定义 13-11 若对任意 $i\in I,z^i\in S_i^*$，有 $E_i(x\parallel z^i)\leqslant E_i(x)$，则称 x 为非合作多人对策 G 的一个平衡局势（或平衡点）。

对非合作多人对策，可将定理 13-13 略作改动，得到定理 13-18。

定理 13-18 （Nash 定理）非合作多人对策，在混合策略意义下的平衡局势一定存在。

具体到二人有限非零和对策，Nash 定理的结论可表述为：一定存在 $x\in S_1^*,y\in S_2^*$，有

$$x^{\mathrm{T}}Ay^*\leqslant x^{*\mathrm{T}}Ay^*(x\in S_1^*),\quad x^{*\mathrm{T}}By\leqslant x^{*\mathrm{T}}By^*(y\in S_2^*) \tag{13-35}$$

则称 (x^*,y^*) 为双矩阵对策 G 的平衡局势。

上述定义给出了双矩阵对策的一种最常用的解的概念，平衡局势 (x^*,y^*) 就是 G 的解，它相应的两个局中人的期望收益 $(x^{*\mathrm{T}}Ay^*,x^{*\mathrm{T}}By^*)$ 就是 G 的值，记为 (U^*,V^*)。显然，当 $A+B=0$ 时，平衡局势的定义就化为矩阵对策在混合策略意义下的解的定义了。纳什证明了平衡局势存在性定理。

和矩阵对策所不同的是，双矩阵对策以及一般非合作多人对策平衡点的计算问题还远没有解决。但对 2×2 双矩阵对策，可得到如下结果：设双矩阵对策中两个局中人的赢得矩阵分别为

$$\boldsymbol{A} = \begin{bmatrix} a_{11} & a_{12} \\ a_{21} & a_{22} \end{bmatrix}, \quad \boldsymbol{B} = \begin{bmatrix} b_{11} & b_{12} \\ b_{21} & b_{22} \end{bmatrix}$$

分别记局中人 Ⅰ 和 Ⅱ 的混合策略为 $(x, 1-x)$ 与 $(y, 1-y)$，由式(13-35)，局势 (x, y) 的对策平衡点的充要条件为

$$E_1(x, y) \geqslant E_1(1, y), \quad E_1(x, y) \geqslant E_1(0, y) \tag{13-36}$$

$$E_2(x, y) \geqslant E_2(x, 1), \quad E_2(x, y) \geqslant E_2(x, 0) \tag{13-37}$$

由式(13-36)，可得

$$Q(1-x)y - q(1-x) \leqslant 0, \quad Qxy - qx \geqslant 0 \tag{13-38}$$

其中 $Q = a_{11} + a_{22} - a_{21} - a_{12}$，$q = a_{22} - a_{12}$，对式(13-38)进行求解，即可得到

(1) $Q=0, q=0$ 时，$x \in [0,1], y \in [0,1]$。

(2) $Q=0, q>0$ 时，$x=0, y \in [0,1]$。

(3) $Q=0, q<0$ 时，$x=1, y \in [0,1]$。

(4) $Q \neq 0$ 时，记 $\dfrac{q}{Q} = A$，此时有 $\begin{cases} x=0 & (y \leqslant A) \\ 0<x<1 & (y = A) \\ x=1 & (y \geqslant A) \end{cases}$

类似地，由式(13-37)，有

$$Rx(1-y) - r(1-y) \leqslant 0, \quad Rxy - ry \geqslant 0 \tag{13-39}$$

其中 $R = b_{11} + b_{22} - b_{21} - b_{12}$，$r = b_{22} - b_{21}$，对式(13-39)进行求解，即可得到

(1) $R=0, r=0$ 时，$x \in [0,1], y \in [0,1]$。

(2) $R=0, r>0$ 时，$x \in [0,1], y=0$。

(3) $R=0, r<0$ 时，$x \in [0,1], y=1$。

(4) $R \neq 0$ 时，记 $\dfrac{r}{R} = B$，此时有 $\begin{cases} x \leqslant B & (y=0) \\ x=B & (0<y<1) \\ x \geqslant B & (y=1) \end{cases}$

【例 13-17】 求解 2×2 双矩阵对策，其中

$$\boldsymbol{A} = \begin{bmatrix} 2 & -1 \\ -1 & 1 \end{bmatrix}, \quad \boldsymbol{B} = \begin{bmatrix} 1 & -1 \\ -1 & 2 \end{bmatrix}$$

解：由上面关于 2×2 双矩阵对策解的讨论，可知

$$Q = a_{11} + a_{22} - a_{21} - a_{12} = 2 + 1 - (-1) - (-1) = 5,$$

$$q = a_{22} - a_{12} = 1 - (-1) = 2, \quad A = \frac{q}{Q} = \frac{2}{5}$$

$$R = b_{11} + b_{22} - b_{21} - b_{12} = 1 + 2 - (-1) - (-1) = 5,$$

$$r = b_{22} - b_{21} = 2 - (-1) = 3, \quad B = \frac{r}{R} = \frac{3}{5}$$

将这些结果代入双矩阵对策解的公式，得到

$$\begin{cases} x = 0 & (y \leq \frac{2}{5}) \\ 0 < x < 1 & (y = \frac{2}{5}) \\ x = 1 & (y \geq \frac{2}{5}) \end{cases} \quad (13\text{-}40)$$

$$\begin{cases} x \leq \frac{3}{5} & (y = 0) \\ x = \frac{3}{5} & (0 < y < 1) \\ x \geq \frac{3}{5} & (y = 1) \end{cases} \quad (13\text{-}41)$$

解上述不等式组(13-40)与(13-41)，即可得到对策的 3 个平衡点：$(0,0)$，$\left(\frac{3}{5}, \frac{2}{5}\right)$，$(1,1)$。

不等式组(13-40)的解在图 13-6 中以粗线表示，不等式组(13-41)的解以虚线表示，粗线与虚线的 3 个交点即为对策的 3 个平衡点。

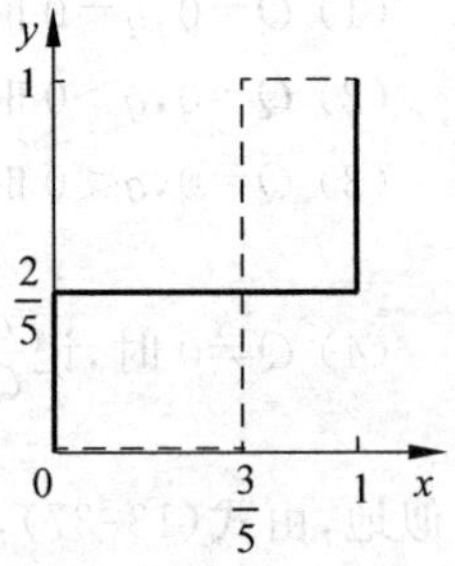

由 $E_1(x,y) = 5xy - 2(x+y) + 1$, $E_2(x,y) = 5xy - 3(x+y) + 2$ 可得

$$E_1\left(\frac{3}{5}, \frac{2}{5}\right) = E_2\left(\frac{3}{5}, \frac{2}{5}\right) = \frac{1}{5}, \quad E_1(0,0) = 1,$$

$$E_1(1,1) = 2, \quad E_2(0,0) = 2, \quad E_2(1,1) = 1$$

图 13-6

不难发现，在平衡点$(0,0)$和$(1,1)$处，两个局中人的期望收益都比在平衡点$\left(\frac{3}{5}, \frac{2}{5}\right)$的期望收益要好。但由于这是一个非合作对策，不允许在选择策略前进行协商，所以两个局中人没有办法保证一定能达到平衡局势$(0,0)$或$(1,1)$。因而，尽管这个对策有 3 个平衡点，但哪一个平衡点作为对策的解都是难以令人信服的。

【例 13-18】 求解本章例 13-13 的"囚徒困境"的对策。

解：依据题意，我们不难得到两个囚犯的赢得矩阵分别为

$$\boldsymbol{A} = \begin{bmatrix} -7 & 0 \\ -9 & -1 \end{bmatrix}, \quad \boldsymbol{B} = \begin{bmatrix} -7 & -9 \\ 0 & -1 \end{bmatrix} \quad (13\text{-}42)$$

由

$$Q = a_{11} + a_{22} - a_{21} - a_{12} = 1, \quad q = a_{22} - a_{12} = -1, \quad A = \frac{q}{Q} = -1$$

$$R = b_{11} + b_{22} - b_{21} - b_{12} = 1, \quad r = b_{22} - b_{21} = -1, \quad B = \frac{r}{R} = -1$$

不难确定该对策问题有唯一平衡点$(x,y) = (1,1)$，即两个人都承认犯罪，所得支付为各判刑 7 年。从赢得矩阵式(13-42)来看，这个平衡局势显然不是最有利的。如果两人都不承认犯罪，得到的赢得都是-1，相当于各判刑 1 年，这才是最有利的结果。但是，在非合作的条件下，这个最有利的结局也是难以达到的。

13.8 多人合作对策

与非合作对策不同,合作对策的基本特征是参加对策的局中人可以进行充分的合作,即可以事先商定好,把各自的策略协调起来,并在对策后对所获赢得进行重新分配。合作的形式是所有局中人可以形成若干联盟,每个局中人仅参加一个联盟,联盟所得要在联盟的所有成员中进行重新分配。

一般说来,合作可以提高联盟的赢得,因而也可以提高每个联盟成员的所得。但联盟能否形成以及形成哪种联盟,或者说一个局中人是否参加联盟以及参加哪个联盟,不仅取决于对策的规则,更取决于联盟所获赢得如何对各成员进行合理的重新分配。如果分配方案不合理,就可能破坏联盟的形成。因此,在合作对策中,每个局中人如何选择自己的策略已经不是需要研究的主要问题了,而需要研究的重要问题是:如何形成联盟,以及联盟的赢得如何合理分配(如何维持联盟)?

研究问题重点的转变,使得合作对策的模型、解的概念,都与非合作对策问题有很大的不同。具体来说,构成合作对策的两个基本要素为局中人集合 I 和特征函数 $v(S)$,其中 $I=\{1,2,\cdots,n\}$; S 为 I 的任一子集,即任何一个可能形成的联盟。

$v(S)$ 表示联盟 S 在对策中的赢得,又称之为联盟 S 的价值。它表示联盟 S 中的成员无须求助于 S 之外的局中人就能得到的可转让赢得的总量。因此,可将合作对策模型表示为 $G=\{I,v\}$。

【例 13-19】 有三个局中人,每人各提出一个三人分配 3 万元的分配方案。试按以下几种情况分别探讨合作对策模型:

(1) 若三人方案一致,则通过,并成为实际分配方案。
(2) 只要局中人 1 和 2 两人方案一致,就可以成为实际分配方案。
(3) 只要任何两人方案一致,就可以成为实际分配方案。

解:由题意可知:$I=\{1,2,3\}$

(1) 合作对策模型为
$$v=(\{1,2,3\})=3, \quad v(\{1,2\})=v(\{1,3\})=v(\{2,3\})=0,$$
$$v(\{1\})=v(\{2\})=v(\{3\})=0$$

(2) 合作对策模型为
$$v=(\{1,2,3\})=3=v(\{1,2\}), \quad v(\{1,3\})=v(\{2,3\})=0,$$
$$v(\{1\})=v(\{2\})=v(\{3\})=0$$

(3) 合作对策模型为
$$v=(\{1,2,3\})=3=v(\{1,2\})=v(\{1,3\})=v(\{2,3\}),$$
$$v(\{1\})=v(\{2\})=v(\{3\})=0$$

【例 13-20】 n 个人组成的寻宝探险队在一个山洞里面找到一批宝物,每件价值为 1 个货币单位,每件要两人合作才能运回。对应的可转让赢得的合作对策模型为 $G=\{I,v\}$,其中
$$v(S)=\begin{cases}\dfrac{(|S-1|)}{2}, & \text{若}|S|\text{为奇数} \\ \dfrac{(|S|)}{2}, & \text{若}|S|\text{为偶数}\end{cases}$$

式中，$|S|$ 表示联盟 S 中的成员个数。

设以 n 维向量 $\boldsymbol{x}=(x_1,x_2,\cdots,x_n)^T$ 表示联盟赢得的一个分配方案，其中 x_i 表示联盟成员 $i\in I$ 的分配所得，若 $\boldsymbol{x}$ 满足下列条件

$$x_i \geqslant v(\{i\}) \quad (i=1,2,\cdots,n), \quad \sum_{i=1}^{n} x_i = v(I)$$

则称 $\boldsymbol{x}$ 是合作对策 $G=\{I,v\}$ 的一个可行解。

13.9 动态对策

策略集或赢得函数随时间变化的对策叫动态对策。动态对策除了以各自的策略作变量外，还要引入一个表示每一时刻对策所处状况的状态变量（或向量）；同时动态对策还与各局中人拥有的信息的程度（称为信息结构）有关。以动态二人零和对策为例，记 t 为时间，动态二人零和对策可表示为 $G=\{S_{1t},S_{2t},E_t\}$。式中 $S_{1t}=\{x(t)\}$，$S_{2t}=\{y(t)\}$，表示局中人 Ⅰ 和 Ⅱ 在 t 时刻的策略集；E_t 是局中人的赢得函数，还是策略 $x(t)$ 和 $y(t)$ 的函数。

引入状态变量 $z(t)$，则状态变量的变化形式可以用下述状态方程来表示

$$z(t+1) = f_t(z(t),x(t),y(t)) \tag{13-43}$$

局中人 Ⅰ 在 $0\sim T$ 时段的总赢得为

$$E = E_T(z(T)) + \sum_{t=0}^{T-1} E_t(z(t),x(t),y(t)) \tag{13-44}$$

局中人 Ⅰ 的目标是要使长期利益 E 最大；局中人 Ⅰ 和 Ⅱ 的决策 $x(t)$ 和 $y(t)$ 是在其所拥有的信息 $\eta(t)$ 的基础上得出的，即有下述决策律

$$x(t) = \gamma_{1t}(\eta(t))$$
$$y(t) = \gamma_{2t}(\eta(t)) \quad (t=0,1,2,\cdots,T-1)$$

于是

$$E = E_T(z(T)) + \sum_{t=0}^{T-1} E_t(z(t),\gamma_{1t},\gamma_{2t}) = E(\gamma_1,\gamma_2) \tag{13-45}$$

式中

$$\gamma_1 = \{\gamma_{1t}\}, \quad \gamma_2 = \{\gamma_{2t}\}$$

如果存在 γ_1^*,γ_2^*，使得

$$E(\gamma_1,\gamma_2^*) \leqslant E(\gamma_1^*,\gamma_2^*) \leqslant E(\gamma_1^*,\gamma_2) \tag{13-46}$$

称 γ_1 和 γ_2 为纳什均衡。

本 章 小 结

本章主要讲述了对策论的基本概念、基本定理、性质、对策论中一些基本的对策方法以及求解方法，并着重介绍了矩阵对策。

矩阵对策即为二人有限零和对策。"二人"是参加对策的局中人有两个，"有限"是指每个局中人的策略集均为有限集，"零和"是指在任一局势下，两个局中人的赢得之和总等

于零,即一个局中人的所得值恰好等于另一个局中人的所失值,双方的利益是完全对抗的。

矩阵对策是一种最简单、最基本的对策。说它简单是因为只有两个局中人,且每个局中人都只有有限个策略;说它基本是因为它的一套比较成熟的理论和方法,是研究其他各种对策的基础。学习矩阵对策既可以让我们对对策论有一个初步的了解,又可以让我们从中看到矩阵思想的精妙应用。

习　　题

1. 甲、乙二人零和对策,已知甲的赢得矩阵,求双方的最优策略与对策值。

(1) $A = \begin{bmatrix} -2 & 12 & -4 \\ 1 & 4 & 8 \\ -5 & 2 & 3 \end{bmatrix}$　　(2) $A = \begin{bmatrix} 2 & 2 & 1 \\ 3 & 4 & 4 \\ 2 & 1 & 6 \end{bmatrix}$

(3) $A = \begin{bmatrix} 9 & -6 & -3 \\ 5 & 6 & 4 \\ 7 & 4 & 3 \end{bmatrix}$　　(4) $A = \begin{bmatrix} 1 & 7 & 6 \\ -4 & 3 & -5 \\ 0 & -2 & 4 \end{bmatrix}$

(5) $A = \begin{bmatrix} 2 & -3 & 1 & -4 \\ 6 & -4 & 1 & -5 \\ 4 & 3 & 3 & 2 \\ 2 & -3 & 2 & -4 \end{bmatrix}$　　(6) $A = \begin{bmatrix} 9 & 3 & 1 & 8 & 0 \\ 6 & 5 & 4 & 6 & 7 \\ 2 & 4 & 3 & 3 & 8 \\ 5 & 6 & 2 & 2 & 1 \end{bmatrix}$

2. 甲、乙二人进行一种游戏,甲先在横轴的 $x \in [0,1]$ 区间内任选一个数,不让乙知道;然后乙在纵轴的 $y \in [0,1]$ 区间内任选一个数。双方选定后,乙对甲的支付为 $P(x,y) = \frac{1}{2}y^2 - 2x^2 - 2xy + \frac{7}{2}x + \frac{5}{4}y$,求甲、乙二人的最优策略和对策值。

3. 甲、乙二人零和对策,已知甲的赢得矩阵,先尽可能按优超原则进行简化,再利用图解法求解。

(1) $A = \begin{bmatrix} 2 & 4 \\ 2 & 3 \\ 3 & 2 \\ -2 & 6 \end{bmatrix}$　　(2) $A = \begin{bmatrix} 3 & 5 & 4 & 2 \\ 5 & 6 & 2 & 4 \\ 2 & 1 & 4 & 0 \\ 3 & 3 & 5 & 2 \end{bmatrix}$

(3) $A = \begin{bmatrix} 5 & 7 & -6 \\ -6 & 0 & 4 \\ 7 & 8 & -5 \end{bmatrix}$　　(4) $A = \begin{bmatrix} 4 & 2 & 3 & -1 \\ -4 & 0 & -2 & -2 \end{bmatrix}$

4. 甲、乙二人零和对策,已知甲的赢得矩阵,利用线性规划的方法求解。

(1) $A = \begin{bmatrix} 2 & 0 & 2 \\ 0 & 3 & 1 \\ 1 & 2 & 1 \end{bmatrix}$　　(2) $A = \begin{bmatrix} -1 & 2 & 1 \\ 1 & -2 & 2 \\ 3 & 4 & -3 \end{bmatrix}$

5. 甲、乙两家计算器生产厂,其中甲厂研制成功一种新型的袖珍计数器,为加强与乙厂的竞争,考虑了三个竞争策略:①新产品全面投产;②新产品小批量试产试销;③新产品搁置。乙厂在了解到甲厂有新产品的情况下也考虑了三个竞争策略：①加速研制新型产品；②改进现有产品；③改进产品外观与包装。由于受市场预测能力的限制，数据表只反映出对甲而言对策结果的定性分析资料。若采用打分法，一般记 0 分、较好记 1 分、好记 2 分、很好记 3 分、较差记 -1 分、差记 -2 分、很差记 -3 分，相关情况如表 13-7 所示。试通过对策分析，确定甲、乙两厂各应采取的最佳策略。

表 13-7

甲 \ 乙	B_1	B_2	B_3
A_1	较好	好	很好
A_2	一般	较差	较好
A_3	很差	差	一般

6. 有三张纸牌，点数分别为 1、2 和 3。先由甲任抽一张，看后背放在桌面上并叫大或小；然后由乙在剩下的两张牌中任抽一张，看后乙有两种选择：①放弃，甲赢得 1 元；②翻甲的牌，当甲叫大时，牌点大者赢 3 元；当甲叫小时，牌点小者赢 2 元。要求：①说明甲、乙各有多少策略；②根据优超原则，列出甲的赢得矩阵；③求解双方各自的最佳策略和对策值。

7. A,B,C 三人进行围棋擂台赛。三人中 A 最强，C 最弱，又一局棋赛中 A 胜 C 的概率为 p，A 胜 B 的概率为 q，B 胜 C 的概率为 r。擂台赛规则为先任选两人对擂，其胜者再同第三人对擂，若连胜，该人即为优胜者；反之，任何一局对擂的胜者再同未参加该局比赛的第三人对擂，并往复进行下去，直至任何一人连胜两局对擂为止，该人即为优胜者。考虑到 C 最弱，故确定由 C 来定第一局由哪两人对擂。试问 C 应如何抉择，使自己成为优胜者的概率最大。

8. 有甲、乙两支游泳队举行包括三个项目的对抗赛。这两支游泳队各有一名健将级运动员(甲队为李，乙队为王)，在三个项目中成绩都很突出，但规则准许他们每人只能参加两项比赛，每队的其他两名运动员可参加全部三项比赛。已知各运动员平时成绩(s)如表 13-8 所示。假定各运动员在比赛中都发挥正常水平，又比赛第一名得 5 分，第二名得 3 分，第三名得 1 分，问教练员应决定让自己队的健将参加哪两项比赛，使本队得分最多？(各队参加比赛名单互相保密，定下来后不准变动)。

表 13-8

项 目	甲队			乙队		
	A_1	A_2	李	B_1	B_2	王
100 米蝶泳	59.7	63.2	57.1	61.4	64.8	58.6
100 米仰泳	67.2	68.4	63.2	64.7	66.5	61.5
100 米蛙泳	74.1	75.5	70.3	73.4	76.9	72.6

9. 有一种赌博游戏，游戏者 I 拿两张牌：红 1 和黑 2，游戏者 II 也拿两张牌：红 2 和黑 3。游戏时两人各同时出示一张牌，如颜色相同，II 付给 I 钱，如果颜色不同，I 付给 II

钱。并且规定，如Ⅰ打的是红1，按两人牌上点数差付钱。如Ⅰ打的是黑2，按两人牌上点数和付钱。求游戏者Ⅰ，Ⅱ的最优策略，并回答这种游戏对双方是否公平合理？

10. A,B 两名游戏者双方各持一枚硬币，同时展示硬币的一面。如均为正面，A 赢 $\frac{2}{3}$ 元，均为反面，A 赢 $\frac{1}{3}$ 元，如为一正一反，A 输 $\frac{1}{2}$ 元。写出 A 的赢得矩阵，A,B 双方各自的最优策略，并回答这种游戏是否公平合理。

第 6 篇

随机运筹技术

第一篇

朝鮮永業稅

第 14 章

排 队 论

学习目标
1. 了解排队系统中相关的基础知识。
2. 理解顾客输入过程和服务过程的时间分布函数。
3. 明确排队问题的求解步骤及运行指标间的关系。
4. 掌握九种排队模型及其应用。
5. 掌握排队系统的结构优化的思想与方法。

排队是日常生活中经常遇到的现象,如顾客到商店购买物品、病人到医院就诊、汽车到加油站加油、轮船进港停靠码头、电话订票、上下班搭乘公共汽车、顾客到银行存取款、电话占线等常常要排队。除了上述有形的排队之外,还有"无形"排队现象。此外排队的不一定是人,也可以是物。例如,生产线上的在制品等待加工,因故障停止运转的机器等待工人修理,码头的船只等待装卸货物,要起降的飞机等待跑道等。排队现象产生的原因之一是要求服务的数量超过了服务机构的容量,也就是有部分的服务对象不能立即得到服务;原因之二是系统服务对象到达和服务时间均存在随机性。前者可以通过增加服务机构的容量来解决排队现象,但无休止地增加服务机构的容量会导致追加投资并可能发生系统资源长时间闲置。后者,也就是系统服务对象到达和服务时间均存在随机性,致使无法准确预测估算排队拥堵的具体情况。所以,在服务系统中的排队现象几乎不可避免。

那什么是排队理论呢?所谓排队理论(queuing theory),又称随机服务理论,是研究各种随机服务系统的规律性,以解决相应排队系统的最优设计和控制问题的科学。具体地说,在研究各种排队系统的概率规律性的基础上,解决有关排队系统的最优设计和最优运营问题。日本调查销售额来源得出,80%的销售额来自现有的顾客,而60%的新顾客来自现有顾客的热情推荐。学者研究还发现开发一个新客户的费用至少是维系一个现有客户成本的5倍。可见,服务经济时代,企业利润的增长来源于忠诚的顾客,而顾客的满意度导致忠诚度的提高,为顾客提供满意服务就需要减少排队等待。目前,排队理论在工业生产、通信、运输、港口泊位设计、机器维修、计算机设计等各个领域中都得到了广泛应用。

14.1 排队论的基本概念

排队论起源于1909年丹麦电话工程师A. K. 爱尔朗(A. K. Erlang)等对电话服务系统的研究。20世纪30年代,苏联数学家欣钦(Aleksandr Yakovlevich Khinchin)提出了最简单流的概念。随后瑞典数学家巴尔姆又引入有限后效流等概念和定义。他们用数学方法深入地分析了电话呼叫的本征特性,促进了排队论的研究。20 世纪 50 年代初,美国数学家关于生灭过程的研究及英国数学家 D. G. 肯德尔(David George Kendall)提出嵌入马尔可夫链理论的研究,为排队论奠定了理论基础。在这以后,L. 塔卡奇等又将组合方法引进排队论,使它更能适应各种类型的排队问题。20 世纪 70 年代以来,人们开始研究排队网络和复杂排队问题的渐近解等,成为研究现代排队论的新趋势。

如今,排队论已广泛应用于陆空交通、机器管理、水库设计和可靠性理论等方面。在百余年的历史中,排队论无论在理论研究还是应用上都有了长足进展。由于在电子计算机上进行数字模拟技术的发展,排队论已成为解决工程设计和管理问题的有力工具。本节将介绍排队论的一些基本知识。

14.1.1 排队系统

一般在一个排队(随机服务)系统中总是包含一个或若干个"服务设施",有许多"顾客"进入该系统要求得到服务,服务完毕后即自行离去。倘若顾客到达时,服务系统空闲着,则到达的顾客立即得到服务,否则顾客将排队等待服务或离去。

实际的排队系统虽然多种多样,但有以下共同特征:①有请求服务的人或物,即顾客;②有为顾客服务的人或物,即服务员或服务台;③顾客到达系统的时刻以及为每位顾客提供服务的时间这两项中至少有一项是随机的,因而整个排队系统的状态也是随机的。

一般的排队系统通常都由下述三个基本组成部分,如图 14-1 所示。

图 14-1

1. 输入过程

输入过程是指要求服务的顾客是按怎样的规律到达排队系统的过程,有时也称为顾客流。一般可以从以下三个方面来描述一个输入过程。

(1) 顾客源,即顾客总体数。顾客源可以是有限的,也可以是无限的。例如,到售票处购票的顾客总数可以认为是无限的,而工厂内停机待修的设备则是有限的总体。

(2) 顾客到达方式,即顾客是单个还是成批到达系统的。顾客到银行办理存取款业务是顾客单个到达的例子。在库存问题中,如将原材料进货或产品入库视为顾客,那么这种顾客则是成批到达的。

(3) 顾客流或顾客相继到达时间间隔的概率分布。顾客流的概率分布一般有泊松分布(泊松流)、定长分布、二项分布、爱尔朗分布等若干种。

2. 排队规则

排队规则分为等待制、损失制和混合制三种。当顾客到达时,所有服务机构都被占用,则顾客排队等候,即为等待制。在等待制中,为顾客进行服务的次序可以是先到先服务,或后到先服务,或是随机服务和有优先权服务(如医院接待急救病人)。如果顾客来到后看到服务机构没有空闲立即离去,则为损失制。有些系统因留给顾客排队等待的空间(系统容量 K)有限,因此超过所能容纳人数的顾客必须离开系统,这种排队规则就是混合制。不难看出,损失制和等待制可视为混合制的特殊情形,如记 C 为系统中服务台的个数,则当 $K=C$ 时,混合制即成为损失制;当 $K=\infty$ 时,混合制即成为等待制。

3. 服务机制

服务机制可以从以下三方面来描述:

(1) 服务台数量及构成形式。从数量上说,服务台有单服务台和多服务台之分。

(2) 服务方式。这是指在某一时刻接受服务的顾客数,它有单个服务和成批服务两种。例如,公共汽车一次可装载一批乘客就属于成批服务。

(3) 服务时间的概率分布。一般来说,在多数情况下,对每一个顾客的服务时间是一随机变量,其概率分布有负指数分布、定长分布、K 阶爱尔朗分布、一般分布(所有顾客的服务时间都是独立同分布的)等。

14.1.2 排队系统的分类

为了区别各种排队系统,根据输入过程、排队规则和服务机制的变化对排队模型进行描述或分类,可以给出很多排队模型。为了方便对众多模型的描述,英国数学家 D. G. 肯德尔提出了一种目前在排队论中被广泛采用的"Kendall 记号",完整的表达方式通常用到 6 个符号并取如下格式:$X/Y/Z/A/B/C$,各符号的意义如下:

X:顾客流或顾客相继到达的时间间隔分布,常用 M 表示,到达过程为泊松过程或到达时间间隔为负指数分布;D 表示定长输入;E_k 表示 k 阶爱尔朗分布;G 表示一般相互独立的随机分布;GI 表示一般相互独立的时间间隔的分布。

Y:服务时间分布,所用符号与表示顾客到达间隔的时间分布相同。

Z:服务台个数,"1"表示单个服务台,"C"($C>1$)表示多个服务台。

A:系统容量限制。例如,系统有 K 个等待位子,则当 $K=0$ 时为损失制,说明系统不允许等待;当 $K=\infty$ 时为等待制系统;K 为有限整数时,表示为混合制系统。默认为∞。

B:顾客源,分有限(N)与无限(∞)两种,默认为∞。

C:服务规则,常用 FCFS 表示先到先服务;LCFS 表示后到先服务;SIRO 表示随机服务,NPRP 表示优先权服务的排队规则。默认为 FCFS。

比如:某排队问题为 $M/M/C/\infty/\infty/FCFS$,则表示顾客到达为泊松流;服务时间为负指数分布;有"C"($C>1$)个服务台;系统等待空间容量无限(等待制);顾客源无限,采用先到先服务规则。该问题也可简记为 $M/M/C$。

14.1.3 排队系统的衡量指标

构建了排队系统的模型后,需要对排队系统的运行效率和服务质量进行研究和评估,以确定系统的结构是否合理。任何排队系统开始运行时,其状态在很大程度上都取决于系统的初始状态和运转时间。但系统运行了一段时间后,系统将进入稳定状态(即稳态,系统运行充分长时间后,初始状态的影响基本消失,系统状态不再随时间变化)。对排队系统进行分析,主要是指对其稳定状态的运行效率指标进行分析。常用于分析排队系统效率的指标如下:

(1) 平均队长 L 和平均排队长 L_q。平均队长 L 指一个排队系统的顾客平均数(其中包括正在接受服务的顾客),而平均排队长 L_q 则是指系统中等待服务的顾客平均数。

(2) 平均逗留时间 W 和平均等待时间 W_q。平均逗留时间 W 指进入系统的顾客逗留时间的平均值(包括接受服务的时间),而平均等待时间 W_q 则是指进入系统的顾客等待时间的平均值。

(3) 忙期和闲期。忙期是指服务机构两次空闲的时间间隔,这是一个随机变量,是服务员最关心的指标,因为它关系到服务员的服务强度;与忙期相对的是闲期,它是服务机构连续保持空闲的时间。在排队系统中,忙期和闲期总是交替出现的。

(4) 服务强度 ρ。每个服务台单位时间内平均服务时间。

其中 L, L_q, W, W_q 通常称为重要的运行指标。它们取值越小,说明系统队长越短,顾客等候时间越少,因此系统的性能就越好。

14.1.4 稳态下的重要参数及基本关系式

1. 几个稳态时的重要参数介绍

λ:单位时间内到达系统的平均顾客数(平均到达率)。

λ_e:单位时间内到达并进入系统的平均顾客数(有效平均到达率),在等待制系统中,有 $\lambda = \lambda_e$。

μ:单位时间内一个服务台能够服务完的平均顾客数(平均服务率)。

2. 稳态下的四个基本关系式介绍

(1) $L = L_q + \bar{C}$,此式揭示了指标 L 与 L_q 之间的数量关系,式中 $\bar{C}$ 是平均忙的服务台数,即正在接受服务的平均顾客数。该式的物理意义是:平均队长是平均等待队长与正在接受服务的平均顾客数之和。由于排队系统达到稳态时,单位时间内到达并进入系统的平均顾客数 λ_e 等于单位时间内接受服务完毕离开系统的平均顾客数 $\bar{C} \cdot \mu$,即有 $\lambda_e = \bar{C} \cdot \mu$,因此有 $\bar{C} = \dfrac{\lambda_e}{\mu}$。

(2) $W = W_q + V$,此式揭示了指标 W 与 W_q 之间的数量关系,式中 V 是对每个顾客的平均服务时间。该式的物理意义是:平均逗留时间是平均等待时间与对每个顾客的平均服务时间之和。由于每个服务台的平均服务率为 μ,因此 $V = \dfrac{1}{\mu}$。

(3) $L = \lambda_e W$,此式揭示了指标 L 与 W 之间的数量关系。该式的物理意义是:平均队长等于单位时间内到达并进入系统的平均顾客数乘以平均逗留时间,即等于平均逗留时间内进入系统的总的平均顾客数。

(4) $L_q = \lambda_e W_q$,此式揭示了指标 L_q 与 W_q 之间的数量关系。该式的物理意义是:平均等待队长等于单位时间内到达并进入系统的平均顾客数乘以平均等待时间,即等于平均等待时间内进入系统的总的平均顾客数。

14.1.5 Little 公式

$L=\lambda_e W$ 与 $L_q=\lambda_e W_q$ 统称为 Little 公式,其形式类似于公式"距离＝速度×时间",它是排队论中的一个著名公式,适用于存在稳态分布的任何排队系统。

Little 公式揭示了排队系统中四个基本性能指标 L 与 W 之间、L_q 与 W_q 之间的数量关系。从上述四个基本关系式可以看出:若已知 $\overline{C}$ 与 V,则四个基本性能指标中只要再知道任何一个,就能够很方便地求出其他三个。四个基本性能指标之间的数量关系如图 14-2 所示。但需要注意的是,为了求得排队系统的各项稳态性能指标,必须先计算出稳态时系统中有 j 个顾客的概率 P_j。

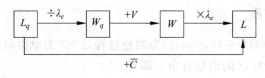

图 14-2

14.1.6 排队问题的求解步骤

求解一个实际的排队问题,应遵循如下步骤:

(1) 首先要根据统计数据资料,推断顾客输入过程和服务时间的经验分布;然后按照数理统计中曲线拟合(χ^2 检验)确定适合的理论分布,确定输入过程分布和服务时间分布。

(2) 估计参数值。即上述所涉及的平均到达率 λ、平均服务率 μ 和服务强度 ρ。

(3) 给定服务台数、系统容量和服务规则,按 $X/Y/Z/A/B/C$ 分类法确定它属于哪个模型;分析服务系统状态演进关系,系统中有 n 个顾客,则系统的状态为 $P_n(t),n=1,2,\cdots$;系统处于稳定状态的任意时刻,状态为 n 的概率 P_n,得到平衡方程。

(4) 求出有关判断排队系统运行优劣的数量指标,以便研究其运行效率,评定系统是否合理,研究设计改进措施等。

14.1.7 输入和输出

在排队论的讨论中,排队规则一般考虑 FCFS,服务机构考虑单人和多个两种情况。但是顾客的输入和输出则比较复杂,因为它们一般都是随机的。至今为止,研究较多且取得较好结果的排队系统是:顾客的输入过程服从泊松分布,而服务时间服从负指数分布的排队系统。

1. 泊松过程

定义 14-1 设 $N(t)$ 表示在 $[0,t]$ 时段内到达排队系统的顾客数,则对于每个给定的时刻 t,$N(t)$ 都是一个随机变量,而随机变量族 $\{N(t)|t\in(0,+\infty)\}$ 就称作一个随机过

程。若 $\{N(t)\}$ 满足下述三个条件,则称为泊松过程:

(1) 平稳性。在长度为 t 的时段内恰好到达 k 个顾客的概率 $P_k(t)$ 仅与时段长度有关,而与时段的起点无关。即对任意时刻 $a \in (0, +\infty)$,在时段 $[0,t]$ 或 $[a, a+t]$ 内,$P_k(t)$ 是一样的,其中 $k=0,1,2,\cdots$。

(2) 无后效性。在不相交的时段内到达的顾客数是相互独立的。即对任意时刻 $a \in (0, +\infty)$。在时段 $[a, a+t]$ 内到达的顾客数与 a 时刻以前来到多少个顾客无关。

(3) 普通性。在充分小的时段内最多到达一个顾客,即不可能有两个以上的顾客同时到达。如果用 $\varphi(t)$ 表示在时段 $[0,t]$ 内有两个或两个以上顾客到达的概率,那么 $\varphi(t) = o(t)$,$o(t)$ 为当 $t \to 0$ 时比 t 高阶的无穷小。

由于泊松过程具有无后效性,因此它是一种特殊的马尔可夫过程。泊松过程又称泊松流,在排队论中常称为简单流。

2. 泊松过程的性质

性质 14-1 设 $\{N(t) | t \in (0, +\infty)\}$ 为泊松过程,$\lambda > 0$ 为单位时间内顾客的平均到达率。则 $N(t)$ 服从参数为 λt 的泊松分布。即有

$$P_k(t) = \frac{(\lambda t)^k}{k!} e^{-\lambda t} \quad (k=0,1,2,\cdots) \tag{14-1}$$

证明:设将长度为 t 的时段 $[0,t]$ 分为 n 等份,则每一子时段长度 $\Delta t = \frac{t}{n}$ 为充分小。由于 $\{N(t)\}$ 为泊松过程,由平稳性可知,在每一个子时段 Δt 内来到一个顾客的概率 $P_1(\Delta t)$ 都是一样的。易知当 Δt 充分小时,$\lambda \Delta t$ 既是 Δt 内到达排队系统的顾客数,也可以解释为 Δt 内来到一个顾客的概率,所以 $P_1(\Delta t) = \lambda \Delta t = \frac{\lambda t}{n}$。

由泊松过程的普通性可知,当 Δt 充分小时,在 Δt 内有两个或两个以上顾客到达的概率 $\varphi(\Delta t) \approx 0$。因此在 Δt 内没有顾客到达的概率 $P_0(\Delta t) \approx 1 - \lambda \Delta t = 1 - \frac{\lambda t}{n}$。

再由无后效性可知,在 n 个子时段 Δt 内有顾客来到或没有顾客来到可看作 n 次重复独立试验。由二项概率公式可知,在 n 个 Δt,即长为 t 的时段 $[0,t]$ 内有 k 个顾客到达的概率为

$$P_k(t) = C_n^k \left(\frac{\lambda t}{n}\right)^k \left(1 - \frac{\lambda t}{n}\right)^{n-k} \tag{14-2}$$

当 $n \to \infty$ 时,$\Delta t \to 0$ 且

$$P_k(t) = \lim_{n \to \infty} C_n^k \left(\frac{\lambda t}{n}\right)^k \left(1 - \frac{\lambda t}{n}\right)^{n-k} = \lim_{n \to \infty} \frac{n(n-1)(n-2)\cdots(n-k+1)}{k!} \cdot \frac{(\lambda t)^k}{n^k} \cdot \frac{\left(1 - \frac{\lambda t}{n}\right)^n}{\left(1 - \frac{\lambda t}{n}\right)^k}$$

$$= \frac{(\lambda t)^k}{k!} \lim_{n \to \infty} \left(1 - \frac{\lambda t}{n}\right)^n = \frac{(\lambda t)^k}{k!} e^{-\lambda t}$$

所以得证。

由泊松分布可知,$E(N(t)) = \lambda t$,$\lambda = \frac{E(N(t))}{t}$ 为单位时间顾客的平均到达率,与 λ 的

含义吻合。

$t=1$ 时

$$P_k(1) = \frac{\lambda^k}{k!}e^{-\lambda} \quad (k=0,1,2,\cdots)$$

性质 14-2 若顾客输入过程 $\{N(t)\}$ 为参数 λ 的泊松流,那么顾客相继到达的间隔时间 T 必服从负指数分布

$$F_T(t) = \begin{cases} 1-e^{-\lambda t}, & t \geqslant 0 \\ 0, & t < 0 \end{cases} \tag{14-3}$$

证明:因为输入过程是泊松流,因此在 t 时段内至少有一个顾客到达的概率

$$P(N(t) \geqslant 1) = 1 - P_0(t) = 1 - e^{-\lambda t}$$

而随机事件 $\{T < t\} = \{N(t) \geqslant 1\}$,因此

$$F_T(t) = P(T < t) = P(N(t) \geqslant 1) = 1 - P_0(t) = 1 - e^{-\lambda t}, \quad t \geqslant 0$$

因此,顾客相继到达的间隔时间 T 服从负指数分布,其分布函数为

$$F_T(t) = \begin{cases} 1-e^{-\lambda t}, & t \geqslant 0 \\ 0, & t < 0 \end{cases}$$

由负指数分布可知,$E(T) = \frac{1}{\lambda}$。因此对某个泊松流 $\{N(t)\}$,若顾客的平均到达率为 λ,那么顾客相继到达的平均间隔时间为 $\frac{1}{\lambda}$。

事实上,若顾客相继到达的间隔时间 T 服从负指数分布,同样可以证明顾客的输入必为泊松流。因此,"顾客流是泊松流"和"顾客到达的间隔时间相互独立且服从相同的负指数分布"是两种等价的描述方式。Kendall 记号中都用 M 表示。

3. 负指数分布的服务时间

下面研究系统的输出,即服务时间的概率分布。设随机变量 V 表示服务设施对每个顾客服务的时间,若 V 的概率密度是

$$f_V(t) = \begin{cases} \mu e^{-\mu t} & (t \geqslant 0) \\ 0 & (t < 0) \end{cases}$$

则称 V 服从参数为 μ 的负指数分布。

易知 V 的分布函数为

$$F_V(t) = \begin{cases} 1-e^{-\mu t} & (t \geqslant 0) \\ 0 & (t < 0) \end{cases} \tag{14-4}$$

且 $E(V) = \frac{1}{\mu}$ 为每个顾客的平均服务时间。$\mu = \frac{1}{E(V)}$ 为单位时间顾客的平均服务数或单位时间内服务完毕并自动离开系统的平均顾客数。

性质 14-3 设任一顾客的服务时间 V 服从参数为 μ 的负指数分布,则对任意 $a > 0$,$t \geqslant 0$ 都有

$$P\{V \geqslant a+t \mid V \geqslant a\} = P\{V \geqslant t\} \tag{14-5}$$

证明：

$$P\{V \geqslant a+t \mid V \geqslant a\} = \frac{P\{V \geqslant a+t, V \geqslant a\}}{P\{V \geqslant a\}}$$

$$= \frac{P\{V \geqslant a+t\}}{P\{V \geqslant a\}} = \frac{e^{-\mu(a+t)}}{e^{-\mu a}} = e^{-\mu a} = P\{V \geqslant t\}$$

性质 14-3 意味着，如果服务时间 V 服从负指数分布，那么无论为一个顾客服务了多长的时间 a，剩余的服务时间的概率分布独立于已服务过的时间，仍为原来的负指数分布。称负指数分布的这种性质为无记忆性或马尔可夫性，只有负指数分布才具有这样的性质。

性质 14-4 若服务机构对顾客的服务时间 V 服从参数为 μ 的负指数分布，那么服务机构的输出，即在长度为 t 的时间内服务完毕，并自行离开服务机构的顾客数 $\{L(t) \mid t \in (0, +\infty)\}$ 是一个泊松流，且 $L(t)$ 服从参数为 μt 的泊松分布，即有 $P_h(t) = \frac{(\mu t)^k}{k!} e^{-\mu t} (k = 0, 1, 2, \cdots)$。

由 $E(L(t)) = \mu t, \mu = \frac{E(L(t))}{t}$ 为单位时间内平均服务顾客数或单位时间内顾客的平均离去率。由泊松分布的性质可知，当 Δt 充分小，在 Δt 时段内恰有一个顾客离去的概率为 $\mu \Delta t$。没有顾客离去的概率为 $(1 - \mu \Delta t)$。而有两个或两个以上顾客离去的概率为 $\psi(t) \approx 0$。

14.1.8 排队论研究的基本问题

排队论研究的首要问题是排队系统主要数量指标的概率规律，即研究系统的整体性质，然后进一步研究系统的优化问题。与这两个问题相关的还有排队系统的统计推断问题。

（1）通过研究主要数量指标在瞬时或平稳状态下的概率分布及其数字特征，了解系统运行的基本特征。

（2）建立适当的排队模型是排队论研究的第一步，在建立模型的过程中经常会碰到如下问题：检验系统是否达到平稳状态；检验顾客相继到达时间间隔的相互独立性；确定服务时间的分布及有关参数等。

（3）系统优化问题又称为系统控制问题或系统运营问题，其基本目的是使系统处于最优或最合理的状态。系统优化问题包括最优设计问题和最优运营问题，其内容很多，有最少费用、服务率的控制、服务台的开关策略、顾客（或服务）根据优先权的最优排序等方面的问题。

在排队系统中，由于顾客到达分布和服务时间分布是多种多样的，加之服务台数、顾客源有限无限、排队容量有限无限等的不同组合，就会有不胜枚举的不同排队模型，若对所有排队模型全部进行分析与计算，不但十分繁杂而且也没有必要。本章将会在 14.3 与 14.4 节对几种常见的排队系统模型进行分析。

14.2 生灭过程

生灭过程是一类特殊的随机过程，它在运筹学中有广泛的应用。若用 $N(t)$ 表示 $[0,t]$ 时间内顾客到达的总数，则对于每个时刻 t，$N(t)$ 是一个随机变量族，$\{N(t),t\geqslant 0\}$ 就构成了一个随机过程。如果用"生"表示顾客的到达，"灭"表示顾客的离去，则 $\{N(t),t\geqslant 0\}$ 就构成了一个生灭过程。具体定义如下：

定义 14-2 设系统的状态随时间变化的过程 $\{N(t),t\geqslant 0\}$ 是一个随机过程，如果满足下列三个条件，则称为生灭过程。

(1) 假设 $N(t)=n$，则从时刻 t 起到下一个顾客到达为止的时间服从参数为 λ_n 的负指数分布，$n=0,1,2,\cdots$。

(2) 假设 $N(t)=n$，则从时刻 t 起到下一个顾客离去为止的时间服从参数为 μ_n 的负指数分布，$n=0,1,2,\cdots$。

(3) 同一时刻只有一个顾客到达或离去。

生灭过程的例子很多，如一个地区人口数量的自然增减、细菌的繁殖与死亡、服务台前顾客数量的变化等都可以看作或近似看作生灭过程表示。各状态之间的转移关系如图 14-3 所示。

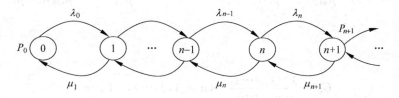

图 14-3

图中圆圈表示状态，圆圈中标号是状态符号，表示系统中稳定的顾客数，箭头表示从一个状态转移到另一个状态；λ 和 μ 表示转移速率。

P_0 表示系统中没有顾客、服务台空闲的概率；P_1 表示系统中有一个顾客、服务台忙着的概率；P_2 表示系统中有两个顾客、有一个排队；其余以此类推，P_n 表示系统中有 n 个顾客、服务台忙、有 $(n-1)$ 个顾客排队时的概率。

一般来说，得到 $N(t)$ 的分布 $P_n(t)=P\{N(t)=n\}(n=0,1,2,\cdots)$ 是比较困难的，因此，通常是求当系统达到平稳状态后的状态分布，记为 $P_n(n=0,1,2,\cdots)$。为求平稳分布，考虑系统可能处的任一状态 n。假设记录了一段时间内系统进入状态 n 和离开状态 n 的次数，则因为"进入"和"离开"是交替发生的，所以这两个数要么相等，要么相差为 1。但就这两种事件的平均发生率来说，可以认为是相等的。即当系统运行相当时间而达到平稳状态后，对任一状态 n 来说，单位时间内进入该状态的平均次数和单位时间内离开该状态的平均次数应该相等，这就是系统在统计平衡下的"流入＝流出"原理。根据这一原理，可得到任一状态下的平衡方程如下：

0	$\mu_1 P_1 = \lambda_0 P_0$
1	$\lambda_0 P_0 + \mu_2 P_2 = (\lambda_1 + \mu_1) P_1$
2	$\lambda_1 P_1 + \mu_3 P_3 = (\lambda_2 + \mu_2) P_2$
⋮	⋮
$n-1$	$\lambda_{n-2} P_{n-2} + \mu_n P_n = (\lambda_{n-1} + \mu_{n-1}) P_{n-1}$
n	$\lambda_{n-1} P_{n-1} + \mu_{n+1} P_{n+1} = (\lambda_n + \mu_n) P_n$
⋮	⋮

由上述平衡方程，可求得

0： $P_1 = \dfrac{\lambda_0}{\mu_1} P_0$

1： $P_2 = \dfrac{\lambda_1}{\mu_2} P_1 + \dfrac{1}{\mu_2}(\mu_1 P_1 - \lambda_0 P_0) = \dfrac{\lambda_1}{\mu_2} P_1 = \dfrac{\lambda_1 \lambda_0}{\mu_2 \mu_1} P_0$

2： $P_3 = \dfrac{\lambda_2}{\mu_3} P_2 + \dfrac{1}{\mu_3}(\mu_2 P_2 - \lambda_1 P_1) = \dfrac{\lambda_2}{\mu_3} P_2 = \dfrac{\lambda_2 \lambda_1 \lambda_0}{\mu_3 \mu_2 \mu_1} P_0$

⋮

$n-1$： $P_n = \dfrac{\lambda_{n-1}}{\mu_n} P_{n-1} + \dfrac{1}{\mu_n}(\mu_{n-1} P_{n-1} - \lambda_{n-2} P_{n-2}) = \dfrac{\lambda_{n-1}}{\mu_n} P_{n-1} = \dfrac{\lambda_{n-1} \lambda_{n-2} \cdots \lambda_0}{\mu_n \mu_{n-1} \cdots \mu_1} P_0$

n： $P_{n+1} = \dfrac{\lambda_n}{\mu_{n+1}} P_n + \dfrac{1}{\mu_{n+1}}(\mu_n P_n - \lambda_{n-1} P_{n-1}) = \dfrac{\lambda_n}{\mu_{n+1}} P_n = \dfrac{\lambda_n \lambda_{n-1} \cdots \lambda_0}{\mu_{n+1} \mu_n \cdots \mu_1} P_0$

⋮

(14-6)

令

$$C_n = \frac{\lambda_{n-1} \lambda_{n-2} \cdots \lambda_0}{\mu_n \mu_{n-1} \cdots \mu_1} \quad (n = 1, 2, \cdots), \quad C_0 = 1$$

则平稳状态的分布为

$$P_n = C_n P_0 \quad (n = 1, 2, \cdots)$$

由概率分布的要求

$$\sum_{n=0}^{\infty} P_n = \sum_{n=0}^{\infty} C_n P_0 = 1$$

有

$$C_0 P_0 + \sum_{n=1}^{\infty} C_n P_0 = P_0 + \sum_{n=1}^{\infty} C_n P_0 = \left[1 + \sum_{n=1}^{\infty} C_n\right] P_0 = 1$$

于是

$$P_0 = \frac{1}{1 + \sum\limits_{n=1}^{\infty} C_n} \tag{14-7}$$

由 P_0 可以推出 P_n，再根据前面的 14.1.4，即可求出排队系统的其他指标 L 与 L_q 以及 W 与 W_q。

注意：式(14-7)只有当级数 $\sum\limits_{n=1}^{\infty} C_n$ 收敛时才有意义，即当 $\sum\limits_{n=1}^{\infty} C_n < \infty$ 时，才能由式(14-7)得到平稳状态的概率分布。

14.3 单服务台排队系统

本节我们假定系统顾客来源总数无限,顾客到达的间隔时间服从负指数分布,且相互独立。每个服务台服务一个顾客的时间服从负指数分布,服务台的服务时间相互独立,服务时间与间隔时间相互独立。

14.3.1 $M/M/1/\infty/\infty/FCFS$ 排队模型

设顾客流是参数为 $\lambda_n = \lambda$ 的 Poisson 流,λ 是单位时间内平均到达的顾客人数。系统只有一个服务台,且服务一个顾客的服务时间 t 服从参数为 $\mu_n = \mu$ 的负指数分布。平均服务时间为 $E(t) = \dfrac{1}{\mu}$,在服务台繁忙时,单位时间平均服务完成的顾客数为 μ。则称 $\rho = \dfrac{\lambda}{\mu} < 1$ 为服务强度,也就是说 $\lambda < \mu$,此时保证系统的队长不会出现无限扩大的情况。

基于上述假设,利用 14.2 节中的任意时刻系统中有 $n(n=0,1,2,\cdots)$ 个顾客的概率 $P_n(n=0,1,2,\cdots)$,我们容易得出如下事实

$$P_0 = \frac{1}{1+\sum_{n=1}^{\infty}C_n} = \frac{1}{1+\sum_{n=1}^{\infty}\frac{\lambda_{n-1}\lambda_{n-2}\cdots\lambda_0}{\mu_n\mu_{n-1}\cdots\mu_1}} = \frac{1}{1+\rho^1+\rho^2+\cdots} = 1-\rho \tag{14-8}$$

$$P_n = \frac{\lambda_{n-1}}{\mu_n}P_{n-1} = \frac{\lambda_{n-1}\lambda_{n-2}\cdots\lambda_0}{\mu_n\mu_{n-1}\cdots\mu_1}P_0 = \left(\frac{\lambda}{\mu}\right)^n P_0 = \rho^n(1-\rho) \tag{14-9}$$

利用 P_0 与 P_n 的结论,我们可推导出该排队系统的所有数量指标如下:

1. 平均队长 L

$$L = \sum_{n=0}^{\infty} nP_n = \sum_{n=0}^{\infty} n(1-\rho)\rho^n = (\rho+2\rho^2+3\rho^3+\cdots) - (\rho^2+2\rho^3+3\rho^4+\cdots)$$

$$= \rho+\rho^2+\rho^3+\cdots = \frac{\rho}{1-\rho} = \frac{\lambda}{\mu-\lambda}$$

2. 平均排队长 L_q

$$L_q = \sum_{n=1}^{\infty}(n-1)P_n = \sum_{n=1}^{\infty}nP_n - \sum_{n=1}^{\infty}P_n = L - \left(\sum_{n=0}^{\infty}P_n - P_0\right)$$

$$= L-(1-P_0) = L-\rho = \frac{\rho^2}{1-\rho} = \frac{\lambda^2}{\mu(\mu-\lambda)}$$

因此 $L = L_q + \dfrac{\lambda}{\mu}$。

3. 平均逗留时间 W

$$W = \frac{L}{\lambda} = \frac{\frac{\lambda}{\mu-\lambda}}{\lambda} = \frac{1}{\mu-\lambda}$$

4. 平均等待时间 W_q

$$W_q = W - \frac{1}{\mu} = \frac{\lambda}{\mu(\mu-\lambda)}$$

当然,其求法也可用下式

$$W_q = \frac{L_q}{\lambda} = \frac{\lambda}{\mu(\mu-\lambda)}$$

5. 系统中顾客数超过 N 的概率 $P(n>N)$

$$P(n>N) = \sum_{n=N+1}^{\infty} P_n = \sum_{n=N+1}^{\infty} \rho^n(1-\rho) = \rho^{N+1} = \left(\frac{\lambda}{\mu}\right)^{N+1}$$

6. 服务台被占用的概率(服务台的利用系数或服务强度)

$$\sum_{n=1}^{\infty} P_n = 1 - P_0 = \rho = \frac{\lambda}{\mu}$$

【**例 14-1**】 某景点入口通道设有一个检票通道。若参观游客以 Poisson 流依次到达检票入口通道,平均每分钟到达 1 人。假定入口通道检票时间服从负指数分布,平均每分钟可服务 2 人。①试计算该排队系统的数量指标;②求等待人数超过 10 人的概率。

解:根据题意有 $\lambda=1, \mu=2$,因此 $\rho=\frac{\lambda}{\mu}=\frac{1}{2}$。其他数量指标分别为

平均队长:$L = \frac{\lambda}{\mu-\lambda} = \frac{1}{2-1} = 1$(人)

平均排队长:$L_q = \frac{\lambda^2}{\mu(\mu-\lambda)} = \frac{1^2}{2(2-1)} = \frac{1}{2}$(人)

平均逗留时间:$W = \frac{L}{\lambda} = \frac{1}{\mu-\lambda} = \frac{1}{2-1} = 1$(分钟)

平均等待时间:$W_q = \frac{L_q}{\lambda} = \frac{\lambda}{\mu(\mu-\lambda)} = \frac{1}{2}$(分钟)

游客不需要等待的概率:$P_0 = 1 - \rho = \frac{1}{2}$

等待人数超过 10 人的概率:$P(n>10) = \sum_{n=11}^{\infty} P_n = \sum_{n=11}^{\infty} \rho^n(1-\rho) = \rho^{11} = \left(\frac{1}{2}\right)^{11}$

14.3.2 M/M/1/1/∞/FCFS 排队模型

此系统也称作损失制系统,其基本特点是:系统容量 K 恰好等于服务台数 C,顾客到达时,若所有服务台未被占满,立即可得到服务,否则因没有排队等待的空间,只能自动消失。其自动消失的概率 $P_{失} = P_K$。在损失制系统中,有 $\lambda > \lambda_e$,其状态集为有限状态集,$j = 0, 1, 2, \cdots, K$。一般在利用 Little 公式或计算 $\overline{C}$ 前,要先求出 λ_e。

省略写法的 M/M/1/1 即 M/M/1/1/∞/FCFS,其具体含义是:

(1) 输入过程 $\{N(t), t \geq 0\}$ 是强度为 λ 的泊松流,设平均到达率 $\lambda > 0$。

(2) 对每个顾客的服务时间 v_i 相互独立,且具有相同的参数为 μ 的负指数分布。设平均服务率 $\mu > 0$,平均服务时间 $V = E(v_i) = \dfrac{1}{\mu}$。

(3) 单服务台,先到先服务。

(4) 系统容量 $K = C = 1$,为损失制系统。

(5) 顾客源数 ∞。

(6) 输入过程与服务过程相互独立。

下面计算 M/M/1/1/∞/FCFS 系统的四个基本性能指标:

1. 计算 P_0, P_j, λ_e

在 M/M/1/1/∞/FCFS 系统中,$C = K = 1, j = 0, 1$ 且 $\lambda_0 = \lambda, \mu_1 = \mu$,根据 14.2,有 $C_0 = 1, C_1 = \dfrac{\lambda_0}{\mu_1} = \dfrac{\lambda}{\mu} = \rho$,因此有

$$P_0 = (C_0 + C_1)^{-1} = \left(1 + \dfrac{\lambda}{\mu}\right)^{-1} = \left(\dfrac{\mu + \lambda}{\mu}\right)^{-1} = \dfrac{\mu}{\mu + \lambda}$$

$$P_1 = C_1 P_0 = \dfrac{\lambda}{\mu} \times \dfrac{\mu}{\mu + \lambda} = \dfrac{\lambda}{\mu + \lambda}$$

$$P_{失} = P_K = P_1$$

$$\lambda_e = \lambda(1 - P_1) = \lambda P_0 = \lambda \times \dfrac{\mu}{\mu + \lambda} = \dfrac{\lambda \mu}{\mu + \lambda}$$

2. 计算平均队长 L

$$L = \sum_{n=0}^{1} n P_n = 0 P_0 + 1 P_1 = P_1 = \dfrac{\rho}{1 + \rho} = \dfrac{\lambda}{\mu + \lambda}$$

3. 计算平均排队长 L_q

因为损失制系统中不允许排队等待,故 $L_q = 0$。

4. 计算平均逗留时间 W

根据 Little 公式有

$$W = \dfrac{L}{\lambda_e} = \dfrac{\dfrac{\lambda}{\mu + \lambda}}{\dfrac{\lambda \mu}{\mu + \lambda}} = \dfrac{1}{\mu}$$

5. 平均等待时间 W_q

因为损失制系统中不允许排队等待,故 $W_q = 0$。

【**例 14-2**】 有一个理发店,可以看作是 M/M/1/1/∞/FCFS 排队系统。已知平均每小时到达 3 人。假定平均每小时可服务 4 人,试求该系统的 $P_0, \lambda_e, L, L_q, W$ 以及 W_q。

解:已知 $\lambda = 3, \mu = 4$,在 M/M/1/1/∞/FCFS 系统中,有 $K = 1$,其他数量指标分别为

$$P_0 = \frac{\mu}{\mu+\lambda} = \frac{4}{4+3} = \frac{4}{7}$$

$$P_{失} = P_K = P_1 = \frac{\lambda}{\mu+\lambda} = \frac{3}{4+3} = \frac{3}{7}$$

$$\lambda_e = \frac{\lambda\mu}{\mu+\lambda} = \frac{3\times 4}{4+3} = \frac{12}{7}(人)$$

平均队长：$L = \frac{\lambda}{\mu+\lambda} = \frac{3}{4+3} = \frac{3}{7}(人)$

平均排队长：$L_q = 0(人)$

平均逗留时间：$W = \frac{1}{\mu} = \frac{1}{4}(小时)$

平均等待时间：$W_q = 0(小时)$

14.3.3　M/M/1/N/∞/FCFS 排队模型

该排队系统的特征为：系统容量有限，即为 N，故当某一时刻系统的排队长度为 N 时，新到的顾客将不能再进入系统排队而自动离开，并且永不再来。所以对该系统而言，任何时候排队长度都不会超过 N。

由该排队系统的基本特征易知，顾客进入系统的参数为 $\lambda_n = \begin{cases} r, & n \leqslant N-1 \\ 0, & n \geqslant N \end{cases}$，系统只有一个服务台，且服务率为 $\mu_n = \mu(n=1,2,\cdots,N)$。此时，我们利用 14.2 中关于系统在稳态状态下的任意时刻系统中有 $n(n=0,1,2,\cdots)$ 个顾客的概率 $P_n(n=0,1,2,\cdots)$ 的基本结论式(14-6)与式(14-7)，我们容易得如下结论$\left(记 \rho = \frac{r}{\mu}\right)$：

若 $\lambda_n = r, n \leqslant N-1$，则此时有

$$P_0 = \begin{cases} \dfrac{1}{1+\sum\limits_{n=1}^{N}\left(\dfrac{r}{\mu}\right)^n} = \dfrac{1-\rho}{1-\rho^{N+1}}, & r \neq \mu \\ \dfrac{1}{N+1}, & r = \mu \end{cases} \tag{14-10}$$

$$P_n = \begin{cases} \rho^n P_0 = \rho^r \dfrac{1-\rho}{1-\rho^{N+1}}, & n \leqslant N, r \neq \mu \\ P_0, & n \leqslant N, r = \mu \\ 0, & n > N \end{cases} \tag{14-11}$$

若 $\lambda_n = 0, n \geqslant N$，则此时有 $\lambda = \sum\limits_{n=0}^{N}\lambda_n P_n = \sum\limits_{n=0}^{N-1} rP_n = r\sum\limits_{n=0}^{N} P_n = r(1-P_N)$

进而，基于上面的结论，我们可得该排队系统的数量指标分别如下：

1. 平均队长 L

若 $r \neq \mu$，则

$$L = \sum_{n=0}^{N} nP_n = \sum_{n=0}^{N} n\rho^n \frac{1-\rho}{1-\rho^{N+1}} = \frac{1-\rho}{1-\rho^{N+1}} \rho \frac{d}{d\rho}(\rho+\rho^2+\rho^3+\cdots+\rho^N)$$

$$= \frac{\rho[1 + N\rho^{N+1} - (N+1)\rho^N]}{(1-\rho^{N+1})(1-\rho)} = \frac{\rho}{1-\rho} - \frac{(N+1)\rho^{N+1}}{1-\rho^{N+1}}$$

若 $r=\mu$，则

$$L = \sum_{n=0}^{N} nP_n = \sum_{n=0}^{N} n\frac{1}{N+1} = \frac{N}{2}$$

2. 平均排队长 L_q

$$L_q = L - \frac{\lambda}{\mu} = L - \frac{r(1-P_N)}{\mu}$$

3. 平均逗留时间 W

$$W = \frac{L}{\lambda} = \frac{L}{r(1-P_N)}$$

4. 平均等待时间 W_q

$$W_q = \frac{L_q}{\lambda} = \frac{L}{r(1-P_N)} - \frac{1}{\mu}$$

【例 14-3】 某配件修理车间配有一个维修工人，其可同时容纳 6 台等待维修的机器。平均一台机器正常运转的时间是 20 分钟，维修工平均修理时间为 15 分钟。试计算该排队系统的数量指标。

解：由题意可知 $N=7, r=\frac{60}{20}=3, \mu=\frac{60}{15}=4, \rho=\frac{3}{4}$，则

$$P_0 = \frac{1-\rho}{1-\rho^{N+1}} = \frac{1-\frac{3}{4}}{1-\left(\frac{3}{4}\right)^8} \approx \frac{0.25}{0.9} = 0.277\,77 \approx 0.277\,8,$$

$$P_N = \rho^N P_0 = \left(\frac{3}{4}\right)^7 \times 0.277\,8 \approx 0.037,$$

$$\lambda = r(1-P_N) = 3 \times (1-0.037) = 2.889$$

平均队长：$L = \frac{\rho}{1-\rho} - \frac{(N+1)\rho^{N+1}}{1-\rho^{N+1}} = 2.11(台)$

平均排队长：$L_q = L - \frac{\lambda}{\mu} = 1.388(台)$

平均逗留时间：$W = \frac{L}{\lambda} = \frac{L}{r(1-P_N)} = 0.73(分钟)$

平均等待时间：$W_q = \frac{L_q}{\lambda} = \frac{L}{r(1-P_N)} - \frac{1}{\mu} = 0.48(分钟)$

14.3.4　M/M/1/N/N/FCFS 排队模型

该排队系统的基本特征是，系统容量有限，为 N，系统顾客来源总数也有限，为 N。一般地，如果一个顾客的输入过程排队行列，潜在的顾客源就减少一个。同时，当一个顾

客接受服务后就立刻进入潜在的顾客来源中。这类排队模型主要应用在工业生产中的机器维修问题中。其中有限集合就是某个给定单位(车间)的机器总数,顾客就是出故障的机器,服务台就是维修工。

假设系统的顾客总数为 N,当有 n 个顾客已经在系统内时,则在服务系统外的潜在顾客数就减少为 $(N-n)$。假定系统顾客的输入过程服从间隔时间为参数 λ 的负指数分布,则由负指数分布的性质有 $\lambda_n = (N-n)\lambda$,此即顾客的到达率。因此

$$\lambda_n = \begin{cases} (N-n)\lambda & (n=0,1,\cdots,N) \\ 0 & (n \geqslant N) \end{cases}$$

同时,假设服务率为 $\mu_n = \mu$,则由 14.2 中关于系统在稳定状态下任意时刻系统中有 $n(n=0,1,2,\cdots)$ 个顾客的概率 $P_n(n=0,1,2,\cdots)$ 的基本结论式(14-6)与式(14-7),可得如下结论

$$P_0 = \frac{1}{1+\sum_{n=1}^{\infty}C_n} = \frac{1}{1+\sum_{n=1}^{N}\frac{\lambda_{n-1}\lambda_{n-2}\cdots\lambda_0}{\mu_n\mu_{n-1}\cdots\mu_1}}$$

$$= \frac{1}{1+\sum_{n=1}^{N}\frac{N!}{(N-n)!}\left(\frac{\lambda}{\mu}\right)^n} = \frac{1}{\sum_{n=0}^{N}\frac{N!}{(N-n)!}\left(\frac{\lambda}{\mu}\right)^n} \tag{14-12}$$

$$P_n = \frac{\lambda_{n-1}\lambda_{n-2}\cdots\lambda_0}{\mu_n\mu_{n-1}\cdots\mu_1}P_0 = \frac{N!}{(N-n)!}\left(\frac{\lambda}{\mu}\right)^n P_0 = \frac{\frac{N!}{(N-n)!}\left(\frac{\lambda}{\mu}\right)^n}{\sum_{n=0}^{N}\frac{N!}{(N-n)!}\left(\frac{\lambda}{\mu}\right)^n} \tag{14-13}$$

基于 P_0 与 P_n 的结论,我们可得该系统的数量指标如下:

$$L_q = \sum_{n=1}^{N}(n-1)P_n = \sum_{n=1}^{N}(n-1)\frac{N!}{(N-n)!}\left(\frac{\lambda}{\mu}\right)^n P_0$$

$$L = \sum_{n=0}^{N}nP_n = L_q + (1-P_0) = \sum_{n=1}^{N}(n-1)\frac{N!}{(N-n)!}\left(\frac{\lambda}{\mu}\right)^n P_0 + (1-P_0)$$

由于顾客的输入率 λ_n 随系统状态而不断地变化,因此,系统的平均输入率 $\bar{\lambda}$ 按下式计算

$$\bar{\lambda} = \sum_{n=0}^{\infty}\lambda_n P_n = \sum_{n=0}^{N}(N-n)\lambda P_n = \lambda(N-L)$$

因此有

$$W = \frac{L}{\bar{\lambda}}, \quad W_q = \frac{L_q}{\bar{\lambda}}$$

【例 14-4】 某维修工负责三台机器的维修任务。每台机器平均在正常工作 5 天后发生一次故障,维修工平均两天可以修复一台机器。试计算该排队系统的数量指标。

解:由题意可知:$N=3, \lambda=\frac{1}{5}=0.2, \mu=\frac{1}{2}=0.5, \frac{\lambda}{\mu}=\frac{2}{5}$

$$P_0 = \frac{1}{\sum_{n=0}^{N}\frac{N!}{(N-n)!}\left(\frac{\lambda}{\mu}\right)^n} = \frac{1}{\sum_{n=0}^{3}\frac{3!}{(3-n)!}\left(\frac{2}{5}\right)^n}$$

$$= \frac{1}{1+1.2+0.96+0.384} = \frac{1}{3.544} = 0.282$$

由式(14-13)可知

$$P_1 = \frac{N!}{(N-1)!}\left(\frac{\lambda}{\mu}\right)^1 P_0 = \frac{3!}{(3-1)!}\left(\frac{2}{5}\right)^1 \times 0.282 = 0.338$$

$$P_2 = \frac{N!}{(N-2)!}\left(\frac{\lambda}{\mu}\right)^2 P_0 = \frac{3!}{(3-2)!}\left(\frac{2}{5}\right)^2 \times 0.282 = 0.271$$

$$P_3 = \frac{N!}{(N-3)!}\left(\frac{\lambda}{\mu}\right)^3 P_0 = \frac{3!}{(3-3)!}\left(\frac{2}{5}\right)^3 \times 0.282 = 0.108$$

$$L_q = \sum_{n=1}^{N}(n-1)P_n = P_2 + 2P_3 = 0.271 + 2 \times 0.108 = 0.487(台)$$

$$L = \sum_{n=0}^{N} nP_n = L_q + (1-P_0) = 0.487 + 0.718 = 1.205(台)$$

$$\bar{\lambda} = \lambda(N-L) = 0.2 \times (3-1.205) = 0.359(台)$$

因此有 $W = \dfrac{L}{\bar{\lambda}} = \dfrac{1.205}{0.359} = 3.36(天), W_q = \dfrac{0.487}{0.359} = 1.36(天)$

维修工的劳动强度为:$1 - P_0 = 1 - 0.282 = 0.718$

14.3.5 M/M/1/∞/∞/NPRP 排队模型

到目前为止,我们研究的排队系统的排队规则是先到先服务(FCFS),我们曾经提到过其他服务规则,包括后到先服务(LCFS),随机挑选顾客进行服务(SIRO)。在本部分内容中,我们将介绍按照顾客类型提供服务(NPRP)的排队模型,即具有优先权的排队模型。

设 $W_{\text{FCFS}}, W_{\text{LCFS}}$ 和 W_{SIRO} 分别表示 1 位顾客在 $M/M/1/\infty/\infty/\text{FCFS}, M/M/1/\infty/\infty/\text{LCFS}$,和 $M/M/1/\infty/\infty/\text{SIRO}$ 排队系统中的平均逗留时间,那么我们可以证明

$$E(W_{\text{FCFS}}) = E(W_{\text{LCFS}}) = E(W_{\text{SIRO}})$$

所以,平均逗留时间不依赖于服务规则。我们还可以证明

$$Var(W_{\text{FCFS}}) < Var(W_{\text{SIRO}}) < Var(W_{\text{LCFS}})$$

然而有些服务机构的服务规则是根据顾客的类型提供服务次序。比如,医院的急诊室对重病人优先提供服务。在许多计算机系统中,在等待处理的作业队列中,耗时长的作业要等到耗时短的作业完成之后,才由 CPU 进行处理。我们将依据顾客类别提供服务的排队模型称为具有优先权的排队系统。

假设我们可将顾客划分为 n 种类型,记为类型 1、类型 2、…、类型 n,每类顾客到达间隔服从到达率为 λ_i 的指数分布。服务机构对类型 i 的服务率为 μ_i。最后,我们假设标号小的类型具有先获得服务的权利。在同一类型中,顾客是根据先到先服务。例如,某排队系统共有三类顾客 $n=3$,假设系统的当前状态为 0,如果 3 位类型 2 的顾客和 4 位类型 3 的顾客出现在排队系统中,则下一个接受服务的顾客应当是类型 2 中最先进入排队系统的那位顾客。

接下来，我们再引入下述记号：

L_{qk} = 类型 k 顾客的平均排队长

L_k = 类型 k 顾客的平均队长

W_{qk} = 类型 k 顾客的平均排队等待时间

W_k = 类型 k 顾客的平均逗留时间

定义

$$\rho_i = \frac{\lambda_i}{\mu_i} \quad a_0 = 0 \quad a_k = \sum_{i=1}^{k} \rho_i$$

假设

$$\sum_{i=1}^{n} \rho_i < 1$$

那么，我们可以获得

$$W_{qk} = \frac{\sum_{k=1}^{n} \frac{\rho_k}{\mu_k}}{(1 - a_{k-1})(1 - a_k)}$$

$$L_{qk} = \lambda_k W_{qk}$$

$$W_k = W_{qk} + \frac{1}{\mu_k}$$

$$L_k = \lambda_k W_k$$

【例 14-5】 考虑短复印机的复印系统，复印排队规则为短复印工作优先于长复印工作。短复印工作的平均到达率为每小时 12 件，长复印工作的平均到达率为每小时 6 件；另外，复印一件短工作平均需要 2 分钟，复印一件长工作平均需要 4 分钟。计算每种工作的平均复印时间，计算两类复印工作的平均逗留和排队时间。

解：设类型 1＝短复印工作；设类型 2＝长复印工作，那么，$\lambda_1 = 12$ 件/小时，$\lambda_2 = 6$ 件/小时，$\mu_1 = 30$ 件/小时，$\mu_2 = 15$ 件/小时，所以，$\rho_1 = \frac{12}{30} = 0.4$ 及 $\rho_2 = \frac{6}{15} = 0.4$。因为 $\rho_1 + \rho_2 < 1$，排队系统可到达稳态。

又因为 $a_0 = 0, a_1 = \rho_1 = 0.4, a_2 = \rho_1 + \rho_2 = 0.4 + 0.4 = 0.8$，故两类顾客的排队等待时间分别为

$$W_{q1} = \frac{\frac{0.4}{30} + \frac{0.4}{15}}{(1-0) \times (1-0.4)} = \frac{\frac{1.2}{30}}{0.6} \approx 0.067 (\text{小时})$$

$$W_{q2} = \frac{\frac{0.4}{30} + \frac{0.4}{15}}{(1-0.4) \times (1-0.8)} = \frac{\frac{1.2}{30}}{0.12} \approx 0.33 (\text{小时})$$

他们在系统中的逗留时间分别为

$$W_1 = W_{q1} + \frac{1}{\mu_1} = 0.067 + \frac{1}{30} \approx 0.067 + 0.033 = 0.1 (\text{小时})$$

$$W_2 = W_{q2} + \frac{1}{\mu_2} = 0.33 + \frac{1}{15} \approx 0.33 + 0.067 = 0.397 (\text{小时})$$

14.4 多服务台排队系统

本节我们讨论多个服务台的排队系统问题。假设排队系统有 C 个服务台,当顾客到达系统时,若系统有空闲的服务台,便立刻接受服务;若系统没有空闲的服务台,则进入队列排队等待,直到有空闲的服务台时再接受服务。对于多服务台排队系统,本节假定:

(1) N 个完全相同的服务台并联工作。
(2) 只有一队顾客。
(3) 顾客随机到达。
(4) 随机的服务时间长度。
(5) 服务规则为"先到先服务"。
(6) 系统可以达到稳定状态。
(7) 对于队列中的顾客数量没有限制。
(8) 对于接受服务的顾客数量没有限制。
(9) 所有到来的顾客都等待服务。

本节讨论输入过程为泊松流、服务时间服从负指数分布的多服务台排队系统。

14.4.1 M/M/C/∞/∞/FCFS 排队模型

此系统各种特征的规定与标准 M/M/1 等待制系统的规定相同。顾客的平均到达率为常数 λ,每个服务台的平均服务率均为 μ,同时规定各服务台的工作是相互独立的。就整个服务机构而言,平均服务率与系统状态有关,即

$$\mu_n = \begin{cases} C\mu & (n \geqslant C) \\ n\mu & (n < C) \end{cases} \tag{14-14}$$

同时要求系统的服务强度(服务机构的平均利用率)$\rho = \dfrac{\lambda}{C\mu} < 1$,这样系统不会排成无限队列。

系统的状态平衡方程为

$$\begin{cases} \mu P_1 = \lambda P_0 \\ (n+1)\mu P_{n+1} + \lambda P_{n-1} = (\lambda + n\mu) P_n & (1 \leqslant n < C) \\ C\mu P_{n+1} + \lambda P_{n-1} = (\lambda + C\mu) P_n & (n \geqslant C) \end{cases} \tag{14-15}$$

用递推法求解上述差分方程,可得状态概率

$$P_0 = \left[\sum_{n=0}^{C-1} \frac{1}{n!} \left(\frac{\lambda}{\mu}\right)^n + \frac{\left(\dfrac{\lambda}{\mu}\right)^C}{C!(1-\rho)} \right]^{-1} \tag{14-16}$$

$$P_n = \begin{cases} \dfrac{1}{n!} \left(\dfrac{\lambda}{\mu}\right)^n P_0 & (1 \leqslant n < C) \\ \dfrac{1}{C! C^{n-C}} \left(\dfrac{\lambda}{\mu}\right)^n P_0 & (n \geqslant C) \end{cases} \tag{14-17}$$

系统的其他运行指标计算如下:

1. 平均排队长和平均队长

$$L_q = \sum_{n=C}^{\infty}(n-C)P_n = \frac{\rho(C\rho)^C}{C!(1-\rho)^2}P_0; \quad L = L_q + \frac{\mu}{\lambda}$$

系统服务强度 $\rho = \frac{\lambda}{C\mu}$ 表示服务系统的平均利用率或每个服务台平均服务的顾客数，所以 $C\rho = \frac{\lambda}{\mu}$ 表示服务系统平均服务的顾客数。

2. 平均逗留和等待时间

$$W = \frac{L}{\lambda}, \quad W_q = \frac{L_q}{\lambda}$$

【**例 14-6**】 某邮局有 3 个窗口，来办理业务的人员是随机到达，平均每小时 25 人到达。每个顾客办理业务的平均时间为 6 分钟，也就是每个窗口每小时可以为 10 个顾客提供服务。试求解这一排队系统的相关参数。

解：平均到达速度 $\lambda = 25$，平均服务速度为每个服务台 $\mu = 10$，服务台数量 $C = 3$。这是一个 $M/M/3$ 排队问题。3 个窗口都空闲（系统中没有顾客）的概率为

$$P_0 = \left[\sum_{n=0}^{C-1}\frac{1}{n!}\left(\frac{\lambda}{\mu}\right)^n + \frac{\left(\frac{\lambda}{\mu}\right)^C}{C!\left(1-\frac{\lambda}{C\mu}\right)}\right]^{-1} = \frac{1}{6.625 + 7.813 \times 2} = 4.5\%$$

在系统中有 n 个顾客的概率计算如下：

当 $0 \leq n \leq 3$ 时，计算公式为

$$P_n = \frac{1}{n!}\left(\frac{\lambda}{\mu}\right)^n P_0$$

所以有

$$P_1 = \frac{25}{10} \times 0.045 = 11.3\%, \quad P_2 = \frac{1}{2!}\left(\frac{25}{10}\right)^2 \times 0.045 = 14.1\%,$$

$$P_3 = \frac{1}{3!}\left(\frac{25}{10}\right)^3 \times 0.045 = 11.7\%$$

当 $n > 3$ 时，计算公式为

$$P_n = \frac{1}{C!C^{n-C}}\left(\frac{\lambda}{\mu}\right)^n P_0$$

此时有

$$P_4 = \frac{1}{6 \times 3}\left(\frac{25}{10}\right)^4 \times 0.045 = 9.8\%, \quad P_5 = \frac{1}{6 \times 9}\left(\frac{25}{10}\right)^5 \times 0.045 = 8.1\%$$

$$P_6 = \frac{1}{6 \times 27}\left(\frac{25}{10}\right)^6 \times 0.045 = 6.8\%, \cdots$$

排队等候的平均人数为

$$L_q = \sum_{n=C}^{\infty}(n-C)P_n = \frac{\rho(C\rho)^C}{C!(1-\rho)^2}P_0 = \frac{\left(\frac{25}{10}\right)^3 \times 25 \times 10}{(3-1)!(3 \times 10 - 25)^2} \times 0.045 = 3.51(人)$$

在系统中平均顾客数为:$L=L_q+\dfrac{\mu}{\lambda}=3.51+\dfrac{25}{10}=6.01$(人)

平均每个顾客的排队时间为:$W_q=\dfrac{L_q}{\lambda}=\dfrac{3.51}{25}=0.14$(小时)

平均每个顾客在系统中的时间为:$W=\dfrac{L}{\lambda}=\dfrac{6.01}{25}=0.24$(小时)

14.4.2 M/M/C/C/∞/FCFS 排队模型

M/M/C/C/∞/FCFS 的省略写法即 M/M/C/C,其具体含义参考 M/M/1/1 损失制系统。

1. 计算 P_n

在 M/M/C/C 系统中有

$$\lambda_n=\lambda(n=0,1,\cdots,C-1);\quad \mu_n=n\mu(n=1,2,\cdots,C);\quad 设\ \sigma=\dfrac{\lambda}{\mu},\rho=\dfrac{\lambda}{C\mu}$$

则

$$\theta_n=\dfrac{\sigma^n}{n!}\quad(n=0,1,\cdots,C) \tag{14-18}$$

$$P_0=\left(\sum_{n=1}^{C}\dfrac{\sigma^n}{n!}\right)^{-1},\quad P_n=\dfrac{\sigma^n}{n!}P_0\quad(n=0,1,\cdots,C) \tag{14-19}$$

2. 计算 $P_失$ 与 λ_e

当系统中的 C 个服务台全部被占用,也就是顾客数为 C 时,再来的顾客将自动消失。设顾客到达系统时由于不能进入系统而消失的概率为 $P_失$,则有:$P_失=P_C,\lambda_e=\lambda(1-P_C)$。

3. 计算 L_q,L,W_q 与 W

在损失制系统中,因为不允许排队等待,因此有 $L_q=0,W_q=0$。

该排队系统达到稳态时,单位时间内到达并进入系统的平均顾客数 λ_e 应等于单位时间内接受服务完毕离开系统的平均顾客数 $\bar{C}\mu$,因此有

$$\lambda_e=\lambda(1-P_C)=\bar{C}\mu,\quad \bar{C}=\dfrac{\lambda_e}{\mu}=\sigma(1-P_C),$$

$$L=L_q+\bar{C}=\sigma(1-P_C),\quad W=\dfrac{L}{\lambda_e}=\dfrac{1}{\mu}$$

显然,前面介绍的 M/M/1/1 系统是 M/M/C/C 系统在 C=1 时的特例。

【例 14-7】 某电话站有 n 条线路,可同时供 n 对用户通话。当所有线路均占线时,再要求通话的用户可视为自动消失;当其重新要求通话时,可看作另一新用户到达。设用户呼唤流为泊松流,平均到达率为每分钟 3 次,每个用户的通话时间服从负指数分布,平均服务率为每分钟两次。试求:稳态下,任一用户打不通电话的概率不到 5% 时所需的最少线路数 C,以及此时该电话站平均占用线路数 $\bar{C}$。

解：可将该电话站看作 $M/M/C/C$ 系统，且有 $\lambda=3$ 次/分钟，$\mu=2$ 次/分钟，$\sigma=\dfrac{\lambda}{\mu}=\dfrac{3}{2}=1.5$。

顾客打不通电话的概率 $P_\text{失}$ 为

$$P_\text{失} = P_c = \dfrac{\sigma^c}{C!}\left(\sum_{n=0}^{c}\dfrac{\sigma^n}{n!}\right)^{-1} = \dfrac{\sigma^c}{C!\left(1+\dfrac{\sigma}{1!}+\dfrac{\sigma^2}{2!}+\cdots+\dfrac{\sigma^c}{c!}\right)}$$

分别以 $C=1,2,\cdots$，代入上述 $P_\text{失}$ 式，将所得各 P_c 值列于表 14-1：

表 14-1

C	1	2	3	4
P_c	0.6	0.31	0.134 3	0.048

由表 14-1 可知，所求 C 为 4；平均忙的线路数 $\overline{C}$ 为

$$\overline{C} = \sigma(1-P_4) = 1.5\times(1-0.048) = 1.428。$$

14.4.3　$M/M/C/N/\infty/FCFS$ 排队模型

若某排队系统中共有 C 个服务台，可容纳的顾客逗留的最大容量为 $N(\geqslant c)$，当系统中顾客数 n 已达到最大容量 N 时，再来的顾客就会自动离去。$M/M/C/N/\infty/FCFS$ 的省略写法即 $M/M/C/N$，其具体含义参考 $M/M/1/N$ 混合制系统。

1. 计算 P_n

在 $M/M/C/N$ 系统中，$\lambda_n=\lambda(n=0,1,\cdots,N-1)$，$\mu_n=\begin{cases} n\mu & 1\leqslant n\leqslant C-1 \\ C\mu & C\leqslant n\leqslant N \end{cases}$ 设 $\sigma=\dfrac{\lambda}{\mu}$，$\rho=\dfrac{\lambda}{C\mu}$，则

$$\theta_n = \begin{cases} \dfrac{\sigma^n}{n!} & (1\leqslant n\leqslant C-1) \\ \dfrac{\sigma^n}{C!C^{n-C}} & (C\leqslant n\leqslant N) \end{cases} \tag{14-20}$$

$$P_0 = \left(\sum_{n=0}^{C-1}\dfrac{\sigma^n}{n!}+\sum_{n=C}^{N}\dfrac{\sigma^n}{C!C^{n-C}}\right)^{-1} = \begin{cases} \left[\sum_{n=0}^{C-1}\dfrac{\sigma^n}{n!}+\dfrac{\sigma^C(1-\rho^{N-C+1})}{C!(1-\rho)}\right]^{-1} & (\rho\neq 1) \\ \left[\sum_{n=0}^{C-1}\dfrac{\sigma^n}{n!}+\dfrac{\sigma^C(N-C+1)}{C!}\right]^{-1} & (\rho=1) \end{cases} \tag{14-21}$$

注意：式 (14-21) 化简中利用了等比数列前 n 项和公式。

$$P_n = \begin{cases} \dfrac{\sigma^n}{n!}P_0 & (1\leqslant n\leqslant C-1) \\ \dfrac{\sigma^n}{C!C^{n-C}}P_0 & (C\leqslant n\leqslant N) \end{cases} \tag{14-22}$$

2. 计算 $P_失$ 与 λ_e

当系统中的 N 个服务台全部被占用,也就是顾客数为 N 时,再来的顾客将自动消失。设顾客到达系统时由于不能进入系统而消失的概率为 $P_失$,则有:$P_失 = P_N$,$\lambda_e = \lambda(1 - P_N)$。

3. 计算 L_q, L, W_q 与 W

当系统中顾客数 $C < n \leqslant N$ 时,会有顾客排队等待,其等待队长为 $(n - C)$。平均等待队长为

$$L_q = \sum_{n=0}^{N-C} n P_{n+C} = \sum_{n=C}^{N} (n-C) P_n$$

$$= \begin{cases} P_C \dfrac{\rho}{(1-\rho)^2} [1 - (N-C+1)\rho^{N-C} + (N-C)\rho^{N-C+1}] & (\rho \neq 1) \\ P_C \times \dfrac{(N-C+1)(N-C)}{2} & (\rho = 1) \end{cases}$$

$$\bar{C} = \frac{\lambda_e}{\mu} = \sigma(1 - P_N), \quad L = L_q + \bar{C}, \quad W_q = \frac{L_q}{\lambda_e}, \quad W = \frac{L}{\lambda_e} = W_q + \frac{1}{\mu}$$

显然,前面介绍的 $M/M/C, M/M/C/C, M/M/1/N$ 系统是 $M/M/C/N$ 系统在 $N = \infty$,$N = C, C = 1$ 时的特例。

【例 14-8】 某加油站有两台油泵为汽车加油,站内最多只能容纳 4 辆汽车。已知需加油的汽车按泊松流到达,平均每小时 4 辆。每辆车加油所需时间服从负指数分布,平均每辆车需 12 分钟。试求排队系统的各项基本指标。

解: 该系统是 $M/M/2/4$ 排队系统,故有

$$\lambda = 4(辆/小时), \quad \mu = 5(辆/小时), \quad N = 4, \quad C = 2,$$

$$\sigma = \frac{\lambda}{\mu} = \frac{4}{5} = 0.8, \quad \rho = \frac{\lambda}{C\mu} = \frac{4}{2 \times 5} = 0.4$$

$$P_0 = \left(1 + \sigma + \frac{\sigma^2}{2} + \frac{\sigma^3}{4} + \frac{\sigma^4}{8}\right)^{-1} = \left[1 + \sigma + \frac{\sigma^2(1-\rho^3)}{2(1-\rho)}\right]^{-1} = 0.435$$

$$P_1 = \sigma P_0 = 0.8 \times 0.435 = 0.348$$

$$P_2 = \frac{\sigma^2}{2} P_0 = \frac{0.8^2}{2} \times 0.435 = 0.139$$

$$P_3 = \frac{\sigma^3}{4} P_0 = \frac{0.8^3}{4} \times 0.435 = 0.056$$

$$P_4 = \frac{\sigma^4}{8} P_0 = \frac{0.8^4}{8} \times 0.435 = 0.022$$

$$L_q = \sum_{n=0}^{N-C} n P_{n+C} = 1 \times P_3 + 2 \times P_4 = 0.056 + 2 \times 0.022 = 0.1(辆)$$

$$\lambda_e = \lambda(1 - P_N) = \lambda(1 - P_4) = 4 \times (1 - 0.022) = 3.912(辆/小时)$$

$$W_q = \frac{L_q}{\lambda_e} = \frac{0.1}{3.912} = 0.026(小时)$$

$$W = \frac{L}{\lambda_e} = W_q + \frac{1}{\mu} = 0.026 + 0.2 = 0.226(小时)$$

$$L = W\lambda_e = 0.226 \times 3.912 = 0.884(辆)$$

14.4.4 M/M/C/N/N/FCFS 排队模型

M/M/C/N/N 系统是顾客源有限的多服务台排队系统。M/M/C/N/N 是 M/M/C/N/N/FCFS 的省略写法,其具体含义参考 M/M/1/N/N 有限源系统。

1. 计算 P_n

设 λ 是每台机器在单位运转时间内发生故障的平均次数,则有

$$\lambda_n = (N-n)\lambda \quad (n=0,1,\cdots,N-1), \quad \mu_n = \begin{cases} n\mu & (1 \leqslant n \leqslant C-1) \\ C\mu & (C \leqslant n \leqslant N) \end{cases}$$

采用类似方法可求得

$$P_0 = \left[\sum_{n=0}^{C} \frac{N!}{n!(N-n)!} \left(\frac{\lambda}{\mu}\right)^n + \sum_{n=C+1}^{N} \frac{N!}{C!(N-n)!C^{n-C}} \left(\frac{\lambda}{\mu}\right)^n \right]^{-1} \quad (14-23)$$

$$P_n = \begin{cases} \dfrac{N!}{n!(N-n)!} \left(\dfrac{\lambda}{\mu}\right)^n P_0 & (1 \leqslant n \leqslant C-1) \\ \dfrac{N!}{C!(N-n)!C^{n-C}} \left(\dfrac{\lambda}{\mu}\right)^n P_0 & (C \leqslant n \leqslant N) \end{cases} \quad (14-24)$$

2. 计算 λ_e

与 M/M/1/N/N 系统一样,在 M/M/C/N/N 系统中,有效的顾客平均到达率也不是 λ,而是 λ_e,且 $\lambda_e = \lambda(N-L)$。

3. 计算 L_q, L, W_q 与 W

$$L_q = \sum_{n=C}^{N-C} nP_{n+C} = \sum_{n=C}^{N} (n-C)P_n,$$

$$L = L_q + \bar{C} = L_q + \frac{\lambda_e}{\mu} = L_q + \frac{\lambda(N-L)}{\mu} = \frac{L_q\mu + \lambda N}{\mu + \lambda} = \sum_{n=0}^{N} nP_n$$

$$W_q = \frac{L_q}{\lambda_e}, \quad W = \frac{L}{\lambda_e} = \frac{L}{\lambda(N-L)}$$

显然,前面介绍的 M/M/1/N/N 系统是 M/M/C/N/N 系统在 $C=1$ 时的特例。

【例 14-9】 有两个同等的修理人员负责维修 3 台同型号设备。每台设备连续正常运转的时间服从负指数分布,平均故障率为每周 1 次,修理时间服从负指数分布,每个修理人员的平均服务率为每周 4 台次。试求该系统的有关性能指标。

解:这是一个 M/M/2/3/3 系统,有

$$\lambda = 1(次/周), \mu = 4(次/周), N = 3, C = 2, \frac{\lambda}{\mu} = \frac{1}{4} = 0.25$$

$$P_0 = \left[1 + 3 \times \left(\frac{\lambda}{\mu}\right) + \frac{3!}{2!1!} \left(\frac{\lambda}{\mu}\right)^2 + \frac{3!}{2!(3-3)!2} \left(\frac{\lambda}{\mu}\right)^3 \right]^{-1}$$

$$= [1 + 3 \times 0.25 + 3 \times 0.25^2 + 1.5 \times 0.25^3]^{-1} = 0.51$$

$$P_1 = \frac{3!}{1!2!}\left(\frac{\lambda}{\mu}\right)P_0 = 3 \times 0.25 \times 0.51 = 0.3825$$

$$P_2 = \frac{3!}{1!2!}\left(\frac{\lambda}{\mu}\right)^2 P_0 = 3 \times 0.25^2 \times 0.51 = 0.0956$$

$$P_3 = \frac{3!}{2!0!2}\left(\frac{\lambda}{\mu}\right)^3 P_0 = 1.5 \times 0.25^3 \times 0.51 = 0.012$$

$$L_q = 0 \times P_2 + 1 \times P_3 = 0.012(台)$$

$$L = 0P_0 + 1P_1 + 2P_2 + 3P_3 = 0.3825 + 2 \times 0.0956 + 3 \times 0.012 = 0.6097(台)$$

$$\lambda_e = (3 - 0.6097) \times 1 = 2.3903(台/周)$$

$$W_q = \frac{L_q}{\lambda_e} = \frac{0.012}{2.3903} = 0.005(周)$$

$$W = \frac{L}{\lambda_e} = \frac{0.6097}{2.3903} = 0.2551(周)$$

平均设备完好台数 $m_1 = N - L = 3 - 0.6097 = 2.3903$

平均设备完好率 $m_2 = \dfrac{N-L}{N} = \dfrac{2.3903}{3} \approx 79.7\%$

14.5 非生灭过程排队系统

前面所讨论的排队模型都是顾客到达为 Poisson 流,服务时间服从负指数分布的生灭过程排队模型。这类排队系统具有马尔可夫性,即由系统当前状态可推出未来的状态。但是到达流不是 Poisson 流或服务时间不服从负指数分布时,则由系统的当前状态去推断未来状态,条件不充足,故须用新的方法来研究具有非负指数分布的排队系统。

非生灭过程排队模型的分析都是比较困难的,下面就几种特殊情形给出一些结果。

14.5.1 M/G/1 排队模型

M/G/1 模型是指顾客的到达为 Poisson 流,服务时间为一般独立分布的单服务台排队模型。

设顾客的平均到达率为 λ,对任一顾客的服务时间 V 服从一般概率分布,且服务时间的均值为 $E(V) = \dfrac{1}{\mu} < \infty$,方差 $D(V) = \sigma^2 < \infty$,服务强度 $\rho = \dfrac{\lambda}{\mu}$。可证明,当 $\rho = \dfrac{\lambda}{\mu} < 1$,系统即可达到平稳状态,有

$$P_0 = 1 - \rho, \quad L_q = \frac{\lambda^2 \sigma^2 + \rho^2}{2(1-\rho)}, \quad L = L_q + \rho, \quad W_q = \frac{L_q}{\lambda}, \quad W = W_q + \frac{1}{\mu}$$

由上述公式可看出,L_q, L, W_q 与 W 都仅仅依赖于 ρ 和服务时间的方差 σ^2,而与分布的类型没有关系,这是排队论中一个非常重要的结果,称 $L_q = \dfrac{\lambda^2 \sigma^2 + \rho^2}{2(1-\rho)}$ 为波拉切克-欣辛公式,即 Pollaczek-Khintchine(P-K)公式。

由(P-K)公式发现,当服务率 μ 给定,方差 σ^2 减少时,平均队长和等待时间都将减少,于是,可通过改变 σ^2 来缩短平均队长 L。当 $\sigma^2 = 0$ 时,即服务时间为定长时,平均队长

和等待时间可减到最小值,说明服务时间越有规律,等候的时间也就越短。

【例 14-10】 某单人理发店,顾客到达为 Poisson 流,平均每小时 3 人,理发时间 T 服从正态分布,期望是 15 分钟,方差 $\sigma^2 = \dfrac{1}{18}$,求有关运行指标。

解:由题意,可知:$\lambda = 3$(人/小时),$E(T) = \dfrac{1}{4}$(小时),$D(T) = \dfrac{1}{18}$,$\rho = \lambda E(T) = \dfrac{3}{4}$,$\mu = 4$,因此有

$$L_q = \frac{\lambda^2 \sigma^2 + \rho^2}{2(1-\rho)} = \frac{3^2 \times \dfrac{1}{18} + \left(\dfrac{3}{4}\right)^2}{2 \times \left(1 - \dfrac{3}{4}\right)} = 2.125(人)$$

$$L = 2.125 + \frac{3}{4} = 2.875(人)$$

$$W_q = \frac{L_q}{\lambda} = \frac{2.125}{3} = 0.708(小时)$$

$$W = \frac{2.875}{3} = 0.958(小时)$$

14.5.2 M/D/1 排队模型

对定长服务时间的 $M/D/1/\infty$ 模型,这时 $E(V) = \dfrac{1}{\mu}$,$D(V) = 0$,由 Pollaczek-Khintchine(P-K)公式,有

$$L_q = \frac{\rho^2}{2(1-\rho)} = \frac{\lambda^2}{2\mu(\mu-\lambda)}, \quad L = L_q + \rho = \frac{\lambda(2\mu - \lambda)}{2\mu(\mu - \lambda)},$$

$$W_q = \frac{L_q}{\lambda} = \frac{\rho^2}{2\lambda(1-\rho)} = \frac{\lambda}{2\mu(\mu-\lambda)}, \quad W = W_q + \frac{1}{\mu} = \frac{L}{\lambda}$$

【例 14-11】 某种试验仪器每次使用时间为 3 分钟,实验者的来到过程为泊松过程,平均每小时来到 18 人,求此排队系统的运行指标。

解:此为 M/D/1 系统,$\lambda = \dfrac{18}{60} = 0.3$(人/分钟),$\dfrac{1}{\mu} = 3$(人/分钟),$\rho = \dfrac{\lambda}{\mu} = 0.3 \times 3 = 0.9$,因此有

$$P_0 = 1 - \rho = 1 - 0.9 = 0.1$$

$$L_q = \frac{\rho^2}{2(1-\rho)} = \frac{0.9^2}{2 \times (1 - 0.9)} = 4.05(人)$$

$$L = L_q + \rho = 4.05 + 0.9 = 4.95(人)$$

$$W_q = \frac{L_q}{\lambda} = \frac{4.05}{0.3} = 13.5(分钟)$$

$$W = W_q + \frac{1}{\mu} = 13.5 + 3 = 16.5(分钟)$$

14.5.3 $M/E_k/1$ 排队模型

$M/E_k/1/\infty$ 排队模型也称为爱尔朗(Erlang)排队模型,爱尔朗分布族对现实世界具有更为广泛的适应性。设顾客必须经过 k 个串联的服务阶段,在每个服务阶段的服务时

间 V_i 相互独立,并服从相同的参数为 $k\mu$ 的负指数分布,则 $V = \sum_{i=1}^{k} V_i$ 服从参数为 μ 的 k 阶爱尔朗分布,其密度函数为

$$f(t) = \frac{k\mu(k\mu t)^{k-1}}{(k-1)!} e^{-k\mu t} \quad (t \geq 0) \tag{14-25}$$

故其均值和方差分别为

$$E(V_i) = \frac{1}{k\mu}, \quad D(V_i) = \frac{1}{k^2\mu^2}, \quad E(V) = \frac{1}{\mu}, \quad D(V) = \frac{1}{k\mu^2}$$

因 $M/E_k/1$ 模型可作为 $M/G/1$ 系统的一个特例,于是由(P-K)公式,可得

$$L_q = \frac{\frac{\lambda^2}{k\mu^2} + \rho^2}{2(1-\rho)} = \frac{\rho^2(k+1)}{2k(1-\rho)} = \frac{k+1}{2k} \cdot \frac{\lambda^2}{\mu(\mu-\lambda)}$$

$$L = L_q + \rho = \frac{(1-k)\rho^2 + 2k\rho}{2k(1-\rho)}$$

$$W_q = \frac{L_q}{\lambda} = \frac{(1+k)\rho}{2k\mu(1-\rho)} = \frac{1+k}{2k} \cdot \frac{\lambda}{\mu(\mu-\lambda)}$$

$$W = \frac{L}{\lambda} = \frac{(1-k)\rho + 2k}{2k\mu(1-\rho)}$$

【例 14-12】 一个办事员核对登记的申请书时,必须依次检查 8 张表格,核对每张表格需 1 分钟,顾客到达率为 6 人/小时,服务时间和到达时间均为负指数分布,求:

(1) 办事员空闲的概率。
(2) L_q, L, W_q 与 W。

解:由题意可知此系统为 $M/E_k/1$ 模型,$k=8$,由 $\frac{1}{8\mu} = 1$ 分钟,可得 $\mu = \frac{1}{8}$(人/分钟)= 7.5(人/小时),$\lambda = 6$(人/小时),$\rho = \frac{\lambda}{\mu} = 0.8$

(1) $P_0 = 1 - \rho = 1 - 0.8 = 0.2$。

(2) $L_q = \frac{k+1}{2k} \cdot \frac{\lambda^2}{\mu(\mu-\lambda)} = \frac{8+1}{2 \times 8} \times \frac{6^2}{7.5 \times (7.5-6)} = 1.8$(人)

$L = L_q + \rho = 1.8 + 0.8 = 2.6$(人)

$W_q = \frac{L_q}{\lambda} = \frac{1.8}{6} = 0.3$(小时)= 18(分钟)

$W = \frac{L}{\lambda} = \frac{2.6}{6} = \frac{13}{30}$(小时)= 26(分钟)

14.6 排队系统的优化

前面已经讨论了若干排队模型,得到了系统的数量指标 L_q, L, W_q 与 W 等有价值的信息。排队系统中,顾客的到达情况无法控制,但服务机构是可以调整的,如服务速率、服务台的个数。问题是如何确定这些指标,使系统在经济上获得最佳效益呢?

一般情况下,提高服务水平(数量、质量)自然会降低顾客的等待费用(损失),但常常

增加了服务机构成本。优化目标就是使二者费用之和最小,从而决定达到这个目标的最优的服务水平,如图 14-4 所示。而最优服务水平主要反映在服务速率和服务台的个数上,因此研究排队系统的优化问题,重在研究服务速率和服务台的个数。

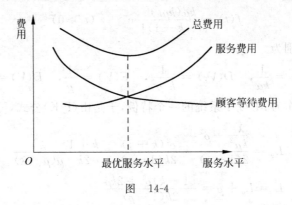

图 14-4

首先,各种费用在稳态情况下,都是按单位时间考虑。一般情况下,服务费用是可以确切计算或估计的,而顾客的等待费用就有许多不同的情况,像机械故障问题中等待费用(由于机器停机而使生产遭受损失)是可以估计的,但像病人就诊的等待费用或由于平均队长而失掉潜在顾客所造成的营业损失,就只能根据统计的经验资料来估计。

其次,费用函数的期望值取最小的问题属于非线性规划问题,这类非线性规划可以是有约束的,也可以是无约束的。对于这类问题常用的求解方法,离散型变量常用边际分析法或数值法;连续型变量常用经典的微分法;对于复杂问题也可以用动态规划方法或非线性方法以及模拟方法来求解。

14.6.1　$M/M/1/\infty/\infty/FCFS$ 模型中最优服务率 μ

假设所讨论的 μ 值与费用呈线性关系,C_s 表示每增大 1 单位的 μ 所需的单位时间服务费用,即增加 μ 值的边际费用;C_w 表示每个顾客在系统中逗留单位时间的费用,对于 C_w,可以理解为顾客的平均工资,或顾客以排队系统逗留时间为变量的机会损失费用。那么总费用为

$$\min z = C_s\mu + C_wL \tag{14-26}$$

将 $L = \dfrac{\lambda}{\mu - \lambda}$ 代入式(14-26),得

$$\min z = C_s\mu + C_wL = C_s\mu + C_w\dfrac{\lambda}{\mu - \lambda} \tag{14-27}$$

因为 Z 是 μ 的连续函数,故用经典微分法可求费用极小值点。

$$\dfrac{dz}{d\mu} = C_s - C_w\lambda\dfrac{1}{(\mu - \lambda)^2} = 0$$

$$(\mu - \lambda)^2 = \dfrac{C_w}{C_s}\lambda$$

由于 $\mu > \lambda$,保证 $\rho < 1$,故 $\mu - \lambda > 0$,则有

$$\mu = \lambda + \sqrt{\dfrac{C_w}{C_s}\lambda} \tag{14-28}$$

又因为

$$\frac{d^2z}{d\mu^2} = 2C_w\lambda\left(\frac{C_w\lambda}{C_s}\right)^{-3} > 0$$

因此，$\mu = \lambda + \sqrt{\frac{C_w}{C_s}\lambda}$ 为极小值点。

【例 14-13】 某地兴建一座港口码头，但只有一个装卸船只的装置，现要求设计装卸能力，装卸能力用每日装卸的船只数表示。已知单位装卸能力每日平均耗费生产费用 $C_s = 2$ 千元，船只到港后如不能及时装卸，停留一日损失运输费 $C_w = 1.5$ 千元，预计船只的平均到达率是 $\lambda = 3$ 只/天。设船只到达时间间隔和装卸时间均服从负指数分布，问港口装卸能力多大时，每天的总支出最少？

解：依题意可知：$\min z = C_s\mu + C_wL = C_s\mu + C_w\dfrac{\lambda}{\mu - \lambda}$，由式 $\mu = \lambda + \sqrt{\dfrac{C_w}{C_s}\lambda}$ 可得：

$$\mu^* = \lambda + \sqrt{\frac{C_w}{C_s}\lambda} = 3 + \sqrt{\frac{1.5}{2}\times 3} = 4.5(\text{只/天})，故最优装卸能力为每日装 4.5 只。$$

14.6.2 $M/M/1/N/\infty$/FCFS 模型中最优服务率 μ

在这种情形下，系统中如果已有 N 个顾客，则后来的顾客即被拒绝，P_N 为被拒绝的概率，$(1-P_N)$ 为能接受服务的概率，$\lambda(1-P_N)$ 为单位时间实际进入服务机构顾客的平均数。在稳定状态下，$\lambda(1-P_N)$ 也等于单位时间内实际服务完成的平均顾客数。设每服务 1 人能收入 G 元，单位时间收入的期望值是 $\lambda(1-P_N)G$ 元。取纯利润最大，即

$$\max z = \lambda(1-P_N)G - C_s\mu = \lambda G\frac{1-\rho^N}{1-\rho^{N+1}} - C_s\mu$$

$$= \lambda\mu G\frac{\mu^N - \lambda^N}{\mu^{N+1} - \lambda^{N+1}} - C_s\mu \tag{14-29}$$

令 $\dfrac{dz}{d\mu} = 0$，即可得到

$$\rho^{N+1}\left[\frac{N-(N+1)\rho + \rho^{N+1}}{(1-\rho^{N+1})^2}\right] = \frac{C_s}{G} \tag{14-30}$$

从公式中可以求出最优解 μ^*。式(19-29)和式(14-30)中 C_s, G, λ, N 都是给定的，但要解出 μ^* 是很困难的。通常是通过数值计算来求得，或将式(14-30)左边（对一定的 N）作为 ρ 的函数，对给定的 $\dfrac{C_s}{G}$ 求得 μ^*。

【例 14-14】 考虑一个 $M/M/1/N/\infty$/FCFS 系统，$\lambda = 10$ 人/小时，$\mu = 30$ 人/小时，$N = 2$。管理者想改进服务机构，方案一是增加等待空间 $N = 3$；方案二是提高平均服务率到 $\mu = 40$ 人/小时。设服务每个顾客的平均收益不变，问哪个方案将获得更大的收益？当 λ 增加到每小时 30 人，又将会是什么结果？

解：由于服务每个顾客的平均收益不变，因此，服务机构单位时间的平均收益与单位时间实际进入系统的平均人数成正比（不考虑服务成本）。

对于方案一，单位时间内实际进入系统的顾客的平均数为

$$\lambda(1-P_3) = \lambda\frac{1-\rho^3}{1-\rho^4} = 10 \times \frac{1-\left(\frac{1}{3}\right)^3}{1-\left(\frac{1}{3}\right)^4} = 9.75(人/小时)$$

对于方案二,单位时间内实际进入系统的顾客的平均数为

$$\lambda(1-P_2) = \lambda\frac{1-\rho^2}{1-\rho^3} = 10 \times \frac{1-\left(\frac{1}{4}\right)^2}{1-\left(\frac{1}{4}\right)^3} = 9.52(人/小时)$$

因此,采取扩大等待空间的方法将获得更多的收益。

当 λ 增加到每小时 30 人时,由 $\rho=1$ 有

$$\lambda(1-P_3) = 30 \times \frac{3}{3+1} = 22.5(人/小时)$$

$$\lambda(1-P_2) = 30 \times \frac{1-(3/4)^2}{1-(3/4)^3} = 22.7(人/小时)$$

因此,采取提高服务率到 $\mu=40$ 人/小时,将获得更多的收益。

14.6.3　M/M/1/N/N/FCFS 模型中最优服务率 μ

假设仍按机器维修问题来考虑。设共有 N 台机器,各机器连续正常运转时间服从相同的负指数分布,有一个修理工,修理时间服从相同的负指数分布。已知一台机器在单位运转时间内发生故障的平均次数为 λ,当 $\mu=1$ 时,单位时间的修理成本为 C_s 元,每台机器正常运转单位时间可收入 H 元。试确定平均服务率 μ 为多少时,可使单位时间利润 z 最大。

解:因为平均正常运转的机器数为 $(N-L)$ 台,又 M/M/1/N/N/FCFS 系统中有 $L=N-\frac{\mu}{\lambda}(1-P_0)$,故有 $\max z = H(N-L) - C_s\mu = H(1-P_0)\frac{\mu}{\lambda} - C_s\mu$,令 $\varphi=\frac{\mu}{\lambda}$,由于

$$P_0 = \left[\sum_{n=0}^{N} \frac{N!}{(N-n)!}\left(\frac{\lambda}{\mu}\right)^n\right]^{-1}$$

所以,P_0 是 φ 的函数,令 $P_0 = F(\varphi)$,则

$$\max z = H\varphi[1-F(\varphi)] - C_s\lambda\varphi \tag{14-31}$$

显然,N, λ, C_s, H 为已知,z 是 φ 的函数,或者说 z 是 μ 的函数。

该问题是一个单变量函数的寻优问题,可以采用数值方法求解,有些情况下也可以令 $\frac{\mathrm{d}z}{\mathrm{d}\mu}=0$,解方程求出其根 μ^*。

【例 14-15】 某车间有两台相同的机器,有一名技工负责其故障修理工作。已知该系统可以看作是 M/M/1/2/2 系统,每台机器平均每天发生两次故障。当 $\mu=1$ 时,每天的修理成本为 100 元;每台机器正常运转一天可收入 400 元。试求使每天利润 z 最大的平均服务率 μ^*。

解:在 M/M/1/2/2 系统中,已知 $N=2, \lambda=2, C_s=1, H=4$

$$P_0 = \left[\sum_{n=0}^{N}\frac{N!}{(N-n)!}\left(\frac{\lambda}{\mu}\right)^n\right]^{-1} = \left[\frac{2!}{(2-0)!}\left(\frac{2}{\mu}\right)^0 + \frac{2!}{(2-1)!}\left(\frac{2}{\mu}\right)^1 + \frac{2!}{(2-2)!}\left(\frac{2}{\mu}\right)^2\right]^{-1}$$

$$= \left[1 + \frac{4}{\mu} + \frac{8}{\mu^2}\right]^{-1} = \frac{\mu^2}{\mu^2 + 4\mu + 8}$$

$$\varphi = \frac{\mu}{\lambda} = \frac{\mu}{2}$$

$$\max z = H(1-P_0)\frac{\mu}{\lambda} - C_s\mu = 4 \times \frac{\mu}{2} \times \left(1 - \frac{\mu^2}{\mu^2 + 4\mu + 8}\right) - \mu = \frac{-\mu^3 + 4\mu^2 + 8\mu}{\mu^2 + 4\mu + 8}$$

令 $\dfrac{\mathrm{d}z}{\mathrm{d}\mu} = 0$，即

$$\frac{\mathrm{d}z}{\mathrm{d}\mu} = \frac{(-3\mu^2 + 8\mu + 8)(\mu^2 + 4\mu + 8) - (2\mu + 4)(-\mu^3 + 4\mu^2 + 8\mu)}{(\mu^2 + 4\mu + 8)^2}$$

$$= \frac{-\mu^4 - 8\mu^3 - 16\mu^2 + 64\mu + 64}{(\mu^2 + 4\mu + 8)^2} = 0$$

由于 $\mu > 0$，故有 $(\mu^2 + 4\mu + 8)^2 > 0$，所以 $-\mu^4 - 8\mu^3 - 16\mu^2 + 64\mu + 64 = 0$，解得 $\mu^* = 2.307$。

14.6.4 M/M/C/∞/∞/FCFS 模型中最优的服务台 C

在多服务台模型中，服务台数目一般是一个可控因素，增加服务台数目，可以提高服务水平，但也会增加与它相关的费用。假定这个费用是线性的，即与服务台数目成正比，令 C_s 表示每个服务台单位时间的费用，C 表示服务台数，C_w 表示每个顾客在系统逗留单位时间的费用，则总费用函数为

$$\min z(C) = C_s C + C_w L \tag{14-32}$$

其中，必须有 $\dfrac{\lambda}{C\mu} < 1$，即 $\dfrac{\lambda}{\mu} < C$，又因 C_s 和 C_w 都是给定的。唯一可变的是服务台数，所以总费用是服务台数 C 的函数。现在的问题就是求最优解 C^*，使得 $z(C^*)$ 最小，又因为 C 只能取整数值，$z(C)$ 不是连续函数，所以不能用微分法，通常采用边际分析法进行求解。根据 $z(C^*)$ 是最小的特点有

$$\begin{cases} z(C^*) \leqslant z(C^*-1) \\ z(C^*) \leqslant z(C^*+1) \end{cases} \tag{14-33}$$

将式(14-32)代入式(14-33)中，可得

$$\begin{cases} C_s C^* + C_w L(C^*) \leqslant C_s(C^*-1) + C_w L(C^*-1) \\ C_s C^* + C_w L(C^*) \leqslant C_s(C^*+1) + C_w L(C^*+1) \end{cases} \tag{14-34}$$

化简后得

$$L(C^*) - L(C^*+1) \leqslant \frac{C_s}{C_w} \leqslant L(C^*-1) - L(C^*) \tag{14-35}$$

依次求 $C = 1, 2, \cdots$ 时 L 的值，并做两相邻的 L 值之差，因为 $\dfrac{C_s}{C_w}$ 为已知数，根据这个数落在哪个不等式的区间里，就可定出 C^*。

【例 14-16】 某健康检测中心为人检查身体的健康状况，来检查的人平均到达率为每天 48 人次，每次来检查由于请假等原因带来的损失为 6 元，检查时间服从负指数分布，平均服务率为每天 25 人次，每安排一位医生的服务成本为每天 4 元，问应安排几位医生

(设备)才能使总费用最小?

解:由题意可知,在 $M/M/C/\infty/\infty$ 模型中,$\lambda=48,\mu=25,C_w=6,C_s=4$。首先,必须满足 $\rho=\dfrac{\lambda}{C\mu}=\dfrac{48}{25C}<1$,因此有 $C>1$。

又因为

$$L(C)=L_q(C)+\dfrac{\lambda}{\mu}=\dfrac{\left(\dfrac{\lambda}{\mu}\right)^C \lambda\mu}{(C-1)!(\mu C-\lambda)^2}P_0+\dfrac{\lambda}{\mu} \quad (14\text{-}36)$$

$$P_0=\left[\sum_{n=0}^{C-1}\dfrac{1}{n!}\left(\dfrac{\lambda}{\mu}\right)^n+\dfrac{\lambda^C}{\mu^C C!(1-\rho)}\right]^{-1} \quad (14\text{-}37)$$

令 $C=2,3,4$,将已知数据代入式(14-36)与式(14-37),算得结果如表 14-2 所示。

表 14-2

C	$L(C)$	$L(C)-L(C+1)$	$L(C-1)-L(C)$
2	21.610	18.930	—
3	2.680	0.612	18.930
4	2.068	—	0.612

因为 $\dfrac{C_s}{C_w}=0.666$,因此,由 $L(C^*)-L(C^*+1)\leqslant\dfrac{C_s}{C_w}\leqslant L(C^*-1)-L(C^*)$ 及表 14-2 可知:$0.612<0.666<18.930$,所以 $C^*=3$,即安排 3 位医生可使总费用最小。

本 章 小 结

本章从排队系统的基本特征和所要研究的问题入手,讨论了泊松分布输入和负指数服务的排队系统,介绍了九种排队模型。无论是单服务台还是多服务台排队系统,通过状态转移建立了平衡方程,进而求出各个数量指标。在此基础上,简单介绍了非生灭过程排队系统,最后讨论了排队系统的优化问题。

习 题

1. 某门诊部平均每 20 分钟到达一个病人,门诊部只有 1 名医生,对每名病人的平均诊治时间为 15 分钟,均服从指数分布。求:

   (1) 系统的各项统计指标。

   (2) 病人逗留时间 T 超过 40 分钟的概率。

   (3) 若希望到达的病人 90% 以上能有座位候诊,则应设置多少个座位?

2. 假设某快餐店在周六营业 12 小时,能够服务 1 000 位顾客。平均来说,快餐店中的顾客数为 150 人。那么,顾客在快餐店中的平均逗留时间是多少?

3. 排队系统有两个服务台,每个服务台的平均服务时间均为 15 分钟,服从指数分布,顾客按泊松流到达,平均每小时到达 6 人。求:

(1) 系统的各项指标。
(2) 顾客达到时需等待的概率。
(3) 顾客逗留时间超过1小时的概率。

4. 某理发店只有一名理发师,平均每20分钟到达一名顾客,为每名顾客理发的时间平均为15分钟,到达间隔及理发时间均服从指数分布。理发店有3张等候的座椅,等候座椅坐满时新到达的顾客将离开。求系统的各项指标。

5. 首都超市共有10个收银台,超市经理需要决定星期六上午设置多少个收银台。假设顾客在收银台前多等待1分钟,超市未来将会损失0.05元。历史数据显示在星期六上午,顾客到达超市收银区域的平均速率是每分钟2人,收银员服务一个顾客的平均时间是2分钟。超市采用单队列提供收银服务,请回答下述问题:
(1) 超市最少需要开放多少个收银台,才能保证超市收银能力超过顾客对收银服务的需求? 确定在这种服务能力下,顾客平均排队等待服务的时间。
(2) 如果多增加一个收银台,顾客平均排队等待时间有何变化。

6. 某修车店有两名修理技工,车辆到达服从泊松分布,每小时为4辆,每辆车的修理时间服从负指数分布,每小时可修理1辆。修车店只能停放3辆待维修的车辆。
(1) 求系统的各项统计指标。
(2) 若每修一辆车平均可盈利40元,修车店每天营业8小时,若增加1名技工每天需增加开支150元,问该修车店是否应该增加一名技工。

7. 考虑一个铁路列车编组站,设待编列车到达时间间隔服从负指数分布,平均每小时到达两列,服务台是编组站,编组时间服从负指数分布,平均每20分钟可编一组。已知编组站上共有两股道,当均被占用时,不能接车,再来的列车只能停在站外或前方站。求在平稳状态下系统中列车的平均数;每一列车的平均停留时间;等待编组的列车的平均数。如果列车因站中的两股道均被占用而停在站外或前方站时,每列车的费用为a元/小时,求每天由于列车在站外等待而造成的损失。

8. 一个大型露天矿山,考虑修建矿石卸位的个数,问题是建一个还是两个。估计运矿石的车将按Poisson流到达,平均每小时到达15辆;卸矿石时间服从负指数分布,平均每3分钟卸一辆。又知每辆运送矿石的卡车售价是8万元,修建一个卸位的投资是14万元。求系统的各项指标。

9. 某客栈有10间客房,客人的平均达到率为6间房/天(按房间数计算顾客),每房客人的平均入住天数为1.8天。
(1) 求该客栈的入住率。
(2) 求到达的客人不能入住的概率。
(3) 求每月(30天)损失的顾客数。

10. 某电话总机有三条中继线,平均每分钟有0.8次呼叫。如果每次通话的平均时间为1.5分钟,试求该系统的平稳状态概率分布、通过能力、损失率和占用通道的平均数。

11. 有一汽车冲洗台,汽车按Poisson流到达,平均每小时到达18辆,冲洗时间V根据过去的经验表明,有$E(V)=0.05$辆/小时,$Var(V)=0.01$辆/小时^2,求有关运行指标,并对系统进行评价。

12. 某汽车加油站设有两个加油机,汽车按 Poisson 流到达,平均每分钟到达两辆;汽车加油时间服从负指数分布,平均加油时间为 2 分钟。又知加油站上最多只能停放 3 辆等待加油的汽车,汽车到达时,若已满员,则必须开到别的加油站去,试对该系统进行分析。

13. 设一电话间的顾客按 Poisson 流到达,平均每小时到达 6 人,平均通话时间为 8 分钟,方差为 16 分钟。直观上估计通话时间服从爱尔朗分布,管理人员想知道平均排队长度和顾客平均等待时间是多少?

14. 某门诊部按泊松流平均每 20 分钟到达一个病人,门诊部只有一名医生,对每名病人均进行 3 项诊治,每项的诊治的时间服从相同的指数分布,总诊治时间的均值为 15 分钟。求:系统的各项统计指标。

15. 设货船按 Poisson 流到达某一港口,平均到达率为每天 50 条,平均卸货率为 μ。又知船在港口停泊 1 d 的费用为 1 货币单位,平均卸货费为 μC_s,其中 $C_s = 2$ 货币单位,现要求在使总费用最少的平均服务率。

16. 某检验中心为各工厂服务,要求进行检验的工厂(顾客)的到来服从 Poisson 流,平均到达率为每天 48 次;每次来检验由于停工等原因损失 6 元;服务(检验)时间服从负指数分布,平均服务率为每天 25 次;每设置一个检验员的服务成本为每天 4 元,其他条件均适合 $M/M/C/\infty/\infty$ 系统。问应设几个检验员可使总费用的平均值最少。

17. 短信以平均每分钟 240 条的速度到达短信发送平台,线路的传输速度是每秒 800 个汉字。短信长度的分布近似于期望值为 176 个汉字的指数分布。假设短信处理中心的容量非常大,请计算下列系统指标:

(1) 系统中短信的平均数量。

(2) 系统中等待发送短信的平均数量。

(3) 短信在系统中的平均逗留时间。

(4) 短信在系统中等待发送的时间。

(5) 系统中等待发送短信的数量多于 10 条的可能性有多大?

第 15 章

马尔可夫分析

学习目标

1. 了解马尔可夫分析的基本原理。
2. 掌握马尔可夫分析的方法。
3. 掌握吸收马尔可夫链原理与方法。
4. 熟练掌握马尔可夫决策过程的建模和求解方法。
5. 会用马尔可夫分析方法解决经济管理过程中的基本问题。

15.1 引　　言

马尔可夫分析法起源于俄国数学家马尔可夫(A. A. Markov)对连成链的试验序列的研究(1906—1907)。第一个连续轨道的马尔可夫过程的正确数学结构是在 1923 年由维纳(N. Wiener)作出的。马尔可夫过程的一般理论是在 20 世纪 30—40 年代由柯尔莫哥洛夫(A. N. Kolmogorov)、费勒(W. Feller)、多布林(W. Doeblin)、列维(P. Levy)和多伯(J. L. Doob)以及其他人创导的。

根据当前的状态和发展趋向来预测未来的状态,这是管理决策中重要的环节之一,马尔可夫分析就是解决这方面问题的常用方法之一。

所谓马尔可夫分析就是:通过分析几种变量现时运动的情况,来预计这些量未来运动情况的一种方法。这种方法已成为市场研究的工具,可用它来研究和预测顾客的行为。但是,这种方法的应用不仅限于市场,还可以用于确定未来劳动力的需求,可以在会计部门确定可疑账目的允许差额,可以确定顾客对某种品牌产品的信任是如何转向另一种新产品的,在市场竞争中,可用马尔可夫分析来确定企业短期和长期的市场占有率,并可以通过对未来市场占有率的估计来评价几种广告计划之间的优劣等。

以上这类决策问题都有一个共同的特点,即虽然采取的行动已经确定,但将这个行动付诸实践的过程可分为几个时期。在不同的时期,系统可以处在不同的状态,而这些状态发生的概率又可受前面时期实际所处状态的影响。例如,如果把某种商品的销售情况分为畅销、一般、滞销三种,一个季度为一个时期,在不同的时期销售情况可以不同,显然,在一个时期该种商品为畅销、一般、滞销的概率与前面时期销售的实际状态有关。如果前几个时期畅销,说明该种商品在顾客中的信誉度较高。而且,一般说来,下个时期畅销的可能性较大;如果前几个时期滞销,说明该商品可能存在质量问题,或是价格偏高等问题,在顾客中的信誉度较低,若不采取相应措施,下个时期仍然可能滞销。

15.2 马尔可夫链

15.2.1 一般随机过程

在某些现实系统中,表征系统特征的变量具有随机性,而且系统状态随时间而变化,即系统状态变量在每个时点上的取值是随机的,那么,对于这类系统就需用以时间为参数的随机变量来描述。系统状态的这种变化过程常称为随机过程。例如,从时间 $t=0$ 开始记录某电话总机的呼叫次数,设 $t=0$ 时没有呼叫,至时刻 t 的呼叫次数记作 N_t,则随机变量族 $\{N_t, t \geqslant 0\}$ 是随机过程。

随机过程(stochastic process)是指依赖于一个变动参数 t 的一族随机变量 $\{X(t), t \geqslant T\}$。变动参数 t 所有可以取值的集合 T 称为参数空间。$X(t)$ 的值所构成的集合 $S=\{1,2,\cdots,n\}$ 称为随机过程的状态空间。按 S 和 T 是离散集或非离散集可将随机过程分为四类,即连续时间随机过程、离散型随机过程、随机序列、离散随机序列。马尔可夫分析只涉及随机过程的一个子类,即所谓的马尔可夫过程。这类随机过程的特点是:若已知在时间 t 系统处于状态 X 的条件下,在时刻 $\tau(\tau > t)$ 系统所处的状态与时刻 t 以前系统所处的状态无关,此过程便为马尔可夫过程。

例如,在液面上放一微粒,它由于受到大量分子的碰撞,在液面上做不规则运动,这就是布朗运动。由物理学知识可知,已知在时刻 t 的运动状态条件下,微粒在 t 以后的运动情况和微粒在 t 以前的情况无关。若以 $X(t)$ 表示微粒在时刻 t 时的位置,则 $X(t)$ 是马尔可夫过程。

本书主要涉及马尔可夫链,故在以下介绍马尔可夫链的概念。

15.2.2 马尔可夫链的概念

一般来说,描述系统状态的随机变量序列不一定满足相互独立的条件。也就是说,系统将来的状态与过去时刻以及现在时刻的状态是有关系的。在实际情况中,也具有这样性质的随机系统:系统在每一时刻(或每一步)上的状态,仅仅取决于前一时刻(或前一步)的状态。这个性质称为无后效性,即所谓马尔可夫假设。具备这个性质的离散型随机过程,称为马尔可夫链。用数学语言来描述就是:

定义 15-1 设 $\{X_n, n=0,1,2,\cdots\}$ 是一个随机变量序列,用 $X_n=i$ 表示时刻 n 系统处于状态 i 这一事件,称 $p_{ij}(n)=p\{X_{n+1}=j | X_n=i\}$ 为事件 $X_n=i$ 出现的条件下,事件 $X_{n+1}=j$ 出现的概率,又称为系统的一步转移概率。若对任意的非负整数 $i_1,i_2,\cdots,i_{n-1},i,j$ 及一切 $n \geqslant 0$,有

$$p\{X_{n+1}=j | X_n=i, X_k=i_k, k=1,2,\cdots,n-1\} = p\{X_{n+1}=j | X_n=i\} = p_{ij}(n) \tag{15-1}$$

则称 $\{X_n\}$ 是一个马尔可夫链。

例如,在荷花池中有 n 张荷叶,编号为 $1,2,\cdots,n$。假设有一只青蛙随机地从这张荷叶跳到另一张荷叶上。青蛙的运动可看作一随机过程。在时刻 t_n 青蛙所在的那张荷叶,

称为青蛙所处的状态。那么,青蛙在未来处于什么状态,只与它现在所处的状态 i 有关,与它以前在哪张荷叶上无关。此过程就是一个马尔可夫链。

由于系统状态的变化是随机的,因此,必须用概率描述状态转移的各种可能性的大小。

15.2.3 状态转移矩阵

马尔可夫链是一种描述动态随机现象的数学模型,它建立在系统"状态"和"状态转移"的概念之上。所谓系统,就是我们所研究的事物对象;所谓状态,是表示系统的一组记号。当确定了这组记号的值时,也就确定了系统的行为,并说系统处于某一状态。系统状态常表示为向量,故称为状态向量。例如,已知某月 A,B,C 三种品牌洗衣粉的市场占有率分别是 $0.3,0.4,0.3$,则可用向量 $P=(0.3,0.4,0.3)$ 来描述该月市场洗衣粉销售的状况。

当系统由一种状态变为另一种状态时,我们称为状态转移。例如,洗衣粉销售市场状态的转移就是各种品牌洗衣粉市场占有率的变化。显然,这类系统由一种状态转移到另一种状态完全是随机的,因此必须用概率描述状态转移的各种可能性的大小。

定义 15-2 如果在时刻 t_n,系统的状态为 $X_n=i$ 的条件下,在下一个时刻 t_{n+1} 系统状态为 $X_{n+1}=j$ 的概率 $p_{ij}(n)$ 与 n 无关,则称此马尔可夫链是齐次马尔可夫链,并记 $p_{ij}(n)=p\{X_{n+1}=j|X_n=i\}(i,j=1,2,\cdots,n)$,称 $p_{ij}(n)$ 为状态转移概率。显然,我们可得出 n 步转移概率的性质:

(1) $p_{ij}(n) \geqslant 0 \quad (i,j=1,2,\cdots,n)$。 (15-2)

(2) $\sum_{j=1}^{n} p_{ij}(n) = 1 \quad (i=1,2,\cdots,n)$。 (15-3)

1. 转移矩阵

设系统的状态转移过程是一齐次马尔可夫链,状态空间 $S=\{1,2,\cdots,n\}$ 为有限,状态转移概率为 $p_{ij}(n)$,则称矩阵

$$P = \begin{bmatrix} p_{11} & p_{12} & \cdots & p_{1n} \\ p_{21} & p_{22} & \cdots & p_{2n} \\ \vdots & \vdots & \vdots & \vdots \\ p_{n1} & p_{n2} & \cdots & p_{nn} \end{bmatrix} \qquad (15\text{-}4)$$

为该系统的状态转移概率矩阵,简称转移矩阵。

2. 概率向量

对于任意的行向量(或列向量),如果其每个元素均非负且总和等于 1,则称该向量为概率向量。

3. 概率矩阵

由概率向量作为行向量所构成的方阵称为概率矩阵。

对于一个概率矩阵 P,若存在正整数 m,使得 P^m 的所有元素均为正数,则称矩阵 P 为

正规概率矩阵。

例如,矩阵

$$A = \begin{bmatrix} 0.8 & 0.2 \\ 0.4 & 0.6 \end{bmatrix}$$

中每个元素均非负,每行元素之和皆为1,行数和列数相同,为2×2方阵,故矩阵A为概率矩阵。

概率矩阵有如下性质:如果A,B皆是概率矩阵,则AB也是概率矩阵;如果A为概率矩阵,则A的任意次幂$A^m (m \geq 0)$也是概率矩阵。

对$k \geq 1$,记

$$p_{ij}^{(k)} = p\{X_{n+k} = j \mid X_n = i\} \tag{15-5}$$

$$\boldsymbol{P}^{(k)} = (p_{ij}^{(k)})_{n \times n} \tag{15-6}$$

称$p_{ij}^{(k)}$为k状态转移概率,$\boldsymbol{P}^{(k)}$为k步状态转移概率矩阵,它们均与n无关。

特别地,当$k=1$时,$p_{ij}^{(1)} = p_{ij}$为1步状态转移概率。马尔可夫链中任何k步状态转移概率都可由1步状态转移概率求出。

由全概率公式可知,对$k \geq 1$,有(其中$\boldsymbol{P}^{(0)}$表示单位矩阵)

$$p_{ij}^{(k)} = p\{X_{n+k} = j \mid X_n = i\} = \sum_{l=1}^{n} p\{X_{n+k-1} = l \mid X_n = i\} \cdot p\{X_{n+k} = j \mid X_{n+k-1} = l\}$$

$$= \sum_{l=1}^{n} p_{il}^{(k-1)} p_{lj} \quad (i, j = 1, 2, \cdots, n) \tag{15-7}$$

其中用到马尔可夫链的无记忆性和齐次性。用矩阵表示,即为$\boldsymbol{P}^{(k)} = \boldsymbol{P}^{(k-1)} \boldsymbol{P}$,从而可得

$$\boldsymbol{P}^{(k)} = \boldsymbol{P}^k \quad (k \geq 1) \tag{15-8}$$

记t_0为过程的开始时刻,$p_i(0) = p\{X_0 = X(t_0) = i\}$,则称$\boldsymbol{P}(0) = (p_1(0), p_2(0), \cdots, p_n(0))$为初始状态概率向量。

如已知齐次马尔可夫链的转移矩阵$\boldsymbol{P} = (p_{ij})$以及初始状态概率向量$\boldsymbol{P}(0)$,则任一时刻的状态概率分布也就确定了:

对$k \geq 1$,记$p_i(k) = p\{X_k = i\}$,则由全概率公式有

$$p_i(k) = \sum_{j=1}^{n} p_j(0) \cdot p_{ji}^{(k)} \quad (i = 1, 2, \cdots, n; k \geq 1) \tag{15-9}$$

若记向量$\boldsymbol{P}(k) = (p_1(k), p_2(k), \cdots, p_n(k))$,则式(15-9)可写为

$$\boldsymbol{P}(k) = \boldsymbol{P}(0) \boldsymbol{P}^{(k)} = \boldsymbol{P}(0) \boldsymbol{P}^k \tag{15-10}$$

由此可得

$$\boldsymbol{P}(k) = \boldsymbol{P}(k-1) \boldsymbol{P} \tag{15-11}$$

【例 15-1】 考察一台机床的运行状态。机床的运行存在正常和故障两种状态。由于出现故障带有随机性,故可将机床的运行看作一个状态随时间变化的随机系统。可以认为,机床以后的状态只与其以前的状态有关,而与过去的状态无关,即具有无后效性。因此,机床的运行可看作是马尔可夫链。

设正常状态为1,故障状态为2,即机床的状态空间由两个元素组成。机床在运行过程中出现故障,这时从状态1转移到状态2;处于故障状态的机床经维修,恢复到正常状

态，即从状态2转移到状态1。

现以1个月为时间单位。经观察统计可知，从某月份到下月份机床出现故障的概率为0.2，即 $p_{12}=0.2$。其对立事件，保持正常状态的概率为 $p_{11}=0.8$。在这一时间，故障机床经维修返回到正常状态的概率为0.9，即 $p_{21}=0.9$；不能修好的概率为 $p_{22}=0.1$。机床的状态转移情形如图15-1所示。

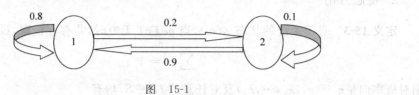

图 15-1

由机床的一步转移概率，得状态转移概率矩阵

$$\boldsymbol{P} = \begin{bmatrix} p_{11} & p_{12} \\ p_{21} & p_{22} \end{bmatrix} = \begin{bmatrix} 0.8 & 0.2 \\ 0.9 & 0.1 \end{bmatrix}$$

若已知本月机床的状态向量 $\boldsymbol{P}(0)=(0.85,0.15)$，现要预测机床两个月后的状态。先求出两步转移概率矩阵

$$\boldsymbol{P}^{(2)} = \boldsymbol{P}^2 = \boldsymbol{P} \cdot \boldsymbol{P} = \begin{bmatrix} 0.8 & 0.2 \\ 0.9 & 0.1 \end{bmatrix} \begin{bmatrix} 0.8 & 0.2 \\ 0.9 & 0.1 \end{bmatrix} = \begin{bmatrix} 0.82 & 0.18 \\ 0.81 & 0.19 \end{bmatrix}$$

矩阵的第一行表明，本月处于正常状态的机床，两个月后，仍处于正常状态的概率为0.82，转移到故障状态的概率为0.18。第二行说明，本月处于故障状态的机床，两个月后，转移到正常状态的概率为0.81，仍处于故障状态的概率为0.19。

于是，两个月后机床的状态向量为

$$\boldsymbol{P}(2) = \boldsymbol{P}(0)\boldsymbol{P}^{(2)} = \begin{bmatrix} 0.85 & 0.15 \end{bmatrix} \begin{bmatrix} 0.82 & 0.18 \\ 0.81 & 0.19 \end{bmatrix} = \begin{bmatrix} 0.8185 & 0.1815 \end{bmatrix}$$

15.2.4 稳态概率矩阵

在马尔可夫链中，已知系统的初始状态和状态转移概率矩阵，就可推断出系统在任意时刻可能所处的状态。现在需要研究当 k 不断增大时，$\boldsymbol{P}^{(k)}$ 的变化趋势。

1. 平稳分布

若存在非零概率向量 $\boldsymbol{X}=(x_1,x_2,\cdots,x_n)$，使得

$$\boldsymbol{XP} = \boldsymbol{X} \tag{15-12}$$

其中 $\boldsymbol{P}$ 为一概率矩阵，则称 $\boldsymbol{X}$ 为 $\boldsymbol{P}$ 的固定概率向量。

特别地，设 $\boldsymbol{X}=(x_1,x_2,\cdots,x_n)$ 为一状态概率向量，$\boldsymbol{P}$ 为状态转移概率矩阵。由式(15-12)，可得

$$\sum_{i=1}^{n} x_i p_{ij} = x_j \quad (j=1,2,\cdots,n)$$

则称 $\boldsymbol{X}$ 为马尔可夫链的一个平稳分布。若随机过程某时刻的状态概率向量 $\boldsymbol{P}(k)$ 为平稳分布，则称过程处于平衡状态。一旦过程处于平衡状态，则过程经过一步或多步状态转移之

后,其状态概率分布保持不变,也就是说,过程一旦处于平衡状态后将永远处于平衡状态。

对于我们所讨论的状态有限(即 n 个状态)的马尔可夫链,平稳分布必定存在。尤其是当状态转移矩阵为正规概率矩阵时,平稳分布唯一。此时,求解方程(15-12),即可得到系统的平稳分布。

2. 稳态分布

定义 15-3 对于系统的状态 $p(m)$,当 m 趋于无穷时,若存在极限,设其极限为 $\boldsymbol{\pi}$,且

$$\sum_{j=1}^{n} \pi_j = 1 \tag{15-13}$$

则对概率向量 $\boldsymbol{\pi} = (\pi_1, \pi_2, \cdots, \pi_n)$ 及对任意 $i, j \in S$,均有

$$\lim_{m \to +\infty} \sum_{i=1}^{n} p_{ij}^{(m)} = \pi_j \tag{15-14}$$

则称 $\boldsymbol{\pi}$ 为稳态分布。若随机过程某时刻的状态概率向量为平稳分布,则称过程处于平衡状态。一旦过程处于平衡状态,则过程经过一步或多步状态转移之后,其状态概率分布保持不变,即过程一旦处于平衡状态后将永远处于平衡状态。此时,不管初始状态概率向量如何,均有

$$\lim_{m \to +\infty} p_j(m) = \lim_{m \to +\infty} \sum_{i=1}^{n} p_i(0) p_{ij}^{(m)} = \sum_{i=1}^{n} p_i(0) \lim_{m \to +\infty} p_{ij}^{(m)} = \sum_{i=1}^{n} p_i(0) \pi_j = \pi_j \sum_{i=1}^{n} p_i(0) = \pi_j$$

或者

$$\lim_{m \to +\infty} p(m) = \lim_{m \to +\infty} (p_1(m), p_2(m), \cdots, p_n(m)) = \boldsymbol{\pi} = (\pi_1, \pi_2, \cdots, \pi_n)$$

这也是称 $\boldsymbol{\pi}$ 为稳态分布的理由。

设存在稳态分布 $\boldsymbol{\pi} = (\pi_1, \pi_2, \cdots, \pi_n)$,则由于下式恒成立

$$P(k) = P(k-1)P \tag{15-15}$$

令 $k \to +\infty$,即可得

$$\boldsymbol{\pi} = \boldsymbol{P}^\mathrm{T} \boldsymbol{\pi} \tag{15-16}$$

即

$$\pi_j = \lim_{n \to +\infty} p_{ij}(n) = \lim_{n \to +\infty} \sum_{k=1}^{n} p_{ik}(n-1) p_{ij} = \sum_{k=1}^{n} p_{kj} \pi_k \quad (j = 1, 2, \cdots, n) \tag{15-17}$$

这显然是关于 n 个未知数 $\pi_1, \pi_2, \cdots, \pi_n$ 的 n 个彼此不独立的线性方程,且有 $\sum_{j=1}^{n} \pi_j = 1$,即有限状态马尔可夫链的稳态分布如存在,那么它也是平稳分布。

对任一状态 i,如果 $\{k | p_{ii}^{(k)} > 0\}$ 的公约数为 1,则称状态 i 为非周期状态。如果一个马尔可夫链的所有状态均是非周期的,则称此马尔可夫链是非周期的。

对非周期的马尔可夫链,稳态分布必存在,对不可约非周期马尔可夫链,稳态分布和平稳分布相同且均唯一。

【例 15-2】 设一马尔可夫链的状态转移矩阵为

$$\boldsymbol{P} = \begin{bmatrix} 0.50 & 0.25 & 0.25 \\ 0.50 & 0.00 & 0.50 \\ 0.25 & 0.25 & 0.50 \end{bmatrix}$$

求其平稳分布与稳步分布。

解：(1) P 不可约。

$$P(2) = P^2 = \begin{bmatrix} 0.50 & 0.25 & 0.25 \\ 0.50 & 0.00 & 0.50 \\ 0.25 & 0.25 & 0.50 \end{bmatrix} \begin{bmatrix} 0.50 & 0.25 & 0.25 \\ 0.50 & 0.00 & 0.50 \\ 0.25 & 0.25 & 0.50 \end{bmatrix} = \begin{bmatrix} 0.4375 & 0.1875 & 0.3750 \\ 0.3750 & 0.2500 & 0.3750 \\ 0.3750 & 0.1875 & 0.4375 \end{bmatrix}$$

$p_{ij} > 0$，仅当 $i \neq 2$ 且 $j \neq 2$ 时。又 $p_{22}^{(2)} > 0$，由定义可知，P 是不可约的。

(2) P 非周期。

由 $p_{11}^{(1)} > 0, p_{11}^{(2)} > 0$，而 1 与 2 的公约数为 1，因此，状态 1 为非周期状态。同理，可得状态 2 与状态 3 也均为非周期状态，所以 P 是非周期的。

(3) 由于 P 不可约，且为非周期，则求解如下方程组

$$\begin{cases} XP = X \\ \sum_{i=1}^{3} x_i = 1 \end{cases}$$

得 $X = \begin{bmatrix} 0.4 & 0.2 & 0.4 \end{bmatrix}$，这就是该马尔可夫链的稳态分布，而且也是平稳分布。

【**例 15-3**】现在，市场上有 A, B, C 三家工厂生产的同一型号规格的空调器在互相竞争。目前，它们的市场占有率分别为 0.45, 0.35 和 0.20，从统计资料分析，任一个月购买 A 工厂生产的空调器的顾客中有 90% 下个月仍然购买 A 工厂的产品，而各有 5% 的顾客下个月转向购买 B 工厂和 C 工厂的产品；在购买 B 工厂产品的顾客中有 80% 仍然购买 B 工厂产品，而各有 10% 的顾客下个月转向购买 A 工厂和 C 工厂的产品；在购买 C 工厂产品的顾客中仍然有 75% 购买该厂产品，而下个月转向购买 A 工厂产品和 B 工厂产品的分别占 10% 和 15%。试求这三家工厂生产的空调器在第一个月、第二个月和第三个月的市场占有率以及它们的稳定状态概率。

解：用随机变量 δ_n 表示一位顾客在第 n 个月购买某工厂生产的空调器，根据题意，$\{\delta_n\}$ 构成一个马尔可夫链。其一步转移矩阵为

$$P = \begin{bmatrix} 0.90 & 0.05 & 0.05 \\ 0.10 & 0.80 & 0.10 \\ 0.10 & 0.15 & 0.75 \end{bmatrix}$$

初始状态概率向量为

$$P(0) = \begin{bmatrix} 0.45 & 0.35 & 0.20 \end{bmatrix}$$

根据式(15-10)，第一个月各工厂生产的空调器的市场占有率向量为

$$P(1) = P(0)P = \begin{bmatrix} 0.45 & 0.35 & 0.20 \end{bmatrix} \begin{bmatrix} 0.90 & 0.05 & 0.05 \\ 0.10 & 0.80 & 0.10 \\ 0.10 & 0.15 & 0.75 \end{bmatrix}$$

$$= \begin{bmatrix} 0.4600 & 0.3325 & 0.2075 \end{bmatrix}$$

同理，第二个月各工厂生产的空调器的市场占有率向量为

$$P(2) = P(0)P^2 = P(1)P = \begin{bmatrix} 0.4600 & 0.3325 & 0.2075 \end{bmatrix} \begin{bmatrix} 0.90 & 0.05 & 0.05 \\ 0.10 & 0.80 & 0.10 \\ 0.10 & 0.15 & 0.75 \end{bmatrix}$$

$$= [0.468\,00 \quad 0.320\,13 \quad 0.211\,88]$$

第三个月各工厂生产的空调器的市场占有率向量为

$$\boldsymbol{P}(3) = \boldsymbol{P}(0)\boldsymbol{P}^3 = \boldsymbol{P}(2)\boldsymbol{P} = [0.468\,00 \quad 0.320\,13 \quad 0.211\,88] \begin{bmatrix} 0.90 & 0.05 & 0.05 \\ 0.10 & 0.80 & 0.10 \\ 0.10 & 0.15 & 0.75 \end{bmatrix}$$

$$= [0.474\,40 \quad 0.311\,29 \quad 0.214\,32]$$

再根据式(15-13)和式(15-17)来求各工厂生产的空调器市场占有率的稳定状态概率。

$$\begin{cases} \pi_1 = 0.90\pi_1 + 0.10\pi_2 + 0.10\pi_3 \\ \pi_2 = 0.05\pi_1 + 0.80\pi_2 + 0.15\pi_3 \\ \pi_1 + \pi_2 + \pi_3 = 1 \end{cases}$$

解此方程组,可得:$\boldsymbol{\pi} = (\pi_1, \pi_2, \pi_3)^T = (0.5, 0.285\,71, 0.214\,29)^T$

以上结果说明,A 厂和 C 厂在第一月至第三个月所生产的空调器的市场占有率均是逐月上升的,最终会分别稳定在 0.5 与 0.214 29;而 B 厂所生产的空调器的市场占有率在这三个月中则逐月下降,最终会稳定在 0.285 71。

【例 15-4】 某商店对前一天来店分别购买 A, B, C 三种品牌巧克力的顾客各 100 名的购买情况进行了统计(每天都购买一盒),数据见表 15-1。假定一位顾客在第一天购买了品牌为 A 的巧克力,试问他在第三天购买品牌为 B 的巧克力的概率是多少?一个月后他购买品牌为 B 的巧克力的概率是多少?

表 15-1

巧克力品牌		本次购买的品牌		
		A	B	C
前次购买的品牌	A	20	50	30
	B	20	70	10
	C	30	30	40

解: 该顾客第一天购买品牌为 A 的巧克力,由表 15-1 可知,第二天购买品牌为 A, B, C 巧克力的可能性分别为 $\frac{20}{100}, \frac{50}{100}, \frac{30}{100}$;第三天购买的情况为:把第二天购买的情况作为前次购买的情况,把第三天购买的情况作为本次购买的情况。由表中第二列可知,当第二天购买 A 时,第三天购买 B 的可能性为 $\frac{50}{100}$;当第二天购买 B 时,第三天也购买 B 的可能性为 $\frac{70}{100}$;当第二天购买 C 时,第三天购买 B 的可能性为 $\frac{30}{100}$。故当第一天购买品牌 A 时,第三天购买品牌为 B 的概率为

$$\boldsymbol{P} = 0.2 \times 0.5 + 0.5 \times 0.7 + 0.3 \times 0.3 = 0.54$$

下面用马尔可夫链求解此题。

设 X_m 表示该顾客在第 m 天购买的巧克力品牌,X_m 是一个随机变量。它可能取值为 A, B, C,这些值组成了随机变量 X_m 的状态集 $\{A, B, C\}$。状态转移的间隔时间为 1 d。

随着时间推移，X_m 形成 $\{X_1, X_2, \cdots, X_m\}$ 的随机变量序列。不妨认为顾客在每次购买巧克力时，只对他前次所吃品牌的巧克力有印象，因此该随机变量序列是一个马尔可夫链，可以用马尔可夫链来描述顾客对巧克力的需求状况。将表 15-1 的统计情况用百分数表示于表 15-2 中。

表 15-2

巧克力品牌	A	B	C
A	0.2	0.5	0.3
B	0.2	0.7	0.1
C	0.3	0.3	0.4

写成矩阵形式为

$$\boldsymbol{P} = \begin{bmatrix} p_{11} & p_{12} & p_{13} \\ p_{21} & p_{22} & p_{23} \\ p_{31} & p_{32} & p_{33} \end{bmatrix} = \begin{bmatrix} 0.2 & 0.5 & 0.3 \\ 0.2 & 0.7 & 0.1 \\ 0.3 & 0.3 & 0.4 \end{bmatrix}$$

矩阵 $\boldsymbol{P}$ 为该马尔可夫链的转移概率矩阵。第一天在购买品牌为 A 的条件下，第二天购买品牌为 A, B, C 的概率分别为 $0.2, 0.5, 0.3$，即矩阵 $\boldsymbol{P}$ 的第一行的数值。第三天购买品牌为 B 的巧克力的概率为

$$\begin{bmatrix} p_{11} & p_{12} & p_{13} \end{bmatrix} \begin{bmatrix} p_{12} \\ p_{22} \\ p_{32} \end{bmatrix} = \begin{bmatrix} 0.2 & 0.5 & 0.3 \end{bmatrix} \begin{bmatrix} 0.5 \\ 0.7 \\ 0.3 \end{bmatrix} = 0.54$$

此与由前面计算 $\boldsymbol{P} = 0.2 \times 0.5 + 0.5 \times 0.7 + 0.3 \times 0.3 = 0.54$ 完全相同。

第一天购买的情况到第三天经过两次状态转移，由二步转移矩阵

$$\boldsymbol{P}^2 = \boldsymbol{P} \cdot \boldsymbol{P} = \begin{bmatrix} 0.2 & 0.5 & 0.3 \\ 0.2 & 0.7 & 0.1 \\ 0.3 & 0.3 & 0.4 \end{bmatrix} \begin{bmatrix} 0.2 & 0.5 & 0.3 \\ 0.2 & 0.7 & 0.1 \\ 0.3 & 0.3 & 0.4 \end{bmatrix} = \begin{bmatrix} 0.23 & 0.54 & 0.23 \\ 0.21 & 0.62 & 0.17 \\ 0.24 & 0.48 & 0.28 \end{bmatrix}$$

可知，在最后的矩阵中，第一行表示在第一天顾客购买 A 的条件下，第三天购买品牌为 A, B, C 的概率分别为 $0.23, 0.54, 0.23$；第二行表示在第一天顾客购买 B 的条件下，第三天购买品牌为 A, B, C 的概率分别为 $0.21, 0.62, 0.17$；第三行表示在第一天顾客购买 C 的条件下，第三天购买品牌为 A, B, C 的概率分别为 $0.24, 0.48, 0.28$。

由于该转移概率矩阵 $\boldsymbol{p}$ 是正规随机矩阵，再根据式(15-13)和式(15-17)可得到

$$\begin{cases} \pi_1 = 0.2\pi_1 + 0.2\pi_2 + 0.3\pi_3 \\ \pi_2 = 0.5\pi_1 + 0.7\pi_2 + 0.3\pi_3 \\ \pi_1 + \pi_2 + \pi_3 = 1 \end{cases}$$

解此方程组，得稳态概率向量

$$\boldsymbol{\pi} = (\pi_1, \pi_2, \pi_3)^\mathrm{T} = (0.22, 0.57, 0.21)^\mathrm{T}$$

因为均匀马尔可夫链在经历一定时间的状态转移后，最终达到与初始状态完全无关的一种平稳状态，因此，顾客一个月后的购买情况，可按平稳状态处理。由稳定概率向量 $\boldsymbol{\pi}$ 可知，一个月后购买品牌为 A, B, C 巧克力的概率分别为 $0.22, 0.57, 0.21$，即不管该顾

客一个月前购买的是何种品牌的巧克力,此时购买品牌为 A,B,C 巧克力的转移概率分别为 $0.22,0.57,0.21$。

15.3 吸收马尔可夫链

以下探讨齐次马尔可夫链中的一种特殊类型——齐次吸收马尔可夫链以及它在经济管理问题中的具体应用。为此,首先介绍有关的基本概念。

定义 15-4 对于马尔可夫链的状态 i,如果 $p_{ii}=1$,即到达状态 i 后,永久停留在 i,不可能再转移到其他任何状态,那么,就称状态 i 为吸收状态或称为吸收态,否则为非吸收态。

定义 15-5 若一个马尔可夫链至少有一个吸收态,且任何一个非吸收态到吸收态是可能的(不必是一步),则称此马尔可夫链为吸收马尔可夫链。

【例 15-5】 甲、乙两人进行比赛,每局比赛中甲胜的概率是 p,乙胜的概率是 q,和局概率是 r,且 $p+q+r=1$。每局赛后,胜者记"+1"分,负者记"-1"分,和局不记分,当有一人获得 2 分时结束比赛。以 X_n 表示比赛到第 n 局时甲所得的分数,则 $\{X_n, n=1,2,\cdots\}$ 就是一个吸收马尔可夫链。

事实上,它共有五个状态,状态空间 $I=\{-2,-1,0,1,2\}$,一步转移概率矩阵

$$\boldsymbol{P}=\begin{bmatrix} 1 & 0 & 0 & 0 & 0 \\ q & r & p & 0 & 0 \\ 0 & q & r & p & 0 \\ 0 & 0 & q & r & p \\ 0 & 0 & 0 & 0 & 1 \end{bmatrix} \tag{15-18}$$

其中,$p_{11}=1, p_{55}=1$,这表明状态 1 和 5 都是吸收态。这里状态 1 意味着甲得 -2 分,甲输,比赛结束。因此,可认为 X_n 一直停留在状态 1,状态 5 也有类似的解释。由题意可知,其余三个非吸收态可能经过若干步转移后到达吸收态。

当一过程到达吸收态,称它"被吸收"。可以证明:吸收马尔可夫链将被吸收的概率为 1,或说吸收马尔可夫链 n 步后,到达非吸收态的概率趋向于零,具体证法从略。

对于吸收马尔可夫链,感兴趣的是如下三个问题:

(1) 过程被吸收前,在非吸收态之间转移的平均次数是多少?

(2) 过程从非吸收态出发到达吸收态的平均步数是多少?

(3) 过程从非吸收态出发最终进入吸收态的概率是多少?

为此,首先考察吸收马尔可夫链的 n 步转移概率矩阵。

事实上,对于一个有 r 个吸收态和 s 个非吸收态的吸收马尔可夫链,经过适当排列(将吸收态集中在一起排列在前面)的一步转移概率矩阵 $\boldsymbol{P}$,总可以表示为如下的标准形式

$$\begin{array}{c} r \text{ 个吸收态} \\ s \text{ 个非吸收态} \end{array} \begin{bmatrix} \boldsymbol{I} & \boldsymbol{0} \\ \boldsymbol{R} & \boldsymbol{Q} \end{bmatrix}$$
$$\quad\quad r \text{ 个吸收态} \quad s \text{ 个非吸收态}$$

这是一个分块矩阵。其中,子阵 $\boldsymbol{I}$ 是一个 $r \times r$ 阶单位矩阵,它的元素是吸收态之间

的转移概率；子阵 $\boldsymbol{0}$ 是一个 $r \times s$ 阶零矩阵，它的元素是吸收态到非吸收态的转移概率；子阵 $\boldsymbol{R}$ 是一个 $s \times r$ 阶子阵，它的元素是非吸收态到吸收态的转移概率；子阵 $\boldsymbol{Q}$ 是一个 $s \times s$ 阶子阵，它的元素是非吸收态之间的转移概率。

如此，可以容易地得到 n 步转移概率矩阵 $\boldsymbol{P}^{(n)}$ 的分块形式

$$\boldsymbol{P}^{(2)} = \boldsymbol{P}^2 = \boldsymbol{P} \cdot \boldsymbol{P} = \begin{bmatrix} \boldsymbol{I} & \boldsymbol{0} \\ \boldsymbol{R} & \boldsymbol{Q} \end{bmatrix} \begin{bmatrix} \boldsymbol{I} & \boldsymbol{0} \\ \boldsymbol{R} & \boldsymbol{Q} \end{bmatrix} = \begin{bmatrix} \boldsymbol{I} & \boldsymbol{0} \\ \boldsymbol{QR} + \boldsymbol{R} & \boldsymbol{Q}^2 \end{bmatrix}$$

$$\boldsymbol{P}^{(3)} = \boldsymbol{P}^3 = \begin{bmatrix} \boldsymbol{I} & \boldsymbol{0} \\ \boldsymbol{R} & \boldsymbol{Q} \end{bmatrix} \begin{bmatrix} \boldsymbol{I} & \boldsymbol{0} \\ \boldsymbol{QR} + \boldsymbol{R} & \boldsymbol{Q}^2 \end{bmatrix} = \begin{bmatrix} \boldsymbol{I} & \boldsymbol{0} \\ \boldsymbol{Q}^2 \boldsymbol{R} + \boldsymbol{QR} + \boldsymbol{R} & \boldsymbol{Q}^3 \end{bmatrix}$$

$$\vdots \qquad (15\text{-}19)$$

$$\boldsymbol{P}^{(n)} = \boldsymbol{P}^n = \begin{bmatrix} \boldsymbol{I} & \boldsymbol{0} \\ [\boldsymbol{Q}^{n-1} + \boldsymbol{Q}^{n-2} + \cdots + \boldsymbol{I}]\boldsymbol{R} & \boldsymbol{Q}^n \end{bmatrix}$$

$$= \begin{bmatrix} \boldsymbol{I} & \boldsymbol{0} \\ [\boldsymbol{I} - \boldsymbol{Q}]^{-1} \cdot [\boldsymbol{I}^n - \boldsymbol{Q}^n]\boldsymbol{R} & \boldsymbol{Q}^n \end{bmatrix}$$

式中，$\boldsymbol{Q}^n$ 表示非吸收态之间 n 步转移概率矩阵，$[\boldsymbol{I} - \boldsymbol{Q}]^{-1} \cdot [\boldsymbol{I}^n - \boldsymbol{Q}^n]\boldsymbol{R}$ 表示由非吸收态经 n 步到吸收态的转移概率矩阵。另外，由于 n 步后，过程到达非吸收态的概率趋向于零，于是当 n 趋向于无穷时，$\boldsymbol{Q}^n$ 的每一个元素必趋向于零，即

$$\lim_{n \to \infty} \boldsymbol{P}^n = \begin{bmatrix} \boldsymbol{I} & \boldsymbol{0} \\ [\boldsymbol{I} - \boldsymbol{Q}]^{-1} \boldsymbol{R} & \boldsymbol{0} \end{bmatrix} \qquad (15\text{-}20)$$

式(15-20)表示过程全被吸收，而 $[\boldsymbol{I} - \boldsymbol{Q}]^{-1} \boldsymbol{R}$ 的元素表示过程目前处于非吸收态，最终进入吸收态的转移概率。

记矩阵 $\boldsymbol{N} = [\boldsymbol{I} - \boldsymbol{Q}]^{-1}$，并称它为吸收马尔可夫链的基本矩阵，又称特征向量。显然，基本矩阵 $\boldsymbol{N}$ 的元素给出了过程被吸收前从一个非吸收态出发，转移到每一个非吸收态的平均次(步)数。

【例 15-6】 一物体做线性运动，每次它以概率 $\frac{1}{2}$ 向右移动一单位，或以概率 $\frac{1}{2}$ 向左移动。设置障碍后，若物体任何时候到达这些障碍之一，它将留在那儿。令状态为 0、1、2、3、4。状态 0 与 4 是吸收态，其余为非吸收态，且从中任一个到达吸收态是可能的。因此这是吸收马尔可夫链，它的转移概率矩阵

$$\boldsymbol{P} = \begin{bmatrix} 1 & 0 & 0 & 0 & 0 \\ \frac{1}{2} & 0 & \frac{1}{2} & 0 & 0 \\ 0 & \frac{1}{2} & 0 & \frac{1}{2} & 0 \\ 0 & 0 & \frac{1}{2} & 0 & \frac{1}{2} \\ 0 & 0 & 0 & 0 & 1 \end{bmatrix}$$

$\boldsymbol{P}$ 的标准形式为

$$P = \begin{bmatrix} 1 & 0 & 0 & 0 & 0 \\ 0 & 1 & 0 & 0 & 0 \\ \frac{1}{2} & 0 & 0 & \frac{1}{2} & 0 \\ 0 & 0 & \frac{1}{2} & 0 & \frac{1}{2} \\ 0 & \frac{1}{2} & 0 & \frac{1}{2} & 0 \end{bmatrix}$$

其中,$Q = \begin{bmatrix} 0 & \frac{1}{2} & 0 \\ \frac{1}{2} & 0 & \frac{1}{2} \\ 0 & \frac{1}{2} & 0 \end{bmatrix}$,故 $I - Q = \begin{bmatrix} 1 & -\frac{1}{2} & 0 \\ -\frac{1}{2} & 1 & -\frac{1}{2} \\ 0 & -\frac{1}{2} & 1 \end{bmatrix}$,$N = [I - Q]^{-1} = \begin{bmatrix} \frac{3}{2} & 1 & \frac{1}{2} \\ 1 & 2 & 1 \\ \frac{1}{2} & 1 & \frac{3}{2} \end{bmatrix}$

由 N 可知,从状态 2 出发,在吸收之前到达状态 1 的平均步数为 1,到达状态 2 的平均步数是 2,到达状态 3 的平均步数是 1。

若将 N 中某一行所有元素相加,就可得从某一非吸收态出发,在被吸收前到达各个非吸收态的平均次(步)数之和。这个值就是从该非吸收态出发到吸收时步数的平均数。这一结论可以具体描述如下:对于一个具有非吸收态的吸收马尔可夫链,令 c 是有 s(非吸收态个数)个分量为 1 的列向量,则向量 $t = Nc$ 具有的各个分量是分别从各个相应的非吸收态出发到被吸收时的平均步数。

【例 15-7】 续例 15-6,求 t。

$$t = Nc = \begin{bmatrix} \frac{3}{2} & 1 & \frac{1}{2} \\ 1 & 2 & 1 \\ \frac{1}{2} & 1 & \frac{3}{2} \end{bmatrix} \begin{bmatrix} 1 \\ 1 \\ 1 \end{bmatrix} = \begin{bmatrix} 3 \\ 4 \\ 3 \end{bmatrix}$$

于是,从状态 1 开始到吸收的平均步数是 3,从状态 2 开始到吸收的平均步数是 4,从状态 3 开始到吸收的平均步数也是 3。由于此过程需从状态 2 转移至状态 1 或 3,才可到达吸收态 0 或 4,因而,从状态 2 开始比从状态 1 或 3 开始需要多一步是显然的。

最后讨论什么是一个吸收链从某一个非吸收态开始最终进入吸收态的概率。由前面推得的 n 步转移概率矩阵 P^n 不难得出:若令 b_{ij} 是一个吸收马尔可夫链开始在非吸收态 i,将被吸收在状态 j 的概率。令 B 是具有元素 b_{ij} 的矩阵,则 $B = NR$。这可由前述 n 步转移矩阵 P^n 的极限形式得到。

事实上,从非吸收态 i 转移到吸收态 j,可以是一步转移,转移概率是 p_{ij},也可以通过中间状态,先从 i 到 k(非吸收态),再到 j,故可得方程

$$b_{ij} = p_{ij} + \sum_k p_{ik} b_{kj} \tag{15-21}$$

写成矩阵形式为 $B = R + QB$,于是 $[I - Q]B = R$,因此有

$$B = [I - Q]^{-1} R = NR \tag{15-22}$$

【例 15-8】 续例 15-6、例 15-7，由 N 和 R，可得

$$B = NR = \begin{bmatrix} \frac{3}{2} & 1 & \frac{1}{2} \\ 1 & 2 & 1 \\ \frac{1}{2} & 1 & \frac{3}{2} \end{bmatrix} \begin{bmatrix} \frac{1}{2} & 0 \\ 0 & 0 \\ 0 & \frac{1}{2} \end{bmatrix} = \begin{bmatrix} \frac{3}{4} & \frac{1}{4} \\ \frac{1}{2} & \frac{1}{2} \\ \frac{1}{4} & \frac{3}{4} \end{bmatrix}$$

于是，如从状态 1 出发，可知在状态 0 吸收的概率为 $\frac{3}{4}$，在状态 4 吸收的概率为 $\frac{1}{4}$。

综上所述，矩阵 N 本身回答了问题(1)，它给出了依赖于开始状态的过程被吸收前到达每个非吸收态的平均次数；列向量 $t=Nc$ 回答了问题(2)，它给出了依赖于开始状态的吸收前的平均步数；矩阵 $B=NR$ 回答了问题(3)，它给出了依赖于开始状态的在每个吸收态被吸收的概率。

【例 15-9】（企业经营状况分析）某地企业管理部门为掌握企业经营状况的变化规律，对有关企业做了一次跟踪调查统计，得统计表 15-3：

表 15-3

企业经营状况		去年经营状况					$\sum$（求和）
		好	中	差	兼并	破产倒闭	
前年经营状况	好	60	30	10	0	0	100
	中	20	60	18	2	0	100
	差	10	30	50	7	3	100
$\sum$（求和）		90	120	78	9	3	300

表中数字说明：100 家前年经营状况好的企业，到去年仍有 60 家保持好的状况；有 30 家变为中等；有 10 家转为差的，其余类推，且马尔可夫链(经营条件稳定，不妨假定为齐次马尔可夫链)有五个状态，其中，"兼并"与"破产倒闭"为两个吸收态，其余为非吸收态。

由表 15-3，可得经营状况的转移矩阵如下

$$P = \begin{array}{c} 兼并 \\ 破产 \\ 好 \\ 中 \\ 差 \end{array} \left[\begin{array}{cc|ccc} 1 & 0 & 0 & 0 & 0 \\ 0 & 1 & 0 & 0 & 0 \\ \hline 0 & 0 & 0.6 & 0.3 & 0.1 \\ 0.02 & 0 & 0.2 & 0.6 & 0.18 \\ 0.07 & 0.03 & 0.1 & 0.3 & 0.5 \end{array} \right] = \begin{bmatrix} I & 0 \\ R & Q \end{bmatrix}$$
$$\begin{array}{ccccc} 兼并 & 破产 & 好 & 中 & 差 \end{array}$$

由

$$P^{(n)} = P^n = \begin{bmatrix} I & 0 \\ [Q^{n-1}+Q^{n-2}+\cdots+I]R & Q^n \end{bmatrix} = \begin{bmatrix} I & 0 \\ [I-Q]^{-1} \cdot [I^n-Q^n]R & Q^n \end{bmatrix}$$

可求得 n 步转移概率矩阵 $P^{(n)}$，即

$$P^{(3)} = \begin{bmatrix} 1 & 0 & 0 & 0 & 0 \\ 0 & 1 & 0 & 0 & 0 \\ 0.032\,28 & 0.007\,92 & 0.352\,4 & 0.412\,2 & 0.195\,2 \\ 0.069\,34 & 0.011\,94 & 0.271\,4 & 0.427\,2 & 0.220\,12 \\ 0.140\,18 & 0.054\,42 & 0.205\,4 & 0.361\,2 & 0.238\,8 \end{bmatrix}$$

由 $P^{(3)}$ 可知,现在经营状况"好"的企业,经过三年运营后仍保持"好"的概率为 35.24%;变为"中等"的概率为 41.22%⋯⋯,而转为"破产倒闭"的概率大约只有 0.792%,余此类推。

要想知道企业最终进入"兼并"或"破产"的概率,需计算矩阵 $B=[I-Q]^{-1}R$。故先求 $[I-Q]^{-1}$,得 $[I-Q]^{-1} = \begin{bmatrix} 11.23 & 13.85 & 7.23 \\ 9.08 & 14.62 & 7.08 \\ 7.69 & 11.54 & 7.69 \end{bmatrix}$

故 $B=[I-Q]^{-1}R = \begin{bmatrix} 0.783\,1 & 0.216\,9 \\ 0.788\,0 & 0.212\,4 \\ 0.769\,1 & 0.230\,7 \end{bmatrix}$

由矩阵 B 可知,若企业现在处于"好"的状况,则最终进入"兼并"的可能性为 78.31%;最终进入"倒闭"的可能性为 21.69%,余此类推。

另外,由基本矩阵 $N=[I-Q]^{-1}$ 还可以知道以下事实。若企业现在处在"好"的状态,那么在最终进入"吸收"状态之前,将可能在"好"状态保持 11.23 年(步);在"中"状态度过 13.85 年;而在"差"的状态维持 7.23 年(当然,这些数字都是平均值,并且不一定是连续地"保持"或"维持"),余此类推。

最后,由 $t=Nc$ 得($s=3$)

$$t = Nc = \begin{bmatrix} 11.23 & 13.85 & 7.23 \\ 9.08 & 14.62 & 7.08 \\ 7.69 & 11.54 & 7.69 \end{bmatrix} \begin{bmatrix} 1 \\ 1 \\ 1 \end{bmatrix} = \begin{bmatrix} 32.31 \\ 30.78 \\ 26.92 \end{bmatrix}$$

由 t 可知,企业由"好"状态出发到"兼并"或"倒闭"为止,平均将经过 32.31 年(步);由"中"出发只需 30.78 年;由"差"出发只需 26.92 年。

15.4 马尔可夫分析法的应用

马尔可夫分析方法是用近期资料进行预测和决策的方法,目前已广泛用于市场需求的预测和销售市场的决策。我们这里只讨论这种方法的主要用途,即利用它来进行决策,其基本思想方法主要是利用转移概率矩阵和它的收益(或利润)矩阵进行决策。

设市场销售状态的转移概率矩阵为

$$P = \begin{bmatrix} p_{11} & p_{12} & \cdots & p_{1n} \\ p_{21} & p_{22} & \cdots & p_{2n} \\ \vdots & \vdots & \cdots & \vdots \\ p_{n1} & p_{n2} & \cdots & p_{nn} \end{bmatrix}$$

其中，p_{ij} 表示从状态 i 经过一个单位时间（比如一个月、一个季度、一年等）转移到状态 j 的概率（即一步转移概率），$i,j = 1,2,\cdots,n$。又设在经营过程中，从每一状态转移到另一状态时都会带来盈利（负值表示亏损），用 r_{ij} 表示从销售状态 i 转移到销售状态 j 的盈利。这时盈利矩阵为

$$\boldsymbol{R} = \begin{bmatrix} r_{11} & r_{12} & \cdots & r_{1n} \\ r_{21} & r_{22} & \cdots & r_{2n} \\ \vdots & \vdots & & \vdots \\ r_{n1} & r_{n2} & \cdots & r_{nn} \end{bmatrix} \tag{15-23}$$

在现时为销售状态 i，下一步的销售期望盈利为

$$q_i = p_{i1}r_{i1} + p_{i2}r_{i2} + \cdots + p_{in}r_{in} = \sum_{j=1}^{n} p_{ij}r_{ij} \quad (i=1,2,\cdots,n) \tag{15-24}$$

现设有 $k(k=1,2,\cdots,m)$ 个可能采取的措施（即策略），则在第 k 个措施下的转移概率矩阵、盈利矩阵分别为

$$\boldsymbol{P}_k = \begin{bmatrix} p_{11}(k) & p_{12}(k) & \cdots & p_{1n}(k) \\ p_{21}(k) & p_{22}(k) & \cdots & p_{2n}(k) \\ \vdots & \vdots & & \vdots \\ p_{n1}(k) & p_{n2}(k) & \cdots & p_{nn}(k) \end{bmatrix} \tag{15-25}$$

$$\boldsymbol{R}_k = \begin{bmatrix} r_{11}(k) & r_{12}(k) & \cdots & r_{1n}(k) \\ r_{21}(k) & r_{22}(k) & \cdots & r_{2n}(k) \\ \vdots & \vdots & & \vdots \\ r_{n1}(k) & r_{n2}(k) & \cdots & r_{nn}(k) \end{bmatrix} \tag{15-26}$$

用 $f_i(N)$ 表示现在状态 i，经 N 个时刻并选择最优策略的总期望盈利，则有

$$f_i(N+1) = \max_{1 \leqslant k \leqslant m} \left\{ \sum_{j=1}^{n} p_{ij}(k)[r_{ij}(k) + f_j(N)] \right\} \quad (N=1,2,\cdots; i=1,2,\cdots,n) \tag{15-27}$$

式(15-27)是一个递推关系。

当现时为状态 i，采取第 k 个策略，经一步转移后的期望盈利为

$$q_i(k) = \sum_{j=1}^{n} p_{ij}(k) r_{ij}(k) \quad (i=1,2,\cdots,n) \tag{15-28}$$

在经济等领域中，有许多系统具有马尔可夫链的特征，因此可以运用其方法原理加以分析研究，作出科学的预测与决策，现在我们通过举例来介绍马尔可夫型的决策方法。

【例 15-10】 某地区有甲、乙、丙三家公司，过去的历史资料表明，这三家公司某产品的市场占有率分别为 50%、30% 和 20%。不久前，丙公司制定了一项把甲、乙两公司的顾客吸引到本公司来的销售与服务措施。设三家公司的销售和服务是以季度为单位考虑的。市场调查表明，在丙公司新的经营方针的影响下，顾客的转移概率矩阵为

$$\boldsymbol{P} = \begin{bmatrix} 0.70 & 0.10 & 0.20 \\ 0.10 & 0.80 & 0.10 \\ 0.05 & 0.05 & 0.90 \end{bmatrix}$$

试用马尔可夫分析方法研究此销售问题,并分别求出三家公司在第一、二季度各拥有的市场占有率和最终的市场占有率。

解:设随机变量 $X_t = 1, 2, 3 (t = 1, 2, \cdots)$ 分别表示顾客在 t 季度购买甲、乙和丙公司的产品,显然 $\{X_t\}$ 是一个有限状态的马尔可夫链。已知 $P(X_0 = 1) = 0.5, P(X_0 = 2) = 0.3, P(X_0 = 3) = 0.2$,又已知马尔可夫链的一步转移概率矩阵,于是第一季度的销售份额为

$$[0.50 \quad 0.30 \quad 0.20] \begin{bmatrix} 0.70 & 0.10 & 0.20 \\ 0.10 & 0.80 & 0.10 \\ 0.05 & 0.05 & 0.90 \end{bmatrix} = [0.39 \quad 0.30 \quad 0.31]$$

即第一季度甲、乙、丙三家公司占有市场的销售额分别为 39%、30% 和 31%。

再求第二季度的销售额,有

$$[0.39 \quad 0.30 \quad 0.31] \begin{bmatrix} 0.70 & 0.10 & 0.20 \\ 0.10 & 0.80 & 0.10 \\ 0.05 & 0.05 & 0.90 \end{bmatrix} = [0.319 \quad 0.294 \quad 0.387]$$

即第二季度甲、乙、丙三家公司占有市场的销售额分别为 31.9%、29.4% 和 38.7%。

设 π_1, π_2, π_3 为马尔可夫链处于状态 1、2、3 的稳态概率,由于 $\boldsymbol{P}$ 是一个标准的概率矩阵,因此有

$$\begin{cases} \pi_1 = 0.70\pi_1 + 0.10\pi_2 + 0.05\pi_3 \\ \pi_2 = 0.10\pi_1 + 0.80\pi_2 + 0.05\pi_3 \\ \pi_1 + \pi_2 + \pi_3 = 1 \end{cases}$$

解此方程组,可得:$\boldsymbol{\pi} = (\pi_1, \pi_2, \pi_3)^T = (0.176\ 5, 0.235\ 3, 0.588\ 2)^T$

故甲、乙、丙三家公司最终将分别占有 17.65%、23.53% 和 58.82% 的市场销售份额。

【例 15-11】 考虑例 15-10 的销售问题。为了应付日益下降的销售趋势,甲公司考虑两种应付的策略:

第一种策略是保留策略,即力图保留原有顾客的较大百分比,并对连续两期购货的顾客给予优惠价格,可使其保留率提高到 85%,新的转移概率矩阵为

$$\boldsymbol{P}_1 = \begin{bmatrix} 0.85 & 0.10 & 0.05 \\ 0.10 & 0.80 & 0.10 \\ 0.05 & 0.05 & 0.90 \end{bmatrix}$$

第二种策略是争取策略,即甲公司通过广告宣传或跟踪服务来争取另外两家公司的顾客,新的转移概率矩阵为

$$\boldsymbol{P}_2 = \begin{bmatrix} 0.70 & 0.10 & 0.20 \\ 0.15 & 0.75 & 0.10 \\ 0.15 & 0.05 & 0.80 \end{bmatrix}$$

试问:(1) 分别求出在甲公司的保留策略和争取策略下,三家公司最终市场占有率分别是多少?

(2) 若实际这两种策略的代价相当,甲公司应采取哪一种策略?

解:(1) 在保留策略下,有

$$\begin{cases} \pi_1 = 0.85\pi_1 + 0.10\pi_2 + 0.05\pi_3 \\ \pi_2 = 0.10\pi_1 + 0.80\pi_2 + 0.05\pi_3 \\ \pi_1 + \pi_2 + \pi_3 = 1 \end{cases}$$

解此方程组，可得：$\boldsymbol{\pi} = (\pi_1, \pi_2, \pi_3)^T = (0.316, 0.263, 0.421)^T$，即在保留策略下，三家公司的市场占有率分别为 31.6%、26.3% 和 42.1%。

在争取策略下，有

$$\begin{cases} \pi_1 = 0.70\pi_1 + 0.15\pi_2 + 0.15\pi_3 \\ \pi_2 = 0.10\pi_1 + 0.70\pi_2 + 0.05\pi_3 \\ \pi_1 + \pi_2 + \pi_3 = 1 \end{cases}$$

解此方程组，可得：$\boldsymbol{\pi} = (\pi_1, \pi_2, \pi_3)^T = (0.333, 0.222, 0.445)^T$，即在争取策略下，三家公司的市场占有率分别为 33.3%、22.2% 和 44.5%。

（2）在保留策略下甲公司的市场占有率为 31.6%，而在争取策略下的市场占有率为 33.3%，故甲公司应采取争取策略。

【例 15-12】 某销售部门对某种商品的销售状态有三种：畅销、一般和滞销。在畅销情况下采取两个策略：登广告与不登广告；在一般情况下采取不送货上门和送货上门两种策略；在滞销时采取不降价和降价销售两种策略。经过调查研究，得到各种策略下不同销售状态的转移概率和盈利（单位：万元），如表 15-4 所示。

表 15-4

销售状态	畅 销		一 般		滞 销	
策略	1. 不登广告	2. 登广告	1. 不送货上门	2. 送货上门	1. 不降价	2. 降价
转移概率	$p_{11}(1)=0.4$	$p_{11}(2)=0.6$	$p_{21}(1)=0$	$p_{21}(2)=0.2$	$p_{31}(1)=0$	$p_{31}(2)=0.1$
	$p_{12}(1)=0.3$	$p_{12}(2)=0.3$	$p_{22}(1)=0.8$	$p_{22}(2)=0.8$	$p_{32}(1)=0.1$	$p_{32}(2)=0.7$
	$p_{13}(1)=0.3$	$p_{13}(2)=0.1$	$p_{23}(1)=0.2$	$p_{23}(2)=0$	$p_{33}(1)=0.9$	$p_{33}(2)=0.2$
盈利/万元	$r_{11}(1)=6$	$r_{11}(2)=5$	$r_{21}(1)=5$	$r_{21}(2)=4$	$r_{31}(1)=5$	$r_{31}(2)=3.5$
	$r_{12}(1)=4$	$r_{12}(2)=3$	$r_{22}(1)=3$	$r_{22}(2)=2.5$	$r_{32}(1)=3$	$r_{32}(2)=1.5$
	$r_{13}(1)=2$	$r_{13}(2)=1$	$r_{23}(1)=1$	$r_{23}(2)=0.5$	$r_{33}(1)=-1$	$r_{33}(2)=-2.5$

试用马尔可夫分析法进行决策。

解：根据表 15-4，用式（15-28）计算期望盈利值如下

$$q_1(1) = \sum_{j=1}^{3} p_{1j}(1) r_{1j}(1) = 0.4 \times 6 + 0.3 \times 4 + 0.3 \times 2 = 4.2$$

$$q_1(2) = \sum_{j=1}^{3} p_{1j}(2) r_{1j}(2) = 0.6 \times 5 + 0.3 \times 3 + 0.1 \times 1 = 4.0$$

$$q_2(1) = \sum_{j=1}^{3} p_{2j}(1) r_{2j}(1) = 0 \times 5 + 0.8 \times 3 + 0.2 \times 1 = 2.6$$

$$q_2(2) = \sum_{j=1}^{3} p_{2j}(2) r_{2j}(2) = 0.2 \times 4 + 0.8 \times 2.5 + 0 \times 0.5 = 2.8$$

$$q_3(1) = \sum_{j=1}^{3} p_{3j}(1) r_{3j}(1) = 0 \times 5 + 0.1 \times 3 + 0.9 \times (-1) = -0.6$$

$$q_3(2) = \sum_{j=1}^{3} p_{3j}(2) r_{3j}(2) = 0.1 \times 3.5 + 0.7 \times 1.5 + 0.2 \times (-2.5) = 0.9$$

由式(15-27)可得

$$f_i(N+1) = \max_{1 \leq k \leq m} \left\{ \sum_{j=1}^{n} p_{ij}(k)[r_{ij}(k) + f_j(N)] \right\}$$

$$= \max_{1 \leq k \leq m} \left\{ \sum_{j=1}^{n} [p_{ij}(k) \cdot r_{ij}(k) + p_{ij}(k) \cdot f_j(N)] \right\} \quad (15\text{-}29)$$

将式(15-28)代入式(15-29)可得

$$f_i(N+1) = \max_{1 \leq k \leq m} \left\{ \sum_{j=1}^{n} p_{ij}(k)[r_{ij}(k) + f_j(N)] \right\}$$

$$= \max_{1 \leq k \leq m} \left\{ q_i(k) + \sum_{j=1}^{n} p_{ij}(k) \cdot f_j(N) \right\} \quad (15\text{-}30)$$

当 $N=0$ 时,设初始值 $f_j(0)=0(j=1,2,3)$,则由式(15-27)有

$$f_i(1) = \max_{1 \leq k \leq 2} \left\{ \sum_{j=1}^{3} p_{ij}(k) \cdot r_{ij}(k) \right\}$$

因此有

$$f_1(1) = \max \left\{ \sum_{j=1}^{3} p_{1j}(1) \cdot r_{1j}(1), \sum_{j=1}^{3} p_{1j}(2) \cdot r_{1j}(2) \right\} = \max\{q_1(1), q_1(2)\} = 4.2$$

同理可得:$f_2(1)=2.8, f_3(1)=0.9$。

由式(15-30)可得

$$f_1(2) = \max \left\{ q_1(1) + \sum_{j=1}^{3} p_{1j}(1) \cdot f_j(1), q_1(2) + \sum_{j=1}^{3} p_{1j}(2) \cdot f_j(2) \right\}$$

$$= \max\{4.2 + (0.4 \times 4.2 + 0.3 \times 2.8 + 0.3 \times 0.9, 4 +$$

$$(0.6 \times 4.2 + 0.3 \times 2.8 + 0.1 \times 0.9)\}$$

$$= \max\{6.99, 7.45\} = 7.45$$

同理可得:$f_2(2)=5.88, f_3(2)=3.46, f_1(3)=10.58, f_2(3)=8.99, f_3(3)=6.45$。

现在求出当现时状态为 i 经 N 时刻后(即 N 步转移),使得总期望盈利最大的策略,即最优策略,并记为 $d_i(N)$,将以上计算结果列于表 15-5 中。

表 15-5

N	1	2	3	…
$f_1(N)$	4.2	7.45	10.58	…
$f_2(N)$	2.8	5.88	8.99	…
$f_3(N)$	0.9	3.46	6.45	…
$d_1(N)$	1	2	2	…
$d_2(N)$	2	2	2	…
$d_3(N)$	2	2	2	…

从表 15-5 可以看出,若现时状态为畅销,如果采取不登广告的策略,经一个单位时间后(一步转移)可使期望盈利最大,即 4.2 万元;但若经过两个单位时间,则必须采取登广

告的策略,才能使总期望盈利取得最大,即 7.45 万元。

【例 15-13】 银行为了对不良债务的变化趋势进行分析和预测,经常按以下方式对贷款情况进行划分:

N_1：逾期贷款,拖延支付本金利息达 0~60 天。

N_2：怀疑贷款,拖延支付本金利息达 61~180 天。

N_3：呆滞贷款,拖延支付本金利息达 181~360 天。

N_4：呆账贷款,拖延支付本金利息达 360 天以上。

N_5：付清本金利息。

若某银行当前贷款总额 470 万元,其中属于逾期贷款 $N_1 = 200$ 万元；属于怀疑贷款 $N_2 = 150$ 万元；属于呆滞贷款 $N_3 = 120$ 万元,据隔月账面变化情况分析,近似得状态之间的转移矩阵为

$$P = \begin{bmatrix} 0.30 & 0.30 & 0.00 & 0.00 & 0.40 \\ 0.15 & 0.25 & 0.30 & 0.00 & 0.30 \\ 0.10 & 0.10 & 0.30 & 0.35 & 0.15 \\ 0.00 & 0.00 & 0.00 & 1.00 & 0.00 \\ 0.00 & 0.00 & 0.00 & 0.00 & 1.00 \end{bmatrix}$$

其中,p_{ij} 表示当前处于状态 N_i 的贷款,1 月后处于 N_j 的概率,当 $i > j$ 时,如 p_{21} 表示当前贷款处于已欠款 61~180 天的 N_2 状态,而在本月中的贷款者归还了部分本金利息,贷款转为状态 N_1 的转移概率。

令 X_t 表示第 t 月的贷款分布,$S = \{N_1, N_2, N_3, N_4, N_5\}$ 表示状态空间,据上述信息,对不良贷款的变化趋势进行研究,需求 k 步转移矩阵 $P(k)$ 的极限矩阵,应用矩阵特征值理论,得 $P = M^{-1}DM$,其中

$$D = \begin{bmatrix} 0.15 & 0.00 & 0.00 & 0.00 & 0.00 \\ 0.00 & 0.60 & 0.00 & 0.00 & 0.00 \\ 0.00 & 0.00 & 0.10 & 0.00 & 0.00 \\ 0.00 & 0.00 & 0.00 & 1.00 & 0.00 \\ 0.00 & 0.00 & 0.00 & 0.00 & 1.00 \end{bmatrix}$$

$$M = \begin{bmatrix} -0.78 & -2.33 & 4.67 & -1.92 & 0.37 \\ 0.52 & 0.63 & 0.63 & -0.55 & -1.23 \\ 0.00 & -2.91 & 4.37 & -1.70 & 0.24 \\ 0.00 & 0.00 & 0.00 & 1.17 & 0.00 \\ 0.00 & 0.00 & 0.00 & 0.00 & 1.61 \end{bmatrix}$$

因此

$$\lim P = \begin{bmatrix} 0.00 & 0.00 & 0.00 & 0.10 & 0.90 \\ 0.00 & 0.00 & 0.00 & 0.24 & 0.76 \\ 0.00 & 0.00 & 0.00 & 0.55 & 0.45 \\ 0.00 & 0.00 & 0.00 & 1.00 & 0.00 \\ 0.00 & 0.00 & 0.00 & 0.00 & 1.00 \end{bmatrix}$$

$$[200 \quad 150 \quad 120 \quad 0 \quad 0] \begin{bmatrix} 0.00 & 0.00 & 0.00 & 0.10 & 0.90 \\ 0.00 & 0.00 & 0.00 & 0.24 & 0.76 \\ 0.00 & 0.00 & 0.00 & 0.55 & 0.45 \\ 0.00 & 0.00 & 0.00 & 1.00 & 0.00 \\ 0.00 & 0.00 & 0.00 & 0.00 & 1.00 \end{bmatrix}$$

$$= [0 \quad 0 \quad 0 \quad 122.46 \quad 347.54]$$

通过上述计算可知,最终可能有122.46万元成为呆账而无法收回,只有347.54万元可能收回;也可以得到,逾期贷款中,约10%可能成为呆账,90%可能收回;怀疑贷款中,约24%可能成为呆账,76%可能收回;呆滞贷款中,约55%可能成为呆账,45%可能收回(见矩阵 lim **P**)。根据可回收的贷款预测数,便于合理地设定贷款利率。

【例15-14】 某出租汽车公司为宏观管理车辆,需对本公司的汽车流向进行预测。显然,出租汽车的流向是一个随机过程。设某市共有四个区,出租汽车在这四个区运营。假设出租汽车平均运营一次用1 h,在n时刻某车在i区接业务,在$(n+1)$时刻到达j区完成业务下车。再设X_n表示n时刻出租车所在的区域,显然$\{X_n\}$是一个马尔可夫链,因为汽车在$(n+1)$时刻到达j区只与n时刻在i区接业务有关,接着设出租车从i区到j区的转移概率$p_{ij}(n) = p\{X_{n+1}=j | X_n=i\}$与初始$n$时刻无关,则$\{X_n\}$是一个齐次马尔可夫链,且状态空间$S=\{1,2,3,4\}$。

经统计,可进一步得出转移矩阵为

$$\boldsymbol{P} = \begin{bmatrix} 0.4 & 0.2 & 0.3 & 0.1 \\ 0.3 & 0.3 & 0.3 & 0.1 \\ 0.2 & 0.2 & 0.4 & 0.2 \\ 0.4 & 0.1 & 0.2 & 0.3 \end{bmatrix}$$

求出k步转移矩阵$\boldsymbol{P}(k)$的极限矩阵为

$$\lim \boldsymbol{P} = \begin{bmatrix} 0.317 & 0.204 & 0.315 & 0.164 \\ 0.317 & 0.204 & 0.315 & 0.164 \\ 0.317 & 0.204 & 0.315 & 0.164 \\ 0.317 & 0.204 & 0.315 & 0.164 \end{bmatrix}$$

因为该极限矩阵的各行元素相同,且它们的和等于1,所以称为马尔可夫链$\{X_n\}$的极限分布,记极限分布为$\delta = (0.317, 0.204, 0.315, 0.164)$,根据该极限分布可预测出各区运营车辆的情况,以便对车辆进行调控,便于交通管理及停车场的安排。

【例15-15】 某鞋厂生产高、中、低档三种类型的皮鞋,每月统计一次销售变化情况。令X_n表示客户订购的鞋型,则它是一个随机变量,其状态空间为$S=\{1,2,3\}$,其中1,2,3分别表示高、中、低档皮鞋。经统计有一步转移矩阵为

$$\boldsymbol{P} = [p_{ij}] = \begin{bmatrix} 0.5 & 0.3 & 0.2 \\ 0.4 & 0.4 & 0.2 \\ 0.3 & 0.3 & 0.4 \end{bmatrix}$$

其中,$p_{ij}(n) = p\{X_{n+1}=j | X_n=i\}$表示上月订购$i$型鞋的客户下月订购$j$型鞋的概率$(i,j=1,2,3)$。

假设客户转移概率不变,则$\{X_n\}$是一个齐次马尔可夫链,求出k步转移矩阵$P(k)$的极限矩阵为

$$\lim P = \begin{bmatrix} 0.42 & 0.33 & 0.25 \\ 0.42 & 0.33 & 0.25 \\ 0.42 & 0.33 & 0.25 \end{bmatrix}$$

马尔可夫链的极限分布为$\delta=(0.42,0.33,0.25)$,也就是客户对高、中、低档皮鞋的稳定购买率,对企业制订生产计划是极其重要的。

【例 15-16】 某商店经营一种易腐食品,出售一个单位可获利 5 元。若当天售不出去,则每单位损失 3 元。该店经理统计了连续 40 天的需求情况(不是实际销售量),统计数据如下:

3,3,4,2,2,4,2,3,4,4,4,3,2,4,2,3,3,4,2,2
4,3,4,3,2,3,4,2,3,2,2,3,4,2,4,4,3,2,3,3

经理想应用马尔可夫链来预测需求量,确定明日进货量。(1)已知当天需求量为 3 个单位,明日应进货多少个单位?(2)若不知当天需求量,明日应进货多少个单位?

解:设状态N_1=需求量为 2 个单位,状态N_2=需求量为 3 个单位,状态N_3=需求量为 4 个单位,则据统计结果可知状态转移的情况如表 15-6 所示:

表 15-6

需 求 状 态	第二天状态 N_1	第二天状态 N_2	第二天状态 N_3
第一天状态 N_1	3	6	4
第一天状态 N_2	4	3	6
第一天状态 N_3	6	4	3

因此该马尔可夫链的状态转移概率矩阵为

$$P = \begin{bmatrix} \frac{3}{13} & \frac{6}{13} & \frac{4}{13} \\ \frac{4}{13} & \frac{3}{13} & \frac{6}{13} \\ \frac{6}{13} & \frac{4}{13} & \frac{3}{13} \end{bmatrix}$$

求解方程组

$$\begin{cases} \pi_1 = \frac{3}{13}\pi_1 + \frac{4}{13}\pi_2 + \frac{6}{13}\pi_3 \\ \pi_2 = \frac{6}{13}\pi_1 + \frac{3}{13}\pi_2 + \frac{4}{13}\pi_3 \\ \pi_1 + \pi_2 + \pi_3 = 1 \end{cases}$$

解此方程组,可得稳态概率向量:$\boldsymbol{\pi} = (\pi_1,\pi_2,\pi_3)^T = \left(\frac{1}{3},\frac{1}{3},\frac{1}{3}\right)^T$

设明天的需求量为q个单位(显然q为随机变量),明天的进货量为s个单位(s为决策变量),则当$q \geq s$时,可获利为$5s$;当$q < s$时,可获利为$5q - 3(s-q) = 8q - 3s$,即利

润为

$$L(s,q) = \begin{cases} 5s & (q \geqslant s) \\ 8q - 3s & (q < s) \end{cases}$$

(1) 若当天需求量为 3 个单位,属于状态 N_2,一步转移概率见矩阵 $\boldsymbol{P}$,则当 $2 < s \leqslant 3$ 时,可获利为

$$f(s) = E(L(s,q)) = \frac{4}{13}L(s,2) + \frac{3}{13}L(s,3) + \frac{6}{13}L(s,4)$$

$$= \frac{4}{13} \times (8q - 3s) + \frac{3}{13} \times 5s + \frac{6}{13} \times 5s = \frac{32}{13}q + \frac{33}{13}s = \frac{32}{13} \times 2 + \frac{33}{13}s = \frac{64}{13} + \frac{33}{13}s$$

同理,则当 $3 < s \leqslant 4$ 时,可获利为:$f(s) = \frac{136}{13} + \frac{9}{13}s$

同理,则当 $s > 4$ 时,可获利为:$f(s) = \frac{328}{13} - 3s$

因此期望利润为

$$f(s) = E(L(s,q)) = \frac{4}{13}L(s,2) + \frac{3}{13}L(s,3) + \frac{6}{13}L(s,4) = \begin{cases} 5s & (s \leqslant 2) \\ \frac{64}{13} + \frac{33}{13}s & (2 < s \leqslant 3) \\ \frac{136}{13} + \frac{9}{13}s & (3 < s \leqslant 4) \\ \frac{328}{13} - 3s & (s > 4) \end{cases}$$

由最大期望值准则得:$\max_s f(s) = f(4) = 172/13$

因此,若当天的需求量为 3 个单位,则明日应进货 4 个单位。

(2) 若不知当天需求量,采用马尔可夫链的极限分布概率计算,则期望利润为

$$f(s) = E(L(s,q)) = \frac{1}{3}L(s,2) + \frac{1}{3}L(s,3) + \frac{1}{3}L(s,4)$$

$$= \begin{cases} 5s & (s \leqslant 2) \\ \frac{16}{3} + \frac{7}{3}s & (2 < s \leqslant 3) \\ \frac{40}{3} - \frac{1}{3}s & (3 < s \leqslant 4) \\ 24 - 3s & (s > 4) \end{cases}$$

由最大期望值准则得:$\max_s f(s) = f(3) = \frac{37}{3}$。因此,若不知当天需求量,则明天应进货 3 个单位。

本 章 小 结

本章介绍了马尔可夫分析方法,它是一种利用某一变量现在的状态和动向进行预测该变量未来状态及动向,并据此采取相应措施的方法。首先介绍了随机过程的基本概念;

其次介绍了马尔可夫分析的基本原理和方法；在此基础上进一步介绍了吸收马尔可夫决策过程的建模和求解方法；最后介绍了马尔可夫分析方法在一些经济与管理中的实际例子。

习　题

1. 考虑一生物种群的繁殖,假设开始时种群的个体数为 X_0,称为第 0 代。由第 0 代个体繁殖产生的后代称为第一代,第一代个体的数目记为 X_1。如此继续下去,第 $(n-1)$ 代个体繁殖产生的个体称为第 n 代,第 n 代个体的数目记为 X_n。假设同一代中各个个体繁殖产生的后代个数是相互独立的,且与种群以前的繁殖过程无关,每一个个体均可产生 η 个后代,η 是非负整数值随机变量。证明 $\{X_n, n=0,1,2,\cdots\}$ 是齐次马尔可夫链。

2. 试用马尔可夫分析法对某公司业务部人员明年供给情况进行预测,请在表 15-7 内,根据各类人员现有人数和每年平均变动概率,计算和填写出各类人员的变动数和需补充的人数。

表 15-7

职　务	现有人数	人员变动的概率			
		经理	科长	业务员	离职
经理	10	0.80			0.20
科长	20	0.10	0.80	0.05	0.05
业务员	60		0.05	0.80	0.15
总人数	90				
需补充人数	/				

3. 假设明天是否下雨仅与今天的天气(是否下雨)有关,而与过去的天气无关。假设今天下雨、明天有雨的概率为 α,今天无雨而明天有雨的概率为 β；又假设把有雨称为 0 状态天气,把无雨称为 1 状态天气。记 X_n 表示第 n 天的天气状态,则 $\{X_n, n \geq 0\}$ 是状态有限的马尔可夫链。

(1) 求其一步转移概率矩阵。

(2) 若 $\alpha=0.7, \beta=0.4$,且今天有雨,求第四天有雨的概率。

4. 甲、乙两人进行比赛,设每局比赛中甲胜的概率是 p,乙胜的概率是 q,和局的概率是 r,且 $p+q+r=1$。设每局比赛后,胜者记"+1"分,负者记"-1"分,和局不记分。当两人中有一人获得 2 分结束比赛。以 X_n 表示比赛至第 n 局时甲获得的分数。

(1) 写出状态空间。

(2) 求 $\boldsymbol{P}^{(2)}$。

(3) 问在甲获得 1 分的情况下,再赛两局可以结束比赛的概率是多少?

5. 设马尔可夫链的转移概率矩阵为

$$\boldsymbol{P} = \begin{bmatrix} 1-p & p \\ q & 1-q \end{bmatrix} \quad (0 < p, q < 1)$$

试求：$\lim_{n \to \infty} P^n$。

6. 设马尔可夫链的转移概率矩阵为

$$P = \begin{bmatrix} 0.7 & 0.1 & 0.2 \\ 0.1 & 0.8 & 0.1 \\ 0.05 & 0.05 & 0.9 \end{bmatrix}$$

试求马尔可夫链的平稳分布。

7. 某商品每月市场状况有畅销和滞销两种。如果产品畅销则获利 50 万元；滞销将亏损 30 万元。已知状态转移概率矩阵如下

$$P = \begin{bmatrix} p_{11} & p_{12} \\ p_{21} & p_{22} \end{bmatrix} = \begin{bmatrix} 0.5 & 0.5 \\ 0.78 & 0.22 \end{bmatrix}$$

试问：如当前月份该产品畅销，则第四月前所获得的期望总利润为多少？

参考文献

[1] 韩中庚.运筹学及其工程应用[M].北京：清华大学出版社,2014.
[2] 马建华.运筹学[M].北京：清华大学出版社,2014.
[3] 诸克军,王广民,郭海湘.管理运筹学及智能方法[M].北京：清华大学出版社,2013.
[4] 运筹学教材编写组.运筹学[M].4版.北京：清华大学出版社,2013.
[5] 张杰,郭丽杰,周硕,等.运筹学模型及其应用[M].北京：清华大学出版社,2012.
[6] 李红艳,范君晖.运筹学[M].北京：清华大学出版社,2012.
[7] 吴育华,杜纲.管理科学基础[M].天津：天津大学出版社,2006.
[8] 谢家平,刘宇熹.管理运筹学[M].2版.北京：中国人民大学出版社,2015.
[9] 孔造杰.运筹学[M].北京：机械工业出版社,2015.
[10] 熊伟.运筹学[M].3版.北京：机械工业出版社,2014.
[11] 吴祈宗.运筹学[M].3版.北京：机械工业出版社,2015.
[12] 徐渝,李鹏翔,郑斐峰.运筹学[M].北京：中国人民大学出版社,2013.
[13] 李锋,庄东.运筹学[M].北京：机械工业出版社,2014.
[14] 刘舒燕.运筹学[M].北京：人民交通出版社,2008.
[15] 胡运权.运筹学教程[M].4版.北京：清华大学出版社,2012.
[16] 郝海,熊德国.物流运筹学[M].北京：北京大学出版社,2010.
[17] 赵丽君,马建华.物流运筹学实用教程[M].北京：北京大学出版社,2010.
[18] 关文忠,韩宇鑫.管理运筹学[M].2版.北京：北京大学出版社,2011.
[19] 刘满凤,陶长琪,柳键.运筹学教程[M].2版.北京：清华大学出版社,2010.
[20] 徐家旺,王晓波,姜波,等.实用管理运筹学实践教程[M].2版.北京：清华大学出版社,2014.
[21] 云俊,等.运筹学原理及应用[M].北京：北京大学出版社,2012.
[22] 龙子泉.管理运筹学[M].北京：清华大学出版社,2014.
[23] 常相全,李同宁.管理运筹学[M].北京：北京大学出版社,2013.
[24] 岳宏志,蔺小林.运筹学[M].大连：东北财经大学出版社,2012.
[25] 陈华友.运筹学[M].北京：人民邮电出版社,2015.
[26] 韩大卫.管理运筹学[M].北京：清华大学出版社,2009.
[27] 邢光军.实用运筹学[M].北京：人民邮电出版社,2015.
[28] 宁宣熙.运筹学实用教程[M].北京：科学出版社,2009.
[29] 徐家旺,孙志峰.实用管理运筹学[M].北京：高等教育出版社,2014.
[30] 肖会敏,臧振春,崔春生.运筹学及其应用[M].北京：清华大学出版社,2013.
[31] 刁在筠,刘桂真,宿洁,等.运筹学[M].北京：高等教育出版社,2016.
[32] 李成标,刘新卫.运筹学[M].北京：清华大学出版社,2015.
[33] 邱菀华,冯允成,魏法杰,等.运筹学教程[M].北京：机械工业出版社,2010.
[34] 蒋绍忠.数据、模型与决策[M].北京：北京大学出版社,2015.
[35] 徐裕生,张海英.运筹学[M].北京：北京大学出版社,2015.
[36] 张莹.运筹学基础[M].2版.北京：清华大学出版社,2014.
[37] 魏权龄,胡显佑.运筹学基础教程[M].3版.北京：中国人民大学出版社,2014.
[38] 李华,胡奇英.预测与决策[M].3版.西安：西安电子科技大学出版社,2005.

[39] 韩伯棠.管理运筹学[M].2版.北京：高等教育出版社,2007.
[40] 李珍萍,等.管理运筹学[M].北京：中国人民大学出版社,2011.
[41] 孟丽莎.管理运筹学[M].北京：清华大学出版社,2016.
[42] 赵晓波,黄四民.库存管理[M].北京：清华大学出版社,2012.
[43] 江文奇.管理运筹学[M].北京：电子工业出版社,2014.
[44] 殷志祥,周维.运筹学教程[M].合肥：中国科学技术大学出版社,2012.
[45] 党耀国,朱建军,关叶青,等.运筹学[M].北京：科学出版社,2016.
[46] 李引珍.管理运筹学[M].北京：科学出版社,2013.
[47] 郭鹏.运筹学[M].西安：西安交通大学出版社,2013.
[48] 沈荣芳.运筹学[M].2版.北京：机械工业出版社,2014.
[49] 牛映武.运筹学[M].3版.西安：西安交通大学出版社,2013.
[50] 孙文瑜,朱德通,徐成贤.运筹学基础[M].北京：科学出版社,2014.

教师服务

感谢您选用清华大学出版社的教材！为了更好地服务教学，我们为授课教师提供本书的教学辅助资源，以及本学科重点教材信息。请您扫码获取。

▶ 教辅获取

本书教辅资源，授课教师扫码获取

▶ 样书赠送

管理科学与工程类重点教材，教师扫码获取样书

 清华大学出版社

E-mail: tupfuwu@163.com
电话：010-83470332 / 83470142
地址：北京市海淀区双清路学研大厦 B 座 509

网址：http://www.tup.com.cn/
传真：8610-83470107
邮编：100084

教师服务

感谢您选用清华大学出版社的教材！为了更好地服务教学，我们为授课教师提供本书的教学辅助资源，以及本学科重点教材信息。请您扫码获取。

> **教辅资源**
>
> 本书教师用资源，授课教师扫码获取

> **样书赠送**
>
> 管理科学与工程类重点教材，教师扫码获取样书

清华大学出版社

E-mail: tupfuwu@163.com
电话: 010-83472033、83470142
地址: 北京市海淀区双清路学研大厦B座509

网址: http://www.tup.com.cn/
传真: 8610-83470107
邮编: 100084